茶·文化与人类

鲍志成 著

中国农业出版社
北京

图书在版编目（CIP）数据

茶·文化与人类 / 鲍志成著. —北京：中国农业
出版社，2023.3（2023.8 重印）
　　ISBN 978-7-109-30478-9

　　Ⅰ.①茶…　Ⅱ.①鲍…　Ⅲ.①茶文化—中国　Ⅳ.
①TS971.21

中国国家版本馆 CIP 数据核字（2023）第 039260 号

茶·文化与人类

CHA · WENHUA YU RENLEI

中国农业出版社出版

地址：北京市朝阳区麦子店街 18 号楼
邮编：100125
特约专家：穆祥桐
责任编辑：姚　佳
责任校对：吴丽婷
印刷：北京通州皇家印刷厂
版次：2023 年 3 月第 1 版
印次：2023 年 8 月北京第 2 次印刷
发行：新华书店北京发行所
开本：787mm×1092mm　1/16
印张：27
字数：600 千字
定价：138.00 元

三茶统筹发展
复兴中华茶业

祝贺《茶·文化与人类》论文集正版

陈宗懋书祷

2022年3月28日

中国茶学学科带头人、中国工程院院士、中国农业科学院茶叶研究所研究员、博士生导师、著名茶科学家陈宗懋先生题词

提升茶文化研究水平
引领茶产业健康发展

刘仲华题

二〇二二年三月

国家植物功能成分利用工程技术研究中心主任、中国工程院院士、湖南农业大学学术委员会主任、教授、博士生导师刘仲华先生题词

研究茶历史
弘扬茶文化
鲍志成先生茶文化论集出版志贺
程启坤
二〇二二年春

中国农业科学院茶叶研究所原所长、中国茶叶学会原理事长、中国国际茶文化研究会学术委员会主任、著名茶学茶文化专家程启坤先生题词

品茶中真趣
解文化妙谛
贺：志成仁弟新作出版
姚国坤书
时年八十又六

中国农业科学院茶叶研究所研究员、中国国际茶文化研究会学术委员会副主任、著名茶学茶文化专家姚国坤先生题词

鲍志成《茶·文化与人类》出版志庆
志在弘扬茶文化
成书丰富茗学术
陈文怀题

中国农业科学院茶叶研究所原茶树育种研究室创室主任、早茶龙井43主持选育者、香港茗华公司暨茶文化研究出版中心董事长陈文怀先生题词

序　言

　　自从 2009 年我担任中国国际茶文化研究会会长以来，陆陆续续结识了许多茶界人士，鲍志成同志就是其中之一。

　　志成是在那次换届大会上被推选为理事的。其实，在此之前他就参与了研究会的一些宣传、学术方面工作，还承担了浙江省机关事务管理局老龙井御茶园规划建设中历史文化和文物古迹研究的任务，提供了不少参考意见和建议。后来他又对西湖龙井茶的历史文化做了深入研究，撰写发表了长篇论文《关于西湖龙井茶起源的若干问题》，出版了《龙井问史》，参与了西湖区政协《龙井问茶——西湖龙井茶事录》一书的编撰工作。可见，他入会担任理事，是水到渠成的事。后来，志成又兼任研究会的学术委员会委员、学术与宣传部副部长、东方茶道与艺术研创中心主任，为茶文化研究和普及做了许多工作，尤其在茶历史、茶文化的学术研究和智库建言方面取得了可喜成果。

　　我对志成的真正了解，是从《杭州茶文化发展史》开始的。2014 年 8 月，杭州市茶文化研究会组织编写的《杭州茶文化发展史》通过了专家评审，有关方面要我写一个序言。这部杭州乃至全省第一部地方性茶文化专门史，正是杭州市茶文化研究会聘请著名青年文化学者鲍志成先生主持编撰，历时三年、数易其稿完成的。该书以史为纲，史志结合，结构宏大，分类合理，志书史实，层次分明，纵贯历史，横跨现状，史料翔实，观点新颖，立论有据，表述充分，体例规范，文风清通，上下两册，洋洋 120 万字，可使人们追寻杭州八千年茶文化历史发展的演变轨迹，窥见五千年中华文明尤其是江南文化发展史的基本脉络，洞察两千多年来杭州城乡变迁与茶文化兴衰的内在关联。尤其令人欣喜的是，这部书还以将近一半的篇幅记述了新中国成立以来六十多年的杭州茶科研、生产、消费和茶文化的发展进程，梳理了海量的文献资料和丰富信息，为当今茶文化研究集存了宝贵的史料。众所周知，杭州茶文化历史悠久，影响深远，遗存丰富，底蕴深厚，古今存续，弘扬创新，"杭为茶都"实至名归。而《杭州茶文化发展史》的编撰，不仅首次为杭州悠久的茶文化起源与发展历史著书立史，而且在理念、体例、内容和方法上，都堪称当今中华茶文化史研究中的佼佼者，是中华茶文化研究工作的一项重大成果。在不久后举行的出版发行座谈会上，与会专家学者对该书的整体质量和出版发行给予高度肯定，对承担主要编撰任务的志成表示赞赏。记得研究会的副会长、杭州市委原副书记杨招棣同志在发言时幽默地说："志成的学问没有五车，至少也有四车！"引得大家哄堂大笑。我在讲话时指出，《杭州茶文化发展史》的出版，不仅为正在打造的"杭为茶都"提供历史依据，同时大大丰富了中华茶文化宝库的鲜活内容，也对各地茶文化史编写工作具有一定的示范作用和指导意义。在其后一段时间，我在各种茶界论坛、会议上，都一再推介这套书，无论开展茶史文化研究著作还是从事茶文化普及促进工作，都值得一读。

从那以后，志成积极参与茶文化学术研究和社会活动，十多年来研究会里的不少重要成果，都有志成的努力和付出。2015年，为了让中国茶文化更好地走向世界，在我的提议下拟启动中华茶文化申报世界文化遗产工作，经研究会研究决定，由志成来起草方案草案。他曾在文博部门工作，参与过大运河、西湖申遗的有关研究，经过思考分析，很快提交了《中华茶文化申遗方案》草案。经研究会领导和有关专家讨论，志成吸收大家意见和建议，进一步拟就了《中国（陆羽）茶文化申遗工作方案（路线图）》，形成了初步方案。为有效对接、争取支持，全国政协文史委、国家文物局工作组专程来杭，在省政协召开中国茶文化申报世界文化遗产专家座谈会，邀请茶界著名学者参会。会上，志成汇报介绍了方案起草过程和主旨、内容、思路、步骤等，大家各抒己见，提出许多中肯意见和建议。在此基础上，三易其稿，完成正式申遗工作报告，经我审定签批后于2016年上报全国政协文史委和国家文物局。由于申遗项目繁多和时间安排紧张，这个申遗工作未能马上开展，但为今后茶文化申遗工作打下了良好基础。

2017年党的十九大召开前夕，根据多年来研究和调研积累的认知和成果，志成撰写了有关振兴茶产业、繁荣茶文化的思考和建议，与资深茶学学者姚国坤先生的建议一起被新华社采纳综合后，于8月29日分别编辑成两期《新华社经济分析报告》，即第1134期（题为《以供给侧改革破解中国茶"大而不强"困局》）和第1135期（题为《以"茶"为用讲好中国故事打造中华文化"新名片"》），连续两期上报中央最高决策层领导。这件事引起大家高度关注，事后会里推荐，在"浙江在线"推送了专题报道。2018年春节前后，经中国农业科学院茶叶研究所推荐，志成受农业部国际合作司委托，参与起草了拟提交联合国大会审议的《国际饮茶日倡议书》的重要部分。2019年11月27日，联合国大会通过决议，每年的5月21日设为"国际茶日"，中国茶走向世界，惠泽全人类，迈出了历史性一大步。类似这些大事，都是研究会成立以来没有过的，志成发挥了重要作用，做出了较大贡献。

作为中青年学者，志成"半途出家"从事茶文化研究，在时间上算不上早，但他是真正热爱茶文化，自觉投身到茶的历史文化研究和传承创新实践，取得了许多学术性和应用性双重成果。两年一度的中国国际茶文化学术研讨会，每次主题各不一样，而踊跃投稿参会的人数总是居高不下。志成每次都围绕中心主题撰写论文，十多年下来，他几乎把茶文化的大多数重大命题，如茶的起源与中医药文化、儒释道与茶文化、神农与茶文化、禅与茶文化、精行俭德与茶德思想、和合思想与茶道精神、茶文化传播与丝绸之路及"一带一路"等，都进行了深入研究，提出了许多有深度有价值的见解。这从他六七十篇茶文章的选题和提出的新论点可见一斑。

此外，志成积极参与研究会学术与宣传工作，每次举办国际茶文化研讨会，他都要参与二三百篇论文的评审打分初选工作；研究会有临时的文案起草、咨询资料、活动策划和会议会务，他都随叫随到，及时完成。特别值得一提的是，研究会组织国内著名专家撰著百万字的《世界茶文化大全》，由姚国坤先生担任执行主编，志成负责撰写分量不轻、难度较大的《绪论》部分，他洋洋洒洒写了近十万字，形同一部世界茶文化简史。编辑在审稿时觉得删之可惜，留之太长，就建议压缩到三万多字，原稿改写成《世界茶文化简史》，以后争取另行出版。志成毫无怨言，按要求精简压缩，如期交稿，为这部当代茶文化研究集大成之作的如期问世，发挥了积极作用。

我与志成接触交流并不多，但时间长了慢慢了解到他的研究领域远不止茶文化。近30年来，他长期从事浙江地方文史、丝绸之路和中外文化交流、宗教文化史、"非遗"、美术史论等领域学术研究。近15年来，他把学术研究与智库研究相结合，研究范围延伸到文化产业、茶文化、"一带一路"、网络文化等领域，从文章目录看，感到很有深意和新意。根据他在茶文化领域所取得的研究成果，我认为志成的学术和智库研究，具有如下几个特点：

一是学以致用，联系实际，服务现实。他注重理论与实践相结合，把历史与现实、文化与经济结合起来研究，学术探索与关照现实相统一，把学术成果转化为智库建言，既具有较高的学术性、专业性，也有鲜明的现实性、应用性。如他的《"精行俭德"：陆羽茶德思想探源及当下意义》，从词源角度考述了"精行俭德"在儒释道经典和先秦原典中的本义，阐述陆羽茶德思想的精髓，并联系社会上一度流行的所谓"佛系"，指出其实是与之背道而驰的"伪佛系"；他的《论禅茶文化及其历史贡献》一文，对"禅茶一味"的思想渊源作了深入研究，从时空、文化、科学等八个方面进行探析，并首次把它放到中国思想史中，阐明其在儒学到理学、心学的演进中发挥的独特作用；在《宋元时期江南禅院茶会及其流变》一文中，经深入考证，认为现在流行的"茶话会"源自禅院茶会的社会化；在《两宋杭州茶文化的繁荣》中，用大量史料全面论述了宋代杭州茶文化的兴盛历史，指出这为今天打造"杭为茶都"奠定了历史基础；在《论"茶祖神农文化"及其传承与创新》等文，在全面梳理历史文化遗产的同时，运用文创理念对传统茶文化进行创造性转化，彰显时代价值和现实意义。他早些年有关杭州历史文化的学术研究成果，在杭州湖滨马可波罗像设置、苏东坡造像建亭保护、慧因高丽寺易地重建、老龙井历史文化挖掘、韬光寺和永福寺改建、西湖和大运河"申遗"等杭州人文景点建设和遗产保护工作中，发挥了较好的学术参考作用。他对杭州湾原始药茶的起源、西湖龙井茶文化史迹、余杭径山禅茶文化、临安彭祖茶文化、桐庐桐君药茶文化等方面的研究成果，对挖掘茶历史古迹、弘扬名茶文化、创新茶文旅品牌，发挥了较好的专家指导作用。

二是视野开阔，学风严谨，见解独到。他注重从大局全局出发来思考问题，学术视野开阔，选题立项与时俱进，联系当下，自觉对接国家发展战略；有宏观思维能力，不满足于以茶论茶、以事论事，而是突破专业视野，站在高处看问题，从大历史、大文化、大时代来审视研究对象，从跨文化比较研究来剖析问题，从宏观中把握事物本质；学风严谨，逻辑严密，史料功底扎实，具有较强的学理辨析能力，善于运用综合性研究和系统思维方法，提出独到见解，有相当的思想高度和一定的理论性。近六七年来，他策办"东方文化论坛"系列研讨会，传承丝绸之路和传统文化历史使命，对接"一带一路"倡议和文化强国建设，就丝瓷茶与人类文明、丝绸之路与"一带一路"、对外开放与中外文化交流互鉴以及新时代文化传承创新、特色文化产业发展等问题展开研讨，形成了许多有深度的学术成果，还提出了多项智库建言，获得广泛好评，产生较大社会影响。他从古代丝绸之路文化交流和文明互鉴的辉煌历史得到启发，借用生物遗传学概念，提出文化"杂交优化"论和人类社会发展、文明进步的"丝路模式"；在《丝瓷茶：文化品牌与人类文明》等文中，首次提出丝瓷茶是华夏先民原创发明、自古以来是三大外向型产业、丝绸之路输出三大产品、中华文化三大符号等观点，指出这是具有浙江特色的三大文化品牌，为中外文化交流和人类美好生活做出了贡献；在《论东方茶文化的人文特质》《葛玄天台茶事与中华"和合文化"》《从"丝路精神"看中华茶道思想》等文中，把茶文化放到传统文化的儒释道"大传统"和易医农"小传统"中比较研究，认为"和"为中华文化的重要价值和特征之一，儒释道、易医农都具有这种特质而各有差异，而茶文化的特质就是"清和"，进而提出以仁为本、和济天下的当代茶文化价值取向，认为在构建人类命运共同体中具有不可替代的作用；在《中外文化交流互鉴视域下的茶叶外销和茶文化传播》《"中式清茶热饮法"的对外传播及其形态流变和文化价值》《"一带一路"背景下中华茶文化的对外传播》等文中，用跨文化历史视野和跨文化比较研究，阐述了中国茶文化的对外传播对人类生活和文明形态的巨大影响。

　　三是知行合一，敢于实践，勇于创新。茶文化既是历史文化、思想理论研究，也是一门应用性很强的实践科学。当代茶文化不仅要有学术研究、理论创新，也需要不断探索实践，开拓艺术创新。志成在学术研究和智库调研之外，还积极探索茶文创、茶艺术创作。早在2009年，他承担了余杭区"径山茶宴"申报国家级非遗的任务，撰写了研究性的申遗文本，编导、摄制《径山茶宴》申遗专题片。2010年该项目成功获批国家级非遗，2016年历时六年撰写的带有很高学术性的《径山茶宴》一书，作为国家级非遗项目丛书之一出版。2013年，他与临安市茶文化研究会合作，独立编导大型原创六幕茶艺情景剧《天目茶道》成功首演，拍摄播映茶道微电影《天目音画》，广获好评，如今已成为当地宣传茶文化茶旅游的保留节目。在2018年第二届中国国际茶叶博览会上，他原创的《径山茶宴》和《天目茶道》分别重排展演，受到观众热评，既为茶都杭州茶文化创新和传播做出了贡献，也为当代茶艺术创新进行了有益的探索。为了普及茶文化知识，他自主开办了"龙井讲坛"，先后在杭州、临安、湖州、金华、苏州、广州等地举办十多次讲座，策划举办"湖畔问茶""玫瑰茶会""径山茶会"等数十次主题茶会或文艺雅集。特别是在2018年10月，他应邀去法国巴黎中国文化中心、《欧洲时报》文化中心举办了两场次《丝情瓷韵共茶香——丝瓷茶让人类生活更美好》的主题人文讲座，播放自己编导的艺术专题片，演示讲解"宋式点茶"，《欧洲时报》《中国文化》等作了报道，事后有听众专程来杭学习茶艺或参加学术论坛。

　　茶文创文旅是新时代茶文化传承创新的新形态，把茶文化遗产转化为茶文创文旅产品，意义重大，前景广阔。近年来，因文旅机构融合，志成转场文化旅游融合发展研究，把基层需要当作实践案例，先后为湖南茶陵茶祖文化园、杭州龙坞茶镇、余杭禅茶文化展示中心以及湖州、深圳、安徽等地的茶文创文旅项目出谋划策，尽心尽力，奉献智慧。

　　作为一名文化学者，志成无论在茶文化研究还是在其他相关领域，都广有涉猎，各有造诣。我对他的了解很有限，这里只是大概谈几点基本印象，权作代序。希望志成坚守初心，砥砺前行，取得更大成绩。

浙 江 省 政 协 原 主 席
全国政协文史与学习委员会原副主任　　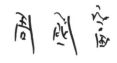
中 国 国 际 茶 文 化 研 究 会 会 长

2021 年 9 月 23 日

正本定向　构建新时代茶文化研究大格局（代前言）

当代中国茶文化热的兴起，是改革开放后民族文化觉醒的一股清流，而茶文化研究是这股清流里的中流砥柱。以中国国际茶文化研究会为旗帜的当代中国茶人，既是这次茶文化热的发起者、倡导者，也是探索者、实践者，更是研究者、擘画者。我作为半路出家的茶文化研究的后来者，在近二十来年的业余研究中，步前辈后尘，跟着前浪亦步亦趋，受益良多；同时，作为历史文化学者旁及茶历史文化研究，又有某种轻车熟路、曲径通幽处的便捷感。在参与林林总总的茶文化活动和论坛会议时，总有一种欣喜之余的忧虑盘桓心头：历经四十多年的茶文化研究在筚路蓝缕、发凡起例取得巨大成就之后，在新时代路在何方？如何提升学术品格和研究格局，更好助推茶文化复兴，引领茶产业、茶科学发展？是值得思考的重要命题。这里结合多年实践和观察，谈几点粗浅的体会和思考，与茶文化界同仁分享交流，以期抛砖引玉，引起大家关注和重视。

一、茶文化研究存在的主要问题和不足

关于茶文化研究存在的问题和不足，余悦先生早在 17 年前曾有过尖锐的点评，指出"一是学术的空白点仍很多，有些疑点问题未能解决，有些热点问题也没解决；二是有学术创见，有学术突破的论文不多；三是治学态度浮躁，急功近利的问题带有一定普遍性"。近年有学界新人对最近 20 年来茶文化研究做了系统梳理，认为存在诸多亟待解决和提升的问题，主要有：基础理论研究薄弱，对一些学术概念及观点共识少、质疑多，学理性欠缺，理论创新不足，理论研究严重滞后于茶文化实践发展；学术研究水平参差不齐，缺乏深度，流于表面多，学术创见少；新材料、新视角、新方法的运用较少，学术创新力较弱；研究队伍人员构成复杂，学风浮夸，导致产生不正当学商关系，存在学术研究为商业服务甚至被商业利益绑架的现象。

从总体看，茶文化研究存在的主要问题，不是没有队伍、没有人才，而是队伍太大、人太多，这支庞大的队伍中既有专职专业的或兼职的茶文化学者、社科研究人员、地方文史学者，也有热爱茶文化、雅好写作的媒体记者、茶农茶商、茶企茶馆及社会茶人，虽然不乏有理论、懂方法、多识见、能创新的研究者，但

总体上呈现鱼龙混杂、良莠不齐的现象，其结果是成果数量不少，学术质量参差不齐，优质成果不多，低水平重复充斥，学风比较虚浮，学术研究与商贸活动混杂，甚至出现学商勾连互为利用的现象。这些现象在学术年会、各类论坛和茶博会上也时有发生。这样的论文质量，如果没有严格的筛选把关，是十分堪忧的。中国国际茶文化研究会在这方面有一定的标准，筛选也比较严格，但一些地区性、地方性茶文化高峰论坛的论文质量，有的就难免繁芜不堪了。没有较好的质量，即便论坛搞得规模再大、档次再高、气场再足，其学术成果仍是不足道的。

总而言之，近40年来掀起的当代茶文化研究热潮，催生了一批丰硕的成果，助推了当代茶文化建设，丰富了人民群众的茶文化生活，瑕不掩瑜，成就是第一位的，但也确实存在比较严重的值得反省的问题和不足。从学术发展和学科建设的本身看，当代中国的茶文化研究是到了转型升级、重塑发展的时候了。

二、要提高站位正本清源认识茶文化

首先，要坚持以人为本，立足从人类的主体性出发去审视茶文化。茶界有一个很流行的说法，认为茶文化是喝出来的。或许受到禅宗公案的影响，还有的人认为茶文化在茶汤里。这些说法其实没错，但也并非全对。这里涉及什么是茶文化的问题。任何文化都是人类活动的结果，脱离或淡化人的主体性而去探寻文化，都是缘木求鱼、背道而行。人类的茶活动中，品饮茶当然是主要的，但茶的发现、利用、种植、加工、储藏、贸易、流通，何尝不是茶事活动呢？文化的本义，在中国文化语境中是文明教化，在西方文化中是指耕作生产的劳动成果。我们现在的茶文化定义，自然是指人类与茶有关的一切活动的成果。片面强调茶文化是喝出来的，显然不符合人类茶事活动的丰富性和文化的多样性。而且，无论怎么丰富多样，无论多么博大精深，茶文化的主体是人而不是茶。否则，茶文化就会扁平化，多姿多彩的茶文化就会单调乏味。这就需要提升我们对茶文化的学理研究和理论认知。

茶文化研究需要一定的学科理论来指导，但仅仅从茶学（农学二级学科）、历史学、文化学、社会学来研究肯定是有局限性的，更不能满足于乡土文化、民间文化、地方文化、社会文化层面的研究，而应该从文化人类学的角度和文化哲学的高度来研究茶文化。茶的历史发展和文化形成，既有多元一体等一般性的规律，也有特殊性，主要体现在族群性、社会性、生活性、传承性。这些特殊性恰恰是茶文化的人文价值之所在，也是茶成为独特的文明载体和文化符号的根本原因。因此，茶文化雅俗共赏，具有高度的开放包容性，它与其他文明形态和文化现象具有"亲和泛在"的普适关系。茶的这种人文价值具有恒久的现实意义，只要人类需要喝茶，它就永远有存在的价值。但茶文化绝不仅仅是喝出来的，它还是种出来、炒出来、买卖出来的。所有这些活动的主体是人类自身，而不是茶树、茶叶、茶汤。所以，茶文化既在茶叶里、茶汤里，也在茶园里、茶厂里、茶店里，归根结底是在人类自身的茶生产、茶生活里。

其次，要从大历史、大文化的宏观视角，跳出茶文化来研究茶文化。 我"混进"茶界后也经常参加一些会议、活动，学习聆听茶界前辈、大咖的宏论，感到受益良多，但时间久了，听来听去，台上总是老面孔、老腔调，内容观点缺乏新意，听多了难免倦怠乏味。我思来想去，发现有个普遍现象，大家都在以茶论茶，真可谓是"三句话不离本行"。其结果是说透说烂了，也就没有多少新东西可说了，于是出现过度解读、钻牛角尖，越说反倒越说不清。

茶文化历史悠久，内涵丰富，外延宽泛，与社会生产生活相交融，既与主流精英文化的儒释道"大传统"紧密相连，又与民间社会文化的易医农"小传统"浑然一体。这就需要我们跳出茶文化，把它放到中国五千年农耕文明史和中华传统文化体系甚至人类文明、世界文化的版图中来审视来研究，才能看得更清楚，说得更明白。如果执着于茶叶或饮茶本身去探究茶文化，势必盲人摸象。比如，炎帝神农氏因采药中毒得茶而解，这本是上古传说，后世文献记载和民间传说也有不同版本和歧义，如果一味质疑其真实性，又提不出可信的证据，就会陷入两难境地。但是，如果从神农氏所处的新石器时代原始采集经济的历史背景来看，那他采药、采茶实际上都是采集生产方式的体现。再如，我们一说到茶与儒释道的关系，往往云里雾里，不知所云，但从儒释道三教的主旨教理分析，就很清晰：儒家提倡礼乐天下，故以茶入礼，待人接物、生老病死、婚丧嫁娶都离不开茶；佛家讲究打坐参禅，故以茶供佛，以茶提神，破除昏聩以明心见性；道家追求长生不老，故把茶当作"外丹"之一，服之可轻身羽化而登仙。这恰好体现了茶的主要功能如提神醒脑、养生保健、和谐社会等方面的外化和应用。

三、要突出重点、聚焦核心研究茶文化

茶文化内容丰富，外延宽泛，但不等于没有边界。茶文化包罗万象，涉及面广，但不等于没有重点。当代茶文化兴起的初始阶段，是茶艺流行的一种社会文化现象。起初的茶文化研究，往往局限于茶的养生保健和历史发展。由于茶文化具有的亲和力、泛在性，有人戏称茶是"万金油""百搭"，茶与什么都搭得上关系。虽然从大文化的角度看，农学、经济学范畴的生产、加工、流通也属于茶文化研究对象，但这不应是茶文化研究的重点，否则就会挤压茶科研、茶科技、茶教育等领域。与茶有关的茶艺文如茶艺术、茶文学、茶工美、茶习俗等，当然是茶文化范畴的研究对象，但属于边缘的交叉的衍生的茶文化。那么茶文化的主体和核心是什么呢？我认为是茶的精神内涵即茶道、茶德及其文化内涵、艺术样式

和物质载体，这才是茶文化研究的主体和重点。对茶文化的主体内容，程启坤先生有过基础性架构、框架性体系，我在《世界茶文化大全》的《绪论》中也有阐述，这里就不展开了。

那么，茶道、茶德是什么？内涵、外延怎么样？在传统思想文化和价值观中的地位、作用如何？有什么时代价值和现实意义？对此，茶界做过不少探索，成果可谓丰硕，如陈文华主编的《中国茶道学》、丁以寿主编的《中华茶道》、林治的《中国茶道》等论著，就茶道的概念、构成及流派和类型，茶道与宗教、文学、艺术、礼仪等方面，做了建设性架构，剖析茶道作为茶文化体系的核心的内在价值和理念精神，有的还从茶道所蕴含的精神内涵、文化特征出发，对当代茶道精神提出了思考。

不过，茶道作为茶文化的精神和灵魂，还需要深化文化哲学的理论研究，建构具有中国哲学特色的新话语体系。显而易见的是，长期以来茶界在这个领域的研究，明显存在两个有失偏颇的倾向。

一是对中华茶文化中的"茶道""茶德"思想停留在碎片化研究，缺乏系统性。如赵州和尚从谂"吃茶去"、刘贞亮"茶十德"、陆羽"精行俭德"、赵佶"清和淡洁"、苏东坡"清白先生"等思想，不是咬文嚼字、过度解读、歧义百出，就是各说各话、质疑蜂起、难定一尊。导致这些问题的主要原因，是缺乏文化哲学的理论指导和宏观的学术视野，以茶求道，以"茶道"求茶道，没有把茶道放到传统思想文化的历史语境、三教合一同流的时代背景和士僧阶层君子人格的修持实践乃至他们的思想解放运动中去解读，阐释其核心思想精髓和内在逻辑关系；更缺乏从思想文化和宗教哲学的高度，把它们放到唐宋以降儒佛道思想交融互摄，衍生"程朱理学"、禅宗独大"一花五叶"，进而诞生"阳明心学"的中国思想文化大转型的大历史大文化背景中来考察的深度研究。虽然近些年开启的"茶道哲学"研究有了良好开端，但总体上而言，传统茶思想文化的核心精髓和思想体系尚待有道之士来深入堂奥地进一步系统化、理论化研究。

二是关于中国当代茶道精神的重塑和建构，在形式和内容上缺乏创新和高度。我们知道，日本茶道"四谛"全然移植自南宋禅宗临济宗寺院的"茶道规章"，本属"禅院清规"的一部分，系禅院僧堂茶事法会的礼仪规程。宋元时期，禅院清规随着日本来华求法僧归国传入日本临济宗寺院，并在其后三百多年的日本茶道形成过程中，其精气神被基本完整地保留传承下来。改革开放后，随着国内茶文化的兴起和中日佛教文化交流的开展，作为体现唐宋禅院茶道精神的"四谛"规章与已历经变迁、几度创新的现代"日本茶道"传入国内，让我们有机会一睹千年之前禅院茶事法会的神韵和礼仪，堪称是海外遗珍，沧海还珠。这是一件多么值得庆幸的"文化回流"的大好事。但由于明清以降，特别是近世动荡战乱，本土禅院茶会式微，加上缺乏研究和交流，无论学术界还是社会上，改革开放前都对茶道规章"四谛"缺乏了解。茶界前辈都习惯性地按照日本茶道"和敬清寂"的"四谛"来提炼或倡导中国茶道精神，提出了许多大同小异的四字版、六字版的说法，无论形式还是内容，都在无意识当中落入了"日本茶道"的窠臼。我一直认为这是当代中国茶道精神研究和重构的重大偏颇。现代日本茶道传承的思想内涵和艺术风格，是以宋元佛教禅院茶事法会四谛规章和礼仪程式为基础，吸收兼容了日本文化艺术元素，进行了适应日本社会需要的改造才形成的，本质上已经不再是禅院茶事法会了，只是较好传承了禅院清规的精神和气韵。我们当代中国茶道精神的重塑和构建，应该是面向大众，具有中国气派、时代特征和文化底蕴、艺术风格的全新的社会文化载体和精神文明建设媒介，是新时代树立文化自信、建设文化强国、确立文化话语权的标识性符号。因此，无论如何，我们不能按照千年以前的禅门茶事礼法来重塑、倡导新时代的中国茶道精神。在形式上，未必一定要四个字或六个字；在内容上，要与社会主义核心价值观相契合；在实践上，要与优秀传统文化传承、文化强国和社会主义精神文明建设相结合。只有这样，当代中国茶道精神才是符合时代需要的真正的传承创新，才能实现对传统茶道、茶德思想的创造性转化、创新性发展。

除了上述重点和焦点，这里不得不指出的是，我们当代茶文化研究，不能把各种流行茶艺表演、茶文化"四进""五进"、茶事节庆活动、茶叶商贸博览会等茶事文化活动，都当作茶文化。从文化哲学的高度来看，这些只是茶文化现象或茶文化业态，它们是当代茶文化建设的重要抓手，但还不是真正意义上的茶文化。

四、要严谨科学高品质研究茶文化

一要优化队伍结构，培育优良学风。任何学术研究都有一定的学术门槛，对从业研究人员要有最基本的学术素养要求，茶文化研究也不例外。要从学历、职称、职业、成果、影响等方面设定一定的硬性指标要求，杜绝不学无术、追名逐利者混入茶文化研究队伍；要严格有关学术团体的入会审核，对理事、常务理事及学术委员等组成，要坚持学术为主、有利学术的原则，避免非学术人员占比过多的现象；要适当区隔学术研究与非学术研究的关系，防止学界与政商界混杂甚至互为利用的不正当关系；要建立学术信用评价体系，对存在严重学术不端行为的要设立惩戒、退出机制。这是茶文化研究亟须解决的当务之急。

二要完善理论体系，确立学科地位。茶文化研究不能满足于地方文化、社区文化、行业文化的研究，而应纳入各级社会科学的项目规划和社会文化的建设计划之中；要增强学理性、理论性、宏观性、系统性研究，建构学术理论体系和学科架构体系，不能停留于自发随兴的、散漫无序的、浅尝辄止的研究状态，倡导去碎片化、去功利化的研究；要客观评价和认定茶文化研究的学科地位，建立完善茶文化学的理论架构和学科体系；要明确茶文化学在国家现行哲学社会科学学科体系中的序列和属性，分类归属到相应的二级学科门下，如应用性研究归类到管理学的二级学科文化艺术管理。这是茶文化研究悬而未决的重大任务。

三要提升学术水平，产出优质成果。要对当代茶文化研究进行学术史研究，回顾总结过去，找出存在问题；各地各级有关部门和社团要制订本地茶文化研究中长期规划，避免继续停留在自发的无序状态；要加强学科理论建设，突出研究重点，有计划、有重点组织开展学术研究；要以会促研，严把国际性、全国性、区域性学术研讨会的论文质量关、评奖标准关，建立优胜劣汰机制；要发挥高端人才和学术精英的核心作用，培育复合型高端人才和年轻优秀学术新锐，储备优质学术人才资源；要加强应用研究和智库研究，结合文旅融合，大力开展茶文化旅游研究，为政府、企业、基层和社会提供智力服务。这是茶文化研究的核心要义。

四要整合平台资源，营造良好环境。要整合各类学术平台资源，打造优质论坛品牌，防止各类冠名学术研讨、高峰论坛的活动过多过滥；要加强学术杂志、媒体平台、资助基金、激励机制等学术支撑体系建设，为学术研究创造良好环境和条件；要提升对现代茶艺的认识，做到定性、定位、定样式、定功能，提升文化内涵的艺术表现力，切忌不上不下、不伦不类，沦为大同小异的行为艺术；要加强实质性对外学术交流，扩大学术视野，提升学术话语权，切忌满足于拉几个洋人装点门面的低级做法。这是茶文化研究不可或缺的重要条件。

五要把握正确方向，构建学术格局。当代茶文化研究属于新兴学术门类，尽管已经取得丰硕成果，但未来发展路在何方，值得深思。在新时代新征程，不仅要与茶文化复兴、茶产业振兴结合起来，更要与实现第二个一百年宏伟目标、中华民族伟大复兴的"中国梦"结合起来，提高视野站位，构建学术新格局。要深化茶文化的宏观研究和理论研究，提高对茶文化内涵、本质、特征、价值、作用的认识，厘清茶文化与中华文化、时代文化亲和泛在的关系，把茶文化当作战略资源，把茶文化的繁荣复兴与国家发展的顶层设计和发展战略有机结合起来；尤其是要与文旅融合、乡村振兴、"一带一路"等结合起来，与优秀传统文化的创造性转化、创新性发展结合起来，与文化自信、文化强国和精神文明建设结合起来，与文化"走出去"，开展文化交流、文明互鉴，树立大国形象和文化话语权结合起来，与弘扬新发展观、新文明观，推进"一带一路"，构建人类命运共同体结合起来。这是茶文化研究的根本旨归。

2021年3月22日，习近平总书记在视察福建南平武夷山燕子窠茶园时，首次提出了茶文化、茶产业、茶科技要统筹发展的重要指示。这是新时代中国茶业发展的新理念、新战略，也是中国茶人的新使命、新任务，是未来茶文化、茶产业、茶科技发展的指导思想和行动指南。茶文化要更好发挥赋魂、引领作用，势必要提升茶文化研究的学术水平和成果质量，这是全体茶文化研究者共同的时代使命和责任担当。谨以此文代为前言，期与茶文化界同仁和广大读者共勉之。

鲍志成　壬寅年春日

目 录 CONTENTS

茶药同源异流考

在生产力极其低下的原始采集经济时代，先民们采摘野生植物的茎叶、花果、根块等食用，到了火食时代又采用陶器杂煮羹饮的方式食用。这种原始食物被称为"原始茶"，就是古籍记载的"荼"，它是后世茶和中草药的共同起源，而茶与中草药是同源异流的关系。

一、原始茶"荼"及其文献记载

1. 关于"原始茶"概念的提出及与"荼"的关系 "原始茶"的概念，并非我们的发明。在河姆渡遗址中的古村落干栏式居住处，曾发现大量樟科植物枝叶堆积。中国国际茶文化研究会名誉副会长、研究员程启坤认为，这些樟科植物的枝叶是古人作饮料用的，是一种"非茶之茶"，可以看作为一种"原始茶"，证明七千年前人类的饮食文明，不仅种稻谷煮米饭吃，还知道利用樟科植物枝叶煮汤当饮料喝。他的观点，得到了中国国际茶文化研究会姚国坤教授、浙江大学茶学系龚淑英教授、浙江林学院茶文化学院院长俞益武教授、中国农业科学院茶叶研究所副所长鲁成银研究员、中国茶叶博物馆馆长王建荣研究员等茶界专家的认同[1]。

众所周知，在唐代陆羽著作《茶经》以前，关于茶的概念有十多种说法，诸如荼、诧、莽、槚、苦荼、蔎、茗和荈等。《诗经》提到"荼"字的近十处，虽然并不全部指茶，但"谁谓荼苦，其甘如荠"，"采荼薪樗，食我农夫"等[2]，则被有些学者认为是关于茶事的最早记载。渊源于西周的古字书《尔雅》，其中也有"槚，苦荼"的解释；成书于战国时期的《晏子春秋》，亦有晏婴相齐景公时，"食脱粟之饭，炙三弋五卵茗菜而已"的记述。此外，汉以来如司马相如的《凡将篇》、扬雄的《方言》、东汉华佗的《食经》以及《桐君录》等书，均有茶事记载。而其中文献记载中出现最多、使用最普遍的是"荼"。正是陆羽著《茶经》后，才逐渐统一为"茶"。

根据《说文解字》：荼，苦菜也。从民俗食物资料调查看，所谓"荼"，是先民采摘具有芳香物质的植物的茎叶、果实、花瓣、根块等材料烧煮的杂煮糊状羹饮食物。周《古史考》："太古之初，人吮露精，食草木实，穴居野处。山居则食鸟兽，衣其羽皮，饮血茹毛，近水则食鱼鳖螺蛤。未有火化，腥臊多害肠胃。于是有圣人以火德

---

① 《浙江余姚成为中国原始茶源头》，中国茶网，2011年11月21日。
② 《诗经》：《邶风·谷风》《豳风·七月》。

王，造作钻燧出火，教人熟食，铸金作刃，民人大说，号曰燧人。"《淮南子》也说："古者民茹草饮水，采树木之实，食螺蚌之肉"。"人类最初的食物主要是各种植物的可食部分"，从人类社会发展进程看，在旧石器时代以采集经济为主的社会经济生活形态下，先民的食物来源是采取自然界可资食用的各类植物的根块、茎叶、花果等。在发明火以前，人类都是生食的，杂煮羹饮是人类掌握了火以后才开始的。这种定义为"苦菜"的"茶"，恰恰是原始先民的主要食物来源之一。

1990年4月，在浙江湖州近郊弁南乡出土了一只完整的汉代青瓷瓮，又称纹陶四系罐，现藏湖州市博物馆。该瓮高33.5厘米，最大腹径34.5厘米，夹肩鼓腹，平底内凹，肩置对称四横系，系面饰叶脉纹，器身肩腹部饰弦纹，印套菱纹，瓮肩上部刻有一个"茶"字，显系贮茶器。器形完整，器身稍有一裂纹，施釉不及底，有垂釉，色呈青褐，与常见的瓮不同的是瓮内也施釉。这是迄今为止，我国发现最早刻有"茶"字的专用茶器[1]。

根据"药食同源""茶具药用"的基本理论，后世中药中的草药、清饮的茶和民间民俗中的各类茶食，都源自最初的植物类杂煮羹饮食物"茶"，可以说，今天所谓的"原始茶"，就是古文献记载的"茶"。杭州萧山跨湖桥遗址出土的陶釜内的烧煮状的植物茎枝遗存，就是迄今发现的最早的"茶"实物遗存。

2. 原始茶是原始社会时期人类采集经济的必然产物　当森林古猿学会直立行走和使用天然工具以后，便初步进化为人类，他们依靠自身器官获取食物的本能活动，也随之相应地变为人类的自觉的使用天然工具采集自然界的天然产物为生的采集经济活动。这是采集经济的开端，也是整个人类社会历史的开端。从社会经济发展形态来看，采集经济（Collecting economy）是人类历史上最早最原始的一种经济形态。而从考古学来说，它标志着人类进入了旧石器时代（Palaeolithic Age）。

旧石器时代是人类以石器为主要劳动工具的早期社会历史的泛称。从距今260万年延续到1万多年以前，相当于地质年代的整个更新世。旧石器时代一般分早期、中期和晚期，大体上分别相当于人类体质进化的能人和直立人阶段、早期智人阶段、晚期智人阶段。旧石器时代的文化在世界范围内分布广泛。由于地域和时代不同，以及发展的不平衡性，各地区的文化面貌存在着相当大的差异。

旧石器时代的人类经济活动，主要是通过采摘果实、狩猎或捕捞获取食物。在这个原始群阶段，采集一直是原始人谋取生活资料的主要生产活动，原始人长期地结合在一起，共同采集、狩猎。当时人们群居在山洞里或部分地群居在树上，以一些植物的果实、坚果和根茎为食物，同时集体捕猎野兽、捕捞河湖中的鱼蚌来维持生活。当时人类同自然界进行斗争的能力很低，他们虽然能够制造简单的原始工具，但只限于对石头、树枝进行简单的加工。人们主要依靠双手采集现成的野生植物如野菜、果实、根茎等作为食料。

从古代的文献中，依稀可以寻觅到远古时代树居和采集的影子。中国古代历史文

---

① 吴铭生：《湖州发现东汉晚期贮茶瓮》，《茶叶通讯》1990年第03期。

献中，有许多关于"有巢氏"的传说。如《庄子》："古者禽兽多而人少，于是民皆巢居以避之，昼拾橡栗，暮栖土木，故命之曰有巢氏之民。"《韩非子》："上古之世，人民少而禽兽众，人民不胜禽兽虫蛇；有圣人作，构木为巢以避群害，而民悦之，使王天下，号之曰有巢氏。"这些话多少掺杂了后人的想象，但也在一定程度上向后人传达了一些早期人类生活的信息。

世界各地进入新石器时代的时间不尽相同，就我国而言，大概是在距今1万年开始了新石器时代，且分成若干不同特征的区域，长江中下游属于水田农业经济文化区。这里较早种植水稻，是稻作农业的重要起源地。从时间上分，分早中晚三期，其中早期距今12 000～7 000年，中期距今7 000～5 000年，晚期距今5 000～4 000年。

就考古学成果而言，杭州所在的长三角南翼地区的跨湖桥文化、河姆渡文化、良渚文化分别属于新石器时代的早中晚期，在文明曙光初升之际，杭州先民就与华夏同步，未曾落后。我国农耕文明的始祖神农氏炎帝，之所以被后世追认为绝大多数与农业生产有关的发明、行业的始祖，这里面当然包括了"茶（荼）"的发现传说，而他生活的那个时代距今大约是5 000多年，也就是相当于发现、定名于杭州良渚遗址、广泛分布于长江中下游地区的良渚文化时期，上接崧泽文化、马家浜文化、河姆渡文化、跨湖桥文化的余绪，下启古百越文化、古吴越文化之先河，从而构成了杭州所在的长三角南翼和东南沿海地区文明发祥发展的历史脉络和壮丽图景。

先民采集植物茎叶、果实、根块等食用的原始经济生活，是原始采集经济的必然形态，是符合人类社会起始阶段的社会经济起源和发展规律的。这种经济活动从旧石器时代开始，到新石器时代依然存在。这也是人类社会从蒙昧野蛮进化到文明时代这一漫长历史进程中客观存在的社会经济形态。当原始农业兴起，稻作农业发展，人类的食物来源逐渐有了稳定保障，这种采集可食用植物的经济形态依然保存着，作为农耕经济的补充；甚至到了文明社会，即便到后来的封建社会，乃至到现代社会，这些原始采集经济下的某些食物形态，仍然作为民间民俗食品流传了下来——它们就是"原始茶"——"荼"及其衍化而来的茶食、药茶和茶。

3. 关于"原始茶"的文献记载　原始先民有了较为丰富的食物和火，就可以加以烹调，烧煮配制为各种羹饮汤液。相传商汤时的宰相伊尹精于烹调，各种汤羹食物就是他发明的。《通鉴》云："伊尹佐汤伐桀，放太甲于桐宫，悯生民之疾苦，作汤液本草，明寒热温凉之性，苦辛甘咸淡之味，轻清重浊，阴阳升降，走十二经络表里之宜，今医言药性，皆祖伊尹。"在《吕氏春秋·本味篇》中，引伊尹和商汤的谈话时，就讲了许多烹调问题，其中就有"阳朴之姜，招摇之桂"的话。姜桂既是佳肴中的调味品，也是发汗解表的常用药物。所以有人认为"桂枝汤"是从烹调里分出来的最古处方之一，因"桂枝汤"中的五味药如桂枝、白芍、甘草、生姜、大枣都是厨房里的调味品。在春秋战国时成书的《山海经》中，记载的药品116种，其中植物52种，动物61种，矿物3种，其中不少是食物加药茶性质的。约在汉代成书的《神农本草经》，是我国现存最早的一部药物学著作，其中作为药物的重要组成部分，收载了许多食疗食物，如大枣、枸杞子、赤小豆、龙眼肉等，对食疗食物的功效、主治、用法、服食法等都有一定的论述，对促进食疗本草学的发展起到了重要的作用。西汉时版图扩展，南方的热带植物药和北方的寒带植物药有所交流，张骞出使西域带回石榴、胡桃、胡瓜、苜蓿、蒜葫、葫荽、西瓜、无花果等多种种子，马援又从交趾带回薏苡种子，大大增加了食物和入药的品种。东汉杰出医家张仲景在《伤寒杂病论》中采用不少食物用以治病，如书中提出的"猪肤汤"和"当归生姜羊肉汤"都是典型的食疗处方。

先秦两汉时期，随着不同植物的性状特征和特殊功能的认识逐步加深，中草药与茶逐渐从带有原始混煮食物中分离出来。但在魏晋到唐宋很长时期内，原始食物"茶"仍然存在，并不断流变，见于文人记载。西晋时，陆玑《诗疏》曰："椒树、茱萸，蜀人作茶，吴人作茗，皆合煮其叶以为香。"郭义恭《广志》曰："茱萸，榄子之属，膏煎之。或以茱萸煮脯胃（为）汁，谓之曰茶。"这些都为原始茶的最早记录。后魏杨衒之《洛阳伽蓝记》中，北魏杨元慎曾奚落南梁将军陈庆之道："吴人之鬼，住居健康。小作冠帽，短制衣裳。自呼阿侬，语则阿傍。菰稗为饭，茗饮作浆。呷啜莼羹……"把吴人好喝茶的形象昭然若揭了。唐代杨晔《膳夫经》中记："茶……吴人采其叶煮，是为茗粥。"陆羽《茶经》："或用葱、姜、枣、桔皮、茱萸、薄荷之属，煮之百沸……斯沟渠间弃水耳。"皮日休也谓："季疵（陆羽）以前称茗饮者，必浑以烹之，与夫瀹蔬而啜者无异也。"无意间记下太湖流域豆子茶在唐时是煮而不是冲泡的信息。

南宋时，据黄升《玉林诗话》中载路德章《盱眙旅舍》一诗曰："道旁草屋两三家，见客擂麻旋点茶。"又据《都城纪胜》《梦粱录》等史书记载，南宋杭州"冬天兼卖擂茶""冬月添卖七宝擂茶"，并由于杭州人非常热衷于吃擂茶，而打擂茶时擂杆会有磨损，故而当时还留下"杭州人一日吃三十丈木头"的俗谚。每天擂损的木棒竟达30丈之多，当然是夸张，但从中也可看出古时杭州人吃擂茶之风盛。而其时，袁文《瓮牖闲评》中记：余生汉东，最喜啜晶茶，闲时常过一二。北人知余喜啜此，则往往煮以相饷，未尝不欣然也。其法以茶芽盏许，入少脂麻，沙盆中烂研，量人多少煮之，其味极甘腴可爱。苏东坡诗云："柘罗铜碾弃不用，脂麻白土须盆研"者是矣……号"茗粥"。南宋话本《快嘴李翠莲》中更明确记道："那翠莲听得公公讨茶，慌忙走到厨下，刷洗锅儿，煎滚了茶，复到房中，打点各样果子，泡了一盘茶……口中道：公吃茶，婆吃茶……此茶唤作阿婆茶，名实虽村趣味佳。两个初煨黄栗子，半抄（把）新炒白芝麻。江南橄榄连皮核，塞北胡桃去壳粗。

明代李时珍的《本草纲目》共载药1 892种，增加新药347种，其中不少是食物。

二、原始茶"茶"的民间民俗学遗存

从民俗饮食调查看，迄今在全国很多地方，包括浙西杭嘉湖地区，都流传着相似饮食习俗，以茶为食，呼食为茶，名为茶而非茶，实为汤煮、杂煮食物，充饥解渴皆可，这种普遍存在的饮食习俗，成为上古原始茶"茶"遗风的活化标本。

1. 太湖流域"橘皮芝麻烘青豆茶"和"打茶会" 太湖流域一带至今犹沿袭一种非常古老的茶俗，那就是流传在浙江湖州、德清及余杭等地农村的吃"橘皮芝麻烘青豆茶"习俗。该茶的主要茶料为：上好的绿茶及橘子皮、野芝麻、烘青豆等，此外还可因时制宜加入豆腐干、蚕豆板、黄豆芽、花生米、橄榄、笋干、胡萝卜、地瓜干、酱瓜、卤桂花等配料。配料可多可少，吃时与茶叶混合一起冲泡即成。当地人嗜茶成癖，有"三饭六茶"的风气，年人均消费茶叶达 2.5 千克左右。

烘青豆茶的冲泡配料十分讲究，主料是烘青豆，佐料有切得很细的兰花豆腐干、盐渍过的橘皮、桂花和顶先制备的胡萝卜干，再加炒熟的芝麻和紫苏籽。将各种配料放在茶盅里，冲入开水，稍候片刻即可品饮。青豆茶不仅味道鲜美，而且汤色"叶底"红绿相映，烘青豆的绿色、胡萝卜干和橘皮的红色、兰花豆腐干的玉色、芝麻的糙米色和紫苏籽的褐色，还有桂花散布在其中，可谓五彩缤纷。烘青豆茶第一口是咸咸的滋味，第二口才是茶的涩涩本味，等此茶经过 3～4 次冲泡后，就可将青豆食之，非常可口。相传当年乾隆下江南时对此茶情有独钟，十分爱喝，烘青豆茶成为贡品。

烘青豆茶也有叫"芝麻茶""七味茶"，明万历《钱塘县志》记载，当时余杭家家户户"以紫苏籽渍枳皮和茶叶饮之"。烘青豆茶的历史可追溯到远古大禹治水时期。相传这一带的部落首领防风氏在治水时患上风湿，当地人就用野芝麻和野橘子皮炮制了这样一碗茶水去寒气，而烘干的青豆则算是茶点。防风边吃边喝，一不小心将青豆掉入茶水中，不曾想防风喝后神力大增，治水成功。从此当地人就拿这种茶水来招待客人，美其名曰"防风神茶"。又据《湖州掌故集》：相传，夏禹王后悔错杀防风氏后，"曾亲临防风国参加防风王第一次祭祀仪式"，并把这种祭祀"载入夏朝祀典，传之后世"。南朝宋山谦之《吴兴记》也有记载："吴兴西有风渚山，一曰风（封）山，有风公庙，古防风国也。"今湖州市德清县武康有防风祠，前院有茶人蔡泉宝策划立《防风氏神茶记碑》，记述了类似上述文字，正面还写着"防风古国中国烘豆茶发祥地"[①]。

据专家研究，豆子茶和擂茶的茶料是基本相同的，吃类似豆子茶的区域，与吃擂茶的区域几乎重合，如江西有芝麻豆子茶，同时也嗜好吃擂茶，而安徽、湖北、福建、广东等地也莫不如此。

2. 畲族"二碗茶" 畲族是百越之一，也是越地至今唯一的土著少数民族，其文化特征独具一格。畲族在饮食习俗上具有鲜明的民族特色，饮食以番薯为主食，还吃些玉米、高粱、大麦等。杂粮的吃法，除了高粱烤饼外，其他都是用石磨碾碎、搅糊后食用，尤喜把茶叶搅糊一起食用。畲民喜欢喝茶，家家种茶制茶，畲族妇女拣茶籽、采茶叶样样精通，个个是制茶高手。

畲族的二碗茶是贵宾光临时的迎客茶。在客人抵达前，主人要先煮一钵醇香的米酒相等，客人抵达时，主人会在家门口请来宾先喝上一杯米酒。喝好米酒后，畲族阿

---

① 丁克行、朱雯：《湖州古代茶事典故考》，湖州陆羽茶文化研究会网站。

娘则会唱着动听的山歌把来宾引至八仙桌旁落座，煮茶请来宾食茶。食茶时，畲族阿娘会问您是否选些芝麻、萝卜干等，依各人口味不同搅拌后一起食用。一碗食完，热情的主人会为客人再添上一碗。客人只要接过主人的茶，就必须喝第二碗。

3. 各地擂茶　　擂茶是一种普遍流传在南方大部分产茶区的、制作原料与方法大同小异的茶类，颇具上古原始茶"茶"的遗风。陆羽《茶经》卷三"闻南方有一困蜀妪作茶粥卖"。陆羽所说的茶粥就是把茶叶碾碎成细米，加上米粉、油盐，制成茶团或茶饼，饮用时捣碎，放些葱、姜、椒、桂等调料，用水蒸煮，煮成一大锅茶粥供大家食用，也就是擂茶。

擂茶的基本原料是茶叶、米、芝麻、黄豆、花生、盐及橘皮，有时也加些青草药。茶叶其实不全是茶叶，可充当茶叶的品种很多，除采用老茶树叶外，更多的是采摘许多野生植物的嫩叶，如山梨叶、大青叶、中药称淮山的雪薯叶等，不下十余种。经洗净、焖煮、发酵、晒干等工序而大量制备，常年取用。加用药草则随季节气候不同而有所变换，如春夏温热，常用艾叶、薄荷、细叶金钱、斑笋菜等鲜草；秋季风燥，多选金盏菊或白菊花；冬天寒冷，可用竹叶椒或肉桂。

擂茶原料用擂钵捣烂成糊状，冲开水和匀，加上炒米，清香可口。做擂茶的过程是：洗净擂钵、擂槌，炒熟主料、杂粮，准备好茶叶、佐料；然后一边烧水，一边将擂钵往两腿间一夹，放进要擂碎的东西，操起擂槌就擂起来。同时准备配食擂茶的炒花生、红薯片、酸萝卜等副食品。要擂的东西都擂好了，用刚烧好的开水一冲，使劲搅拌数下，香喷喷的擂茶便做成了。

擂茶源于中原，盛于长江中下游，至今仍流传于闽、粤、赣客家居住区。客家人热情，多以擂茶待客。待客擂茶分荤素两种。招待吃素的客人饮用，加花生、豇豆或黄豆、糯米、海带、地瓜粉条、粳米粉干、凉菜等；招待吃荤的人饮用，则加炒好的肉丝或小肠、甜笋、香菇丝、煎豆腐、粉丝、香葱等配料。

擂茶有解毒的功效，既可作食用，又可作药用，具有祛热解暑、驱寒健脾、疏肝理肠、润肠通便、补肺益气、助脾长肌、理气调中、止咳化痰、通血脉、提神醒脑、清心明目、滋阴壮阳等功效，且具有养颜保健、风味独特、老少皆宜、饮用方便等特点。

擂茶品种多多，每一个地方各不相同。如福建将乐擂茶是用茶叶和适量的芝麻置于特制的陶罐中，用茶木棍研成细末后加滚开水而成；广东的揭阳、普宁等地聚居的客家人所喝的客家擂茶，是把茶叶放进牙钵（为吃擂茶而特制的瓷器）擂成粉末后，加上捣碎的熟花生、芝麻后加上一点盐和香菜，用滚烫的开水冲泡而成；湖南湘西土家有喝秦人擂茶的特殊习俗，是把茶叶、生姜、生米放到碾钵里擂碎，然后冲上沸水饮用，若能再放点芝麻、细盐进去则滋味更为清香可口；喝秦人擂茶一要趁热，二要慢咽，只有这样才会有"九曲回肠，心旷神怡"之感。

4. 湘桂黔地区苗瑶侗族的"打油茶"　　打油茶原料一般用茶油、茶叶、黄豆、阴米、花生、葱花等，若客来或节日喜庆还加糯米甜水圆、糍粑粑、虾公鱼仔、猪肝粉肠、鸡肉内脏及各种绿叶菜等。其做法是：用少许茶油起油锅，先把阴米炸成黄白色的米花捞起，依次再炸糍粑、炒花生黄豆，并把猪肝粉肠、虾公鱼仔煮熟。然后再将一小把黏米或阴米炸炒香后，倒入茶叶一起拌炒至香，倒入清水，撒少许盐，煮沸即成俗称的"煮油茶水"，将此茶水趁热浇到已放有上述各色茶料的碗中，就做成原始风貌的古老"茶"了。

独龙族打茶，是将煮好的茶水倒入筒内后，再加食盐、熬熟的猪油或鸡油、核桃油、酥油等油类中的一种，再加上有香味的苏麻籽，有的还加入打调好的鸡蛋，然后不断抽捣，便制成咸香的"打茶"；西藏酥油茶，先将茶叶和水一起放入陶壶中熬出茶水，再将茶水倒入打茶筒内，加入盐和酥油，然后抓住带木塞的长棍不断上下抽捣，使茶水与酥油充分融匀，而后倒入陶壶中温热，饮用时常有一套仪式。相比较而言，独龙族打茶更具原始性，而西藏酥油茶更富礼仪性，表明竹打茶筒和打茶比木打茶筒和酥油茶更加古老。

5. 各类民间民俗"药茶""茶食" 古老的"原始茶"曾用各种植物的根、茎、皮、叶、花、果等为原料煎煮而成。这类古老的煎煮茶，如今在民间还有较多保留，如"葛根茶""桑枝茶""白杨树皮茶""槐树叶茶""玫瑰花茶""山楂核桃"，等等，举不胜举。其中桑枝茶及赤柽柳茶皆用"带叶茎枝"为原料，而古风犹存的云南傣族等，则有将春茶树梢"连枝带叶"摘下，悬于火上烤香后放入茶罐内煎煮为茶的风习。

还有各种针对某种疾病选配原材料的药用茶，如菊花决明子茶（清肝明目）、川贝莱菔茶（治咳嗽）等。当某些茶的药性得到进一步辨识和强化时，就成为中药中的复方或单方草药。至今许多中药名称还带有茶名，如黄芩又名"土金茶""黄芩茶"，鹿衔草又名"潞安茶"，钩藤又名"孩儿茶"等。有的古老方剂直接就称茶，如"午时茶"等，也有的把茶叫作"汤""茶汤"，如宋元禅院里的茶会"茶榜"又称为"茶汤榜"。这些无不都是"茶药同源"的遗风。

同时，在中国民俗中及少数民族生活中，还存留着许多称为"茶"的食品，常见的有莲子红枣茶、芝麻豆子茶、鸡蛋桂圆茶、苗族打油茶等，它们虽然是纯粹的食品，却被称作"茶"，还被赋予了礼俗的功能与内涵，以及作为滋补健身的保健药食。

综上所述，原始茶——"茶"，最初是人类采集经济时代的植物性食物。在火食时代变成杂煮羹饮的食物。随着社会经济的发展和食物来源的丰富，茶作为原始羹饮食物形态，被一直传承下来，直到今天仍然大量保存在民间民俗饮食中，而后世的茶与中药中的草药是从茶中逐渐分离出来的。在这个漫长的演变过程中，早期的茶、药混同互生及其与原始食物形态之一"茶"——可食用植物原料杂煮羹饮的"原始茶"的源流关系，通过药食同源、以食为茶、以药当茶、茶以为药等现象，生动地体现了出来。

三、杭州原始茶"茶"的神话传说及考古学遗存

人类早期的诸多事物，后人往往只能通过口头传承的神话传说来解读，茶文化的早期发展，也充满着神话传说，如神农采茶解毒、桐君采药、彭祖服食桂芝长生等。

值得注意的是，后二者都与杭州有关。

1. 中药鼻祖桐君采药及"桐君文化"传承　桐君是华夏知茶著茶第一人。唐代诗人刘禹锡（772—842）在《西山兰若试茶歌》中就说："炎帝虽尝未解煎，桐君有篆那知味。"根据诗意，是说炎帝神农氏虽首尝茶叶，但还不懂得煎茶饮茶，而桐君不但已经懂得煎茶，而且还把茶叶的知味、功效都记录下来。显然，刘禹锡之所以有此一说，是因陆羽《茶经》"茶之为饮，发乎神农氏，闻于鲁周公"有感而发的。所有这些，都与"神农尝百草，日遇七十二毒，得茶而解之"的传说相关。事实上，陆羽在《茶经·七之事》中还引用《桐君录》所记云："西阳、武昌、庐江、晋陵好茗，皆东人作清茗。茗有饽，饮之宜人。凡可饮之物，皆多取其叶。"

相传，桐君是黄帝医官、上古神医，被后世公认为中华中药鼻祖。据《桐庐县志》记载：桐君系"上古黄帝时人，在东山桐树下结庐栖身。人问其名，则指桐树以示，因名。"故其山亦名桐君，县名桐庐。桐君一生采药品性，深究医理，后人编成《桐君采药录》，是我国有文字记载以来最早的药物著作之一，故被尊称为"中药鼻祖"。可见神农是尝茶第一人，桐君是知茶第一人，富春江流域也是我国药茶文化的发祥地。

有关记载桐君的文献最早见于约在春秋时代写成的古史《世本》中。其后，在历代医籍中虽然不乏对桐君的追述，但由于桐君其人的时代早在周代以前，当时尚无有关桐君传记的文字可考，因而对于桐君所处的时代问题出现了四种异说。一是神农时代说。持此说者将神农氏与桐君在药学方面的学术成就同时并举。如陶弘景说："上古神农作为《本草》。……其后雷公、桐君更增演《本草》，二家药对，广其主治，繁其类族"①。《延年秘录》也说："神农、桐君深达药性，所以相反、畏、恶备于《本草》"②。二是黄帝时代说。持此说者以为桐君与少师、雷公等人均为黄帝时代的大臣。如《路史·黄帝纪上》记载："（黄帝）命巫彭、桐君处方、盄饵、湔汗、刺治而人得以尽年"③。徐春甫说："少师、桐君，为黄帝时臣。"④ 明代大医学家李时珍认为，"桐君，黄帝时臣也"⑤。当地方志《严州府志》记载："或曰（桐君于）黄帝时尝与巫咸同处方饵，未知是否？"⑥ 三是唐尧时代说。持此说者指出：桐君为唐尧时代的大臣。如《世本》："桐君，唐尧时臣，与巫咸同处方饵。"四是上古时代说。持此说者认为桐君是上古时人，但时代不详。如《严州府志》云：上古桐君，不知何许人，亦莫详其姓字。尝采药求道，止于桐庐县东隈桐树下（即弯曲的桐树下面）。其桐，枝柯偃盖，荫蔽数亩，远望如庐舍。或有问其姓者，则指桐以示之。因名其人为桐君。此外，在 13 世纪末日本医家惟宗时俊撰写的《医家千字文》中，还引用了我

① 陶弘景：《药总诀·序》，见《金陵丛书·乙集》。
② 据《医心方》卷二引唐代的《延年秘录（方）》佚文转引。
③ 罗泌：《路史》卷四，《四库全书》本。
④ 见徐春甫《古今医统大全》卷一"历代圣贤名医姓氏"。
⑤ 李时珍：《本草纲目》卷一上《序例上》。
⑥ 吕昌明：《（续修）严州府志》卷十八"外志一"，万历四十一年据万历六年增刻本。

国隋唐之际的《本草抄义》一书有关桐君事迹的神仙化传说："桐君每乘绛云之车，唤诸药精，悉遣其功能，因则附口录之，呼为《桐君药录》。"① 上述记载貌似矛盾不一，但其实都是说桐君是与炎黄、唐尧同时代的三皇五帝时代人。在神话传说中，这样的现象在世界各民族历史上是普遍存在的，都是有文字记载后对神话传说时代历史人物的记忆追述。桐君在富春江畔的桐庐桐君山采药制药的传说，颇为符合茶的"药物起源说"，说明桐庐一带也是杭州原始茶、药用茶的起源地之一。

《桐君采药录》是我国也是世界上最早的一部制药学专著。书中对茶煮煎、喝之味苦，使人清醒、不想睡觉，东家常备好茶待客，和哪些地方的人喜欢喝茶、哪些植物性能如茶，都作了详尽记述。这部著作的撰写时代至少是在公元1世纪以前，由于当时人们所利用的药物都是属于取自天然的动物、植物、矿物，它们虽然不需要进行复杂的化学处理和繁琐的机械加工工序，但仍需要经过一定的采制手段方可成为实用的药物，其中包括：充分掌握辨识这些天然物质本身的形态特征、主要产地，采集的季节、时间、处所，辨识其本身的性、味、毒性，以及对于人类疾病的治疗作用等诸多问题，因而统称为"采药"，总结这种采药知识的学科也就是采药学。而古代早期的采药学和现代的制药学其最终目的和要求是完全相同的。正因为如此，故也可以称《桐君采药录》是最早的制药学专书。这是中国人的又一伟大历史创举（或发明），是特别值得称颂的。在中国古代药学史上，《桐君采药录》一书的早期传播过程曾经历了约千余年的历程，对于国内外药学界都产生了一定的影响，但由于其后原书失传，因而很少有人了解其历史与学术价值。

虽然桐君事迹早在先秦时期已有遗闻，但是为了纪念桐君的业绩，早在北宋元丰年间（1078—1085）桐庐县令许由仪就在桐君山顶始建桐君祠，并且代代相传，以迄于今。根据《桐庐县志》② 和《浙江通志》③ 的记载及有关资料，桐君祠自从建成直到现在约九百余年，曾经历了七八次严重坏损和修复重建过程，其中主要有：元朝桐庐县令张可久捐资重修桐君祠，明朝嘉靖初（1522）桐庐知县张莹旧址大规模重建，在祠内悬挂大钟，每日早晚定时撞击，并延请道士主持，万历三十年（1602）桐庐知县杨东再度捐资重修，在祠内增加晋代末期本地著名文人戴颙氏塑像配享。清康熙时桐君祠又重修一次，但未见方志记录④。1979年、1984年桐君祠又先后二次重修一新。桐君祠的重建，反映出人们对这位上古神医的追崇，桐君祠的香火不绝，正是华夏文明代代相传的纽带。

除了建祠塑像外，桐君史迹和文化也体现在当地各个领域。如与桐君有关的历史地名众多，如"桐庐"得名就来自桐君，《方舆胜览》记载：桐君山在桐庐。有人采药，结庐桐木下。人问其姓，指桐木示之，因以桐名郡曰桐庐⑤。桐君采药地桐君

---

① 据日本惟宗时俊《医家千字文》原注所引《本草抄义》转引。
② 童炜：《桐庐县志》卷四"杂志类·祠庙"，康熙二十二年刊本。
③ 《浙江通志》卷六十七"杂志第十一之五·仙释本传"，《四库全书》本。
④ 据申屠丹荣等编著《潇洒桐庐》，浙江人民出版社，1986年。
⑤ 祝穆：《方舆胜览》卷五"浙西路·建德府·事要"，《四库全书》本。

山，又名桐庐山，据《明一统志》：桐君山，在桐庐县东二里，一名桐庐山。相传昔有异人于此山采药求道，结庐于桐木下。人问其姓，则指桐以示之。因号为桐君山。① 此外，还有桐江、桐溪、桐岭、桐溪乡、桐庐镇、桐君崖、桐君潭等地名。千百年的历史传承，桐庐一带也保留了一些与桐君有关的名胜古迹。如桐君山寺、桐君寺、桐君禅寺、桐君塔等。至于历代文人骚客留下的吟咏、描画桐君胜迹的诗文辞章、翰墨丹青更是代不乏人。在桐君山南面临江的陡崖峭壁，还镌有一些古代的书法刻石记文，其中有后魏刻石、唐代摩崖、北宋苏才翁刻石、元代俞颐轩摩崖题诗等②。

作为中药鼻祖，桐君胜迹自然也备受药业追崇。光绪三十四年（1908），四川药业人士为纪念桐君，在四川重庆创办了首家以"桐君"命名的"桐君阁制药厂"，从事生产发售中药业务，迄今已逾百年历史，名声远扬。1984年由重庆桐君阁制药厂发起、联合杭州胡庆余堂等4家药厂，在桐君山旅游区创办了"四方药局"，出售特色中成药。1985年5月5日，桐庐县旅游局等单位举办了"首届华夏中药节"，在桐君祠举行了中药节开幕式和"历代名医塑像落成典礼"。桐君中药文化，得到了很好的传承。

2. 上古寿星彭祖的养生传说及彭祖墓庙遗存　彭祖是传说中的上古寿星，乃颛顼帝玄孙，"善于补养导引之术，并服水、桂、云母粉、麋鹿角，常有少容"③，他"历夏至殷末，八百余岁，常食桂芝，善导引行气"④。东晋时期成书的《搜神记》也说彭祖"常食桂芝"，寿龄达767岁。按上古历法，一甲子是60日，彭祖实际年龄46 020日，约合126岁。后世人们世代将彭祖视为长寿的象征。

彭祖从少时起，就开始习养生之道，冬保暖，夏纳凉，安康"适身"，劳逸结合，娱乐"通神"。少好恬静，不恤世务，不营名誉，不饰车服，唯以养生治身为事。善于补养导引之术，并服水、桂、云母粉、麋鹿角，常有少容，然其性沈重，终不自言有道，亦不作诡惑变化鬼怪之事，窈然无为，时乃游行，人莫知所诣。常闭气内息，从平旦至日中，乃危坐拭目，摩搦身体，舐唇咽唾，服气数十，乃起行，言笑如故。其体中或有疲倦不安，便导引闭气，以攻其患。心存其身，头面九窍，五藏四肢，至于毛发，皆令其存。觉其气行体中，起于鼻口中，达十指末，寻即平和也。⑤

由此可见，他的长寿之道主要是擅长导引、养生，他长寿的秘诀之一就是服食桂枝、灵芝等物，东晋《搜神记》中也说彭祖"常食桂芝"，实际上也是茶的前身原始茶"荼"之一种。肉桂的药用价值，《说文解字》说是"百药之长"，《本草纲目》引《本经》，认为肉桂"治百病，养精神，和颜色，为诸药先聘通使，久服轻身不老，面生光华，媚好常如童子"，其花有"生津、辟臭、化痰、治风虫牙痛、润发"等功效。

---

① 李贤等：《明一统志》卷四十"严州府"，《四库全书》本。
② 方爱龙：《桐君山唐宋摩崖题名》，《杭州师范大学学报（社会科学版）》，2010年第5期。
③ 葛洪：《抱朴子·神仙传》卷之一《彭祖》。
④ 《古今逸史·列仙传》卷上《彭祖》。
⑤ 葛洪：《抱朴子·神仙传》卷之一《彭祖》。

现代中医认为，桂枝（即肉桂树的干燥嫩枝）有发汗、解除肌表及四肢风寒和温通经络的作用，是治疗风寒湿痹、关节酸疼的良药。芝即灵芝，其提高免疫、抗衰老等药用价值人所共知。彭祖从少时起就开始习养生之道，把桂枝、灵芝、云母粉、麋鹿角熬煮当茶喝，正是他长寿的秘诀之所在。这个传说与神农采茶有着异曲同工之妙。

彭祖乃临安望族钱氏远祖。彭祖，"姓籛，名铿，帝颛顼之孙，陆终氏之中子"。① 据《中国姓氏寻根录》，钱氏源出于彭姓。西周时，彭祖的后人彭孚任钱府掌握钱财的官署上士，以官职为姓，故称钱氏。彭孚任官在西周都城镐京（今西安），钱姓发源于今陕西。钱氏渊源久远，根据《钱氏家乘》记载，确系彭祖钱铿嫡系。该族谱卷十二"世系"记载：一世典氏，二世少典氏之子黄帝轩辕氏，帝有子二十五人。三世昌意系黄帝元妃所生次子。四世颛顼高杨氏，传至九世陆终，生六子，三子为十世钱铿，即彭祖，生有五十四子。十一世孚，系彭祖二十八子，为周文王师，拜官泉府上士，因官为姓，是为定姓之祖（古时籛泉通用）。传至五十九世让［生于东汉安帝永初四年（110）八月二十日，汉恒帝建和间封富春侯］，为江东钱氏之祖（江东一世）。七十四世孝憬公，心爱临安土厚水清，迁居茅山（今太庙山），号茅山祖，为临安钱氏之祖。传至八十世钱宽，钱镠之父。吴越钱氏，以吴越国钱武肃王钱镠为第一世，字具美，杭州安国（今临安）县人，江东支祖富春侯第二十二世孙。生于唐宣宗大中六年（852）六月二十六日，于后唐长兴三年（932）三月二十六日逝，寿八十一岁。生子三十一人，养子十人。二世元瓘，吴越国文穆王，镠之七子。元瓘生子养子十九人。三世弘俶，吴越国忠懿王，文穆王第四子。俶生于后唐明宗天成四年（929），后汉乾祐元年（948）正月嗣位，在位三十一年。宋太平兴国三年（978）四月，弘俶继承武肃王遗训，审时度势，纳土归宋后，仍封淮海、南汉等国王，进封许王、邓王，后追封秦国王。端拱元年（988）八月二十四日逝，寿六十，谥忠懿王。有子九个。四世惟演，忠懿王第八子。彭城郡公，谥文僖，追封思王。生子十一。五世暄，冀国公，寿六十有八，生子十一人。六世景臻，会稽郡王，冀国公暄第七子，宋仁宗驸马。七世恺，景臻第四子，封开国公。八世端忠（总领太卿）。九世纂，官知州（南宋年间），自台州迁居临安县南风薵乡之钱宅桥。纂为下钱始祖。十七世思义，为富阳支祖。十八世文珉，思义公次子，明宣德元年（1426）自钱宅桥迁居中嶇坞（今界联村中嶇坞）为中嶇之祖。二十一世阿黑，自临安钱宅桥迁富阳之赔梢坞及唐家坞。从居下钱（钱宅桥，今临安三口镇下钱村）世系始，从三十二世起续谱。据上所述，彭祖确系临安钱武肃王钱镠的先祖。

因为彭祖与临安望族钱氏的族缘关系，史载彭祖墓庙在临安。"八百山，在县东北一十里，有叁峰甚高。中峰号大将山，西峰号紫藤山，东峰号八百山，周九里。按旧志云，彭祖尝居此山"②。明成化《杭州府志》卷四十"冢墓"也载："临安县有籛铿墓，谓武肃王是其裔。"今考彭祖墓地在临安陈家坞百家岭北麓的"八百山"。与彭

① 《古今逸史·列仙传》卷上《彭祖》。
② 《咸淳临安志》卷二十五"山川""临安县"。

祖墓地相距 2 里处，百家岭西侧有彭祖庙。唐为彭祖在临安修庙筑坟，乃吴越国王钱镠所为。后墓废，仅存的石碑与石刻像也已散失，旧址辟为民居。为保护古迹，县有关部门于 1988 年夏在八百山前竖"彭祖遗迹"碑一座。

3. 史前杭州"原始茶"有自成序列的考古学遗存　杭州先民采集食用"原始茶"不仅符合人类原始社会的经济发展规律，有民俗学传承和地方民间神话传说，而且还有丰富的自成序列的考古学证据。

在距今 8 000 年的跨湖桥遗址出土的陶釜及其内呈烧煮状的植物茎枝，说明当时杭州湾先民早就已经掌握采集植物茎叶、果实、根块等原料，进行简单的烧煮来食用的技术。尽管这二（三）十根植物茎枝未能鉴定出是何种植物，但是可以肯定的是：它们属于同一种植物，它们是烧煮过的，它们是可以食用的。尽管对它们的属性还有分歧或可以做出不同的解释，但是，无论是用来充饥的植物类蔬菜食物，还是所谓的单味、单方的中药，抑或是原始茶——茶，都足以说明，当时杭州先民已经开始在众多丰富的植物类食物来源中，分辨出某种植物单独烹煮食用。虽然暂时无法鉴定植物的种类，判断它具有的性状、药性，也无法猜测先民是食用其烧熟的茎叶还是只饮用其烧煮后的汤羹，抑或是连同茎叶加汤汁一起食用，但我们认为，它作为药茶的可能性比作为食物的可能性要大一些。从世界范围内看，迄今为止发现的新石器时代遗址，从来没有保存有呈烧煮状态的连同炊具一起出土的植物茎枝遗存，它的发现和出土，实际具有的考古学意义要远远超出中药或原始茶的范畴。可以说，它既是迄今最早的中药、原始茶遗存，也是距今最早的原始人食物遗存。

在距今 7 000 年的河姆渡文化遗址出土的大量樟科植物茎叶堆积层，说明当时的杭州湾先民已经熟练掌握并普遍食用带有芳香物质的植物茎叶，并把它当做稻作农业提供的主食稻米以外的辅食或副食，具有某种特定的功效。从这些樟科植物茎叶堆积出土在干栏式建筑遗址边上，堆积量之巨大，可以判断：它们是河姆渡人日常采集食用的不可或缺的东西，是经常性、普遍性食用物，是烹煮后废弃的残渣剩料。樟古称檀，《诗经》里的诗句"坎坎伐檀兮置之河之干兮"，或许是上古先民采集樟树茎叶食用的遗风，秦始皇派方士徐福入海寻求长生不老药、日本和歌山徐福东渡遗迹及名为"天台乌药"的樟科植物制作的药酒，都无不说明河姆渡文化时期的樟科植物，就是其先河。程启坤先生认为这些樟科植物的枝叶是一种"非茶之茶"，可以看作一种"原始茶"。李时珍著的《本草纲目》认为："樟，辛温，无毒，主治霍乱、腹胀，除疥癣风痒、脚气。"程先生的这一论点，是可以采信的①。放在杭州湾原始茶起源的考察范围，这个发现和论断具有非同小可的参证价值。

在其后分布于杭州湾北岸太湖平原的马家浜文化、崧泽文化、良渚文化遗址中，也都出土了与茶有关的陶器炊具，有马家浜文化的典型陶器"擂茶钵"，有崧泽文化的"腰沿釜"，有良渚文化的典型器"宽把带流壶"等。虽然随着稻作农业的进步，

---

① 赵相如、徐霞：《古树根深藏的秘密——综述余姚茶文化的历史贡献》，《茶博览》2010 年第 01 期（总第 81 期）。

史前杭嘉湖先民的食物来源有了比较稳定的保障，但是采集经济依然是重要的补充，先民们依旧保留着采食植物果实茎叶等烧煮食用的习惯，虽然没有直接的"原始茶"食物遗存发现，但是我们依然可以推断：他们一直在食用这样的食物。

从距今 8 000 年到距今 5 000 年的史前时期，杭州湾地区几经潮涨潮落，沧海桑田，先民们创造的文化饱受海侵、气候变化带来的灾难性影响，或迁移或衰落甚或消失，但是迄今已经发现的考古遗址和史前文化，已经自成序列，文明进化的链条环环相扣，而原始食物的重要组成部分"原始茶"，也十分庆幸地得以保存下来，出土面世，并且在世界上是最早的，也是自成序列的。

四、原始茶"荼"与茶和中草药的源流关系

俗话说，"民以食为天"，在涉及原始茶起源问题上，还有一个"民以食为先"的问题。从历史进程上看，人类采食食物在先，果腹充饥是为了满足基本的生存需要。而药和茶，都是从食物中分化出来的"功能性食物"，用药来治疗疾病，调理身体，以茶来提神醒脑，排毒解渴。在上古时期，甚至在更长远的历史时期，人类经历了一个食物与药、茶混同的阶段，或者说是把药与茶从食物中区别出来的阶段。所以，从食物起源、发展史来看，药、茶与食物的关系是比较简单清晰的。中医药普遍所说的"药食同源"理论，不仅在原材料上，药物源自食物，在发展进程上，食物在先，药物在后。在茶与食物的关系上，也是如此，也存在"茶食同源"的事实，茶源自"原始茶"，即"荼"。

随着先民对各类植物性状、食用药用认识的提高，"荼"开始逐渐分化，一分为三。其主流是继续保留杂煮羹饮特征的"茗粥"一类，在民间流传至今的民俗食物中，迄今仍有大量遗存，如擂茶、姜盐豆子茶、酥油茶及各种名为茶的食物。另一类具有某种特定药理功能的植物，逐渐从"荼"中分离出来，成为中药的起源，从上古时期的"百草"——各种植物演变为后世中医药的"本草"，其中有所谓"单方""复方"之别。第三类就是茶逐渐从食物、药物中分离出来，成为后世的清饮茶类。

从茶起源的食物说和古文字学关于"荼"的考释看，跨湖桥遗址出土的陶釜中遗存的呈烹煮状的束状植物茎叶，恰恰是杭州先民最早的"原始茶"——"荼"实物遗存。迄今民间饮食中，普遍存在的以食名茶的非茶之茶等民俗事象，就生动说明了茶与食物的关系。所以药、茶与食物的关系是比较明晰的，不仅"药食同源"，而且"茶食同源"。

关于茶的起源，以往学界有"食物起源说""药物起源说""综合起源说"，都有一定道理。但却忽视了原始社会时期存在一个漫长的采集植物杂煮羹饮食物时代，茶与草药都是从食物"荼"中分离出来的，这是一个从低级到高级的发展过程，符合人类社会发展规律。先民在采食植物过程中，才发现某些具有特殊芳香气味或物质的植物的药用功能，"神农尝百草"时，主要是为了找到、辨识可以食用的植物，他"日遇七十二毒"，正是说明他的这种遍尝"百草"的行动，是具有危险性的冒险行动，因为哪种草有毒在尝之前是不得而知的。幸好他得到了"荼"，得以解毒。这个神话

故事很能说明食物、药物和茶起源的关系。也有的学者认为，在食物、茶、中药的起源关系上，是纵向单线的，"其发展轨迹，简而言之就是：食物——（食物茶）——茶——（药茶）——中药。"① 我们认为，食物是茶与草药的共同起源，是比较客观可信的，药与茶的关系确实也可能存在某些草药起源与茶混杂的情况，但是茶与草药应该都是从"原始茶"——"荼"中分离出来的。至于"食物茶""药茶"，无非是名称混用而已，这恰恰说明它们三者早期发展演化历史中很长时间内存在的彼此之间你中有我、我中有你的关系。

这里还要说明的一点是，后世的中药原材料，除了植物外，还包括动物、矿物、化合物等物质。在讨论茶的起源时，应该主要是指植物，也就是中医药专用的所谓"本草"。这"本草"就是从各类植物"百草"中筛选出来的具有药性或药用功效的植物。

在辨析了原始茶"荼"与中草药与茶的源流关系后，那么不禁要问：茶与中草药的关系如何呢？对此迄今学界争议不断，各执一词。有的认为茶在先，药在后，药起源于茶；有的说药在茶先，茶是从药物的汤剂发展而来的。搞清楚茶与药的关系，对厘清非茶之茶的原始茶与后世真正的茶的源流关系，具有重要参证意义。

以茶为药，以药入茶，一直是中国民间饮食的一大习俗。这种民俗学意义上的现象，其实是有深刻的历史文化背景的。茶能止渴，消食除疾，少睡，利尿，明目，益思，除烦去腻。中医性味理论认为，甘则补，而苦则泻。茶的归经是"入心、脾、肺、肾五经"。历代以茶为药，蔚然成为传统。早在唐代，即有"茶药"（见唐代宗大历十四年王国题写的"茶药"）一词，唐代陈藏器在《本草拾遗》中甚至强调："茶为万病之药"。宋代林洪撰的《山家清供》中，也有"茶，即药也"的论断。可见茶就是药，并为古代药书本草所收载。茶不但有对多科疾病的治疗效能，而且有良好的延年益寿、抗老强身的作用。明代李时珍（1518—1593）所撰的药物学专著《本草纲目》，成书于明万历六年（1578）。李时珍自己也喜欢饮茶，说自己"每饮新茗，必至数碗"。书中论茶甚详。言茶部分，分释名、集解、茶、茶子四部，对茶树生态、各地产茶、栽培方法等均有记述，对茶的药理作用记载也很详细，曰："茶苦而寒，阴中之阴，沉也，降也，最能降火。火为百病，火降则上清矣。然火有五，次有虚实。若少壮胃健之人，心肺脾胃之火多盛，故与茶相宜。"认为茶有清火去疾的功能。

在中国典籍中，"中药"一直称为"本草"。本草之名，始见于《汉书·平帝纪》"元始五年"条，有"方术本草"之说。宋《本草衍义》则曰："本草之名，自黄帝、岐伯始"。岐伯者谁？岐伯是传说中的上古时代医家，中国传说时期最富有声望的医学家，《帝王世纪》："（黄帝）又使岐伯尝味百草。典医疗疾，今经方、本草之书咸出焉。"后世以为今传中医经典《黄帝内经》或《素问》，相传是黄帝问、岐伯答，阐述医学理论的著作。后世托名岐伯所著的医书多达8种之多，这显示了岐伯氏高深的医学修养。故此，中国医学素称"岐黄"，或谓"岐黄之术"。可见，从中医药的起源

① 陈珲：《从杭州跨湖桥出土的八千年前茶、茶釜及相关考古发现论饮茶起源于中国吴越地区》，《农业考古·中国茶文化专号》，2003 年第 2 期。

看，黄帝与同时代的岐伯和桐君，堪称鼻祖，岐伯重在医学，桐君重在药学。

在其后的中医药发展进程中，茶的地位和作用如何呢？我国茶叶药用记载史最早可以追溯到汉代。《史记》中"神农尝百草，始有新药"，说明茶的药用是在食的基础上发现的，以食为先。司马相如在《凡将篇》将茶列为 20 种药物之一；在《神农百草》中记载了 365 种药物，其中也提到茶的 4 种功效，即"使人益意、少卧、轻身、明目"。东汉的张仲景用茶治疗下痢脓血，并在《伤寒杂病论》记下了"茶治脓血甚效"。神医华佗也用茶消除疲劳，提神醒脑，他在《食论》中说"苦茶久食，益思意"。另外在壶居士的《食忌》中都提到了茶的药理作用。到了三国又有不少有关茶的药用记载，如魏吴普《本草》中提到，"苦茶味苦寒，主五脏邪气、厌谷、目痹，久服心安益气。聪察、轻身不老。一名茶草"。陆羽在《茶经》中提出了茶叶的 6 种功效：治热渴、凝闷、脑疼、目涩、四肢烦、百节不舒。据中医学界研究，从三国时期到 20 世纪 80 年代末，有关茶叶医药作用的记载共有 500 种之多，其中唐代有 10 种，宋代有 14 种，元代有 4 种，明代有 22 种，清代有 23 种。由此足见，在中医药五千年发展历史中，茶一直作为一味常用药，配伍在众多的方剂中，并有以茶为药的传统。到了近代，习惯上"茶药"一词，才仅指处方中含有茶叶的制剂。

现代医学认为，茶叶如果单独作为充饥之用，就凭它的蛋白质、糖分等少量的能量不可能成为理想的食品，现在对茶的药理作用的研究成果，也进一步说明了茶叶是依赖它的药用价值而流传下来的。茶作为药食乃同源而生，两者非常难分开，饮茶的习惯之所以能延续到今天，与它的药用价值是不能分割的。从 20 世纪 50 年代至今，随着科学技术的发展，茶叶营养价值和药用价值的不断发现，茶的应用日趋频繁，各种各样的药茶应运而生，如防治肝炎的"茵陈茶""红茶糖水""绿茶丸"；治疗胃病的"舒胃茶""溃疡茶"；治疗糖尿病的"宋茶""薄五条"；治疗痢疾的"枣蜜茶""止痢速效茶""茶叶止痢片"；以及治疗感冒的"万应茶""甘和茶"，还有减肥茶、戒烟茶等，数不胜数。

近年来用茶叶有效成分提取制成的药物也在临床上得到了广泛应用，它与上述药茶方有显著的不同，主要是后者药物针对性强、有效率高、科技含量高，有生白、抗癌、降脂以及提高人体免疫力等疗效的各种茶叶药物和保健品。如茶色素所制成的心脑健，可防治动脉粥样硬化及其伴高凝状态的疾病；茶多糖可提高人体免疫能力；茶多酚还可用于防止龋齿、杀菌、消炎、激活肠道有益微生物以及明目等多种功能。因此，茶叶的药用与现代医学已较好地融为一体，从而可为人类健康和发展做出更大的贡献。

如今在日常饮用的各类茶品中，都有不同的药用功效。如按照茶的功效分，苦丁茶降血脂、降血压、降血糖；薄荷茶消菌、强肝，健胃整肠，提神醒脑，调理消化；花茶散发积聚在人体内的冬季寒邪，促进体内阳气生发，令人神清气爽。绿茶生津止渴，消食化痰，对口腔和轻度胃溃疡有加速愈合；青茶润肤、润喉、生津，清除体内积热，让机体适应自然环境变化的作用；红茶生热暖腹，增强人体的抗寒能力，还可助消化，去油腻；普洱茶降脂减肥，降三高。如此等等，都被人们普遍认知，广为食用。

综上所述，茶与中药的关系是"同源而异流"，它们都源自原始人类采集经济时代的食物之一——茶或原始茶，在漫长的混杂同食过程中，人类逐渐发现了其中某些食物的特殊功能，逐渐加以区分，从"百草"中辨别出来，成为"本草"或"茶草"。再经过很长的发展历程，茶与药又相对区分开来，各自独立发展成两个独立的饮食体系。但是，在这个漫长的过程中，茶与药一直是相互混杂，互不分离的。一方面，茶作为中药本草的一种，成为复方中药的配伍药材之一；另一方面，茶也作为单味的药剂，一直发挥着保健养生治疗的药用功能。与此同时，在作为大众生活无处不在的茶的演化史中，许多中药汤剂，不管有没有茶入药，是单方还是复方，都习惯冠名为"茶"，约定俗成地天经地义地把药当成茶，就如同把食品叫作茶一样，一直是中华医药和民间饮食的传统习俗。在茶、药从同源到异流的演变过程中，很难说谁先谁后，存在时间上的先后关系。它们就像是原始茶——茶所生的两个同胞孪生兄弟，在经过数千年的同母哺乳后，逐渐成长，各自独立发展。虽然它们的性质、功能甚至形态、面貌，还有许多类似相近之处，但是它们在满足人类物质或生命需求的同时，又随着社会发展上升到满足人们的精神生活需求，而正是这种精神上的需求，赋予了它们各具特色的文化特质，从而成为中华文化体系里独特的茶文化和中医药文化。

从茶与中草药关系的辨析，我们可以得出如下推论：杭州湾史前文化遗址考古发现的类茶植物遗存，既是杭州先民在采集经济时代的食物遗存，也是杭州中医药、茶文化起源史上最早的中草药、原始茶标本。

（本文系 2012 年中国国际茶文化研究会等在西安举办的第十三届国际茶文化研讨会论文，获优秀论文三等奖，论文提要收录在 2014 年浙江人民出版社出版的《盛世兴茶》精编本。）

儒释道与茶文化渊源散论

　　儒释道是中华传统文化体系中最主要、最重要的组成部分，不仅历史悠久、博大精深，而且作用巨大、影响深远，它们虽然形成于农耕文明时代，却有着超越历史、跨越时代局限的属性和价值。

　　茶文化伴随社会经济发展和文明进步而兴衰起伏，与儒释道有着水乳交融、密不可分、互为表里、相辅相成的深厚渊源和不解之缘。在现代科技昌明、文化繁荣、物质丰裕、高度开放的社会里，茶文化与时俱进，与现代化进程和社会转型相适应，在现代社会不但没有式微衰落、消亡灭绝，反而得到更好的继承保护、发扬光大。无论作为一种饮品，还是作为文化载体，茶所具有的许多自然、人文特性和养生修性、社会文化等功能，都是现代社会所需要而且相对比较缺乏的。

儒：以茶入礼兼和天下

　　儒学（或称儒教）从孔孟之道到程朱理学，主宰中国社会政治发展两千多年，成为历代士人修身齐家、入世报国的政治伦理（即所谓"王道"）而奉为圭臬，其主旨是通过礼乐教化、三纲五常来倡导仁义、兼爱、中庸等社会伦理观，以礼制实现万民和乐、天下太平的社会理想。

　　以茶喻德，君子风范。茶生于山野，餐风饮露，汲日月之精华，得天地之灵气，本乃清净高洁之物。儒家认为茶有君子之性，赋茶以德。唐韦应物称赞茶"性洁不可污"，刘贞亮则把饮茶功效归纳为"十德"，即：以茶散郁气，以茶驱睡气，以茶养生气，以茶除病气，以茶利礼仁，以茶表敬意，以茶尝滋味，以茶养身体，以茶可行道，以茶可雅志。北宋苏东坡用拟人化的笔法所作的《叶嘉传》，把茶誉为"清白之士"。宋徽宗也称茶"清和淡洁，韵高致静"。到现代，已故著名茶学家庄晚芳先生把"茶德"归纳为"廉美和静"，而中国国际茶文化研究会周国富会长积极倡导"清敬和美"的茶文化核心理念。自古迄今，儒家都赋予茶清正高洁、淡泊守素、安宁清静、和谐和美的品德，寄寓了深厚的人文品格，蕴含了高尚的人格精神。

　　以茶修身，精行之道。茶味苦中有甘、先苦后甘，饮之令人头脑清醒，心态平和，心境澄明。唐代茶圣陆羽称茶为"南方之嘉木"，茶之为饮"最宜精行俭德之人"。所谓"精行"，勇猛精进、勤于践行、精益求精、追求完美者是也；所谓"俭德"，朴实无华、大朴不雕、守素崇德、重义轻利者是也。这样的人，就是儒家所倡导的"天将降大任于斯人也，必饿其肌肤，劳其筋骨，苦其心志"者，是有抱负有志向的仁人志士。而茶的品格在成就这样的人格的过程中，是最适宜发挥守素养正作用的。一杯清茶，两袖清风，茶可助人克一己之物欲以修身养廉，克一己之私欲而以天下为公，以浩然之气立于天地之间，以忠孝之心事于千秋家国。以茶助廉，以茶雅志，以茶修身，以茶养正，自古为仁人志士培养情操、磨砺意志、提升人格、成就济世报国之志的一剂苦口良药。

"穷则独善其身，达则兼济天下"，身处江湖之野，不忘庙堂之志，是许多儒家士大夫的人生抱负。作为古代民间慈善义举、公益事业的形式之一，我国城乡民间施茶之风相沿不衰。如杭州湖墅一带茶亭施茶由来已久，至今留传有茶亭庙、茶汤桥等地名。茶亭庙在江涨桥畔，因庙旁旧有甘露亭，是昔日每年夏天专为路人施茶的茶亭，故庙以亭名。在一些翻山越岭、跋山涉水、路途遥远的乡野古道上，自古有乡贤富绅捐资或村民集资建造的茶亭，"十里一亭，五里一厕"，给行旅过客免费提供茶水，歇脚纳凉，成为耕读时代儒家士人行善积德、扶危济困、兼济天下的生动写照。

以茶交游，亲和包容。茶在唐宋以来进入大众社会生活后，成为人们社会交往的媒介，以茶会友、以茶交友，成为人们社会活动的重要方式，茶馆作为公共活动的空间，从城镇市井走向乡村津会，遍布大江南北。儒家认为，饮茶可以自省，也可以省人，既可以自娱，自得其乐，也可以乐人，与人同乐。通过饮茶可以沟通思想，创造和谐气氛，增进彼此友情，改善人际关系。"有朋自远方来，不亦乐乎?!"客来茶一杯，叙旧话新，茶汤中蕴涵着浓浓的高情厚谊；"摆开八仙桌，招徕十六方"，"煮沸三江水，同饮五岳茶"，茶馆一开张，就成为三教九流汇聚之地，形成独具一格的小社会。

茶通六艺，雅俗共赏。儒家士大夫在人格上追求清正高雅，他们在茶事活动中以清为美，以雅为尚，以茶入艺，融艺于茶，既升华了中国茶道的美学意境，也丰富了茶文化的人文内涵。中国有所谓文人七件宝，"琴棋书画诗酒茶"。一方面，茶通六艺，茶使六艺添趣增色，饮茶可以醒诗魂，添画韵，增书香。茶是最容易诱发诗情画意的，它与各种艺术形式自古就是相通的，无论哪种艺术形式与茶融合，都可以平添几分诗意，使人脱俗近雅。历代丰富多彩的茶艺文，包括茶诗词、书画、戏剧、音乐、舞蹈等，是我国传统文化艺术的重要组成部分。以茶入诗书，融书画，伴琴棋，辅雅事，讽世弊，可以增清趣，添清兴，得雅韵，显清傲。另一方面，六艺韵茶，赋予茶丰富的人文内涵和艺术元素，形成了多姿多彩、不拘一格的茶艺表现形式。历代茶艺样式，如唐朝"煎茶道"为主流的古典主义，宋元时"点茶道"为主流的艺术主义，明清后以"撮泡法"为特征的自然主义，都是我国文化艺术发展时代精神和风格特征的体现。茶因为有了六艺的浸润、渲染而更加普及，更加可爱，使得历代名士茶人都愿将生命付予杯中"此君"。

茶是中国民间人们日常生活不可或缺的重要事物，"柴米油盐酱醋茶"，是老百姓过日子的"开门七件事"，并由此形成了多姿多彩、生趣盎然的民间、民俗、民族茶文化，构成了中华茶文化的丰厚基础。茶在高雅的精英文化和通俗的民间文化里都扮演着重要角色，都是唯一而且不可替代的。而且，茶可雅可俗，雅俗同体，雅俗共赏，茶文化自身还是沟通精英高雅文化与民间民俗文化的一座桥梁，使社会精英、文人雅士们多几分民间情怀，也可使普通百姓多几分风雅的文人情趣。

以茶入礼，相沿成俗。儒家强调通过礼乐教化构建伦理社会，故而以茶入礼，藉茶礼蕴含的仁爱、敬意、友谊和秩序，来达到宣化人文、传达典章的目的。除了客来奉茶、以茶会友外，茶在国人传统的人生大事中都扮演着重要角色，发挥着重要作用，成为协调人际关系、实施社会教化的工具。因种茶树必下籽，移植则不生，取其矢志不移和必定有子的吉祥寓意，许多茶区男婚女嫁自古离不开茶。如西湖茶农婚俗，习惯以茶为媒结良缘。民谚有"吃了哪家茶，就是哪家人"，"一女不吃两家茶"。"吃茶"即"定亲"，下聘礼称"下茶"或"定茶"，连整个婚嫁礼仪也称为"三茶六礼"，这"三茶"就是指订婚时的"下茶"，结婚时的"定茶"，洞房时的"合茶"。儒家认为"生死事大"，故而得子庆生、亡故丧事也都以茶入礼。如生儿育女，要吃"贵子茶""三朝茶""满月茶""周岁茶"。如死者入殓，先要在棺材底撒一层茶叶、米豆，出殡、封金时也要撒茶叶、米豆。在清明、冬至祭奠祖先亡灵焚烧的纸钱中，也夹有茶米。此外，四时八节也茶不离节，如农历正月初一要吃"新年茶""元宝茶"，二月十二要吃"花朝茶"，四月要吃"清明茶"，五月要吃"端午茶"，八月要吃"中秋茶"等。许多茶礼历经千百年传承，相沿成俗，成为国人的生活常态。

以茶明伦，兼和天下。茶具有的优良品德和人格精神，与儒家所提倡的亲和包容的"中庸之道"高度契合。儒家认为，"中庸"是处理一切世事的最高原则和至理标准，并进而从"中庸之道"中引出"和"的思想。在儒家眼里，和是中道，和是平衡，和是适宜，和是恰当，和是一切都恰到好处，无过亦无不及。而茶在采制、点泡到品饮的一整套茶事过程中，无不体现出"和"的观念。"酸甜苦涩调太和，掌握迟速量适中"，是泡茶时的中庸之美；"奉茶为礼尊长者，备茶浓意表浓情"，是待客时的明伦之礼；"饮罢佳茗方知深，赞叹此乃草中英"，是饮茶时的谦和之态；"普事故雅去虚华，宁静致远隐沉毅"，是品茗环境与心境的俭行之德。

茶文化是抚慰人们心灵的清新剂，是改善人际关系的润滑油。现代社会中人们常常处于极度紧张焦虑之中，人与人之间的竞争压力、利益关系使人们变得越来越疏远、越来越冷漠。而以茶会友、客来敬茶等传统民风，具有特殊的亲和力和感染力。在激烈的人生角斗场中，人们往往内心浮躁，充满欲望，患得患失，求不得而烦恼痛苦，而一杯清茶正可以清心醒脑，涤除烦躁，抚慰伤痕，使心情恢复平静。茶是最适宜现代人的"功能饮品"，使许多现代人的"现代病"不治而愈。自心和方能和人，心和人和则天下和。

释：以茶参禅茶禅一味

佛教（又称释教）与茶文化自古水乳交融，尤其是以中国化的禅宗与茶的渊源根深蒂固，古来素有"茶禅一味"之说。禅茶因缘几何？试为之一说。

佛寺名山，多产名茶。茶的广泛种植源自禅门寺院，"天下名山僧占多"，名山多宜茶且又多产好茶名茶。唐代出产名茶多半为佛门禅师所首植。唐《国史补》记载，福州"方山仙芽"、剑南"蒙顶石花"、洪州"西山白露"等名茶，均产自寺院。陆羽《茶经》所记江南州郡出产的名茶中，许多与佛寺禅院有关。根据史料记载以及民间传说，我国古今众多的历史文化名茶中，有不少最初是由寺院种植、炒制的。如天下第一名茶"绿茶皇后"西湖龙井，其前身就出产自唐代杭州西湖灵竺一带寺院，北宋时有"香林茶""垂云茶""白云茶"等。著名的余杭径山茶，为唐径山寺开山祖师法钦禅师所首植。福建武夷山出产的"武夷岩茶"前身"乌龙茶"，也以寺院采制的最为正宗，僧侣按不同时节采摘的茶叶分别制成"寿星眉""莲子心"和"凤尾龙须"3种名茶。现今有名的"碧螺春"，源自北宋时太湖洞庭山水月院的寺僧采制的"水月茶"。明隆庆年间（1567—1572）僧人大方制茶精妙，其茶名扬海内，人称"大方茶"，是后世皖南茶区所产"屯绿"的前身。此外，浙江普陀山的"佛茶"、安徽黄山的"云雾茶"、云南大理的"感通茶"、湖北的"仙人掌茶"、浙江天台山的"天台云雾茶"等，最初都产自于当地寺院。

饮茶坐禅，蔚然成风。禅师植茶，茶为禅用，可谓近水楼台先得月。茶有提神醒脑、驱除困魔的功效，正好为禅家坐禅所用，后世饮茶成风，与禅师打坐饮茶密不可分。唐代茶风之大兴，正是得益于禅风之兴盛，时人有所谓"学禅务于不寐，又不夕食，皆许其饮茶。人自怀挟，到处煮饮，从此转相仿效，遂成风俗"。

在佛教界，流传着一则关于达摩祖师撕下眼皮变成茶的故事。达摩祖师当年在少林寺后山的山洞中打坐，一坐9年。少林寺的僧人们虽然不认识他，但出于慈悲，怕他饿死，所以送饭食给他，但是送来的饭菜都原封未动，后来渐渐去看他的人就少了。达摩祖师虽然不饮不食，但是在入定中的第三年，由于睡魔侵扰，让他盹着了一会。达摩祖师清醒后非常愤怒，连昏睡这样的搅扰都抵挡不住，何谈普度众生！于是他撕下眼皮掷在地上继续坐禅。不久，达摩祖师扔下眼皮的地方长出一苗灵根清香的枝叶。达摩祖师在后来的打坐中，一逢有昏沉就摘这叶子来嚼食——这就是茶。后来的禅僧也学习祖师，在坐禅时用茶汤来驱赶睡魔、提神醒脑，养助清思。这个说法听来有些佛教的法术神通，却是茶的早期起源与佛教禅宗息息相关的反映。

清规戒律，著录茶汤。唐宋禅院的僧堂仪轨以茶汤入戒律清规，《禅苑清规》记载各种茶会详尽备至，以茶供佛、点茶奉客、以茶参禅均纳入丛林仪轨，成为禅僧修持和日常僧堂生活的一部分。当时寺院中的茶叶称"寺院茶"，一般用于供佛、待客、自奉。寺院内设有"茶堂"，专供禅僧辩论佛理、招待施主、举办茶会、品尝香茶；堂内置备有召集众僧饮茶时所击的"茶鼓"和各类茶器具用品；还专设"茶头"，专司烧水煮茶，献茶待客；山门前有"施茶僧"，施茶供水。

宋元时期，江南地区尤其是杭州周边禅宗寺院中的各类茶事臻于炽盛，每因时、因事、因人、因客而设席，名目繁多，举办地方、人数多少、大小规模各不相同，通称"煎点"，俗称"茶（汤）会""茶礼""茶宴"。根据《禅苑清规》记载，这些禅院茶事基本上分两大类，一是禅院内部寺僧因法事、任职、节庆、应接、会谈等举行的各种茶会。如按照受戒年限先后举办的"戒腊茶"，全寺上下众僧共饮的"普茶"，新任主持晋山时举行的点茶、点汤仪式。《禅苑清规》卷五、六就记载有"堂头煎点"

"僧堂内煎点""知事头首点茶""入寮腊次煎点""众中特为煎点""众中特为尊长煎点""法眷及入室弟子特为堂头煎点"等名目。在寺院日常管理和生活中，如受戒、挂搭、入室、上堂、念诵、结夏、任职、迎接、看藏经、劝檀信等具体清规戒律中，也无不掺杂有茶事茶礼。当时禅院修持功课、僧堂生活、交接应酬以致禅僧日常起居无不参用茶事、茶礼。在卷一和卷六，还分别记载了"赴茶汤"以及烧香、置食、谢茶等环节应注意的问题和礼节。这类茶会多在禅堂、客堂、寮房举办。二是接待朝臣、权贵、尊宿、上座、名士、檀越等尊贵客人时举行的大堂茶会，即通常所说的非上宾不举办的"大堂茶汤会"。其规模、程式与禅院内部茶会有所不同，宾客系世俗士众，席间有主僧宾俗，也有僧俗同座。

茶中三昧，可通禅机。茶入法礼，可通禅机，禅僧以茶供佛，自成丛林宗风。寺僧以茶供奉佛祖、菩萨、祖师，称"奠茶"。如天台山罗汉供茶，每天需在佛前、祖前、灵前供茶，赋予茶以法性道体，以通神灵。而禅宗之顿悟重在"当下体验"，这种体验往往是只能意会、不能言传。恰恰就在这一点上，禅与茶"神合"。

北宋元祐四年（1089）底，苏东坡第二次到杭州出任知州，公务余暇曾到西湖北山葛岭寿星寺游参，南山净慈寺的南屏谦师闻讯赶去拜会，并亲自为苏东坡点茶。苏东坡品饮之后，欣然赋诗相赠《送南屏谦师》，诗序云："南屏谦师妙于茶事。自云得之于心，应之于手，非可以言传学到者。十二月二十七日，闻轼游落星，远来设茶。作此诗赠之：道人晓出南屏山，来试点茶三昧手。忽惊午盏兔毛斑，打作春瓮鹅儿酒。天台乳花世不见，玉川风腋今安有。先生有意续茶经，会使老谦名不朽。"这里的"三昧"一词，来源于梵语 samadhi 的音译，意思是止息杂念，使心神平静，是佛教的重要修行方法，借指事物的要领、真谛。诗中称赞南屏谦师是点茶"三昧手"，意即掌握点茶要领、理解茶道真谛的高人，足见当时杭州高僧精于茶事。在苏东坡看来，点茶与参法问道一样，达到化境自然悟得个中三昧。

当下一念，禅茶同味。在日本茶道界盛传着这样一桩公案：一日，被后世尊为日本茶道开创者的村田珠光用自己喜爱的茶碗点好茶，捧起来正准备喝的一刹那，他的老师一休宗纯突然举起铁如意棒大喝一声，将珠光手里的茶碗打得粉碎。但珠光丝毫不动声色地说："柳绿桃红。"对珠光这种深邃高远、坚忍不拔的茶境，一休给予高度赞赏。其后，作为参禅了悟的印可证书，一休将自己珍藏的圆悟克勤禅师的墨迹传给了珠光。珠光将其挂在茶室的壁龛上，终日仰怀禅意，专心点茶，终于悟出"佛法存于茶汤"的道理，即佛法并非什么特殊的形式，它存在于每日的生活之中，对茶人来说，佛法就存在于茶汤之中，别无他求，这就是"茶禅一味"的境界。村田珠光从一休处得到了圆悟的墨宝以后，把它作为茶道的最高宝物，人们走进茶室时，要在墨迹前跪下行礼，表示敬意。由此珠光被尊为日本茶道的开山，茶道与禅宗之间成立了正式的法嗣关系。

这则公案旨在借用中国禅门机锋棒喝一类的公案，喻示村田珠光（1423—1502）获得一休宗纯（1394—1481）的认可，从而确立其茶道开山之地位。村田珠光 30 岁时到京都大德寺师事一休宗纯，学习临济宗杨岐派禅法。文明六年（1474），一休奉敕任大德寺住持，复兴大德寺。村田珠光从一休那里得到杨岐派祖师圆悟克勤的墨迹，现在成为日本茶道界的宝物。珠光在大德寺接触到了由南浦绍明从宋朝传来的茶礼和茶道具，并将悟禅导入饮茶，从而创立了日本茶道的最初形式"草庵茶"，并做了室町时代第八代将军足利义政的茶道教师，改革和综合当时流行的书院茶会、云脚茶会、淋汗茶会、斗茶会等，结合禅宗的寺院茶礼，创立了"日本茶道"。

中日禅茶界一致公认日本茶道源自中国禅院茶礼，但在其源流、人物、内容和形式等方面，却存在不同的说法，甚至有以讹传讹的版本。如关于禅茶起源，主张唐朝起源论的有赵州和尚说、夹山和尚善会（805—881）说、径山国一禅师法钦说；"茶禅一味"的思想渊源是圆悟克勤（1063—1135）及其《碧岩录》，还是源自禅宗临济宗众多大德高僧和《禅苑清规》；尤其是在制定、实施、推广、传播禅院修持法事活动、僧堂生活与茶事礼仪相结合的实践过程和东传日本中，到底是哪位高僧大德发挥了关键作用，皆迄无定论。圆悟克勤的禅门领袖地位和禅学成就无可置疑，他的《印可状》在日本茶道界的至高地位也值得肯定，他的法系子孙成为南宋和元朝兴盛江南的临济宗各大禅院的骨干中坚力量，也举世公认。但从禅院茶会的实践样式、流播时间和对日茶道的直接后续影响看，显然不是他本人，而是继承他法统的径山弟子大慧宗杲、密庵咸杰、无准师范等南宋临安径山禅寺的禅门宗匠，以及元代天目山狮子院"江南古佛"中峰明本等。

进一步说，从《禅苑清规》关于僧堂茶汤会的详尽规定看，宋元时期的江南禅院都在流行以茶参禅的修习方法，许多高僧大德都是精于茶事、主持茶会的茶人。但是从现存的禅门公案、语录等看，却绝少提到茶事。有人为了找到"茶禅一味"的出处，证明村田珠光从一休宗纯那里得到的究竟是不是圆悟克勤墨迹"茶禅一味"，查阅了各个版本的《大藏经》、禅宗语录，都没有"禅茶"或"茶禅"的记录，更没有"茶禅一味"或"禅茶一味"这种特别的提法。导致这种情况的原因，颇为符合人类认知存在的所谓"灯下黑"现象。因为茶汤会在当时的禅院的法事活动和僧堂生活中无时不有，无处不在，习以为常，司空见惯，以致谁都不觉得这有什么要特别提及的，就像赵州和尚一句"吃茶去"，其实不过是当时用来机锋棒喝的"口头禅"而已。同时，造成有所谓的"茶禅一味"四字真诀墨宝，也是对日本茶道界"茶禅一味"的说法妄信和误见所致，日本茶道界本来就没说有圆悟克勤书写的四字墨宝，他们崇敬备至的只是一幅圆悟克勤写给弟子虎丘绍隆的《印可状》而已。

茶的滋味很难描述出来，况且因人因时因地而异，百人恐有百味甚至千味万味，此味正合禅理。当一杯在手，品味着集苦涩香甜诸多味道于一身的茶汤时，正所谓当下一念，茶禅一味。

道：以茶养生天人合一

道教是中国土生土长的宗教，糅合了华夏先民原始宗教、天神崇拜、黄老道家、神仙方术以及民间信仰等元素，以"道法自然"为主旨，重视生命，注重养生，主张"重生轻物"的生命本位观和"无欲无为"的养生论，崇尚清静无为、返璞归真，追求尊道贵德、天人合一的至高境界，在宇宙观、生命观、哲学思想和科技、医学等领域，对中国传统文化产生无处不在的深刻影响，被誉为东方科学智慧之源。道教与华夏文明相伴而生，与茶文化形影相随，其渊源关系可谓达到了血溶于水的程度。

茶祖茶神，道教神祇。"茶之为饮，发乎神农氏""神农尝百草，日遇七十二毒，得茶而解之"，是故炎帝神农氏历来被尊为"中华茶祖"。而道教敬奉的诸多神祇中，"三皇"之一的农业之神神农氏，正是中华茶祖。三皇指天皇、地皇、人皇（又作泰皇），分别指上古三帝，即燧皇燧人氏、羲皇伏羲氏、农皇神农氏。

在道教祀奉的各类行业神当中，茶圣陆羽被奉为"茶神"。各地茶乡茶市都建有祠宇，祀奉陆羽。而事实上，陆羽本人出入寺观，与禅僧、道士交游，不仅受佛教影响，也深得道教真传。这从他在《茶经》"四之器"中关于"风炉"的设计，可见一斑。陆羽创造的煮茶风炉，一足云"坎上巽下离于中"；一足云"体均五行去百疾"。巽主风，离主火，风能生火，火能熟水。五行相生相克，阴阳调和，从而达到去疾、养生、羽化的目的。八卦、五行都是道家教理，一只风炉，寓含了道家的天地宇宙观。

老子出关，客来敬茶。相传函谷关关尹喜在老子西出函谷关时，奉献了一杯金色仙药。《天皇至道太清玉册》载："老子出函谷关，令尹喜迎之于家，首献茗。此茶之始。老子曰：食是茶者，皆汝之道徒也。""老子出关"是一则津津乐道、妇孺皆知的典故，关令献茶相迎，成为"客来奉茶"习俗的起源。而老子饮后所言，则更把饮茶与成为道徒联系了起来。这则故事与达摩禅祖撕眼皮的传说如出一辙，反映的也是茶与道教关系之密切。

道家茶事，相沿成习。道士历来爱茶，既饮且种，相沿成习。三国吴丹阳（今属江苏）人葛玄（164—244）是著名的道教学者，被誉为"葛仙翁"，青年时登天台山修道炼丹，在乱云飞渡、云雾缭绕的归云洞开山种茶，人称"葛仙茗圃"。宋人《天台山赋》即有"仙翁种茶"之说，至今遗址犹存，尚有 33 株灌木茶树，迄今已有 1 700 余年的历史。晋人《神异记》载：余姚人虞洪到山中采茶，遇一牵着三头青牛的道士，自称"丹丘子"，并指示大茗产地，虞洪入山果然采得大茗，后以茶奠祀丹丘子。南朝宋道士陆修静（406—477），曾在庐山修道，相传他曾"削壁种茶"。南朝齐梁道学家、医学家陶弘景（456—536），隐居茅山（在今江苏），潜心研究道学、医药，曾整理古代《神农本草经》，并撰《本草经集注》等书多种，尝云："苦茶，轻身换骨，昔丹丘子、黄山君服之"，认为饮茶有利于减肥轻身、健康长寿、羽化成仙。唐朝诗人温庭筠《西岭道士茶歌》云："乳宝溅溅通石脉，绿尘愁草春江色。涧花入井水味香，山月当人松影直。仙翁白扇霜鸟翎，佛坛夜读黄庭经。疏香皓齿有余味，更觉鹤心通杳冥。"描述了道士汲泉煮茶的情景。明太祖朱元璋第十七子、道士朱权在所著《茶谱》中道出了道教饮茶之真趣："凡鸾俦鹤侣，圣人羽客，皆能志绝尘境，栖神物外，不任于世流，不污于时俗。探虚玄而参造化，清心神而出尘表。"若非得道高士，焉能如此妙笔点睛？！诸如此类，不胜其数。道家茶事，可谓中华茶史之重要篇章。

　　茶通仙灵，轻身羽化。茶乃万物之精，万品之华，清而不浮，静而不滞，淡而不薄。除了"茶叶苦，饮之使人益思，少卧，轻身，明目"外，道家更认为，茶可以"除烦去腻"，"久食令人瘦，去人脂"，"轻身换骨"，"苦茶久食羽化"，"茶通仙灵，久服能令升举"。甚至日本茶祖荣西也说："茶乃养生之仙药，延龄之妙术"，被誉为"草木之仙骨"。如果说禅僧以茶参禅问道，可通禅机，悟得三昧，那么道士以茶为饮，可以通仙灵，达到轻身羽化、得道成仙的最终目的，两者有异曲同工之妙，都反映出茶所具有的药用功效与宗教修为的结合，被赋予了某种出神入化的超自然功能。

　　斋醮科仪，用茶为奠。茶与宗教祭祀仪轨的结缘，最初是从道教起源阶段的天神崇拜开始的。早在西周时，"周武王伐纣，实得巴蜀之师……茶蜜……皆纳贡之"。周朝专设掌茶官 24 人，其职能是"掌以时聚茶，以供丧事"。茶是通灵达神之物，《尚书》云："祭言察也，察者至也，言人事至于神也。"茶作为祭天地、祭神灵、祭祖先的祭品奠物，就顺理成章了。唐罗隐《送灶诗》云："一盏清茶一缕烟，灶君皇帝上青天"，这是民间以茶祭祀灶神。齐武帝永明十一年七日诏曰："我灵上慎勿以牲为祭，唯设饼、茶饮、干饭酒脯而已。天下贵贱，咸同此制。"以茶设祭为奠，从此成为约定俗成的礼制。

　　后世道教的斋醮科仪中，也普遍用茶。如四川青城山十供中茶为其一，南宋《上清灵宝大法》云："上帝三宝前，列茶汤。"道教香、花、水、果、灯五供中，水一般也用茶为之。清代在祭祀真武大帝时，就用白瓷杯盛茶作供品。《言功设醮全集》还有献茶词："夫此茶者，蒙顶摘芽，采仙春于峰上……望瑶台而献上。"以蒙顶茶献供瑶台诸神，茶真乃道家甘露灵液。茶可通达大道仙界，因此在道教的追荐科仪中也有"三奠茶"。

　　守素崇俭，天人合一。道教教理规定道徒要"修道养德"。在个人修养上，要做到"清静无为，清心寡欲"，主张"无为而治"，追求建立一个公平的、和平的世界，并企图通过个人修炼达到延年益寿、得道成仙的目的。茶的自然属性、药用功能和精神功能，正适合道教徒以茶悟道。通过饮茶使心灵得到清静、恬淡、扶寿、成仙，正是道家所追求的真谛。饮茶作为一种养生方式，贯穿着道教"以德治命"的理念。"掌握了生活艺术的人便是道教所谓的'真人'。"饮茶艺术是道教生命价值的神圣体现。

　　道家倡导崇尚自然、朴素的美学理念和重生、贵生的养生思想，以"尊道贵德、天人合一"为最高信仰追求，为中国茶道思想确立了灵魂。金元道士诗人元好问的《茗饮》一诗，就是饮茶品茗契合自然、臻于天人合一至高化境的生动写照："宿酲未破厌觥船，紫笋分封入晓煎。槐火石泉寒食后，鬓丝禅榻落花前。一瓯春露香能永，万里清风意已便。邂逅华胥犹可到，蓬莱未拟问群仙。"诗人以槐火石泉煎茶，对着落花品茗，一杯春露一样的茶能在诗人心中永久留香，而万里清风则送诗人梦游华胥国，并羽化成仙，神游蓬莱三山，可视为人化自然的极致。元代杨维桢的《煮茶梦记》同样也是道家茶道臻于化境的绝妙例证。茶人只有达到人化自然的境界，才能化自然的品格为自己的品格，才能从茶壶水沸声中听到自然的呼吸，才能以自己的"天性自然"去接近、去契合客体的自然，才能彻悟茶道、天道、人道。

茶源于自然，贵于人文，从植物变作物，从贡品到祭品，从饮品到法食，从草木到至宝，融自然、人文于一身，契合"天人合一"的理念。中华茶文化是东方生命伦理和东方生态哲学的集中体现，中国茶文化的最高境界是"天人合一"。尤其耐人寻味的是，钱穆先生在临终之前口述的一篇文章中，也提出"天人合一"的思想是中华文化对人类作出的最大贡献的主张。他说："惟到最近始澈悟此一观念实是整个中国传统文化思想之归宿处"，并强调"我深信中国文化对世界人类未来求生存之贡献，主要亦即在此"。钱先生的这段话被中外学术界称为他的"文化遗嘱"。在体现"天人合一"这一点上，茶的确达到了中华传统文化的最高层次。

在传统文化体系中，除了儒释道，还有医、农等与茶渊源深厚，与茶文化相交融，如在起源和发展过程中，茶与药同源而异流，与道家关系较密切，茶与农则同源且同流，与儒家关系更密切。

纵观儒释道与茶文化发展历史，还有值得注意的一点是：儒释道各自独立发展的同时，还出现"三教合一"的趋势；尤其是在南宋孝宗的《原道辩》（后改《三教论》）出炉，提出"以佛修心，以道养生，以儒治世"之说后，这种趋势更形明确。因此，在茶文化与儒释道的关系上，也呈现深化、交融、趋同、升华之势，限于篇幅，兹不展开。

（本文原刊杭州市茶文化研究会编《茶都》总第 15 期，2014 年 6 月。）

陆羽"精行俭德"茶德思想探源

关于茶的功用，陆羽在《茶经·一之源》有精到而全面的阐述："茶之为用，味至寒，为饮最宜精行俭德之人。若热渴、凝闷、脑疼、目涩、四支烦、百节不舒，聊四五啜，与醍醐、甘露抗衡也。"对于这段文字，尤其是其中的"精行俭德"一词，茶界不少人查字典，翻古籍，断句读，释精义，热闹非凡，众说纷纭，其中不乏奇思妙想乃至奇葩的解读，可谓歧义百出，至今莫衷一是。究其原因，不外乎断章取义、望文生义、以今喻古、过度解读，而最根本的莫过于没有把这段文字"还原"或"放回"到陆羽其人和所处时代的"语境"中来释读。

比如说"茶之为用，味至寒"，那是用中医药学的"性味"理论来阐述茶的功用。"性味"指中药的药性和气味，是中药药性理论的基本内容之一，《神农本草经》序录云："药有酸咸甘苦辛五味，又有寒热温凉四气。"即所谓的"四气五味"。"四气"又称"四性"，指药物的寒、热、温、凉四种特性。其中寒凉和温热相对，而寒与凉、热与温只是程度不同。一般寒凉药多具清热、解毒、泻火、凉血、滋阴等作用，主治各种热症。温热药多具温中、散寒、助阳、补火等作用，主治各种寒症。此外还有平性，药性平和、药效和缓。"五味"指辛、甘、酸、苦、咸五种味道，后泛指体现药物功能归类的标志。如辛味药有发散解表、行气行血作用，故解表药、行气药、活血药多具辛味，主治表症和气滞血瘀症；再如苦味药有清泄、燥湿作用，故清热、泻火、通便、燥湿药多具苦味，主治热症、火症、湿症。茶性寒味苦，故其主要功用就是清热降火、解毒化郁，所以陆羽在其后大赞茶"与醍醐、甘露抗衡也"。因此，要正确精当释读"精行俭德"这一事关中国茶德思想渊源的四字本义，就应该把它放到作者本人及其所处时代的文化"语境"中来，否则，再怎么咬文嚼字、追本溯源，恐怕都会或隔靴搔痒、不得要领，或过度解读、钻牛角尖。这些情况恰恰是学术研究之所忌。

"精行俭德"应作何解？"当代茶圣"吴觉农主编的《茶经述评》解释为"注意操行和俭德"[①]。此外，还有"品德端正俭朴""品行端正有节俭美德""品行端正有勤俭美德""精诚专一，没有旁骛，品德简约、谦逊而不奢侈""'精行者'，无非即注意操守，品行端正之谓也；而'俭德'呢，即'节俭之美德'是也""精诚专一，待人谦逊和蔼，不放纵自己""注意操行具有俭朴美德"等说法。这些解释大多把"精行"

① 吴觉农著：《茶经述评》，第 1—4 页，中国农业出版社 2005 年。

和"俭德"并列，分别释义，前者基本是品行端正之意，后者基本是俭朴美德之意①。

还有人特别从词性解释云："此处的'行'是动词，而'精'是专一的意思，用以说明'行'的程度。《古今韵会举要·庚韵》谓'精，专一也'。所以'精行俭德'应该理解为'专一践行自律品德'。"此说何据？该文云："'俭'有节约、节俭之意，这是众所周知的。关剑平先生在研究茶的精神时，首次发掘出其更深层次的含义，他在《茶与中国文化》一书中提出'俭字本意即为约束、限制、节制'。其根据是《说文解字》释'俭，约也'。段玉裁注云：'约者，缠束也。俭者不敢放侈之意。'这一发现足以让关先生成为陆羽的解人，因为陆羽更看重的应该是具有约束，尤其是自我约束的能力和觉悟的人。这样的人，也就是我们今天所说的能够自律的人。"②

本文拟就以往茶界有关"精行俭德"的歧义略作辨析，重点就"精行""俭德"的词源及其本义再作辨析，并就陆羽茶德思想的人文价值和当下意义略作探讨，以请正于方家。

一、"精行"一词源自先秦原典，具有天文、中医、儒、释、道等多维意涵，尤其在佛教经籍和佛家语汇中，更是常见的惯用语，是"精进修行"的缩略

"精行"一词的词源和本义存在诸多分歧，以往有的解读如"品行端正""精诚专一"之类，不是过就是不及，陆羽本义尚未得到正解。虽然各类词典查不到"精行"一词，但并不等于说此词是陆羽原创或杜撰。恰恰相反，"精行"一词在成书于春秋的"群经之首，大道之源"的《易经》、成书于战国时期的最早中医理论著作《素问》（与《灵枢》合成《黄帝内经》）等汉语先秦原典中早就出现，并且具有天文、中医、儒、释、道等多方面的意涵，尤其在佛教经籍和佛家语汇中，更是常见的惯用语，是"精进修行"的缩略。这不仅与陆羽其人出儒入僧近道、亦僧亦儒亦道的身份特征和文化背景相契合，而且也与陆羽《茶经》简约精练、精当典雅的语文风格和特征相一致（篇幅关系兹不赘述）。

"精"的本义是精米，后引申出精气、精华、精致、精诚、专一、精神等含义。"精气"又作"精炁"，中国历代思想家一般都把"精气"看作一种构成人生命和精神的东西，是构成人体的基本物质，也是人体生长发育及各种功能活动的物质基础。《易经·系辞上》曰："精所耿物，游魂为变，是故知鬼神之情状。"孔颖达疏："云精气为物者，谓阴阳精灵之气，氤氲积聚而为万物也。"《管子·内业》说人是天地精气化合创造的，"凡人之生也，天出其精，地出其形，合此以为人。"《素问·调经论》则云："人有精气津液，四支九窍，五脏十六部，三百六十五节，乃生百病。"东汉无神论者王充在《论衡·论死》中说："人之所以生者，精气也。"《东周列国志》第一

① 蔡定益：《茶经"精行俭德"一词研究综述》，《农业考古》2009年第5期。
② 缪元朗：《"精行俭德"新解》，《光明日报》，2014年12月28日。

回中有云："太史奏道：'神人下降，必主祯祥，王何不请其黎而藏之？黎乃龙之精气，藏之必主获福。'"清代学者戴震《原善·绪言下》说："知觉者，其精气之秀也。"这里"精气"的意思，都是构成宇宙生命最原初、最基本的物质。所以，精气也用来指代日月星辰，而"精行"就是天体运行的意思。《素问·五运行大论》中说："虚者，所以列应天之精气也。"显然，这里的精气就是日月星辰。《吕氏春秋》"圜道"篇："天道圜，地道方。……精气一上一下，圜周复杂，无所稽留，故曰天道圜。……日夜一周，圜道也。月躔二十八宿，轸与角属，圜道也。精行四时，一上一下，各与遇，圜道也。"这里的"天道"是指日月星辰周而复始的天体运行轨迹，而"精行"一般指精气运行之意，也就是大自然四季运行变化的动态平衡状态。

在中医学中，"精气"被赋予多重含义，如人类生殖之精，《素问·金匮真言论》中说："夫精者，生之本也。"这种"精"包括"先天之精"和"后天之精"。"先天之精"即"炁"，是人体的基本物质，是禀受父母的生殖之精，先天而有，与生俱来，是构成胚胎发育的原始物质，具有生殖、繁衍后代的基本功能，并决定着每个人的体质、生理、发育，在一定程度上还决定着寿命的长短。中医脏腑理论认为肾主水藏精，人在出生离开母体后，精藏于肾，成为肾精的一部分，是代代相传、繁殖、生育的物质基础。《素问·上古天真论》："二八，肾气盛，天癸至，精气溢泄，阴阳和，故能有子。"又说："此虽有子，男不过尽八八，女不过尽七七，而天地之精气皆竭矣。"在此基础上，中医学的精气进而衍生出构成生命和维持生命的基本物质和功能体现，如《素问·生气通天论》云："阴平阳秘，精神乃治，阴阳离绝，精气乃绝。"中医学的精气，还有水谷之精、五脏之气、精阳之气等含义。《素问·奇病论》云："夫五味入口，藏于胃，脾为之行其精气。"《素问·经脉别论》："饮入于胃，游溢精气，上输于脾。"指的是水谷之精。《素问·宣明五气篇》云："五精所并，精气并于心则喜，并于肺则悲。"指的是五脏之气。《素问·奇病论》："其母有所大惊，气上而不下，精气并居，故令子发为颠疾也。"王冰注："精气，谓精阳之气也。"

在道家典籍和道教学说里，精气指的是宇宙、生命、智慧的本源，即《易经》精气之本意。在中国先秦哲学中，精气是一个重要的哲学范畴，指最细微的物质存在。如《老子》论道时说："其中有精，其精甚真"，惜老子未曾展开阐述。《庄子·秋水》也说："夫精，小之微也"，"夫精粗者，期于有形者也"，把"精"解为细微之义，认为它属于有形之列，这种解释把精气视为细微的物质存在。《管子·内业》说："精也者，气之精者也"，把"精"视为最细微的气。又说："凡物之精，此则为生，下生五谷，上为列星"，"藏于胸中，谓之圣人"，认为精气是生命的来源，也是圣人智慧的来源。在道家文献中，有"努力精行""精行道要"等说法。如道家最早经籍《太平经》就有"努力精行，有疑者来"的记载。南朝陈时，净明道祖师许逊的12大弟子"西山十二真君"之一甘战，北宋被敕封为"精行真人"（《江西通志》卷103）。北宋张君房《云笈七签》卷107收录唐李渤撰《梁茅山贞白先生传》，说南朝梁道士陶弘景"幼而聪识，成而博达"，20多岁时"服道"，"咨禀经法，精行道要，殆通幽洞微"，还有"敬受灵诀，专精行之"等记载。在道家的语境中，"精行"是指道士守正养素、砥砺修行，精深修行、精通道要，或道行精深、通幽洞微。如果从道家修习通常是通过炼气或行气（行气使心，精步逾玄）以达到提高智力（通幽洞微）、提升境界（坐化升仙）的角度看，这里的"精行"与天体运行的"精行"显然具有某种关联性。

儒家积极入世，是精神的，精明的，精干的。在儒家看来，精气就是正气、精神、精气神。《素问·通评虚实论》云："邪气盛则实，精气夺则虚。"《素问·调经论》："按摩勿释，出针视之，曰我将深之，适人必革，精气自伏，邪气散乱。"精气实质上是内在阳元之气、精阳之气，与外侵邪气相对。诚如《素问·五藏别论篇》："所谓五藏者，藏精气而不泻也。"宋代林亿等《新校正》云："按全元起本及《甲乙经》《太素》：'精气'作'精神'。"胡天雄《素问补识》云："其实古代精、气、神三字是通用的，精气、精神可以互用。'精神内守'即'精气内守'，'精神乃治'即'精气乃治'。《三十六难》'谓精神之所舍'即'谓精气之所舍'。《史记·扁鹊传》'精神不能止邪气'即'精气不能止邪气'。《素问·上古天真论》："精神内守，病安从来。"王冰次注："精气内持，故其气从，邪不能为害。"《素问补识》："天雄按：王注精神为精气，与邪气为对待，与《史记·扁鹊传》'精神不能止邪气'，精邪对举同。《内经》中凡精神即精气。"由此，儒家引申出锐意进取、自强不息的含义。在汉语文献中，"精进"的本义，是精明上进、锐意求进。《汉书·叙传上》载："迺召属县长吏，选精进掾史，分部收捕。"颜师古注云："精明而进趋也。"北魏郦道元《水经注·河水一》就有关于"优婆塞"（居士）"尚精进"的记载，其文曰："有优婆塞，姓释，可二十余家，是昔净王之苗裔，故为四姓，住在故城中，为优婆塞，故尚精进，犹有古风。"南宋李纲《雷阳与吴元中书》说："卦之象无所不取，而君子观之，无所不法。自彊不息，积小而大，非精进乎？"即便是现代汉语中，类似例子也不乏其例。如叶圣陶《倪焕之》十三云："他像是个始终精进的人，意兴阑珊是同他绝对联不上的。"

在佛教典籍和佛门丛林中，"精进"是梵语 vīrya（伏瑞拉）的意译，本义是坚持修善法、断恶法，勤劳勤奋，毫不懈怠。佛典《唯识三十论》："勤谓精进，于善恶品修断事中，勇悍为性，对治懈怠，满善为业。"也就是说，"精进"就是对善事要坚决修行，对恶事要坚决断弃，以勇健强悍之心克治懈怠心理，从而完善自我；要做到"精进"，需具有"勇悍"之志。那么，何谓"勇悍"？《成唯识论》解释道："勇表胜进，悍表精纯。""勇"是全力以赴、奋勇前进，而"悍"是意志精纯、毫无杂念，诚所谓"勇而无惰，自策发也，悍而无惧，耐劳倦也"。"勇"是一种克服惰性的自策发力，而"悍"乃是无所畏惧、忍劳耐倦的意志力。在这里，我们发现的是一种积极向上、奋力进取的精神。熊十力先生对"勇悍"之义概括为"勇者升进义，悍者坚牢义"，可谓恰如其分、契合本义。在佛教各类经典中，"勇悍"又常作"勇猛"。如《无量寿经》卷上："勇猛精进，志愿无倦。"《法华经·序品》曰："又见菩萨勇猛精进入于深山。"清纪昀《阅微草堂笔记》卷四《如是我闻四》也云："是僧闻言，即对佛发愿，勇猛精进，自是宴然无梦矣。"又云："忏悔须勇猛精进，力补前愆。"在佛学词典、佛教文献中，"勇猛精进"是作为专门佛教术语来立词条的，本意为奋勉修行，喻指勇猛进修之难行。佛教的经典理论和修行实践都是很艰难的，修行的人要不怕艰难，在修行证悟之道上不成正果、誓不退缩，这种精神就是勇猛精进。在大乘佛教看来，一点苦也吃不了，一点精进之心也没有，就想即身成就，是异想天开。在藏传佛教中，人们通常把文殊、观音、金刚手称为"根本三尊"，因为他们代表成佛不可缺少的三大法宝——智慧、慈悲和勇猛精进。所以，佛教界有出家学法修行乃大丈夫也就是佛祖大雄这样的伟丈夫所为之说。现在不少大中学校、禅修佛学院，也常用"勇猛精进"作为校训院训，正是取其励志奋进之意。

在佛教学法修行实践中有"六度波罗蜜"之说，也就是六种成佛的方法，即持戒、忍辱、布施、精进、禅定、般若。"精进"不仅是其中之一，而且是平衡这六种方法最重要的因素。佛门把"精进"分为五个层次，即被甲精进、加行精进、无下精进、无退精进、无喜足精进（又叫有势、有勤、有勇、坚猛、不舍善轭精进）。所谓"被甲精进"，就是看到佛法义理，由信解故，自我惕厉，我当如此依教奉行；所谓"加行精进"，就是在被甲精进的基础上不断进一步加功用行，以期待早日证悟真理；所谓"无下精进"，是指因加行精进而生疲苦，依然忍受苦楚，不在仪式上产生怯懦的情绪；所谓"无退精进"，是指与他（或她或它）逼恼，心不动摇，精进不舍；所谓"无喜足精进"，是指对于善品不得少为足，永不满足，精进不已。也有说法是根据"精进"的程度，划分为五种：第一，被甲精进，如勇将上战场，无所畏惧，勇往直前；第二，加行精进，加强自身的策发力，坚固信念；第三，无下精进，不妄自菲薄，无挂碍无恐怖；第四，无退精进，遭遇苦境能坚忍不屈，坚猛心志；第五，无足精进，永无止境的精进，自强而不息。

此外，佛教达到最高理想境地（涅槃）的八种方法和途径"八正道"中，除了"正见"之外，其他七正道如正志、正语、正业、正命、正方便（又称正精进）、正念、正定，都是在坚定不移地信奉佛教教义即正见的基础上精进不懈的修行方法。另外，佛说"四正勤"也是四种"精进"之法：未生善令生起，已生善令增长，未生恶令不生，已生恶令除灭。《大智度论》说：精进法是一切善行的根本，能生出一切诸道行，乃至阿耨多罗三藐三菩提。可见精进是修道的根本。

在探明"精进"之出典和本义之后，那我们不禁要问："精进"究竟是怎样的一种人生状态或精神境界呢？在佛家修持实践中又是以怎样的标准作为参照的呢？首先，在佛教的经传故事里，有许多佛陀世尊示现说法、强调精进之重要的故事。在佛典《八大人觉经》中，释迦牟尼佛说："常行精进，破烦恼恶，摧伏四魔，出阴界狱。"佛陀劝勉世人，只有持之以恒地精勤猛进，才能破除生死烦恼所导致的过恶，摧毁降服烦恼魔、五阴魔、死魔、天魔，出离三界牢狱。如有一则故事说：一次几位新学的比丘有问题要请教佛陀，当时佛陀刚好卧病在床。阿难尊者就在屋外对几位新学比丘讲法。当阿难讲到"精进"时，恰好被屋里的佛陀听到。佛陀立刻从病床上坐起，恭敬地听阿难讲法。"阿难，你刚才在说精进么？"佛陀欢喜地问阿难说。"如是，世尊！""阿难，你刚才在赞叹精进么？"佛陀又问了一遍。"如是，善逝！"佛陀反复问了三遍，然后无比赞叹地对阿难说："阿难！你应当常行，常修，常念精进，乃至令人得阿耨多罗三藐三菩提！"

另一则故事则云：有一天，佛陀率领众弟子在外面弘化途中，要阿难为同行的比丘们说法。阿难于是为大家宣说精进的重要，赞叹精进的功德。佛陀听了，说："阿难！你赞叹精进吗?"阿难回答："是的，佛陀！我赞叹精进。"佛陀说："精进是值得称赞的。努力行善，名为精进。不但修行成佛非精进不可，就是世间的学问、事业、一切好的事情，也都要精进才能成功。懒惰的、放逸的，只知道享受而不肯勤劳努力的，什么事也不会成功，精进是值得称赞的。"最后，佛陀看了看阿难，对大众说："居家懈怠，则衣食不供，产业不兴；出家懈怠，不能出离生死之苦。一切众事，都是由于精进方能成就。"佛陀所以如此示现开示，正是要告诉后来学佛者精进的无比重要！

佛祖在《大宝积经》中还讲述了两位菩萨的"精进"事迹：他们行持精进时，一千年中，没有起念想躺卧；一千年中，没有起念想坐下；一千年中，没有一次弯身蹲着；一千年中，没有起念分别食物的咸淡、酸甜苦辣、味道好坏等；一千年中，每次乞食时，从未看过布施者是男是女；一千年中住在树下，从未抬头看过树的样子；一千年中，衣服从未更换过；一千年中，没有起过一念欲觉、恚觉、害觉；一千年中，没有缘念父母、兄弟、姊妹等亲人眷属；一千年中，没有起念仰观虚空、日月、星宿、云霞等景色；一千年中，没有起念想从阴影处移到光亮处，或者从炎热处移到清凉处；一千年中，在严寒时节没有起念加厚衣，让身体暖和舒适；一千年中，没有起念谈论世间无利益的话语。

如此修行，何其难也！如此所谓"精进"，一方面包括勇猛刚毅的心，另一方面还包括不达目的决不罢休的坚固愿力。修行的关键在于如何调节自己的内心，而不在于外在的事相。所以精进关键是心或意的精进，而不是身的精进。身体应当调节好，不要让它过分劳累。但行、住、坐、卧都应当时时刻刻观照自己的内心，保持正知正念和菩提心，一发现自己与善法不相应就应赶紧回来，安住于正知正念中，这就是修行，才是真正的精进。真正精进修行的人，要克服拖沓推延、浅尝而止、繁杂不专、畏难退转、急于求成、放逸懈怠等不良习惯和心理，懂得把修行融入自己生活的每一细节，不会让任何的一分一秒无意义的虚度空过。如此精进，实为坚韧不拔、自励自强、不畏艰险、勇于进取、生命不息、奋斗不止的无畏进取精神。

其次，在诸多佛教经典中，有关圣者菩萨行持作为厉行精进之道的，不胜枚举。如《大集经》云："法悟比丘二万年中常修念佛，无有睡眠，不生贪嗔等，不念亲属、衣食、资身之具。"《自在王菩萨经》云："金刚齐比丘修习正法，诸魔隐身伺之，千岁伺之，不见一念心散可得恼乱。"《念佛三昧经》云："舍利弗二十年中，常勤修习毗婆舍那，行住坐卧正念观察，曾无动乱。"《如来智印经》云："轮王慧起舍国出家，三千岁系念，亦不倚卧。"《一向出生菩萨经》云："阿弥陀佛昔为太子，闻此微妙法门，奉持精进，七千岁中胁不至席、意不倾动。"《金刚般若经》云："萨陀波仑菩萨，七岁经行住立，不坐不卧。"虽然佛经中上述大菩萨的勇猛精进远非凡夫俗子所能企及，但我们却从中了解到大乘佛教菩萨的"精进"，是何等博大精深、坚固有力。

二、"俭德"是"俭以养德"的缩写，是源自先秦原典的儒、释、道三家共同倡导的修行之道和君子美德

"俭"字本有收敛、约束之义，引申有自律、慎独的含义，是君子自我修养、人格完善的基本方法之一，后来有简约、俭朴、节俭、质朴之义。

俭，从人，从金，金亦声。"金"意为"两边""两面"。"人"与"金"联合起来表示"在人前人后都言行一致、厉行节约的人"。本义是生活上自我约束，从不放纵的人。引申为节省、节约，当着众人的面节约财物，背着众人却铺张浪费，这就不叫"俭"。所谓"俭"，一定是人前人后都能做到节约的人。《说文》："俭，约也。"《易经·否象传》："君子以俭德避难。"《左传·僖公二十三年》："严公子广而俭，文而有礼。"《韩非子·难二》："俭于财用，节于衣食。"《国语·鲁语》："今先君俭而君侈，令德替矣。"司马迁《报任安书》："恭俭下人。"《老子》第六十七章："我有三宝，持而保之：一曰慈，二曰俭，三曰不敢为天下先。慈故能勇；俭故能广；不敢为天下先，故能成器长。"这里的俭，陈鼓应先生认为是有而不尽用的意思。《论语·学而》："夫子温、良、恭、俭、让以得之。夫子之求之也，其诸异乎人之求之与？"明无名氏《孟母三移》第二折："物有本来，事有终始，以温、良、恭、俭、让之德，五者乃圣德光辉。"段玉裁《说文解字注》把俭解释为"不敢放侈"。这与现代汉语中的节俭、节约之意，可谓一脉相承。

"德"的字形由"心""彳""直"三个部分组成。"心"表示与情态、心境有关；"彳"表示与行走、行为有关；"直"，"值"之本字，相遇、相当之义。洪颐煊《读书丛录》："值本作直。"段玉裁《说文解字注》："凡彼此相遇相当曰值……古字例以直为值。""德"字形本意为"心、行之所值"，是关于人们的心境、行为与什么水平或什么状态相当的判断。《易经·乾卦》曰："君子进德修业。"唐孔颖达注："德，谓德行；业，谓功业。"由此可知，"德"的本意就是恪守道德规范者的"操守""品行"，如功德、品德、德才兼备、德行等。从"德"字的构型来分析，这里已包含有禁忌，要遵从一定的思想和行为规范。《荀子·非十二子》："不知则问，不能则学，虽能必让，然后为德。"就是说，一个人要做到"问""学""让"才能算是有"德"。"德"，也是一个人或社会好的内在的品格和价值观。老子《老子·四十九章》说："圣人常无心，以百姓心为心。善者吾善之，不善者吾亦善之，德善。信者吾信之，不信者吾亦信之，德信。"儒家认为，"德"指内心的情感或者信念，用于人伦，则指人的本性、品德。"德"包括忠孝、仁义、温良、恭敬、谦让等。

"俭德"一词最早出现在《周易·否·象传》："象曰，天地不交，否；君子以俭德辟难，不可荣以禄。"意谓君子时运欠佳之际，要低调、内敛，以俭朴之德行来规避危难险阻，千万不要去追求荣华富贵。《左传·庄公二十四年》："俭，德之共也；奢，恶之大也。"俭朴为养成美德共通之道。《尚书·太甲上》记载伊尹对刚即位的商王太甲告诫道："慎乃俭德，惟怀永图。"把俭德与国家的长治久安联系起来，一国之

君王要对自己的言行举止谨慎约束，修养德行，才能营造社会良好道德风尚，使社会安定和谐，国家长治久安。《后汉书》卷四十八列传第三八《翟酺传》："夫俭德之恭，政存约节。故文帝爱百金于露台，饰帷帐于皂囊。或有讥其俭者，上曰：'朕为天下守财耳，岂得妄用之哉！'至仓谷腐而不可食，钱贯朽而不可校。"三国时诸葛亮《诫子书》也说："夫君子之行，静以修身，俭以养德，非澹泊无以明志，非宁静无以致远。"《晋书》卷二十《礼志中》黄初三年曹丕下诏云："先帝躬履节俭，遗诏省约。子以述父为孝，臣以系事为忠。古不墓祭，皆设于庙。高陵上殿皆毁坏，车马还厩，衣服藏府，以从先帝俭德之志。"在儒家看来，俭是君子人格最重要的德性之一，孟子的"养心莫善于寡欲"，宋明理学的"存天理，灭人欲"，其实都基于此而立论。节俭有助于养成质朴勤劳的品德情操，"俭以养德"成为儒释道三家共同提倡的修行之道和君子美德。

陆羽所说的"俭德"，显然是与"精行"并列的最适宜饮茶的人的品德，是"俭以养德"的提炼概括或省略缩写，其含义正是俭朴以养成美德，与放纵奢侈相对。这与陆羽在《茶经·五之煮》中说"茶性俭"是相呼应、相一致的。如果把"俭德"解释为"自律品德"，窃以为不仅有过度解读的嫌疑，它既不是美德本身，还与陆羽要表达的"精行俭德"本义大相径庭。何以故？因为严格说，"自律"本身正如"慎独"一样，是有道之士、正人君子的修身之道或方法。而陆羽在这里只是说茶之"为饮，最宜精行俭德之人"，并没有把"精行俭德"当作四字"茶德"——此"德"乃君子之俭朴美德之德，而非像我们现在很多茶人所理解的那样是"茶德"之德或"茶道"精神。从词性上讲，这里的"俭"并非冠于"德"前的修饰名词，而是古汉语文言文惯用的"俭以养德"的倒置动宾结构。从语法上讲，"精行"与"俭德"是并列的结构，而不是动宾结构。为免生误解歧义，避免词句的割裂，保全文意的完整，陆羽这句话的最佳句读，我认为应该是："茶之为用，味至寒，为饮最宜精行、俭德之人。"

三、"精行俭德"的正解及其人文价值和当下意义

在把"精行俭德"放回到汉语原典和儒释道语境下正本清源以后，我们发现其含义其实并不复杂，也不难解。陆羽所说的"精行俭德"，其词源是"精进修行""俭以养德"的简称或缩略，其本义一言以蔽之，就是勤勉奋发以修行、清苦俭朴以养德。无论从前人对茶的历史认识，还是从现代科学对茶的研究检测，茶的天秉德性和自然功用确实如陆羽所言，"最宜精行俭德之人"。

1. "精行俭德"是茶德、茶人精神，不是茶道、茶道精神　陆羽的"精行俭德"提法开启了通向"圣人之门"的通道，是陆羽"圣心"的流露，也是茶人向圣问道之旅的开始。唐代的饮茶风尚从寺院到宫廷，再到市井民间，到了"滂时浸俗"（茶成为时尚与日常之需），"两都并荆渝间，以为比屋之饮"的地步。安史之乱造成的粮食紧缺而实施的禁酒令，使得茶成为新时尚的代用品。茶的益思提神功能获得了空前的文化品格，文人雅士们在茶事圈里挥霍自己的才赋禀性，抒发安身立命的出世情怀，或寻找施展抱负的机会。诗文受到茶性的熏染，呈现出与盛唐不一样的尚"清"尚

"新"的特点，诗的形态、措辞与意境都是冲淡清和的，抒发的是茶一样的韵味。饮茶风气的兴起与普及，使得世俗生活正在形成一种新的时尚道德，这个道德与茶性的认识有关，并影响到人性的建树与诗文的性格。从茶性到人品，诠释的恰是中唐社会生活的深层心态。文人的才情秉性到了茶的领域，构成了最重要的茶人群体（禅僧与文士）。从茶性到诗性，到人品，茶置换着中唐人社会生活的深层心态。在这种养生文化与文人生态中，产生了对茶德的看重。禅宗认为茶有去睡、化食、入定"三德"；刘贞亮列出茶有"十德"：散郁气、驱睡气、养生气、除病气、利礼仁、表敬意、尝滋味、养身体、可雅志、可行道，都是从茶性、茶的功效以及它所能比附的助益君子之德修成的角度来说的。陆羽则提出了茶人之德是另一种茶德。陆羽眼中的茶人，并不是茶农、茶商，而是能兼修茶事之道的文化人。他的"精行俭德"，正是这样的茶人的茶事实践遵循的内在法则，是一种真正的茶人精神，而不是如今所谓的"茶道精神"。

2. 陆羽是"精行俭德"茶德思想和茶人精神的践行者　陆羽是一个弃婴，无父母亲属，他从小在寺院生活长大，从"执着儒典"、志于事功到亲近三宝、交游僧道，深受儒佛道之影响，尤其是长期的寺院生活，佛学禅宗思想对他个人的生活和人格成长，产生了潜移默化的影响。他虽然容貌丑陋，性格古怪，但天资过人，才华横溢，文采飞扬，故有"陆文学"之号。他嗜好茶事，一生事茶，研究茶史，考察茶区，开创茶道艺术，集成茶文著述，完成名垂千古的《茶经》。他的一生，充满着传奇故事，厉行着分发向上，用现在的话来说，他充满着正能量，是一个很好的励志典型。正是"精进修行""俭以养德"的精神，成就了他的传奇人生，说白了，他就是"精行俭德之人"，而茶犹如苏东坡所誉"清白之士"的君子之德和诸多天然药用功效，恰恰能满足也契合这样一些为理想为信念孜孜以求、永不放弃的精进修行之士。诚如中国佛学院教授宗舜法师所言："他把这个精行俭德这四个字拿来提炼，作为对茶的概括，其实跟他受到的禅宗的思想影响是有很大关系。精行，就禅堂里面坐禅的禅师们，是要放一块心板在腿上，双手扶住，如果要打瞌睡，一推这个竹板掉地，咣当一响，立刻警醒，再得振作精神继续坐，所以他这个精行，就是精进修行。"[①] 这个解释完全符合陆羽亦儒亦僧亦道的生平行迹和个人修为。

3. "精行俭德"茶德思想确立了陆羽的"茶圣"地位　"精行俭德"作为一种从易学宇宙观、中医养生观、道教生命观、儒家君子人格、佛教尤其是禅宗修持法门，生发出来的茶人茶事实践、茶德修习的行为准则，被陆羽引入到茶文化主体中，从而确立了他的"茶圣"地位。陆羽在《茶经》里讲述的茶道是煎茶道，是包括造茶、烤茶、碾茶、罗茶、赏茶、备器、用火、选水、烹茶、分茶、论道、觅境、茶礼在内的完整程式，像一个茶艺展示说明书。无疑，这个在时间里展开的观赏艺术，从中能看到煎茶的过程，琳琅满目的茶器以及行茶的布景（如《茶经》挂图在座位边的陈设），体味到某种精神的洗礼。如看到鼎形风炉的图纹与铸字，我们会感受到"和平、和

---

① 《禅茶一味精行俭德最宜茶》，2014 年 6 月 16 日《凤凰网华人佛教》。

谐、和合、方正与厚重”。二十四器的形态是素净雅致的，三沸候汤是静穆精谨的，茶事环境是幽静怡乐的。但陆羽没有只言片语说破他的茶道思想或茶道精神。他只是说喝茶要与自己的生命为伴，做一个精行俭德、淡泊适志的人。茶德是通向茶道的起点，是行茶之人的素养准备。而茶道在《茶经》里则主要指茶礼。茶道并没有走向“形而上”的准宗教层面，没有成为精神信仰的“茶教”。这和日本茶道是不一样的轨迹。而这恰恰是“中华茶道”在奠基期就形成的独特风格，即唐代茶文化重视的是茶德和茶礼，而不是近似“茶教”的茶道。

陆羽反对流俗的饮茶方式与竞奢的茶道形式。常伯熊所代表的是王公贵族们所乐见的讲究排场的茶道形式，而陆羽认为违背了自然之道、“精行俭德”的茶德要求。他因李季卿的 30 文钱而羞愧难当，愤而作《毁茶论》，体现了他坚持原则、不向权贵低头的真正茶人品格。如果说孔子是以春秋笔法、周游列国来实践以“礼”达“仁”的境界，那么陆羽则是以精行俭德、终身事茶来接续、发扬神农茶脉，以推广一种以“茶礼”为核心的新茶道，来改变人们的生活方式，达到儒家君子修成的境界。

4. “精行俭德”是陆羽时代的核心价值观　“精行俭德”是儒家伦理的社会回归，是茶人精神的核心要旨，是唐代茶文化的价值观和思想精华。葛兆光先生在《中国思想史》中把唐代看成是思想平庸的时期，除了禅宗几乎没有提到其他的思想事件。安史之乱是“礼”制缺失带来的巨大灾难。其后，中国文化的性格进入了活跃的自适性调整期。“古文运动”所倡导的文以载道、“道统说”就是儒家逐渐回归的前奏。而陆羽的“精行俭德”，不仅助推了这种文化精神的回归，也成就了他自己“茶圣”崇高的历史地位。《茶经》中处处流露出的积极入世、经时济世的思想，是其以茶设教的茶道本心所在。从某种程度上说，“精行俭德”是那个时代的核心价值观。

5. “精行俭德”与禅院茶礼的深厚渊源　中华文化的传统，是关注伦理甚于“形而上”的宗教与信仰。也就是说，我们中国人更关注茶人应该具有什么样的德行或品性，而不怎么关心事茶行茶要达到什么样的“道”，或者说臻于道的体验到底是什么。显然，茶道思想是带有宗教性的教义性的东西，往往是见仁见智的，而中国土壤中并没有产生这种形而上的东西，连禅宗、道教都没有这种道的东西，就更不要说茶道了；如果有，它就会变成茶的宗教或“茶教”。在中华文化的语境里，没有形而上的茶道，不关心茶要将人带到何种精神领域，而更关心怎样成为一个真正的茶人。

中国文化历来有以物性来比附君子人格、自况修行的传统，如水德、玉德、芳草美人等，但都没有像茶德这样，成为人人可为的新时尚。以茶行道，具有可操作性，可观摩性。换句话说，它实际上具有了一种类似宗教的仪式感。陆羽对这个仪式感定的基调是“茶性俭”，提出的茶德是“精行俭德”[1]。“精行俭德”的思想源泉多元，但主要可能是从禅宗的“农禅”传统或经济伦理中的“勤劳”与“节俭”来的。禅宗的兴起与饮茶密切有关，禅院禅僧修持和僧堂生活中的茶事仪轨，被纳入《百丈清规》及《禅苑清规》，得以制度化传承下来。印度佛教僧人以化缘乞讨靠施舍而生存，

---

[1]　夏日浓荫：《“精行俭德”：开启“圣人”模式》，《茶经楼里说〈茶经〉》，茶经楼博物馆，2017 年 7 月。

自己是不劳动的。佛教在不断俗世化、中国化、本土化的过程中，形成了禅宗，一花五叶开七脉，而临济宗一派独大，子孙遍江南。临济禅提倡"朝参夕聚，饮食随宜，示节俭也；行普请法（集体修行劳作），示上下均力也"。其实质就是"勤劳""节俭"。

6. "精行俭德"与自强不息、厚德载物的中华民族精神 著名哲学家、哲学史家、国学大师，北京大学哲学系教授张岱年先生把中华民族精神概括为"自强不息""厚德载物"，陆羽的"精行俭德"与之息息相通，高度契合。《易经》曰："天行健，君子以自强不息"，"地势坤，君子以厚德载物"。这两句话的本意是：天（即自然）的运动刚强劲健，相应于此，君子处世，应像天一样，自我力求进步，刚毅坚卓，发愤图强，永不停息；大地的气势厚实和顺，君子应增厚美德，容载万物。《国语·晋语六》："吾闻之，唯厚德者能受多福，无福而服者众，必自伤也。"厚德载物，雅量容人，意思是指君子的品德应如大地般厚实，可以承载养育万物。一个有道德的人，应当像大地那样宽广厚实，像大地那样承载万物和生长万物，人之品德要像大地一样能容养万物，容纳百川。古代中国人认为天地最大，它包容万物。对天地的理解是：天在上，地在下；天为阳，地为阴；天为金，地为土；天性刚，地性柔。认为天地合而万物生焉，四时行焉。没有天地便没有一切。天地就是宇宙，宇宙就是天地。这就是古代中国人对宇宙的朴素唯物主义看法，也是中国人的宇宙观。所以八卦中乾卦为首，坤卦次之；乾在上，坤在下；乾在北，坤在南。天高行健，地厚载物。然后从对乾坤两卦物象（即天和地）的解释属性中进一步引申出人生哲理，即人生要像天那样高大刚毅而自强不息，要像地那样厚重广阔而厚德载物。只有行善积累厚厚的功德，才能承受得起你今天所拥有所享受的物质和精神文明。享受越多、拥有越多，就越需要更多的积功累德，否则德不配位，早晚遭殃。

自强不息、厚德载物是要人们效法天地，在学、行各方面不断去努力。传统文化强调"天人合一"，人源于天地，是天地的派生物，所以天地之道就是人生之道。古代不少学者，能深刻体认这种精神并自觉加以践履，如孔子自述"发愤忘食，乐而忘忧，不知老之将至"。孔子有一次在河边对学生们说："逝者如斯夫，不舍昼夜。"就是激励他们效法自然，珍惜时光，努力进取。民国时期，梁启超在清华大学任教时，曾给当时的清华学子作了《论君子》的演讲，他在演讲中希望清华学子们都能继承中华传统美德，并引用了《易经》上的"自强不息""厚德载物"等话语来激励清华学子。此后，清华人便把"自强不息，厚德载物"八个字写进了清华校规，后来又逐渐演变成为清华校训。

7. "精行俭德"的人文价值和实践意义 在东方文化传统中，"精行俭德"对人生实践具有共同的人文价值和实践意义。从传统文化背景来看，陆羽提炼的"精行俭德"，符合人格完善、修为实践的君子之德、菩萨之道，其思想渊源源自儒释道思想和教义，并深度契合。陆羽的"精行俭德"精神，与屈原"路漫漫其修远兮，吾将上下而求索"这种探索进取的高士精神，与唐僧西天取经克服九九八十一难坚忍不拔、不畏险阻、秉持信念、勇往直前、不达目的、誓不罢休的传道士精神，与地藏王菩萨的"我不下地狱，谁下地狱"的慈悲为怀、自度度他、济世拔苦、普度众生的大乘菩萨精神，无不息息相通。这些无不与执政为民、全心全意为人民服务的执政理念，与社会主义核心价值观高度契合。

尤其是在当下社会，改革开放 40 多年来，经济发展取得巨大成就，物质财富日益充裕，"精行俭德"更闪耀出其人类理性的光辉，堪当我们人生修炼和事业实践中的座右铭。用现在的话来说，"精进修行"就是要砥砺前行、百折不回，自强不息、奋斗不止，就是要"撸起袖子加油干"，实干兴邦，创造更加美好新生活，实现全面小康和"两个一百年"的"中国梦"；"俭以养德"就是要养正守素、俭朴自持，恪守"八项规定"，反腐倡廉，反对铺张浪费，倡导节约节俭，弘扬自力更生、艰苦朴素优良传统。因此，陆羽倡导的"精行俭德"茶德思想和茶人精神，也是当代中国人和中国社会人格养成、道德重建、传承传统文化、树立民族文化自信的大法门和正能量。作为当代中国茶人，既要自觉践行，更要大力弘扬，为茶文化复兴和全社会进步做出贡献。

8. 几点启示。通过以上剖析，我们从"精行俭德"的研究中得到几点启示 一是茶历史文化学术研究中，应高度重视人物个性、历史背景、文化语境研究，文献资料研究不能望文生义，不能过度解读，研究方法不能钻牛角尖，不能以今度古。二是在茶文化与茶德思想、茶道精神的研究中，既不能满足于以茶论茶，要突破古人的历史局限性，也不能迷失在对港台茶艺和日本茶道的迷思中。三是要构建基于中华传统文化和时代文化的中国茶道思想和茶文化体系，确立茶文化主体，构建茶文化话语权，树立茶文化自信。四是茶艺创新实践，要以继承不泥古、创新不离谱，实现创造性转化、创新性发展为指导原则，把继承创新与集成创新结合起来，以茶为媒，融会贯通，探索开放性、包容性融合发展。

（本文原题《"精行俭德"探赜》，初刊于《茶博览》2016 第 4 期；后经修改，以《陆羽茶德思想探源及当下意义》为题，发表于《茶博览》2018年第 8 期；2018 年经多次讲座后修改完善，以《"精行俭德"：陆羽茶德思想探源及当下意义》为题发表于中共临安区委《今日临安》报 2018 年 5 月 16 日。）

论东方茶文化的人文特质

中国传统文化具有突出的人文特征，蕴含着独特的人文精神。中国文化很早就摆脱了原始神话、巫术的影响，显得相当理性、成熟；中国没有像西方和阿拉伯世界一样进入由一种超越的宗教、至高的人格神君临一切的社会。中国的传统文化始终将关注点聚焦于人世间，尤其关注人与人的关系及个人今生的事功。主导中国文化的核心儒家之学就是人文之学，儒家之教也就是人文之教，从经史子集到诗书礼乐，都以人为中心，注重民本德政，有一种浓厚的人文主义和人道主义的意味[①]。在政治伦理和治国理念上，从孟子的"以民为本""君轻民贵"论，到宋儒的"民胞物与""经世事功"说，再到现代执政党现实主义政治家的"全心全意为人民服务""发展才是硬道理""以人为本构建和谐社会"等，可谓一脉相承。在宗教上，本土宗教道家的"尊人贵生""道法自然""返璞归真"，大乘佛教的"众生平等""慈悲为怀""普度众生"，及中国化的禅宗的"佛法即世间法""人性即佛性"，也无不体现了以人为本、注重今生的现实主义价值取向。

茶文化不仅是传统文化的重要组成部分，而且兼具自然和人文、物质和精神双重属性，其包含的广博文化内涵及呈现出来的丰富文化形态、艺术样式，都无不以人为本，以人类的生活和人生为出发点，进而上升到艺术、文化、社会、伦理生活层面，甚至臻于宗教、哲学、精神的高度和境界，具有浓郁的人文气质和鲜明的人文特征。

一、茶的起源与东方文明的起源同步，人类对茶的发现和利用始于原始采集经济时代；茶的发展与人类社会的进步相随，茶的栽种始于农耕时代，并随着技术进步开始集约化生产于工业化时代；茶水是最安全卫生的人体水分补充来源，茶天然的药用、保健功能使茶成为最价廉物美的护持人类生命和健康的饮品，茶不愧为人类的"生命之饮""护生之饮"，在人类自身再生产和社会经济发展中发挥了重大作用

从茶与人类生命和健康的角度看，茶源自自然，是大自然的精华，是自然对人类的恩赐；茶既是植物，也是作物，既是药物，也是饮食，人类发现、利用于原始采集

① 何怀宏：《中国文化传统的人文特质》，《唯实》2013 年第 6 期。

经济时代，栽培、种植于农耕时代，小规模生产于小农经济时代，大规模集约化生产于工业时代；茶蕴含的特有物质和解毒疗疾、养生保健功能，在人类抗御自然侵害、保护自身生命、治病疗疾和日常养生保健中发挥了"润物细无声"的作用；特别值得一提的是，茶作为日常"热饮"之后，大大减少、降低了人类感染水源性病害的概率，提高了抗病能力，增强了体质，对人口增加、生产力发展和社会进步的作用与意义，几乎堪与火的发明、火食的作用相媲美。

"药食同源"。在旧石器时期生产力极其低下的原始采集经济时代，先民们采摘野生植物的茎叶、花果、根块等食用，到了新石器时代又采用陶器杂煮羹饮的方式食用。这种原始食物就是古籍记载的茶的原形之一"荼"，如今被茶学界称为"原始茶"，是后世茶和中药的共同起源。药和茶都是从食物中分化出来的"功能性食物"。这个过程中，"原始茶"经历了从采摘鲜叶生嚼到煮烤羹饮的漫长演变。

在上古时期，甚至在更长远的历史时期，人类经历了一个食物与药、茶混同的阶段，或者说是把药与茶从食物中区别出来的过程。所以，中医药普遍所说的"药食同源"理论，不仅在原材料上，药物源自食物，在发展进程上，食物在先，药物在后。以往学界关于茶的起源有"食物起源说""药物起源说""综合起源说"，都有一定道理。但却忽视了原始社会时期存在一个漫长的采集植物杂煮羹饮食物时代，茶与草药都是从食物"荼"中分离出来的，这是一个从低级到高级的发展过程，符合人类社会发展规律。先民在采食植物过程中，才发现某些具有特殊芳香气味或物质的植物的药用功能，"神农尝百草"时，主要是为了找到、辨识可以食用的植物，他"日遇七十二毒"，正是说明他的这种遍尝"百草"的行动，是具有危险性的冒险行动，因为哪种草有毒在尝之前是不得而知的。幸好他得到了"荼"，得以解毒。不过，他最终还是不幸被断肠草夺去了性命。这个神话故事很能说明食物、药物和茶起源的关系。有的学者认为，在食物、茶、中药的起源关系上，是纵向单线的，"其发展轨迹，简而言之就是：食物—（食物茶）—茶—（药茶）—中药。"[①] 我认为，食物是茶与草药的共同起源，是比较客观可信的，药与茶的关系确实也可能存在某些草药起源与茶混杂的情况，但是茶与草药应该都是从"原始茶"——"荼"中分离出来的。至于"食物茶""药茶"，无非是名称混用而已，这恰恰说明它们三者早期发展演化历史中很长时间内存在的彼此之间你中有我、我中有你的关系。

"原始茶"作为采集经济时代先民的一种普遍食物形态，在向后世药物茶、茶叶茶的演变过程中，经历了一个漫长的演化、分流时期。随着先民对各类植物性状、食用药用认识的提高，"荼"开始逐渐分化，一分为三。其主流是继续保留杂煮羹饮特征的"茗粥"一类，在民间流传至今的民俗食物中，迄今仍有大量遗存，如擂茶、姜盐豆子茶、酥油茶及各种名为茶的食物。另一类具有某种特定药理功能的植物，逐渐从"荼"中分离出来，成为中药的起源，从上古时期的"百草"——各种植物演变为

① 陈珲：《论茶文化萌生于旧石器早中期及饮茶起源于中国古越地区》，《倡导茶为国饮打造杭为茶都高级论坛论文集》，2005 年；《跨湖桥出土的"中药罐"应是"茶釜"辩》，《中国文物报》，2002 年 7 月 12 日。

后世中医药的"本草"①，其中有所谓"单方""复方"之别。第三类就是"真茶"逐渐从食物、药物中分离出来，成为后世的清饮茶类。

在这个长达数千年的演变进程中，尤其是在迈入文明门槛、开始有文字记载以后，各类名状的原始茶往往见之于时人的文献记录，给我们今天考察原始茶的形态流变提供了弥足珍贵的史料。而考古发现提供的实物资料，也为我们提供了可以信据的佐证。杭州跨湖桥遗址出土的陶釜内的植物茎枝遗存，浙江余姚河姆渡遗址出土的大量樟科植物的枝叶堆积遗存②，都为我们提供了杭州湾先民8 000年前食用"原始茶"的考古学证据。

有学者把"采用许多植物的叶子来煮作"的食物称为"原（始）茶"，把"使用几种植物的叶子制作专门的食物尤其是为了某种需要而饮用的饮料"叫做"药茶（代茶饮）"，而"山茶科（Theaceae）多年生的常绿植物茶树（Camellia Sinensis）的嫩叶加工后的产品，以及使用这种嫩叶做成的饮料"才是我们现在通常所称的"茶"，并称之为"真茶"，并且指出："真茶"之说，并非今人独创，早在晋人张华的《博物志·食忌》中就有"饮真茶令人少眠"的记载③。按此，则跨湖桥、河姆渡遗址出土的"原始茶"，应属"药茶"之列。

众所周知，汉字中涉及与"茶"有关的字、词有十多种说法。陆羽在《茶经·一之源》中就说："其名一曰茶，二曰槚，三曰蔎，四曰茗，五曰荈"，此外，还有"荼""瓜芦"（"皋芦""过罗"）等，如此等等，不一而足，正是陆羽著《茶经》后，才逐渐统一为"茶"。早期有关茶的称谓上的多样和混乱，实际上是原始茶的不同形态、不同功效和不同地域民族或部族语言文化的反映。在先秦文献中，"荼"是指一种味道苦涩的野菜。诸多的与茶有关的字、词的含义，大多是指香草、苦菜一类的植物类食物，当这些字逐渐为统一的"茶"所取代，则"真茶"也从"原始茶""药茶"中分离、独立出来而一枝独秀了。

采摘具有芳香物质的植物的茎叶、果实、花瓣、根块等可食用材料烧煮而成的杂煮糊状羹饮食物，是生产力极其低下的原始采集经济时代人类的主要食物来源和形态。"人类最初的食物主要是各种植物的可食部分"。在发明火以前，人类都是生食的，杂煮羹饮是人类掌握了火以后才开始的。这种定义为"苦菜"的"荼"，恰恰是原始先民的主要食物来源之一。《古史考》曰："太古之初，人吮露精，食草木实，穴居野处。山居则食鸟兽，衣其羽皮，饮血茹毛，近水则食鱼鳖螺蛤。"④ 这种"食草木实"正是原始采集经济时代的"原始茶"形态。

---

① 后世的中药原材料，除了植物外，还包括动物、矿物、化合物等物质。在讨论茶的起源时，应该主要是指植物，也就是中医药专用的所谓"本草"。这"本草"就是从各类植物"百草"中筛选出来的具有药性或药用功效的植物。

② 赵相如、徐霞：《古树根深藏的秘密——综述余姚茶文化的历史贡献》，《茶博览》，2010年第1期。

③ 李炳泽：《茶由南向北的传播：语言痕迹考察》，载张公瑾主编：《语言与民族物质文化史》，民族出版社，2002年。

④ （魏晋）谯周撰，（清）章宗源辑：《古史考》一卷。

到了农耕时代，人类开始人工种植茶树。从现有考古资料和鉴定及专家分析看，同属于河姆渡文化的距今六千年的余姚田螺山遗址出土的类茶植物根遗存，基本上可以肯定是人工种植的茶树遗存①。从文献记载看，人类种植茶树最早是在距今三千多年的我国西南古国巴蜀（今四川、重庆、云南一带）②。而较大范围的普遍栽种，则是秦汉以后从西南地区向长江中下游流域扩展，清人顾炎武《日知录》指出，"自秦人取蜀而后，始有茗饮之事"。到唐朝基本形成现有茶区格局。从那以后，茶走进千家万户，"摘山煮海"成为事关国计民生的重政要务。

汉唐以降，丝绸之路的开通，茶叶循丝路传播到西域各地和朝鲜半岛、日本列岛。16 世纪以后，随着地理大发现和东西方茶叶贸易，我国饮茶之风引起了西方人的浓厚兴趣。17 世纪，嗜茶的葡萄牙凯瑟林公主嫁给英皇查理二世以后，成为英国第一位饮茶皇后，从此饮茶风靡英国，并波及欧洲、美洲、大洋洲，乃至西北非、中东非。茶的神奇功效，被国外人士视为延年益寿的灵丹妙药，稀罕而高贵的奢侈品，成为人们追求、向往的饮料。如今，饮茶风行全球，并成为世界上 160 多个国家和地区 20 多亿人口的最实惠、最健康、最大众化的饮料。茶正在成为越来越多地球人的共同需要，茶伴随人类文明交流和进步的脚步，走向世界。

"茶乃百药之长"。原始茶的考古学遗存，比较能确认的就是河姆渡遗址出土的樟科植物树叶遗存。樟科植物种类多达数百种，大多有芳香物质，正是这种特性，人类才发现了其功效。其实，在先秦文献记载中，也不乏其身影。樟古称檀，《诗经》里的诗句"坎坎伐檀兮置之河之干兮"，或许是上古先民采集樟树茎叶食用的遗风。秦始皇派方士徐福入海寻求长生不老药和日本和歌山徐福东渡遗迹及名为"天台乌药"的樟科植物制作的药酒，说明河姆渡文化时期的樟科植物，极有可能就是其原形。李时珍著的《本草纲目》认为：樟，辛温，无毒，主治霍乱、腹胀，除疥癣风痒、脚气等疗效。这些樟树叶的药理功能，恰恰是对治古人较易发病的湿毒、风湿等水源性疾病的良药。

在中国典籍中，"中药"一直称为"本草"。本草之名，始见于《汉书·平帝纪》"元始五年"条，有"方术本草"之说。宋《本草衍义》则曰："本草之名，自黄帝、岐伯始。"岐伯者谁？岐伯是传说中的上古时代医家，中国传说时期最富有声望的医学家。《帝王世纪》："（黄帝）又使岐伯尝味百草。典医疗疾，今经方、本草之书咸出焉"。后世以为今传中医经典《黄帝内经》或《素问》，相传是黄帝问、岐伯答，阐述医学理论的著作。后世托名岐伯所著的医书多达八种之多，这显示了岐伯氏高深的医学修养。故此，中国医学素称"岐黄"，或谓"岐黄之术"。可见，从中医药的起源看，黄帝与同时代的岐伯和桐君，堪称鼻祖，岐伯重在医学，桐君重在药学。

---

① 鲍志成编著：《杭州茶文化发展史》，第 17-20 页，杭州出版社，2013 年。
② 晋人常璩的《华阳国志·巴志》中即有关于中国最早的贡茶记载："周武王伐纣，实得巴蜀之师，……茶蜜……皆纳贡之。"贡品包括五谷六畜、桑蚕麻纻、鱼盐铜铁、丹漆茶蜜、灵龟巨犀、山鸡白鸐、黄润鲜粉，而"园有芳蒻香茗"之说，是我国关于茶人工栽培的最早记载。在 3 000 年前的周代，茶既已成为贡品、祭品，也成为日常羹饮食品。

　　在其后的中医药发展进程中，茶的地位和作用如何呢？我国茶叶药用记载史最早可以追溯到汉代。《史记》中有"神农尝百草，始有新药"之说，说明茶的药用是在食的基础上发现的，以食为先。司马相如在《凡将篇》将茶列为 20 种药物之一；在《神农百草》中记载了 365 种药物，其中也提到茶的 4 种功效，即"使人益意、少卧、轻身、明目"。东汉的张仲景用茶治疗下痢脓血，并在《伤寒杂病论》记下了"茶治脓血甚效"。神医华佗也用茶消除疲劳，提神醒脑。他在《食论》中说"苦茶，久食，益意思"。另外在壶居士的《食忌》中也都提到了茶的药理作用。到了三国又有不少有关茶的药用记载，如魏吴普《本草》中提到，"苦茶味苦寒，主五脏邪气、厌谷、目痹，久服心安益气。聪察、轻身不老。一名茶草"。陆羽在《茶经》中提出了茶叶的 6 种功效：治热渴、凝闷、脑疼、目涩、四肢烦、百节不舒。据中医学界研究，从三国时期到 20 世纪 80 年代末，有关茶叶医药作用的记载共有 500 种之多，其中唐代有 10 种，宋代有 14 种，元代有 4 种，明代有 22 种，清代有 23 种。由此足见，在中医药五千年发展历史中，茶一直作为一味常用药，配伍在众多的方剂中，并有以茶为药的传统。到了近代，习惯上"茶药"一词，才仅指方中含有茶叶的制剂。

　　传统中医药认为，茶能止渴，消食除积，提神少睡，利尿排毒，明目益思，除烦去腻。中医性味理论认为，甘则补，而苦则泻，茶味苦，其功能以泄泻为主。茶的归经是"入心、脾、肺、肾五经"。历代以茶为药，蔚然成为传统。早在唐代，即有"茶药"（见唐代宗大历十四年王国题写的"茶药"）一词，唐代陈藏器在《本草拾遗》中甚至强调："茶为万病之药"。宋代林洪撰的《山家清供》中，也有"茶，即药也"的论断。可见茶就是药，并为古代药书本草所收载。茶不但有对多科疾病的治疗效能，而且有良好的延年益寿、抗老强身的作用。明代李时珍药物学专著《本草纲目》，成书于明万历六年（1578），书中论茶甚详。言茶部分，分释名、集解、茶、茶子四部，对茶树生态、各地茶产、栽培方法等均有记述，对茶的药理作用记载也很详细，曰："茶苦而寒，阴中之阴，沉也，降也，最能降火。火为百病，火降则上清矣。然火有五次，有虚实。若少壮胃健之人，心肺脾胃之火多盛，故与茶相宜。"认为茶有清火去疾的功能。李时珍自己也喜欢饮茶，说自己"每饮新茗，必至数碗"。

　　现代医学认为，茶叶如果单独作为充饥之用，就凭它的蛋白质、糖分等少量的能量是不可能成为理想的食品的，现在对茶的药理作用的研究成果，也进一步说明了茶叶是依赖它的药用价值而流传下来的。茶作为药，与食同源，两者难以分开，饮茶的习惯之所以能延续到今天，与它的药用价值是不能分割的。从 20 世纪 50 年代至今，随着科学技术的发展，茶叶营养价值和药用价值的不断发现，茶的应用日趋频繁，各种各样的药茶应运而生，如防治肝炎的"茵陈茶""红茶糖水""绿茶丸"；治疗胃病的"舒胃茶""溃疡茶"；治疗糖尿病的"宋茶""薄五茶"；治疗痢疾的"枣蜜茶""止痢速效茶""茶叶止痢片"；以及治疗感冒的"万应茶""甘和茶"，还有减肥茶、戒烟茶等，数不胜数。

　　现代茶医药研究认为，茶蕴含的物质，能防癌、防辐射、防龋齿、防止心血管疾病、防肠道疾病、杀菌消毒、止渴消暑、饭后漱口养生、治泌尿炎症、明目、缓解吸烟危害、补充营养成分、降脂减肥、提神、延年益寿、调节甲状腺等。近年来用茶叶有效成分提取制成的药物也在临床上得到了广泛应用，它与上述药茶方显著的不同，主要是后者药物针对性强、有效率高、科技含量高，有生白、抗癌、降脂以及提高人体免疫力等疗效的各种茶叶药物和保健品。如茶色素所制成的心脑健，可防治动脉粥样硬化及其伴高凝状态的疾病；茶多糖可提高人体免疫能力；茶多酚还可用于防止龋齿、杀菌、消炎、激活肠道有益微生物以及明目等多种功能。当然，目前这些成果主要还停留在分子生物工程层面，要与临床医学结合起来，才能发挥更有效的治病保健作用。只有茶叶的药用开发与现代临床医学融为一体，才能为人类健康和发展做出更大的贡献。

如今在日常饮用的各类茶品中，都有不同的药用功效。如按照茶的功效分：苦丁茶降血脂、降血压、降血糖。薄荷茶消菌、强肝、健胃整肠、提神醒脑、调理消化。花茶散发积聚在人体内的冬季寒邪、促进体内阳气生发，令人神清气爽。绿茶生津止渴，消食化痰，对口腔和轻度胃溃疡可加速愈合。青茶润肤、润喉、生津、清除体内积热，让机体适应自然环境变化的作用。红茶生热暖腹，增强人体的抗寒能力，还可助消化，去油腻。普洱茶降脂减肥，降三高。如此等等，都被人们普遍认知，广为食用。

茶的"热饮"堪与"火食"相媲美。茶作为热饮，养护人体胃气、增加抗病毒的能力。无论什么季节，常喝热饮对健康都大有裨益。首先，喝热饮具有养护人体胃气的作用。中医认为，人体胃气充盈，身体自然健康，即使患有疾病，也比较容易康复。其次，常喝热饮还可以增加人体抗病毒的能力。这是因为，喝热饮时其蒸气会随着大量空气一起吸入，暖和并滋润上呼吸道，促进血液循环，增加白细胞对细菌、病毒的吞噬能力，防止细菌、病毒的入侵。同时，热饮进入人体后，能起到温暖人体器官的作用，会使全身感觉放松和舒适。

对于热饮的茶进入日常生活、成为一种生活方式和习惯对人类社会发展的影响，英国著名社会人类学家艾伦·麦克法兰可谓慧眼独具，他在与其母亲合著的《绿色黄金》一书中第一次从宏观的视角，探讨了茶对中国乃至东亚历史发展的作用，其中多次阐述了茶的普遍饮用对人口增长和社会经济发展的巨大贡献。他指出，大约从公元700年开始，中国的人口开始大量激增，经济、文化蓬勃发展，到宋代达到鼎盛时期，原因之一就是热饮茶降低了人口死亡率。当人们"饮用未煮沸的水，很容易就会罹患痢疾和其他经由水传染的疾病，他们的气力和人口数量都在减少，很多婴儿死于肠道疾病"。中唐开始饮茶之风大行天下，其影响十分深远，"因为喝茶需要煮沸的水，卫生大为改良，大大延长了人们的寿命，因此也造成中国的人口快速增长"。茶是最干净卫生的饮料，在人类抗击细菌的战争中发挥了重要的作用，人们须臾不可或缺，"如果住在中国、日本、印度和东南亚的人民，亦即全世界三分之二的人口，霎时间失去茶水，死亡率将会急遽升高，很多城市会瓦解，婴儿大量死亡。这将是一场浩劫"。他还认为，"饮茶有利于保持劳动者的健康和恢复体力，有利于经济的发展"。

"茶对于人们来说就像蒸汽对机器般重要",饮茶盛行助推了英国工业革命的兴起[①]。把喝茶与罹患水源性疾病降低联系起来,与提高劳动者的整体生产效率和人口快速增长联系起来,麦克法兰是第一人。如果我们把茶的"热饮"放在人类文明发展的历史长河里来考察,那么,甚至可以这么说:茶对人类和社会发展所起的巨大作用,堪与火的发现和利用、人类开始"火食"相媲美。恩格斯在《反杜林论》中这样评价人类用火:"就世界的解放作用而言,摩擦生火第一次使得人类支配了一种自然力,从而最后与动物界分开。"[②] 火的发明作用巨大且很多,其中很重要的就是"火食",也就是所谓的"吃熟食"。用火烧熟是最原始的食物改造,增加了人类食物来源和品种;火可以用来烧烤烹煮食物,使食物更美味可口;还可以给食物消毒,消灭病菌;不仅可以养活更多人,提高了古人类的体质,不容易得肠胃疾病和其他食物病。

水源性疾病自古就是自然界对人类健康和生命最普遍的威胁,也是迄今全世界仍然面临的一项重大挑战。生命起源于水,水是人类生存的基本需求,人体里70%都是水分,一般的人每天需要喝6~8杯的水。在古代世界,导致水源性疾病发生的主要原因是微生物危害。微生物可以在不知不觉中污染水源,水中所含有的细菌、病毒以及寄生生物可以引发疾病。这类污染在很大程度上是由于水中沾染了人畜粪便而引起的,单单1克粪便中便可能含有多达1 000亿微生物。水源性疾病种类多样,腹泻、霍乱、脊髓灰质炎和脑膜炎均在其中。从发病症状来看,则包括腹泻和肠胃炎、腹部疼痛及绞痛、伤寒、痢疾、霍乱、脑膜炎、麦地那龙线虫病、肝炎、脊髓灰质炎等。这些疾病的严重程度远远超出想象,受感染者的生活往往被改变,甚至生命都受到威胁。水源性疾病可以影响到任何人,对婴幼儿、老人和慢性病患者影响更加严重,导致婴幼儿夭折、寿命减少、死亡率高、人口增长缓慢,制约社会经济发展。

据世界卫生组织(WHO)和联合国儿童基金会的估测,在发展中国家中,所有疾病中有80%的疾病是水源性疾病,有三分之一的死亡病例也是水源性疾病;所有水性疾病中有88%的病例是由卫生条件差、卫生设施简陋和不安全的供水系统引发的。可以想象,在现代医疗卫生体系建立之前,在没有抗生素等药物的情况下,预防水源性疾病最廉价有效可行的办法,就是把水煮沸了"热饮",因为导致水源性疾病的微生物大多在高温下迅速死亡,煮沸的水是安全卫生的。而茶从生嚼或杂煮羹饮到单品煮饮、沸水冲点,无疑在提供人们基本生理需求的同时,也提供了安全卫生保障,大大降低了生饮水引发水源性疾病的概率。这对人类而言,堪称是一个巨大的进步。麦克法兰的上述发现可谓是慧眼独具,真知灼见,是可以信据的科学论断。从热饮茶对人类健康和生产力发展的作用看,不亚于原始社会时期人类的祖先对火的利用和发明。一杯热茶,曾经使多少人免于微生物侵害,避免疾病、保持健康,从而提高体能和劳动力。在社会生产力主要依靠人的再生产的古代社会,这对社会生产力和经

① 〔英〕艾瑞斯·麦克法兰、艾伦·麦克法兰著,杨淑玲、沈桂凤译:《绿色黄金》第九章《茶叶帝国》,汕头大学出版社,2006年;孙洪升、史宇鹏《艾伦·麦克法兰关于东亚的茶研究》,《古今农业》,2012年第1期。
② 〔德〕恩格斯:《反杜林论》,《马克思恩格斯全集》第20卷,126页,人民出版社,1980年。

济发展来说，是一个莫大的福音。热饮茶堪比火的发明利用，在人类文明史上的作用无可估量。

茶的起源与东方文明起源同步，茶的发展与人类社会进步相随，茶护持人类生命和健康，是人所共需的"生命之饮"，是恩泽大众的"护生之饮"。从这个意义上说，茶这种"人类之宝"的护生功能还有待进一步发挥，茶的科学饮用和深度开发大有可为，前景无限。

二、茶作为日常饮食形态之一，是人人需要的"生活之饮"；以茶入礼，教化天下，人生大事、各行各业都离不开茶，茶是"礼俗之饮"；茶通六艺，百艺融茶，艺术品饮，诗意生活，茶是"艺术之饮"；茶天赋美德，"致清导和"，"茶利礼仁"，以茶明伦，茶是"文化之饮"，茶既是人文化身、文明载体，也是人文之饮、文明之饮

从茶与人类物质生活和社会文化的角度看，茶进入人们的日常生活之后，成为"开门七件事"之一，是必不可少的生活物资，无论帝皇将相还是贩夫走卒，都不可或缺，茶是人人需要的"生活之饮"；茶进而步入人们的社会生活，以茶待客，以茶入礼，相沿成习，久而成俗，茶成为人生礼仪、家族大事、社会活动中重要的礼仪媒介，从生老病死、婚丧嫁娶，到交友聚会、开业庆贺，各行各业谁都离不开它，茶是"礼俗之饮"；茶本身的制作技艺、品饮艺术，是人们追求高雅情趣、获得审美享受的不二之选，同时，茶如水一样所具有的广泛渗透性，使得茶通六艺，自古与琴棋书画、诗书礼乐结下不解之缘，满足人们对审美实践的需要，不仅丰富了艺术的内涵和样式，扩展了艺术的外延，而且从日常生活、人生礼俗的角度，普遍提升了人们的审美能力和旨趣，所以茶是"艺术之饮"；博大精深的中华文化赋予了茶同样博大精深的文化内涵，无论茶艺、茶礼还是茶德、茶道，都蕴涵着儒释道思想的精华，如儒家的以茶入礼、茶利礼仁、人文教化、和济天下，佛家的以茶供佛、以茶参禅、茶汤清规、禅茶一味，道家的以茶养生、轻身羽化、通灵得道、天人合一，都无不说明茶不仅参与了三教实践，而且都臻于至高境界，茶被赋予了文化、道统传承的功能，茶成为名副其实的"文化之饮""人伦之饮"。从这个意义上说，茶文化是一种雅俗共赏、具有开放性、亲和力、包容度的多元一体的独特社会文化形态。

茶利礼仁，和济天下。儒学从孔孟之道到程朱理学，主宰中国社会政治发展两千多年，成为历代士人修身齐家、入世报国的政治伦理（即所谓"王道"）而奉为圭臬，其主旨是通过礼乐教化、三纲五常来倡导仁义、兼爱、中庸等社会伦理观，以礼制实现万民和乐、天下太平的社会理想。

以茶修身，精行俭德。茶味苦中有甘、先苦后甘，饮之令人头脑清醒，心态平和，心境澄明。唐代茶圣陆羽称茶为"南方之嘉木"，茶之为饮"最宜精行俭德之人"。所谓"精行"，勇猛精进、勤勉修行、精益求精、追求完美者是也；所谓"俭德"，俭以养德、朴实无华、大朴不雕、守素崇德者是也。这样的人，就是儒家所倡导的"天将降大任于斯人也，必饿其肌肤，劳其筋骨，苦其心志"者，是有抱负有志向的仁人志士。而茶的品格在成就这样的人格的过程中，是最适宜发挥守素养正作用的。一杯清茶，两袖清风，茶可助人克一己之物欲以修身养廉，克一己之私欲而以天下为公，以浩然之气立于天地之间，以忠孝之心事于千秋家国。以茶助廉，以茶雅志，以茶修身，以茶养正，自古为仁人志士培养情操、磨砺意志、提升人格、成就济世报国之志的一剂苦口良药。

"穷则独善其身，达则兼济天下"，身处江湖之野，不忘庙堂之志，是许多儒家士大夫的人生抱负。作为古代民间慈善义举、公益事业的形式之一，我国城乡民间施茶之风相沿不衰。如杭州湖墅一带茶亭施茶由来已久，至今留传有茶亭庙、茶汤桥等地名。茶亭庙在江涨桥畔，因庙旁旧有甘露亭，是昔日每年夏天专为路人施茶的茶亭，故庙以亭名。在一些翻山越岭、跋山涉水、路途遥远的乡野古道上，自古有乡贤富绅捐资或村民集资建造的茶亭，"十里一亭，五里一厕"，给行旅过客免费提供茶水，歇脚纳凉，成为耕读时代儒家士人行善积德、扶危济困、兼济天下的生动写照。

以茶入礼，相沿成俗。儒家强调通过礼乐教化构建伦理社会，故而以茶入礼，籍茶礼蕴含的仁爱、敬意、友谊和秩序，来达到宣化人文、传达典章的目的。除了客来奉茶、以茶会友外，茶在国人传统的人生大事中都扮演着重要角色，发挥着重要作用，成为协调人际关系、实施社会教化的工具。因种茶树必下籽，移植则不生，取其矢志不移和必定有子的吉祥寓意，许多茶区男婚女嫁自古离不开茶。如西湖茶农婚俗，习惯以茶为媒结良缘。民谚有"吃了哪家茶，就是哪家人"，"一女不吃两家茶"。"吃茶"即"定亲"，下聘礼称"下茶"或"定茶"，连整个婚嫁礼仪也称为"三茶六礼"，这"三茶"就是指订婚时的"下茶"，结婚时的"定茶"，洞房时的"合茶"。儒家认为"生死事大"，故而得子庆生、亡故丧事也都以茶入礼。如生儿育女，要吃"贵子茶""三朝茶""满月茶""周岁茶"。如死者入殓，先要在棺材底撒一层茶叶、米豆，出殡、封金时也要撒茶叶、米豆。在清明、冬至祭奠祖先亡灵焚烧的纸钱中，也夹有茶米。此外，四时八节也茶不离节，如农历正月初一要吃"新年茶""元宝茶"，二月十二要吃"花朝茶"，四月要吃"清明茶"，五月要吃"端午茶"，八月要吃"中秋茶"等。许多茶礼历经千百年传承，相沿成俗，成为国人的生活常态。

以茶交游，亲和包容。茶在唐宋以来进入大众社会生活后，成为人们社会交往的媒介，以茶会友、以茶交友，成为人们社会活动的重要方式，茶馆作为公共活动的空间，从城镇市井走向乡村津会，遍布大江南北。儒家认为，饮茶可以自省，也可以省人，既可以自娱，自得其乐，也可以乐人，与人同乐。通过饮茶可以沟通思想，创造和谐气氛，增进彼此友情，改善人际关系。"有朋自远方来，不亦乐乎？!"客来茶一杯，叙旧话新，茶汤中蕴涵着浓浓的高情厚谊；"摆开八仙桌，招徕十六方"，"煮沸三江水，同饮五岳茶"，茶馆一开张，就成为三教九流汇聚之地，形成独具一格的小社会。

茶通六艺，百艺融茶。通常所说的"茶艺"，是指茶的品饮艺术，是饮茶活动艺术化在生活中的体现，也是生活艺术化中对品饮茶艺的运用，可称之为"艺术茶事"，以区别于生产、生活类茶事。从广义的艺术看，茶事艺术或"艺术茶事"不仅自身具有茶香之美、茶味之美、茶形之美、茶名之美、茶器之美、茶礼之美等审美特点，而且还具有与其他艺术样式相互交融的功能，这就是通常所说的"茶通六艺"。这里的"六艺"所谓者何？有人说是古代的"君子六艺"——"礼、乐、射、御、书、数"，也有人说是指"琴、棋、书、画、诗、曲"或"琴、棋、书、画、诗、酒"这些所谓的士人修养，还有人说是心静、净具、注水、置茶、闻香、和茶、出汤这六道茶艺程序，诚可谓众说纷纭，莫衷一是。这些说法都是游离当代茶艺实际或失之偏颇的。"茶通六艺"的"六艺"，是古代"君子六艺"的借喻或现代泛称，不是具体指这六种古代技艺，也不一定是六种现代艺术样式，而是泛指与茶有缘、茶艺交融的各种艺术样式。事实上，在古今茶艺实践中，吟诗作赋、挥毫泼墨、插花焚香、抚琴唱曲等，无不与艺术茶事活动相互交织，互为一体，极大地丰富、扩展了茶与艺术的关系，是对茶为"艺术之饮"的升华，即从自身作为审美艺术延展到与其他各种艺术样式相融通。

"茶通六艺"的关键不在于"六艺"的多少，而在于茶与艺如何"通"上。茶界相当多的人把"茶通六艺"理解为"六艺助茶"，意思是以琴、棋、书、画、诗、曲之类的艺，来助饮茶之兴，形成多姿多彩、不拘一格的茶艺表现形式。所谓的茶可以醒诗魂、解酒困、添画韵、增书香之类，正是出于这种解释。这样的话，茶是中心、主角，"六艺"成为从属的点缀。其实，从茶事艺术包括现代茶艺的实际情况看，"六艺助茶"只是"茶通六艺"的外在表面现象，更重要的是茶渗透到"六艺"，交融在"六艺"，不仅使"六艺"添趣增色，而且成为"六艺"的媒介、载体，甚至"反客为主"成为主题和主体。如茶与诗词，茶人饮茶赋诗或诗人吟诗饮茶，茶助诗兴，相得益彰，但当诗变成茶诗时，就在诗中诞生了一个新的诗歌艺术门类或样式——茶诗，从内容、形式到主题、主体，都成为茶艺的主角，而不再是媒介或载体。其他各种艺术样式亦然，如茶与宴饮艺术交融，产生各种"茶宴"；茶与书画艺术交融，形成"茶书画"，茶与戏曲艺术交融，出现戏馆"茶园"……因此，仅仅从"六艺助茶"的角度来理解"茶通六艺"是比较肤浅的，也是有失偏颇的。只有把"艺术茶事"或"茶艺"纳入各类艺术样式中，并在相互交流、融通中互为一体，产生新的艺术形态或样式的过程中来审视，才能全面深刻地把握"茶通六艺"的深层次内涵。从茶的开放包容、具有水一样的广泛渗透性而言，茶可以与任何一种艺术样式相融通，因此"茶通六艺"应该可以说是"百艺融茶"。

茶以明伦，和济天下。茶具有的优良品德和人格精神，与儒家所提倡的亲和包容的"中庸之道"高度契合。儒家认为，"中庸"是处理一切世事的最高原则和至理标准，并进而从"中庸之道"中引出"和"的思想。在儒家眼里，和是中道，和是平衡，和是适宜，和是恰当，和是一切都恰到好处，无过亦无不及。茶在采制、点泡到品饮的一整套茶事过程中，无不体现出"和"的观念。"酸甜苦涩调太和，掌握迟速量适中"，是泡茶时的中庸之美；"奉茶为礼尊长者，备茶浓意表浓情"，是待客时的明伦之礼；"饮罢佳茗方知深，赞叹此乃草中英"，是饮茶时的谦和之态；"普事故雅去虚华，宁静致远隐沉毅"，是品茗环境与心境的俭行之德。

茶道中的"和""敬""融""理""伦"等，侧重于人际关系的调整，要求和诚处世，敬人爱民，化解矛盾，增进团结，有利于社会秩序的稳定。台湾的国学大家林荆南教授将茶道精神概括为"美、健、性、伦"四字，即"美律、健康、养性、明伦"，称之为"茶道四义"。这其中的"'明伦'是儒家至宝，系中国五千年文化于不坠。茶之功用，是敦睦关系的津梁：古有贡茶以事君，君有赐茶以敬臣；居家，子媳奉茶汤以事父母；夫唱妇随，时为伉俪饮；兄以茶友弟，弟以茶恭兄；朋友往来，以茶联欢。今举茶为饮，合乎五伦十义（父慈、子孝、夫唱、妇随、兄友、弟恭、友信、朋谊、君敬、臣忠），则茶有全天下义的功用，不是任何事物可以替代的"。①

茶文化是抚慰人们心灵的清新剂，是改善人际关系的润滑油。现代社会中人们常常处于极度紧张焦虑之中，人与人之间的竞争压力、利益关系使人们变得越来越疏远、越来越冷漠。而以茶会友、客来敬茶等传统民风，具有特殊的亲和力和感染力。在激烈的人生角斗场中，人们往往内心浮躁，充满欲望，患得患失，求不得而烦恼痛苦，而一杯清茶正可以清心醒脑，涤除烦躁，抚慰伤痕，使心情恢复平静。茶是最适宜现代人的"功能饮品"，使许多现代人的"现代病"不治而愈。自心和方能和人，心和人和则天下和。

以茶参禅，茶禅一味。佛教与茶自古水乳交融，尤其是以中国化的禅宗与茶的渊源根深蒂固，素有"茶禅一味"之说。茶的广泛种植源自禅门寺院，"天下名山僧占多"，名山多宜茶且又多产好茶名茶。唐代出产名茶多半为佛门禅师所首植。唐《国史补》记载，福州"方山仙芽"、剑南"蒙顶石花"、洪州"西山白露"等名茶，均产自寺院。陆羽《茶经》所记江南州郡出产的名茶中，许多与佛寺禅院有关。根据史料记载以及民间传说，我国古今众多的历史文化名茶中，有不少最初是由寺院种植、炒制的，如西湖龙井、径山茶、碧螺春、乌龙茶、大方茶、普陀山佛茶、黄山云雾茶、大理感通茶、湖北仙人掌茶、天台云雾茶等，最初都产自当地寺院。

禅师植茶，茶为禅用，可谓近水楼台先得月。茶可提神醒脑、驱除睡魔的功效，正好为禅家坐禅所用，后世饮茶成风，与禅师打坐饮茶密不可分。唐代茶风之大兴，正是得益于禅风之兴盛，时人有所谓"学禅务于不寐，又不夕食，皆许其饮茶。人自怀挟，到处煮饮，从此转相仿效，遂成风俗"。佛教界流传的关于达摩祖师撕下眼皮变成茶的故事，恰恰是茶的流行与佛教禅宗息息相关的反映。

唐宋禅院的僧堂仪轨以茶汤入戒律清规，《禅苑清规》记载各种茶会详尽备至，以茶供佛、点茶奉客、以茶参禅均纳入丛林仪轨，成为禅僧修持和日常僧堂生活的一部分。当时寺院中的茶一般用于供佛、待客、自奉。寺院内设有"茶堂（寮）"，专供禅僧辩论佛理、招待施主、举办茶会、品尝香茶；堂内置备有召集众僧饮茶时所击的"茶鼓"和各类茶器具用品；还专设"茶头"，专司烧水煮茶，献茶待客；山门前有"施茶僧"，施茶供水。宋元时期，江南地区禅宗寺院中的各类茶事臻于炽盛，每因

---

① 蔡荣章：《现代茶艺》，第200页，台湾中视文化公司，1989年第七版。

时、因事、因人、因客而设席，名目繁多，举办地方、人数多少、大小规模各不相同，通称"煎点"，俗称"茶（汤）会""茶礼""茶宴"。根据《禅苑清规》记载，禅院内部寺僧因法事、任职、节庆、应接、会谈等都要举行各种茶会，名目繁多。在寺院日常管理和生活中，如受戒、挂搭、入室、上堂、念诵、结夏、任职、迎接、看藏经、劝檀信等具体清规戒律中，也无不掺杂有茶事茶礼。当时禅院修持功课、僧堂生活、交接应酬以致禅僧日常起居无不参用茶事、茶礼。

茶入法礼，可通禅机，禅僧以茶供佛，自成丛林宗风。寺僧以茶供奉佛祖、菩萨、祖师，称"奠茶"。如天台山"罗汉供茶"，每天需在佛前、祖前、灵前供茶，赋予茶以法性道体，以通神灵。而禅宗之顿悟重在"当下体验"，这种体验往往是只能意会、不能言传。恰恰就在这一点上，禅与茶"神合"。北宋元祐四年（1089）底，苏东坡第二次到杭州出任知州，公务余暇曾到西湖北山葛岭寿星寺游参，南山净慈寺的南屏谦师闻讯赶去拜会，并亲自为苏东坡点茶。苏东坡品饮之后，欣然赋诗相赠《送南屏谦师》，诗序云："南屏谦师妙于茶事。自云得之于心，应之于手，非可以言传学到者。十二月二十七日，闻轼游落星，远来设茶。作此诗赠之：道人晓出南屏山，来试点茶三昧手。忽惊午盏兔毛斑，打作春瓮鹅儿酒。天台乳花世不见，玉川风腋今安有。先生有意续茶经，会使老谦名不朽。"这里的"三昧"一词，来源于梵语samadhi的音译，意思是止息杂念，使心神平静，是佛教的重要修行方法，借指事物的要领、真谛。诗中称赞南屏谦师是点茶"三昧手"，意即是掌握点茶要领、理解茶道真谛的高人，足见当时杭州高僧精于茶事。在苏东坡看来，点茶与参法问道一样，达到化境自然悟得个中三昧。茶的滋味很难描述出来，况且因人因时因地而异，百人恐有百念甚至千念万念，此味正合禅理。当一杯在手，品味着集苦涩香甜诸多味道于一身的茶汤时，正所谓当下一念，茶禅一味。

日本茶道开创者村田珠光专心点茶，以茶参禅，终于悟出"佛法存于茶汤"的道理，即佛法并非什么特殊别的形式，它存在于每日的生活之中，对茶人来说，佛法就存在于茶汤之中，别无他求，这就是"茶禅一味"的境界。中日禅茶界一致公认日本茶道源自中国禅院茶礼。但关于禅茶思想的起源，却众说纷纭，如赵州和尚说、夹山和尚说、国一禅师法钦说、圆悟克勤说等。不过，在制定、实施、推广、传播禅院修持法事活动、僧堂生活与茶事礼仪相结合的实践过程和东传日本中，继承圆悟克勤法统的临济宗径山派高僧大德，诸如大慧宗杲、密庵咸杰、无准师范、中峰明本等禅门宗匠在其中发挥了关键作用，则是肯定无疑的。

进一步说，从《禅苑清规》关于僧堂茶汤会的详尽规定看，宋元时期的江南禅院都在流行以茶参禅的修习方法，许多高僧大德都是精于茶事、主持茶会的茶人。但是从现存的禅门公案、高僧语录等看，提到茶事的却并不多。有人为了找到"茶禅一味"的出处，证明村田珠光从一休宗纯那里得到的究竟是不是圆悟克勤墨迹"茶禅一味"，查阅了各个版本的《大藏经》、禅宗语录，都没有"禅茶"或"茶禅"的记录，更没有"茶禅一味"或"禅茶一味"这种特别的提法。导致这种情况的原因，颇为符合人类认知存在的所谓"灯下黑"现象。因为茶汤会在当时的禅院的法事活动和僧堂生活中无时不有，无处不在，习以为常，司空见惯，以致谁都不觉得这有什么要特别提及的，就像赵州和尚一句"吃茶去"，其实不过是当时用来机锋棒喝的"口头禅"而已。同时，造成有所谓的"茶禅一味"四字真诀墨宝，也是对日本茶道界"茶禅一味"的说法妄信和误解所致，日本茶道界本来就没说有圆悟克勤书写的四字墨宝，他们崇敬备至的只是一幅圆悟克勤写给弟子虎丘绍隆的《印可状》而已。

茶通仙灵，天人合一。道教是中国土生土长的宗教，糅合了华夏先民原始宗教、天神崇拜、黄老道家、神仙方术以及民间信仰等元素，以"道法自然"为主旨，重视生命，注重养生，主张"重生轻物"的生命本位观和"无欲无为"的养生论，崇尚清静无为、返璞归真，追求尊道贵德、天人合一的至高境界，在宇宙观、生命观、哲学思想和科技、医学等领域，对中国传统文化产生无处不在的深刻影响，被誉为东方科学智慧之源。道教与华夏文明相伴而生，与茶文化形影相随，其渊源关系可谓达到了血溶于水的程度。

"茶之为饮，发乎神农氏"，"神农尝百草，日遇七十二毒，得茶而解之"，是故炎帝神农氏历来被尊为"中华茶祖"。而道教敬奉的诸多神祇中，"三皇"之一的农业之神神农氏，正是中华茶祖。在道教祀奉的各类行业神当中，茶圣陆羽被奉为"茶神"。各地茶乡茶市都建有祠宇，祀奉陆羽。"老子出关"的故事，成为"客来奉茶"习俗的起源，反映的也正是茶与道教关系之密切。

道士历来爱茶，既饮且种，相沿成习，代不乏例。如三国著名道教学者葛玄被誉为"葛仙翁"，晋时余姚四明山道士"丹丘子"，南朝宋庐山道士陆修静，南朝齐梁道学家、医学家陶弘景，明太祖朱元璋第十七子、道士朱权，如此等等，道家茶事，自古就是中华茶史之重要篇章。

除了"茶叶苦，饮之使人益思，少卧，轻身，明目"外，道家更认为，茶可以"除烦去腻"，"久食令人瘦，去人脂"，"轻身换骨"，"苦茶久食羽化"，"茶通仙灵，久服能令升举"。甚至日本茶祖荣西也说："茶乃养生之仙药，延龄之妙术"，被誉为"草木之仙骨"。如果说禅僧以茶参禅问道，可通禅机，悟得三昧，那么道士以茶为饮，可以通仙灵，达到轻身羽化、得道成仙的最终目的，两者有异曲同工之妙，都反映出茶所具有的药用功效与宗教修为的结合，被赋予了某种出神入化的超自然功能。

茶与宗教祭祀仪轨的结缘，最初是从道教起源阶段的天神崇拜开始的。早在西周时，"周武王伐纣，实得巴蜀之师……茶蜜……皆纳贡之"。周朝专设掌茶官 24 人，其职能是"掌以时聚茶，以供丧事"。茶是通灵达神之物，《尚书》云："祭言察也，察者至也，言人事至于神也。"茶作为祭天地、祭神灵、祭祖先的祭品奠物，就顺理成章了。唐罗隐《送灶诗》云："一盏清茶一缕烟，灶君皇帝上青天"，这是民间以茶祭祀灶神。齐武帝永明十一年七日诏曰："我灵上慎勿以牲为祭，唯设饼、茶饮、干饭酒脯而已。天下贵贱，咸同此制。"以茶设祭为奠，从此成为约定俗成的礼制。后世道教的斋醮科仪中普遍用茶，茶可通达大道仙界，因此在道教的追荐科仪中有"三奠茶"。

道教教理规定道徒要"修道养德"。在个人修养上，要做到"清静无为，清心寡欲"，主张"无为而治"，追求建立一个公平的、和平的世界，并企图通过个人修炼达到延年益寿、得道成仙的目的。茶的自然属性、药用功能和精神功能，正适合道教徒以茶悟道的需求。通过饮茶使心灵得到清静、恬淡、扶寿、成仙，正是道家所追求的人生真谛。饮茶作为一种养生方式，贯穿着道教"以德治命"的理念。"掌握了生活艺术的人便是道教所谓的'真人'。"饮茶艺术是道教生命价值的神圣体现。

道家倡导崇尚自然、朴素的美学理念和重生、贵生的养生思想，以"尊道贵德、天人合一"为最高信仰追求，为中国茶道思想确立了灵魂。金元道士诗人元好问的《茗饮》一诗，就是饮茶品茗契合自然、臻于天人合一至高化境的生动写照："宿醒来破厌觥船，紫笋分封入晓前。槐火石泉寒食后，鬓丝禅榻落花前。一瓯春露香能永，万里清风意已便。邂逅化胥犹可到，蓬莱未拟问群仙。"诗人以槐火石泉煎茶，对着落花品茗，一杯春露一样的茶能在诗人心中永久留香，而万里清风则送诗人梦游华胥国，并羽化成仙，神游蓬莱三山，可视为人化自然的极致。元代杨维桢的《煮茶梦记》同样也是道家茶道臻于化境的绝妙例证。茶人只有达到人化自然的境界，才能化自然的品格为自己的品格，才能从茶壶水沸声中听到自然的呼吸，才能以自己的"天性自然"去接近、去契合客体的自然，才能彻悟茶道、天道、人道。

茶源于自然，贵于人文，从植物变作物，从贡品到祭品，从饮品到法食，从草木到至宝，融自然、人文于一身，契合"天人合一"的理念。中华茶文化是东方生命伦理和东方生态哲学的集中体现，中国茶文化的最高境界是"天人合一"。尤其耐人寻味的是，钱穆先生在临终之前口述的一篇文章中，也提出"天人合一"的思想是中华文化对人类作出的最大贡献的主张。他说："惟到最近始澈悟此一观念实是整个中国传统文化思想之归宿处"，并强调"我深信中国文化对世界人类未来求生存之贡献，主要亦即在此。"钱先生的这段话被中外学术界称为他的"文化遗嘱"。在体现"天人合一"这一点上，茶的确达到了中华传统文化的最高层次。

道法自然，返璞归真，坐忘无己，天人合一。"坐忘"是道家为了要在茶道达到"至虚极，守静笃"的境界而提出的致静法门。受老子思想的影响，中国茶道把"静"视为"四谛"之一。如何使自己在品茗时心境达到"一私不留、一尘不染，一妄不存"的空灵境界呢？道家也为茶道提供了入静的法门，称之为"坐忘"，即忘掉自己的肉身，忘掉自己的聪明。茶道提倡人与自然的相互沟通，融化物我之间的界限，以及"涤除玄鉴""澄心味象"的审美观照，均可通过"坐忘"来实现。

道家不拘名教，纯任自然，旷达逍遥的处世态度也是中国茶道的处世之道。道家所说的"无己"就是茶道中追求的"无我"。无我，并非是从肉体上消灭自我，而是从精神上泯灭物我的对立，达到契合自然、心纳万物。"无我"是中国茶道对心境的最高追求，使自己的性心得到完全解放，使自己的心境得到清静、恬淡、寂寞、无为，使自己的心灵随茶香弥漫，仿佛自己与宇宙融合，升华到"悟我"的"天人合一"境界。

纵观儒释道与茶文化发展历史，还有值得注意的一点是：儒释道各自独立发展的同时，还出现"三教合一"的趋势；尤其是在南宋孝宗的《原道辩》（后改《三教论》》出炉，提出"以佛修心，以道养生，以儒治世"之说后，这种趋势更形明确。因此，在茶文化与儒释道的关系上，也呈现深化、交融、趋同、升华之势。

三、茶有君子之性，具有天赋美德和人文品格；茶道思想自古就与儒释道三教思想交融圆通，从饮茶之道到饮茶修道，再到饮茶得道，儒释道的茶道实践契合人类认识自我和世界、开启智慧法门的基本途径；茶道的关键作用是静心涤烦，助人进入物我玄会的超常境界；佛教对治众生人世之苦的"四谛"，在茶道实践中转化为"四规"，使茶道超越了茶的物质属性和茶人个体生命的局限，具有了在人类普遍的人性层面上的升华；以饮茶之道参悟天人之道、宇宙之道，茶文化是人类通向和悦自在、达成和济天下智慧之门的"醍醐之饮""菩提之饮"

从茶与人类精神活动、宗教生活的角度看：茶性与人性相通，茶人赋予茶以人性光辉和天赋美德，使得茶在人类精神生活层面扮演重要角色，担当人神对话、参禅悟道的媒介；以茶问道，以茶参禅，助益人们开启智慧，看清人生社会，参透天地宇宙，明心见性，解脱自在，圆融无碍，得大自在，成就圆满觉悟人生；以茶悟道，悟的是人生正道、天下大道，参的是天地宇宙之至道。从陆羽的"精行俭德"，到日本茶道的"清敬和寂"，再到现代茶文化的核心价值理念"清敬和美"，茶道思想自古就与儒佛道三教思想交融圆通，其原因正是因为茶道实践契合人类认识自我和世界、开启智慧法门的基本方法。在这个过程中，茶发挥了涤烦滤俗、澄心益思、格物致知的功能，使人在茶道实践中完成自省、超越、开悟、得道的过程，实现人格完善，成就正人君子，达成理想人生。因此，茶堪称是人类通向和悦自在、和济天下智慧之门的"心灵醍醐""灵魂甘露"。

清净高洁，天赋美德。茶生于山野，餐风饮露，汲日月之精华，得天地之灵气，本乃清净高洁之物。儒家认为茶有君子之性，具有天赋美德。唐韦应物称赞茶"性洁不可污"，唐末刘贞亮在《茶十德》文中提出饮茶"十德"：以茶散郁气；以茶驱睡气；以茶养生气；以茶除病气；以茶利礼仁；以茶表敬意；以茶尝滋味；以茶养身体；以茶可行道；以茶可雅志。其中"利礼仁""表敬意""可雅心""可行道"等就是属于茶道范围。北宋苏东坡用拟人化的笔法所作的《叶嘉传》，把茶誉为"清白之士"。宋徽宗也称茶"清和淡洁，韵高致静"。到现代，已故著名茶学家庄晚芳先生把"茶德"归纳为"廉美和静"，而中国国际茶文化研究会周国富会长积极倡导"清敬和美"的茶文化核心理念。而在天则集大成地提出了茶有"康、乐、甘、香、和、清、敬、美"八德之说①。茶德既是茶自身所具备的天赋美德，也是对茶人道德修养的要求。自古迄今，儒家都赋予茶清正高洁、淡泊守素、安宁清静、和谐和美的品德，寄寓了深厚的人文品格，蕴含了高尚的人格精神。

---

① 《茶味八德》，刊《中国楹联报》2005 年 12 月 30 日第 2 版。

厚德载物，大道至简。茶既有厚德美德，那何以载物载道？或者说，茶人赋予茶如此美德，除了自己修身养性外，何以兼济天下？纵观历代茶人的阐述，不外乎以饮茶之道，参天人之道，前一个道是饮茶艺术，后一个道是性命哲学。茶事实践的目的，不仅是为了满足诗意地生活或艺术地饮茶，满足审美需求，提升修养品德，更是为了通过这样的茶道实践，来达到开启智慧之门，清静自心、断除烦恼，觉悟人生、了脱生死，参破天地、穷极宇宙终极真理。当一片茶叶，一壶茶汤，被赋予如此重大的社会功能和人生命题的时候，它所承载的外在功能是无所不及、无所不能的。

如此看来，被奉为茶道鼻祖的陆羽《茶经》所倡导的"饮茶之道"，实际上是一种艺术化的饮茶方式或程序，它包括鉴茶、选水、赏器、取火、炙茶、碾末、烧水、煎茶、酌茶、品饮等一系列的程序、礼法、规则。中唐之时封演所说的大行天下的茶道，也不过是"饮茶之道"或饮茶艺术而已。但陆羽同时也说，茶之为饮"最宜精行俭德之人"，这就把茶饮艺术与茶人修为联系起来，说明饮茶之道也有助于人的修养之道。《茶经》以后，宋代蔡襄的《茶录》、宋徽宗赵佶的《大观茶论》、明代朱权的《茶谱》、钱椿年的《茶谱》、张源的《茶录》、许次纾的《茶疏》等茶书，都有许多关于"茶道"的记载，对茶饮艺术有助于修养之道，极尽发挥、阐述、赞誉之能事。赵佶在《大观茶论》说茶"祛襟涤滞，致清导和"，"冲淡闲洁，韵高致静"，"天下之士，励志清白，竟为闲暇修索之玩"。朱权的《茶谱》也说自己"取烹茶之法，米茶之具，崇新改易，自成一家。……乃与客清谈欺话，探虚玄而参造化，清心神而出尘表"。赵佶、朱权以帝王之尊，撰著茶书，力行茶道，于茶道修德之功能，如恭敬有礼、仁爱雅志、致清导和、尘心洗尽、得道全真、探虚玄而参造化等备极其详。总之一句话，饮茶可资修道，茶道既是饮茶艺术，也可藉以修道养心。

随着儒释道三教合一，儒家修身养性的茶道功能，在佛家和道家的宗教实践和仪轨中，被赋予了开启通往彼岸涅槃、羽化升仙法门妙径的神圣功能，从而使艺术的茶道、修身的茶道升华为参禅之道、问道之道。我们许多人对这个道感到高深莫测，奥妙无穷，著书立说，难尽其详。实际上，这个道没有那么复杂高深，没有必要穷究其理，它不过是佛家所说的"方便法门"而已。唐宋临济宗诸多棒喝、机锋、公案，其实都是开示法门、方法罢了。

对此，佛家禅宗历代祖师，无不有精到开示。马祖道一禅师主张"平常心是道"。道一的三传弟子、临济宗开山祖义玄禅师也说："佛法无用功处，只是平常无事。屙屎送尿，著衣吃饭，困来即眠。"就是说，道不离于日常生活，修道不必于日用平常之事外用功夫，只需于日常生活中无心而为，顺其自然；自然地生活，自然地做事，运水搬柴，著衣吃饭，涤器煮水，煎茶饮茶，道在其中，不修而修。所以禅门历来盛行"饥来吃饭，困来即眠"即是道，"神通并妙用，运水与搬柴"等说法。赵州从谂禅师是马祖道一的徒孙，他的"吃茶去"就只是一句"口头禅"，因为饮茶即是参法问道，佛法就在茶汤里，就看你有没有根器悟性，没有悟道就只好再去吃茶，不要有分别心、执着心，诸缘放下，放空心身，喝茶喝茶，直到觉悟了印可为止。从谂禅师虽未创宗立派，但他就凭一句"吃茶去"，在禅门影响至深至远。后世禅门以"吃茶去"作为"机锋""公案""参话头"，广泛流传。《五灯会元》记载仰山慧寂禅师唱偈云："滔滔不持戒，兀兀不坐禅，酽茶三两碗，意在镬头边。"认为不须持戒，不须坐禅，唯在饮茶、劳作即可悟道。当代佛学大师赵朴初先生也曾诗曰："空持百千偈，不如吃茶去。"在禅家看来，道不用修，吃茶即修道，"茶禅一味"是说佛法大义或道就寓于吃茶这样的日常生活中。

与禅宗这个说法不谋而合、如出一辙的，是道家所倡导的"道法自然""大道至简"。老子认为"道法自然"，庄子认为"道"普遍地内化于一切事物，"无所不在"，"无逃乎物"。因此，道家在茶道实践中也认为，修道在饮茶。大道至简，烧水煎茶，无非是道。顺其自然，无心而为，要饮则饮，从心所欲，不要拘泥于饮茶的程序、礼法、规则，贵在朴素、简单，于自然的饮茶之中默契天真，妙合大道。总之，饮茶即修道，修道的结果是悟道，悟道即开启智慧，涤除玄鉴，澄心味象，无我忘己，天人合一，是人生的最高境界。

综上所说，所谓茶道可分为饮茶之道、饮茶修道、饮茶得道三个层面的概念。饮茶之道是饮茶的艺术，且是一门综合性的艺术，它与诗文、书画、建筑、自然环境相结合，把饮茶从日常的物质生活上升到艺术审美层次；饮茶修道是把修行落实于饮茶的艺术形式之中，重在修炼身心、了悟大道；饮茶得道是中国茶道的最高追求和最高境界，煮水烹茶，皆合妙道，一茶一汤，皆有大道。饮茶之道是基础，饮茶修道是过程，饮茶得道才是根本目的。饮茶之道，重在审美艺术性；饮茶修道，重在道德实践性；饮茶得道，重在宗教法理性。茶道集宗教、哲学、美学、道德、艺术于一体，是艺术、修行、达道的结合，既是饮茶的艺术，也是生活的艺术，更是人生的艺术。

静心涤烦，物我玄会。茶道在宗教实践中的首要作用在于静心。这里所谓的茶道实践，不是泛泛的茶事活动，或者是泡茶品茶、以茶待客，也不是茶艺演绎或以茶祭奠，而是指以茶问道、以茶参禅、以茶悟道的茶事实践，这是一种超乎平常知觉状态下的一种高级神经活动。根据巴甫洛夫创立的高级神经活动学说，高级神经活动是大脑皮层的活动，是以条件反射为中心内容的，所以也称条件反射学说。人类的语言、思维和实践活动都是高级神经活动的表现，其基本过程是兴奋和抑制。所谓兴奋是指神经活动由静息状态或较弱的状态转为活动或较强的状态；所谓抑制是指神经活动由活动的状态或较强的状态转为静息的状态或较弱的状态。不能简单地把兴奋看作是活动，把抑制看作是静止的状态。兴奋和抑制都是一种神经活动的过程，它们指的是这种活动所指向的方向。从广义来看，中枢神经系统的高级机能，除条件反射外，还包含学习和记忆、睡眠与觉醒、动机与行为等。由此可见，抑制大脑皮层的条件反射活动，使之处于静息状态或较弱状态，正是人类高级智能活动之一。无论儒家的宁静致远，还是佛家的戒生定、定生慧，道家的静心、修身、见性、明道，无不反映了人类高级精神活动的基本规律或普遍特征，与现代神经科学相吻合。比如佛教强调通过持戒摄心，由摄心而入定，由入定而开慧，明心见性，修成正果，了脱生死，觉悟成佛。"打坐"是佛家打开天眼、开发智慧的最有效方法。佛家的"开天眼"包括肉眼、天眼、慧眼、法眼、佛眼五个层次，根本目的是实现个人生命从身到心到灵的依次升华。盘腿一坐，杂念灭尽，一念全无，在寂静虚空中人的感官功能即条件反射功能丧失殆尽，进入"入定"状态，或者说"静息"状态，这时对外界信息的条件反射处于全然没有或较低较弱的状态，人的"自心""本真"开始清明浮现，从肉体游离开来，进入"空灵"状态，与天地宇宙开始"全息"交流（多维可视、超越时空），达成"明心见性"的觉悟之境。

而禅宗在实践这一修持法门时，开宗立派，大放异彩，先有唐朝的"南顿北渐"之说，到北宋有"文字禅""默照禅""看话禅"三派之别，形成"一花五叶开七派"的宗门格局。禅宗之所以与茶结下不解之缘，原因不外乎茶的提神醒脑助益参禅打坐，茶的药用作用符合、满足了禅僧特殊的修持活动——打坐参禅所需要的生理状态，"达摩撕眼皮"的传说就说明了这个问题。同时，我们不得不指出，在禅宗盛行的南方尤其是东南地区，也正是唐朝以降形成的茶叶主产区，茶区和禅区两者的重合，也反映了禅与茶在空间分布或文化地理上的紧密关系。禅宗从"吃茶去"的和尚家风、"以茶供佛"的佛门礼制、"以茶参禅"的修持实践，到把僧堂茶会茶礼仪轨纳入《禅苑清规》，把茶会茶礼当做禅僧法事修持的必修课和僧堂生活的基本功，从而形成完善严密的茶堂清规或茶汤清规，把茶的这种提神功能和助益作用发展到极致，可谓是人类探索高级神经活动或高级认知实践的独门绝法或成功案例，是对古印度佛教"瑜伽"的继承和发展，也与儒家的"静坐""吐纳""宁静致远"，道家的"气功""坐桩""坐忘""无己"等，都有着异曲同工之妙。无论哪一门哪一种，都必须抛弃杂念，根除妄想，专心一志，全神贯注，其主要特征是超常入定，无人无我，空明无碍，开启智慧，感悟觉悟。在这个过程中，清静、安静、宁静、寂静是前提，是基础，是关键，心静则智慧现，心净则菩提来，否则其他的无从谈起。而茶道实践正是营造安静清净的环境，培养静心、安心，助益入定、静息，从而灵台空明，发生智慧。

致清导和，和融天下。茶道思想的核心价值是"和"。对此茶文化界已经有许多精辟论述，经典论断。陈香白教授认为，中国茶道精神的核心就是"和"。"和"意味着天和、地和、人和。它意味着宇宙万物的有机统一与和谐共存，并因此产生实现天人合一之后的和谐之美。"和"的内涵非常丰富，作为中国文化意识集中体现的"和"，主要包括：和敬、和清、和寂、和廉、和静、和俭、和美、和爱、和气、中和、和谐、宽和、和顺、和勉、和合（和睦同心、调和、顺利）、和光（才华内蕴、不露锋芒），和衷（恭敬、和善）、和平、和易、和乐（和睦安乐、协和乐音）、和缓、和谨、和煦、和霁、和售（公开买卖）、和羹（水火相反而成羹，可否相成而为和）、和戎（古代谓汉族与少数民族结盟友好）、交和（两军相对）、和胜（病愈）、和成（饮食适中）等意义。"一个'和'字，不但囊括了所有'敬''清''寂''廉''俭''美''乐''静'等意义，而且涉及天时、地利、人和诸层面。请相信：在所有汉字中，再也找不到一个比'和'更能突出'中国茶道'内核、涵盖中国茶文化精神的字眼了。"① 概而言之，以往探讨的"和"，包括"以和为贵""茶和天下"乃至"中庸

---

① 陈香白：《中国茶文化》，第43页，山西人民出版社，2002年。

和谐"之"和",主要是着眼事功实用的目的,也就是茶文化的社会功能①来探讨的,基本属于形而下的范畴。我这里想着重探讨一下"和而不同"的问题,因为我觉得,"和而不同"的"和",属于哲学层面、形而上的"和",更具有普遍意义。

"和而不同",过去我们简单理解为维持不同共存,或者是在不同中追求消除不同、实现同化,这样的理解是比较肤浅甚至有曲解的。孔子说"君子和而不同,小人同而不和"。"和而不同"是从一种修身之道开始,把对不同的尊重、了解和学习当作是一种内在的需求。《中庸》云:"喜怒哀乐之未发,谓之中;发而皆中节谓之和。中也者,天下之大本;和也者,天下之达道也。"这里的"和"是以情绪发泄而有序有节、恰到好处,来隐喻治国理政要走中道、行中正,显然已从内修之道外化为天下之道。《国语·郑语》史伯答桓公云:"夫和实生物,同则不继。以他平他谓之和,故能丰长而物归之,若以同裨同,尽乃弃矣。故先王以土与金、木、水、火杂,以成百物。"《左传·昭公二十年》记述齐桓公与晏婴讨论"和与同"之异同时,晏婴阐述说:"和如羹焉,水火醯醢盐梅以烹鱼肉,燀之以薪。宰夫和之,齐之以味,济其不及,以泄其过。……若以水济水,谁能食之?若琴瑟之专壹,谁能听之?同之不可也如是。"这两则典故,都说明我国先哲对"和而不同"的深刻内涵有着精辟的解释,"和"不是简单的"同",而是"不同共存"基础上的创新和发展,如果完全是"同",则事物发展将难以为继,唯有臻于不同共存基础上的"和",才可以"生物",也就是创新和发展。这实际上揭示了万事万物包括人类社会发展的内在规律,具有哲学价值和普遍意义。"和而不同"就是首先要承认"不同"是事物的本质特征,"和"是"不同共存"中的创新和发展,要在容存不同中实现创新,这样才能以"和"之道达济天下。这是自然界和人类社会普遍存在的客观规律和终极真理。尤其是从古今中外人类文明历史和现状看,"和而不同"是不同文明交流互鉴、和谐共生之道。诚如周国富会长所说:一个"和"字所体现的,既是茶道,也是人道和社会运行之道。"和而不同"是自然之道,天地宇宙之道,也是人类社会之道,天下之至道。中国文化包括中华茶文化要达成"和济天下"这一伟大而崇高的使命,必须以"和而不同"为理论基石和哲学基础。特别是在当前国际格局下,只有在"和而不同"的理念下,才能平等互尊、互利互惠,开放包容、合作共赢,多元一体、共同发展,在国际社会治理中,提倡开放、反对封闭,提倡包容、反对排斥,提倡平等、反对强权,提倡对话、反对对抗,提倡竞争、反对战争,提倡共赢、反对零和,互惠互利、合作发展,求同存异、存同化异,和而不同、和谐共生。而茶文化所具有的开放性、多样性、包容性、渗透性,不仅为我们提供了一个很好的认识茶道精神的视角,也为我们践行"茶和天下"的神圣使命提供了载体。以茶播道,以茶行道,正当其时,凭借中国茶文化的走向世界,传播中华文化和中华民族的优秀思想和价值观,一定能起到事半功倍、润物

---

① 范增平在《茶艺文化再出发》一文中,曾将茶文化的社会功能具体归纳为下列几个方面:探讨茶艺知识,以善化人心;体验茶艺生活,以净化社会;研究茶艺美学,以美化生活;发扬茶艺精神,以文化世界。范增平:《台湾茶文化论》,第51页,台湾碧山岩出版公司出版,1992年。

无声的作用。

四谛四规，一脉相通。日本茶道"和敬清寂"四规的原创者、北宋临济宗杨岐派二祖白云守端的弟子、与湖北黄梅五祖山杨岐三祖法演师出同门的刘元甫，以成都大慈寺茶礼为基础，在五祖山开设茶禅道场——松涛庵，撰著《茶堂清规》，确立了"和、敬、清、寂"的茶道宗旨。刘元甫的茶道"四谛"——"和、敬、清、寂"，是从佛教的基本教义"苦、集、灭、道"四谛衍化而来的。谛就是真理，四谛就是佛教关于人生现象的四种真理。佛教认为现实世界是一个痛苦的汇集，人生在世，处处皆苦，"苦谛"就是佛教对人生价值的判断。佛以为，有生苦、老苦、病苦、死苦、怨憎会苦、爱别离苦、求不得苦等，总而言之，凡是构成人类存在的所有物质以及人类生存过程中精神因素都可以给人带来"苦恼"。"集谛"是分析造成各种痛苦的原因，佛教认为就是人的贪、嗔、痴"三毒"造成所有痛苦，只有断绝这些原因，才能彻底从痛苦烦恼中解脱，达到涅槃境界。"灭谛"就是佛教的最高理想的层次。灭，即灭息一切烦恼、超越时空、超越生死轮回的境界。而要真正解脱苦因、达到解脱，就需要有正确的方法和途径，这就是"道谛"。

刘元甫在品茶过程中领会佛教"四谛"的真谛，总结出了茶道"四谛"，使茶道超越了茶的物质属性和个体生命的局限，具有了在人类普遍的人性层面上的升华：佛教对治众生人世之苦的"四谛"，在茶道实践中转化为"四规"，从而具有了普遍的人类意义和至高的人文价值。因为佛教的众生是超越人性的法性上的众生，佛教"四谛"是众生解除烦恼、了断生死，实现人自身的彻底解放和终极解脱的法门，它使茶道的人文价值取向从"自由和谐"的人性层面，提升到"自在和悦"的法性层面。达到这个境界的，就是明心见性、得道觉悟，就是"禅茶一味""天人合一"的至高境界。这是人类实现自身解放、自性解脱，达到"无人无我观自在，不空不色见如来"大自在境界的不二法门。

四、余论、中华茶文化的人文特质和共同价值及世界意义

通常讲茶文化的特征，有历史性、时代性、民族性、地区性、国际性之说，也有社会性、广泛性、民族性、区域性、传承性之论。如果从中华文化及其人文特征的角度看，茶文化具有开放包容、多元一体，平和诚敬、雅俗共赏，禅茶一味、天人合一，和而不同、达济天下，与时俱进、历久弥新等至高至善的人文特质和共同的人文价值。这就意味着茶道精神是东方智慧的精华，是人类文明的结晶，在过去、现在和将来，都有不竭的生机和动力，具有永恒的价值和意义。

人类文明史上，从来没有一种东西，像一片茶叶那样，扮演着多重复合的角色，在生命和文明、物质和精神、个人和社会、生活和生产、艺术和文化、宗教和哲学等领域都占有一席之地，且发挥着不可或缺的作用。茶文化的所有这些形态和功能，都体现着以人为本、以满足生命和生活需要为出发点，通过生产和消费积淀了艺术和文化的丰富内涵，并在儒释道三教的相互介入、渗透和交融、升华下，臻于伦理、宗教、哲学的高度，成为在人类物质生活和精神生活中都必不可少的东西。

茶文化的人文特质与"丝路精神""丝路模式"高度契合，在"一带一路"中可发挥无可限量的文化价值和精神力量。在 21 世纪，茶和茶文化必将进一步走向世界，成为人类之饮，春风化雨，润物无声，成为全人类的福音。

（本文系 2015 年浙江省文化艺术研究院、杭州市发展研究中心举办的东方文化论坛"茶与人类文明研讨会"大会发言论文，收录在鲍志成主编《丝瓷茶与人类文明（东方文化论坛 2014—2018 论文选编）》，浙江工商大学出版社，2019 年 2 月。）

禅茶渊源及禅茶文化探赜

　　佛教尤其是禅宗与茶和茶文化自古水乳交融，渊源根深蒂固，素有"禅茶一味"之说。近年来茶事炽盛，各地冠名"禅茶"者名目繁多，"禅茶之乡""禅茶小镇"竞相登场，茶界说茶论禅众说纷纭。检索以往论者多从茶禅历史因缘、文化关联、相互影响等角度说起，诸如僧史茶事、茶道禅意之类，论之者不可谓少①。禅与茶因缘几何？这里试先厘清"禅"之本义和"禅茶一味"的由来及其思想渊源，着重从茶史、茶区、茶性、茶德、茶味之与禅史、禅区、禅僧坐禅、禅人法性、禅之真味关系为之一说，请方家大德赐正。

一、早期印度佛教"禅"的本义及其在中土的流变

　　"禅"起源于印度，其原意即指静坐敛心、正思审虑，以达定慧均等之状态。早在释迦牟尼之前，印度就有以升天为坐禅目的之思想。到世尊时代，开始出现远离苦乐两边、以达中道涅槃为目的之禅。

　　禅，是梵文"禅那（Dhyana）"的音译略称，意译为"静虑""思维修"等，既是心定下来观察思维，也就是以所观的境，令心专注不散，称为"定"，"观"就是作种种的观行。禅定包含"止"和"观"，"止"（Samatha）和"观"（Vipasyana）都是由梵文翻译过来的。一个人修任何的禅定，一定离不了止和观，不然的话，他修的禅定会偏向外道。

　　禅是佛教普遍采用的一种修习方法，源于婆罗门经典《奥义书》所讲的以静坐调心、制御意志、超越喜忧以达到"梵"的境界。修禅，可以静治烦，实现去恶从善、由痴而智、由染污到清净的转变，使修习者从心绪宁静到心身愉悦，进入心明清空的境界。定慧均等之妙体曰"禅那"，就是佛家一般讲的参禅。虚灵宁静，把外缘（外在事物）都摒弃掉，不受其影响；把神收回来，使精神反观自身（非肉身）即是"禅"。

　　佛家认为世间分欲界、色界和无色界。欲界有种种欲望，且没有定心；色界和无色界都要依靠定力进入。在欲界修禅定，目的就是要离欲界而进入四禅（初禅、二禅、三禅、四禅）八定（欲界定、欲界未到地定、圣默然定、不动定、空无边处定、识无边处定、无所有处定、非想非非想处定），乃至进入灭尽定。

---

① 董慧：《禅茶文化研究综述》，《农业考古》2012年第5期。

据宏圆法师《地藏菩萨本愿经》讲义，禅定分世间禅定、出世间禅定和上禅定三种。世间禅定有入定、住定、出定的有为功用，但没有达到无为功用，就是说没有断烦恼，没有了脱生死之苦，还要六道轮回。出世间禅定即阿罗汉、辟支佛、菩萨三乘人所修的禅定。其中阿罗汉和辟支佛得证的是灭受想定，能断三界内的见思烦恼，但虽破我执而未破法执，不能从空入假、不能入世教化众生。大乘菩萨所修禅定，是本来具足的自性本定，是以法界为定之本体的首楞严大定，没有入定和出定、动和静的差别，即入即出、即静即动，事理圆融。阿罗汉、辟支佛、菩萨所修所证的禅定都是无漏禅定，故而总称为出世间禅定。至于上禅定，是诸佛如来所修证的那伽大定，这种禅定那伽常在定，无有不定时，纵然处境千变万化，内心犹如虚空，湛寂常恒，不生不灭，不动不摇。

大道无形，大音希声，禅，玄妙难言。禅的境界是言语道断，心行处灭，是与思维言说的层次不同的；但是，为了把禅的境界介绍给大家，仍然要藉言语来说明。六祖惠能开始，禅宗发扬光大，于是有棒喝、机锋、参话头、参公案，历来各家说"禅"、解"禅"、话"禅"、问"禅"，禅，堪称人类最难界定、解说清楚的概念。

禅的意义就是在定中产生无上的智慧。以无上的智慧来印证，证明一切事物真如实相的智慧，才叫作禅。《六祖坛经·坐禅品第五》："外离相即禅，内不乱即定。外禅内定，是为禅定。"[1] 禅定者，外在无住无染的活用是禅，心内清楚明了的安住是定，所谓外禅内定，就是禅定一如。对外，面对五欲六尘、世间生死诸相能不动心，就是禅；对内，心里面了无贪爱染著，就是定。参究禅定，那就如暗室放光了！

拥有一颗平常心，人生如行云流水，回归本真，这便是参透人生，便是禅。人生中的烦恼都是自己找的，当心灵变得博大，空灵无物，犹如倒空了烦恼的杯子，便能恬淡安静。人的心灵，若能如莲花与日月，超然平淡，无分别心、取舍心、爱憎心、得失心，便能获得快乐与祥和。水往低处流，云在天上飘，一切都自然和谐地发生，这就是平常心。

胡适曾说："中国禅并不来自印度的瑜伽或禅那，相反的，却是对瑜伽或禅那的一种革命。"铃木大拙曾说："像今天我们所谓的禅，在印度是没有的。"

中国的禅，"不立文字、直指人心、见性成佛"。中国化的禅是一种生活的智慧，生活中的每一个人都要有禅的智慧。禅可以帮助我们看清生命的意义，活出美满幸福的人生。禅是一剂解决痛苦烦恼，走向快乐成功的良药，禅也是现代人的必需品。

"春有百花秋有月，夏有凉风冬有雪。若无闲事挂心头，便是人生好时节。"在禅者的眼中看来，每一个季节都非常的好，禅者懂得顺应，顺应自然、顺应天地的变化、顺应社会。

众所周知，茶界公认茶道思想的核心价值是"和"，源自中国传统文化中的"中庸""中正""中和"思想[2]，这与"禅"起源时期的"中道"思想完全契合。茶之至

---

① 释慧能著，郭朋校释：《坛经校释》，中华书局 1997 年版。
② 陈香白：《中国茶文化》，第 43 页，山西人民出版社，1998 年版。

味与禅之真味的有机交融，从根本上来说是两者在思想根源和文化价值上的契合和一致。

禅宗是中国化佛教的代表，奉菩提达摩为初祖，下传慧可、僧璨、道信，至五祖弘忍下分为南宗惠能、北宗神秀，时称"南能北秀"。据圭峰宗密《禅源诸诠集都序》所载，唐代之禅宗教派共有洪州、荷泽、北秀、南侁、牛头、石头、保唐、宣什（念佛门禅）、惠稠、求那、天台等诸派①，可见唐朝禅宗之盛。宋元时期，禅宗一花五叶（临济、沩仰、曹洞、云门、法眼）七派（临济下分杨岐、黄龙），尤其是临济宗大行江南，流播东瀛，盛行天下，影响深远，绵延不绝。

禅宗自称"传佛心印"，用参究方法觉悟众生本有佛心为宗旨，认为心性本净，佛性本有。觉悟不假外求，不读经，不礼佛，不立文字。禅宗以参究方法，彻见心性的本源（即佛性），故又称"佛心宗"。禅宗思想体系包括本体论、心性论、道德论、体悟论、修持论和境界论等思想要素，其中心性论是它的核心内容。禅宗把自心视为人的自我本质，认为苦乐、得失、真妄、迷悟都在自心，人生的堕落、毁灭、辉煌、解脱都决定于自心。自心，从实质上说是本真之心，也称本心、真心，也就是佛性、真性。禅宗以"自心"为禅修的枢纽，提倡径直指向人心，发明本心，发现真性，以体认心灵的原本状态，顿悟成佛果。也就是说，禅修是心性的修持。

在唐宋禅宗勃兴时期，禅宗从"不立文字"到"不离文字"，从终日枯坐打禅的"默照禅"到青灯黄卷、皓首穷经的"文字禅"，再到参话头、斗机锋的"看话禅"，既反映了禅宗不同的修持方法和得道门径，也揭示了佛教中国化、禅宗主体化过程中传教弘法路径的随缘方便化。这是佛教社会化的必然趋势，也是禅宗适应中国社会、得以确立主导地位的法宝。而以径山寺为核心的江南禅院临济宗和以大慧宗杲为代表的径山派禅门宗匠，正是这一历史潮流中的中流砥柱，发挥了中坚力量的巨大作用，所谓"五山十刹"之首、"子孙遍江南"，正此之所谓也。

但是，禅宗随缘应化的方便法门，并没有丝毫影响或降低其修习的水准和宗教法性上的提升。恰恰是这种社会化、生活化、方便化的无处不在的教团和修持方法，获得了广阔的生存空间和社会基础，而且在宗教实践中达到了至高至尊、自在妙用的修持境界，乃至在东方哲学、审美、文化等领域，都产生了无与伦比的深远影响。

禅宗大义主张不立文字、教外别传，直指人心、明心见性。"直心"即纯洁清静之心，要抛弃一切烦恼，灭绝一切妄念，存无杂念之心。有了"直心"，在任何地方都可以修心，若无"直心"，就是在最清静的深山古刹中也修不出正果。慧能认为佛法就是世间法，认为现实世界即理想世界，求道、证道、悟道在现实中就可进行，解脱也只能在现实中去实现。禅宗主张"平常心是道"②，这个所谓的"平常心"是指

---

① 宗密：《禅源诸诠集都序》，中国禅宗典籍丛刊，中州古籍出版社，2008年。此外，宗密在《圆觉经疏抄》又举出北宗禅、智侁禅、老安禅、南岳禅、牛头禅、南山念佛门禅、荷泽禅七宗；《拾遗门》又另作分类，计有牛头宗、北宗、南宗、荷泽宗、洪州宗五家。不过，这里的"五家七宗"与后来宋元时期的"五家七宗"是两回事。

② 普济：《五灯会元》卷四《赵州章》，中华书局，1984年版。

保持毫无造作、不浮不躁、不卑不亢、不贪不嗔的虚静自然本真之心，就是自然而然、无我无为而无不为之心。

佛家言：无人无我观自在，不空不色见如来。禅宗的"无"不是世俗所说的"无"，而是超越了世俗认为的"有""无"之上的"无"。禅宗五祖弘忍在将传授衣钵前曾召集所有的弟子门人，要他们各自写出对佛法的了悟心得，谁写得最好就把衣钵传给谁。弘忍的首座弟子神秀是个饱学高僧，他写道：身是菩提树，心如明镜台。时时勤拂拭，莫使惹尘埃。弘忍认为这偈文美则美，但尚未悟出佛法真谛。而当时寺中一位烧水小和尚慧能也作了一偈文：菩提本无树，明镜亦非台。本来无一物，何处惹尘埃[①]。弘忍认为"慧能了悟了"。于是当夜就将达摩祖师留下的袈裟衣钵传给了慧能，因为慧能明白了"诸性无常，诸法无我，涅槃寂静"的真理。只有认识了世界"本来无一物"，才能进一步认识到"无一物中物尽藏，有花有月有楼台"。诚如俗话说的，"没心没肝"才是真正得道之境。

"无我""无心"是一种超然物外的精神境界，与"无己""无私""忘我"相似相通。如何彻底破除"我执"，达到"无我""无心"之境？古人以为集中心念，专注于修行实践，真诚感恩、无报施舍、无私奉献，就可以达到忘我、忘心之界，臻于无我、无心之境。由台湾茶人蔡荣章先生首创的"无我茶会"，无尊卑之分，无地域流派之分，无报偿之心，无好恶之心，无有一切分别心，从"无我"开始，排除私心杂念，心无挂碍，达成"忘心""忘机"的至高境界，迈向通达智慧的门径。

二、从"吃茶去"到"禅茶一味"的禅茶思想渊源

在日本茶道界盛传着这样一桩公案：一日，被后世尊为日本茶道开创者的村田珠光（1423—1502）用自己喜爱的茶碗点好茶，捧起来正准备喝的一刹那，他的老师一休宗纯（1394—1481）突然举起铁如意棒大喝一声，将珠光手里的茶碗打得粉碎。但珠光丝毫不动声色地说："柳绿桃红。"对珠光这种深邃高远、坚忍不拔的茶境，一休给予高度赞赏。其后，作为参禅了悟的印可证书，一休将自己珍藏的圆悟克勤禅师的墨迹传给了珠光。珠光将其挂在茶室的壁龛上，终日仰怀禅意，专心点茶，终于悟出"佛法存于茶汤"的道理，即佛法并非什么特殊别的形式，它存在于每日的生活之中，对茶人来说，佛法就存在于茶汤之中，别无他求，这就是"茶禅一味"的境界。村田珠光从一休处得到了圆悟的墨宝以后，把它作为茶道的最高宝物，人们走进茶室时，要在墨迹前跪下行礼，表示敬意。由此珠光被尊为日本茶道的开山，茶道与禅宗之间成立了正式的法嗣关系。

这则公案旨在借用中国禅门机锋棒喝一类的公案，喻示村田珠光获得一休宗纯的认可，从而确立其茶道开山之地位。村田珠光30岁时到京都大德寺师事一休宗纯，学习临济宗杨岐派禅法。文明六年（1474），一休奉敕任大德寺住持，复兴大德寺。村田珠光从一休那里得到杨岐派祖师圆悟克勤的墨迹，现在成为日本茶道界的宝物。

---

① 慧能：《慧能诗偈集第一首》，郭朋校释《坛经校释》，中华书局，1997年版。

珠光在大德寺接触到了由南浦绍明从宋朝传来的茶礼和茶道具，并将悟禅导入饮茶，从而创立了日本茶道的最初形式"草庵茶"，并做了室町时代第八代将军足利义政的茶道教师，改革和综合当时流行的书院茶会、云脚茶会、淋汗茶会、斗茶会等，结合禅宗的寺院茶礼，创立了"日本茶道"。

中日禅茶界一致公认日本茶道源自中国禅院茶礼，但在其源流、人物、内容和形式等方面，却存在不同的说法，甚至有以讹传讹的版本。如关于禅茶起源，主张唐朝起源论的有"吃茶去"的赵州和尚从谂（778—897）说、夹山和尚善会（805—881）说、径山国一禅师法钦（714—792）说；"茶禅一味"的思想渊源是圆悟克勤（1063—1135）及其《碧岩录》，还是源自禅宗临济宗众多大德高僧和《禅苑清规》；尤其是，在制定、实施、推广、传播禅院修持法事活动、僧堂生活与茶事礼仪相结合的实践过程和东传日本中，到底是哪位高僧大德发挥了关键作用，皆迄无定论。圆悟克勤的禅门领袖地位和禅学成就无可置疑，他的《印可状》在日本茶道界的至高地位也值得肯定，他的法系子孙成为南宋和元朝兴盛江南的临济宗各大禅院的骨干中坚力量，也举世公认。但从禅院茶会的实践样式、流播时间和对日茶道的直接后续影响看，显然不是他本人，而是继承他法统的径山弟子大慧宗杲（1089—1163）、密庵咸杰（1118—1186）、无准师范（1179—1249）等南宋临安径山禅寺的禅门宗匠，以及元代天目山狮子院"江南古佛"中峰明本（1263—1323）等。

进一步说，从《禅苑清规》关于僧堂茶汤会的详尽规定看，宋元时期的江南禅院都在流行以茶参禅的修习方法，许多高僧大德都是精于茶事、主持茶会的茶人。但是从现存的禅门公案、高僧语录等看，却较少提到茶事。有人为了找到"禅茶一味"的出处，证明村田珠光从一休宗纯那里得到的究竟是不是圆悟克勤墨迹"禅茶一味"，查阅了各个版本的《大藏经》、禅宗语录，都没有"禅茶"或"茶禅"的记录，更没有"茶禅一味"或"禅茶一味"这种特别的提法。这就像"径山茶宴"一样，从无历史文献记载，却真实地存在于历史长河之中，是一个真实的伪命题。

导致这种情况的原因，颇为符合人类认知存在的所谓"灯下黑"现象。因为茶汤会在当时的禅院的法事活动和僧堂生活中无时不有，无处不在，习以为常，司空见惯，以致谁都不觉得这有什么要特别提及的，就像赵州和尚一句"吃茶去"，其实不过是当时用来机锋棒喝的各种各样的"方便法门"和一句习以为常的"口头禅"①而已。禅宗尤其是临济宗的教学与禅修方法，五花八门，诸如扬眉、瞬目、叉手、踏足、擎拳、竖佛、口喝、棒打甚至呵祖、骂佛等机锋，语录、公案、古则、话头、默照以及云门"三句"、黄龙"三关"、临济"三玄三要""四料简""四宾主""四照用"，曹洞"五位"等，纷然杂呈，令人眼花缭乱，难分难解。

同时，之所以造成有所谓的"禅茶一味"四字真诀墨宝，也是对日本茶道界"禅

---

① "口头禅"语出宋王懋《临终诗》"平生不学口头禅，脚踏实地性虚天"。最初源自禅宗用语，本意指未经心灵证悟就把一些现成的经言和公案挂在嘴边，装作得道的样子。禅宗以现成的经语、公案，挂在口头，以作谈助，名之曰"口头禅"。

茶一味"的说法妄信和误解所致，日本茶道界本来就没说有圆悟克勤书写的四字墨宝，他们崇敬备至的，只是一幅圆悟克勤写给弟子虎丘绍隆（1077—1136）的《印可状》而已。

三、茶为何"最宜精行俭德之人"

陆羽《茶经·一之源》云："茶之为用，味至寒，为饮最宜精行俭德之人。"对于这句话中的"精行俭德"一词，不少人查字典，翻古籍，断句读，释精义，至今莫衷一是，众说纷纭。

"当代茶圣"吴觉农主编的《茶经述评》解释为"注意操行和俭德"①。此外，还有"品德端正俭朴""品行端正有节俭美德""品行端正有勤俭美德""精诚专一，没有旁骛，品德简约、谦逊而不奢侈""'精行者'，无非即注意操守，品行端正之谓也；而'俭德'呢，即'节俭之美德'是也""精诚专一，待人谦逊和蔼，不放纵自己""注意操行具有俭朴美德"等说法。这些解释大多把"精行"和"俭德"并列，分别释义，前者基本是品行端正之意，后者基本是俭朴美德之意②。还有人特别从词性解释云："此处的'行'是动词，而'精'是专一的意思，用以说明'行'的程度。《古今韵会举要·庚韵》谓'精，专一也'。所以'精行俭德'应该理解为'专一践行自律品德'。"此说何据？该文云："'俭'有节约、节俭之意，这是众所周知的。关剑平先生在研究茶的精神时，首次发掘出其更深层次的含义，他在《茶与中国文化》一书中提出'俭字本意即为约束、限制、节制'。其根据是《说文解字》释'俭，约也'。段玉裁注云：'约者，缠束也。俭者不敢放侈之意。'这一发现足以让关先生成为陆羽的解人，因为陆羽更看重的应该是具有约束，尤其是自我约束的能力和觉悟的人。这样的人，也就是我们今天所说的能够自律的人。"③

笔者认为，"精行俭德"其实源是佛家常用语，是"精进修行""俭以养德"的简称或缩略。所谓"精行"，就是勇猛精进、勤勉修行；所谓"俭德"，就是俭以养德、守素崇德；其本义就是勤勉奋发以修行、清苦俭朴以养德④。所谓"精行俭德之人"，就是勤勉精进修行、清苦俭素以养德之人。实际上，这样的人就是亦儒亦僧的陆羽自己那样的"节士""行者"，就是苏东坡《叶嘉传》所称道的秉性高洁的"清白之士"和托名元人杨维桢所作的《清苦先生传》所称赏的励志力行的"清苦先生"⑤。换言之，就是为了信仰和理想舍身忘躯、精进修行、不畏艰辛、坚忍不拔的"修道者"，就是禅门里那些简衣素食、历尽磨难、孜孜以求、追求宇宙真谛和生命觉悟的"苦行僧"。

---

① 吴觉农著：《茶经述评》，第1-4页，中国农业出版社，2005年。
② 蔡定益：《茶经"精行俭德"一词研究综述》，《农业考古》，2009年第5期。
③ 缪元朗：《"精行俭德"新解》，《光明日报》，2014年12月28日。
④ 鲍志成：《"精行俭德"探赜》，《茶博览》，2016年第4期。
⑤ 粘振和：《元末杨维桢〈清苦先生传〉的茶文化意蕴》，《成大历史学报》第三十七号，2009年12月，第61-88页。

且不说佛教《四十二章经》《四分律》等对僧人修习行为的严格戒律规范，单从《禅苑清规》中对僧人参加茶会的言行举止所作的近乎苛刻严厉的详细规定，就可看出禅僧修行生活之艰辛。如果一个僧人参加在寺院禅堂举行的茶汤会，入内"安详就座"时，"弃鞋不得参差，收足不得令椅子作声。正身端坐，不得背靠椅子。袈裟覆膝，坐具垂面前。俨然叉手，朝揖主人。常以偏衫覆衣袖，及不得露腕。热即叉手在外，寒即叉手在内，仍以右大指压左衫袖，左第二指压右衫袖"。吃茶时"安详取盏橐，两手当胸执之，不得放手近下，亦不得太高。若上下相看一样齐等，则为大妙。……不得吹茶，不得掉盏，不得呼呻作声。取放盏橐不得敲磕，如先放盏者，盘后安之，以次挨排，不得错乱。右手请茶药擎之，候行遍相揖罢方吃。不得张口掷入，亦不得咬令作声"。吃罢谢茶退堂时，要"安详下足。问讯讫，随大众出。特为之人须当略进前一两步问讯主人，以表谢茶之礼，行须威仪庠序，不得急行大步及拖鞋踏地作声"。① 如此详细的规定，与军训相比还要有过之而无不及。

在把"精行俭德"放回到佛教语境下正本清源以后，我们发现其含义其实并不复杂，也不难解，它就是"精进修行""俭以养德"的略写。陆羽是一个弃婴，无父母亲属，从小在寺院生活长大，寺院生活、禅宗思想对他个人的生活和人格成长，产生了潜移默化的影响。他虽然容貌丑陋，性格古怪，但天资过人，才华横溢，文采飞扬，故有"陆文学"之号。他嗜好茶事，一生事茶，研究茶史，考察茶区，开创茶道艺术，集成茶文著述，完成名垂千古的《茶经》。他亦儒亦僧、放浪江湖的一生，充满着传奇故事，践行着分发向上，用现在的话来说，他充满着正能量，是一个很好的励志典型。正是"精进修行""俭以养德"的精神，成就了他的传奇人生，说白了，他就是"精行俭德之人"，而茶犹如苏东坡所誉"清白之士"的君子之德和诸多天然药用功效，恰恰能满足也契合这样一些为理想为信念孜孜以求、永不放弃的精进修行之士。诚如中国佛学院教授宗舜法师所言："他把这个精行俭德这四个字拿来提炼，作为对茶的概括，其实跟他受到的禅宗的思想影响是有很大关系。精行，就禅堂里面坐禅的禅师们，是要放一块心板在腿上，双手扶住，如果要打瞌睡，一推这个竹板掉地，咣当一响，立刻警醒，再得振作精神继续坐，所以他这个精行，就是精进修行。"② 这个解释完全符合陆羽亦儒亦僧的生平行迹和个人修为。

从传统文化背景来看，陆羽提炼的"精行俭德"，其核心精髓就是勤勉奋发以修行、清苦俭朴以养德的"勤俭"二字中华民族美德。无论从前人对茶的历史认识，还是从现代科学对茶的研究检测，茶的天秉德性和自然功用确实如陆羽所言，"最宜精行俭德之人"。"精行俭德"的思想渊源，源自儒释道三教思想和教义，并深度契合，符合人格完善、修为实践的君子之德和"菩萨精神"，与中华民族"天行健，君子以自强不息"的"民族精神"可谓异曲同工。在东方文化传统中，"精行俭德"对人生实践具有共同的人文价值和实践意义。尤其是在当下社会，当物质财富充裕而精神道

---

① 宗赜：《禅苑清规》卷一《赴茶汤》，中州古籍出版社，2001年版。
② 《禅茶一味精行俭德最宜茶》，2014年6月16日《凤凰网华人佛教》。

德匮乏的时候，"精行俭德"更闪耀出其人类理性的光辉，堪当我们人生修炼实践的座右铭。值得指出的是，当下流行的所谓"佛系""躺平"与真正的勤勉精进的修行者是大异其趣、背道而驰的。

四、饮茶风起与禅宗兴盛的同步

现有考古和文献资料证明，茶叶的种植很可能早在新石器时期晚期的东南沿海杭州湾南岸[①]和先秦时期的西南巴蜀地区[②]就开始了。但从零星的种植到成规模的茶叶种植、形成茶产区，至少经过了二三千年的漫长过程。

茶事兴起与禅宗发展几乎同步。关于茶禅历史渊源，中日印等国流传着一则达摩祖师（？—536，一说528）撕下眼皮变成茶的故事，说达摩祖师当年在少林寺后山洞中打坐，因睡魔侵扰而打起盹来，愤而撕下眼皮掷在地上，日久长出一株茶树苗来，后来一有昏沉懈怠就摘茶叶嚼食，以提神醒脑[③]。后来的禅僧也学习祖师，在坐禅时用茶汤来驱赶睡魔、养助清思。这个故事听来有些佛教的法术神通，却是茶的早期起源与佛教禅宗息息相关的反映。

茶禅文化之渊源，理论上应是茶与禅发生关系之始。这就得从茶和禅起源的历史中来考察。于禅宗而言，系随佛教传入中原后派生而来，中土佛教肇于东汉，禅宗初祖为少林面壁的菩提达摩，以之为中土禅宗之始，已无异议。然于茶史而言，茶经历了由天然采集到人工栽培的漫长过程，人工种茶肇始虽有多说，如史前新石器时代河姆渡文化田螺山遗址说、先秦巴蜀地区说和备受争议的西汉吴理真蒙顶植茶说等，但都在佛教初传中原之前；故而佛教传入中原汉地之时，茶已经如顾炎武所说早在秦人取巴蜀后就从西南巴蜀之地向荆楚一带迁播开来[④]，结合最新考古鉴定的西汉阳陵出土的茶芽[⑤]，西汉时期茶在皇公权贵仕宦阶层的流行情况，可能比文献记载和迄今研究的实际情况要流行得多。因此，笼统地说茶与中原佛教发生"第一次亲密接触"的时间在东汉时期应是比较可信的（巴蜀地区或许更早）。在三国、魏晋、南北朝时期，随着佛教的传播，茶叶种植的增多，茶与佛教的关系当有所发展。就在南梁时期，自称佛传禅宗第二十八祖、被尊为中国禅宗始祖的古印度南天竺人菩提达摩航海而来到广州，先至南朝都城建业（今南京）会梁武帝，因面谈不契遂一苇渡江，北上北魏都城洛阳，后卓锡嵩山少林寺，面壁九年，传衣钵于慧可，开创中土禅宗之法脉。这个时期，茶与禅宗发生直接的关系完全是可能的，达摩撕眼皮的传说很可能是把最早某个禅僧或一群禅僧发现饮茶参禅打坐的妙用后口耳相传、传播开来后附会到达摩名下的。

---

① 赵相如、徐霞：《古树根深藏的秘密——综述余姚茶文化的历史贡献》，《茶博览》，2010年第1期（总81期）；武吉华、张绅编著：《植物地理学》，第95页，高等教育出版社，2004年。
② 常璩：《华阳国志》卷一《巴志》，齐鲁书社，2010年版。
③ 《达摩祖师与茶》，http://www.wuzusi.net。
④ 顾炎武著，栾保群等注：《日知录集释》，清代学术名著丛刊，上海古籍出版社，2006年。
⑤ 周艳涛：《中国专家确认汉阳陵现中国最早茶叶：由茶芽制成》，《科技日报》，2016年1月13日；田进：《陕西出土茶叶被吉尼斯世界纪录认证为最古老茶叶》，中国新闻网，2016年5月13日。

到了隋唐时期，随着佛教的开宗立派，茶与禅真正开始了亲密无间、水乳交融的特殊关系。相传隋炀帝建天台山国清寺，就因开山智顗以茶水治愈了他的眼疾，并成为菩萨戒师。禅宗兴教于唐，茶事大兴于唐，禅宗的传播与饮茶习俗的流行几乎同步而一发不可收。据唐封演的《封氏闻见记》载：唐开元中（713—741），"泰山灵岩寺有降魔禅大兴禅教，学禅务不寐，又不夕食，皆许其饮茶，人自怀挟，到处煮饮，从此相仿效，遂成风俗"。① 在唐宋之际，佛教中国化、社会化加深，唐朝诸宗大多渐次消亡，禅宗临济宗、曹洞宗、沩仰宗、云门宗、法眼宗五家，形成"一花五叶"，其中又以临济为盛，大行天下，分出黄龙、杨岐两派，合称"五家七宗"或"五派七流"。两宋更替之间，佛教从北宋时期的临济、云门两派称盛，天台、华严、律宗、净土诸宗式微，过渡到南宋时期的禅、净两宗兼容并进、其他各宗基本衰落的格局；南宋末年朝廷钦定的禅宗"五山十刹"寺院自然全部在南方地区，而北方辽、金地区的佛教也有较大发展。到元朝，西藏喇嘛教和西域外来宗教传入内地，原来的汉地佛教则出现禅律并传之态。整个宋元时期，临济宗在江南地区大行其道，几乎占据了佛门的大半丛林，时有"儿孙遍天下"之说。其系出多为径山"大慧派"，史载"宗风大振于临济，至大慧而东南禅门之盛，遂冠绝于一时，故其子孙最为蕃衍"②。明清时期，全国佛教中心北移北京，临济宗黄龙派式微而杨岐派一枝独秀，几乎取代了临济宗甚至禅宗，在南方各地继续传承，直到晚清才逐渐式微。

自唐宋以迄明清，僧人普遍饮茶之风气相沿不绝，明代诗人陆容《送茶僧》诗云："江南风致说僧家，石上清泉竹里茶；法藏名僧知更好，香烟茶晕满袈裟。"③

五、茶叶主产区与禅宗流播区的重合

植物的起源和分布取决于自然环境诸多条件的制约，形成"种群分布自然区系"④ 特征。植物的种植和移植虽然在一定程度上可以突破这种自然因素的制约，但仍需要符合植物生长的基本环境条件，诸如气温、日照、雨水、土壤等。这就决定了原产中国西南的茶叶人工种植区，只能是以亚热带为主要范围，茶叶产区也形成了以北纬30°为轴心的所谓"地球黄金纬度带"⑤。

茶树的广泛种植主要源自佛门寺院。常言道，天下名山僧占多，名山自古产名茶，名山往往多宜茶，名寺一般都产好茶、名茶。首开茶树规模培植之先河的，主要是寺院的僧人。

唐代出产名茶多半为佛门禅师所首植。陆羽《茶经》所记江南州郡出产的名茶

① 封演著，赵贞信校注：《封氏闻见记校注》卷六《饮茶》，中华书局版，1958年。
② 黄缙：《元叟端禅师塔铭》，《径山志》卷六《塔铭》。
③ 陆容：《送茶僧》，《列朝诗集·明诗卷》丙集第六。
④ 宋之琛、李浩敏等：《我国中新世植物区系》，《古生物学报》，1978年第4期；陈文怀《茶树起源与原产地》，《茶业通报》，1981年第3期。
⑤ 叶创兴：《茶树植物及其分布区域》，《生态科学》，1989年第2期；《地球黄金纬度带上的绿茶经典》，中国经济网。

中，许多与佛寺禅院有关。如天下第一名茶"绿茶皇后"西湖龙井，其前身就出产自唐代杭州西湖灵竺一带寺院，北宋时杭州的"香林茶""垂云茶""白云茶"等，也都产自西湖寺院①。唐《国史补》记载，福州"方山仙芽"、剑南"蒙顶石花"、洪州"西山白露"等名茶，也均产自寺院。根据史料记载以及民间传说，我国古今众多的历史文化名茶中，有不少最初是由寺院种植、炒制的。著名的余杭径山茶，为唐径山寺开山祖师法钦禅师所首植。福建武夷山出产的"武夷岩茶"前身"乌龙茶"，也以寺院采制的最为正宗，僧侣按不同时节采摘的茶叶分别制成"寿星眉""莲子心"和"凤尾龙须"三种名茶。庐山"云雾茶"是晋代名僧慧远在东林寺所植。现今有名的"碧螺春"，源自北宋时太湖洞庭山水月院的寺僧采制的"水月茶"。明隆庆年间（1567—1572）僧人大方制茶精妙，其茶名扬海内，人称"大方茶"，是后世皖南茶区所产"屯绿"的前身。此外，浙江普陀山的"佛茶"、天台山的云雾茶、雁荡山的毛峰茶，安徽黄山松谷庵、吊桥庵、云谷寺所产"黄山毛峰"，云南大理的"感通茶"，湖北的"仙人掌茶"，如此等等，最初都产自于当地寺院。

唐宋以降茶叶主产区与禅宗流播区高度重合。通常认为，唐朝中期开始，以陆羽《茶经》所记载的南方产茶州郡为范围，初步形成了后世中国茶叶产区的地域分布格局。《茶经·八之出》所记载的产茶之地，计有8道43州郡44县②，其范围相当于现今的湖北、湖南、陕西、河南、安徽、浙江、江苏、四川、贵州、江西、福建、广东、广西，与现今江南、西南、华南、江北四大茶产区相比，基本一致。宋元至明清，我国茶产地代有变迁和扩展，但大范围始终没有突破秦岭——淮河以南、青藏高原东缘以东这一基本格局。

如果从唐宋时期佛教尤其是禅宗的流播和禅院的分布范围看，大致上与上述茶产区基本重合。从临济宗在宋元明清的传承渊源和法系分脉看，其分布主要集中在径山寺周遍的浙江杭州、湖州、嘉兴、绍兴、宁波、天台，江苏苏州、扬州、镇江、常州，上海，以及江西洪州、庐山，湖南潭州，及云南、四川等地，只有少数远播到北京等北方之地。直到今天，除了禅宗祖师菩提达摩道场少林寺在河南省登封市、临济宗祖师义玄道场临济寺在河北省正定县外，其他主要寺院，如禅宗第三代祖师僧璨道场山谷寺（在安徽省潜山县天柱山）、第四代祖师道信道场四祖寺（在湖北省黄梅县西山）、第五代祖师弘忍道场东山寺（在湖北省黄梅县东山）、第六代祖师、南宗祖师慧能道场南华禅寺（在广东省韶关市）、南岳系祖师怀让道场南岳般若寺（又名福严寺，在湖南省衡山）、青原系祖师行思道场净居寺（在江西省吉安县青原山）、沩仰宗祖师灵佑和大弟子慧寂道场十方密印寺（在湖南省宁乡县沩山）和栖隐寺（在江西省宜春市仰山）、曹洞宗祖师良介和大弟子本寂道场普利院（在江西省宜丰县洞山）和荷玉寺（在江西省宜黄县曹山）、曹洞宗正觉禅师道场天童寺（在浙江省宁波市），云

① 鲍志成：《关于西湖龙井茶起源的若干问题》，《东方博物》第11期，浙江大学出版社，2004年；《杭茶及西湖龙井茶起源散论》，《茶都》，第8期（2012年9月）。

② 陆羽：《茶经·八之出》，于良子注释，浙江古籍出版社，2011年。

门宗祖师文偃道场云门寺（在广东省乳源县），法眼宗祖师净慧道场清凉寺（在江苏省南京市清凉山），黄龙宗祖师慧南道场永安寺（在江西省武宁县黄龙山），杨岐宗祖师方会道场杨岐寺（在江西省萍乡县杨岐山），虎丘派祖师绍隆道场云岩寺（在江苏省苏州市虎丘山），径山派祖师宗杲道场径山寺（在浙江省杭州市径山），以及浙江杭州净慈寺、韬光寺，宁波天童寺，江苏南京牛首山幽栖寺，江西庐山归宗寺、圆通寺，吉安净居禅寺，福建福清万福寺，湖南宁乡密印寺，广东新兴国恩寺等，几乎全部在盛产茶叶的南方地区。禅宗流播区域和寺院分布范围呈现出明显的集聚南方特征，"禅区"与茶区基本重合，这是禅宗自身历史发展和空间分布所决定而形成的，也与禅宗、禅僧、禅义与茶的千丝万缕的内在联系有着密切关系。尤其是在宋元时期，禅僧在"儒士化"的同时，也因僧堂生活和修持实践离不开茶而日益"茶人化"，从而使禅与茶结下了越来越深的禅茶情缘。

禅宗盛行的南方尤其是东南地区，正是中唐以降形成的茶叶主产区，茶区和禅区两者的重合，反映了禅与茶在空间分布或文化地理上的紧密关系。

六、茶叶药用功能与禅僧坐禅入定的契合

茶药同源，茶源自"百草"而为"本草"之长，自古就有茶乃"万病之药""百药之长"的说法。古往今来，茶的养生保健功能诸如提神醒脑、清心明目、益思开悟、延年益寿，如此等等，不一而足。喝茶有醒脑提神、解除睡意之功，晋代张华在《博物志》中说："饮真茶令人少睡，故茶别称'不夜侯'，美其功也。"饮茶又可去心中的烦闷，《唐国史补》载："常鲁公随使西番，烹茶帐中。赞普问：'何物？'曰：'涤烦疗渴，所谓茶也。'因呼茶为'涤烦子'。"① 这是对茶提神醒脑、清心净虑功能的高度概括。现代医学认为，从茶对人的生理作用而言，茶叶含有的咖啡碱能刺激中枢神经，使人脑清醒，精神爽朗，提神解乏，消除疲劳。达摩祖师与茶的故事说来玄乎，但其弦外之音恰恰是茶在坐禅时发挥的提神醒脑功能。

茶可提神醒脑、驱除困魔的功效，恰好为禅家坐禅所用。禅僧以茶供佛祖、菩萨、祖师，遂成丛林宗风。中唐时期茶风大兴，正是得益于禅风之兴盛。后世饮茶成风，禅师始作其俑之功不可没。从禅师坐禅以茶提神，礼佛以茶清供，到禅院普兴茶会茶礼之风，饮茶伴随禅宗的兴旺而发展起来。

唐宋禅院的僧堂仪轨以茶汤入清规，从《百丈清规》到宋元《禅苑清规》，对禅院各种茶会记载详尽备至，以茶供佛、点茶奉客、以茶参禅均纳入丛林仪轨，成为禅僧修持和日常僧堂生活的一部分。当时寺院中的茶叶称"寺院茶"，一般用于供佛、待客、自奉。寺院内设有"茶堂（寮）"，专供禅僧辩论佛理、招待施主、举办茶会、品尝香茶；堂内置备有召集众僧饮茶时所击的"茶鼓"和各类茶器具用品；还专设"茶头"，专司烧水煮茶，献茶待客；山门前有"施茶僧"，施茶供水。寺院茶按照佛教规制还有不少名目：每日在佛前、祖师灵前供奉茶汤，称作"奠茶"，如天台山"罗

---

① 娄国忠：《茶在诗文中的几种常见别称》，《江南时报》，2015年4月28日。

汉供茶"，每天需在佛前、祖前、灵前供茶，赋予茶以法性道体，以通神灵；全院寺僧按照受戒年限的先后饮茶，称作"戒腊茶"或"普茶"；化缘乞食的茶，称作"化茶"。而僧人最初吸取民间方法将茶叶、香料、果料同桂圆、姜等一起煮饮，则称为"茶苏"。

在宋元时期，以杭州余杭径山寺为代表的江南禅院还普遍举行各式"茶会"，流行用开水冲泡抹茶的"点茶"法。当时江南地区禅宗寺院中的各类茶事臻于炽盛，每因时、因事、因人、因客而设席，名目繁多，举办地方、人数多少、大小规模各不相同，通称"煎点"，时称"茶（汤）会"，俗称"茶宴"。根据《禅苑清规》记载，这些禅院茶事基本上分两大类，一是禅院内部寺僧因法事、任职、节庆、应接、会谈等举行的各种茶会。如按照受戒年限先后举办的"戒腊茶"，全寺上下众僧共饮的"普茶"，新任主持晋山时举行的点茶、点汤仪式。《禅苑清规》卷五、卷六就记载有"堂头煎点""僧堂内煎点""知事头首点茶""入寮腊次煎点""众中特为煎点""众中特为尊长煎点""法眷及入室弟子特为堂头煎点"等名目。在寺院日常管理和生活中，如受戒、挂搭、入室、上堂、念诵、结夏、任职、迎接、看藏经、劝檀信等具体清规中，也无不参用茶事、茶礼。当时禅院修持功课、僧堂生活、交接应酬以致禅僧日常起居，无不参用茶事、茶礼。在卷一和卷六，还分别记载了"赴茶汤"以及烧香、置食、谢茶等环节应注意的问题和礼节。这类茶会多在禅堂、客堂、寮房举办。二是接待朝臣、权贵、尊宿、上座、名士、檀越等尊贵客人时举行的大堂茶会，即通常所说的非上宾不举办的大堂"茶汤会"。其规模、程式与禅院内部茶会有所不同，宾客系世俗士众，席间有主僧宾俗，也有僧俗同座。可以说，禅风之盛助益了茶风炽盛，茶在禅僧修习实践中发挥了举足轻重的作用。

宋徽宗（1082—1135）称茶"祛襟涤滞，致清导和"，"清和淡洁，韵高致静"①。"淡泊明志，宁静致远"②，是人们追求的智慧人生和高尚境界。"心常清静则神安，神安则精神皆安，明此养生则寿，没世不殆"③。茶道在人格修持和宗教实践中的重要作用在于静心。佛家修持实践有戒、定、慧三学，与儒家的宁静致远、道家的静心明道，都反映了人类高级精神活动的基本规律或普遍特征。在这个过程中，清静、安静、宁静、寂静是前提，是基础，是关键，心静则智慧现，心净则菩提来，否则其他的无从谈起。而茶道实践正是营造安静的环境，助益静心、静息、入定，从而灵台空明，生发智慧。

以茶问道、以茶参禅、以茶悟道，是禅僧茶事实践与参禅修持相结合的关键环节，其根本作用是破除昏寐瞌睡，保持清醒，进入并保持禅定状态。我这里打个比喻，就是"清醒地睡着"的状态，这是超乎平常知觉状态下的一种高级神经活动。根据巴甫洛夫创立的高级神经活动学说④，高级神经活动是大脑皮层的活动，是以条件反射为中心内容的，所以也称条件反射学说。人类的语言、思维和实践活动都是高级

① 赵佶：《大观茶论》序，中华书局2013年版。
② 刘安：《淮南子》卷九《主术训》，《新编诸子集成》第七册《淮南鸿烈集解》，中华书局版。
③ 万全：《养生四要》卷一《寡欲》，中国医药科技出版社2011年版。
④ K. M. 贝考夫，A. T. 松尼克，吴钧燮：《巴甫洛夫高级神经活动学说》，《科学通报》，1952年第5期。

神经活动的表现，其基本过程是兴奋和抑制。所谓兴奋是指神经活动由静息状态或较弱的状态转为活动或较强的状态；所谓抑制是指神经活动由活动的状态或较强的状态转为静息的状态或较弱的状态。不能简单地把兴奋看作是活动，把抑制看作是静止的状态。兴奋和抑制都是一种神经活动的过程，它们指的是这种活动所指向的方向。从广义来看，中枢神经系统的高级机能，除条件反射外，还包含学习和记忆、睡眠与觉醒、动机与行为等。由此可见，抑制大脑皮层的条件反射活动，使之处于静息状态或较弱状态，正是人类高级智能活动之一。

现代西方实验心理学研究人的脑电波，发现有两种状态。一种是当人处于放松式的清醒状态，在做"白日梦"或遐思时，就会呈现α脑波模式，其运行频率为每秒8～12周波。另一种是当人们处于清醒、专心、保持警觉的状态，或者是在思考、分析、说话和积极行动等有意识状态时，就会呈现β脑波模式，其运行频率为每秒12～25周波。实验证明，前者比后者的效率更高，作用更大。当人处于放松的情境，没有任何强加的控制，心无杂念的无意识境界时，就会进入天地与我同在的愉悦、清静、圆融之境。这种境界就是佛家的禅定状态，而老子名之曰"惚恍"①。

佛家的戒定慧，儒家的宁静致远，道家的静心明道，在思维开悟方法上无不与现代神经科学相吻合。尤其是佛教禅宗强调通过持戒摄心，由摄心而入定，由入定而开慧，明心见性，修成正果，了脱生死，觉悟成佛。"打坐"是佛家打开天眼、开发智慧的最有效方法。佛家的"开天眼"包括肉眼、天眼、慧眼、法眼、佛眼五个层次，根本目的是实现个人生命从身到心到灵的依次升华。盘腿一坐，杂念灭尽，一念全无，在寂静虚空中人的感官功能即条件反射功能丧失殆尽，进入"入定"状态，或者说"静息"状态，这时对外界信息的条件反射处于全然没有或较低较弱的状态，人的"自心""本真"开始清明浮现，从肉体游离开来，进入"空灵"状态，与天地宇宙开始"全息"交流（多维可视、超越时空），达成"明心见性"的觉悟之境。

禅宗在实践这一修持法门时与茶结下不解之缘，原因不外乎茶的提神醒脑助益参禅打坐，茶的药用作用符合、满足了禅僧特殊的修持活动——打坐参禅所需要的生理状态。禅宗从"吃茶去"的和尚家风、"以茶供佛"的佛门礼制、"以茶参禅"的修持实践，到把僧堂茶会茶礼仪轨纳入《禅苑清规》，把茶会茶礼当做禅僧法事修习的必修课和僧堂生活的基本功，从而形成完善严密的茶堂清规或茶汤清规，把茶的这种提神功能和助益作用发展到极致，可谓是人类探索高级神经活动或高级认知实践的独门绝法或成功案例，是对古印度佛教"瑜伽"的继承和发展，与儒家的"静坐""吐纳""宁静致远"，道家的"气功""坐桩""坐忘""无己"等，也都有着异曲同工之妙。无论哪一门哪一种，都必须抛弃杂念，根除妄想，专心一志，全神贯注，其主要特征是超常入定，无人无我，空明无碍，开启智慧，涅槃觉悟。

① 《道德经·道经》第十四章云："视而不见，名曰夷；听之不闻，名曰希；搏之不得，名曰微。此三者不可致诘，故混而为一。其上不皦，其下不昧，绳绳兮不可名，复归于无物。是谓无状之状，无物之象，是谓惚恍。迎之不见其首，随之不见其后。执古之道，以御今之有。能知古始，是谓道纪。"

七、茶之德性与禅人法性的融合

茶源自自然，是大自然的精华，是自然对人类的恩赐。陆羽说茶乃"南方之嘉木"①，是大自然孕育的"珍木灵芽"。

茶性清净高洁，具有天赋君子美德。茶生于山野，餐风饮露，汲日月之精华，得天地之灵气，本乃清净高洁之物。儒家认为茶有君子之性，具有天赋美德。唐韦应物（737—792）称赞茶"性洁不可污，为饮涤尘烦"②，北宋苏东坡用拟人化的笔法所作的《叶嘉传》，把茶誉为"清白之士"③。宋徽宗也称茶"清和淡洁，韵高致静"④。到现代，已故著名茶学家庄晚芳先生把"茶德"归纳为"廉美和静"⑤，而中国国际茶文化研究会周国富会长积极倡导"清敬和美"的茶文化核心理念⑥。更有人集大成地提出了茶有"康、乐、甘、香，和、清、敬、美"八德之说⑦。茶德既是茶自身所具备的天赋美德，也是对茶人道德修养的要求。自古迄今，儒释道都赋予茶清正高洁、淡泊守素、安宁清静、和谐和美的品德，寄寓了深厚的人文品格，蕴含了高尚的人格精神。

"茶利礼仁"，"致清导和"，符合禅人法性追求。唐末刘贞亮在《饮茶十德》文中提出饮茶"十德"，其中"利礼仁""表敬意""可雅心""可行道"都属于茶道修持范畴。茶味苦中有甘、先苦后甘，饮之令人头脑清醒，心态平和，心境澄明。源自自然的茶本具清净、清静、清雅、清和的品质，宋徽宗说茶有"致清导和"的作用。而茶的品格在成就这样的人格的过程中，是最适宜发挥守素养正作用的。一杯清茶，两袖清风，茶可助人克一己之物欲以修身养廉，克一己之私欲而以天下为公，以浩然之气立于天地之间，以忠孝之心事于千秋家国。以茶助廉，以茶雅志，以茶修身，以茶养正，自古为仁人志士培养情操、磨砺意志、提升人格、成就济世报国之志的一剂苦口良药。

于禅门而言，以茶参禅问道，养性修行，正是对茶的妙用，可从茶的清趣中去除习气，涤除积垢，返璞归真，还我本来面目，达到参悟禅理，得天地清和之气为己用，于一壶袅袅茶香中抵彼岸，明心见性，彻悟大道。以茶供佛，以茶参禅，这茶不再是普通的解渴清心、涤烦提神的饮料，而是作为"法食"被赋予了高洁神圣的"法

---

① 陆羽：《茶经·一之源》，于良子注释，浙江古籍出版社 2011 年版。

② 韦应物：《喜园中茶生》，刘枫主编《历代茶诗选注》，第 18 页，中央文献出版社 2009 年版；参见温长路：《洁性不可污》，《家庭中医药》2016 年第 1 期。

③ 苏轼：《叶嘉传》，《苏轼文集》第 2 册 429 页，中华书局 1986 年版；然《四库全书》《提要》云："观《扪蝨新话》称：'《叶嘉传》乃其邑人陈元规作'"之说，待考。王建：《读苏轼〈叶嘉传〉》，《农业考古》，1993 年第 2 期；丁以寿：《苏轼〈叶嘉传〉中的茶文化解析（续）》，《茶业通报》，2003 年第 4 期。

④ 赵佶：《大观茶论序》，中华书局 2013 年版。

⑤ 庄晚芳：《中国茶德——廉美和敬》，《茶叶》，1991 年第 3 期。

⑥ 陈红波：《周国富全面系统阐述"清敬和美"当代茶文化核心理念》，以及《从大文化视角理解茶文化的核心理念》，《茶博览》，2013 年第 11 期。

⑦ 《茶味八德》，刊《中国楹联报》，2005 年 12 月 30 日第 2 版。

性"。可见，茶性与禅人的法性高度契合，茶道与佛法的大道相互交融，臻于茶禅一味、禅茶一体的至高境界。

茶性与人性相通，人性与佛性相通，茶人赋予茶以人性光辉和天赋美德，使得茶在人类精神生活层面扮演重要角色，担当人神对话、参禅悟道的媒介；以茶问道，以茶参禅，助益人们开启智慧，看清人生社会，参透天地宇宙，明心见性，解脱自在，圆融无碍，得大自在，成就圆满觉悟人生；以茶悟道，悟的是人生正道、天下大道，参的是天地宇宙之至道。从陆羽的"精行俭德"，到日本茶道的"清敬和寂"，再到现代茶文化的核心价值理念"清敬和美"，茶道思想自古就与儒释道三教思想尤其是禅宗思想交融圆通，其原因正是因为茶道实践契合人类认识自我和世界、开启智慧法门的基本方法。在这个过程中，茶发挥了涤烦滤俗、澄心益思、格物致知的功能，使人在茶道实践中完成自省、超越、开悟、得道的过程，实现人格完善，达成理想人生。因此，茶堪称是人类通向和谐自由、和悦自在智慧之门的"心灵醍醐""灵魂甘露"。

八、茶之至味和禅之真味的和合

茶入佛法，可通禅机，禅僧以茶参禅，妙于点茶，藉此可通禅中三昧。禅宗之顿悟重在"当下体验"，这种体验往往是只能意会、不能言传。恰恰就在这一点上，禅与茶"神合"。

北宋元祐四年（1089）底，苏东坡第二次到杭州出任知州，公务余暇曾到西湖北山葛岭寿星寺游参，南山净慈寺的南屏谦师闻讯赶去拜会，并亲自为苏东坡点茶。苏东坡品饮之后，欣然赋诗相赠，诗序云："南屏谦师妙于茶事。自云得之于心，应之于手，非可以言传学到者。十二月二十七日，闻轼游落星，远来设茶。作此诗赠之：道人晓出南屏山，来试点茶三昧手。忽惊午盏兔毛斑，打作春瓮鹅儿酒。天台乳花世不见，玉川风腋今安有。先生有意续茶经，会使老谦名不朽。"[1] 这里的"三昧"一词，来源于梵语 samadhi 的音译，意思是止息杂念，使心神平静，是佛教的重要修行方法，借指事物的要领、真谛。诗中称赞南屏谦师是点茶"三昧手"，意即是掌握点茶要领、理解茶道真谛的高人，足见当时杭州高僧精于茶事。在苏东坡看来，点茶与参法问道一样，达到化境自然悟得个中"三昧"。

茶的滋味很难描述出来，况且因人因时因地而异，百人恐有百味甚至千味万味，此味正合禅理。当一杯在手，品味着集苦涩香甜诸多味道于一身的茶汤时，正所谓当下一念，茶禅一味。禅宗僧史有则著名的公案，说的是有僧问天柱山崇慧禅师："达摩未来此土时，还有佛法也无？"师曰："未来且置，即今事作么生？"僧曰："某甲不会，乞师指示。"师曰："万古长空，一朝风月。"[2] 隐指佛法与天地同存，不依达摩来否而变，而禅悟则是每个人自己的事，应该着眼自身，着眼现实，而不管他达摩来否。就像佛法禅理无时不在，犹如"万古长空"，而"一朝风月"只是当下一念而已。

---

① 苏轼：《送南屏谦师》，《苏轼集》第二十六卷，中华书局 1982 年版。
② 普济：《五灯会元》卷二《天柱崇慧章》，中华书局 1984 年版。

同样，村田珠光感悟到的"佛法存于茶汤"，意思是佛法源自生活，平日生活处处有禅，就如一杯茶汤，茶在水里，水里含茶，茶水交融，浑然一体，只有您端起茶杯吃上一口时，才会体会到茶的存在；茶之与水，犹如念之与禅，当下一念之与佛法禅理，禅无时不在，无处不有，而念只是一瞬之间、倏忽而过，茶汤是甘是香还是苦是涩，全在于喝茶人的当下一念，禅者是否得道开悟、明心见性，也就看他能否于平常处开天机，在机锋棒喝之下灵根一动，慧光电驰。

清人陆次云在《湖壖杂记》中称赞龙井茶时说："龙井茶，真者甘香而不洌，啜之淡然，似乎无味，饮过则觉有一种太和之气，弥瀹于齿颊之间，此无味之味，乃至味也。"① 这是对龙井茶品饮的最高感悟。此处所谓"太和"，其实就是中医药中的"太和汤"②，也就是白开水，所谓"太和之气"，正是无论什么好茶饮过几遍都归于淡而无味、味同白开水的真实写照。而禅宗要达到的悟道境界，就是返璞归真，归于平淡，无味之味方为禅茶真味。在这一点上，茶的"至味"与禅的"真味"，是殊途同归，异曲同工，和合一体，和而不同。

"和而不同"不是维持不同共存，或者是在求同存异；而是首先要承认"不同"是事物的本质特征，"和"不是简单的"同"，是"不同共存"基础上的创新和发展；如果完全是"同"，则事物发展将难以为继，唯有臻于不同共存基础上的"和"，才可以"生物"，也就是创新发展，生生不息；对不同的尊重、了解和学习是一种内在的需求，要在容存不同中共生共荣。诚如孔子所说："君子和而不同，小人同而不和。"③《国语·郑语》也云："和实生物，同则不继。以他平他谓之和，故能丰长而物归之，若以同裨同，尽乃弃矣。"《中庸》更说得明白透彻："中也者，天下之大本；和也者，天下之达道也。""和而不同"是自然之道，天地宇宙之天道，也是人类社会之正道，天下大同之达道。"和而不同"思想是自然界和人类社会普遍存在的客观规律和终极真理，具有哲学价值和普遍意义。禅茶的神合天成和妙化无穷，是佛教中国化的必然产物，是外来佛教文化在中国化进程中的代表"禅"与中国本土文化"茶"交流互鉴、融合共生的经典案例，堪称是美美与共、和而不同这一中华文化核心理念和人类命运共同体构想的最佳诠释。

禅，玄妙难言，茶，百人千味。禅是一首无字无声的诗，禅是一幅无形无色的画，禅是一杯甘苦自知、醇香清凉的茶，茶中有高妙的禅家智慧。禅得茶而兴，茶因禅而盛，禅与茶有机交融，和合共生，和而不同，相映生辉，生生不息，历久弥新，共同臻于和而不同、美美与共④的东方禅茶文化的至高至尊、至美至善的境

---

① 陆次云：《湖壖杂记》，大学士英廉家藏本，收入来新夏主编《清人笔记随录》，中华书局 2005 年版。

② 李时珍：《本草纲目·水二·热汤》，称其"助阳气，行经络，促发汗"，人民卫生出版社 1982 年版。宋人邵雍曾用以指酒，如《无名公传》："生喜饮酒，尝命之曰'太和汤'。"《林下五吟》诗之一云："安乐窝深初起后，太和汤釅半醺时。"

③ 《论语·子路》。

④ 1990 年 12 月东京"东亚社会研究国际研讨会"上，费孝通先生在《人的研究在中国》主题演讲时，提出了"各美其美，美人之美，美美与共，天下大同"的思想。

界，是中华文化对人类文明作出的独特贡献，是值得珍惜和弘扬的人类宝贵的精神文化遗产。

（本文原题《茶禅渊源三论》，为首届中原禅茶论坛论文，收入亢崇仁主编《中原禅茶》，河南人民出版社，2016 年 9 月；后累经修改完善，以《论禅茶文化及其历史贡献》刊陈宏主编《径山文化研究论文集（2019 卷）》，杭州出版社，2020 年 6 月。）

从"丝路精神"看中华茶道思想

贯通亚欧非大陆的古代"丝绸之路",既是沿途各国人员往来和商贸物资流通的交通路线网,也是东西方文化交流互鉴的纽带和桥梁,它"联通"亚欧大陆的东西南北中,"网聚"东西方不同文明圈,成为中古时期亚洲不同地区国家和民族经济、文化交流的大通道,沟通亚欧非不同文明的主渠道,人类相互认知、逐步交融、走向全球化和"命运共同体"的大舞台。

"一带一路"是新时期中国领导人立足东方文明,运用东方智慧,按照东方价值观和文化语境,参考吸收西方文明成果,在现有国际社会和政经体系的基础上,提出的关于国际社会治理和人类命运共同体建设的最新方略。从古代"丝绸之路"到"一带一路"新丝路构想,反映了人类对不同文明之间交流互鉴历史的全面回顾和高度总结,对当下国际社会治理的深刻关注和责任担当,对人类未来发展美好前景、共建命运共同体的崇高信念和坚定步伐。

习近平在倡议"一带一路"的同时,既以史为鉴,汲取历史智慧,又立足当下,面向国际社会,提出了"和平合作、开放包容、互学互鉴、互利共赢"为内容的"丝路精神",作为推进、实施这一倡议的指导思想和方针原则。这既是对"丝绸之路"东西方文化交流互鉴兴衰成败历史经验的高度总结和精确概括,又是有效推进、稳步实施"一带一路"倡议、对治当今国际社会政经问题、化解东西方矛盾的根本途径和有效法宝。

本文拟从传统文化的视角来探讨"丝路精神"的核心精髓、思想渊源及其与中国传统茶道思想和当代茶文化核心理念的关系。不当之处,敬请大家批评指正。

一、"丝路精神"是对古代"丝绸之路"东西方文化交流互鉴历史经验的高度总结

"丝绸之路"最早是由德国东方学家费迪南·冯·李希霍芬(Ferdinand von Richthofen,1833—1905)提出来的①。丝绸之路不仅有陆路和海道之别,相应的还有草原、绿洲、高山峡谷之路和东海、南洋、西洋航线之分,甚至还有"陶瓷之路""茶叶之路""香料之路"等别称。广义的丝绸之路指从上古开始陆续形成的,遍及欧亚大陆包括北非和东非在内的长途商业贸易和文化交流线路的总称。考古发现和历史

---

① 耿昇著:《法国汉学史论:法国汉学界对丝绸之路的研究》,第 458-472 页,学苑出版社 2015 年版。

研究证实，在西汉张骞凿通西域、开通"丝绸之路"前，亚欧大陆及北非之间就开通有多条类似的商贸往来通道，其中主要有"草原之路""玉石之路""青金石之路""波斯御道""琥珀之路""东北亚地中海"航线和环地中海—北欧航线等陆海通道①。

　　贯通亚欧非大陆东西南北之间的网络状的丝绸之路，在漫长的中世纪兴衰变迁历史中，陆、海两路的发展和消长是不一致的。概而言之，西北陆路受政权、民族等因素制约较大，东南海路受造船、航海技术影响较大。在汉唐强盛时代，通过西击匈奴、突厥，在西域设置都护府，以西北绿洲之路为主的丝绸之路比较畅通。随着造船、航海技术的进步，海运成本的比较优势，使海路逐渐兴起，宋元时期海上丝路逐步占据主导地位，明代郑和七下西洋就是海上丝路臻于繁盛的一个标志。

　　丝绸之路主要是一条商贸物资流通的通道，物物交换、货物交易是主要形式，既有民间商人交易，也有宗藩之间的朝贡贸易，既有威尼斯商人、粟特商人、蒙元"斡脱"商人等这样的地跨亚欧的国际商团，也有宋元沿海舶商、明朝郑和船队等这样的远航商贸船队。通过出口、过境、转口等商贸交易方式，丝绸、瓷器、茶叶等为大宗的中国特色物产源源不断地输出到世界各地，西域、南洋等地的香药、珠宝、奇珍等域外物产，作为"舶货"大量进口。同时，古代丝绸之路也是东西方或中外人文交流互鉴的桥梁，人员往来与文化、艺术、宗教、科技等交流与传播相随而至，不仅为各自的本土文化增添了新鲜血液和生机活力，而且也促进了开放包融、和而不同的国际文化多元化，对中国文化发展和人类文明进步作出了巨大贡献②。

　　丝绸之路上下三千年，陆海五道连接亚欧非三大洲，东及东北亚，南环东南亚、南亚，西贯中亚、西亚、东欧，远达西欧、东北非海岸。在以中国为中心坐标的古代中国人的世界地理观中，丝绸之路囊括了"西域""东瀛""南洋""西洋"等范围，几乎是古代整个文明世界，沟通古巴比伦、埃及、印度和中国"四大文明"和中世纪儒家、伊斯兰教和基督教三大文化圈，促进了中古时期人类社会农耕、游牧及渔猎、商贸、海洋等主要文明或经济形态的交互关系，是人类社会全球化历程中一个重要的阶段，促进了人类命运共同体的形成。

　　丝绸之路是古代沿线各国各族人民共同创造的。在漫长的兴衰起伏和时空转换中，古印度、古埃及、波斯、阿拉伯和中国等重要文明都曾发挥重要作用，作出过独特贡献，在平等互尊、求同存异、互惠互利、合作共赢中谋求自身发展。尤其是源远流长的中华文明以其自身的先进、博大优势，在输出优秀先进文明成就、对人类文明进步做出了巨大贡献的同时，也以海纳百川、开放包容的气魄吸纳、融汇了许多其他周边和外来文明的优秀成果，实现了自身吐故纳新、历久不断的更新机制和发展活力，铸就了中华文明博大精深、和而不同的文化气质和人文品格。这种文明交流互鉴，具有开放交融、和而不同、互尊互惠、合作共赢的特征，这当中，开放包融是前

　　① ［俄］叶莲娜·伊菲莫夫纳·库兹米娜（Elena Efimovna Kuzmina）著，［美］梅维恒（Victor H. Mair）英文编译，李春长译：《丝绸之路史前史》，新疆文物保护研究丛书，科学出版社2015年版。

　　② 鲍志成：《跨文化视域下丝绸之路的起源和历史贡献》，《丝绸》，2016年第1期。

提条件，和而不同是核心原则，互尊互惠是方式方法，合作共赢是机制目的。在提出
"一带一路"倡议的同时，习近平总书记提出了"和平合作、开放包容、互学互鉴、
互利共赢"的"丝路精神"，正是对丝绸之路上不同文明交流互鉴历史经验的高度概
括，是人类构建和平共处、开放包容、合作发展、共同繁荣命运共同体的指导方针和
思想方法。

二、"丝路精神"的精髓是源自中国传统文化的"仁和"思想

习近平总书记在高度重视传统文化传承保护的同时，强调治国理政要汲取历史智
慧，"一带一路"倡议和"丝路精神"的提出，正是汲取历史智慧用于当代治国理政
的大手笔。如果说"丝路精神"是历史经验所证明的人类文明交流互鉴的成功典范，
那么，其核心精髓和思想渊源，就是源自中华传统文化的"仁和"思想。

1. "仁"是以儒家为主体的中国传统文化的根本理念和思想基础，是中国以人文
主义精神为基础的政治伦理的核心 "天地之性，人为贵"[1]，"仁者爱人"，"爱人者，
人恒爱之"[2]，生命至上，以人为贵，仁者爱人，敬畏生命，对人的生命尊严的维护
与存在价值的肯定，是儒家"仁"的核心内涵，也是以儒家为主流的中国传统文化中
最基本的生命观和人文情怀。"孝悌也者，其为仁之本"[3]，"人不独亲其亲，不独子
其子，使老有所养，壮有所用，幼有所长，鳏寡孤独废疾者皆有所养"。[4] 儒家主张
不仅要爱自己、爱亲人，还要尊重同类，兼爱他人；"己欲立而立人，己欲达而达
人"[5]，"己所不欲，勿使于人"[6]，强调推己及人，博爱众生，尊重他人，不强加于
人；爱人同时，还要悲悯情怀看待所有生灵，以"恻隐之心"[7] 对待自然万物。经过
汉唐儒家的继承，宋儒对孔孟之"仁"进行了新的阐发。张载认为"以爱己之心爱
人，则尽仁"，主张"爱必兼爱"，提出"民胞物与"[8] 的思想。程颢提出"人与天地
一物也"[9]，其弟程颐强调"仁者以天地万物为一体"[10]，这与庄子所说"天地与我并
生，而万物与我为一"[11] 遥相呼应。程颢和程颐进而认为，"仁之道，要之只消道一
公字，公只是仁之理，不可将公便唤做仁，公而以人体之，故为仁。只为公，则物我
兼照，故公所以能恕，所以能爱"。[12] "仁"由人及"公"，"公"即"物我兼照"能恕

① 《孝经·圣至章》。
② 《孟子·离娄下》。
③ 《论语·学而篇》。
④ 《礼记·礼运篇》。
⑤ 《论语·雍也篇》。
⑥ 《论语·颜渊篇》。
⑦ 《孟子·告子上》。
⑧ 张载著，周赟：《正蒙》诠译《诚明篇·第六》《中正篇·第八》，知识产权出版社 2014 年版；《西铭》
原名《订顽》，为《正蒙·乾称篇》之一部分。
⑨ 《河南程氏遗书》卷第十一，国学基本丛书本，商务印书馆版。
⑩ 《河南程氏遗书》卷第二上。
⑪ 《庄子·齐物论》。
⑫ 《河南程氏遗书》卷第十五。

能爱，这是对"仁"的拓展和升华。朱熹以"生生之德"训"仁"，认为"仁是天地之生气"。① 这与"天地之大德曰生""日新之谓盛德，生生之谓易"② 同出一辙。天地繁育万物，生生不已，是最高的大德，以"生生之德"为基础，儒家生化出了贵人、爱人、重生、爱物等为基本内容的"仁本"思想。"仁"的"生生之德"超越了个体，扩及人类，充塞宇宙，它代表了宇宙间普遍存在的一种"生意""生机""生气"，它的本质特征和基本德性就是"生"，就是"日新"之"易"，也就是变化、创新和发展。这是天下之"达道"，也就是自然和社会发展的内在规律。

在传统儒学中，从"仁民爱物"到"仁者与天地万物为一体"，"仁"都以人与人、人与自然、人与自心之间的和谐共处为中心议题，珍重自己的生命、尊重同类的生命和爱惜他类的生命，构成了儒家以仁爱为核心的社会伦理观。儒家仁学思想在社会政治实践中体现为"仁政"思想，主张行"内圣外王"之道，施仁政于天下，历代统治者和圣贤先哲都从"以仁为本"的人文主义精神出发，倡导践行"以民为本""天下大同"的现实主义政治伦理。

2. "和"是儒、释、道三教及易、医、农等组成的中国传统文化的重要哲学概念和价值理念　儒家推崇的"中庸"思想，其实质就是不偏不倚的"中道"，无过也无不及的"中和"。"喜怒哀乐之未发，谓之中；发而皆中节谓之和。中也者，天下之大本；和也者，天下之达道也"。③ "和"包含中，"持中"就能"和"，"和"的根本意义和重要价值，就是中规中矩、恰到好处。因此，儒家提倡在人与自我的关系上必须节制而不放纵，在人与自然的关系上要亲和自然、保护自然，在人与人、人与社会的关系上倡导"礼之用，和为贵"，在治国理政上要走中道、行中正，以礼乐教化天下，从君子内修之功外化为王者天下之道，实现"协和万邦""燮和天下"④ 的天下大同愿景。

儒家之外，诸如佛教的"圆满和谐"和"六和敬"（身和同住，口和同净，意和同悦，戒和同修，见和同解，利和同均），禅宗的远离苦乐两边、以达中道涅槃为目的之早期思想，道家的"道法自然""天人合一"，《周易》阴阳协调、保全太和之元气以普利万物的"保合太和"，中医学强调的阴阳平衡、气血和畅、饮食调和是人体健康长寿之本，乃至常人所谓的"和为贵""家和万事兴""和气生财"等，无不说明，"和"是儒、释、道三教及易、医、农等相通兼容的哲学理念和价值观，是中华传统文化的核心理念。

3. "和而不同"是中国古代圣哲先贤所阐发的宇宙至道和天下愿景　"和而不同"是具有深刻哲学思想内涵的科学命题，它既不是维持不同共存，也不是在不同中消除不同、实现同化，更不是一般所谓的求同存异。孔子说"君子和而不同，小人同而不和"⑤，是以君子修身之道为切入点，主张把对不同的尊重、了解和学习当作是一种

① 《朱子语类》卷六，中华书局 1986 年排印本。
② 《易经·系辞下》。
③ 《礼记·中庸》。
④ 《尚书·顾命》。
⑤ 《论语·子路》。

自我内在的需求。《国语·郑语》更有"和实生物,同则不继"之说,认为"以他平他谓之和,故能丰长而物归之,若以同裨同,尽乃弃矣。故先王以土与金、木、水、火杂,以成百物"。这与前述"生生之大德"之为"仁","日新"之谓"易"可谓异曲同工。我国先哲对"和而不同"的深刻内涵,有着精辟的解释:"和"不是简单的"同",而是"不同共存"基础上的创新和发展;如果完全都是"同",则事物发展将难以为继;唯有臻于不同共存基础上的"和",也就是矛盾的对立统一,尊重个性基础上的共存发展,才可以"生物",才可以不断创新和发展,才可以生生不息、历久弥新。这就是说,只有不同事物的对立统一、在矛盾中实现和谐共存,万物才能生生不息,与时俱进;如果彼此都是同一的,或虽有异而强为之同,就不能顺利延续、健康发展,或导致不仁、不和而有悖规律。从生物遗传规律、杂交优化规律、生物多样性规律,到物理学物质守恒定律、宇宙万有引力定律等,乃至人类文化多元化、文明发展兴衰消长的历史,都无不说明:"和而不同"是万事万物包括自然和人类社会的内在发展规律和终极真理,具有哲学价值和普遍意义。在包容不同中共生共荣,是自然之道,天地宇宙之道,也是天下之至道,人类社会之愿景。从古今中外人类文明历史和现状看,"和而不同"是不同文明交流互鉴、和谐共存、发展繁荣之道。

4. "以仁致和"的"仁和"思想是中国传统社会政治伦理和思想文化及价值观的核心精髓 "仁和"一词在古代中国文化语境里并不是一个常见词,但自古有之,如杭州自宋到清就有"仁和县"建置。"仁和"的本义是仁爱和谐,以往言传统思想文化者往往把两者割裂开来,片面强调"仁"或者"和",却很少有人合而论之。笔者认为,"仁"与"和"两者是互为因果、互为表里、相辅相成、缺一不可的关系。在传统文化语境下的诸多概念如"道""礼""义""智""信"等当中,"仁"与"和"是内涵最丰富、学理最重要的概念之一,"仁"是人道之根本,"和"是天下之至道。概而言之,"仁"是中国传统文化和政治伦理的核心思想基础,"以仁致和"是"修身齐家治国平天下"实践的方法路径;"和"是中国传统思想文化核心价值观,"和而不同"是古代中国先贤阐发的宇宙至道和天下愿景。

天地万物是在"不同共存"中演化运行的,人类文明发展也是如此。正所谓"人之生,不能无群",人类社会是多元共生的,不同民族、不同国家、不同文化共同构成各具特色、互不相同的人类共同体,彼此之间要在"仁"的道德基础和"和"的社会法则上相互尊重,平等相待,开放包容,和平共处,互学互鉴,互惠互利,合作共赢,共同发展。施仁道、和天下的"仁和"思想,是中华民族对人类思想文化作出的伟大贡献之一。

"仁和"的内涵博大精深,影响至深至远,对造就中华文明五千年不间断发展发挥了不可估量的作用,至今仍有着无比强大的生命力。中国古哲先贤在"仁爱"的基础上突破个人"修身齐家"和王朝"家天下"的局限,进而提出"天下为公""天下大同"的"天下观",主张以文化人、礼和天下,协和万邦、燮和天下。历代王朝在施行"仁政"的同时,对外奉行以和为贵、讲信修睦、怀柔安抚、宗藩朝贡、联姻和亲等外交政策,采取合纵连横、以德服人、恩威并施、刚柔相济、晓以利害、退避三舍等外交策略，在边境地区实行屯田屯垦、茶马互市、设关榷税等经济制度，通过丝绸之路与世界各国友好往来，互通有无，互利合作，共同发展。这不仅区别于资本主义、帝国主义时代的殖民之路、霸权之路、弱肉强食之路，而且是坚持"和平共处五项原则"、实行"亲诚惠容"的睦邻政策等现行中国外交政策的历史典范、文化背景、思想源泉和重要原则。

以"丝路精神"作为实施"一带一路"倡议的指导思想，正是贯穿着"以仁致和"的伟大的"仁和"思想，就是从仁爱为怀、天下一家出发，承认世界各国各民族文化的"不同"是其本质特征，只有在"不同共存"中一起创新和发展，打造命运共同体，才是以"仁和"之道达济天下的根本途径、不二法门。诚如 2015 年 6 月 2 日国务院新闻办原副主任杨正泉在"丝路讲坛"开场演讲所说，贯穿"一带一路"发展的是中国深厚的文化底蕴。以儒家文化为代表的中华文化是以集体理念为主的"仁和"文化。"仁"者爱人也，爱个人、爱他人、爱兄弟、爱父母、爱民族、爱国家，以国家为最大。"和"是和谐、和为贵、和和气气、和平、和谐社会、和平发展、天人合一。从长远来看，中国的文化传统、价值观将拥有无限的生命力①。

以仁为本，以爱为怀，互尊包容，和合共存，和济天下，和而不同，互学互鉴，共同发展，共同臻于"和而不同""美美与共"②的中华传统文化的至高至尊、至美至善的境界，这就是"丝路精神"的核心精髓"仁和"思想，是"一带一路"倡议提出和实施的天下情怀和指导方针。

三、以"清和"为特征的中华茶道思想与"丝路精神"高度契合

茶和茶文化起源于中国，传播于世界，惠及全人类，是中华民族对人类文明作出的伟大贡献之一。以"仁和"思想为精髓的博大精深的中华文化，赋予了茶和茶文化同样博大精深的文化内涵和人文精神。中华茶文化的起源和发展与华夏文明同步，与中华文化有机交融，经数千年兴衰更替而历久弥新。无论茶艺、茶礼还是茶德、茶道，都蕴涵着中华传统文化的主流儒释道三教思想的精华，如儒家的以茶入礼、茶利礼仁、教化百姓、和济天下，佛家的以茶供佛、以茶参禅、茶汤清规、禅茶一味，道家的以茶养生、轻身羽化、通灵得道、天人合一，都无不说明茶不仅参与了三教实践，而且都臻于至高境界，茶被赋予了文化、道统传承的功能，茶成为名副其实的"文化之饮""人伦之饮""人文之饮"。从这个意义上说，茶文化是一种雅俗共赏，具有开放性、亲和力、包容度的多元一体的独特社会文化形态。尤其值得注意的是，中华茶文化作为中华传统文化的重要组成部分，其"致清导和"的"清和"思想与"以仁致和"的"仁和"思想，有着异曲同工、不谋而合的深刻关系。如果说"以仁致和"是基于儒家学说"人文主义"为主线的传统文化的思想核心和价值追求乃至天下

---

① 杨正泉：《"仁和"理念贯穿"一带一路"》，西南传媒网，2015 年 6 月 23 日。
② 1990 年 12 月东京"东亚社会研究国际研讨会"上，费孝通先生在《人的研究在中国》主题演讲时，提出了"各美其美，美人之美，美美与共，天下大同"的思想，这一思想的核心理念正是"和而不同"。

愿景，那么"致清导和"就是基于茶性茶德的"人文品格"为特征的中华茶文化的思想精髓和价值体现乃至社会功能。

1. 茶性"清和淡洁"，天赋美德，以茶修身，崇素守正，精行俭德，有助于养成清正高洁的君子人格　茶源自自然，是大自然的精华，是自然对人类的恩赐。陆羽说茶乃"南方之嘉木"①，是大自然孕育的"珍木灵芽"。茶性清净高洁，具有天赋君子美德。茶生于山野，餐风饮露，汲日月之精华，得天地之灵气，本乃清净高洁之物。儒家认为茶有君子之性，具有天赋美德。唐韦应物（737—792）称赞茶"性洁不可污，为饮涤尘烦"②，北宋苏东坡用拟人化的笔法所作的《叶嘉传》，把茶誉为"清白之士"③。宋徽宗也称茶"清和淡洁，韵高致静"④。茶德既是茶自身所具备的天赋美德，也是对茶人道德修养的要求。自古迄今，儒释道都赋予茶清正高洁、淡泊守素、安宁清静、和谐和美的品德，寄寓了深厚的人文品格，蕴含了高尚的人格精神。

唐代茶圣陆羽称茶之为饮"最宜精行俭德之人"⑤。何为"精行俭德"？茶文化界众说纷纭，至今莫衷一是。笔者认为，"精行俭德"其实原是佛家常用语，是"精进修行""俭以养德"的简称或缩略。所谓"精行"，就是勇猛精进、勤勉修行；所谓"俭德"，就是俭以养德、守素崇德；其本义就是勤勉奋发以修行、清苦俭朴以养德⑥。所谓"精行俭德之人"，实际上就是亦儒亦僧的陆羽自己那样的"节士""行者"，是苏东坡《叶嘉传》所称道的秉性高洁的"清白之士"，和托名元人杨维桢所作的《清苦先生传》所称赏的励志力行的"清苦先生"⑦，换言之，就是为了信仰和理想舍身忘躯、精进修行、不畏艰辛、坚忍不拔的"修道者"，就是禅门里那些简衣素食、历尽磨难、孜孜以求、追求宇宙真谛和生命觉悟的"苦行僧"。这样的人，就是儒家所倡导的"天将降大任于斯人也，必饿其肌肤，劳其筋骨，苦其心志"者，是有抱负有志向的仁人志士。而茶的品格在成就这样的人格的过程中，是最适宜发挥守素养正作用的。一杯清茶，两袖清风，茶可助人克一己之物欲以修身养廉，克一己之私欲而以天下为公，以浩然之气立于天地之间，以忠孝之心事于千秋家国。以茶修身，以茶养正，以茶助廉，以茶雅志，自古为仁人志士培养情操、磨砺意志、提升人格、成就济世报国之志的一剂苦口良药。"穷则独善其身，达则兼济天下"，身处江湖之野，不忘庙堂之志，是许多儒家士大夫的人生抱负。

---

① 陆羽：《茶经·一之源》，于良子注释，浙江古籍出版社 2011 年版。
② 韦应物：《喜园中茶生》，刘枫主编《历代茶诗选注》，第 18 页，中央文献出版社 2009 年版；温长路：《洁性不可污》，《家庭中医药》2016 年第 1 期。
③ 苏轼：《叶嘉传》，《苏轼文集》第 2 册 429 页，中华书局 1986 年版；然《四库全书》《提要》云："观《扪蝨新话》称：'《叶嘉传》乃其邑人陈元规作'"之说，待考。参阅王建：《读苏轼〈叶嘉传〉》，《农业考古》，1993 年第 2 期；丁以寿：《苏轼〈叶嘉传〉中的茶文化解析（续）》，《茶业通报》，2003 年第 4 期。
④ 赵佶：《大观茶论序》，中华书局 2013 年版。
⑤ 陆羽《茶经·一之源》，于良子注释，浙江古籍出版社 2011 年版。
⑥ 鲍志成：《"精行俭德"探赜》，《茶博览》，2016 年第 4 期。
⑦ 粘振和：《元末杨维桢〈清苦先生传〉的茶文化意蕴》，《成大历史学报》第三十七号，2009 年 12 月，第 61-88 页。

2. 茶文化亲和包容，以茶入礼，相沿成俗，以茶明伦，和谐社会，因而"茶利礼仁"，有助于宣化人文、和济天下 儒学从孔孟之道到程朱理学，主宰中国社会政治发展两千多年，成为历代士人修身齐家、入世报国的政治伦理而奉为圭臬，其主旨是通过礼乐教化、三纲五常来倡导仁义、兼爱、中庸等社会伦理观，以礼制实现万民和乐、天下太平的社会理想。

古往今来的茶事实践，无不体现出"礼仁""亲和"的理念。"酸甜苦涩调太和，掌握迟速量适中"，是泡茶时的中和之美；"奉茶为礼尊长者，备茶浓意表浓情"，是待客时的明伦之礼；"饮罢佳茗方知深，赞叹此乃草中英"，是饮茶时的谦和之态；"普事故雅去虚华，宁静致远隐沉毅"，是品茗环境与心境的俭行之德。茶具有的优良品德和人格精神，与儒家所提倡的亲和包容的"中庸之道"高度契合。

儒家强调通过礼乐教化构建伦理社会，故而以茶入礼，藉茶礼蕴含的仁爱、敬意、友谊和秩序，来达到宣化人文、达成教化的目的。除了客来奉茶、以茶会友外，茶在国人传统的人生大事如生老病死、婚丧嫁娶、四时八节等中都扮演着重要角色，许多茶礼历经千百年传承，相沿成俗，成为国人的生活常态，在社会和谐中发挥着重要作用，成为协调人际关系、实施社会教化的工具。作为古代民间慈善义举、公益事业的形式之一，我国城乡民间施茶之风自古相沿不衰，成为耕读时代儒家士人行善积德、扶危济困、兼济天下的生动写照。以茶交游，亲和包容，茶在唐宋以来进入大众社会生活后，成为人们社会交往的媒介，以茶会友、以茶交友，成为人们社会活动的重要方式，茶馆作为公共活动的空间，从城镇市井走向乡村津会，遍布大江南北。茶文化是抚慰人们心灵的清新剂，是改善人际关系的润滑油。现代社会中人们常常处于极度紧张焦虑之中，人与人之间的竞争压力大。而以茶会友、客来敬茶等传统民风，具有特殊的亲和力和感染力。在激烈的人生角斗场中，人们往往内心浮躁，充满欲望，患得患失，求不得而烦恼痛苦，而一杯清茶正可以清心醒脑，涤除烦躁，抚慰伤痕，使心情恢复平静。茶是最适宜现代人的"功能饮品"，使许多现代人的"现代病"不治而愈。自心和方能和人，心和人和则天下和。

茶道中的"和""敬""融""理""伦"等，侧重于人际关系的调整，要求和诚处世，敬人爱民，化解矛盾，增进团结，有利于社会秩序的稳定。台湾的国学大家林荆南教授将茶道精神概括为"美、健、性、伦"四字，即"美律、健康、养性、明伦"，称之为"茶道四义"。这其中的"'明伦'是儒家至宝，系中国五千年文化于不坠。茶之功用，是敦睦关系的津梁：古有贡茶以事君，君有赐茶以敬臣；居家，子媳奉茶汤以事父母；夫唱妇随，时为伉俪饮；兄以茶友弟，弟以茶恭兄；朋友往来，以茶联欢。今举茶为饮，合乎五伦十义（父慈、子孝、夫唱、妇随、兄友、弟恭、友信、朋谊、君敬、臣忠），则茶有全天下义的功用，不是任何事物可以替代的"。①

3. 茶性与人性相通，茶道与仁心、道心、禅心相融，茶"致清导和"，其特有的"清和"气质与"仁和"思想互为表里，高度契合 唐末刘贞亮在《饮茶十德》一文

_____

① 蔡荣章：《现代茶艺》，第 200 页，台湾中视文化公司，1989 年第七版。

中提出饮茶"十德"，其中"利礼仁""表敬意""可雅心""可行道"都属于茶道修持范畴。宋徽宗说茶有"致清导和"的作用，可谓深得茶中三昧，道出了茶于茶之外的作用，具有多方面的社会意义和文化价值。茶味苦中有甘、先苦后甘，饮之令人头脑清醒，心态平和，心境澄明。源自自然的茶本具清净、清静、清雅、清和的品质。这些天赋茶性美德不仅使得茶与人性相通，而且与仁心、道心、禅心相融，茶具有的人性光辉和天赋美德，使得茶在人类精神生活层面扮演重要角色，担当人神对话、参禅悟道的媒介；以茶问道，以茶参禅，助益人们开启智慧，看清人生社会，参透天地宇宙，明心见性，解脱自在，圆融无碍，得大自在，成就圆满觉悟人生；以茶悟道，悟的是人生正道、天下大道，参的是天地宇宙之至道。从陆羽的"精行俭德"到日本茶道的"清敬和寂"、韩国茶礼的"和敬俭美"，到现代已故著名茶学家庄晚芳先生提出的"廉美和静"茶德思想①，再到中国国际茶文化研究会周国富会长积极倡导的"清敬和美"的茶文化核心理念②，乃至有人集大成地提出的茶有"康乐甘香和清敬美"八德之说③，无不说明，茶道思想自古迄今就与儒释道三教思想交融圆通、与社会核心价值相契合。

　　茶道思想的核心价值是"和"，与儒家为主体的传统文化十分契合。儒家认为，"中庸"是处理一切世事的最高原则和至理标准，并进而从"中庸之道"中引出"中和"的思想。在儒家眼里，和是中道，和是平衡，和是适宜，和是恰当，和是一切都恰到好处，无过亦无不及。对此茶文化界已经有许多精辟论述，经典论断。陈香白教授认为，中国茶道精神的核心就是"和"。"和"意味着天和、地和、人和。它意味着宇宙万物的有机统一与和谐，并因此产生实现天人合一之后的和谐之美。"和"的内涵非常丰富，作为中国文化意识集中体现的"和"，主要包括：和敬、和清、和寂、和廉、和静、和俭、和美、和爱、和气、中和、和谐、宽和、和顺、和勉、和合（和睦同心、调和、顺利）、和光（才华内蕴、不露锋芒）、和衷（恭敬、和善）、和平、和易、和乐（和睦安乐、协和乐音）、和缓、和谨、和煦、和霁、和售（公开买卖）、和羹（水火相反而成羹，可否相成而为和）、和戎（古代谓汉族与少数民族结盟友好）、交和（两军相对）、和胜（病愈）、和成（饮食适中）等意义。"一个'和'字，不但囊括了所有'敬''清''寂''廉''俭''美''乐''静'等意义，而且涉及天时、地利、人和诸层面。请相信：在所有汉字中，再也找不到一个比'和'更能突出'中国茶道'内核、涵盖中国茶文化精神的字眼了。"④

　　在我国传统文化体系中，儒、释、道三教和易、医、农等都各有千秋，各具特色。如果说儒家文化的特质是"仁和"，佛教文化的特质是"融和"，道教文化的特质是"冲和"，易经文化的特质是"太和"，中医文化的特质是"中和"，农耕文化的特

---

　　① 庄晚芳：《中国茶德——廉美和敬》，《茶叶》，1991 年第 3 期。

　　② 陈红波：《周国富全面系统阐述"清敬和美"当代茶文化核心理念》，以及《从大文化视角理解茶文化的核心理念》，《茶博览》，2013 年第 11 期。

　　③ 《茶味八德》，刊《中国楹联报》，2005 年 12 月 30 日第 2 版。

　　④ 陈香白：《中国茶文化》，第 43 页，山西人民出版社 1998 年版。

质是"平和",那么,茶文化的特质就是"清和",它们共同构成了以"和"为本质特征的中华传统文化核心价值体系,其中"仁和"是根本,是主流,是统帅,是主脉,其余都是基础,是支流,是辅弼,是余脉,就好比人体系统,"仁和"是任督二脉,主阴阳平衡,而"融和""冲和""太和""中和""平和""清和",都是实现任督二脉阴阳平衡的金木水火土"五行"(另文专论)。

当我们从这个视角来审视茶文化的特质时,其最鲜明的特征和核心价值就是"清和",就是其源自自然的"清和淡洁",其助益人文教化的"利礼仁",其于人类文明进步包括人类和社会发展的"致清道和"功用。以往几乎所有论及茶德、茶道者,无不在强调"和"的核心价值和特质时,兼有茶所本具的"清"的特质和价值,尤其是周国富会长在阐述"清敬和美"的当代茶文化核心理念时,对"清"已经作了全面深刻的论述。他说:所谓"清",是茶文化当代核心理念的基本特征,她既是茶叶特征的自然显现,也与人的基本品质相关联,更是茶与人在"道"与"德"的层面的和谐统一。一个"清"字,可以涵盖"德""俭""廉""正""静""真"等茶文化的多种内涵。他认为,"清"的特征,首先来源于茶的自然品质,是与茶叶、茶饮、茶艺相关的清气、清和、清雅。其次是与修养、品德、情操有关的清心、清静、清平。"茶禅一味"的本质也在于"清心"二字,茶道都把"静"作为达到物我两忘的必由之路,喝茶就是修炼清静宁和的心境,营造幽雅清静的环境和空灵静寂的氛围,帮助人们静心思虑。第三是与从政为官、为人处世相关的清正、清白、清廉。自古以来,"清茶一杯"体现了茶与从政为官之间以"清廉"为基本特质和价值追求的良好关系;君子之交淡如水、清如茶,是对人们高尚的人际交往关系、廉洁的行为举止的称颂和期望[1]。

四、余论

无论是"仁和"还是"清和",如果仅从社会功能[2]来探讨还是不够的,基本属于形而下的范畴。如果从形而上的哲学层面来探讨,那么就会发现尽管不同的角度有不同的"和"的特征或重点,但归根结底都在一个"和"上,而且这个"和"具有更高的共同的特质,那就是"和而不同"。

我国先哲对"和而不同"的深刻内涵有着精辟的诠释。孔子说"君子和而不同,小人同而不和"。[3]《国语·郑语》云:"和实生物,同则不继。以他平他谓之和,故能丰长而物归之,若以同裨同,尽乃弃矣。"《中庸》云:"中也者,天下之大本;和也者,天下之达道也。"[4]"和而不同"不是维持不同共存,或者是在求同存异;而是

---

① 陈红波:《周国富全面系统阐述"清敬和美"当代茶文化核心理念》,以及《从大文化视角理解茶文化的核心理念》,《茶博览》,2013年第11期。

② 范增平在《茶艺文化再出发》一文中,曾将茶文化的社会功能具体归纳为下列几个方面:探讨茶艺知识,以善化人心;体验茶艺生活,以净化社会;研究茶艺美学,以美化生活;发扬茶艺精神,以文化世界。范增平:《台湾茶文化论》,第51页,台湾碧山岩出版公司出版,1992年。

③ 《论语·子路》。

④ 《礼记·中庸》。

首先要承认"不同"是事物的本质特征,"和"不是简单的"同",是"不同共存"基础上的创新和发展;如果完全是"同",则事物发展将难以为继,唯有臻于不同共存基础上的"和",才可以"生物",也就是创新和发展;对不同的尊重、了解和学习是一种内在的需求,要在容存不同中共生共荣。"和而不同"是自然之道,天地宇宙之道,也是人类社会之道,天下之至道。"和而不同"思想是自然界和人类社会普遍存在的客观规律和终极真理,具有哲学价值和普遍意义。尤其是从古今中外人类文明历史和现状看,"和而不同"是不同文明交流互鉴、和谐共生之道。这实际上揭示了万事万物包括自然界和人类社会发展的内在规律。诚如周国富会长所说:"和"字所体现的,既是茶道,也是人道和社会运行之道①。"和而不同"是自然之道,天地宇宙之道,也是人类社会之道,天下之至道。

在人类文明史上,从来没有一种东西,像一片茶叶那样,扮演着多重复合的角色,在生命和文明、物质和精神、个人和社会、生活和生产、艺术和文化、宗教和哲学等领域都占有一席之地,且发挥着不可或缺的作用。茶文化的所有这些形态和功能,都体现着以人为本、以满足生命和生活需要为出发点,通过生产和消费积淀了艺术和文化的丰富内涵,并在儒释道三教的相互介入、渗透和交融、升华下,臻于宗教、伦理、哲学的高度,成为在人类物质生活和精神生活中都必不可少的东西。从中华文化及其人文特征的角度看,茶文化既有历史悠久、博大精深、多元一体、兼容并蓄、与时俱进、历久弥新等传统文化特点,更有平等互敬、中和平和,雅俗共赏、和谐和悦,开放包容、兼容并蓄,返璞归真、天人合一,求同存异、和而不同,惠泽人类、和融天下等至高至善的人文特质和共同的人文价值。这就意味着茶道精神是东方智慧的精华,是人类文明的结晶,在过去、现在和将来,都有不竭的生机和动力,具有永恒的价值和意义。而茶文化所具有的开放性、多样性、包容性、渗透性,不仅为我们提供了一个很好的认识茶道精神的视角,也为我们践行"茶和天下"的神圣使命提供了载体。

茶文化的"清和"特质与"丝路精神"的"仁和"思想的高度契合,预示着茶文化可在推进"一带一路"倡议、加强国际社会治理、构建人类命运共同体中发挥无可限量的文化价值和精神力量。中国传统文化包括茶文化要达成"和济天下"这一伟大而崇高的使命,必须以"和而不同"为理论基石和哲学基础。在当前国际格局下,只有在"和而不同"的理念下,才能平等互尊、互利互惠,开放包容、合作共赢,多元一体、共同发展,在国际社会治理中,提倡开放、反对封闭,提倡包容、反对排斥,提倡平等、反对强权,提倡对话、反对对抗,提倡竞争、反对战争,提倡共赢、反对零和,互惠互利、合作发展,求同存异、存同化异、和而不同、和平共生②。以茶播

---

① 陈红波:《周国富全面系统阐述"清敬和美"当代茶文化核心理念》,以及《从大文化视角理解茶文化的核心理念》,《茶博览》2013 年第 11 期;曾福泉:《中国国际茶文化研究会首倡核心理念获共识——清敬和美茶文化》,《浙江日报》,2013 年 11 月 9 日。

② 鲍志成:《"丝绸之路"的历史贡献及当代启示》,2015 年 8 月 22 - 29 日新疆维吾尔自治区、建设兵团台办"海峡两岸一带一路:历史启示与时代机遇学术研讨会"论文,收录会议论文集。

道，以茶行道，正当其时，凭借中国茶文化的走向世界，传播中华文化和中华民族的优秀思想和价值观，一定能起到事半功倍、润物无声的作用。茶必将成为 21 世纪的人类之饮，茶文化的"清和"思想必将成为惠泽全人类实现和而不同、各美其美、和谐共存、美美与共①的理想社会的真知福音。

（本文系中国国际茶文化研究会 2016 年在河南开封举办的第十四届国际茶文化研讨会论文，收录会议论文选《茶和天下》，浙江人民出版社，2016 年 10 月。）

---

① 1990 年 12 月东京"东亚社会研究国际研讨会"上，费孝通先生在《人的研究在中国》主题演讲时，提出了"各美其美，美人之美，美美与共，天下大同"的思想。

葛玄天台茶事与中华"和合文化"

"山不在高，有仙则名"。神奇秀丽的天台山，自古为我省乃至中国的文化名山，既有佛宗道源彪炳于世，又有中药名茶流芳至今，在东亚佛教、道教、中药和茶等文化版图中占有重要的一席之地，而蕴含其中又高标于史、惠泽当今的，就是统领中华传统文化体系的核心精髓"和合"思想，对中国哲学、美学、政治、文化、艺术、社会和宗教等各个领域，产生了至深至远、无所不及的润物细无声的影响。本文拟从葛玄在天台的茶事行迹和茶道实践，来阐述茶文化的"清和"特质，探讨中华"和合"文化的历史渊源、基本内涵及其在当下茶文化复兴中的意义，不当之处请方家指正。

一、葛玄在天台的茶事行迹及其对道教经义和中华茶文化发展的贡献

1. 葛玄其人及其对道教经义的贡献　葛玄（164—244），字孝先，东汉丹阳郡句容（今属江苏）人，为葛洪（283—363）从祖。出身宦族名门，自幼好学，博览五经，性喜老庄之说，不愿仕进，十五六岁名震江左。《抱朴子•金丹篇》称他早年曾从庐江左慈（元放）学道，得受《白虎七变经》《太清九鼎金液丹经》《三元真一妙经》（一说《太清丹经》）《黄帝九鼎神丹经》《金液丹经》等道经，于合皂山（今江西樟树市境内）修道。后遨游山川，周旋于括苍、南岳、罗浮诸山。汉室倾覆，三国战乱，潜心编著《灵宝经诰》，研诵真经。吴嘉禾二年（233），径往阁皂东峰建庵，筑坛立炉，修炼九转金丹。葛玄常服术辟谷，经年不饿，擅长治病。孙权闻而召见，欲加以荣位，以客礼待之。《三国志•吴书》载，孙权好道术，葛玄尝与之游，得其器重，特于方山立洞玄观。《舆地志》也有赤乌二年（239）建立方山观之说。赤乌七年（244），葛玄升仙，被授"太极左仙公"。北宋崇宁三年（1104）封"冲应真人"，南宋淳祐六年（1246）封"冲应孚佑真君"。道教尊为"葛仙翁"，又称"太极仙翁"，与张道陵、许逊、萨守坚合称道教"四大天师"。其弟子郑隐擅长神仙方术，从葛玄受《正一法文》《三皇内文》《五岳真形图》《灵宝五符经》及《太清金液神丹经》等道书，并遵嘱把葛玄《上清》《三洞》《灵宝》诸部真经付阁皂宗坛及家门弟子，世世箓传，故后世道门认为，《灵宝经箓》出自葛玄，灵宝派道士奉葛玄为阁皂宗祖师。据晋干宝《搜神记》，葛玄也是道教天台派与桐柏山神仙学说创始人。

2. 葛玄在天台的茶事行迹及其史迹遗存　从葛玄一生行迹看，其活动踪迹主要在江南、华南，而他在天台的行迹在其道家修习和茶事实践中，具有十分重要的地位。从后世文献记录和遗存史迹及民间传说看，葛玄在台州的行迹主要在 15 岁后，

前后长达 50 多年，其间也曾在舟山翁山、高道山等地修炼得道①。现在根据文献记载和史迹可考的台州行迹，主要在六个地方。

一是在宁海亭旁宁和山中"炼丹"。南宋陈耆卿《嘉定赤城志》载："初，玄炼丹宁和山中，为鬼物窃去……"宁和山即古宁海亭旁。

二是迁徙梁皇山（即桐柏山）。《嘉定赤城志》载："初，玄炼丹宁和山中，为鬼物窃去，遂徙此，后隐天台……今梁皇山下尚有桐柏里，旁有仙人里，且多葛姓，盖玄之苗裔。"梁皇山即桐柏山，今里外辽村有桐柏宫遗存。

三是临海盖竹山炼丹"植茗"和"仙翁茶园"遗存。《嘉定赤城志》卷十九载："临海盖竹山……《抱朴子》云，此山可合神丹。有仙翁茶园，旧传葛玄植茗于此。"盖竹洞内道观左侧岩壁遗有齐召南（1703—1768）撰《盖竹山长耀宝光道院记》碑。现盖竹洞东有"仙翁茶园"遗存。

四是仙居括苍山隐居炼丹和葛玄村石屋遗址。《历代神仙体道通鉴》卷二十三《葛仙公》传载，葛玄其叔葛弥隐居括苍山，立讲堂于其居，以教书为业，知识渊博，名闻遐迩，葛玄钦慕而至其隐居处求学。《万历仙居志》亦云，仙居括苍洞曾为葛玄炼丹处。今仙居县下各镇有"葛玄村"，乃以葛玄为名，村里有葛真人炼丹传说，遗留有岩石堆砌石屋。

五是三门丹丘山与"丹丘子"传说遗踪。丹丘位于天台山支脉宁海县南 90 里，即今三门县亭旁镇灵凤山南麓，因葛玄在此结茅筑炉炼丹、种茶茗饮而得名，孙绰《天台山赋》"丹丘子"即指葛玄。后葛洪也曾寻祖至此，修道炼丹。南朝宋文帝元嘉元年（424），始建丹丘寺，历代屡有兴废，清同治十一年（1872）改丹丘寺为亭山书院，1958 年毁。

六是天台山华顶归云洞"植茶"和"葛仙茗圃"遗址。南宋道士白玉蟾《天台山赋》、清康熙《天台山全志》、齐召南《台山五仙歌·葛孝先》等，均载葛玄在天台山华顶开辟"茗圃"种茶、炼丹养生。现华顶归云洞有 33 株进化型古茶树，或为葛玄手植所留茶树后代遗存，有"葛仙茗圃"碑②。

从全国范围看，葛玄是迄今有诸多后世文献记载、众多史迹遗存及民间传说可资佐证的江南地区最早植茶茗饮以养生的道家人物之一，天台山也因此被誉为江南茶与茶文化的源头。

3. 葛玄天台茶事实践对中华茶文化发展的影响　从茶事起源和茶文化史的角度看，天台山所在的浙东地区恰好与我国"原始药茶"和茶树人工栽培的发源地毗连

---

① 有关葛玄在舟山行迹和传说，参见南宋张津等纂修《乾道四明图经·昌国》（宋元四明六志本），及民间文学三集成本《舟山市故事卷》之《黄杨尖传说故事》等。

② 有关葛玄其人和他在台州行迹，文献记载主要有《抱朴子》《神仙传》《三国志·吴书》《搜神记》《历代神仙通鉴》《历世真仙体道通鉴》等以及台州史志、诗文等，近年研究风起，文章甚多。竺济法：《论葛玄是史籍记载的最早的植茶人》，《吃茶去》2012 年第 5 期；王晓峰：《台州纪念江南植茶始祖葛玄诞辰 1850 周年，葛玄踪迹遍布台州各地》，中国台州网，《台州晚报》2014 年 12 月 12 日；童铁策：《葛玄在宁海炼丹种茶考》，宁海新闻网，2016 年 10 月 17 日。

相接。

迄今为止的田螺山遗址考古发现和文献资料研究证明，茶叶的种植很可能早在新石器时期晚期的东南沿海杭州湾南岸河姆渡文化时代（距今六七千年）就开始了[①]。但茶树从零星的种植到成规模的种植、形成茶产区，至少经过了两三千年的漫长过程。在先秦时期，西南巴蜀地区开始有茶园和贡茶[②]。秦取巴蜀后，茶事从西南东传[③]。西汉时至少在宫廷已经开始饮用高品质的芽茶[④]。东汉、三国、魏晋之间，茶事在禅僧、道士和高士中流播开来，达摩打坐撕眼皮、天台"罗汉供茶"、东吴宫廷以茶代酒、开辟御用茶园等，这些茶事都发生在这个时期。

葛玄的天台茶事活动，是这一时期道士茶事实践的重要案例，为道教茶文化的形成和早期茶文化的发展做出了杰出贡献。由于"茶药同源"，后世道家追奉的早期茶事人物，有神农氏炎帝、养生长寿鼻祖彭祖、中药鼻祖桐君、中医鼻祖岐伯等，这些都是上古时期的历史人物。到了东周、秦汉时期，追求长生不死的风气和道家炼丹辟谷、养生升仙之术交织在一起，助推了饮茶与养生的结合，茶从"原始茶"和"中药茶"中逐步分离出来，成为独立的养生修行、供佛求仙的神品。

在这个过程中，浙东沿海8 000年前跨湖桥遗址出土的植物茎枝遗存，7 000年前河姆渡遗址出土的樟科植物茎叶堆积遗存，东周灵王太子乔（又称王子晋）天台山遇"浮丘公"密降其室赐以灵药的传说，秦朝徐福从浙东慈溪达蓬山东渡"三神山"寻求"长生不老药"移民日本的故事，东汉明帝时越州剡人刘晨、阮肇天台山采药遇仙得药的记载，以及如今"长生不老药"就是樟科植物"天台乌药"的重大发现，都无不说明：浙东地区（包括天台山）的杂煮"原始茶"和樟科植物"原始药茶"的发明利用，远在新石器时代的早期或前半期就出现了；茶科植物（未必一定是茶树）的人工栽培，则在新石器时代的中期开始了；以樟科植物"天台乌药"作为药茶饮用的原料，可能始于东周春秋战国时期甚至更早；到了秦汉时期，浙东地区以"天台乌药"为长生不老药饮原料的发明和技术，随着以徐福为代表的大批海外移民抵达东瀛而传播到了日本。

从茶饮与道教的关系看，茶在道教的形成过程中发挥了重要作用，并随着道教的传播而流播于道士、隐士、名士、医者、门客、权贵等群体。道家与茶的渊源很深，道家清静淡泊、自然无为的思想，与茶的清和淡洁的自然属性极其吻合。道士修炼的终极目的是长生不死，最大理想是飞升羽化。如何才能"得道成仙"？道家发明了斋醮、符咒、炼丹、行气、导引、吐纳、服食等修炼方术。服食即服饵，指服食药物以养生。道家有"上药令人身安命延，升为天神，中药养性，下药除病"（葛洪《抱朴

① 赵相如、徐霞：《古树根深藏的秘密——综述余姚茶文化的历史贡献》，《茶博览》，2010年第1期（总81期）；武吉华、张绅编著：《植物地理学》，第95页，高等教育出版社，2004年。
② 常璩：《华阳国志》卷一《巴志》，齐鲁书社，2010年版。
③ 顾炎武著，栾保群等注：《日知录集释》，清代学术名著丛刊，上海古籍出版社，2006年。
④ 周艳涛：《中国专家确认汉阳陵现中国最早茶叶：由茶芽制成》，《科技日报》，2016年1月13日；田进：《陕西出土茶叶被吉尼斯世界纪录认证为最古老茶叶》，中国新闻网，2016年5月13日。

子》引《神农四经》）之说，认为某些药物人食之可以祛病延年，乃至长生不死。道士服食之药有金丹大药，也有金石、草木之药，而茶就是一种草木之药。在养生延年功效上，茶契合道教修炼之需，从而茶与道结合，茶为道用，以茶养生。从此，道家认为茶是得道成仙的灵药，饮茶能使人轻身换骨、羽化成仙。

在早期的茶事活动中，道家饮茶、种茶、识茶的文献记载要多于佛门、儒家。魏晋南北朝时期，一方面茶事因道徒之流著书宣扬茶的功效、饮法而益彰，如东晋郭璞《尔雅注》、王浮《神异记》、壶居士《食忌》、华佗《食论》、陶弘景《杂录》等，正是道教徒、玄谈名士对饮茶的宣扬，促进了饮茶的广泛传播和饮茶习俗的形成，也为道家茶道的形成奠定了实践基础。另一方面，在茶饮参与、助益道士修炼的过程中，道教的长生仙术和教门宗派逐步发展完善，葛玄之从孙葛洪所著《抱朴子》，对战国以降神仙方术实践作了系统理论总结，建立了一套长生成仙的理论体系。到南北朝时期，嵩山道士寇谦之、庐山道士陆修静、茅山道士陶弘景对早期的民间道教进行改造，使道教形成严密的理论、组织和斋仪戒律，并出现了上清、灵宝、楼观和南北天师道等宗派[①]。

由此可见，如果我们把葛玄的天台茶事，放到中华茶文化的大历史、大文化背景和整个东北亚范围的原始药茶和茶文化传播交流圈中来看时，具有多方面的意义。一是他在江南浙东的天台山地域多处炼丹隐居中首开人工种植茶树之先河；二是他种茶、制茶、饮茶的探索，标志着茶开始从原始药茶"混饮"到真茶"清饮"的逐步转型；三是他在天台植茶，为日后天台山成为江南茶文化的发源地，和通过佛教交流成为日本、韩国等国茶文化的源头奠定了历史基础；四是他把清饮茶作为道士养生修身、求仙得道、羽化升天的方法之一，把茶事与道教法事结合起来，赋予茶道教法体（法食）之功用，对道教茶道的形成居功甚伟，堪与佛门"罗汉供茶"相媲美。他对中华茶文化尤其是道家茶文化的形成和发展，作出了承前启后、继往开来的历史性贡献，现在我们尊奉他为"天台茶祖"甚至"江南茶祖"，是名副其实、毫不为过的。

二、以"清和"为特质的中华茶文化具有明显的道教文化色彩，与中华传统思想文化高度契合

茶和茶文化起源于中国，中华茶文化的起源和发展与华夏文明同步，与中华文化有机交融。无论茶艺、茶礼还是茶德、茶道，都蕴涵着中华传统文化的主流儒释道三教思想的精华，如儒家的以茶入礼、茶利礼仁、教化百姓、和济天下，佛家的以茶供佛、以茶参禅、茶汤清规、禅茶一味，道家的以茶养生、轻身羽化、通灵得道、天人合一，都无不说明茶不仅参与了三教实践，而且都臻于至高境界，茶被赋予了文化、道统传承的功能，茶成为名副其实的"文化之饮""人伦之饮""人文之饮"。

茶文化是一种雅俗共赏、具有开放性、亲和力、包容度的多元一体的独特社会文

① 丁以寿：《中华茶道的形成与道家》，程启坤、邓云峰主编：《第九届国际茶文化研讨会暨第三届崂山国际茶文化节论文集》，浙江古籍出版社，2006年，第356-363页。

化形态。尤其值得注意的是，中华茶文化作为中华传统文化的重要组成部分，其"致清导和"的"清和"特质以及丰富的道家茶事，既凸显了茶文化明显的道教文化色彩，又体现了以基于茶性茶德的"人文品格"为特征的中华茶文化的思想精髓和价值体现乃至社会功能。

1. 茶性"清和淡洁"，天赋美德，以茶修身，崇素守正，精行俭德，有助于成就清正高洁的君子人格　茶源自自然，是大自然的精华，是自然对人类的恩赐。陆羽说茶乃"南方之嘉木"①，是大自然孕育的"珍木灵芽"。茶性清净高洁，具有天赋君子美德。茶生于山野，餐风饮露，汲日月之精华，得天地之灵气，本乃清净高洁之物。儒家认为茶有君子之性，具有天赋美德。唐韦应物（737—792）称赞茶"性洁不可污，为饮涤尘烦"②，北宋苏东坡用拟人化的笔法所作的《叶嘉传》，把茶誉为"清白之士"③。宋徽宗也称茶"清和淡洁，韵高致静"④。茶德既是茶自身所具备的天赋美德，也是对茶人道德修养的要求。自古迄今，儒释道都赋予茶清正高洁、淡泊守素、安宁清静、和谐和美的品德，寄寓了深厚的人文品格，蕴含了高尚的人格精神。

唐代茶圣陆羽称茶之为饮"最宜精行俭德之人"⑤。何为"精行俭德"？就是"精进修行""俭以养德"的简称或缩略。所谓"精行"，就是勇猛精进、勤勉修行；所谓"俭德"，就是俭以养德、守素崇德；其本义就是勤勉奋发以修行、清苦俭朴以养德⑥。所谓"精行俭德之人"，实际上就是亦儒亦僧的陆羽自己那样的"节士""行者"，是苏东坡《叶嘉传》所称道的秉性高洁的"清白之士"和托名元人杨维桢所作的《清苦先生传》所称赏的励志力行的"清苦先生"⑦，换言之，就是为了信仰和理想舍身忘躯、精进修行不畏艰辛、坚忍不拔的"修道者"，就是禅门里那些简衣素食、历尽磨难、孜孜以求、追求宇宙真谛和生命觉悟的"苦行僧"。这样的人，就是儒家所倡导的"天将降大任于斯人也，必饿其肌肤，劳其筋骨，苦其心志"者，是有抱负有志向的仁人志士。而茶的品格在成就这样的人格的过程中，是最适宜发挥守素养正作用的。一杯清茶，两袖清风，茶可助人克一己之物欲以修身养廉，克一己之私欲而以天下为公，以浩然之气立于天地之间，以忠孝之心事于千秋家国。以茶修身，以茶养正，以茶助廉，以茶雅志，自古为仁人志士培养情操、磨砺意志、提升人格、成就济世报国之志的一剂苦口良药。"穷则独善其身，达则兼济天下"，身处江湖之野，不

---

①　陆羽：《茶经·一之源》，于良子注释，浙江古籍出版社 2011 年版。

②　韦应物：《喜园中茶生》，刘枫主编《历代茶诗选注》，第 18 页，中央文献出版社 2009 年版；温长路：《洁性不可污》，《家庭中医药》2016 年第 1 期。

③　苏轼：《叶嘉传》，《苏轼文集》第 2 册 429 页，中华书局 1986 年版；然《四库全书》《提要》云："观《扪虱新话》称：'《叶嘉传》乃其邑人陈元规作'"之说，待考。王建：《读苏轼〈叶嘉传〉》，《农业考古》，1993年第 2 期；丁以寿：《苏轼〈叶嘉传〉中的茶文化解析（续）》，《茶业通报》，2003 年第 4 期。

④　赵佶：《大观茶论序》，中华书局 2013 年版。

⑤　陆羽《茶经·一之源》，于良子注释，浙江古籍出版社 2011 年版。

⑥　鲍志成："精行俭德"探赜》，《茶博览》，2016 年第 4 期。

⑦　粘振和：《元末杨维桢〈清苦先生传〉的茶文化意蕴》，《成大历史学报》第三十七号，2009 年 12 月，第 61－88 页。

忘庙堂之志，是许多儒家士大夫的人生抱负。

2. 茶文化亲和包容，以茶入礼，相沿成俗，以茶明伦，和谐社会，因而"茶利礼仁"，有助于宣化人文、和济天下 儒学从孔孟之道到程朱理学，主宰中国社会政治发展两千多年，成为历代士人修身齐家、入世报国的政治伦理而奉为圭臬，其主旨是通过礼乐教化、三纲五常来倡导仁义、兼爱、中庸等社会伦理观，以礼制实现万民和乐、天下太平的社会理想。

古往今来的茶事实践，无不体现出"礼仁""亲和"的理念。"酸甜苦涩调太和，掌握迟速量适中"，是泡茶时的中和之美；"奉茶为礼尊长者，备茶浓意表浓情"，是待客时的明伦之礼；"饮罢佳茗方知深，赞叹此乃草中英"，是饮茶时的谦和之态；"普事故雅去虚华，宁静致远隐沉毅"，是品茗环境与心境的俭行之德。茶具有的优良品德和人格精神，与儒家所提倡的亲和包容的"中庸之道"高度契合。

儒家强调通过礼乐教化构建伦理社会，故而以茶入礼，藉茶礼蕴含的仁爱、敬意、友谊和秩序，来达到宣化人文、传达典章的目的。除了客来奉茶、以茶会友外，茶在国人传统的人生大事如生老病死、婚丧嫁娶、四时八节等中都扮演着重要角色，许多茶礼历经千百年传承，相沿成俗，成为国人的生活常态，在社会和谐中发挥着重要作用，成为协调人际关系、实施社会教化的工具。作为古代民间慈善义举、公益事业的形式之一，我国城乡民间施茶之风自古相沿不衰，成为耕读时代儒家士人行善积德、扶危济困、兼济天下的生动写照。以茶交游，亲和包容，茶在唐宋以来进入大众社会生活后，成为人们社会交往的媒介，以茶会友、以茶交友，成为人们社会活动的重要方式，茶馆作为公共活动的空间，从城镇市井走向乡村津会，遍布大江南北。

茶文化是抚慰人们心灵的清新剂，是改善人际关系的润滑油。现代社会中人们常常处于极度紧张焦虑之中，人与人之间的竞争压力、利益关系使人们变得越来越疏远、越来越冷漠。而以茶会友、客来敬茶等传统民风，具有特殊的亲和力和感染力。在激烈的人生角斗场中，人们往往内心浮躁，充满欲望，患得患失，求不得而烦恼痛苦，而一杯清茶正可以清心醒脑，涤除烦躁，抚慰伤痕，使心情恢复平静。茶是最适宜现代人的"功能饮品"，使许多现代人的"现代病"不治而愈。自心和方能和人，心和人和则天下和。

茶道中的"和""敬""融""理""伦"等，侧重于人际关系的调整，要求和诚处世，敬人爱民，化解矛盾，增进团结，有利于社会秩序的稳定。台湾的国学大家林荆南教授将茶道精神概括为"美、健、性、伦"四字，即"美律、健康、养性、明伦"，称之为"茶道四义"。这其中的"'明伦'是儒家至宝，系中国五千年文化于不坠。茶之功用，是敦睦关系的津梁：古有贡茶以事君，君有赐茶以敬臣；居家，子媳奉茶汤以事父母；夫唱妇随，时为伉俪饮；兄以茶友弟，弟以茶恭兄；朋友往来，以茶联欢。今举茶为饮，合乎五伦十义（父慈、子孝、夫唱、妇随、兄友、弟恭、友信、朋谊、君敬、臣忠），则茶有全天下义的功用，不是任何事物可以替代的"。[①]

---

① 蔡荣章：《现代茶艺》，第200页，台湾中视文化公司，1989年第七版。

3. 茶性与人性相通，茶道与仁心、道心、禅心相融，茶"致清导和"，其特有的"清和"气质与儒家为主体的传统思想文化高度契合　唐末刘贞亮在《饮茶十德》文中提出饮茶"十德"，其中"利礼仁""表敬意""可雅心""可行道"都属于茶道修持范畴。宋徽宗说茶有"致清导和"的作用，可谓深得茶中三昧，道出了茶于茶之外的作用，具有多方面的社会意义和文化价值。茶味苦中有甘、先苦后甘，饮之令人头脑清醒，心态平和，心境澄明。源自自然的茶本具清净、清静、清雅、清和的品质。这些天赋茶性美德不仅使得茶与人性相通，而且与仁心、道心、禅心相融，茶具有的人性光辉和天赋美德，使得茶在人类精神生活层面扮演重要角色，担当人神对话、参禅悟道的媒介；以茶问道，以茶参禅，助益人们开启智慧，看清人生社会，参透天地宇宙，明心见性，解脱自在，圆融无碍，得大自在，成就圆满觉悟人生；以茶悟道，悟的是人生正道、天下大道，参的是天地宇宙之至道。从陆羽的"精行俭德"到日本茶道的"清敬和寂"、韩国茶礼的"和敬俭美"，到现代已故著名茶学家庄晚芳先生提出的"廉美和静"茶德思想[1]，再到中国国际茶文化研究会周国富会长积极倡导的"清敬和美"的茶文化核心理念[2]，乃至有人集大成地提出的茶有"康乐甘香和清敬美"八德之说[3]，无不说明，茶道思想自古迄今就与儒释道三教思想交融圆通、与社会核心价值相契合。

茶道思想的核心价值是"和"，与儒家为主体的传统文化十分契合。儒家认为，"中庸"是处理一切世事的最高原则和至理标准，并进而从"中庸之道"中引出"中和"的思想。在儒家眼里，和是中道，和是平衡，和是适宜，和是恰当，和是一切都恰到好处，无过亦无不及。对此茶文化界已经有许多精辟论述，经典论断。陈香白教授认为，中国茶道精神的核心就是"和"。"和"意味着天和、地和、人和。它意味着宇宙万物的有机统一与和谐，并因此产生实现天人合一之后的和谐之美。"和"的内涵非常丰富，作为中国文化意识集中体现的"和"，主要包括：和敬、和清、和寂、和廉、和静、和俭、和美、和爱、和气、中和、和谐、宽和、和顺、和勉、和合（和睦同心、调和、顺利）、和光（才华内蕴、不露锋芒），和衷（恭敬、和善）、和平、和易、和乐（和睦安乐、协和乐音）、和缓、和谨、和煦、和霁、和售（公开买卖）、和羹（水火相反而成羹，可否相成而为和）、和戎（古代谓汉族与少数民族结盟友好）、交和（两军相对）、和胜（病愈）、和成（饮食适中）等意义。"一个'和'字，不但囊括了所有'敬''清''寂''廉''俭''美''乐''静'等意义，而且涉及天时、地利、人和诸层面。请相信：在所有汉字中，再也找不到一个比'和'更能突出'中国茶道'内核、涵盖中国茶文化精神的字眼了。"[4]

当我们从这个视角来审视茶文化的特质时，其最鲜明的特征和核心价值就是"清

① 庄晚芳：《中国茶德——廉美和敬》，《茶叶》，1991 年第 3 期。
② 陈红波：《周国富全面系统阐述"清敬和美"当代茶文化核心理念》，以及《从大文化视角理解茶文化的核心理念》，《茶博览》，2013 年第 11 期。
③ 《茶味八德》，刊《中国楹联报》2005 年 12 月 30 日第 2 版。
④ 陈香白：《中国茶文化》，第 43 页，山西人民出版社 1998 年版。

和",就是其源自自然的"清和淡洁",其助益人文教化的"利礼仁",其于人类文明进步包括人类和社会发展的"致清道和"功用。以往几乎所有论及茶德、茶道者,无不在强调"和"的核心价值和特质时,兼有茶所本具的"清"的特质和价值,尤其是周国富会长在阐述"清敬和美"的当代茶文化核心理念时,对"清"已经作了全面深刻的论述。他说:所谓"清",是茶文化当代核心理念的基本特征,她既是茶叶特征的自然显现,也与人的基本品质相关联,更是茶与人在"道"与"德"的层面的和谐统一。一个"清"字,可以涵盖"德""俭""廉""正""静""真"等茶文化的多种内涵。他认为,"清"的特征,首先来源于茶的自然品质,是与茶叶、茶饮、茶艺相关的清气、清和、清雅。其次是与修养、品德、情操有关的清心、清静、清平。"茶禅一味"的本质也在于"清心"二字,茶道都把"静"作为达到物我两忘的必由之路,喝茶就是修炼清静宁和的心境,营造幽雅清静的环境和空灵静寂的氛围,帮助人们静心思虑。第三是与从政为官、为人处世相关的清正、清白、清廉。自古以来,"清茶一杯"体现了茶与从政为官之间以"清廉"为基本特质和价值追求的良好关系;君子之交淡如水、清如茶,是对人们高尚的人际交往关系、廉洁的行为举止的称颂和期望①。

三、中华和合文化在茶道实践和精神传承中的价值和意义

说起中华传统文化,人们总是言必称儒释道三教,其实这是就主流或精英文化而言,统称"大传统"。如果从历史源流和非主流的民间民俗文化来看,那么显然还有易医农即易学、中医、农耕(包括茶文化)等,统称"小传统"。对普通中国人而言,古往今来这"小传统"与人生、与生活、与生产关系较之"大传统"更为密切,影响更大!试问吃喝拉撒、生老病死、迎来送往、红白喜事,哪一样离得开"小传统"?!因此,《易经》及受其影响而形成、并对其发扬光大的《周易》、"易学"和道教、道学,对中国传统文化的各个方面都产生了深远而巨大的影响。尤其是中华传统文化的核心"和合"思想,更是受到《易经》思想体系中的核心精髓——"太和观"(或"泰和观")的直接影响。

1. 中华传统文化的核心"和合"思想源自《易经》"太和观" 从中华文明起源看,从人文始祖伏羲氏"一画开天"伏羲八卦,到周文王"河图洛书"文王八卦形成的"周易"体系,是中华传统思想文化的根源。《易经》是华夏文化的源头,其关于宇宙、天地、生命起源和演变的"太和观",影响了中华传统文化的方方面面。

首先,认为"泰"即天地之间交通和畅之最佳状态。《屯卦》云,乾坤始交之时,万物混沌,郁塞未通,尚未亨通和合,然震有雷象(下),坎有水象(上),随着时间的推移,雷雨降临,阴阳和洽,阴阳二气相感相交而和合,是为"天地感而万物化生"之"大亨之道"。《乾卦象传》曰:"乾道变化,各正性命,保合太和,乃利贞。"

---

① 陈红波:《周国富全面系统阐述"清敬和美"当代茶文化核心理念》,以及《从大文化视角理解茶文化的核心理念》,《茶博览》,2013年第11期。

"天地交泰"，"天地不交，否"，万物成于阴阳二气之会合冲和，万物内部的和谐统一即"保合太和"。所谓"太和"，即阴阳会合冲和之气。这也是《周易》所崇尚的自然界的和合之道。

其次，认为人应"与天地相参"，与自然和合。人与自然如何才能"和合"？一要"与天地合其德"，"先天而天弗违，后天而奉天时"，适应和遵从自然规律。人要"乐天知命"，顺应自然，顺应客观规律。二要爱人及物，《坤卦象传》说："坤厚载物，德合无疆，合弘光大，品物咸亨。"又说："地势坤，君子以厚德载物。"推而广之，要人像大地一样包容万物，兼容并蓄，以宽宏博大的胸怀对待万物。三是人与自然相协同应具有道德原则，必须"有节"，人与自然一损俱损、一荣俱荣。

再次，认为人要顺乎天而应乎人，倡导人与人、人与社会的和合。《泰卦象传》曰"天地交泰，后以财成天地之道，辅相天地之宜，以左右民"。君王要"宽民畜众"，"说以先民，民忘其劳；说以犯难，民忘其死。说之大，民劝矣哉"。圣人要感天下之心，天下人之心才和平安宁，社会才能稳定，是为统治者治国之道。

从《易经》开始，到《周易》及"易学"的完善，蕴涵着"和实生物""生生大德"谓之"仁"，"日新"谓之"易"的生命进化观，"保合太和"的宇宙天地观，多元和合的社会价值观，凝聚着中华民族的伟大智慧。这种"和合"思想，是中国传统文化源远流长的人文价值和核心精神，堪称是中华传统思想文化的瑰宝。

2. "和合"是中国传统文化的重要哲学概念和价值理念　从易经的"太和观"出发，经诸子百家吸收并发展，到儒家确立并主宰中国传统文化的主体地位，"和"一直是贯穿整个中国传统文化的思想核心。

和的初义是声音相应和谐，是不同音阶声音的节奏相和相应，即"异音相从谓之和，同声相应谓之韵"，"和六律以聪耳"；又有调和不同食物和口味之意，即所谓"和五味以调口"。和合的和，指和谐、和平、祥和；合的本义是上下唇合拢，和合的合，指结合、融合、合作。"和""合"联用合成"和合"，表明的是多样性的统一，是多元一体的状态，突出了不同要素组成中的融合作用，强调了矛盾的事物中和谐与协调的重要性。"和合"作为不同要素融合最为理想的结构存在形式这一传统哲学概念，普遍受到历代各派思想家的推崇和重视，成为中华传统思想文化的核心精髓而广泛、深入地融合于中国文化体系之中。

儒家推崇的"中庸"思想，其实质就是不偏不倚的"中道"，无过也无不及的"中和"。"喜怒哀乐之未发，谓之中；发而皆中节谓之和。中也者，天下之大本；和也者，天下之达道也。"① "和"包含中，"持中"就能"和"，"和"的根本意义和重要价值，就是中规中矩、恰到好处。"中也者，天下之大本也；和也者，天下之达道也。""致中心，天地位焉，万物育焉。"中的状态即内心不受任何情绪的影响、保持平静、安宁、祥和的状态，是天下万事万物的本来面目（基础）。中庸之道的主题思想是教育人们自觉地进行自我修养、自我监督、自我教育、自我完善，把自己培养成

---

① 《礼记·中庸》。

为具有理想人格，达到至善、至仁、至诚、至道、至德、至圣、合外内之道的理想人物，共创"致中和天地位焉万物育焉"的"太平和合"境界。因此，儒家提倡在人与自我的关系上必须节制而不放纵，在人与自然的关系上要亲和自然、保护自然，在人与人、人与社会的关系上倡导"礼之用，和为贵"，在治国理政上要走中道、行中正，以礼乐教化天下，从君子内修之功外化为王者天下之道，实现"协和万邦""燮和天下"① 的天下大同愿景。

佛教主张万法性空、随缘而起，追求圆融自在、圆满和谐，提倡"六和敬"即身和同住，口和同净，意和同悦，戒和同修，见和同解，利和同均。早期印度佛教禅宗的远离苦乐两边、以达中道涅槃为目的之中道思想，也都与"和合"思想具有内在的一致性。尤其值得一提的是，天台山佛教文化与和合文化有着深刻的历史渊源，唐代国清寺寒山与拾得两位大师，相传是文殊菩萨与普贤菩萨的化身，行迹怪诞，对谈玄妙，寓意深刻，深得佛理，所作诗偈通俗易懂，朗朗上口，传颂千余年仍然脍炙人口。清朝雍正年间，他们被追封为"和合二圣"。作为佛教人物，他们在民间备受崇奉尊敬，在传统吉祥图案中，他们化身"和合二仙"，一人执荷，一人捧盒，取"荷"与"和""盒"与"合"同音，寓和谐好合之意，其纹样流行于木雕、漆画、砖刻、刺绣、剪纸和木版年画等载体，堪称是"和合"文化在民间传承的经典案例。

道家继承"太和观"，并进一步阐发了"冲和"思想。《老子》四十二章云："道生一，一生二，二生三，三生万物。万物负阴而抱阳，冲气以为和。"从宇宙本体论、生化论层面，阐释了"和"是阴阳二气矛盾统一，是生成万物的内在依据或存在状态。而《庄子·天道》篇称"与人和者，谓之人乐；与天和者，谓之天乐"，天和、人和，即是顺应自然。在这里，"和"是天地人相处的最高意境，是自然社会不同事物的矛盾统一。"和"不是好，也不是对，它强调的是各种力量的平衡状态，是事物存在彼此之间的一种最佳关系。"和"是宇宙自然、社会人生发生的规律，存在的常态，功能的佳境。道教还把阴阳两气之间的"元气"叫"中和"。《太平经·和三气兴帝王法》："元气有三，名太阳、太阴、中和。"

此外，作为传统农耕文化孕育的农业文明，追求生产风调雨顺、天下国泰民安，要人顺从自然规律，顺天就是随顺自然，顺应四时节气，顺随地理环境，追求一种平顺和合的文化。中医学强调的阴阳平衡、五行生克、气血和畅、饮食调和，是人体健康长寿之本，是养生保健的中和之道。即便是平民百姓，常人所谓的"家和万事兴""室雅人和美""和气生财"等，无不说明，"和合"是儒、释、道及易、医、农等相通兼容的哲学理念和价值观，是中华传统文化的核心精髓。

如果说儒家文化的特质是"仁和"，那么佛教文化的特质是"融和"，道教文化的特质是"冲和"，易经文化的特质是"太和"，中医文化的特质是"中和"，农耕文化的特质是"平和"，茶文化的特质也就是"清和"。它们共同构成了以"和"为本质特征的中华传统文化核心价值体系，其中"仁和"是根本，是主流，是统帅，是主脉，

---

① 《尚书·顾命》。

其余都是基础，是支流，是辅弼，是余脉，就好比人体系统，"仁和"是任督二脉，主阴阳平衡，而"融和""冲和""太和""中和""平和""清和"，都是实现任督二脉阴阳平衡的"五行"——金木水火土。

易学的和合思想以及后来由儒家等大加发展而形成的中华和合文化，对中国哲学和文化产生了极为重要的影响。在几千年的历史长河中，中国文化更是以兼容并包、海纳百川的传统，使外来文化成了民族精神的重要生长点。正如习近平总书记指出，"中华文化崇尚和谐，中国'和'文化源远流长，蕴涵着天人合一的宇宙观、协和万邦的国际观、和而不同的社会观、人心和善的道德观"。对于中国人来说，以和为贵，信守和平，和睦和谐，是思维方式、生活习惯，更是文化认同、文化基因。

3. "和而不同"是中国古代圣哲先贤所阐发的宇宙至道和天下愿景 "和而不同"是具有深刻哲学思想内涵的科学命题，它既不是维持不同共存，也不是在不同中消除不同、实现同化，更不是一般所谓的求同存异。孔子说"君子和而不同，小人同而不和"①，是以君子修身之道为切入点，主张把对不同的尊重、了解和学习当作是一种自我内在的需求。《国语·郑语》更有"和实生物，同则不继"之说，认为"以他平他谓之和，故能丰长而物归之，若以同裨同，尽乃弃矣。故先王以土与金、木、水、火杂，以成百物。"这与前述"生生大德"之为"仁""日新"之谓"易"可谓异曲同工。

我国先哲对"和而不同"的深刻内涵，有着精辟的解释："和"不是简单的"同"，而是"不同共存"基础上的创新和发展；如果完全都是"同"，则事物发展将难以为继；唯有臻于不同共存基础上的"和"，也就是矛盾的对立统一，尊重个性基础上的共存发展，才可以"生物"，才可以不断创新和发展，才可以生生不息、历久弥新。这就是说，只有不同事物的对立统一、在矛盾中实现和谐共存，万物才能生生不息，与时俱进；如果彼此都是同一的，或虽有异而强为之同，就不能顺利延续、健康发展，或导致不仁、不和而有悖规律。

从生物遗传规律、杂交优化规律、生物多样性规律，到物理学物质守恒定律、宇宙万有引力定律等，乃至人类文化多元化、文明发展兴衰消长的历史，都无不说明："和而不同"是万事万物包括自然和人类社会的内在发展规律和终极真理，具有哲学价值和普遍意义。在包容不同中共生共荣，是自然之道，天地宇宙之道，也是天下之至道，人类社会之愿景。从古今中外人类文明历史和现状看，"和而不同"是不同文明交流互鉴、和谐共存、发展繁荣之道。

4. 中华茶道在和济天下、构建共建共享人类命运共同体伟大使命中具有潜在的价值引导作用 以《易经》"太和"思想为源头的中华和合文化对世界哲学、文化和文明的发展将产生巨大的影响。继承和发扬和合思想，不仅对弘扬中华和合文化，建设和谐社会，具有重要的现实意义，而且在世界文化和文明的舞台上，也将扮演更加重要的角色。在世界历史上，中华和合文化曾深深地影响了东亚儒家文化圈，中华文

---

① 《论语·子路》。

化中的"和合"智慧和价值观，未来也将是化解矛盾和危机，避免对立和冲突，调和国际社会各种矛盾，保持和平稳定发展的最佳选择。以和合的心态拥抱世界，以和合的理念化解危机，必将获得世界的认同。

第一，和合思想为协调人与自然的关系，促进人与自然的和谐共存，提供了可资借鉴的思想智慧。当今世界，谋求人与自然圆融和谐、经济社会与自然环境协调发展，制衡出现的生态恶化和环境污染，控制重大自然灾害的发生，适度控制人口爆炸，合理利用生态资源，实现可持续发展，走向人类文明发展的新秩序，已成为全球面临的普遍课题。和平、和谐、合作、共赢，既是共同愿望，也是大势所趋。

第二，和合思想注重人与人的和合、人与社会的和合，对促进人际关系的健康发展，构建和谐社会，具有重要的现实意义。习近平指出："我们的祖先曾创造了无与伦比的文化，而'和合'文化正是这其中的精髓之一。'和'指的是和谐、和平、中和等，'合'指的是汇合、融合、联合等。这种'贵和尚中、善解能容，厚德载物、和而不同'的宽容品格，是我们民族所追求的一种文化理念。自然与社会的和谐，个体与群体之间的和谐，我们民族的理想正在于此，我们民族的凝聚力、创造力也正基于此。因此说，文化育和谐，文化建设是构建和谐社会的重要保证和必然要求。"①

第三，和合文化是维护中华民族团结、实现国家统一的重要文化纽带和精神力量。从和合思想衍生出的"大一统"观念，不仅是儒家的重要政治传统，而且是作为维护国家统一、民族团结的重要政治伦理和道统依据。英国著名历史学家汤因比说："就中国人来说，几千年来，比世界任何民族都成功地把几亿民众，从政治文化上团结起来，他们显示出这种在政治、文化上统一的本领，具有无与伦比的成功经验。"②和合文化一定会成为中华民族永远割不断的血脉，在祖国的统一大业中发挥思想文化的巨大力量。

第四，和合思想是汲取历史智慧应用于治国理政和国际社会治理，化解矛盾，构建人类命运共同体，实现共建共享发展观和多元共生、和而不同文明观的不竭智慧源泉和思想宝库。习近平在倡导"一带一路"倡议的同时，既以史为鉴，汲取历史智慧，又立足当下，面向国际社会，提出了"和平合作、开放包容、互学互鉴、互利共赢"为内容的"丝路精神"，作为推进、实施这一倡议的指导思想和方针原则。这实际上就是说，从仁爱为怀、天下一家出发，承认世界各国各民族文化的"不同"是其本质特征，只有在"不同共存"中一起创新和发展，打造命运共同体，才是以"仁和"之道达济天下的根本途径、不二法门。这是对我国传统文化的"天下为公"情怀和"天下大同"愿景在"一带一路"倡议提出和实施过程中的创新和发展。诚如2015年6月2日国务院新闻办原副主任杨正泉在"丝路讲坛"开场演讲所说，贯穿"一带一路"发展的是中国深厚的文化底蕴。以儒家文化为代表的中华文化是以集体理念为主的"仁和"文化。"仁"者爱人也，爱个人、爱他人、爱兄弟、爱父母、爱

---

① 温勇、杜在桂：《"周易"与和合》，《光明日报》，2014年2月11日16版。
② 郑任钊：《从"公羊传"看中国统一思想》，《国学》，2015年第10期，第25-27页。

民族、爱国家，以国家为最大。"和"是和谐、和为贵、和和气气、和平、和谐社会、和平发展、天人合一。从长远来看，中国的文化传统、价值观将拥有无限的生命力①。

G20 杭州峰会是以中国的天下情怀为出发点，以中华传统文化和思想智慧为立足点，给世界经济把脉开方、指明未来发展方向和路径的生动实践。G20 杭州峰会世界各国高度赞誉的由中国主导提出的世界经济治理的杭州共识、中国方案，在诸多的金融、财政、货币、贸易、投资、创新、联动等经济治理层面的机制、措施背后，都深深蕴涵着中国传统文化中的"天下"情怀和"大同"思想以及中国智慧和价值观。在 G20 杭州峰会期间，习近平讲到，"和衷共济、和合共生是中华民族的历史基因，也是东方文明的精髓"。这一思想来源于、根植于中国传统文化中的"仁者爱人""天下为公""和而不同""天下大同"的"天下观"！这不仅是中国历代先贤智者、仁人志士梦寐以求的社会愿景，也是近代以来中国现实主义政治家的共同政治理想。

第五，中华茶文化的"清和"特质与中华文化的"和合"思想和"丝路精神"高度契合，预示着茶文化在推进"一带一路"倡议、加强国际社会治理、构建人类命运共同体中将可发挥无可限量的价值观引导作用。中国传统文化包括茶文化要达成"和济天下"这一伟大而崇高的使命，必须以"和而不同"为理论基石和哲学基础。在当前国际格局下，只有在"和而不同"的理念下，才能平等互尊、互利互惠，开放包容、合作共赢，多元一体、共同发展，建立人类责任、利益、命运共同体，实现开放包容、共建共享的新型发展观和多元共生、和而不同的新型文明观；在国际社会治理中，要提倡开放、反对封闭，提倡包容、反对排斥，提倡平等、反对强权，提倡对话、反对对抗，提倡竞争、反对战争，提倡共赢、反对零和，互惠互利、合作发展，求同存异、存同化异，和而不同、和平共生②。

反观茶文化，在人类文明史上，从来没有一种东西，像一片茶叶那样，扮演着多重复合的角色，在生命和文明、物质和精神、个人和社会、生活和生产、艺术和文化、宗教和哲学等领域都占有一席之地，且发挥着不可或缺的作用。茶文化的所有这些形态和功能，都体现着以人为本、以满足生命和生活需要为出发点，通过生产和消费积淀了艺术和文化的丰富内涵，并在儒释道三教的相互介入、渗透和交融、升华下，臻于宗教、伦理、哲学的高度，成为在人类物质生活和精神生活中都必不可少的东西。

从中华文化及其人文特征的角度看，茶文化既有历史悠久、博大精深、多元一体、兼容并蓄、与时俱进、历久弥新等传统文化特点，更有平等互敬、中和平和，雅俗共赏、和谐和悦，开放包容、兼容并蓄，返璞归真、天人合一，求同存异、和而不同，惠泽人类、和融天下等至高至善的人文特质和共同的人文价值。这就意味着茶道

---

① 杨正泉：《"仁和"理念贯穿"一带一路"》，西南传媒网，2015 年 6 月 23 日。
② 鲍志成：《"丝绸之路"的历史贡献及当代启示》，2015 年 8 月 22—29 日新疆维吾尔自治区、建设兵团台办"海峡两岸一带一路：历史启示与时代机遇学术研讨会"论文，收录会议论文集。

精神是东方智慧的精华，是人类文明的结晶，在过去、现在和将来，都有不竭的生机和动力，具有永恒的价值和意义。诚如中国国际茶文化研究会周国富会长所说："和"字所体现的，既是茶道，也是人道和社会运行之道①。"和而不同"是自然之道，天地宇宙之道，也是人类社会之道，天下之至道。开放包容、多元共存、和而不同、共建共享是指导国际社会治理、构建命运共同体的价值引导原则。而茶文化所具有的开放性、多样性、包容性、渗透性，不仅为我们提供了一个很好的认识茶道精神的视角，也为我们践行"茶和天下"的神圣使命提供了载体。

以茶播道，蔚成传统，以茶行道，正当其时。以茶文化来传播中华文化优秀思想和价值观，一定能起到事半功倍、润物无声的作用。中华和合文化包括以"清和"为特质的茶文化，必将成为惠泽全人类，实现和而不同、各美其美、和谐共存、美美与共②理想社会的福音。

（本文系 2016 年 12 月 23 日中国国际茶文化研究会、台州市茶文化研究会在台州举办的"葛玄与茶文化博览会高峰论坛"主旨演讲论文，获优秀论文一等奖，收录会议论文集。）

---

① 陈红波：《周国富全面系统阐述"清敬和美"当代茶文化核心理念》，以及《从大文化视角理解茶文化的核心理念》，《茶博览》，2013 年第 11 期；曾福泉：《中国国际茶文化研究会首倡核心理念获共识——清敬和美茶文化》，《浙江日报》，2013 年 11 月 9 日。

② 1990 年 12 月东京"东亚社会研究国际研讨会"上，费孝通先生在《人的研究在中国》主题演讲时，提出了"各美其美，美人之美，美美与共，天下大同"的思想。

论"茶祖神农文化"及其传承与创新

——以湖南茶陵中华茶祖文化产业园"茶祖宫"的总体策划为例

  茶陵是中华茶文化的发源地之一，是中国最早的"茶乡"，是中国唯一以茶命名的行政县。"千年国饮，始于茶陵"。中华茶祖炎帝神农氏曾在湖南茶陵一带植五谷、尝百草，发现了茶叶，崩后"葬长沙茶乡之尾"①。人文始祖神农氏是人类最早发现和利用茶的人，后人尊为"中华茶祖"。

  茶陵中华茶祖文化产业园是湖南茶叶产业转型升级的标志性工程，也是株洲市重点工程。产业园位于茶陵县云阳山景区，一期工程主体项目中华茶祖文化园、茶祖名茶汇及周边配套商业、住宅等设施已在 2015 年落成，二期拟规划建设茶祖文化酒店、茶祖文化纪念馆、三湘红茶厂等项目。未来产业园将形成以茶祖文化为主题和特色的特色小镇，并与国家 AAAA 景区云阳山结合，打造全域化文旅融合发展产业园区。茶陵将成为全国一流的茶产业基地、知名品牌茶产品的集散地、中华茶人的寻根地。

  经中国国际茶文化研究会有关领导推荐，笔者于 2017 年冬至 2018 年春参与了茶祖文化纪念馆项目的策划设计工作。本着对茶祖神农的敬仰之情和对弘扬茶祖文化的历史责任，谨提出如下分析研究和策划设计。

一、"茶祖神农文化"的丰富内涵及核心精髓

  从茶历史、茶产业、茶文化的角度，我们提"茶祖文化"毫无问题，但兼顾到神农氏的多重身份、多元文化象征、崇高历史地位和深厚民族感情等因素，笔者以为提"茶祖神农文化"更合适。如果片面强调和突出"茶祖"和"茶祖文化"，会割裂茶业与农业、茶文化与农耕文化、"茶祖"与"农神"等关系，与茶业源起农业、始终是农业一部分的事实相悖，会导致"茶祖文化"历史史实、文化内涵的虚无化，还会引起中医药、商贸业等业界的质疑。因此，本文采用"茶祖神农文化"的提法。

  1. "茶祖神农文化"源远流长、博大精深 炎帝神农氏作为中华民族"炎黄子孙"的"人文始祖"，在诸多历史原典和上古神话中不乏记述。概而言之，关于神农的传说主要记载于《周易》《世本》《战国策》《孟子》《庄子》《韩非子》《商君书》；

---

  ① （宋）罗泌：《路史后记》卷一《炎帝纪》，明万历乔可传刻本。

关于炎帝的传说主要见于《左传》《国语》《山海经》；在同一书中出现神农和炎帝的有《吕氏春秋》《礼记》《管子》《淮南子》。直到西汉末年，具有较高学术地位的刘向撰《世本》时，首先明确地将炎帝和神农视为一人。他写道：炎帝神农氏"以火承木，故为炎帝，教民耕种，故天下号曰神农氏"。[1] 他按五行、五方、五季、五色之说，将太昊、炎帝、黄帝、少昊、颛顼"归类合并"，成为汉代统一人们思想的理论基础。后来汉光武帝刘秀采纳了刘歆之说，使炎帝神农氏有了合法的地位。东汉以后的许多学者受其影响，多数沿袭了此说。如东汉班昭撰《汉书》，高诱注《吕氏春秋》《战国策》《淮南子》，三国韦昭注《国语》，西晋杜预注《左传》，皇甫谧撰《帝王世纪》，唐司马贞补《史记·三皇本纪》，南宋罗泌《路史》等，都众口一词。概括起来，神农氏的历史身份比较复杂，一是上古时代"三皇五帝"[2] 之一；二与"一画开天"的伏羲氏相"合体"；三为南方"火德"化身，位尊"炎帝"；四是发明耒耜，播种五谷，开创"刀耕火种"的原始农耕，被尊为"农皇"，为中国"农业之神"；五是本草、茶叶、煮盐、丝麻、弓箭、陶冶、房屋、市场、琴弦、历书、德治的首创者或发明者，既是中华"药祖""茶祖"，也是兵器、商贸、乐舞、历算等众多行业的发明之祖。

有关神农氏的族源和生平，晋人皇甫谧《帝王世纪》载："炎帝神农氏，姜姓也。母曰任姒，有娇氏女登，为少典妃。游华阳，有神龙首感，生炎帝。人身牛首，长于姜水，有圣德，继无怀氏后，以火承木，位在南方，主夏，故谓之炎帝。都于陈，作五弦之琴，始教天下种谷，故人号曰神农氏。又曰本起烈山，或称烈山氏，一号魁隗氏，是为农皇，或曰炎帝。时诸侯夙沙氏叛不用命，炎帝退而修德，夙沙之民自攻其君而归炎帝，营都于鲁。重八卦之数，究八八之体为六十四卦，在位百二十年而崩，葬长沙。"[3] 有关神农名号族史，前贤发幽探微多有妙旨，兹略不论。至于他的丰功伟绩和历史贡献，宋代罗泌所著《路史》所列犹详："斫木为耜，揉木为耒"；"教之麻桑，以为布帛"；"相土停居，令人知所趋避"；"众金货、通有亡，列廛于国，日中为市，致天下之民，聚天下之货，交易而退，各得其所"；"尝草木而正名之。审其平毒，旌其燥寒，察其侵恶，辨其臣使，厘而三之，以养其性命而治病。一日之间而七十毒，极含气也"；"每岁阳月，盍百种，率万民蜡戏于国中，以报其岁之成"；"命刑天作扶犁之乐，制丰年之咏，以荐厘来，是曰：'下谋'。制雅琴，度瑶瑟，以保合大和而闲民欲，通其德于神明，同其和于上下。"[4] 综参诸原典所记，概括起来，神农的发明创造和对华夏文明的开创性功绩主要体现在如下十几个方面：

---

[1] （西汉）刘向（传）：《世本》，《世本八种》，书目文献出版社 2008 年版。

[2] "三皇"虽有不同版本，但神农始终为其中之一。如《尚书大传》以伏羲、神农、燧人为"三皇"；《风俗通义·皇霸篇》引《春秋纬·运斗枢》以伏羲、女娲、神农为"三皇"；《白虎通义》以伏羲、神农、祝融为"三皇"；《通鉴外纪》以伏羲、神农、共工为"三皇"。

[3] （晋）皇甫谧：《帝王世纪》，（北宋）李昉纂：《太平御览·皇王部三·炎帝神农氏》引，中华书局 1998 年《钦定四库全书》本。

[4] （宋）罗泌：《路史后记》卷一《炎帝纪》，明万历乔可传刻本。

——以火承木，火田烧畲，开始刀耕火种。班固《汉书·律历志》载："以火承木，故为炎帝。"①《金楼子·兴王》：炎帝神农氏"有圣德，以火承木。"②《古史考》曰："炎帝有火应，故置官司皆以火为名。"③《传》曰：郯子曰："炎帝以火纪，故为火师，而火名。"杜预注曰："神农，姜姓之祖也。有火瑞，以火纪事名官也。"④他"以火承木"，"有圣德"，"有火瑞"，"以火纪事名官"而"为火师"，故得"火名"炎帝。炎帝又称赤帝，一般认为以其部族地处南方炎热之地故称。而《通鉴前编》说炎帝神农"因火德王，故以火纪，官为火师。春官为大火，夏官为鹑火，秋官为西火，冬官为北火，中官为中火"⑤。这里的"火"，是指火星。如此，则他被奉为"火师""火神"，又与他善于观察火星轨迹以察天象有关。湖南南岳祀奉火神祝融氏，相传茶陵的南岳宫所祀"南岳大帝"火神祝融氏，一说就是炎帝神农氏。从历史和地域来分析，神农也有可能因为熟练掌握了自燃火的火种使用，发明了"刀耕火种"，提高劳动生产率，而深得部族的爱戴，被尊奉为"炎帝"。茶陵有关神农传说故事《烧畲》和"火田乡"等地名遗迹的存在，恰好佐证了这一点。

——作耒耜，种五谷，植百蔬，教民耕种谷食。他发明耒耜，教民耕耨，开创了"刀耕火种"的原始农业，始创了我国的农耕文化。《周易·系辞下传》载，神农氏"斫木为耜，揉木为耒，耒耨之利，以教天下，盖取诸《益》。"⑥《淮南子·修务训》载，"古者民茹草饮水，采树木之实，食蠃蚌之肉，时多疾病毒伤之害，于是神农乃始教民播种五谷，相土地燥湿肥硗高下"⑦。《逸周书》说："神农之时，天雨粟，神农耕而种之。作陶冶斤斧，破木为耜锄耨，以垦草莽，然后五谷兴，以助果蓏之实。"⑧《国语·鲁语》："昔烈山氏之有天下也，其子曰柱，能植百谷百蔬"⑨。《管子·轻重戊》载："神农作，树五谷淇山之阳，九州之民，乃知谷食，而天下化之。"《管子·形势解》："神农教耕生谷，以致民利"⑩。《论衡·感虚》记载："神农之揉木为耒，教民耕耨，民始食谷"⑪。班固《汉书·律历志》载："教民农耕，故天下号曰神农氏。"⑫《汉书·食货志》说："辟土植谷曰农。炎帝教民植谷，故号称神农氏，

① （东汉）班固：《汉书·律历志》，中华书局 1962 年版。
② 《金楼子·兴王》，（北宋）李昉纂：《太平御览·皇王部三·炎帝神农氏》引，中华书局 1998 年《钦定四库全书》本。
③ （魏晋）谯周撰，（清）章宗源辑：《古史考》，（北宋）李昉纂：《太平御览·皇王部三·炎帝神农氏》引，中华书局 1998 年《钦定四库全书》本。
④ 《（易）传》，（北宋）李昉纂：《太平御览·皇王部三·炎帝神农氏》引，中华书局 1998 年《钦定四库全书》本。
⑤ （宋）金履祥：《通鉴前编》，《钦定四库全书》（史部二）本。
⑥ 《周易·系辞下传》，（北宋）李昉纂：《太平御览·皇王部三·炎帝神农氏》引，中华书局 1998 年《钦定四库全书》本。
⑦ （西汉）刘安：《淮南子·修务训》，广西师范大学出版社 2010 年版。
⑧ （西周）《逸周书》，刘师培《周书补正》，民国 25 年仿聚珍印本。
⑨ （春秋）左丘明：《国语·鲁语》，上海师范大学古籍整理研究所校点，上海古籍出版社 1998 年版。
⑩ （春秋）管仲：《管子·轻重戊》《管子·形势解》，齐鲁书社历代管子版本丛刊 2014 年版。
⑪ （东汉）王充著，张宗祥校注：《论衡校注》卷五《感虚篇》，上海古籍出版社 2013 年版。
⑫ （东汉）班固：《汉书·律历志》，中华书局 1962 年版。

谓神其农业也。"《通鉴前编》也说:"炎帝……斫木为耜,揉木为耒。"《白虎通义·号》:"古之人民皆食禽兽肉,至于神农,人民众多,禽兽不足,于是神农……耕耒耜,教民农作,神而化之,使民宜之,故谓之神农也。"① 《皇王大纪》卷一载:炎帝"相土田燥湿肥硗,兴农桑之业,春耕夏耘,秋获冬藏。"② 《周书》曰:"神农之时,天雨粟。神农耕而种之,作陶冶斤斧,为耒耜、锄耨,以垦草莽,然后五谷兴。"③ 《贾谊书》曰:"神农以为走兽难以久养民,乃求可食之物,尝百草实,察咸苦之味,教民食谷。"④ 陆景《典语(略)》曰:"神农尝百草,尝五谷,蒸民乃粒食。"⑤

——治丝麻,为布帛,宿沙煮盐,男耕女织。原始人本无衣裳,仅以树叶、兽皮遮身。《皇王大纪》卷一载:炎帝神农氏"治其丝麻为之布帛"。《商君书·画策》载:"神农之世,公耕而食,妇织而衣。"⑥ 《庄子·盗跖》:"神农之世,……耕而食,织而衣。"⑦⑧ 《吕氏春秋·爱类》云:"神农之教曰:'士有当年而不耕者,则天下或受其饥矣;女有当年而不织者,则天下或受其寒矣。'故身亲耕,妻亲织,所以见致民利也。"⑨ 神农教民治麻桑为布帛,织造衣裳,人类由蒙昧社会向文明社会迈出一大步。《世本·作》说:"宿沙作煮盐。"⑩ 《淮南子·道应训》说:"昔宿沙之官,皆自攻其君而归神农。"⑪

——尝百草,品水泉,发明茶药,宣药疗疾。《淮南子·修务训》载,神农氏时代"民茹草饮水,采树木之实,食蠃蚌之肉,时多疾病毒伤之害,于是神农乃……尝百草之滋味,水泉之甘苦,令民知所避就。当此之时,一日而遇七十毒。"⑫ 《世本·作篇》说:"神农和药济人。"《帝王世纪》载:"神农……尝味草木,宣药疗疾,救夭伤人命"⑬,《史记·补三皇本纪》载:"神农……始尝百草,时有医药"⑭。《神农本草》曰:"神农稽首再拜,问于太一小子曰:'曾闻古之时,寿过百岁而殂落之。咎独何气使然耶!'太一小子曰:'天有九门,中道最良。'神

① (东汉)班固:《汉书·食货志》,中华书局1962年版。
② (东汉)班固等:《白虎通义·号》,中华书局1998年《钦定四库全书》本。
③ (南宋)胡宏:《皇王大纪》卷一,中华书局1998年《钦定四库全书》本。
④ 《周书》,(北宋)李昉纂:《太平御览·皇王部三·炎帝神农氏》引,中华书局1998年《钦定四库全书》本。
⑤ (西汉)贾谊:《贾谊书》,(北宋)李昉纂:《太平御览·皇王部三·炎帝神农氏》引,中华书局1998年《钦定四库全书》本。
⑥ (吴)陆景:《典语》,(北宋)李昉纂:《太平御览·皇王部三·炎帝神农氏》引,中华书局1998年《钦定四库全书》本。
⑦ (战国)商鞅:《商君书》第十八篇《画策》,中华书局2009年版。
⑧ (战国)庄周:《庄子·盗跖》,孙通海译注,中华书局2007年版。
⑨ (战国)吕不韦:《吕氏春秋·爱类》,(北宋)李昉纂:《太平御览·皇王部三·炎帝神农氏》引,中华书局1998年《钦定四库全书》本。
⑩ (西汉)刘向(传):《世本·作篇》,《世本八种》,书目文献出版社2008年版。
⑪ (西汉)刘安:《淮南子·道应训》,广西师范大学出版社2010年版。
⑫ (西汉)刘安:《淮南子·修务训》,广西师范大学出版社2010年版。
⑬ (西晋)皇甫谧:《帝王世纪》,齐鲁书社2010年版。
⑭ (唐)司马贞:《史记·补三皇本纪》,《史记》张元济百衲本收录此篇。

农乃从其尝药以拯救人命。"①

——日中为市，聚合百货，首开物物交易。《周易·系辞下传》载，神农氏"日中为市，致天下之民，聚天下之货，交易而退，各得其所，盖取诸《噬嗑》"。② 孔颖达《正义》云："日中为市，聚合天下之货，交易而退，各得其所，象物噬啮乃得通也。"③《史记·三皇本纪》则说："炎帝神农氏……教人日中为市，交易而退。"④ 神农时代，在农业生产具备了一定的基础之上，组织了物物交换的集市贸易。日中时设立集市，聚集四方货物，进行以物易物，这也是社会分工出现后所产生的交易活动。

——作陶器，冶斤斧，铸造兵器农具。《太平御览》卷833引《逸周书》说："神农耕而作陶。""神农之时……作陶冶斤斧，以"破木为耜"，"耨以垦草莽"⑤。在陶器发明前，人们加工处理食物，只能用火烧烤，有了陶器，人们对食物可以进行蒸煮加工，还可以贮存物品、酿酒、消毒。陶器的发明还可用来冶炼时作为陶范，以熔铸金属农具等。陶器的使用，改善了人类的生活条件，对人类的饮食卫生和医药发展产生了深远的影响。自从发明了陶器，人类生活条件发生大变革，不仅获取的各种食物都可以用蒸煮而熟食，而且随时储积与保存必要的生活资料与用于再生产的种子等物。与此同时，在制陶的过程中，通过陶器的形制、施彩、绘画，使原始艺术随之发生与发展起来。

——造房屋，起台榭，避风雨，御霜雪，告别穴居树栖。《皇王大纪》卷一载：炎帝"为台榭而居"⑥。上古之民，风餐露宿，穴居树栖。渔猎为生苦果尝，天当被盖地当床。神农造房作屋以教民栖身后，遮风挡雨，冬避寒夏栖凉。新石器时代的干栏式建筑和南方吊脚楼，就是早期居住建筑的遗风。

——作琴瑟，练丝弦，作明堂，制祀礼乐舞。相传神农发明了琴瑟。《世本·作篇》记载："神农做琴，神农做瑟。"⑦ 谯周《古史考》说："伏羲作琴瑟。"⑧ 据记载，神农造五弦之琴，按宫、商、角、征、羽，合五行之义。桓谭《新论·琴道篇》载："琴，神农造也。琴之言，禁也。君子守以自禁也。昔神农氏继宓羲而王天下。上观法于天，下取法于地。于是始削桐为琴，练丝为弦，以通神明之德，合天地之和焉。神农氏为琴七弦，足以通万物而考理乱也。"⑨ 神农琴"长三尺六寸六分，上有五弦，曰宫、商、角、徵、羽"⑩。制琴是为了禁淫邪而正人心。琴长3尺6寸6分，象征一

① 《神农本草》，（北宋）李昉纂：《太平御览·皇王部三·炎帝神农氏》引，中华书局1998年《钦定四库全书》本。

②③ 《周易·系辞下传》，（北宋）李昉纂：《太平御览·皇王部三·炎帝神农氏》引，中华书局1998年《钦定四库全书》本。

④ （西汉）司马迁：《史记·三皇本纪》，中华书局点校本。

⑤ （西周）《逸周书》，刘师培《周书补正》，民国25年仿聚珍印本；又见《太平御览》卷833引。

⑥ （南宋）胡宏：《皇王大纪》卷一，中华书局1998年《钦定四库全书》本。

⑦ （西汉）刘向（传）：《世本·作篇》，《世本八种》，书目文献出版社2008年版。

⑧ （魏晋）谯周撰，（清）章宗源辑：《古史考》，（北宋）李昉纂：《太平御览·皇王部三·炎帝神农氏》引，中华书局1998年《钦定四库全书》本。

⑨ （东汉）桓谭：《新论·琴道篇》，吴则虞辑校，社会科学文献出版社2014年版。

⑩ （西汉）刘向（传）：《世本·作篇》，《世本八种》，书目文献出版社2008年版。

年 366 日；琴宽 6 寸，象征天地六合；琴腰宽 4 寸，象征一年四季；龙池 8 寸，通八风；凤沼 4 寸，达四远；前广后狭，象征尊卑；上圆下方，象征天圆地方；辉十三，象征一年 12 月加一个闰月；用 27 条丝绳为弦，名曰离征。又做三十五弦之瑟，瑟者，取矜庄缜密之义，以修身性之理，达天人之合。

伏羲时乐器以打击器为主，如敲瓦盆、敲兽皮、敲石器作为歌舞的节拍。神农还烧土作匡，两面蒙以皮革，敲打起来咚咚作响，名曰"鼓"。大溪文化遗址出土的"土（陶）鼓"，很可能就是神农发明的。

《淮南子·主术训》曰："神农之治天下也……月省时考，终岁献贡；以时尝谷，祀于明堂。明堂之制，有善而无恶；风雨不能袭，燥湿不能伤；养民以公。"①

上古先民以乐舞祭神祀祖，相传伏羲氏时有《扶来》之舞（又名"凤来"之舞），神农氏创作了发明结网、教人捕鱼的乐舞"扶犁"。《山海经·海内经》载：神农的后裔"鼓、延是始为钟，为乐风"，"乃命邢天作《扶犁》之乐，制《丰年》之咏"②。《绎史》引纬书《孝经·钩命决》说："伏羲乐名《立基》，一云《扶来》，亦曰《立本》。"③ 可见，《扶犁》是反映神农氏时代发明农具、教人耕作的乐舞。

——弦木为弧，剡木为矢，立威仪于四方。《吴越春秋》说："古者人民朴质，饥食鸟兽，渴饮雾露，殁则裹以白茅投于中野，孝子不忍见父母为禽兽所食，故作弹以守之。歌曰'继竹、续竹、飞土、逐突'之谓也。于是神农弦木为弧，剡木为矢，弧矢之利，以威四方。"④ 神农始创了弓箭，有效地防止了野兽的袭击，有力地打击了外来部落的侵犯，保卫了人们的生命安全和劳动成果。

——观象授时，分昼夜，定日月，正节气，制定日历。神农氏造历日，正节气，审寒暑，定为八节，以治农功。《通鉴前编》说，炎帝神农"因火德王，故以火纪，官为火师。春官为大火，夏官为鹑火，秋官为西火，冬官为北火，中官为中火"⑤。这里的"火"，是指火星。这正是天文历法中的"观象授时"，说明炎帝神农部落先民在长期生产实践中，注意了火星与季节的关系，并利用所掌握的天文知识指导农业生产。为了促使人们有规律地生活，按季节栽培农作物，炎帝神农还立历日，立星辰，分昼夜，定日月，月为三十日，十一月为冬至。

——立地形，别方位，识天时地宜，界辟天下地理。炎帝神农还产生地域观念，始立地形，甄别考察天下方位。《春秋命历序》曰："神农始立地形，甄度四海，东西九十万里，南北八十一万里。所为如此，其教如神，农殖树木，使民粒食，故天下号曰皇神农也。甄纪地形远近，山川林泽所至。"⑥

① （西汉）刘安：《淮南子·主术训上》，广西师范大学出版社 2010 年版。

② 《山海经·海内经》，袁珂校注，北京联合出版公司 2014 年版。

③ 《孝经·钩命决》，（清）马骕撰《绎史》引，中华书局 2002 年版。

④ （东汉）赵晔：《吴越春秋》，张觉校注，岳麓书社 2006 年版。

⑤ （宋）金履祥：《通鉴前编》，《钦定四库全书》（史部二）本。

⑥ 《春秋命历序》，（北宋）李昉纂：《太平御览·皇王部三·炎帝神农氏》引，中华书局 1998 年《钦定四库全书》本。

《白虎通义·号》："神农因天之时，分地之利。"《通鉴前编》也说："炎帝因天时地宜。"《帝王世纪》说："自天地设辟，未有以界之制。三皇尚矣，诸子称：'神农之有天下，地东西九十万里，南北八十五万里。'"[①] 炎帝神农氏的活动区域，汉代刘安《淮南子·主术训》中说，"其地南至交趾（今岭南一带），北至幽都（今河北北部），东至旸谷（今山东东部），西至三危（今甘肃敦煌一带），莫不听从"[②]。从此可以看出炎帝神农氏的部落和部落联盟，其影响力可达今天的大半个中国。

——怀仁德，倡共富，善教化，化蒙启智，以德治民。《淮南子·主术训上》曰："神农之治天下也，神农驰于国中，知不出于四域，怀其仁试之心；甘雨以时，五谷蕃殖；春生夏长，秋收冬藏；月省时考，终岁献贡；以时尝谷，祀于明堂。明堂之制，有善而无恶；风雨不能袭，燥湿不能伤；养民以公，其民朴重端悫，不忿争而财足，不劳形而成功，因天地之贡资而与之和同。是故威厉而不试，刑措而不用，法省而不烦，教化如神。……当此之时，法宽刑缓，囹圄空虚，而天下壹俗，莫怀奸心。"[③]《越绝书》曰："神农不贪天下，而天下共富之；不以其智自贵于人，天下共尊之。"[④] 可见炎帝管理部落，治理天下很有方法。他怀仁德而不自贵，欲共富而不自贪，立明堂之制扬善惩恶，养民以公而不用刑措，教化如神，天下共尊其为"神农"。何为"神农"？《礼含文嘉》别有一解曰："神者，信也。农者，浓也。始作耒耜，教民耕，其德浓厚若神，故为神农也。"[⑤] 这倒与通常理解的"神农"之意大相径庭。

《古史考》曰："太古之初，人吮露精，食草木实，穴居野处。山居则食鸟兽，衣其羽皮，饮血茹毛，近水则食鱼鳖螺蛤。"[⑥] 神农氏处在从以采集狩猎为生的原始社会向农耕文明社会发展的转型时期，他首创耒耜农耕、纺织丝麻、造房建屋、制造弓箭、发明陶器、开市交易、创制古琴、发现药茶和制订历书等历史贡献，满足了上古部族的生产和生活需要。神农因此被尊为中国农耕文化的创始人——华夏"人文始祖"，不仅是农业之神，而且也是中华医药之祖、茶叶之祖，还是商贸之祖、音乐之祖。

茶祖神农文化，是中国传统文化中厚生爱民、无私奉献、知行合一、创新求真的思想源泉，孕育了中华民族刚健有为、自强不息的奋斗精神，开启了中国传统文化的先河。

2. "茶祖神农精神"是中华民族精神之源　茶祖神农氏既是中华民族的人文始祖，也是东方农耕文明的开创者，对人类社会发展作出了巨大贡献。神农氏在上古莽

---

① （西晋）皇甫谧：《帝王世纪》，齐鲁书社 2010 年版。

②③ （西汉）刘安：《淮南子·主术训》，广西师范大学出版社 2010 年版。

④ 《越绝书》，（北宋）李昉纂：《太平御览·皇王部三·炎帝神农氏》引，中华书局 1998 年《钦定四库全书》本。

⑤ 《礼含文嘉》，（北宋）李昉纂：《太平御览·皇王部三·炎帝神农氏》引，中华书局 1998 年《钦定四库全书》本。

⑥ （魏晋）谯周撰，（清）章宗源辑：《古史考》，（北宋）李昉纂：《太平御览·皇王部三·炎帝神农氏》引，中华书局 1998 年《钦定四库全书》本。

荒时代勇于探索、善于创造，敢于牺牲、为民谋福，正是中华民族先祖开创伟大华夏文明的历史起点，是中华民族伟大民族精神的源头象征。茶祖神农精神贯穿于中华民族延续发展的整个历史过程之中，成为传统文化精神形成的渊源和基础，也是中华民族发展进步的重要精神力量。

有人说，茶祖文化的精神价值，集中体现在"敢为人先、开拓创新、大公无私、奋发自强、不畏艰险、心系苍生、厚德载物"上。"大公无私、心系苍生"是茶祖文化的基本内容；"奋发自强、不畏艰险、敢为人先、开拓创新"是茶祖文化的核心精神价值；"厚德载物"是茶祖文化的最高理想。茶祖文化的精神品格与人文精神，是中华传统文化中的瑰宝。有人说，茶祖神农精神首要的是创业精神、奉献精神、敢为人先的创造精神，百折不挠、自强不息的进取精神。茶祖神农精神使中华后裔在与自然和社会的斗争中，摆脱愚昧和野蛮，追求先进与文明。这种精神使华夏民族获得了高度的团结和统一。还有人说，茶祖神农精神就是自强不息的艰苦创业精神，勇于进取的开拓创新精神，厚德载物的民族团结精神，为民造福的崇高奉献精神[①]。

作为中华文明的开创者，东方农耕文明的开山者，中华民族的人文始祖，茶祖神农精神应从历史出发，具有时代特点，不宜用后世思想文化过分诠释，表述上也不宜过于现代。为此，笔者抛砖引玉，拟提出《茶祖神农精神》如下：

> 敬天爱物，仁人惜命，心系苍生，谋民福祉。
> 敢为人先，勤于探索，发明创造，开蒙启智。
> 教民稼穑，农耕乃兴，遍尝百草，茶药以济。
> 勇于担当，甘于奉献，无私无畏，自强不息。
> 德育华夏，光耀神州，功垂千秋，泽被万世。

这是茶祖文化的核心精髓，也是中华民族精神的历史渊源，无论在历史上还是在现实或将来，都具有恒久的价值和生命力。

二、中华茶祖文化产业园"茶祖宫"总体策划思路和概念设计

1. 项目背景和资源禀赋　茶陵县政府提出实施"复兴茶祖文化，发展茶叶产业；打造特色经济，实现富民强县"战略决策。2011 年 7 月，茶陵县与茶祖印象茶业有限公司签订了《中华茶祖文化产业园项目建设投资协议》。产业园项目总占地面积853 公顷，主要由中国规模最大、内涵最丰富的茶文化主题公园——中华茶祖文化园，中国品位最高、品牌最全的名茶展示交易中心——茶祖名茶汇，中国第一个茶文化品位最高、规模最大的主题酒店——茶祖文化酒店，中国内涵最丰富的茶文化特色小镇——茶祖文化小镇等组成；其中中华茶祖文化园、茶祖名茶汇已建成，创建了茶祖·三湘红等 3 个茶叶精品，种植了生态优质茶叶基地面积 1 万亩[②]，成为株洲、湖

---

① 蔡镇楚：《论茶祖神农》，何志丹、萧力争、李朵娇、潘宇：《茶文化符号"茶祖神农"的符号学解读》，并录《中华茶祖神农文化论坛》（说茶网）；钱宗范、朱文涛：《炎帝和炎帝文化辨析》，《广西右江民族师专学报》，2005，17（4）：28 - 28。

② 亩为非法定计量单位，15 亩＝1 公顷。——编者注

南、全国乃至世界茶文化最具影响力的金名片。

中华茶祖文化产业园项目规模之大、建设品位之高、规划创意之好，实属国内罕见，将是一面复兴茶祖文化的旗帜，是弘扬茶祖文化，向世界讲好中国茶故事、传播中国茶文化，做大做强中国茶产业的新高地，是打造茶文化、茶旅游、茶产业、茶商贸融合发展的新模式，必将成为株洲、湖南、全国乃至世界茶文化最具影响力的名片。园区以谒祖圣道为主轴，贯连茶人广场、茶圣广场和谒祖广场，集茶史苑、茶缘苑、名茶苑、九壶至尊、天琴湖等景观区，以及融为一体的茶祖宫和茶祖文化酒店。园内茶祖神农雕像是中华茶祖文化园标志性工程，造价 2 000 多万元，2015 年 12 月落成，诠释"茶祖在湖南、茶源始三湘，茶为国饮、湖南为先"的辉煌历史和时代精神。中国国际茶文化研究会第 15 届国际茶文化研讨会在茶陵的召开，"中国百强茶企高峰论坛"的永久落地，天下茶企、茶人汇聚一堂，使茶陵正在真正成为"天下茶人寻根地、天下名茶大观园、世界茶人精神家园"。

茶陵地方茶业经济发展潜力巨大。湖南人文荟萃，山河秀丽，盛产名茶，红茶生产历史悠久。"茶祖・三湘红"意为出自湖南的极品红茶（"三湘"为湖南别称），饮誉中华。"三湘红"系列选用中华五千年历史上具有代表性的鼎盛朝代，分别以秦风、汉赋、盛唐、宋韵、元曲、永乐命名，彰显"茶祖・三湘红"是中华茶祖文化的历史传承。茶祖印象凭着对高品质产品的追求，"茶祖・三湘红"荣获 2012 年中博会指定贵宾礼品茶、2014 年国际茶叶学术研讨会外宾礼茶、2015 年米兰百年世博中国名茶金骆驼奖，成为茶界中冉冉升起的明星。未来，"茶祖・三湘红"将打造中国红茶第一品牌。

茶陵人文历史悠久厚博，有古南岳文化、茶祖文化、农耕文化、书院文化、红色文化、名人文化。历代名人辈出，有 4 大学士、127 位进士、2 名状元、50 多位将军，有明清两朝宰相和民国政府主席。茶陵全域旅游资源丰富，有着丰富多样的自然和人文旅游资源，主要有：一水（洣江河），二山（云阳山、景阳山），三区（古城区、东阳湖区、潞水炎帝古迹区），四线路（茶盐古道、红色遗址线、抗战遗址线、茶乡古城遗址线），五乡镇（将军乡、秩堂镇、高陇镇、火田镇、虎踞镇），六村寨（卧龙村，湾里红军村，顾母世外桃源村，水源溶洞村，高径、枧田将军世家村，东岭西岭高山盆地村），七遗址（工农兵政府、洣江书院、茶祖文化园、东山书院、谭延闿故居、李东阳故居、少昊文化园），八景点（铁牛、石梁桥、顾母洞、秦人洞、麻叶洞、石峰仙、泰和仙、湖里湿地公园）。

2. 项目定位及实施理念、方法　中华茶祖文化产业园因茶祖和茶祖文化为缘起，也应以茶祖和茶祖文化为旨归。炎帝神农是华夏人文始祖，上古三皇之首，又是中华农耕文明之祖，乃至东方文化之祖。因此，项目主题具有高、大、上的特征。所谓高，就是高品级、高起点、高品位；所谓大，就是要大手笔、大投入、大制作；所谓上，就是上档次、上规模、上水平。

这样高大上的项目，在整体策划设计的理念上，要有全方位的高要求、新突破。要贯彻如下理念：一是贵在以理念为王，因为思路决定出路；二是要以创新为驱动力，雷同化、无差别必将难以持续，因为同则不继；三是要跨界集成，因为跨界融合资源是基础；四是要有点石成金的妙化之笔，因为创意是关键；五是要发扬工匠精神，因为细节决定成败。

在策划方法上，要活用开放包容、和而不同的原则；要有跨界合作、集成创新的格局；要把文旅融合、科创并举作为项目实施的关键环节；要以习近平"创造性转换、创新性发展"作为指导方针，实现项目为茶陵社会经济发展步入中国特色社会主义新时代，为茶陵人民更加美好的新生活服务的根本目的。

在这样的理念和方法下，项目实施要确立如下五大指导原则：一是以文创作为核心理念，二是以体验讲述茶祖故事，三是以艺术演示文化内涵，四是以科技激活文旅亮点，五是以"双创"打造时代经典。

与此同时，要统筹兼顾好六大关系：一是生态环境保护、生态文明建设与园区建设、文旅开发的关系；二是茶祖文化传承保护与创新发展的关系；三是科技应用与文创引领的关系；四是打造传世经典与彰显现代时尚的关系；五是建设文化地标与文化惠民的关系；六是艺术展示与文化传播的关系。

在项目设计艺术风格上，要力求精、美、新。所谓精，就是大气而精致，要与高大上的主题相应的建筑体量；既要原始粗犷而又不失精致典雅；所谓美，就是要奇妙而美丽，茶祖故事虽然遥远，但却真实可信又可敬可亲；茶祖神话奇幻而美妙。所谓新，就是时尚而新颖，展陈主体要采用现代最新展陈方式，运用数码影视、人工智能、沉浸式体验等最新科技手段，人物造型要有古意但也要动漫时尚。

在项目受众上，聚焦茶人、游客、市民、中青年四大群体。茶人既是专业受众，也是核心受众。游客是主体受众，以外地游客为主。市民是基本受众，面向本地居民为主。中青年是受众结构上的主流群体，是当下和未来社会消费的主体。

3. 项目名称首选"茶祖宫" 俗话说好马配好鞍，好项目需要有好名称。一个好名号就等于是一个好品牌，一个好品牌就是一个文化符号。考虑到前期中华茶祖文化产业园的规划已定，建设过半，茶祖文化纪念馆只能在既有的产业园区内统筹规划，只能与产业园区相呼应，而不能相互疏离甚至相违背。同时，项目名称一定要主题突出，简明扼要，既有识别性、差异性，又有广泛包容度，并与园区环境协调。前期各方曾提出茶祖文化馆、茶祖文化博物馆、茶祖纪念馆（堂）、茶祖文化城、茶祖文博苑等名称概念，我们认为存在与社会普遍存在的博物馆、文化馆、纪念馆等名称雷同问题，给人似曾相识、缺乏差异性、没有吸引力等感觉。

为此，我们统筹分析后建议首选"茶祖宫"作为项目名称。神农作为上古时代三皇五帝之首，享有人文始祖、中华茶祖等重要历史地位，以"宫"为名，具有宫城、宫殿、故宫、天宫等意味，与神农三皇之首、人文始祖、中华茶祖等崇高历史地位相契合、相媲美，可谓名副其实，恰如其分。同时，以"宫"为名，打破了文化馆、博物馆、纪念堂（馆）等名称的局限性，更具包容性、开放性，可以兼容艺术、文创、体验、互动、休闲等元素和功能。此外，"宫"还具有茶籽球腔类似子宫孕育茶树和茶文化的隐喻。

以宫为名的创意灵感来自茶籽的天然造型，具有多重寓意：一是生物学上的基因传承寓意，二是文化学上的文脉传承寓意，三是造型艺术上的象形寓意，四是建筑设计上的美观取向，五是与文旅功能相吻合，六是在产业园区间板块上的多元化，七是名相名称上的形实契合。可以说，茶祖宫寓意了茶籽球腔类似子宫孕育了茶文化，具有神农开创中华茶文化的隐喻功能。

4. 茶祖宫的建设主旨和主体功能　中华茶祖文化产业园茶祖宫的建设主旨，概括起来有如下五条：

一是展示茶祖文化，弘扬茶祖精神。茶文化是传统文化的重要组成部分，茶祖文化是源远流长、博大精深、多姿多彩的中华茶文化之源。

茶祖文化作为文化品牌，具有五大特性。一是崇高性。炎帝神农，是东方农耕文明的源头，是中华文化的发源，是中华民族精神的源泉，是中国乃至世界上高大上的文化品牌。中华茶祖，世界茶祖，地位尊贵，采用仪式感、宗教性手法和空间，使游客产生崇敬仰慕之情。二是文化性。文化品牌要用文化的力量来诠释和打造，文化只有在传播中才能产生力量，成为社会进步的推动力。文化品牌的培育，必须注重艺术的展示手段。三是差异性。横向比较，彰显可识别的独特性。与其他地方如陕西、山西、河南、湖北等地的炎帝文化有区别，甚至要与湖南本地如炎陵等地的神农文化有区别，重点突出茶祖在茶陵，或茶陵的茶祖文化。四是时代性。古为今用，炎帝神农承载的深厚文化内涵，必须要与时代精神相融合，才能够弘扬光大。五是包容性。把茶祖文化跟茶陵其他文化进行融合重组；与其他相关或同类的旅游目的地合作，共同推进中华茶祖的朝圣活动，打造湖南茶生态文化旅游的新亮点。

茶祖宫要把展示茶祖文化、弘扬茶祖精神作为立宫之本。茶祖精神，是中华民族精神的源泉之一，是民族发展的不竭动力，生生不息，永不过时。弘扬茶祖精神，要与新时代结合，与当下社会发展特点相融合，符合人们新追求。传承茶祖精神，要与社会主义核心价值观相契合，与习近平中国特色社会主义新思想相契合。

二是讲好茶祖故事，塑造文化品牌。茶祖不仅是中国的，更是世界的。要处理好茶祖在茶陵、在湖南与茶文化在中国、在全世界的关系；要处理好各地名茶茶祖与中华茶祖的源流主次关系。在茶祖宫的展陈内容设计上，要突出特、专、广。所谓特，就是要特色鲜明，彰显茶祖的唯一性、以茶名县的唯一性，突出茶陵作为全国最早"茶乡"的历史地位。所谓专，就是要突出专题和专业，既要突出茶祖、茶祖文化之专，也要强调茶文化专题、彰显茶文旅主题。所谓广，就是兼顾广泛多元，因为茶文化具有多元一体、开放包容的特性，要有足够的开放性和包容度，来容纳与茶祖、茶文化有关的内容和形式。

三是打造天下茶人朝圣地，建设中国茶旅新地标。炎帝神农和他所带领的原始氏族先民，在长期的生产和实践中，创造了丰硕的物质财富和精神财富，为中华文明的发轫和中华民族的形成奠定了最初的物质、文化基础，为世界华人所景仰。茶祖不仅仅是茶陵的茶祖，湖南的茶祖，全中国的茶祖，而且也是全世界、全天下茶人的茶祖。可策划举办中国百强茶企高峰论坛、世界茶人峰会、中华茶祖文化节等节庆会展活动，设计开发中华茶祖祭祀大典、茶祖朝圣之旅特色旅游线路，以文化节庆活动和特色旅游产品塑造天下茶人共同敬仰的茶祖朝圣地。

全域旅游是把一个区域整体作为功能完整的旅游目的地来建设，即景点内外一体化，做到人人是旅游形象，处处是旅游环境。全域旅游是空间全景化的系统旅游，是跳出传统旅游谋划现代旅游、跳出小旅游谋划大旅游。茶陵历史文化底蕴深厚，又有交通区位上的优势，具备发展全域旅游的资源要素。茶陵处在长沙（岳麓山）、株洲和湘潭（韶山）、衡阳（衡山）、井冈山和炎帝陵的连接线上；茶陵人文资源丰富，自然资源有云阳山国家森林公园等。产业园立足茶祖文化，依托云阳山景区，打造独一无二的茶祖宫，树立茶祖文化品牌，做大做强茶文化文创产业，成为全国茶文旅新地标。

四是传承创新中华茶文化，振兴发展中国茶产业。要善于创新茶文化形态，实现茶祖文化的创造性转换、创新性发展；要用艺术展示文化，用科技打造亮点；既要满足文化繁荣、文化复兴、文化自信、确立中国文化话语权的需求，又要满足中国特色社会主义新阶段人们对更加美好新生活的需求，还要满足中外文化交流互鉴、促进"一带一路"文化带建设、实现民心相通的需求。

振兴发展中国茶产业，要以"十九大"提出的习近平中国特色社会主义新思想为指导，以五大理念、四个全面、生态文明、"两山"理论、健康中国为指针，以茶文创、茶文旅结合为核心，拓展茶业全产业链；以特色小镇、田园综合体为模式，打造特色生态文旅新样板；以文化品牌塑造为依归，培育世界级茶文旅品牌。

五是服务地方社会新发展，彰显茶祖印象新形象。茶陵经济未来发展定位和方向，是大力发展全域化休闲旅游业态，并成为绿色支柱产业，把茶陵打造成香港、澳门、深圳、广州、珠海的后花园。统筹全局，整合资源，精心布局，总体规划，跨界合作，开放包容，政策优惠，全民参与，集中力量发展特色生态文旅产业，使茶陵成为引领株洲、湖南茶文旅产业的高地。以 PPP 形式、出让经营权等模式多渠道融资，让更多茶业企业、旅游经营商、运营商进驻茶陵，打造在全国叫得响的旅游品牌。

茶陵茶祖印象茶业有限责任公司成立于 2010 年 12 月，是集茶文化研究与传播、茶树繁育与种植、茶叶加工与销售、品牌茶叶展示交易、茶食品用品生产销售、茶园观光旅游、茶业度假等为一体的综合性企业，资产总额 6 亿元。目前，已建成茶祖文化公园、名茶汇市场。2017 年 9 月，公司与市国投集团、茶陵县文化旅游投资公司完成股权重组，致力将茶陵打造成全国茶祖文化寻根地、茶产业发展新高地。

茶祖宫的主体功能，有如下六个方面：

一是寻根探源。可设计举办朝圣谒祖（神农像朝圣大道增加历代茶人长廊）、点茶敬祖（序厅，全息投影，电子点茶，模拟场景）、中华茶祖文化节（一年一度，定期举办，文旅会展结合，文化盛会，茶陵节日）、中华茶祖公祭大典（文化节开幕式主题环节；如礼如俗，隆重庄严，富有仪式感）、世界茶人峰会（与文化节同期举办，会聚天下茶界精英，上规模上档次）等活动和会议来达成天下茶人寻根问祖、朝圣茶祖的功能。

二是文化展陈。可分别展陈《炎帝神农人文始祖》《茶祖文化万世流芳》等板块。《炎帝神农人文始祖》板块主要展示神农的历史功绩，如始作耒耜，教民耕种；治麻为布，缝制衣裳；建屋造房，台榭而居；作陶为器，冶制斤斧；遍尝百草，发明茶药；日中为市，首开交易；削桐为琴，练丝为弦；制作弓箭，以威天下；观察天文，制定日历；化蒙启智，以德治民。《茶祖文化万世流芳》板块可设计展陈茶陵茶祖、中华茶史为主题的内容，如《茶祖在茶陵》《茶话茶史话》《历史名茶榜》《历代茶人榜》《历代茶经榜》《六大茶类榜》《茶文化传播图》《世界各国名茶榜》《世界各国茶饮派》等内容。还可在门厅设置仿真智能机器人《茶神童》《茶仙子》，进行人机对话、自动泡茶等 AI 服务。

三是艺术演绎。采用最新演艺形式和传统展陈方式相结合的办法，设计建造环幕5D 影院，拍摄《茶祖之光》（暂名）3D 影片，设计展演琴台声光演绎、艺术茶席设计陈列、主题茶艺表演、当代中国茶视觉艺术馆、茶美术作品展陈、夜景灯光造型、园林景观造型等，点亮茶祖宫，美化产业园。

四是休闲旅游。可规划打造茶祖故里旅游线、茶非遗展演、闻香识名茶、百草园尝茶、抚琴品茗、特色茶宴、主题茶会等茶事休闲项目和文旅产品。

五是文产众创。建设茶文创信息发布平台、茶文创文旅产品集市，开设茶文化众创空间，把特色茶饮、文创茶具、现代茶服、茶食茶点、擂茶药茶等移植进去，形成茶＋X 的文创空间。

六是研究交流。筹建中华茶祖文化研究院、中国茶文旅研创中心、中华茶祖网站或中华茶祖公众号、中华茶祖文化数据库，配套多功能交流厅（会议室）、茶艺术展厅、贵宾接待室等。

5. 茶祖宫的建筑和展陈概念策划和创意设计　茶祖宫的建筑总体定位，应是新中式、新经典。首先要有新理念，继承传统建筑文化，创新性发展，创造性转化，古为今用，化古为今，以今喻古，创造建筑新文化形态。其次要有新技术，如新型建筑的钢筋连接、防水应用、混凝土泵送、预拌砂浆、推移式连续浇筑、复合防水、穿墙止水螺栓、新型模板等技术，尤其是计算机应用。第三要用新材料，底水化热混凝土、钢构、铝合金、PVC、纳米自洁玻璃、木塑复合、纳米复合涂料等现代材料与原木、毛石、竹藤、夯土、青砖、瓷砖、黑漆古等传统材料，有机结合。第四采用新工艺，在土建、装饰、保温和管道等采用现代施工、安装新工艺。第五营造新风格，古今结合，东西融汇，有机混搭，现建中有古建元素，形成新中式风格，打造传世经典。

茶祖宫的外观造型设计，以茶籽为原型，充分发挥建筑设计的概念想象力和艺术创造力，不拘一格，广求博征，优化组合，力求达到最佳设计方案。关键看是否具有如下创意理念的独特设计和艺术呈现：一是大象无形。力求抽象、写意、味象，达到神似而形兼备，切忌仿真、写实、模拟、具象。二是大朴不雕。力求古拙、原始，原材、粗犷、厚重、内敛。三是天圆地方。造型主题体现上古"天圆地方"理念，有穹庐、穹顶、天宫意味。四是如宫似城。建筑造型和设计元素具有宫城、宫廷、宫殿、祖堂等传统元素。五是别有洞天。体现神农时代先民穴居、洞天意味。如果一个建筑设计方案能较好体现这五大创意概念，并以匠人精神来精心施工建造，那茶祖宫必将成为新中式的传世经典之作。

茶祖宫的内在空间布局设计上，要有主有次，有分有合，相互连通，融为一体，既相互区隔，又相互包容，相互借用，形成开放、半开放空间布局。通过走廊、门厅、园林造型设计，营造曲径通幽、别有洞天的环境意象。要突出绿色生态理念，外园与内庭以绿色景观植物、园林小品造型的匠心设计，体现绿色生态文明理念，还可大量采用茶盆栽植物来绿化美化内部空间。

茶祖宫展陈的功能区块，简单说就是三大块，即纪念茶祖的序厅——祖堂，茶文化展示的展厅——多媒体影音休闲茶吧，以及播映《茶祖之光》的5D影院。

祖堂（序厅，正厅，茶祖纪念堂）。借鉴中国宗庙、祠堂、寺观等文化传统和建筑功能定名"祖堂"，富有古意；赋予崇敬、瞻仰、感恩、纪念、缅怀、继承、弘扬、传承、仪式等功能，与神农中华茶祖之地位和名位相吻合。可遵宗庙"配享"古制，陈列陆羽、吴觉农等历代茶人名人榜（堂）或各地茶祖艺术形象展示。主题：致敬，感恩，缅怀，纪念。功能：电子上香，模拟供茶，祭拜，诵祭文。形式：电子祭拜。环境设计：庄严，肃穆，大气，简洁，开敞，明亮。正面：电子荧屏，幕墙，造型仿古神龛。中华茶祖炎帝神农氏之位，主位，仿古牌位。茶祖精神，牌位背景。供台：手机扫码，模拟电子点香，供茶（六大茶类）。氛围营造：人文始祖、中华茶祖，巨幅壁塑或印象油画；茶树根装饰。背景音乐：舒缓，大气，低沉，抒情。灯光设计：神圣，庄严，肃穆，冷色为主，暖色点缀。大厅中轴线可以用茶树根石刻装饰，寓意茶祖为中华茶文化之根。

多媒体茶吧（茶史文化音影茶座）。打破传统博物馆展陈空间封闭、僵硬、静态等局限，以休闲与参观有机融合的现代茶吧为载体，来作为展陈的主体空间，具有多方面的创新。一是名称时尚，让观众感觉亲切而熟悉，富有休闲生活气息。二是以茶说茶，把品茶与了解茶祖故事、茶史文化有机融合在一个过程。三是设置特色艺术茶席、茶座，提供茶饮、茶点服务，营造轻松自在空间，让游客享受休闲时光。四是可安装LED屏幕（或透光水泥影像墙，成本仅为LED显示屏的一半），播放茶史文化音影专题片，以视觉艺术样式讲述茶祖故事，传播茶史文化，展示茶事知识，概观世界茶事。五是以自由、轻松、随意、休闲、参与、体验、互动、欣赏的情景模式，合成特殊文旅产品。六是节约传统展陈空间，创新展陈形式，把旅途时间和空间还给游客，让游客自己做主，自主选择。可配置高档艺术茶席、传统与现代风格茶席、影音演示墙、多媒体演示墙等展陈模块，满足不同阶层的消费需求和审美习惯。

设计为半开放空间设计。主墙安装大型LED屏幕，滚动播放茶史文化音影专题片，以视觉艺术样式讲述茶祖故事，传播茶史文化，展示茶事知识。设置特色艺术茶席，配备茶艺服务生，提供茶饮、茶点服务。设置普通茶座，配置茶桌、茶具、椅子，提供自点、自泡体验服务。提供小坐、休息空间，营造轻松自在氛围，让游客享受休闲时光。

茶史文化音影专题片可分《炎帝神农人文始祖》（炎帝神农的发明贡献）《茶祖在茶陵》（茶祖尝百草的传说、茶祖在茶陵史迹、茶陵茶祖故事）《茶祖文化万世流芳》（中华茶史话、世界茶史话、茶祖印象）等几大板块。

影院（播放 5D 艺术片）。5D 影院播放数码科技和情景演绎、动漫艺术等结合的艺术大片《茶祖之光》，让观众在视听盛宴中全身心享受最新科技文明和震撼艺术魅力。5D 影剧院设计为全封闭挑高空间，规模 50 座，气动座椅，安装 5D 播放设备，模拟仿真沉浸式体验。

其他展陈设计。在门厅、走廊、公共空间等，设计展陈特色陈列。人工智能仿真机器人《茶神童》（茶知识问答、人机互动）《茶仙子》（六大茶类扫码点泡、提供趣味热饮）。《茶祖在我心》表达我心目中的茶祖，抒发对茶祖的敬仰感恩之情，内容以茶祖画像、茶人书法、茶诗歌等为主，形式采用张贴墙（满足小朋友和书画家观众需求）、电子留言墙（可电子题名、日志登记，动态管理）。《茶具"曼陀罗"造型陈列》（精品艺术茶具造型陈列，仿佛教密宗曼陀罗造型，历代茶具名品的艺术复制品为主，具有艺术欣赏和收藏价值）《茶祖雕塑像》（艺术茶祖雕塑陈列，室内人像雕塑，不同材质、风格、造型，不宜多，名家精品）《历代茶人名人榜（堂）》《全国名茶茶祖像》等。

三、小结

茶祖宫策划是茶文化传承与创新的一次探索和尝试，从文化内涵和精神价值的挖掘、提炼，到项目实施的概念策划和创意设计，实际上就是一个从历史到现实、从文化到产业的转换过程，也是传统文化、历史遗产创造性转换、创新性发展的过程。而茶祖神农文化的典型性特质，为打造茶祖宫成为经典性项目提供了无限空间，这当中文创文旅融合发展的理念和高新科技手段的运用是成败的关键。笔者愿意抛砖引玉，期待更科学更完美更具操作性的意见，把策划方案做得更加完善可行。

（本文系中国国际茶文化研究会 2018 年在茶陵举办的第十五届国际茶文化研讨会论文，获优秀论文三等奖，删节后收录在《茶惠天下——第 15 届中国国际茶文化研讨会论文选》，浙江人民出版社，2018 年 11 月。）

茶 的 "热饮" 与 "火食"

说起茶对人类的助益或功用，可谓众说纷纭，难尽其详。概而言之，不外乎养生保健、生态环境、经济贸易、社会交往、文化艺术、宗教修习、对外交流等几大方面。推而广之，涉及人类社会的方方面面，几乎无所不及。如果把这个问题"回放"到人类文明发展历史长河开源分流的原初时期或中古阶段，那么茶对人类的功用兴许就会另有所解。

我们姑且不管最初的"原始茶"——"茶"是用什么植物作为原料的，从杭州湾跨湖桥遗址出土的陶釜和植物茎枝遗存[1]，到为最新考古研究成果[2]证实的秦汉时期饮茶兴起和有关"烹茶尽具"[3] 等文献记载，都足以证明：人类早期茶的食用方法，是以植物或茶叶为原料和水烧沸烹煮而成的。后世饮茶方法虽然多有变化，但万变不离其宗，最基本的方法、最主要的形态，仍然是茶叶（茶末）和水煮沸或以沸水冲点（泡）而成。也就是说，除了最初而漫长的原始采集经济时代"鲜采生嚼"，人类食用茶从一开始就是作为"火食"的一种形态——"煎煮热饮"来食用茶的，不管是和茶叶（茶末）同饮还是只饮茶汤，都是经由烧开的沸水高温杀菌消毒了的，是安全卫生且有益健康的。因此，茶的"煎煮热饮"在那时——从 170 多万年前火的发现利用到火的发明使用也经历了数十万年的实践——是一项巨大的科技创新和文明进步，是人类饮食史上的一次大飞越、大革命。

所谓"火食"，通俗说就是吃熟食，与火的发现和利用有直接的关系。我们知道，人类在从茹毛饮血的野蛮时代跨入文明门槛的历史进程中，火的发现和利用是具有划时代意义的重大事件，对于人类和社会的发展发挥了无可限量的作用，有着重大而深远的历史意义。从自然火到人工火，是一个漫长的历史进程，在这个过程中，人类逐步认识并掌握了火的很多功用。如火能用来驱赶动物，以抵御野外凶猛野兽的袭击，保护古人类安全；可以取暖御寒，抵御冰雪、低温和潮湿天气的侵害，不易得病死

---

① 鲍志成：《茶药同源异流关系考》，2012 年陕西西安第十三次中国国际茶文化学术研讨会论文，摘要收录在由浙江人民出版社出版的大会论文集《盛世兴茶》精编本，2014 年。

② 据 2016 年 1 月 11 日英国《独立报》网站报道，在英国《自然》杂志推出的期刊《科学报告》上发表的研究指出，考古学家近日发现西汉景帝墓阳陵所出土的茶叶是世界上最古老的，距今已有 2150 年。《英媒：汉景帝墓出土世界最古老茶叶距今 2150 年》，《参考消息网》，2016 年 1 月 12 日。

③ 西汉王褒《僮约》有"脍鱼炰鳖，烹茶尽具"和"武阳买茶，杨氏担荷"的记载。从一个"烹"字，就可解读出当时的饮茶方法就是以茶和水煮饮；从一个"买"字，就可以推知当地饮茶之流行、茶买卖消费之兴起。

去；可以照明，驱除黑暗，带来光明，消除人类在黑夜的恐惧；可以焚烧植被，清理耕作场地，进行"刀耕火种"；火具有的特殊物理性状如颜色、温度、结构等，促发古人类的思维意识，产生原始的火神崇拜和光明信仰；尤其是有了火就可以烧烤食物，开启了人类吃熟食的"火食"时代。人类认识并掌握使用火来烧熟食物，是对食物最原始的改造，大大增加了人类食物的来源和品种，而且通过烧烤烹煮食物，使食物更加美味可口，便于消化吸收，还可以给食物消毒，消灭病菌，不容易得肠胃疾病和其他食物病。火食不仅提高并进化了古人类的体质，延长了他们的自然寿命，还可以帮助他们获取更多的食物，养活更多的人。因此，发现并使用火是早期人类摆脱自然条件束缚的重要条件，同时也是人类脱离动物的一次大飞跃。所以，恩格斯在《反杜林论》中这样评价人类用火："就世界的解放作用而言，摩擦生火第一次使得人类支配了一种自然力，从而最后与动物界分开。"[①] 著名古人类学家贾兰坡先生在《人类用火的历史和火在社会发展中的作用》一文中也说："人类对火的控制，是人类制作第一把石刀之后，人类历史上的第一件大事。这一伟大创造，在人类发展史和人类文明史上，有着极其重大的意义。"[②]

在我国古代典籍中，有关远古时代先民取火和用火的神话传说不乏其例，其中最著名的就是燧人氏"钻木取火"、教人熟食的故事。《韩非子·五蠹》篇中说："上古之世，人民少而禽兽众，人民不胜禽兽蛇虫……民食果瓜蚌蛤，腥臊恶臭，而伤害腹胃，民多疾病。有圣人作，钻燧取火，以化腥臊，而民悦之，使王天下，号之曰燧人氏。"[③] 这段话的意思是：在远古时代，人口稀少而禽兽众多，人们敌不过禽兽蛇虫等野生动物。……人民食用瓜果河蚌蛤蜊等动植物，腥臭难闻而且伤害肠胃，人民因此经常生病。这时圣人出现了，用钻擦木燧的方法取得火种烧熟食物来除去腥臭臊气，而人民就高兴了，让他统治天下，称他为燧人氏。南宋学者罗泌在《路史》中注引的《拾遗记》也有这样的记载："遂明国不识四时昼夜，有火树名遂木，屈盘万顷，有鸟名鸮，啄木则灿然火出，圣人感焉，因取其枝以钻火，号遂人。"[④] 文中假想了燧明国圣人燧人氏受神鸟"鸮鸟"啄木出火的启发，发明了钻木取火。对于燧人氏取火、"火食"之功用及给人类带来的巨大遗惠，在古书中还有很多记载[⑤]。这个在民间流传已久的神话，说明人们一直把取火用火当作人类发展史上的一件大事。事实上，即便到了近现代，在世界上一些原始部落中，仍有不火食的。如康有为在《大同书》丁部中就记述："云南野人山之毛人，皆由不火食之故，故生毛耳；若改火食，毛即脱落。"[⑥] 如今有关神农架野人也都是全身长毛的。可见，古往今来，人们早就

① ［德］恩格斯：《反杜林论》，《马克思恩格斯全集》第 20 卷，126 页，人民出版社，1980 年。

② 贾兰坡、王建：《人类用火的历史和火在社会发展中的作用》，《历史教学》，1956 年 12 期。

③ 韩非：《韩非子·五蠹》（第四十九篇），见陈奇猷《韩非子新校注》，上海古籍出版社，2000 年。

④ "燧人钻木取火"除见罗泌《路史》（有四部备要本）所引外，又见《太平御览》卷八六九引《王子年拾遗记》，参见《艺文类聚》卷八七引《九州论》。

⑤ 如《庄子·外物篇》、谯周《古史考》、班固《汉书》以及《礼记·王制篇》等，都有关于燧人氏、"火食"的记录，内容大同小异。

⑥ 康有为：《大同书》丁部《去种界同人类》，中国画报出版社，2010 年 5 月。

认识到火食即熟食对人类进化、文明开化的巨大作用了。

从中医防病保健角度看，茶汤与草药汤剂的煎服十分相似，作为热饮，具有养护人体胃气、增加抗病毒的能力。中医认为，人体胃气充盈，身体自然健康，即使患有疾病，也比较容易康复。无论什么季节，常喝茶热饮对健康都大有裨益，可以增加人体抗病毒的能力。这是因为，喝茶热饮时其蒸汽会随着大量空气一起吸入，暖和并滋润上呼吸道，促进血液循环，增加白细胞对细菌、病毒的吞噬能力，防止细菌、病毒的入侵。同时，茶热饮进入人体后，能起到温暖人体器官的作用，会使全身感觉放松和舒适。唐白居易《冬日平泉路晚归》诗云："夜归不到应闲事，热饮三杯即是家。"[1] 热饮三杯茶，周身温暖舒爽，仿佛就是回家的感觉。

不仅如此，热饮的茶汤还对人类生存、生活和生产发展产生了无可限量的作用。对于热茶饮进入日常生活、成为一种生活方式和习惯对人类社会发展的影响，英国著名社会人类学家艾伦·麦克法兰可谓慧眼独具。他在与其母亲合著的《绿色黄金》一书中第一次从宏观的视角，探讨了茶对中国乃至东亚历史发展的作用，其中多次阐述了茶的普遍饮用对人口增长和社会经济发展的巨大贡献。他指出，大约从公元 700 年开始，中国的人口开始大量激增，经济、文化蓬勃发展，到宋代达到鼎盛时期，原因之一就是热饮茶降低了人口死亡率。当人们"饮用未煮沸的水，很容易就会罹患痢疾和其他经由水传染的疾病，他们的气力和人口数量都在减少，很多婴儿死于肠道疾病"。中唐以前，茶只在少数地区和少数人口如王公权贵、僧人士族中流行，受惠人口有限；中唐以后得陆羽之倡导，茶风开始大行天下，其影响扩及普罗大众，其助益效用随即彰著。"因为喝茶需要煮沸的水，卫生大为改良，大大延长了人们的寿命，因此也造成中国的人口快速增长。"茶是最干净卫生的饮料，在人类抗击细菌的战争中发挥了重要的作用，人们须臾不可或缺，"如果住在中国、日本、印度和东南亚的人民，亦即全世界三分之二的人口，霎时间失去茶水，死亡率将会急遽升高，很多城市会瓦解，婴儿大量死亡。这将是一场浩劫"。他还认为，"饮茶有利于保持劳动者的健康和恢复体力，有利于经济的发展"。"茶对于人们来说就像蒸汽对机器般重要"，饮茶盛行助推了英国工业革命的兴起[2]。把喝茶与罹患水源性疾病降低联系起来，与提高劳动者的整体生产效率和人口快速增长联系起来，麦克法兰是第一人。

水源性疾病自古就是自然界对人类健康和生命最普遍的威胁，也是迄今全世界仍然面临的一项重大挑战。生命起源于水，水是人类生存的基本需求，人体里 70% 都是水分，一般的人每天需要喝 6～8 杯的水。在古代世界，导致水源性疾病发生的主要原因是微生物危害。微生物可以在不知不觉中污染水源，水中所含有的细菌、病毒以及寄生生物可以引发疾病。这类污染在很大程度上是由于水中沾染了人畜粪便而引起的，单单 1 克粪便中便可能含有多达 1 000 亿微生物。水源性疾病种类多样，腹

---

① 白居易：《冬日平泉路晚归》，见《全唐诗》卷四五五，中州古籍出版社，2008 年。
② ［英］艾瑞斯·麦克法兰，艾伦·麦克法兰著，杨淑玲、沈桂凤译：《绿色黄金》第九章《茶叶帝国》，汕头大学出版社，2006 年。参见孙洪升、史宇鹏：《艾伦·麦克法兰关于东亚的茶研究》，《古今农业》，2012 年第 1 期。

泻、霍乱、脊髓灰质炎和脑膜炎均在其中。从发病症状来看，则包括腹泻和肠胃炎、腹部疼痛及绞痛、伤寒、痢疾、霍乱、脑膜炎、麦地那龙线虫病、肝炎、脊髓灰质炎等。这些疾病的严重程度远远超出想象，受感染者的生活往往被改变，甚至生命都受到威胁。水源性疾病可以影响到任何人，对婴幼儿、老人和慢性病患者影响更加严重，导致婴幼儿夭折、寿命减少、死亡率高、人口增长缓慢，制约社会经济发展。

据世界卫生组织（WHO）和联合国儿童基金会的估测，在发展中国家，所有疾病中有 80％的疾病是水源性疾病，有三分之一的死亡病例也是水源性疾病；所有水性疾病中有 88％的病例是由卫生条件差、卫生设施简陋和不安全的供水系统引发的。可以想象，在现代医疗卫生体系建立之前，在没有抗生素等药物的情况下，预防水源性疾病最廉价有效可行的办法，就是把水煮沸了"热饮"，因为导致水源性疾病的微生物大多在高温下迅速死亡，煮沸的水是安全卫生的。而茶从杂煮羹饮到单品煮饮、沸水冲点或撮泡，无疑在提供人们基本生理需求的同时，也提供了安全卫生保障，大大降低了生饮水引发水源性疾病的概率。这对人类而言，堪称是一个巨大的进步。麦克法兰的上述发现可谓是慧眼独具，真知灼见，是可以信据的科学论断。

一杯热茶，曾经使多少人免于微生物侵害，避免疾病、保持健康，从而提高体能和劳动力。在社会生产力主要依靠人的再生产的古代社会，这对社会生产力和经济发展来说，是一个莫大的福音。当我们把茶热饮放在人类文明发展的历史长河里来考察时，我们惊喜地发现，茶是人类发明火、进入火食时代以后对人类健康和生活、生产发展最有益的日常食物或饮料形态，对人类文明进步和社会发展所起的巨大作用，堪与火的发现和利用、开始"火食"时代相媲美。

茶药同源，中医的"性味"理论认为茶性苦寒，故有清热去火、防病保健的功能，对之历代医书言之凿凿，不胜枚举。李时珍在其成书于明万历六年（1578）的中医药集大成之作《本草纲目》中综述了历代医书茶记述后，对茶作了如下阐述："茶苦而寒，阴中之阴，沉也，降也，最能降火。火为百病，火降则上清矣。然火有五，火有虚实。若少壮胃健之人，心肺脾胃之火多盛，故与茶相宜。温饮则火因寒气而下降，热饮则茶借火气而升散，又兼解酒食之毒，使人神思爽，不昏不睡，此茶之功也。若虚寒及血弱之人，饮之既久，则脾胃恶寒，元气暗损，土不制水，精血潜虚；成痰饮，成痞胀，成痿痹，成黄瘦，成呕逆，成洞泻，成腹痛，成疝瘕，种种内伤，此茶之害也。"[①] 不仅对茶的药理作用阐述得很深刻透彻，而且对茶的饮用方法、适应人群和体质特征及利弊提出了独到的辩证分析。尤其是关于"温饮"和"热饮"的区分和功用辨析，值得进一步研究和分析。一方面，我们注意到现代茶医药研究成果，认为茶蕴含的茶多酚等物质，能防癌、防辐射、防龋齿、防止心血管疾病、防肠道疾病、杀菌消毒，饮茶能止渴消暑、漱口养生、明目提神、补充营养、降脂减肥、延年益寿，具有多种功能益处，可谓验证、阐发了传统中医药的茶药理论，又发现、发展了现代茶医药的诸多功效。另一方面，我们也应当认识到不当饮热茶也会产生潜

---

① 李时珍：《本草纲目·果部》第三十二卷《果之四·茗》，陕西师范大学出版社，2010 年版。

在的隐患。临床医学研究证明，对于常人热饮和食品的温度以 60℃ 左右为宜；进食 60℃ 食物时，到达食道下段和胃内时的温度约降至 50℃；食物在胃内的温度，以每分钟 1℃ 的速度下降。如果经常喝过热的茶水或习惯性烫食，会使食道内壁、胃黏膜反复烫伤，可能会诱发癌变。所以专家认为，不当热饮茶是引起食道癌和胃癌的危险因素之一。

从茶的饮用方法而言，在西方现代分子医药的临床应用"茶药"研发出来以前，不管茶有多少种饮法，都以最基本的"热饮"最为适宜。茶传播到世界各地后，迄今世界上绝大多数饮茶国家和民族（除北美以外）都基本采用"热饮"或"调饮"法。这是华夏先民发明、自古以来流行的"煎煮""煎点""撮泡"等茶的"热饮法"的科学性所决定的，也是对中华传统文化瑰宝中医药学的"药食同源"理论的最好诠释。因此，李时珍基于中医药学语境下的茶药理分析和"温饮""热饮"之辩，应结合现代医学研究成果加以辩证的提升，倡导多"温饮"、少"热饮"、不"烫饮"。

（本文原刊《茶博览》"茶史新探"2016 年第一期。）

神农氏"尝百草"发现茶传说的再认识

陆羽《茶经·六之饮》云:"茶之为饮,发乎神农氏,闻于鲁周公。"① 其意是古人以茶为饮,发端于神农氏,或茶饮是神农氏发明的。对陆羽此说,茶界公认是确立神农为"中华茶祖"的历史依据,几无争议②。那么,此说何以为证呢?茶界长期引证的是《神农本草经》所云:"神农尝百草,日遇七十二毒,得茶而解之。"近年有人对此提出质疑,并从语源出处和版本考证,认为这是"莫须有"的不经之谈③。从文献记载看,"神农尝百草,一日而遇七十毒"之说,源自《淮南子·修务训》:"神农尝百草之滋味,水泉之甘苦,令民知所避就。当此之时,一日而遇七十毒。"而"一日而遇七十毒"讹为"日遇七十二毒",始于鲁迅《南腔北调集·经验》;至于"得茶以解之",则推测始于清康熙进士陈元龙(1652—1736)《格致镜原》引录《本草》:"神农尝百草,一日而遇七十毒,得茶以解之。今人服药不饮茶,恐解药也。"④ 这就牵涉到对中医本草圣典《神农本草经》的版本学研究以及陈元龙参引的是何种版本的《本草》问题。这样的梳理有助于中华茶文化之源这个重大课题研究的深入,但神农"尝百草"中毒到底有没有"得茶以解之"这个"千古之问",历代《本草》究竟有没有或何时何版开始有此记载这个"待解之谜",是否足以动摇或否定陆羽记载的可信度和神农作为"中华茶祖"的公论呢?要回答这个问题,显然要跳出文献考据的牛角尖,从大历史、大文化、多角度进行综合考察。

一、对待上古神话传说应持的科学态度

世界上所有民族几乎都有创世神话和传说,在尚无文字的史前时期发生的历史事

---

① 陆羽:《茶经·六之饮》,于良子注释,浙江古籍出版社,2011年。

② 1981年中国财政经济出版社出版的庄晚芳、孔宪乐、唐力新、王加生《饮茶漫话》,1984年农业出版社出版的陈椽编著《茶业通史》,2007年中南大学出版社出版的蔡镇楚等编著《茶祖神农》等书,周树斌《"神农得茶解毒"考评》、陈椽《〈"神农得茶解毒"考评〉读后反思》、赵天相《"神农得茶解毒"补考》(发表在1991年、1994年《农业考古·中国茶文化专号》)等文,2009年4月10日发表的《茶祖神农炎陵共识》等,都持"神农尝百草,日遇七十二毒,得茶而解之"之说。

③ 瑞士日内瓦大学汉学家朱费瑞(Nocoals Zufferey)2012年在法国《世界报》之《外交论衡月刊》6/7月的"中国专刊"发表《不爱喝茶的中国人能算中国人吗?》,竺济法《"神农得茶解毒"由来考述》(《茶博览》2011年第6期,又见刊《中华合作时报·茶周刊》7月19日;《吃茶去》2013年第1期),对神农发现茶之说提出质疑。

④ 陈元龙:《格致镜原》,"饮食类"《茶》,乾隆三十四年(1769)文渊阁《钦定四库全书》影印本,上海古籍出版社1987年版。

实，不可能有完整的文献记录。后世记述的传说故事，往往是民族原初时代的集体记忆在一代又一代的族人口耳相传中流传下来的历史印记。因此，对这些传说故事的真实性、可信性，不能以文献记载的有无和多少作为衡量的唯一标准，也不能单纯采取历史学研究中文献考据法作为唯一的方法，更不能因为没有文献记载或语焉不详就全盘怀疑甚至彻底否定传说中存在的真实历史，而应该秉持客观公正的态度，运用考古学、民俗学、宗教学和地方文史等多方研究来印证文献记载的不足，最大限度地还原真实的历史，不然就会死钻牛角尖，犯历史虚无主义的错误。

人类早期的诸多事物，后人往往只能通过口头传承的神话传说来解读，茶文化的早期发展，也充满着神话传说，如神农采茶、桐君采药、彭祖服食桂芝长生等。对这些后世追记的上古神话传说，我们应该采取什么态度呢？全盘相信、一概否定都是极端的有失偏颇的。一般来说，神话是原始初民对自然现象和社会生活的不自觉的艺术加工，是人类社会童年时期的产物。神话虽然不是历史，但却可能是历史的影子，是历史上突出的片段的纪录。从神话到传说的演进，可以看到人类是怎样从文化的较低阶段进入到文化的较高阶段。

关于人类最早的茶事起源的传说，除了神农尝百草的传说外，也有不同说法。陈彬藩先生在《古今茶话》中说："神农时期，即新石器时期，聚居于川东南一带的氏族部落首先发现了茶"①。即便是同为神农的传说，除了湖南茶陵外，还有人说神农是在巴山峡川或神农架发现茶树的，也有人根据神农东徙于鲁，推测可能在鲁南发现茶树。同一个传说的不同版本，正好说明传说的模糊性、难确定性。但不管版本有多少，茶是神农发现的则是一致的。这就是传说中的真实历史。诚如潜明兹先生在《神话学的历程》中所说："任何一个民族几乎都不可避免曾经经历过一段渺渺茫茫、难以理出确切线索的历史。在封建社会，历史学家把古老的神话传说当作真正的历史对待，发展到后来，有人甚至对一些传说中的人物进行繁琐的考证。而有一些无神论学者，对神话传说采取了全盘否定的态度，看不到其中的历史质素，不理解神秘外衣下紧裹着的历史核心。"②

实际上，中外学术界包括马克思主义历史学对神话传说本就有公认的科学方法。我国当代著名历史学家翦伯赞先生指出，把神话中的人物都当作是真实的古先帝王固然荒谬，但一概抹杀神话事迹所暗示的历史内容也不妥当③。法国政治家拉法格在《宗教和资本》中说："神话既不是骗子的谎话，也不是无所谓的幻想产物，它们不如说是人类思维的朴素和自发的形式之一。只有当我们猜中了这些神话对于原始人和他们在许多世纪以来丧失了的那种意义的时候，我们才能理解人类的童年。"④ 传说则主要产生于文明时代，它斥去了神话中过于朴野的成分，而代以较合理的人情味的构

---

① 陈彬藩：《古今茶话》，世界书局 1941 年出版，上海书店 1985 年 10 月据原版复印再版。
② 潜明兹：《神话学的历程》，第一章《晚清神话观——中国神话学形成的转折》之二《神话与历史的关系》，北方文艺出版社 1989 年。
③ 翦伯赞：《中国史纲要》第一章第三节"文献与传说中的古史"，北京大学出版社 2006 年版。
④ 拉法格：《宗教和资本》，第 2 页，三联书店 1963 年版。

想与安排。对古史传说作出系统研究的著名史学家徐旭生先生在《中国古史的传说时代》中指出："传说与神话是很相邻近却互有分别的两种事情，不能混为一谈"，传说总是掺杂神话，但"很古时代的传说总有它历史方面的质素、核心，并不是向壁虚造的"。① 清华大学历史系教授李学勤先生认为："中国古代的历史传说，特别是炎黄二帝的传说，不能单纯看成是神话故事。这些传说确乎带有神话色彩，但如果否认其中的历史'质素、核心'，就会抹杀中国人的一个文化上的特点，就是中国人自古以来有着重视历史的传统。"②

再比如，世界范围内的自然神崇拜现象研究得出的结论是：人类对某种自然物或自然现象当作神灵来顶礼膜拜，往往不是因为喜欢它、有好感甚至得到实惠，而是因为恐惧它、敬畏它，甚至害怕失去它。至于人类崇拜什么，往往取决于对人类生存威胁是否具有普遍影响和广泛意义。对于莽荒时代的人类而言，他们对自然现象的认知几乎是零，今天看来普通得好比是常识的知识，对他们来说简直就是天方夜谭、哥德巴赫猜想。他们上观天象，下察地理，发现他们所处的自然周遭环境的一切都充满着迷茫、未知，哪怕是一草一木，他们也得像神农尝百草一样，"日遇七十毒"，方能知道哪种有毒不能吃，哪些可当食物果腹充饥。很显然，对他们的生存构成威胁的有很多很多，他们因愚昧无知而产生畏惧心理的也很多很多，但是，在最基本的生存问题都没有保障的情况下，人类渴望的也是最基本的最原始的食欲满足，驱寒取暖……他们不太可能像有的文明社会的诗人或神学家那样，产生小鸟一样自由飞翔的浪漫情怀，他们连脚底下那块沼泽地里的鱼蛇出没都恐慌备至百思不解，那高不可及、广阔无垠、风云变幻、变化莫测的天空，他们还一无所知，敬畏有加。对于原始人类来说，最大的最普遍的恐惧，是日月经天造成的漫漫黑夜，使他们陷入黑暗和寒冷的恐惧当中，对他们心理上构成巨大的阴影和恐惧，于是他们就开始敬畏、崇拜既给他们带来光明和温暖，又造成黑暗和寒冷的太阳，他们喜欢它，更恐惧它，害怕失去它。宗教学研究指出："恐怖创造了最初的神"③，"宗教基本上是以恐惧为基础的。……恐惧是整个问题的基础。"④ 生活在太阳系里绕日轨道上的行星地球的人类，不管在哪个角落，太阳对他们的生存意义是一样的，这就是为何在全世界范围不管何地何族，都普遍存在太阳崇拜的原因。

二、神农"尝百草"符合原始采集经济形态和特征

《淮南子·修务训》云："古者，民茹草饮水，采树木之实，食蠃（luǒ）蚌之肉，时多疾病毒伤之害。于是神农乃教民播种五谷，相土地之宜、燥湿肥墝（qiāo）高下，神农尝百草之滋味，水泉之甘苦，令民知所避就。"⑤ 从神农所处的原始采集经

① 徐旭生：《中国古史的传说时代》（增订本），第 20 - 21 页，文物出版社 1985 年版。
② 李学勤：《古史、考古学与炎黄二帝》，见《炎黄文化与民族精神》，中国人民大学出版社 1993 年版。
③ ［英］泰勒著，连树声等译：《原始文化》，673 页，上海文艺出版社，1992 年。
④ ［英］罗素：《为什么我不是基督徒》，《科学与无神论》，2004 年第 6 期、2005 年第 1 期。
⑤ 《淮南子·修务训》，陈广忠译注，中华书局，2011 年。

济向原始农耕经济过渡的时代特征看，这个记载是可以信据的。

在旧石器时期生产力极其低下的原始采集经济时代，先民们采摘野生植物的茎叶、花果、根块等食用，到了新石器时代又采用陶器杂煮羹饮的方式食用。这种原始食物就是古籍记载的茶的原形之一"荼"，如今被茶学界称为"原始茶"，是后世茶和中药的共同起源。药和茶都是从食物中分化出来的"功能性食物"。这个过程中，"原始茶"经历了从采摘鲜叶生嚼到煮烤羹饮的漫长演变。

在上古时期，甚至在更长远的历史时期，人类经历了一个食物与药、茶混同的阶段，或者说是把药与茶从食物中区别出来的过程。所以，中医药普遍所说的"药食同源"理论，不仅在原材料上，药物源自食物，在发展进程上，食物在先，药物在后。以往学界关于茶的起源有"食物起源说""药物起源说""综合起源说"，都有一定道理。但却忽视了原始社会时期存在一个漫长的采集植物杂煮羹饮食物时代，茶与草药都是从食物"荼"中分离出来的，这是一个从低级到高级的发展过程，符合人类社会发展规律。先民在采食植物过程中，才发现某些具有特殊芳香气味或物质的植物的药用功能，"神农尝百草"时，主要是为了找到、辨识可以食用的植物，他"日遇七十毒"，正是说明他的这种遍尝"百草"的行动，是具有危险性的冒险行为，因为哪种草有毒在尝之前是不得而知的。他"日遇七十毒"，就说明这种尝试是多么具有危险性。幸好他得到了"荼"，得以解毒。不过，他最终还是不幸被断肠草夺去了性命。这个神话故事很能说明食物、药物和茶起源的关系。

有的学者认为，在食物、茶、中药的起源关系上，是纵向单线的，"其发展轨迹，简而言之就是：食物—（食物茶）—茶—（药茶）—中药。"① 我们认为，食物是茶与草药的共同起源，是比较客观可信的，药与茶的关系确实也可能存在某些草药起源与茶混杂的情况，但是茶与草药应该都是从"原始茶"——"荼"中分离出来的。至于"食物茶""药茶"，无非是名称混用而已，这恰恰说明它们三者早期发展演化历史中很长时间内存在的彼此之间你中有我、我中有你的关系。

"原始茶"作为采集经济时代先民的一种普遍食物形态，在向后世药物茶、茶叶茶的演变过程中，经历了一个漫长的演化、分流时期。随着先民对各类植物性状、食用药用认识的提高，"荼"开始逐渐分化，一分为三。其主流是继续保留杂煮羹饮特征的"茗粥"一类，在民间流传至今的民俗食物中，迄今仍有大量遗存，如擂茶、姜盐豆子茶、酥油茶及各种名为茶的食物。另一类具有某种特定药理功能的植物，逐渐从"荼"中分离出来，成为中药的起源，从上古时期的"百草"——各种植物演变为后世中医药的"本草"②，其中有所谓"单方""复方"之别。第三类就是"真茶"逐渐从食物、药物中分离出来，成为后世的清饮茶类。

---

① 陈珲：《论茶文化萌生于旧石器早中期及饮茶起源于中国古越地区》，《倡导茶为国饮打造杭为茶都高级论坛论文集》，2005 年；《跨湖桥出土的"中药罐"应是"茶釜"辩》，《中国文物报》，2002 年 7 月 12 日。
② 后世的中药原材料，除了植物外，还包括动物、矿物、化合物等物质。在讨论茶的起源时，应该主要是指植物，也就是中医药专用的所谓"本草"。这"本草"就是从各类植物"百草"中筛选出来的具有药性或药用功效的植物。

在这个长达数千年的演变进程中，尤其是在迈入文明门槛、开始有文字记载以后，各类名状的原始茶往往见之于时人的文献记录，给我们今天考察原始茶的形态流变提供了弥足珍贵的史料。而考古发现提供的实物资料，也为我们提供了可以信据的佐证。杭州跨湖桥遗址出土的陶釜内的植物茎枝遗存，浙江余姚河姆渡遗址出土的大量樟科植物的枝叶堆积遗存①，都为我们提供了杭州湾先民 8 000 年前食用"原始茶"的考古学证据。

有学者把"采用许多植物的叶子来煮作"的食物称为"原（始）茶"，把"使用几种植物的叶子制作专门的食物尤其是为了某种需要而饮用的饮料"叫做"药茶（代茶饮）"，而"山茶科（Theaceae）多年生的常绿植物茶树（Camellia Sinensis）的嫩叶加工后的产品，以及使用这种嫩叶做成的饮料"才是我们现在通常所称的"茶"，并称之为"真茶"，并且指出："真茶"之说，并非今人独创，早在晋人张华的《博物志·食忌》中就有"饮真茶令人少眠"的记载②。按此，则跨湖桥、河姆渡遗址出土的"原始茶"，应属"药茶"之列。

众所周知，汉字中涉及与"茶"有关的字、词有十多种说法。陆羽在《茶经·一之源》中就说："其名一曰茶，二曰槚，三曰蔎，四曰茗，五曰荈"，此外，还有"荼""瓜芦"（"皋芦""过罗"）等，如此等等，不一而足，正是陆羽著《茶经》后，才逐渐统一为"茶"③。早期有关茶的称谓上的多样和混乱，实际上是原始茶的不同形态、不同功效和不同地域民族或部族语言文化的反映。在先秦文献中，"荼"是指一种味道苦涩的野菜。诸多与茶有关的字、词的含义，大多是指香草、苦菜一类的植物类食物，当这些字逐渐为统一的"茶"所取代，则"真茶"也从"原始茶""药茶"中分离、独立出来而一枝独秀了。

采摘具有芳香物质的植物的茎叶、果实、花瓣、根块等可食用材料烧煮而成的杂煮糊状羹饮食物，是生产力极其低下的原始采集经济时代人类的主要食物来源和形态。"人类最初的食物主要是各种植物的可食部分"。在发明火以前，人类都是生食的，杂煮羹饮是人类掌握了火以后才开始的。这种定义为"苦菜"的"荼"，恰恰是原始先民的主要食物来源之一。《古史考》曰："太古之初，人吮露精，食草木实，穴居野处。山居则食鸟兽，衣其羽皮，饮血茹毛，近水则食鱼鳖螺蛤。"④ 这种"食草木实"正是原始采集经济时代的"原始茶"形态。

到了农耕时代，人类开始人工种植茶树。从现有考古资料和鉴定及专家分析看，同属于河姆渡文化距今六千年的余姚田螺山遗址出土的类茶植物树根遗存，基本上可以肯定是人工种植的茶树遗存⑤。从文献记载看，人类种植茶树最早是在距今三千多

---

① 赵相如、徐霞：《古树根深藏的秘密——综述余姚茶文化的历史贡献》，《茶博览》，2010 年第 1 期。

② 李炳泽：《茶由南向北的传播：语言痕迹考察》，载张公瑾主编：《语言与民族物质文化史》，民族出版社，2002 年。

③ 陆羽：《茶经·一之源》，于良子注释，浙江古籍出版社，2011 年。

④ （魏晋）谯周撰，（清）章宗源辑：《古史考》一卷，龙溪精含丛书本。

⑤ 鲍志成编著：《杭州茶文化发展史》，第 17 - 20 页，杭州出版社，2014 年。

年的我国西南古国巴蜀（今四川、重庆、云南一带）①。而较大范围的普遍栽种，则是秦汉以后从西南地区向长江中下游流域扩展，清人顾炎武《日知录》指出，"自秦人取蜀而后，始有茗饮之事"。到唐朝基本形成现有茶区格局。从那以后，茶走进千家万户，"摘山煮海"成为事关国计民生的重政要务。

三、神农在茶陵农耕茶事活动的考古学、民俗学和地方文史依据

在距今 6 000 年至 5 500 年的新石器时代中后期，神农氏族诞生于陕西宝鸡姜水之岸，其部落起初活动在渭水上游及以南地区，后顺渭水东迁，再沿黄河南岸向东，散布在今河南西南部，最后到达山东地区。另一支神农部落则迁徙到甘肃、青海地区，后世史书称之为"古羌"。中原的神农部落后来被轩辕氏黄帝打败后，一支部落南迁荆湘地区，其中榆罔带领的部族最终在茶陵落脚定居，开创南方农耕文明。

1. 神农氏在茶陵的农耕活动得到考古学的印证　茶陵自古就是稻作农业发达的农耕文明发达地之一。茶陵湖里发现的单株野生稻，印证神农驯化水稻、教民稼穑的远古史实；同时代以水稻遗存而著称的"大溪文化"，因发现于茶陵附近的大溪而得名，其分布范围横贯长江中游、纵跨云南南北，与神农部落的活动迁徙范围相吻合。茶陵届首乡岗的独岭坳出土的白陶戳印纹、刻划纹和稻谷遗存，遗址发现的房子、墓葬、灰坑沟、卵石等遗迹，以及大量的陶、石、骨、木器和动植物等遗存，也是与神农同时代的新石器时代中期史前聚落遗址。同属于大溪文化时期的株洲县磨山遗址不仅出土了大量陶鼎、石器和骨器及房室、墓地遗迹，其 3 万平方米遗址北面是高耸的群山，南面是渌水，四周是平坦的土地，完全符合神农氏"相土地宜燥湿肥硗高下"②的原始风水观。大溪文化时期人口增加，农业快速发展，先民们在渔猎取薪的同时，也开始了刀耕火种、驯养家畜。手工业分工逐渐细化，陶器的制作工艺大幅度提升，纺织业也有所进步③。茶陵古来就是水稻种植的鱼米之乡，稻作农业发达，并诞生了"当代神农"袁隆平的水稻育种。

2. 茶陵有众多的"神农崇拜"史迹　茶陵众多的与"神农崇拜"有关的庙堂遗迹及祭祀风俗和与神农部族有关的许多山水地名，证明这里是"神农故里"：炎帝神农是茶陵人最崇拜信仰的农神，酃县（今炎陵县）鹿原陂炎帝陵，茶陵、安仁各县都曾建有神农大庙，南岳宫所祀南岳大帝一说即"神农"，茶陵人社神也自古祀奉神农。

茶陵的炎帝庙、神农庙数量多、分布广。县城就先后建有炎帝庙、先农坛、神农殿。云阳西麓的水源村建有规模宏大的神农殿，云阳山东北麓的潞水和高陇的星高都

---

① 晋人常璩的《华阳国志·巴志》中即有关于中国最早的贡茶记载："周武王伐纣，实得巴蜀之师，……茶蜜……皆纳贡之。"贡品包括五谷六畜、桑蚕麻纻、鱼盐铜铁、丹漆茶蜜、灵龟巨犀、山鸡白雉、黄润鲜粉，而"园有芳蒻香茗"之说，是我国关于茶人工栽培的最早记载。在 3 000 年前的周代，茶既已成为贡品、祭品，也成为日常羹饮食品。

② 《淮南子·修务训》，上海古籍出版社，1989 年。

③ 郭伟民：《湖南大溪文化考古发现与研究》，2017 年 6 月作者为"走进长江文明之大溪文化主题展"在三峡博物馆开展所作。

曾建有神农庙。其中县城的炎帝庙（后改为神农殿）在北宋太平兴国年间（976—984）至南宋淳熙十三年（1186）的200余年中，是朝廷主祭炎帝的场所。

茶陵人祭祀炎帝神农氏有关人物的庙、寺有：云阳寺，祀少昊氏；青台寺，祀伏羲氏；义丰寺，祀义氏和风氏；小台寺，祀来、黎人神祇；枫神庙，祀太昊氏；皇雩庙，祀雨神；马神庙，祀战神；南霞祠，祀神农氏；赤松坛，祀神农氏雨师赤松子。

茶陵山水地名中，有许多古来就与神农氏部族有关的，山名如云阳山、清潇峰、青台山、旗山、大悲山、罗子山、邓阜山、泰和山、排山、云来仙、皇雩山等，水名如茶陵最大的洣河（水）、发源于景阳山南麓的茶水以及潞水、清水等，地名如潞、大台、农源、妹源、首团、田土、清潞等。《茶陵州志》载，清康熙年间茶陵四乡八屯，乡乡有源于炎帝神农氏族的村名。

3. 茶陵民间流传着丰富的"神农故事"　茶陵民间有关神农的传说故事，寄托着一代代茶陵人对神农的感恩怀念和尊敬崇拜之情。这些传说故事世代相传，相因成俗，形成茶陵特有的神农传说故事圈和民俗现象。

据不完全调查，茶陵民间关于神农的故事有烧畲、灵雀仙稻、祈丰台、五雷池、赤松山、耒田棍、袯襫、舞火龙、茶陵三宝、断肠草、天子坑、天子坟、寿泉瀑、寿福潭、赤松坛、赤松谷等。这些故事具有明显的美化、神化神农的色彩，恰恰是人民对人文始祖神农伟大功业的肯定和赞美。如《烧畲》反映的是神农带领部族刀耕火种的史实；《祈丰台》《袯襫》反映的是神农求雨祈丰的心愿；《耒田棍》反映的是神农发明原始农耕工具"耒耜"的史实；古南岳宫《舞火龙》《踏罡步斗》《草龙游山》反映的是神农禳灾除病的史实；《茶陵三宝》生姜、大蒜、白芷恰恰是尝百草发现种植药食两用植物的史实；《断肠草》"黄藤"则反映的是神农不幸中毒身亡的史实；《天子坑》《天子坟》《兔子冲》反映的是神农去世后部族百姓对他的缅怀和崇敬之情。

从民间故事的分布圈，可以大致勾勒出神农氏及其后人在茶陵活动的轨迹。流传在云阳山、潞岭、茶山一带的传说以及赤松山、赤松丹井、祈丰台、天子山、天子坑、天子坟、兔子冲、灵雀亭等地名"灵迹"，传诵着神农氏教民耕织、尝味百草、采药济民的不朽功绩。流传在云阳山周围地区的抬狗求雨、舀干五雷池求雨、舞火龙驱虫害、送火把定耕等民俗活动，则寄托了茶陵人对炎帝的信赖。流传在洣水流域与炎帝下葬的传说和地名，铭刻着茶陵人对炎帝的怀念和崇敬。

4. 茶陵是全国唯一的以茶命名的县　"茶陵"得名有三说：一说，"茶陵者，所谓陵谷生茶茗焉。""茶陵者，所谓陵谷名焉"①。此"陵"源于"陵谷"之"陵"，意即大阜。二说，"以地居茶山之阴，故曰茶陵"②。三说，因炎帝"崩葬长沙茶乡之尾""炎帝葬于茶山之野"而得名。云："炎帝葬于茶乡鹿原陂，茶陵故得名。"此"陵"为炎陵之"陵"，即陵墓。三说都与茶有关，皆因茶而起。

5. 茶陵是中国有史可证的最早的"茶乡"　茶陵是全国有文献记载为证的最早以

---

① （北宋）乐史撰，王文楚校：《太平寰宇记》卷115，中华书局，2007年。
② （明）张治纂修：嘉靖《茶陵州志》，明嘉靖元年（1522）刻本。

"茶乡"闻名于世的地方。茶陵发现有茶祖茶林、青呈古茶林、祖孙古茶树、郴坑古茶树、峰仙古茶树、花潭古茶树等野生茶树种群，印证了神农采药得茶的传说；茶陵自古就是以生产茶叶闻名遐迩的"茶乡"；马王堆汉墓出土的茶叶来自茶陵；长沙马王堆一、三号西汉墓出土文物中就有茶叶、以茶做成的食品——苦羹和茶具，还有一副描绘皇室贵族烹用茶饮情景的帛画《敬茶仕女图》，一颗印文"茶矛"的封泥印鉴。长沙魏家堆第十九号墓出土的随葬品中有一方石章"茶陵"石印；早在公元前124年，汉室长沙定王之子刘欣为纪念神农氏，还在茶陵今八团乡修筑"茶王城"。至今，茶陵遗留有与茶有关的许多山水地名，如茶山、茶溪、茶江、茶水、茶干、茶园、茶冲、茶亭巷等。

此外，神农时代的击土鼓、尚青黑遗风，至今在茶陵仍有迹可循。神农时发明陶器，在祭祀时常以击"土鼓"为乐。《炎黄氏族文化考》曰："知陶器之兴，始于炎帝矣。初无乐器，缸为陶类，击之作响，式歌式舞，遂为乐器之祖。"茶陵人1949年以前每户神龛之上都置备一个铁磬，每逢吉庆、祭祀时都要击磬，此或为神农击土鼓之遗风。炎帝神农氏部族俗尚青（蓝）、黑之色。茶陵人自古保持着尚青、尚蓝、尚黑的习俗，不分男女老幼都穿戴青（蓝）黑二色，在湘西苗族亦然。

四、余论：神农是当之无愧的"中华茶祖"

关于神农为中华茶祖的提法和研究，茶界许多前辈已有诸多宏论。笔者非常赞同蔡镇楚先生以文化人类学为指导的观点，也高度认同林治先生"如果说人类文化的源头是原始人打制的第一件石器，那么人类茶文化的源头就是茶祖神农采摘的第一片茶叶"这样的论断。人类文明从制造工具开始，原始人打造的第一块石器，就是人类文明开始的标志。从这个角度看，神农氏"日遇七十毒，得荼而解"就是华夏祖先最早发现利用茶的开始。我们知道神农氏炎帝对华夏文明的起源做出了巨大的贡献，作为农耕为主的部族，炎帝被后世"追认"或"附会"为很多与农业生产、植物作物、食物有关的事物的发明先祖。茶业和茶文化是农耕经济和农业文明的一部分，以农耕之神为茶业鼻祖，符合中国农耕经济和农耕文明发展的历史实际。

关于神农的传说主要记载于《周易》《世本》《战国策》《孟子》《庄子》《韩非子》《商君书》；关于炎帝的传说主要见于《左传》《国语》《山海经》；在同一书中出现神农和炎帝的有《吕氏春秋》《礼记》《管子》《淮南子》。直到西汉末年，具有较高学术地位的刘歆撰《世经》时，首先明确地将炎帝和神农视为一人。他写道：炎帝神农氏"以火承木，故为炎帝，教民耕种，故天下号曰神农氏"。他按五行、五方、五季、五色之说，将太昊、炎帝、黄帝、少昊、颛顼"归类合并"，成为汉代统一人们思想的理论基础。后来东汉光武帝刘秀采纳了刘歆之说，使炎帝神农氏有了合法的地位。东汉以后的许多学者受其影响，多数沿袭了此说。如东汉班昭撰《汉书》，高诱注《吕氏春秋》《战国策》《淮南子》，三国韦昭注《国语》，西晋杜预注《左传》，皇甫谧撰《帝王世纪》，唐司马贞补《史记·三皇本纪》，都众口一词。

《周易·系辞》是对远古叙述较早、文字也较多的典籍，神农氏时代，教民农耕，植五谷，制耒耜，尝百草，创医药，"神农氏作，斫木为耜，揉木为耒，耒耨之利以教天下。"春秋《国语·鲁语上》："昔烈山氏之有天下也，其子曰柱，能殖百谷百蔬，夏之兴也，周弃继之，故祀以为稷。"三国韦昭注："烈山氏，炎帝之号也"。战国《世本·卷九》："神农和药济人"①。《纲鉴易知录》："民有疾，未知药石，炎帝始草木之滋，察其寒、温、平、热之性，辨其君、臣、佐、使之义，尝一日而遇七十毒，神而化之，遂作文书上，以疗民疾，而医道自此始矣。"②《广博物志》："神农始究息脉，辨药性，制针灸，作巫方。"③

　　总之，从历史事实、人文传统、民族感情等方面看，炎帝神农氏为"中华茶祖"这个公论是可以接受、毋庸置疑的。根据国家重点工程的夏商周断代工程的研究成果，结合三皇五帝时代，则炎帝所在的时代（前3216—前3077年）是在距今5 200多年，也就是大致与良渚文化不相上下，处在华夏文明的曙光升起之际。现在我们尊崇炎帝为"中华茶祖"，湖南茶陵为"神农故里"，是有理有据的。后世茶树分布、茶叶出产的主要地区，与神农作为当年的南方部落首领、其活动地区大多在江南一带是一致的。神农的活动年代，与我国南方地区的上古文明起源也是基本一致的，而且得到大溪文化等众多考古发现的实证。加上唐陆羽《茶经》称"茶之为饮，发乎神农氏"，神农作为"中华茶祖"是经得起历史检验的。

参考书目

梁葆颐等修，谭钟麟纂：《茶陵州志》二十四卷，同治十年（1871）刻本。

佟国瑜主修，罗士彝等纂：《炎陵志》十卷，三秦出版社据道光刻本2007年线装本。

林愈蕃纂：《郦县志》，清乾隆三年烈山书院藏版，周新发校注西安出版社2011版。

徐国相等修，宫梦仁等纂：《湖广通志》八十卷，康熙二十三年刻本。

茶陵县地方志编纂委员会编：《茶陵县志》，中国文史出版社，1993年。

王俊义主编：《炎黄文化研究》第五辑，大众出版社，2007年。

唐家钧、张前荣编著：《炎帝陵史话》，中国戏剧出版社，2002年。

曹敬庄编，帅伯髦注：《炎帝与炎帝陵》，湖南人民出版社，2001年。

曹敬庄主编：《炎帝传说故事》，湖南人民出版社，2001年。

周新发编著：《炎帝春秋》，岳麓书社出版社，2003年。

　　（本文系为2018年中国国际茶文化研究会、株洲市政府等在湖南茶陵举办的第15届国际茶文化研究会而撰的论文，精简稿收录会议论文集《茶惠天下》，浙江人民出版社，2018年11月。）

---

① （清）秦嘉谟辑：《世本八种》卷九，书目文献出版社，2008年。
② （清）吴乘权：《纲鉴易知录》卷一《炎帝神农氏》，中华书局1960年校点本。
③ （明）董斯张：《广博物志》卷二十二引《物原》，岳麓书社，1991年。

徐福东渡求仙采药与早期
东北亚药茶的传播

长生不老是人类违背自然规律的美好愿望，古今中外人类对长生不老方法的探求从不间断。从古埃及法老的"木乃伊"制作到古代中国道家的"仙药金丹"，从"细胞再生""大脑潜能"等生命学说到"纳米"修补、"基因"置换等生物工程技术，可谓孜孜以求，不遗余力，却迄无结果，都以失败而告终。值得注意的是，在众多有关神话传说、历史故事中，史称"千古一帝"的秦始皇苦苦寻求长生不老药的故事流传最广，影响也最大，而且与"百药之长"的茶及其原初形态也有着特殊的渊源，值得茶学界关注。

一、秦始皇诏求"长生不老药"和徐福东渡求仙采药

西汉历史学家司马迁在他的不朽历史著作《史记》中记述说：秦始皇二十八年（公元前219），一统天下、志满意得的秦始皇登封泰山后来到琅琊台时，曾下诏天下寻求"长生不老之药"。齐地（齐国，今山东一带）方士徐福上书说：东海之中有"三神山"，名蓬莱、方丈、瀛洲，岛上有神仙和仙草。秦始皇闻讯大喜，便派徐福率童男童女"入海求仙人"。将近10年之后，也就是始皇三十七年底，当秦始皇东巡上会稽（今浙江绍兴会稽山）、祭大禹后沿海北上再到琅琊时，因"入海求神药，数岁不得，费多，恐谴"的徐福等人，又来"忽悠"秦始皇说：蓬莱山的仙药可得，只是为海中大鱼所阻，请求派善射之士用连弩射杀大鱼。恰好梦见自己与海神激战的秦始皇向博士占梦后信以为真，居然从琅琊台到荣成山一路沿海北上，派弩手入海侯鱼，却终不得见，直到芝罘方见巨鱼，射杀之后再沿海西行。不久，求药不得的秦始皇在平原津得病，次年七月暴毙于沙丘平台。他的长生不老梦破灭了，他的大秦帝国也没能如他所希望的那样"二世三世至于万世，传之无穷"。

事实上，想长生不死的秦始皇被方士"忽悠"远不止此。据说徐福首次出海回来，曾对秦始皇声称曾到蓬莱山，见到海神，请求"延年益寿药"，海神嫌秦始皇礼太薄而不给。秦始皇又派遣他携带童男童女三千、百工及武器、谷种等出海。不料徐福一去不返，找到一片"平原广泽"，自立为王。不过，在始皇三十五年时，秦始皇曾自曝自己以前征召天下"文学方术士甚众"，目的是粉饰太平，让方士们"求奇药"，但徐福等入海求仙药"费以巨万计"，却"终不得药"，只是"奸利相告"，深感失望。除了徐福等，还有侯生、卢生者，自称"求芝、奇药、仙者常弗

遇"，原因是有物相害，要求取奇药，必须避恶鬼，让"真人"出世，诱导秦始皇要像修道"真人"那样幽居简出，"所居宫毋令人知，然后不死之药殆可得也"。求药心切的秦始皇深信不疑，表示自己很钦慕真人，从此不称"朕"而自称"真人"，还下令都城咸阳周围二百里内270所宫观全部建造"复道甬道相连"，以遮人耳目，有泄露其行踪者治以死罪。侯生、卢生觉得不可一世的秦始皇"刚戾自用"，又如此"贪于权势"，认为"未可为求仙药"，就偷偷逃走了。秦始皇闻讯，勃然大怒，一气之下坑杀了460余"犯禁者"，以前所收"天下书不中用者"付之一炬。真是不说不知道，一说吓一跳，原来这"焚书坑儒"的直接起因，居然是因为长生不老药求而不得之故①。

历史上，追求长生不老药的绝不止秦始皇一人。早在战国时期，齐威王、齐宣王和燕昭王便派人入海寻"三神山"，求"长生不老药"。隋炀帝杨广、唐宪宗李纯、唐穆宗李恒以及明世宗朱厚熜等人，都为长生不死贪服道家的"金丹"而中毒身亡，未尽天年。

大秦帝国灭亡后，历代关于"徐福东渡"的故事，屡见史载。《汉书》《后汉书》《三国志》②等史籍中都有关于徐福率童男童女出海求仙的记载，有的则说他到了夷洲（今台湾岛）、澶洲（今澎湖列岛）；唐代诗人李白、白居易的诗③中也提到过徐福出海，只不过这些史籍和诗词中都没有确定徐福到的就是日本。最早把徐福出海与东渡日本联系起来的，是五代义楚和尚。他在所撰《六贴》一书中不但说徐福到了日本，而且说那里有座富士山，"亦名蓬莱"，这样便和司马迁所说的"三神山"联系上了④。此后，宋、元、明、清各代文人墨客的许多诗词文章中都把徐福奉为中日文化交流的先驱⑤。

学术界对"徐福东渡"的性质众说纷纭，有"避祸说""反对苛政说""行骗图利说""开发海外说""海外移民说"，但最主要、最直接的是"寻仙采药说"，认为徐福东渡是探索人生长寿之道的实践和考察访问活动⑥。在中国民间，尤其在山东荣成、诸城、即墨各县和江苏连云港、赣榆和浙江慈溪一带，都流传着不少关于徐福东渡的传说。近年来，还有学者考证认为，江苏北部赣榆区的徐阜村或山东黄县的徐乡就是秦代徐福的故乡，浙江慈溪达蓬山是徐福东渡起航地，山东即墨沿海徐福岛是徐福东渡时船只避风处。

---

① 司马迁：《史记》卷六《秦始皇本纪》第六，始皇二十八年、三十五年、三十七年条；卷一百一十八《淮南衡山列传》。

② 东汉班固《汉书·郊祀志》和《伍被传》，范晔《后汉书·东夷传》，《三国志·吴主传》吴大帝黄龙二年条。

③ 李白《古风》五十九首之一《秦王扫六合》，白居易《长恨歌》。

④ 义楚《六帖》记载："日本国亦名倭国，在东海中。秦时，徐福将与五百童男、五百童女止此国，今人物一如长安……又东北千余里，有山名富士，亦名蓬莱……徐福止此谓蓬莱，至今子孙皆曰秦氏。"

⑤ 宋代欧阳修、司马光《日本刀歌》，元代诗人吴莱《听客话熊野徐福庙》，明太祖朱元璋与日本僧人绝海中津唱和诗、陈仁锡《皇明世法录》、刘仲达《刘氏鸿书》，清代黄遵宪《日本国志》等都有记载。

⑥ 李江浙：《徐福东渡考》，《徐福文化集成·徐福东渡钩沉》，山东友谊出版社1996年版。

除了中国东部沿海，朝鲜半岛和日本列岛也有大量徐福遗迹。韩国济州岛流传着徐福东渡途经此地祭祀太阳的传说，认为汉拏山就是"三神山"中的"瀛洲"，有"朝天石"刻石、朝天馆、朝天邑、"徐福过此"摩崖题刻等史迹①。在日本，公元前2世纪到公元前3世纪的"弥生文化"，普遍认为是传自战国和秦汉时期的中国移民"渡来民"，至今日本人以秦和徐为姓氏的有17个，不少日本人认为自己是徐福的后裔，其中最著名的就是前首相羽田孜。徐福从中国带去的种桑、养蚕、纺织、捕鱼、种稻、制造金属工具等先进生产技术和先进的中国文化，受到日本人民的崇敬，奉为农神（司耕神）、蚕桑神（纺织神）、医药神（药王），被尊为"神武大帝"，有关"神武东征"的传说也广为流传。日本不少地方都有关于徐福的遗迹和故事。据统计，日本现有徐福陵墓5座，祭祀庙祠37座，因徐福登临而得名的蓬莱山有13座，各种遗址和出土文物数以百计，其中大多数分布在西海岸。各地历代传承和近代成立的徐福纪念组织和研究机构就有90多个，祭祀节典和仪式多达50多个②。

二、"徐福茶"与中药"天台乌药"

特别值得一提的是，日本和歌山县新宫市不仅有徐福墓、徐福庙、徐福会和一年一度的徐福祭等众多遗存，还有一座小山被称为"蓬莱山"，相传徐福曾来此山采取长生不老的草药。据新宫徐福研究会介绍，这里出产的一种"天台乌药"就是当年徐福要找的长生不老药，用它的根茎叶子加工制作的"徐福茶""徐福罗漫果酒"是当地人们普遍饮用的保健饮品，经常喝的人都健康长寿。据日本医药研究，天台乌药属于樟科常绿灌木，具有迄今发现的最高等级的强力过氧化消除效果，能有效清除体内过剩的活性氧，防治细胞老化和阿尔茨海默病、帕金森氏症以及各种炎症、癌症，因此是名副其实的长生不老药③。

如果说秦始皇派徐福入海东渡苦寻"长生不老药"是一个历史传奇，那么，同样富有传奇意味的是，两千多年后，这"长生不老药"作为国礼由邓小平带回中国。1979年早春时节，时任国务院副总理邓小平访美归来路过日本，日本和歌山县新宫市市长漱古洁将三盆日本的"天台乌药"苗作为国礼赠给邓小平，以表达日本人民对中国人民的感情④。1982年，时任日本首相福田赳夫访华时，又把"天台乌药"的常绿树木赠送给我国领导人。2002年笔者访问新宫时，当地徐福会会长、90多岁高龄的奥野利雄先生特意赠送一包天台乌药的种子给我，回国后我把种子埋在西湖孤山上，可惜没有发芽育成种苗。

在中国，所谓的"长生不老药"有好几种说法，诸如道家的"金丹"，中药的"何首乌"，民间的"太岁"（肉灵芝），如此等等，不一而足。无独有偶，在日本濑户

---

① 杨正光：《赴日韩实地考察徐福东渡遗迹证实徐福确实到达日本》，载《中日关系史研究》1998年第一期。

② ［日］山本纪纲：《徐福东来说考》《徐福的风俗信仰在日本生根》，谦光社昭和五十四年（1979年）出版。

③ 鲍志成：《徐福东渡——秦汉时期中国海外移民和日本"渡来民"的传说》，《一衣带水两千年》，西泠印社出版社，2006年。

④ 《日本朋友请邓副总理把"长生不老药"苗带回中国》，《人民日报》1979年2月7日。

内海的一座名为祝岛的小岛屿上，传说也有一种叫"千岁"、俗称"窠窠"的长生不老果，大小如核桃，汁浓味甘，相传食之者可千年不死，即便闻一闻，也可以增寿三年三个月，其实这种"千岁"就是"野生猕猴桃"，把它当作长生不老药不足信据。而"天台乌药"不仅日本有此一说，在中医药历史上也是其来有自、流传有序。

天台乌药是一种产于浙东名山天台山的名贵中药，中医入药已经两千多年。相传东周灵王太子乔就因获天台山浮丘公密赐灵药（天台乌药）后得道升天，号为"桐柏真人"，理金庭洞天。东汉明帝时有剡县（今新昌、嵊州）人刘晨、阮肇入天台山采药遇到仙女赠仙药——天台乌药的故事[①]。唐代高僧鉴真第四次东渡日本失败时曾落脚天台山国清寺，获赠 11 种名贵药品和 59 种中草药，后来到日本后用其中的天台乌药治愈了光明皇太后经年不愈之疾，鉴真因而被尊称为"神农"，天台乌药被誉为"长生不老药"。唐蔺道人所著中国现存第一部骨伤科专著《理伤续断方》中的"鳖甲散""乌丸子"等处方中，都用天台乌药配伍。宋代苏颂编辑的本草学专著《本草图经》，首次明确确认乌药"以天台者为胜"。元代天台乌药被列为天台岁贡之品，"金元四大家"之一的李杲在其《医学发明》中著录了后世著名的"天台乌药散"一方。到明代，集中医药之大成的李时珍在《本草纲目》中认为，天台乌药"上理脾胃元气，下通少阴肾经"，有补中顺气、开郁止痛、温肾散寒的功效，从此以天台乌药为主的药业兴起，长盛不衰，清乾隆年间天台县城还建立了药皇庙。

天台山钟灵毓秀，自古号称"佛宗道源"，更以出产"天台乌药"等十余种名贵药材而闻名中医药界。或许正因为有此出产，天台历代高寿者代不乏人：唐代寒山子 100 多岁，司马承祯 89 岁，宋代张伯瑞 98 岁，清代范青云 142 岁，高东篱 151 岁……这真是"天台乌药"缔造的一个延年益寿、长生不老、真实不虚的美丽神话。

那么这种久负盛名的"天台乌药"究竟是一种什么植物呢？《辞海》中是这样描述的："乌药，樟科。常绿灌木或小乔木。叶革质，椭圆形，有三大脉，下面灰白色，被毛。春季开花，花小型，淡黄色。雌雄异株，伞形花序。果实黑色。分布于我国中部和东部。叶和果可提芳香油。"这里说中医药以根入药，其根为何？中药典籍云：天台乌药块根呈纺锤形，略弯曲，长 5～15 厘米，直径 1～3 厘米。表面黄棕色或灰棕色，有细纵皱纹及稀疏的细根痕。质地坚硬，不易折断，断面棕白色。气芳香，味微苦、辛，有清凉感。切面黄白色至淡黄棕色而微红，有放射纹理（木射线）和环纹（年轮），中心颜色较深。正由于天台乌药色白、质嫩、气芳香，其品质居全国之冠。传统中医药学的性味理论认为，天台乌药性温味辛，入肝、脾、肾经，有顺气止痛、开郁除胀、温肾散寒的功效，能治气逆喘急、胸腹胀痛、宿食不消、反胃吐食、寒疝脚气、膀胱虚冷、小便频数、痛经等症。乌药除配方外，尚能配制成多种成药，如乌金散、开胸顺气丸、乌药散、香附散、木香顺气丸、十香止痛丸等。乌药的多种成分

---

① （东晋）干宝《搜神记》汉明帝永平五年、南朝刘义庆《幽明录》东晋太元八年相关记载，贵州人民出版社，2008 年。

具有改善人体新陈代谢，增强人体各器官功能的效用，能对体内代谢的产物进行及时的分辨和离析，而同时将人体急需的各种生命成分进行有效的纳补，从中医的角度来阐述，就是能对人体进行有效的"清""补""调""和"。

现代生物医学研究表明，乌药中化学成分主要为挥发油、异喹啉生物碱及呋喃倍半萜及其内酯三大类。乌药根、叶、果皮及种子中均含有挥发油，挥发油中主要组成大多为常见的单萜和倍半萜类化合物，含有乌药烷、乌药烯、乌药酸、乌药醇酯、龙脑等化学成分。据药理分析，乌药内服时，挥发油有兴奋大脑皮质、促进呼吸、兴奋心肌、加速血循环、升高血压及发汗的作用，局部外用使局部血管扩张，血循环加速，缓和肌肉痉挛性疼痛。对金黄色葡萄球菌、甲型溶血性链球菌、伤寒杆菌、变形杆菌、绿脓杆菌、大肠杆菌均有抑制作用，具有有效的抗菌、抗病毒作用。

以根入药的传统中医药和现代医药化学测定，都从药物学或药理角度验证了天台乌药的独特功效。其实在原始采集经济时代的茶药起源阶段，先民最初对乌药的饮用，很可能是从采集具有芳香气味的乌药叶子当作茶药之饮开始的。这既从中医药茶药同源、本草源自百草的历史事实得到印证，也可从日本新宫流传至今的"徐福茶"作为保健茶饮得到启发，还可从考古发现成果和现代药理学的检测分析得到确认。

三、河姆渡遗址出土原始药茶樟科植物遗存的新认识

在距今 7 000 年的河姆渡文化遗址的两次发掘中，第四文化层中出土了很多种类植物的堆积，经鉴定其中"樟科植物的叶片数量最多，显然是人工采集留下的堆积"，甚至还有"整罐的樟树叶出土"[①]。中国茶科所原所长、著名茶学家、茶文化学者程启坤先生认为，这些樟科植物的枝叶是一种"非茶之茶"，是先民废弃的原始茶的残渣，是具有解渴、药用功能的"原始药茶"[②]。尽管这些鉴定出来的樟科植物遗存，还没有确定是否是同样属于樟科植物的"天台乌药"，也与常人所知的樟树或香樟树（日本称楠）有所不同，但是从出土堆积物中已经鉴定出来的细叶香桂、山鸡椒、江浙钓樟[③]等同属樟科植物，其叶子、花果都具有独特而浓郁的芳香气味看，确实是与天台乌药相吻合的共同特征。

樟古称檀，《诗经》里的诗句"坎坎伐檀兮置之河之干兮"，或许是上古先民采集樟科植物茎叶当茶药饮用的遗风。而中药鼻祖桐君在《桐君录》中"俗中多煮檀叶并大皂李作茶"的记载，恰好印证了程启坤先生的推断和日本"徐福茶"的事实。李时珍《本草纲目》也认为："樟，辛温，无毒，主治霍乱、腹胀，除疥癣风痒、脚气。"从中医药分析看，这些樟科植物恰恰具有这样的功效。这说明，至少早在新石器时代中国东部沿海一带先民以樟科植物芳香树叶为原料来煎煮当作药茶饮用，不仅有文献记载，而且还得到考古发现的证实。

①③ 俞为洁、徐耀良：《河姆渡文化植物遗存的研究》，《东南文化》2000 年第 7 期（总 135 期）。
② 赵相如、徐霞：《古树根深藏的秘密——综述余姚茶文化的历史贡献》，《茶博览》2010 年第 1 期（总 81 期）。

　　日本冈山大学教授森昭胤测定，天台乌药叶所含消除人体过氧化物的超氧化歧化酶含量为 115.3±5.4SOD 单位，银杏叶为 63.4±0.7SOD 单位，黄酮类化合物为 99.2±14.2SOD 单位，大大超过银杏树叶和黄酮类化合物。中国药科大学和沈阳药科大学通过研究，从天台乌药叶中分离并鉴定出 18 个化合物。山东大学通过人体临床实验表明，乌药叶茶能提高机体的抗氧化能力，其机理在于降低体内氧自由基的生成，阻断其引发的氧化反应和过氧反应，同时也使机体 DNA 的氧化损伤得以减轻。人类衰老包括癌症等多种疾患的一个基本原因，是生命有机体构成物质的氧化（或俗称的老化）及其导致的器官和功能的衰退。因此，含有丰富抗氧化成分、具有强烈抗氧化功效的樟科植物包括天台乌药的叶子，是先民较容易获取、便于加工制造，也是符合原始采集时代经济特征的茶药饮原料，后世中医药发展和民间茶饮都曾保存、流传着这种早期茶药之饮的遗风，并且很可能随着徐福东渡带到了日本，成为广为人知的具有延年益寿功效的名副其实的"长生不老药"。而且，河姆渡遗址出土的大量樟科植物堆积遗存，也不完全排除是"天台乌药"的可能，至少是同一科属或近似的药用樟科植物。

　　20 世纪 80 年代以来，浙江省慈溪市有关部门对慈溪、宁波、镇海等地历史文献和遗迹遗址进行了系统调查，发现《越绝书》《四明志》《慈溪县志》《镇海县志》等均有秦始皇东游至浙东和徐福从慈溪起航东渡的记载或传说，并发现了秦渡庵及摩崖石刻、十八磨坊（又称龙门坊）、徐村徐福庙、眺山庙、达蓬山及方士石、旗盘、望火塘、灵台石、达蓬桥等一大批集中珍贵的文物古迹，还编辑出版了《达蓬之路》《徐福与慈溪达蓬山》等专著、画册，这些考古发现和研究成果引起了全国徐福研究界的高度关注和肯定。也从另外一个侧面佐证了徐福东渡时从浙东河姆渡文化传承地区传播以樟科植物或天台乌药为原料的原始药茶采制、饮用方法到日本的可能性[①]。日本弥生时代的许多生产器具、文化形态来源于中国东部沿海地区，与之相关的诸多出土文物、历史遗迹、传说、习俗、姓氏等，也都有力地印证了这种可能性。

　　韩国学者曾称中日韩之间的环东海、黄海海域为"东北亚地中海"，早在先秦时期，这一海域周边的先民就开始利用洋流、季风，通过原始交通工具往来其间，形成环绕海岸的交通航线，这不仅为三国沿海地区发现的形制相似、年代相近的大量"支石墓"[②]所证实，也为中韩"原始竹筏海上漂流"[③]的壮举所证实。从广义的丝绸之路看，这是早于西汉张骞开通陆上"丝绸之路"近千年的东方"海上丝绸之路"的起

---

　　① 关于日本"天台乌药"的来源，究竟是原生的还是如传说的是徐福东渡时传入的，不能简单一概而论。从徐福东渡及其在日本的"医药神"崇拜，不排除乌药种子或种苗从中国东部传入的可能。据日本佐竹义辅等编、平凡社 1993 年版《日本野生植物（木本）》，天台乌药在日本关东地区包括静冈、爱知、纪伊半岛以及冲绳等地均有分布。

　　② 毛昭晰：《先秦时代中国江南和朝鲜半岛海上交通初探》，《东方博物》2004 年第一期，浙江大学出版社，2004 年。

　　③ 千勇：《浙江大学古代中韩海上交流史研究评述》，《韩国研究》第十二辑，浙江大学出版社，2014 年。

源。秦汉时期的"徐福东渡"正是在此基础上因多种原因而兴起的一波波海外移民浪潮的"历史记忆",而"长生不老药"是其共同的"文化符号",为后世"东亚儒家文化圈"形成开创先河。

(本文系第二届海丝文化国际青年学者联盟论坛论文,刊《全球视野下的海上丝绸之路研究——"第二届海丝文化国际青年学者联盟论坛"论文集》,中国社会科学出版社,2018 年 5 月;改写后以《"长生不老药"与"天台乌药"考论》为题参加 2016 年 12 月 23 日中国国际茶文化研究会、台州市茶文化研究会在台州举办的"葛玄与茶文化博览会高峰论坛"。)

陆羽隐居苕溪和《茶经》著地的
研究及存在的问题

陆羽一生充满传奇，他半士半僧的特殊身份，半隐半显的生平行迹，使他的生平事迹存在不少虚疑之处。尤其是他隐居苕溪之滨撰著《茶经》的事迹，堪称他一生最为辉煌阶段，但历史记载却是片言只语，语焉不详，导致今世学界纷争不休。

一、陆羽隐居、著经的史料记载

从历史文献记载看，最确凿可信的第一手资料，当属陆羽自撰的《陆文学自传》，内称："上元初，结庐苕溪之湄，著《茶经》三卷"①。其次是《唐才子传》之"陆羽"篇："上元初，结庐苕溪上，自称'桑苎翁'，著《茶经》三卷。"② 再就是《唐书·隐逸传·陆羽》："上元初隐苕溪，自称'桑苎翁'，著经三篇。"《新唐书》卷一百九十六《陆羽传》："上元初，更隐苕溪，自称'桑苎翁'，著《茶经》三篇。"由此可见，陆羽本人和唐代正史所记，基本内容一致：上元初年，陆羽结庐隐居苕溪之滨，自称"桑苎翁"，著《茶经》三卷（篇）。

到南宋以降，湖州、杭州一些地方志也开始著录陆羽隐居著经事迹。《嘉泰吴兴志》谈志十八"桑苎翁"条："唐陆羽，字鸿渐，初隐居苎山，自称'桑苎翁'，撰《茶经》三卷。常闭户著书，或独行野中，诵诗击水，徘徊不得意，或恸哭而归，时人谓今之'接舆'。"清光绪《湖州府志》卷九十《人物传·寓贤》"陆羽"条："上元初，隐苕溪，自称'桑苎翁'。阖门著书，或独行野中，诵佛经，吟古诗，杖击林木，手弄流泉，徘徊不得意，或恸哭而归。贞元末卒。羽嗜茶，著《茶经》三篇。……（《唐书·隐逸传》）"。《乌程县志》卷二十三《寓贤·陆羽》条："上元初隐苕，自称'桑苎翁'，著《茶经》三篇。"上述湖州地方志所记，材料基本来自唐代正史，主要史实没有太大的出入，陆羽在上元初年隐居苕溪著《茶经》是没有疑问的。只是《嘉泰吴兴志》"初隐居苎山"一语，指出了具体隐居地点，但苎山在哪里，后来又隐居到哪里，没有交代。

清《余杭县志》卷二十八《寓贤传·陆羽》云："上元初隐苕上，自称'桑苎翁'。时人谓之'接舆'。尝作灵隐山二寺记，镌于石（《钱塘县志》）。羽隐苕溪，阖

---

① 《文苑英华》卷七百九十三《陆文学自传》，《四库全书》本。
② 《唐才子传》卷八《陆羽》，《四库全书》本。

门著书，或独行野中诵诗，不得意或恸哭而归（吕祖谦《卧游录》）。吴山双溪路侧有泉，羽著《茶经》，品其名次，以为甘洌清香，堪与中冷、惠泉竞爽（旧县志）。"《余杭县志》卷十《山水·陆羽泉》："县西北三十五里，吴山界双溪路侧，广二尺许，深不盈尺，大旱不竭。唐陆鸿渐隐居苕霅，自号'桑苎翁'，著《茶经》其地。常用此泉烹茶，品其名次，以为甘洌清香，中冷、惠水而下，此为竞爽云。"清《杭州府志》卷二十六《山水》"陆羽泉"条："在县西北三十五里，吴山界双溪路侧，广二尺许，深不盈尺，大旱不竭，味极清洌（嘉靖县志）。唐陆鸿渐隐居苕霅，著《茶经》其地。常用此泉烹茶，品其名次，以为甘洌清香，中冷、惠水而下，此为竞爽云（《余杭县志》）。"《灵隐寺志》卷五《陆羽》："上元初，隐苕上，自称'桑苎翁'。或独行道上诵诗，击水（木）徘徊，不得意则恸哭而返，是谓为'接舆'也。"从明清以后余杭方志所记内容看，在原来基础上出现了另一个明确的隐居地——陆羽泉，而"隐居苕溪"的笼统说法也有了一个新的版本——"苕霅"。所谓"苕霅"，应是苕溪和霅溪二溪的并称；苕溪流经余杭、湖州，而霅溪在湖州。

综观前揭有关史料，第一手资料记载的时间、事迹并无疑问，只是地点有点笼统。到南宋以后杭湖两地方志所记，人物、事迹基本一致，但在隐居地点上出现了具体地名，即南宋《嘉泰吴兴志》的"苎山"，明清《余杭县志》的"陆羽泉"。从总体而言，是在一个笼统的地域概念里出现了两个具体的地点，实际上并未突破地理范围。产生第二种新的说法，只是在大范围里面有了两个相对具体的地点。有人认为，根据史料排比，关于陆羽的著经之地大致有六种说法，显然只是罗列而未加辨析而已①。

二、陆羽隐居、著经地的研究和争论

长期以来，史界对陆羽隐居苕溪之滨、撰著《茶经》并无歧义，也并未引起学界深究。自从20世纪80年代初王家斌和沈根荣根据60年代中期发现的《晚窗余韵钞略》有关"陆羽泉"史料，考证整理发表《苎翁泉——陆羽在浙江的轶事》一文，陆羽隐居苕溪、撰著《茶经》的观点，就开始引起茶学界关注，张堂恒、庄晚芳等著名茶学专家都撰文参与讨论。尤其是近10多年来，围绕陆羽隐居、著经之地的研究和争论，持续不断，形成"余杭说""湖州说"，迄今尚无定论。究其实质，关键在于对"苕溪"地望所指及"苕霅"何指，以及"苎山"何在等研究解读，各执己见，互相否定。

1. 陆羽隐居著经地"湖州说"　湖州陆羽茶文化研究会曾发布有关争议的综述及

---

① 余杭史志：《再论陆羽写〈茶经〉之地》云："根据赵大川先生的考查，从《唐书》《新唐书》《陆文学自传》《唐才子传》《乌程县志》《湖州府志》《吴兴志》《太平广记》《宋史艺文志》《余杭县志》等古籍的记载，关于陆羽的著经之地大致有六种说法：①上元初结庐苕溪之湄，自称桑苎翁，著《茶经》三卷。②上元初更隐苕溪，自称桑苎翁，著《茶经》三篇。③上元初结庐苕上，自称桑苎翁，著《茶经》三卷。④初隐苕霅，著《茶经》其地（《余杭县志》独家记载）。⑤初隐苎山，自称桑苎翁，著《茶经》三卷（《吴兴志》独家记述）。⑥双溪路侧有泉，羽著《茶经》，品其名次（《余杭县志》独家记载）。"

辩证文章，内称："陆羽在何处著《茶经》，更确切地说是在哪里完成这部书的撰著，多年来比较一致的说法，是在陆羽定居时间最长、生活环境较安定的湖州。"作者认为："研究《茶经》重要着眼在它的学术贡献，撰写地对其学术价值的影响并不太大，所以提出疑义的并不多。"作者不无遗憾地指出："近几年争论的声调却越来越高，有些人为某个旅游景点找到一些所谓'证据'，就挂上'陆羽著《茶经》处'的牌子。说白了，其目的在为景点涂脂抹粉，招徕游客。这种做法，纯从眼前功利出发，争论的学术意义并不高。"

稽发根、曹云《陆羽茶经在湖州写成——对"余杭说"的辩驳》一文[①]被湖州方面视为"论定之作"，其主要辩驳论点有三个方面：

一是历史上众多的舆地典籍和流传的诗文中，都以苕溪指代湖州；尤其雪溪为湖州独有，毫无疑问"苕雪"只能指湖州。"余杭说"从《临安志》中找到南宋文官洪咨夔（1176—1236，於潜人）的一篇以抒情为主的随笔中有"余杭苕雪之津会"字样，便认为这"苕雪"亦可指代"余杭"的"权威注释"。殊不知即使洪咨夔是舆地专家，未举佐证就凭空写出这样的言辞，也不可能得到公认。

二是有人把旧《余杭县志》中"陆羽泉"的条目中提到"著《茶经》的陆羽"曾"品其（泉）名次"，曲解为陆羽就是在这里著《茶经》的明证；再从县境内寻找有"苎"字的地名，附会这便是"桑苎翁"的隐居著书处。另一方面，毫无根据地说丝绸之府、纺织业素负盛名的湖州不可能有与桑、苎有关的地名，陆羽"只能"在余杭自号"桑苎翁"。这样的文字游戏，几近荒唐霸道了。

三是把余杭尤其径山说成自古以来就是名茶产地，所以陆羽选定在此著《茶经》。而《茶经·八之出》中列举了杭州临安、於潜二县，钱塘天竺、灵隐二寺的产茶，却没有提及余杭或径山（当时径山寺还未建），因为那时那里并不以产茶名世，对陆羽不具备考察、定居的吸引力。

文章在综述了隐居著经地的辨析后，把讨论的焦点转移到《茶经》本身。作者认为："讨论陆羽在何处著《茶经》，必须着眼于《茶经》本身的内容。有人简单地判定，《茶经》总字数不过六七千，现在用电脑写三天就能敲出来，古人用毛笔写十天半月也行了，随便找个安静角落写出来不就行啦？而仔细阅读和研究过《茶经》的读者，就会为这部书充满实践经验、语言平实精练、实用性极强的丰富内容所倾倒，进而赞叹并理解此书自古至今成为茶业界奉为经典著作的原因。《茶经》的撰写，是一系列实践考察、亲手操作、不断总结经验、梳理、提炼、充实的较长期的过程。"

作者以欧阳勋《陆羽生平大事年表》（以下简称《年表》）为准，探讨了陆羽此书撰著、修改、充实过程中的环境和顺序：

"《年表》中与余杭直接有关的重要年份为：上元元年（760）初隐余杭苎山，著《茶记》一卷，不久寓居径山双溪。当年秋，迁居乌程，史称'更隐苕溪'"。即逗留

---

① 湖州《陆羽茶文化研究》，2005 年第 15 期。

余杭数地总共时间不过半年。永泰元年（765）《茶经》初稿脱稿，依据是"四之器"中的"风炉"足上有"圣唐灭胡明年铸"字样。"安史之乱"平息于广德元年（763），陆羽次年铸炉，推论其在次年写进书里。大历十年（775），青塘别业落成，修订《茶经》三卷。建中元年（780），《茶经》付梓。即从形成初稿到定稿，至少经历了 15 年时间。

《茶经》的核心内容是有关茶的种植、采制、煮饮的具体技艺。"一之源"介绍了茶树的艺（种）植要点。"二之具"和"四之器"罗列二十种采茶、制茶的"具"和二十五种煮茶、饮茶的"器"。每件器、具，都不厌其烦地介绍它的质地、性状、功能、使用方法及其他注意事项。"三之造"细致地说明采茶的季节、气候、合格茶叶的形状以及制茶要领和注意事项。"五之煮"告诉人们煮茶的燃料、水、火候的要求，如何观察合适的水沸程度，以及酌茶要领。"六之饮"让人们知道饮茶的利弊、正确的饮茶方法和鉴别茶叶品质的本源知识。这些，都必须来源于较长期的实践经验和研究心得，空谈理论者决计写不出来。

按《年表》追溯陆羽青少年时的经历，他与茶结缘始于八岁时为龙盖寺智积长老煮茶。——顺便说说，陆羽九岁时便因"不愿学佛"而被责"历试贱务"，"牧牛一百二十蹄"，即三十头牛一个小孩放牧；十岁时"令芟剪榛莽"；十一岁就逃出寺院，说他那时煮茶已形成一成不变的"渐儿汤"独特风格。二十六年后，皇帝在宫中命陆羽煮茶，积公未见其人，上口就知道是陆羽所煮，近似神话。再者，按《年表》，那年陆羽主要在阳羡、丹阳一带活动，皇帝从数千里外把陆羽召进长安宫中（近一点是洛阳），没有别事，只为积公煮茶，也实在令人难以置信。以后，十四岁至十八岁，在火门山随邹夫子半工半读时"采茶煮茗"；二十岁至二十二岁与竟陵太守崔国辅交游，曾去豫、川等地，"较定茶水之品"。再往后，二十四岁开始，便是"安史之乱"，开始"秦人过江，予亦过江"的动荡生活，历经鄂、赣、皖、苏。直到"与吴兴释皎然为缁素忘年交"，寄身于杼山妙喜寺和皎然苕溪草堂，才有较安定的生活环境。也许可以认定，他当时"别茶品水"已颇有名气，不但能以此谋生，且可因此而结交士人。但仕宦中人如常州刺史李栖筠等仍以"野人"目之（见唐义兴县《重修茶舍记》），社会地位并不高。

陆羽能坐下来总结和记录他从实践中积累的丰富茶事知识，决不能忽视皎然的支持、帮助和督促（如皎然诗中曾有"楚人《茶经》虚得名"句）。皎然自己本来也可称为"茶僧"。他，或者也可以说是妙喜寺在顾渚山拥有的茶园（野生、园播，或二者兼有），正好成了陆羽艺植、采制成茶的实践基地，便于他充实、验证和筛选过去有积累但并不系统的培植、操作经验。佛寺饮茶为日常必需。陆羽还依靠皎然的引荐迅速结交了许多文士茶人，逐渐融入当地的上层社会，在煮饮技艺上方有精益求精的需要，故而下功夫总结和梳理出具、造、器、煮、饮的系列实用技艺和知识。讨论著《茶经》的时间和地点，决不能撇开他这一段经历。

陆羽著《茶经》的态度非常严谨。以"八之出"而言，其所列山南、淮南、浙西、剑南、浙东、黔中、江南、岭南八个产茶区，地域包括今鄂、湘、豫、皖、苏、浙、川、黔、闽、粤各省。但他又实事求是地注明，"其恩、播、费、夷、鄂、袁、吉、福、建、韶、象十一州未详。往往得之，其味极佳。"就是说，这十一州他只尝过当地产的茶，只因没有亲身去过，所以说"未详"。其余各地是亲自考察过的，所以能注明各处产茶山岭的小地名，并能品比出其茶质的等次。以《年表》所示的时序对照，他考察浙西湖州、常州义（宜）兴、宣州、杭州灵隐、苏州等地的茶事，都在"更隐苕溪"即迁居湖州以后；而浙东越、明、婺、台诸州，是在大历四年（769）他"采越江茶，督制茶叶"期间才能亲历的。这些内容，都不可能早在上元元年（760）逗留余杭时臆造撰写的。

"七之事"是《茶经》中篇幅最大的一章，内容为从经史典籍、释道书传、文人诗赋与杂录等方方面面摘辑的茶事典故和有关知识，涉及书目近五十种。要知道，中唐时期印刷品尚极稀罕，市面上基本没有印刷书籍流传。书籍都是以绢素或纸手抄的卷轴，只有少数书香传世的富贵人家，才可能有若干藏书。像陆羽这样出身贫寒、又辗转江湖的"野人"，有机会读了些书已属不易，根本不可能带一批卷轴书逃难。论者都认为，"七之事"的撰写，只能是他在湖州，参与颜真卿刺史从大历八年（773）起编写《韵海镜源》时或以后。因为只有这一阶段，他才有机会接触大量书籍而予以摘录，并能与饱学之士群体切磋并得到指点。《年表》对大历十年（775）他在刚落成的青塘别业修订和充实《茶经》内容的推定，是可靠而合乎情理的。关于建中元年（780）付梓一说，基于当时的印刷术条件，还是"十之图""以绢素或四幅或六幅，分布写之，陈诸座隅"说更为可信。那一年他也在湖州青塘别业居住，曾"往太湖探望李冶"。

作者最后说："一部书可以在较长时间内在不同的地方写作，但尾款的'著书处'通常是指定稿处。陆羽可能进行写作《茶经》或为写作做准备的考察、实践过的地方不亚于百处，也可以包括余杭的某地。如果在所有陆羽逗留过的地点都挂上'著《茶经》处'的牌子，不但无用，且贻笑大方。""按上述惯例，湖州最有资格享此称号的，是前几年在青塘大桥北堍重建的青塘别业。这里已成为国内外茶人景仰这位茶神的圣地、集会场所和旅游景点，但这里没有挂'著《茶经》处'的牌子，我认为也不需要挂。别业内的陈列、壁画、文字说明，已展示了陆羽在此居住时对创始我国茶文化事业各方面的贡献。著《茶经》是其中重要一项，但不是全部，没有必要只突出这一点。此外，陆羽在湖州曾居住并可能从事著作活动的地方还有：久已湮没尚未考定遗址的桑苎园、杼山妙喜寺、苕溪草堂；原是郡署东厅、历经重建还耸立于飞英公园内的韵海楼。如果纯为旅游着想，在原官署内的韵海楼也挂上'著《茶经》处'的牌子，不要说茶文化研究同人，就是湖州的普通老百姓也会感到滑稽。"

作者还呼吁："茶圣陆羽对茶文化的贡献属于全中国，也属于世界共有。他的足迹遍及半个中国。由于他在各地居留时间有久暂，考察和实践有深浅，流传在他著作中的分量有多寡，各地研究陆羽茶文化的深入程度也必然有差异。重要的是：地方茶人不应该永远停留于只为本地地方利益服务的层面上，甚至想让本地独占陆羽的光辉。陆羽毕生的考察和实践活动本无畛域之分，茶文化学人也急需放宽眼界，捐弃畛域之见，扩大视野。"①

2. 关于"陆羽泉"和"余杭说" 1964 年，浙江农业大学茶叶系学生沈根荣参加"四清"，在余杭县双溪乡偶得印有民国时当地乡贤孙绍祖的《晚窗余韵钞略》残页，内有"双溪十景诗"，诗曰："苕溪高隐乐如仙，不爱溪流偏爱泉；汤沸竹炉洗俗虑，令人想见苎翁贤。"诗前有序，提及陆羽著《茶经》在余杭双溪陆羽泉，并称详见《余杭县志》云。1976 年，此诗页辗转交至浙江农业大学茶叶系教授张堂恒手中，经多方考证，认为陆羽著《茶经》在余杭双溪陆羽泉。80 年代初，浙江省农业厅研究员王家斌和沈根荣曾将发现考证整理成《苎翁泉——陆羽在浙江的轶事》一文。文章参引《晚窗余韵钞略》云："苎翁泉呼陆家井，唐隐士陆羽自号桑苎翁，著有《茶经》传世。隐居将军山麓之泉畔。"还说："直到现在，双溪大队的老年人还叫这口泉井为'陆家井（即苎翁泉）'。"②

张堂恒也发表《陆羽泉记》一文，对此说表示赞同，并提出补证。他说："苕溪有东西两支，流经浙西临安、余杭等地，但遍访两溪三十年，未获陆羽遗迹。"在十年动乱"除四旧"时，《双溪十景诗》亦未能幸免，他的弟子沈根荣偶见其中记有"苎翁泉"，就撕下此页辗转送给他。他查阅余杭旧县志，有"唐陆鸿渐隐居苕霅，著《茶经》其地，常用此泉烹茶，品其名次，以为甘冽清香，中冷、惠泉而下，此为竞爽。"嘉庆《余杭县志》更记曰："陆羽泉，在县西北三十五里，吴山界双溪路侧，广三尺许，深不盈尺，大旱不竭，味极清冽。"张堂恒根据以上记载，"几经查访，果在双溪附近找到将军山，陆羽泉即在汽车站路侧。双溪在南苕溪与北苕溪会合处，余杭旧县志所记陆鸿渐'隐居苕霅'，当更确切。"③

这就是"余杭说"的来历。浙江农业大学庄晚芳教授在《茶叶》1982 年第四期发表文章，对《苎翁泉》一文提出"质疑"，认为陆羽《茶经》是在湖州写的。从那时开始，茶学界尤其是杭州与湖州茶学界的争论就开始了。其中值得关注的文章和观点，是赵大川《茶圣陆羽在余杭著茶经考》④，丁以寿先生对赵大川为主的余杭说论点，曾进行逐条辨析，把这场争议推向一个新高潮⑤。

与此同时，余杭文史界搜寻史料、附证风起，并有不少新的地方史迹发现。已故余杭文史学者俞清源《茶圣陆羽在余杭》一文，就苎山在哪里进行实地考察后确认：经过数次考察，"苎山即今余杭北门外舟枕仙宅村的田螺山、马头山。田螺山、马头山之名是今人按其山形叫出来的。所谓田螺山，因有 9 个小土丘紧密连在一起，形若一簇田螺而得名。所谓马头山，远观其山形若马头故名。田螺山、马头山在明代称

---

① 嵇发根、曹云：《陆羽茶经在湖州写成——对"余杭说"的辩驳》，湖州《陆羽茶文化研究》，2005 年第 15 期。

② 王家斌、沈根荣：《苎翁泉——陆羽在浙江的轶事》，《中国茶叶》，1982 年第 2 期。

③ 张堂恒：《陆羽泉记》，《茶叶》，1982 年第 4 期。

④ 赵大川：《茶圣陆羽在余杭著茶经考》，《农业考古》，2002 年第 4 期。

⑤ 丁以寿：《论陆羽与杭州——兼与赵大川等先生商榷》，《农业考古》，2005 年第 2 期。

前峰山。"① 杭州市茶科所钱时霖先生撰文《"苕霅"究竟为何地》，对明代嘉靖《余杭县志》"陆羽泉"条中所载"唐陆鸿渐隐居苕霅，著《茶经》其地"之"苕霅"提出质疑，认定"苕霅"指的是湖州，而非余杭。理由有三：一是苕霅是水名，即苕溪与霅溪，苕溪是余杭主要河流，但余杭并无霅溪；二是苕霅是地名，因余杭并无霅溪，故"苕霅"是湖州的专用名词；三是南宋嘉泰二年进士、刑部尚书、翰林学士洪咨夔之"苕霅即余杭"违反了上述二点，是错误的。对此，杭州径山陆羽茶文化研究会赵大川、金启明在《陆羽在余杭著〈茶经〉的依据——答〈"苕霅"究竟为何地〉》一文中列举史料予以辩驳，坚持认为"苕霅"是余杭别称②。王家斌查考史地资料后认为，霅溪，亦称霅川。清光绪《浙江通志》"霅溪"条载：在乌程县境内（今湖州市）。四水为一溪，自浮玉山曰苕溪，自铜岘山曰前溪，自天目山曰余不溪，自德清县前北流至南兴国寺曰霅溪。经过四十里流入太湖，这段水域称苕霅。张籍《霅溪西亭晚望》诗：霅水碧悠悠，西亭柳岸头。夕阳生远岫，斜照遂回流。吴兴耆旧尽，空见白萍州。晚唐诗人司空图有"宜茶偏尝霅溪泉"之句，还有一幅《霅溪图》。北宋韩驹题诗云："霅溪居士买山图，碧玉峰前碧玉湖。中有一丘容我老，暮年居士肯分无。"注曰：霅溪在浙江吴兴县南，景色清幽。1989 年湖州市诗词学会《苕霅诗声》创刊号，戴盟先生贺诗："诗声相伴水声流，苕霅流长永不休。碧浪摇篮怀六客，莲花吐艳满苹洲。"戴盟也认为"苕霅在湖州"。从上述资料可看出：苕霅应该是在吴兴县境内的一段水域，不在余杭县境内。但天目山南麓的东苕溪流经於潜、临安，余杭境内又分为南、北、中苕溪贯穿余杭，再转向北面德清，在吴兴南与安吉、长兴流下来的西苕溪汇合，共同流入太湖。因此，余杭应为东苕溪或苕溪之滨。作者认为："从唐代到南宋已经过四五百年时代变迁，唐代到现在已经有 1 200 多年历史变迁了，地名常有改废情况。时间过去很久很久了，要弄清一个历史问题，往往很不容易。古代名人往往有他的流动性，这里有他的寓所，那里也可能居住一段时间，陆羽'隐居苕溪之湄'，应该指东、西苕溪流域，没有讲'隐居苕霅之湄'。因此，'苕霅'在何处？对研究陆羽《茶经》来讲，也许并不是一个很重要的问题。"王家斌指出，苕溪、苕霅之争，实质是陆羽《茶经》是湖州写的还是余杭写的。"对于这个问题，不能简单结论：'在湖州写茶经'或'在余杭写茶经'而否定对方。陆羽在湖州居住时间很长，但他到过余杭的苕溪之滨。湖州与余杭都有陆羽著《茶经》的史迹。"③杭州市余杭区文管会林金木在自己"苦苦寻觅三四年"后，就"陆羽在余杭著《茶记》《茶经》的新依据""有不少新发现"。他援引赵大川著《径山茶图考》④ 有关"苎山""苎山桥"的资料，认为这是陆羽在余杭著《茶经》《茶记》的新证据⑤。

---

① 俞清源：《茶圣陆羽在余杭》，《农业考古》，2002 年第 2 期。

② 赵大川、金启明：《陆羽在余杭著〈茶经〉的依据——答〈"苕霅"究竟为何地〉》，《农业考古》，2003 年第 4 期。

③ 王家斌：《谈谈"苕溪、苕霅"及陆羽〈茶经〉的新观点》，《茶叶》，2004 年第 3 期（总 119 期）。

④ 赵大川：《径山茶图考》，浙江大学出版社，2005 年版。

⑤ 林金木：《陆羽在余杭著〈茶记〉〈茶经〉的新发现》，《农业考古》，2006 年第 5 期。

　　在众议纷杂、各执一词的情况下，余杭茶史界就争议论据做了梳理，以余杭史志名义发布《再论陆羽写〈茶经〉之地》一文。文章称，"茶圣陆羽离开人世已有 1 200余年，当代研究陆羽的著经之地凭什么？应凭历史的记载，否则只能是不切实际的凭空想象。"根据赵大川的考查，《唐书》《新唐书》《陆文学自传》《唐才子传》《乌程县志》《湖州府志》《吴兴志》《太平广记》《宋史艺文志》《余杭县志》等古籍记载的陆羽著经之地大致有六种说法，即上元初结庐苕溪之湄、更隐苕溪、结庐苕上、初隐苕霅、初隐苧山、双溪陆羽泉著经其地。前三种只讲苕溪的大范围，没有具体地点。第四种说在苕霅，有点含糊不清之味，"苕霅"两字反倒成了争辩的焦点。唯有后两种说法真正点明了陆羽的著经之地——苧山、双溪。"尽管它是独家之言，在没有找到更为确切的记载之前，这两则历史记载应该是我们认定陆羽著经之地的重要依据。"

　　《吴兴志》中的"苧山"是否就是余杭的苧山？赵大川查考湖州各种古志和地图，没有找到苧山的记载，而余杭有苧山。《余杭县志》卷十载有知县龚嵘的《南湖赋》："南接凤凰，西拱琴鹤。北顾苧山，东连安乐。"龚嵘所说的"苧山"，即今余杭镇仙宅村的田螺山、马头山。"山旁至今尚有苧山畈、苧山塘、苧山港等地名，特别是元代建造的石拱桥，桥上刻有'苧山桥'三个大字，它在为苧山作证。"从余杭苕溪到苧山，沿北门古道行走约为七华里，符合"上元初结庐苕溪之湄"的说法。文章肯定地认为："《吴兴志》所记载的苧山，就是余杭苧山。"对苧山问题出现的一些枝节性争辩，如说"苧山"是"杼山"之误，明代胡文企建造的桑苧园是陆羽自称桑苧翁的由来，《吴兴志》刊刻有误的白苧山就是苧山等，作者在《苧山》[①] 一文中做了论述，认为"这些所谓的反驳理由，犹如严重缺钙的少儿佝偻症，是站不住脚的。"

　　《余杭县志》中记载的"苕霅"究竟是哪里？湖州有西苕溪，还有短短的霅溪，把湖州称作"苕霅"完全可以，也是恰当的。余杭虽然只有苕溪而无霅溪，但有"苕霅"之说。如南宋翰林学士知制诰洪咨夔在《余杭县署记》中说："余杭，苕霅之津会。"明代浮梁知县吴之鲸在《径山游记》中说："寻问南湖路，湖为众流奥区，由苕霅达震泽入海，此其居亭也。"《塘栖志》记载说："塘栖为浙蕃首镇，地属武林、吴兴两郡之界，水为天目苕霅诸流之委。"清《杭州府志》首卷之七载有嘉庆皇帝的诗，其中一首的标题就叫《苕霅农桑》，诗的内容是写余杭双溪，其诗云：

　　　　　双溪佳胜檀，春景纪余杭。农事方耘稻，妇功近采桑。
　　　　　罨崖云影润，夹岸菜花香。力作无休息，三时候正长。

　　赵文认为，这里所举四例都称余杭为"苕霅"，特别是嘉庆的诗，明明白白地指出"苕霅"就是双溪、余杭。如果把《余杭县志》"陆羽泉"和"寓贤传"条所说两则记载合起来解读，即可明白前者所说的"苕霅"就是双溪，而不是湖州。"把《余杭县志》中的'苕霅'理解为湖州是极不妥当的。"

　　近来，有余杭本地茶人认为，南宋《咸淳临安志》记载的余杭"查湖塘"，清《康熙余杭县志》记载的"查湖"，就是明万历《杭州府志》附图中的"霅湖"，现今

---

　　① 刊余杭《藕花洲》，2004 年第 2 期。

在陶村桥自然村"渣河墩"就是遗存。考证业已消失的"雪湖"范围，包括以渣河墩、大舍、苏家头为中心的一大区域，即小古城遗址、水磨里以东，陶村桥以北，石濑以西以南，再往东即今北湖草荡，总面积 5 500～6 000 亩，略等于现在的北湖[①]。如果此说成立，则"苕雪"之"雪"，非湖州之"雪溪"，而是指余杭之"雪（查）湖"。余杭别称"苕雪"之说，似乎又增加了一个佐证。

2013 年，赵大川又在《农业考古》发表《陆羽在余杭著〈茶经〉的新发现及其他》一文，除了重复以前的资料和观点外，引用明《径山志》中有关后唐同光三年（925）僧如玉禅师在径山下开山建大安寺的记载："布衲如玉禅师自匡庐至径山双溪，见陆羽泉上山麓森秀，遂结茅息影。"据此认为，"吴越国钱镠时代已有径山双溪陆羽泉的古籍记载"，并当作是证明陆羽在余杭著《茶经》史料的重大新发现。乍看之下，初以为是，细审之后，不难发现这段文字并非出自同光三年的碑铭或如玉禅师的行状，而是明朝天启（1621—1627）初年宋奎光搜集径山文献、编辑《径山志》时记录径山历代僧人中的"法侣"时记述的文字。因此至多只能证明，明朝修《径山志》时，已经有"陆羽泉"之地名。这与以往作者认为的在清嘉庆《余杭县志》中的有关记载，是因袭抄录自明嘉靖七年（1528）初修的最早的《余杭县志》之说，倒可互为补证。

三、研究存在的问题

综观陆羽著经地及相关问题的争议，持续多年，却未见结果。湖州说、余杭说各执一词，都力图找到各种史实材料来论证自己的观点，甚至引起一些外省学者参与这场"地方纷争"，应该说双方各有理据，在史料开掘上是有深度的。但在梳理了争论的前因后果后，也发现存在不少问题，主要有如下几个方面：

一是方法上有失严谨。全国这样的争论并非少见，类似一场民事官司，甲乙双方必须自己举证，否定对方，肯定自己，搞得你死我活，不共戴天，而并非是互利双赢游戏。但对于这样一个历史学的问题，必须按照其固有的科学严谨的实证方法，根据史料史实来说话。在考据上，对史料的辨证十分重要，不能把什么资料都拿来当第一手史料使用，不能单靠间接的、旁证的、印证的、佐证的史料来说明问题。有一分资料说一分话，决不能过度解读，望文生义，歪曲本意，篡改事实。要善于应用相关学科如文献、版本、考古、地理、民俗等方法来全面看问题，把握历史的全貌。在古籍文献的参引上，要掌握最起码的标点句读方法，不能断章取义，曲意解释。由于参与这场争议的学者，大多是地方半途出家的茶文化工作者和从事茶科研的工作者，他们总体上对严谨的史学研究缺少基本的理论和方法训练，在对待史料时有拿来就用、缺少考证的倾向，往往把千年以后的附会、传闻当作第一手史料，把文人骚客笔下的诗文当作原始资料来使用，以偏概全、以次为主地使用孤证、辅证，有的甚至发挥想

---

① 田舍子《消失的余杭雪湖》，余杭史志网；虚堂智愚的博客（http://blog.sina.com.cn/yangzhengtang）。

象，用今人的推理来强加古人的观点，大搞"历史穿越"，古今混淆，导致出现一些认识上的偏差，甚至是学术常识上的笑话。

这些情况在方兴未艾的茶文化研究中是常见的现象，特别是在茶文化研究与旅游开发挂钩时表现得尤其严重，归根结底是研究队伍的整体结构和史学素养方面的欠缺造成的。茶文化包罗万象，茶文化研究者三教九流，正规的人文学科的专业学术研究者并不多，整体研究上不乏存在功利化、肤浅化、平庸化的倾向。

二是主题上舍本逐末。陆羽著《茶经》之地，看起来简单，其实很复杂。因为《茶经》没有交代在哪里撰写，于何处完稿成书。陆羽生平充满传奇隐晦，他的弃儿、僧人、隐士等特殊身份和放浪江湖、颠沛流离的一生，导致他的行迹没有完整的行状之类的记录。现存的他的自传内容，有原著也有后补。唐代文献中的记录，时人的记载，散见于诗文，而正史传记大多是宋人撰辑的。可以说，陆羽的基本生平事迹的文献记录缺乏一个完整的版本，他一生最伟大的成就——著作《茶经》的过程，更是语焉不详。而有关他著作《茶经》地点的记录，都是今人从南宋以后的地方志中"再次被发现"的。这些记录距离陆羽在世都有数百年之久，其真实可靠性大打折扣。从文字记录看，往往"隐居地"还是"著经地"模棱两可，语焉不详。而举证者，对己有利的就把两者混为一谈，反驳方则强调两者无关。由于古籍方志记载的有关地名有统称、专称的虚实大小之分，又涉及统称地的范围及指代地方；专称地点则涉及文献举证和实地考察、实物史迹佐证，于是乎纠结于"苕溪""苕霅""苎山""苎翁泉"而不可自拔。"余杭说"在这方面挖掘不少，大有斩获，于是乎底气十足，断定著经之地在余杭。"湖州说"从《茶经》著述之难和必备条件，坚持认为陆羽晚年隐居地青塘别业才是著经之地。于是乎双方又开始陷入《茶经》著述的几个阶段以及资料、初稿、定稿等问题，而这些问题无不与陆羽生平行迹、活动地方有关。甚至有人从陆羽的才学、写字的速度来分析写七千来字的《茶经》需要多少时间，来猜测陆羽著经时间和地点，或者考释"苕溪之湄"是河边水草丰茂之地，用余杭苎山附近河渠水草岸边实景来"比附"文献记载。在争论逐步深入的过程中，双方都出现了纠缠细枝末节、舍本逐末的倾向。虽然各有各的理，但都缺少那"一口气"，欠缺那么一点火候，让人闻之有理，信之不足。学术探讨步步深入本是好事，史料史迹有新发现更是喜事，遗憾的是过于执着于论证自己的观点而忽略甚至漠视别人的理据，或者带着成见的有色眼镜来质疑对方的论据，往往使争论逐渐偏离本来的正确轨道，滑向无谓争议。

历史学的基本原则就是实事求是，"事"就是事实、史实，"是"就是论点、真理。既然从历史文献记载看，陆羽著经之地在浙西苕溪流域是可以肯定的，那么就不妨在这个范围来确定他的行踪，尽可能给出一个行事、住地的年表。再根据文献和史迹，参考其生平行迹、著经难易等，来综合分析判断，提出比较符合实际的结论。从目前双方的举证材料和理据分析，即便都可以举证自己的论点，却都没法让人足以信服地接受否定对方的理据；也就是说，这场官司双方都各自打成了一大半。因此，从史实出发，能论证到什么程度就做到什么程度，不要把学术研究纠缠于细枝末节，不要把研究主题无限外化泛化。只有抓住主题，据实论证，据理辨析，才能辨明史实，搞清问题。

三是目的上的地方功利。这场争论的初衷，双方都不能排除有地方功利的目的。人以地名，地以人传，像陆羽这样的历史名人，尤其是作为中国的"茶圣"，他的名人、文化、旅游资源价值是不言而喻的。类似这样的历史名人的地方争夺战、保卫战、遭遇战，改革开放以来已经不是什么新闻。地方执政者要发展经济，挖掘历史文化，可谓是古为今用，无可厚非。学术研究有一定的服务地方价值利益取向，也是情有可原。但是当面对是非曲直时，学术研究的严肃性、科学性、原则性不容被地方利益左右甚至玷污。学术研究者比之地方执政者、商业开发者本应有适当超脱的自由，凭事实说话，尊重事实，恪守学术道德底线，避免把自己的学术视野局限于地方之利，否则就会影响研究态度的客观性和结论的科学性。尽管随着争论的延续，双方都意识到这一点，认为要抛开地方局限，站在更高的高度、更大的范围来看待著经地这个历史问题，但是在争论过程中，都不自觉地在观点上、感情上带有或多或少的地方主义色彩。事实上，当基本事实搞清楚后，再纠结于著经地在你这里还是在我这里，已经没有多大意义。交流合作，互不否认，整合资源，共同开发文化旅游，方为明智之举，上上之策。在茶文化、茶产业大发展的今天，全国很多地方都将陆羽作为文化名人、茶圣进行深度挖掘，大力开发。作为同属浙西杭嘉湖地区苕溪流域的名茶产区和旅游胜地，湖州、余杭以及杭州，完全可以在茶文化旅游包括陆羽隐居、著经地等方面的旅游开发上，合作共赢。这比长年累月纠缠于你争我夺的空乏论战和细枝末节的无谓争论，要有意义得多。

事实上，在双方争议声中，各自都在陆羽身上做足了文章：湖州恢复了"青塘别业""陆羽墓"等胜迹，余杭修复了"陆羽泉"，开办了陆羽茶文化节。这说明，我们的政府部门和商业开发商都比学术研究界要明智而实际得多。

四是态度上意气用事。任何争论或研究，都要摆事实讲道理，遵循一定的规则，需要理性平和的学术氛围。在这场陆羽著经地争夺论战中，以《农业考古》为主的学术杂志成为论战的大讲坛、大平台，各路专家轮番上场，阐述己见，这是好现象。但是随着论战深入，参加者不乏意气用事、口诛笔伐的现象，出现许多非理性、非学术的说辞，言词语气过于偏激，唇枪舌剑，弥漫着硝烟味。有的人抓住一点，不及其余，听不进别人的意见，固执己见，说过头话，甚至把话说死，不留回旋余地，不给自己留退路，不给别人留面子，犯了学术研究的大忌。学海无涯，学问无底，隔行如隔山。即便是饱学之士、专业大家，在做学问上都应秉持谦虚谨慎的态度，在研究中学习，在学习中研究，谁都没有能力或资格充当学术权威，行使学术霸权。

关于这场争论，我们无意充当裁判，也无法得出结论。但作为学术研究问题的回顾和分析，我们可以看出争论不休的症结，并非是这个历史问题本身多么复杂繁难，而是研究者及方法、态度和目的出了偏差。缺乏实证包括历史文献和史迹实物的推理辩论，与一味执着于搜罗实证、强行比附，都是不足取、不可信的。"湖州说"可以列举很多佐证来论证著经地在湖州青塘别业，但没有直接的记载和实证。"余杭说"

有史迹与记载相印证，但在时间上和地理上是存在疑问的。焉知此"苎山"或非彼"苎山"，明清"苕霅"或非唐宋"苕霅"？焉知"苎翁泉""陆羽泉"不是附会"陆家井"？即便此"苎山"就是彼"苎山"，明清"苕霅"就是唐宋"苕霅"，"陆家井"就是"苎翁泉"，那隐居地就一定是著经地吗？就算隐居地就是著经地，那么隐居地有几处，著经地又有几处？《茶经》到底有没有前身《茶记》？到底是陆羽晚年著成还是终其一生才完稿？这些问题不仅需要实证、佐证，还需要内证、他证。到目前为止，在诸如此类的问题上，都没有达到完全彻底解决的时候。

四、余论

综上所述，湖州、余杭有关方面各持己论，都尽力寻找历史文献、郡望地名以及文物遗存等方面的证据来论证自己的观点，拓展了学术视野，开掘了史料深度，甚至引起省内外著名学者如已故浙江大学庄晚芳教授、安徽农业大学丁以寿先生等参与论战，在一定程度上推进了学术研究。

如果把这个问题放到山水相连、地理相接、民风相近、人文相似，同为鱼米之乡、丝茶之府的浙北苕溪流域，打破行政区划的界限，用历史的发展的眼光来审视，那么许多问题就迎刃而解了。如果从人文地理而非行政区划来考察，那么有的问题甚至就不复存在了。"苕霅"既指河流，即发源自天目山北向流入太湖的苕溪（包括东、西苕溪及湖州境内的"霅溪"段），也指流域，即"苕霅"流经的自然区域，兼指郡望，即流域所在的行政建置和区划。因此，广义的"苕霅"，涵盖了杭州的临安、余杭和湖州地区。"苕霅"作为一个复合多义的历史地理名词，自唐代以来一直广为使用，常见于文献典籍，其使用语境约定俗成，其所指地望从无异议或含糊不清。也就是说，历史地理、人文背景中的"苕霅"从来就不是个问题。只是在学术研究的宗旨附带有基于行政区划的地方利益时，这个词才被微观考据的实用主义史学方法"追究""肢解"得面目全非，歧义百出。

限于史料的缺乏和局限，以及陆羽其人生平记载的语焉不详，事迹的扑朔迷离，有关隐居地、著经地问题存在诸多史证空白和认识盲区。到目前为止，在诸如此类的问题上，都没有足够的可资信据的史料来彻底解决问题。与其死钻牛角尖，争论不休，不如回到史料的原点，就史论史，就事论事，有多少史料说多少话。其实，陆羽隐居地也好，著经地也罢，都不可能是一地不变、一挥而就的。从他的行事风格和生平行迹看，他一生大多数时间都是居无定所，游移不定，不是浪迹山野、寄寓寺院丛林，就是考察茶事、往来江湖。换句话说，他一生大多数时间是在"动态隐居"中，不仅苕溪流域曾有他的身影，而且江南茶区大多留下他的足迹。因此，何必执着计较他在哪里隐居、哪里著经呢？他"精行俭德"茶道精神、高尚光辉的茶人品格，他毕生事茶、完成传世的不朽经典《茶经》，才是最值得我们研究并大力发扬的。

（本文原刊中国国际茶文化研究会《茶博览》学术版 2016 年第 1 期。）

杭州茶事起源及西湖龙井"茶祖"之我见

关于西湖龙井"茶祖",笔者在《关于西湖龙井茶起源的若干问题》[①] 一文中就北宋辩才大师说提出了质疑。近来一些茶界学者又先后提出了不同说法,使这个与杭州茶史滥觞、西湖龙井肇始有关的话题备受关注。纵观近年来各家观点及理据,觉得颇有辨析讨论之必要。在此特把思考所得陈之于后,以求教于诸位前辈同仁。

一、杭州及西湖茶史之肇始辨析

茶既是植物,又是作物,从原始野生植物到人工栽培作物的漫长转变进程中,人类对之采摘在前,栽培在后,是符合从采集经济向农耕经济过渡的历史规律的。因此,茶史滥觞多从采集、利用原生茶类树叶,或采摘、食用野生茶叶开始。至于具体到各地茶事的肇始,也未必都是从人工栽培茶树、采制茶叶开始的。

杭州西湖群山产茶究竟始于何时,需要文献记载、考古发现和茶乡史地等多方面来确定。唐代陆羽所著的《茶经》中,已有杭州天竺、灵隐二寺产茶的记述。白居易在杭州任上与韬光禅师的烹茗赋诗早就是人所共知的佳话。这是迄今见之于文献的杭州西湖产茶、饮茶的最早记载。那么,杭州种茶是否就是从唐代开始的呢?答案显然是否定的。

我国东南地区产茶,究竟是原生的还是移植的,学界尚无定论。这主要是因为,对西南地区的原生茶树活化标本、杭州湾南岸跨湖桥遗址出土的山茶科植物种子和余姚河姆渡遗址出土的类茶叶陶器刻画纹的古生物科学、考古学研究,都还没有深入到足以解开这个谜底的程度。要彻底搞清这个问题,需要古生物学、茶植物学、生物遗传学、考古学、茶文化、地方文史等领域专家的共同合作研究。

就地处东南沿海杭州湾北岸的西湖产茶起源而言,同样需要多方面入手来论证,决不能因为唐朝有了茶的记载,就推断西湖产茶始于唐朝。这是因为:

从生物进化史和植物栽培史的角度看,人类赖以取得食物来源而生存的所有动植物,都是由原始野生发展到人工饲养栽培的,茶叶也不例外。东南地区的原生茶树,迄今没有发现存活的生物种群标本,也没有经得起古生物学鉴定的考古学遗存,跨湖桥遗址出土的山茶科种子遗存究竟是否就是杭州乃至东南沿海地区的茶树原生树种进

---

① 刊《东方博物》第 11 辑,浙江大学出版社,2004 年。

化而来的祖本，尚难确定①。从植物学看，在植物分类中，茶属于木兰纲（双子叶植物纲）山茶目山茶科，从生物进化链来说，理论上是存在这种可能性的，但要确证还得生物遗传学的鉴定。因此要断定 8 000 年前的山茶科植物种子，就是后世杭州湾地区茶树的祖先，恐怕还得等待古生物学、生物遗传学乃至生物基因的研究成果。至于河姆渡遗址出土陶器上的类似茶叶的刻画纹饰图案，更难以确证 7 000 年前的东南沿海先民开始种茶或者采茶、饮茶，如果单从纹饰图形或美术史的角度进行类比而得出那时茶叶人工栽培或者原始采摘或者饮用茶叶的结论，显然是过于形象思维、联想比附的，也是有失严谨的。这样看来，从生物进化、考古发现研究来说，很难得出杭州甚至东南地区茶树原生的结论，当然同时也没法论证不是原生的观点。而西南地区的原生乔木型茶树活化标本，不仅大量存在，而且种群多样，完全符合生物多样性规律，但是现在也没法说西南原生乔木型茶树就是东南地区乃至全国（甚至世界上）茶树的起源，因为这也需要生物考古、植物遗传、茶树栽培等多方面的科学实验和研究，才能得出科学的结论。而且，即便茶树起源于中国，中国是茶的故乡，但是从生物多样性角度看，茶树完全有可能存在多个起源地。而考古发现的实证，从理论上说是难以出现最终的结果的，因为随着时间的推移，谁都不能保证何时某地发现真正意义上的茶树遗存。

可见，作为自然史领域的茶树原生和进化，依然是一个尚待廓清迷雾的谜案。但从文明史角度看，关于茶的起源就必须放到人文史的视野里来考察。根据经典学说的论断，作为人类文明史视野里的茶起源，完全是另一个概念：就是人类最早发现、采摘、栽培茶的开始。从这个角度看，神农氏"日遇七十二毒，得茶而解"就是华夏祖先最早发现利用茶的开始。这个带有神话传说色彩的故事，如今已经是被学界茶人广为接受、津津乐道的公论。我们知道神农氏炎帝对华夏文明的起源做出了巨大的贡献，作为农耕为主的民族，炎帝被后世"追认"或"附会"为很多与农业生产、食物有关的植物的发明先祖。所以从历史事实、人文传统、民族感情等方面看，这个公论是可以接受、毋庸置疑的。根据国家重点工程的夏商周断代工程的研究成果，结合三皇五帝时代，则炎帝所在的时代（前 3216—前 3077）是在距今 5 200 多年，也就是大致与良渚文化不相上下，处在华夏文明的曙光升起之际。现在湖南炎帝故里尊崇炎帝为"中华茶祖"，也是有理有据的。后世茶树分布、茶叶出产的主要地区，与炎帝作为当年的南方部落首领、其活动地区大多在江南一带是一致的。炎帝的活动年代，与我国南方地区的远古文明起源也是基本一致的，而且得到众多考古发现的实证。如此看来，炎帝神农氏作为"中华茶祖"是经得起历史检验的。

①　陈珲：《从杭州跨湖桥出土的八千年前茶、茶釜及相关考古发现论饮茶起源于中国古吴越地区》，《农业考古·中国茶文化专号》2003 年 2 期；《杭州出土世界上最早的茶树种籽及原始茶与茶釜》，刊《茶叶》2005 年 3 期；《根深流长的杭州茶文化之开发畅想》，《倡导茶为国饮、打造杭为茶都高级论坛论文集》（2005 年）；《浙大教授游修龄撒谎伪证充当"学术裁判"——辨证杭州出土 8 000 年前茶籽及茶文史相关问题》，国学网中国经济史论坛。游修龄：《随心所欲的茶文化"考古"和"论证"》，《茶叶》，2005 年 3 期。潘根生：《对"追溯杭茶源"的几点质疑》，《茶叶》，2005 年 3 期。

那么，杭州先民又是从何时开始发现、利用茶的呢？这还是需要从文献记载和考古发现结合起来考察。首先，从文献记载包括后世整理的上古神话传说、民间故事等来看，杭州所在的浙西地区涉及的与茶有关的事物，要远远早于唐朝。杭州周边地区关于茶事滥觞的传说不仅不少，而且很早，如临安的彭祖（上古寿星，传为黄帝之玄孙，颛顼之孙），桐庐的桐君（黄帝同时代中医药鼻祖），都几乎与炎帝时代不相上下。有乡土史地和民间史料为证的种茶起源也有不少，如东天目山的西汉梅福植茶，富阳的三国东吴以茶代酒，建德等地魏晋时期的茶事①，都说明杭州周边地区产茶，不仅要比唐朝早得多，甚至是与标志着华夏文明曙光初显的良渚文化同期。由此可以说，杭州西湖茶史的肇始，也当远在有正式文献记载出现的唐朝以前，甚至在距今5 000多年的良渚文化时期。这就对比良渚文化更早的杭州湾南岸的跨湖桥文化、河姆渡文化时期先民在原始采集经济中采食类似后世茶叶一类的植物茎叶的推测，提供了理论上和时间上的可能性。

其次，从考古发现来看，跨湖桥遗址出土的陶釜中遗存的呈烹煮状态的束状植物茎叶，恰恰是杭州先民最早的茶事实物遗存。从茶起源的食物说和古文字学关于"茶"的考释，也就是从社会生活史和古文字学的研究看，这个陶釜中的植物茎叶，或许正是迄今最早发现的"茶"。根据《说文解字》：荼，苦菜也。从民俗食物资料调查看，所谓"荼"，是先民采摘具有芳香物质的植物的茎叶、果实、花瓣、根块等材料烧煮的糊状食物，是后世茶起源三说之一的"食物起源说"的依据。迄今在全国很多地方，包括浙西杭嘉湖地区，都流传着相似饮食习俗，成为这一观点的活化标本和客观依据。因此，如果这个推论成立的话，那么我们可以推断：杭州先民发现、利用"荼"（后世茶的前身之一）的历史，距今已经有8 000多年。放眼全国，迄今还没有其他地方发现如此年代久远的与茶有关的实物遗存。跨湖桥遗址陶釜及植物茎叶的发现，不仅是杭州茶史的最早一笔，也是中华茶史的最早实物见证。从这个意义上说，怎么评价这个伟大的发现都不为过。

第三，发现利用茶并不等于栽培种植茶，前者是对原生野生茶树的采摘加工利用，后者是作为农耕生产进行人工种植、面积栽培和规模生产以及品种培育。虽然何时开始人工栽培茶树的文献记载受到质疑，四川蒙顶茶祖吴理真的真实身份也饱受争议，但是茶树的人工栽培远远早于"茶道大行"的唐朝是肯定无疑的。从人类文化学看，从七八千年前华夏先民开始发现利用茶，无论当初是当作食物还是药物，抑或兼而有之，都足以证明，中国是茶文化的发祥地。从那时起，经过漫长的认识积累和移植试种，先民才开始以生产为目的的人工栽培。

那么，这个根本性转变最初是怎么开始的，又是从哪里开始的，需要从原始采集经济向原始农耕经济转化的历史进程来考察，也需要从后世茶叶主产区的地方生产发展历史来探求。遗憾的是，对这个涉及原始经济史和农业考古的重大问题，至今尚无

---

① 在近来进行的杭州茶文化史料普查中，有关县市都发现整理了一批相关乡土史料，极大丰富了杭州周边地区茶文化资料，也扩大了对杭州茶文化史的认识视野，如有关彭祖、桐君等资料即新近发现。

权威的学术论断。不过，从社会生产规律看，有需求才有供给，有消费才有生产，只有当人们对茶的认识和利用提高到新的水平，只有当采集经济没法满足生活需求的时候，人们才会开始去人工栽培茶树，进行品种培育，使原生野生茶树向人工栽培生产转化。在这个过程中，一方面茶树种群不断进化、多样化，另一方面，茶树的种植栽培、生产规模和技术也随之提高，茶叶的加工、销售、消费、品饮以及茶文化随之相继发展起来。

单从汉魏南朝零星的茶事记载及唐朝各地产茶的系统记录看，我们很难确定茶树人工栽培究竟是何时何地始于何人，但有几点是可以肯定的，那就是：一是时间上要远远早于唐朝，大致在汉魏与南朝之间；二是地方应是多元的，除了必需适宜茶树生长的气候、土壤等自然条件外，肯定与后世传统名茶主产区有关；三是与佛教尤其是禅宗盛行、寺院众多、僧侣法事修行用茶饮茶有关（也与当地民间饮茶是否风盛有关）。

根据前述辨析，我认为杭州先民发现利用茶（荼）始于远古时期从莽荒野蛮时代迈入文明门槛之际，并在全国是唯一得到考古学实物佐证的；杭州西湖最早人工栽培茶树、生产茶叶要远远早于有文献记载的唐朝，很可能是在西湖佛教寺院勃兴的汉魏两晋南朝之间，由开山结庐西湖群山的僧侣最初开始种植的。而这个时期，恰恰也是西湖开发开始和杭州人文的发展时期，也就是说，最早在西湖开山种茶的，很可能就是最初在湖山之间结庐开山的佛门僧侣。

这个推论也可得到后世杭州西湖茶事文献记录的印证。唐时"茶圣"陆羽为了撰写《茶经》，曾在杭州西湖、余杭苕溪等产茶区考察，对西湖山水形胜作了全面记录，写了《灵隐寺记》《武林山记》等文章（原文已佚，仅存篇目于《灵隐寺志》等，而南宋临安三志多有引述）。在他的传世杰作《茶经》中，把西湖"天竺、灵隐二寺"所产的茶，定为当时全国名茶之一。这是杭州出产茶叶的最早文字记载。而从其出产自天竺、灵隐二寺看，其栽种、炒制和饮用显然都与佛门寺僧有关。与此同时，以杭州为中心的浙西地区，在唐时种植出产名茶的地方，还有余杭的径山、吴兴的顾渚、阳羡的荆溪等地。这说明，唐时东南地区已经普遍栽种茶树，而且形成区域规模，入列地方土产名录，甚至有的为朝廷贡品如顾渚紫笋等[1]。因此，其始种年代当更早。如果我们姑且把天竺、灵隐二寺出产的茶命名为"天竺茶""灵隐茶"，那么，就可以得出如下的推论：至迟在唐朝中期，杭州西湖天竺、灵隐一带已经出产由佛门寺僧种植、炒制、饮用的钱塘土产名茶——"天竺茶""灵隐茶"了。不过，在《元和郡县志》《太平寰宇记》中关于杭州"土贡"物产中皆无茶，恐怕是因为当时只是寺僧自种自制自用，尚未规模化、社会化、商品化生产之故。而从南宋《咸淳临安志》等三志开始，茶的记录就逐渐增多。至迟从北宋开始，西湖群山已经多处产茶，其中著名的主要有列入"岁贡"的灵隐下天竺香林洞的"香林茶"，上天竺白云峰产的"白云

---

① 长兴水口乡金山村顾渚山有唐代"修贡茶"所遗"贡茶院"遗址、金沙泉和7处摩崖题刻，为我国最早的皇家贡茶遗迹，现已列为省级文保单位。

茶"，葛岭宝云山产的"宝云茶"。苏东坡、林和靖、赵抃、秦观、辩才、参寥、南屏谦师等名士高僧的交游唱和中，也留下了不少茶诗和佳话。南宋时西湖茶事更是盛极一时，成为全国名茶荟萃、茶楼林立、茶事风盛和对外交流的中心。到元代，西湖深山龙井一带所产之茶开始声誉鹊起，虞集《游龙井》诗对之赞誉有加，内有"但见瓢中清，翠影落碧岫。烹煎黄金芽，不取谷雨后，同来二三子，三咽不忍漱"之句。明代西湖龙井茶正式得名，颇负盛名，开始列入全国名茶之列，"今茶品之上者，罗松也，虎丘也，龙井也……"据嘉靖《浙江通志》载："杭郡诸茶，总不及龙井之产，而雨前细芽，取一旗一枪，尤为珍品，所产不多，宜其矜贵也。"万历《杭州府志》有"老龙井，其地产茶，为两山绝品"之说。万历《钱塘县志》载："茶出龙井者，作豆花香，色清味甘，与他山异。"明代黄一正收录的名茶录及江南才子徐文长辑录的全国名茶中，都有西湖龙井茶。到了清代，尤其是乾隆六下江南，四访龙井，观茶作歌，使龙井茶荣登御茶，品位提高，驰名中外。至此，西湖龙井茶已备极荣宠，独占鳌头。近人徐珂称："各省所产之绿茶，鲜有作深碧色者，唯吾杭之龙井，色深碧。茶之他处皆蜷曲而圆，唯杭之龙井扁且直。"民国期间，西湖龙井茶成为中国名茶之首。

纵观杭州西湖茶史，发现利用茶（荼）滥觞于上古先民，人工种茶应远早于隋唐，名茶出产始见于唐宋，西湖龙井茶则出名于元，定名于明，盛名于清，千百年间，从出身名山佛寺，到荣登御用极品，堪称茶史、茶品之典范。

二、"茶祖"之含义及西湖龙井"茶祖"之诸说

"祖"在汉字语境里有诸多不同含义，通常是指父亲的上一辈，即祖父，或指先代，如祖宗。至于说某行业、某事物、某门派之祖，则指开创者或创始人，如鼻祖、祖师，如鲁班是百工之祖。与此类似表达，又有某行业、某事物、某门派之父的说法，如袁隆平是"杂交水稻之父"。无论家族血脉传承还是指代某事物的发明发展，"之祖"与"之父"的用法，也显然存在明显的区别。

"茶祖"一说，显然是指茶的鼻祖或祖师。在我国纷繁复杂的茶文化现象中，"茶祖"一词既可以用来指某一茶树种群的母本，如安吉白茶之祖、天台山云雾茶是"江南茶祖"之类，同时也指对茶作出开创性贡献的茶人，如"中华茶祖"是炎帝神农氏，用以尊奉他为最早发现茶用来解毒的首创之功。在不同地区的不同茶系中，还各自有自己约定俗称的"茶祖"，如在云南，孔明（诸葛亮）被视为茶祖；在四川蒙山，相传首植茶树的吴理真被奉为茶祖；在天台山，华顶种茶的葛玄被奉为茶祖。即便在东瀛日本，入宋传茶的荣西禅师被尊为日本茶祖。

正因为如此，近些年来随着茶文化旅游和茶文化研究的兴起，"西湖龙井茶祖"的出现也就不足为奇了。因为这不仅是开发旅游招徕游客的需要，也是追本溯源挖掘茶历史文化的需要。虽然从文献记载的西湖龙井茶史料看从无"茶祖"一说，但既具有经济需求和学术价值，又具有现实作用和历史意义的"茶祖"概念的提出，还是得到涉茶行业的欢迎和茶文化学界的默认，甚至不少茶人和茶文化学者本身就是"始作

俑者"。作为后人、学者，我认为这种现象或做法也是可以理解和值得肯定的。关键是如何认定"茶祖"，得有严格的科学标准。

检视近 20 年来茶文化学界关于西湖龙井茶祖的说法，可谓是标准不一、众说纷呈。这里先把主要的几种说法约略介绍于后。

一是北宋辩才大师说。笔者在前揭论文中曾谈到，近年来有关单位在开发老龙井一带文化旅游景观时，在茶山坡上发现了古代经幢骨塔石质构件，并在有关佛教部门的指导下，用这些构件在老龙井拼装重建了"辩才塔"。甚至说，当年辩才归隐寿圣院时曾经与弟子们在狮峰山麓开山种茶，把上天竺寺白云峰下栽种的白云茶，移栽到了狮峰山麓，从而使这里成为后世龙井茶的发祥地。因此，辩才大师是龙井茶的"茶祖"。

上述说法，听起来十分有理，也符合历史逻辑，但是没有明文记载。无论是文献还是文物，都没有足以证明辩才种茶的证据。北宋时上天竺出产白云茶，辩才住持上天竺寺、退隐龙井寺，都是历史事实，但辩才是否在白云峰下或龙井山麓开山种茶，却并无明确记载。

有史料云，辩才在上天竺寺重建白云堂后在庭院里亲手种植了"山茶"（《天竺山志》卷十一《物产》"白云堂山茶"条）。这里，必需指出，他手植的是山茶，而非茶树。《龙井见闻录》附录卷下《手植山茶》条云："辩才法师手植千叶山茶二本，在白云堂下雪液池上，自宋历元，柯叶畅茂，有呵护。"明时已无。在当时，山茶早就是重要的观赏花木，而且也是杭州本地出产之一。

从历史学的严谨态度来看，我们不能凭借北宋时上天竺寺主山白云峰山麓出产白云茶、高僧辩才住持上天竺寺、晚年退隐老龙井等史实，就想当然地联想或推断那白云茶就是辩才种植炒制的，或者认为他晚年退居龙井寺时又把白云茶移植到龙井狮峰山麓开始种茶了。至少从现存的历史文献看，并无辩才及其弟子开山种茶的记载，辩才本人与龙井茶也无直接的历史因缘。但他与龙井茶的发祥地却有着直接的至关重要的关系，也就是说：后世认为的龙井茶发祥地，原来是辩才大师晚年归隐行道之所；而且，如果没有辩才的归隐和题咏，及他与苏东坡、秦少游、赵抃等文士的交游唱和，就没有寿圣院的传承和龙井（山）的开发。从这个意义上讲，把辩才尊奉为龙井茶祖，也是不无道理的。

二是南朝谢灵运说。有人说北宋苏东坡知杭州时对西湖种茶历史曾有考证，他认为西湖最早的茶树、龙井茶产地在灵隐下天竺香林洞一带，是南朝诗人谢灵运在下天竺翻译佛经时从天台山带来的。还说苏东坡此说和《茶经》之记载正相吻合，如以此说推断，西湖种茶最迟始于南北朝，至今已有 1 500 余年的历史云云。

仔细检点此说所依据的史料来源，发现多半是无稽之谈。谢灵运本人在庐山以北本《涅槃经》翻为南经，有五言《翻经台》诗（见《天竺山志》卷七《题咏》），通篇都抒发学佛心得，根本没有提及是在杭州西湖天竺。谢灵运天竺山翻经台之说，只是后人比附传说。明人田汝成早就指出，台在庐山不在天竺。但是，唐宋以降，杭州下天竺寺香林门内确实有翻经台遗迹，这都是后人仰慕谢氏高风而托名，或者是因为下天竺寺旧称"翻经院"附会所致。

至于天台山自古号为浙东名山，主峰华顶有"葛玄茶圃"①，相传这里早在晋时就开山种茶了，华顶的云雾茶素为茶中名品。近年来，天台山有人提出，杭州龙井茶与天台茶有着渊源关系，并且认为有苏东坡诗为证。

且看苏东坡在《送南屏谦师》诗序中云："南屏谦师妙於茶事，自云得之于心，应之于手，非可以言传学到者。十月二十七日，闻轼游寿星寺，远来设茶，作此诗赠之。"其诗曰："道人晓出南屏山，来试点茶三昧手，怒惊午盏兔毛斑，打作春瓮鹅儿酒。天台乳花世不见，玉川风腋今安有？先生有意续茶经，会使老谦名不朽"②。这里的"乳花"与制茶、烹茶的习俗有关。宋时的茶饼在烹点前都要碾成粉末，然后煮水烹点，在茶汤上浮起一层白色的茶沫，当时文人斗茶以色白沫多为胜，常见诗文称颂。为了映衬白沫，又喜用黑釉或酱釉的建窑、吉州窑所产的茶盏或"天目碗"来作为茶具，诗中的"兔毛斑"又叫"兔毫斑"，与"油滴斑""鹧鸪斑"一样，都是以结晶窑变釉而著名的茶盏。早在唐代，白居易就有以"乳"形容茶色的③，宋元以后以"乳花"形容茶汤颜色或指代茶名的十分常见，如明王世贞题龙井茶诗中，有"龙井侬分玉乳花"④之句。

可见，"天台乳花"很显然是一种名茶，而且肯定产自天台，"世不见""今安有"，说明当时已无，只是以前曾经的出产，但北宋时天台山产茶是肯定的。宋祁《答天台梵才吉公寄茶并长句》诗：山中啼鸟报春归，阴阖阳墟翠已滋。初笋一枪知探候，乱花三沸记烹时。佛天甘露流远珍，帝辇仙浆待汲迟。饮罢翛然诵清句，赤城霞外想幽期⑤。此诗可证，北宋天台山产茶之事实，苏东坡或未曾知。

不过，从苏东坡这首诗中，无论怎样解读，都丝毫得不出其与龙井茶有什么特殊关系，至多只能说苏东坡曾经听说过"天台乳花"茶而已。从其与"玉川风腋今安有"和南屏谦师也想续写《茶经》的故实看，或许"天台乳花"也是唐时的名茶。陆羽《茶经》中也确有台州临海产茶的记载。

三是清乾隆皇帝说。这主要是乾隆六下江南、四上龙井观茶作歌的行迹和十八颗御茶的传说附会所致。

传说乾隆皇帝下江南时，来到杭州龙井狮峰山下，看乡女采茶，以示体察民情。这天，乾隆皇帝看见几个乡女正在十多棵绿茵茵的茶蓬前采茶，心中一乐，也学着采了起来。刚采了一把，忽然太监来报："太后有病，请皇上急速回京。"乾隆皇帝听说太后娘娘有病，随手将一把茶叶向袋内一放，日夜兼程赶回京城。其实太后只因山珍海味吃多了，一时肝火上升，双眼红肿，胃里不适，并没有大病。此时见皇儿来到，

① "葛玄茶圃"在天台山主峰华顶，现有王家扬题名碑刻。
② 诗见《苏东坡全集》卷二十六，北京燕山出版社，2009年。
③ 白居易《萧员外寄新蜀茶》有"满瓯似乳堪持玩，况是春深酒渴人"之句，见《白氏长庆集》卷十四，四部丛刊本。
④ 聂心汤：万历《钱塘县志》，《纪疆·物产》，光绪十九年武林丁氏刊本。
⑤ 《景文集》卷一八，《全宋诗》卷二一七，北京大学出版社，1998年。

只觉一股清香传来，便问带来什么好东西。皇帝也觉得奇怪，哪来的清香呢？他随手一摸，啊，原来是杭州狮峰山的一把茶叶，几天过后已经干了，浓郁的香气就是它散发出来的。太后便想尝尝茶叶的味道，宫女将茶泡好，送到太后面前，果然清香扑鼻，太后喝了一口，双眼顿时舒适多了，喝完了茶，红肿消了，胃不胀了。太后高兴地说："杭州龙井的茶叶，真是灵丹妙药。"乾隆皇帝见太后这么高兴，立即传令下去，将杭州龙井狮峰山下胡公庙前那十八棵茶树封为御茶，每年采摘新茶，专门进贡太后。至今，杭州龙井村胡公庙前还保留着这十八棵御茶。

这个传说显系民间杜撰，但乾隆四上龙井观茶作歌留下诗篇，却是不争的事实，也是西湖龙井佳话。正因为乾隆的诗歌赞誉，才使得西湖龙井一跃荣登"御茶"。单从这一点说，乾隆堪称是西湖龙井茶的一代功臣。

四是清翁隆盛说。有报道言之凿凿地说，"要说翁隆盛茶号在中国茶叶史上，可是不容小觑的。如果说翁隆盛改变了人们自古饮茶的习惯，一点也不为过。因为，龙井茶便是由翁隆盛研制而成"，并描述翁家兴衰变迁与创制龙井茶的经过，内称"过去人们喝茶，都是将茶叶压制成茶饼，称为'龙团凤饼'。由于砖茶团茶经过压榨等工序，破坏了茶叶原有的一些功效。所以，（翁跃庭）夫妻俩一直考虑着怎样琢磨一个新的茶叶加工方法，可以更好地将茶叶的功效保留得更好。然而，由于对茶叶的采摘方法、炒锅的温度高低等把握不到位，效果一直不太理想。"翁跃庭"将改良茶叶视为己任"，"一家人经过反复琢磨、研究、加工，经历了上百次失败，终于在雍正三年（1725）研制成了一种扁平的散茶，取名'龙井茶'。这种茶在适当的温度下翻炒，不用压制成饼，即可封罐保存。'龙井茶'一推出，立刻由于清香扑鼻、回味隽永受到欢迎，翁家茶铺宾客盈门。不过，翁跃庭并没有就此知足止步，四年之后，他更创制出色、香、味、形俱佳的龙井茶，并按地域口味将茶叶分为'狮''龙''云''虎'四个字号。就在这一年，翁隆盛茶号正式创立。"①

五是西汉梅福说。《茶祖、龙井茶与东天目山》②一文开篇就说："提起茶圣陆羽，许多人都耳熟能详，1 200余年前，陆羽在杭州市余杭区径山镇著就了旷世名著《茶经》。但要问中国的茶祖是谁，知道的人就屈指可数了。其实，东天目山梅家村梅氏先祖梅福应该是中国人工栽培茶叶的第一人，可谓是中国的茶祖。"这个说法直接挑战了"中华茶祖"是炎帝神农氏的公论。文章考证了西汉末年人梅福生平事迹，认为他晚年隐居地之一是临安玲珑山附近的九仙山，因为《临安县志》《玲珑山志》均有梅福"挂冠来隐于九仙山中"的记载；并进而考述云：九仙山以前叫垂溜山，离东天目山梅家村约10公里。九仙山这一地名是在汉代以后出现的，也就是出现在梅福之后。此处的"仙"并非指神仙，而是指品德高尚超然物外之人。因为有九位品德高尚者曾先后在此隐居，故名"九仙山"。而梅福即为其中之一，被称为"梅仙"。九仙山曾留有许多与梅福有关的遗迹。当地有一座古石桥，叫"梅仙桥"，传说是梅福亲

①　尚湵：《探寻龙井茶之祖"翁隆盛"》，见"海峡茶道"网等。
②　"东天目山"旅游网页，又作《茶祖梅福、龙井茶与东天目山》，梅笑寒新浪博客《梅氏文史园》。

手所建，至今尚存。《玲珑山志》记载：九仙山曾有一祠，"祀梅福、左慈、许迈、葛洪、王羲之、谢安等隐君子"。作者调查乡土资料，发现临安九仙山一带"流传的都是关于他种植茶树的故事"。梅姓后裔在河南信阳梅氏根亲文化研究会创办的梅氏网《天目"植茶"之祖梅福的高风亮节》一文认为，梅福最后归隐临安九仙山，其中"一个重要依据，就是在东天目山族居成村以及从东天目山繁衍开去的梅氏后裔均世代以植茶为业，可以说是承继了梅福遗留下来的祖业"。"东天目山当地有一个传说，说是梅福在九仙山隐居 20 年后，他的儿子寻父从江西来到临安，落脚在东天目山脚的一个叫大泉的小山村（即现在的梅家村，村中有古泉）。后来他打听到父亲在垂溜山（九仙山），要接父亲去大泉村同居，但他父亲清静成癖，不愿同去，依然留在九仙山。但此说是否真实也值得商榷。现状是梅氏后裔都族居在梅家村，而九仙山却无一丝梅氏后裔的踪迹。而且，失散 20 年重逢后的父子两人却又分居两地也不合人之常情。因此就有一种可能，即梅福也随儿子移居到了大泉村（梅家村）。而且另有史籍记载，梅福曾在天目山植茶自娱。此天目山虽是一个模糊的概念，但从现在梅氏后裔的居住地来分析，所指为东天目山梅家村应是确凿无疑的。""传说梅福在临安九仙山隐居下来后，在当地种植了 18 篷茶树。史籍称梅福的植茶为'自娱'其实这并不十分贴切。文化人梅福好茶，隐居九仙山后无所事事，种几篷茶树，采摘烘制后用以待客，找一些朋友喝喝茶聊聊天，似乎也合常理。但从实际情况分析，梅福之植茶并不仅仅是为了娱乐消遣。在精心培育这 18 篷茶树的过程中，他一定是有意识地在摸索规律，总结经验。他的儿子在大泉村定居后，他将这 18 篷茶树移栽到了大泉村，传继了自己的后代。可以想象，他在将 18 篷茶树传给儿子的同时，也一定将自己多年摸索出来的种植制作茶叶的经验传授给了后代。他的后代子孙掌握了这门在当时可称为独门绝技的茶树种植技术后，才得以世代植茶为业，最后培育出龙井茶这一稀世珍品。因此，梅福之植茶完全是一种带有科研性质的农事活动，他种植的那 18 篷茶树无疑是人类人工栽培茶树的一个历史性起点。由此可见，他的'茶祖'之称应是当之无愧的。"文章最后指出，"龙井茶为中国茶叶之冠，在中国的茶叶栽培过程中，龙井茶占据着不可替代的历史地位。龙井茶这一著名品牌的形成，梅福及其子孙曾作出了重要的贡献。众所周知，西湖龙井茶是由杭州梅家坞村的梅姓祖先培育而成。《杭州市地名志》138 页载：'相传临安天目山有梅姓来此定居，后繁衍成村落，故名梅家坞。'而此处的天目山即为东天目山的梅家村。由此可以梳理出一个梅氏家族迁移的路径：梅福从九江寿春避难隐居至临安的九仙山，后又迁移到离九仙山 10 公里之遥的东天目山梅家村，最后梅家村梅氏家族中的一支迁居杭州的梅家坞，在梅家坞繁衍生息，族居成村。世间有一个正宗龙井 18 篷的传说，而临安当地也有梅福植茶18 篷的传说。虽是传说，但一个传说的产生必定受其当时社会背景的影响和制约，两个传说中的茶篷数同为 18 并非是一种巧合，而是说明两地茶树栽培技术之间有着密切的传承关系：茶树的人工栽培最早始于梅福在临安九仙山栽种的那 18 篷茶树，尔后随着梅福将这 18 篷茶树传继给儿子，这项技艺就流传到了东天目山的梅家村，最后因梅氏后裔的迁居又流传到了杭州梅家坞。由此可见，临安九仙山和东天目山的梅家村应该是龙井茶栽培制作技艺的发祥地。"临安区目前正在茶文化旅游节上大打此牌。

应该说，临安这些梅福和梅姓种茶传说等乡土史料的整理具有相当的价值，但据此认定梅福是中国最早种植茶树的第一人，并以其后人迁徙杭州西湖梅家坞种茶，就断言梅福也是西湖龙井茶的茶祖，还缺乏必要的严谨的考证和逻辑分析，其观点是值得做深入探讨的。

三、关于西湖龙井"茶祖"之我见

综上杭州及西湖茶史滥觞和西湖龙井茶祖诸说，要确认或追认历史上某位与杭州西湖茶史有重大关系的先人为茶祖，并非一件简单容易的事。从理论上说，最早在西湖种茶的可能是两汉魏晋南朝到中唐以前的某位西湖寺僧或本地山民，但这样的"茶祖"认定，将失去本来应有的目的和意义。由于历史记载缺乏完整性，我们至多只能发现特定历史时期在某一方面对西湖茶有特殊贡献的人物。

根据"茶祖"的概念，我们不能把龙井茶"出世"后对其发展有重大贡献的历史人物当作"茶祖"，而是只能在西湖早期茶史，即西湖龙井茶的前身、原型时期来推选，否则就不能叫"茶祖"了。从可信史料记录看，西湖龙井在明代正式定名前，在唐宋元时期就有不同的名称，无论是北宋的香林、白云、垂云等专称的茶，还是唐朝的灵隐、天竺二寺所产的茶，都是后世西湖龙井茶的前身。遗憾的是，虽然西湖种茶肯定远早于唐朝，但中唐以前却无西湖种茶的文字记录。因此，比较合乎情理又符合基本事实的做法，是在有最早文献记载的西湖茶史中，特定某位有特殊贡献和历史地位的人物，来作为西湖龙井茶祖。他可以是种茶人，也可以是饮茶人，还可以是其他与茶有关的人。

而且，这位"西湖龙井茶祖"还必须具备如下应有的"硬性条件"：与西湖早期茶史有关，与杭州西湖有缘，具有僧人身份和文化背景，中唐或以前历史人物，与后世西湖龙井盛名相称。综合以上因素，那么翁隆盛、乾隆帝显然都不在"茶祖"之列，辩才大师虽然颇符合要求，但显然有点欠缺真实性，在时间上也过迟了。当我们把目光集中在中唐时期的西湖人物时，发现与茶有关的除了陆羽之外，当数韬光禅师和诗人白居易，他们不仅符合所有"西湖龙井茶祖"的硬性条件，而且还与杭州西湖现存最早的茶文化胜迹"烹茗井"有着直接的渊源。

韬光禅师本为蜀中名僧。一日，辞师出游，其师嘱云："遇天可前，逢巢则止。"唐穆宗长庆年间（821—824），当他行游至灵隐寺西北巢枸（一作驹）坞时，心想："吾师命之矣。"遂卓锡于此，开山创建了韬光寺。长庆二年（822），白居易出任杭州刺史。在任期间，政务余暇常优游于湖山之间，自称"在郡六百日，入山十二回"[①]。他与韬光禅师相交游，探讨佛学，甚为相得。白居易的《寄韬光禅师》诗云："一山门作两山门，两寺原从一寺分。东涧水流西涧水，南山云起北山云。前台花发后台

---

① 《白氏长庆集》卷五十三《留题天竺灵隐两寺》，四部丛刊本。

见，上界钟声下界闻。遥想吾师行道处，天香桂子落纷纷。"[①] 通过对两座天竺寺的历史关系、地理位置、自然环境的描写，以及作者想象的"天香桂子落纷纷"，表达了对韬光禅师仰慕、钦佩之情。他还曾以诗相邀，请韬光禅师入城，韬光作诗婉谢，白居易就策马进山，与韬光禅师汲泉烹茗，吟诗论道。有《招韬光斋》诗云："白屋炊香饭，荤膻不入家。滤泉澄葛粉，洗手摘藤花。青芥除黄叶，红姜带紫芽。命师来伴食，斋罢一瓯茶。"[②] 韬光《因白太守见招有答》诗："山僧野性好林泉，每向岩阿倚石眠。不解栽松陪玉勒，惟能引水种金莲。白云乍可来青嶂，明月难教下碧天。城市不堪飞锡到，恐妨莺啭翠楼前。"韬光与天竺、灵隐地理相接，实属一地。因此，这则故事恰好证明陆羽关于天竺寺、灵隐寺一带产茶的记载的真实性。

当年白乐天与韬光师汲泉烹茗的风雅往事，留下了"烹茗井"遗迹。关于"烹茗井"，杭州乡邦文献屡见记载。如《淳祐临安志》卷八《城西诸山·烹茗井》记载："灵隐山有白少傅烹茗井。"[③]《咸淳临安志》记载："灵隐山有白少傅烹茗井"[④]。《梦粱录》卷十一《井泉》载有"武林山烹茗井"[⑤]。《武林旧事》卷五《湖山胜概》载：下天竺寺有"白少傅烹茗井"[⑥]。明田汝成载：灵隐山"泉之北出者九"，中有"白公茶井"[⑦]。张岱载："内有金莲池、烹茗井。"[⑧]《湖山便览》记载：韬光庵"殿庑有烹茗井，相传为白乐天烹茗处"[⑨]。从这些记载看，"烹茗井"所在的位置，有说在灵隐山的，有说在武林山的，有说在韬光的，有说在下天竺寺的。其实，就实际地理方位而言，这些说法虽小有出入，却都没大错。武林山即灵隐寺主峰灵隐山及附近飞来峰等山岭泛称，以现今地理而言，均在灵隐、天竺之间，故诸书所记，实即无异。至于名称，有的"烹茗井"，有的"白公茶井"，有的作"烹茗处"，其实际意义没多少差别。

那么，这"烹茗井"到底在哪里呢？为此，笔者根据文献记载，结合实地查访，终于在韬光找到了古迹所在。即现今韬光寺内"观海亭"后、吕公（洞宾）岩（洞）前的香案下，为当年"烹茗井"遗迹。也有人误指韬光"金莲池"为"烹茗井"，显然与明人"内有金莲池、烹茗井"的文献记载相悖。金莲池可能是后人根据韬光诗句"惟能引水种金莲"修建的。

---

① 《全唐诗》卷四六二，中州古籍出版社，2008年。

② 白居易诗又作《长庆四年正旦招韬光斋》，《全唐诗》卷四六二，题作《招韬光斋》，中华书局点校本，而《长庆集》似未收录。参见《湖山便览》卷五《北山路·北高峰·韬光庵》，西湖文献丛书本，上海古籍出版社1998年版。

③ 《淳祐临安志》卷八《城西诸山·烹茗井》，第148页，杭州掌故丛书，浙江人民出版社1983年版。

④ （南宋）潜说友纂修：《咸淳临安志》卷二三《山川二·城南诸山》，杭州文献集成本，浙江古籍出版社，2017年。

⑤ 《梦粱录》卷十一《井泉》，第98页，杭州掌故丛书，浙江人民出版社1984年版。

⑥ 《武林旧事》卷五《湖山胜概》，第90页，杭州掌故丛书，浙江人民出版社1984年版。

⑦ 《西湖游览志》卷十《北山胜迹》，第117页，杭州掌故丛书，浙江人民出版社1980年版。

⑧ 《西湖梦寻》卷二《韬光庵》，武林掌故丛编本。

⑨ （清）翟灝、翟瀚：《湖山便览》卷五《北山路·北高峰·韬光庵》，西湖文献丛书本，上海古籍出版社，1998年。

根据茶多源自寺僧和禅茶同源的传统，结合早期西湖开发与佛僧开山同步的历史，和唐宋乃至元明很长的历史时期内西湖产茶主要在佛寺僧侣的事实，以及西湖龙井茶的禅茶本质，窃以为"追认"唐朝韬光禅师为"西湖龙井茶祖"，比较符合历史事实，也能满足现实需要，于史于地，于茶于禅，于名于实，韬光禅师都是符合西湖龙井茶祖的最佳人选。

（本文系杭州市茶文化研究会《茶都》约稿，以《杭茶及西湖龙井茶起源散论》为题，刊《茶都》第 8 期，2012 年 9 月。）

"桐君采药"传说及茶药文化传承

茶与中草药的关系，既涉及茶的起源——原始茶"荼"，也事关中药"本草"的起源——百草，而它们都与原始社会时期人类最初的经济形态——采集经济时代先人们采集自然界生物作为食物来源有关，也就是说，食物是茶和中草药的共同起源，不仅"药食同源"，而且茶药"同源异流"。在这样的基础上，杭州地区上古时期流传的"桐君采药"的传说，与神农尝百草、得荼而解毒的传说可谓是异曲同工，都诠释了茶和药的最初起源史实。

一、"茶药同源而异流"述论

俗话说，"民以食为天"，在涉及原始茶起源问题上，还有一个"民以食为先"的问题。从历史进程上看，人类采食食物在先，果腹充饥是为了满足基本的生存需要。而药和茶，都是从食物中分化出来的"功能性食物"，用药来治疗疾病，调理身体，以茶来提神醒脑，排毒解渴。在上古时期，甚至在更长远的历史时期，人类经历了一个食物与药、茶混同的阶段，或者说是把药与茶从食物中区别出来的阶段。所以，从食物起源、发展史来看，药、茶与食物的关系是比较简单清晰的。中医药普遍所说的"药食同源"理论，不仅在原材料上，药物源自食物，在发展进程上，食物在先，药物在后。在茶与食物的关系上，也是如此，也存在"茶食同源"的事实，茶源自"原始茶"，即"荼"。

随着先民对各类植物性状、食用药用认识的提高，"荼"开始逐渐分化，一分为三。其主流是继续保留杂煮羹饮特征的"茗粥"一类，在民间流传至今的民俗食物中，迄今仍有大量遗存，如擂茶、姜盐豆子茶、酥油茶及各种名为茶的食物。另一类具有某种特定药理功能的植物，逐渐从"荼"中分离出来，成为中药的起源，从上古时期的"百草"——各种植物演变为后世中医药的"本草"，其中有所谓"单方""复方"之别。第三类就是茶逐渐从食物、药物中分离出来，成为后世的清饮茶类。

从茶起源的食物说和古文字学关于"荼"的考释看，跨湖桥遗址出土的陶釜中遗存的呈烹煮状的束状植物茎叶，恰恰是杭州先民最早的"原始茶"——"荼"实物遗存。迄今民间饮食中，普遍存在的以食名茶的非茶之茶等民俗事象，就生动说明了茶与食物的关系。所以药、茶与食物的关系是比较明晰的，不仅"药食同源"，而且"茶食同源"。

关于茶的起源，以往学界有"食物起源说""药物起源说""综合起源说"，都有一定道理。但却忽视了原始社会时期存在一个漫长的采集植物杂煮羹饮食物时代，茶与草药都是从食物"荼"中分离出来的，这是一个从低级到高级的发展过程，符合人类社会发展规律。先民在采食植物过程中，才发现某些具有特殊芳香气味或物质的植物的药用功能，"神农尝百草"时，主要是为了找到、辨识可以食用的植物，他"日遇七十二毒"，正是说明他的这种遍尝"百草"的行动，是具有危险性的冒险行动，因为哪种草有毒在尝之前是不得而知的。他"日遇七十二毒"，就说明这种尝试是多么具有危险性。幸好他得到了"荼"，得以解毒。这个神话故事很能说明食物、药物和茶起源的关系。也有的学者认为，在食物、茶、中药的起源关系上，是纵向单线的，"其发展轨迹，简而言之就是：食物—（食物茶）—茶—（药茶）—中药。"① 我们认为，食物是茶与草药的共同起源，是比较客观可信的，药与茶的关系确实也可能存在某些草药起源与茶混杂的情况，但是茶与草药应该都是从"原始茶"——"荼"中分离出来的。至于"食物茶""药茶"，无非是名称混用而已，这恰恰说明它们三者早期发展演化历史中很长时间内存在的彼此之间你中有我、我中有你的关系。

　　这里还要说明的一点是，后世的中药原材料，除了植物外，还包括动物、矿物、化合物等物质。在讨论茶的起源时，应该主要是指植物，也就是中医药专用的所谓"本草"。这"本草"就是从各类植物"百草"中筛选出来的具有药性或药用功效的植物。

　　在辨析了原始茶"荼"与中草药与茶的源流关系后，那么不禁要问：茶与中草药的关系如何呢？对此迄今学界争议不断，各执一词。有的认为茶在先，药在后，药起源于茶；有的说药在茶先，茶是从药物的汤剂发展而来的。搞清楚茶与药的关系，对厘清非茶之茶的原始茶与后世真正的茶的源流关系，具有重要参证意义。

　　以茶为药，以药入茶，一直是中国民间饮食的一大习俗。这种民俗学意义上的现象，其实是有深刻的历史文化背景的。茶能止渴，消食除疾，少睡，利尿，明目，益思，除烦去腻。中医性味理论认为，甘则补，而苦则泻。茶的归经是"入心、脾、肺、肾五经"。历代以茶为药，蔚然成为传统。早在唐代，即有"茶药"（见唐代宗大历十四年王国题写的"茶药"）一词，唐代陈藏器甚至强调："茶为万病之药。"宋代林洪撰的《山家清供》中，也有"茶，即药也"的论断。可见茶就是药，并为古代药书本草所收载。茶不但有对多科疾病的治疗效能，而且有良好的延年益寿、抗老强身的作用。明代李时珍（1518—1593）所撰的一本药物学专著《本草纲目》，成书于明万历六年（1578）。李时珍自己也喜欢饮茶，说自己"每饮新茗，必至数碗"。书中论茶甚详。言茶部分，分释名、集解、茶、茶子四部，对茶树生态，各地茶产，栽培方法等均有记述，对茶的药理作用记载也很详细，曰："茶苦而寒，阴中之阴，沉也，降也，最能降火。火为百病，火降则上清矣。然火有五次，有虚实。苦少壮胃健之人，心肺脾胃之火多盛，故与茶相宜。"认为茶有清火去疾的功能。

―――――――――――

　　① 陈珲：《从杭州跨湖桥出土的八千年前茶、茶釜及相关考古发现论饮茶起源于中国古吴越地区》，《农业考古·中国茶文化专号》2003 年第 2 期。

在中国典籍中，"中药"一直称为"本草"。本草之名，始见于《汉书·平帝纪》"元始五年"条，有"方术本草"之说。宋《本草衍义》则曰："本草之名，自黄帝、岐伯始。"岐伯者谁？岐伯是传说中的上古时代医家，中国传说时期最富有声望的医学家，《帝王世纪》："（黄帝）又使岐伯尝味百草。典医疗疾，今经方、本草、之书咸出焉。"后世以为今传中医经典《黄帝内经》或《素问》，相传是黄帝问、岐伯答，阐述医学理论的著作。后世托名岐伯所著的医书多达 8 种之多，这显示了岐伯氏高深的医学修养。故此，中国医学素称"岐黄"，或谓"岐黄之术"。可见，从中医药的起源看，黄帝与同时代的岐伯和桐君，堪称鼻祖，岐伯重在医学，桐君重在药学。

在其后的中医药发展进程中，茶的地位和作用如何呢？我国茶叶药用记载史最早可以追溯到汉代。《史记》中食"神农尝百草，始有新药"，说明茶的药用是在食的基础上发现的，以食为先。司马相如在《凡将篇》将茶列为 20 种药物之一。东汉的张仲景用茶治疗下痢脓血，并在《伤寒杂病论》记下了"茶治脓血甚效"。神医华佗也用茶消除疲劳，提神醒脑。他在《食论》中说"苦茶久食，益思意"。另外在壶居士的《食忌》中都提到了茶的药理作用。到了三国又有不少有关茶的药用记载，如魏吴普《本草》中提到，"苦茶味苦寒，主五脏邪气，厌谷、目痹，久服心安益气。聪察、轻身不老。一名茶草"。陆羽在《茶经》中提出了茶叶的 6 种功效：治热渴、凝闷、脑疼、目涩、四肢烦、百节不舒。据中医学界研究，从三国时期到 20 世纪 80 年代末，有关茶叶医药作用的记载共有 500 种之多，其中唐代的有 10 种，宋代有 14 种，元代有 4 种，明代有 22 种，清代有 23 种。由此足见，在中医药五千年发展历史中，茶一直作为一味常用药，配伍在众多的方剂中，并有以茶为药的传统，到了近代，习惯上"茶药"一词，才仅指方中含有茶叶的制剂。

现代医学认为，茶叶如果单独作为充饥之用，就凭它的蛋白质、糖分等少量的能量是不可能成为理想的食品，现在对茶的药理作用的研究成果，也进一步说明了茶叶是依赖它的药用价值而流传下来的。茶作为药食乃同源，两者是非常难分开，饮茶的习惯之所以能延续到今天，与它的药用价值是不能分割的。从 20 世纪 50 年代至今，随着科学技术的发展，茶叶营养价值和药用价值的不断发现，茶的应用日趋频繁，各种各样的药茶应运而生，如防治肝炎的"茵陈茶""红茶糖水""绿茶丸"；治疗胃病的"舒胃茶""溃疡茶"；治疗糖尿病的"宋茶""薄五条"；治疗痢疾的"枣蜜茶""止痢速效茶""茶叶止痢片"；以及治疗感冒的"万应茶""甘和茶"，还有减肥茶、戒烟茶等，数不胜数。

近年来用茶叶有效成分提取制成的药物也在临床上得到了广泛应用，它与上述药茶方显著的不同，主要是后者药物针对性强、有效率高、科技含量高，有生白、抗癌、降脂以及提高人体免疫力等疗效的各种茶叶药物和保健品。如茶色素所制成的心脑健，可防治动脉粥样硬化及其伴高凝状态的疾病；茶多糖可提高人体免疫能力；茶多酚还可用于防止龋齿、杀菌、消炎、激活肠道有益微生物以及明目等多种功能。因此，茶叶的药用于现代医学已较好地融为一体，从而可为人类健康和发展做出更大的贡献。

如今在日常饮用的各类茶品中，都有不同的药用功效。如按照茶的功效分：苦丁茶降血脂、降血压、降血糖。薄荷茶消菌、强肝、健胃整肠、提神醒脑、调理消化。花茶散发积聚在人体内的冬季寒邪、促进体内阳气生发，令人神清气爽。绿茶生津止渴，消食化痰，对口腔和轻度胃溃疡有加速愈合。青茶润肤、润喉、生津、清除体内积热，让机体适应自然环境变化的作用。红茶生热暖腹，增强人体的抗寒能力，还可助消化，去油腻。普洱茶降脂减肥，降三高。如此等等，都被人们普遍认知，广为食用。

综上所述，茶与中药的关系是"同源异流"，它们都源自原始人类采集经济时代的食物之一——茶或原始茶，在漫长的混杂同食过程中，人类逐渐发现了其中某些食物的特殊功能，逐渐加以区分，从"百草"中辨别出来，成为"本草"或"茶草"。再经过很长的发展历程，茶与药又相对区分开来，各自独立发展成两个独立的饮食体系。但是，在这个漫长的过程中，茶与药一直是相互混杂，互不分离的。一方面，茶作为中药本草的一种，成为复方中药的配伍药材之一；另一方面，茶也作为单味的药剂，一直发挥着保健养生治疗的药用功能。与此同时，在作为大众生活无处不在的茶的演化史中，许多中药汤剂，不管有没有茶入药，是单方还是复方，都习惯冠名为"茶"，约定俗成地天经地义地把药当成茶，就如同把食品叫作茶一样，一直是中华医药和民间饮食的传统习俗。在茶、药从同源到异流的演变过程中，很难说谁先谁后，存在时间上的先后关系。它们就像是原始茶——茶所生的两个同胞孪生兄弟，在经过数千年的同母哺乳后，逐渐成长，各自独立发展。虽然它们的性质、功能甚至形态、面貌，还有许多类似相近之处，但是它们在满足人类物质或生命需求的同时，又随着社会发展上升到满足人们的精神生活需求，而正是这种精神上的需求，赋予了它们各具特色的文化特质，从而成为中华文化体系里独特的茶文化和中医药文化。

二、桐庐中药鼻祖"桐君采药"传说

人类早期的诸多事物，后人往往只能通过口头传承的神话传说来解读，茶文化的早期起源和发展，也充满着神话故事和民间传说，如神农采茶解毒等。值得注意的是，在杭州地区茶文化的起源，也就是原始茶"茶"的产生和演变中，不仅有桐君采药、彭祖服食桂芝长生等传说，而且还有自成序列的考古学遗存。这在国内茶文化起源史上是绝无仅有的。这里就"桐君采药"的传说作一简单考述。

唐代诗人刘禹锡（772—842）在《西山兰若试茶歌》中曾有句云："炎帝虽尝未解煎，桐君有篆那知味。"诗中意思是说炎帝神农氏虽首尝茶叶，但还不懂得煎茶，而桐君虽然著有《桐君采药录》，记录了茶叶的产地、功效等，但未必知道如今的茶中真味。刘禹锡之所以有此一说，或许是因为陆羽《茶经》中"茶之为饮，发乎神农氏，闻于鲁周公"的说法有感而发的。这些都与"神农尝百草，日遇七十二毒，得茶而解之"的传说相关。事实上，陆羽在《茶经·七之事》中曾引用《桐君采药录》云："西阳、武昌、庐江、晋陵好茗，皆东人作清茗。茗有渤，饮之宜人。凡可饮之物，皆多取其叶。"这说明，陆羽是采信《桐君采药录》中关于长江中下游沿江一带四个地方的饮茶史实的。而从所引内容看，对于喜好饮茶的"东人"，大多是品饮对人身体有益的"浡沫"，而所谓的"清茗"，大多是采摘植物的叶子煎煮而成的，颇具医家笔法。

相传，桐君是黄帝医官、上古神医，被后世公认为中华中药鼻祖。据《桐庐县志》记载：桐君系"上古黄帝时人，在东山桐树下结庐栖身。人问其名，则指桐树以示，因名"。故其山亦名桐君，县名桐庐。桐君一生采药品性，深究医理，后人编成《桐君采药录》，是我国有文字记载以来最早的药物著作之一，故被尊称为"中药鼻祖"。可见，富春江流域也是我国茶文化的发祥地。

有关记载桐君的文献最早见于约在春秋时代写成的古史《世本》中。其后，在历代医籍中虽然不乏对桐君的追述，但由于桐君其人的时代早在周代以前，当时尚无有关桐君传记的文字可考，因而对于桐君所处的时代问题出现了四种异说。一是神农时代说。持此说者将神农氏与桐君在药学方面的学术成就同时并举。如陶弘景说："上古神农作为《本草》。……其后雷公、桐君更增演《本草》，二家药对，广其主治，繁其类族。"① 《延年秘录》也说："神农、桐君深达药性，所以相反、畏、恶备于《本草》。"② 二是黄帝时代说。持此说者以为桐君与少师、雷公等人均为黄帝时代的大臣。如《路史·黄帝纪上》记载："（黄帝）命巫彭、桐君处方、盚饵、湔汗、刺治而人得以尽年。"③ 徐春甫说："少师、桐君，为黄帝时臣。"④ 明代大医学家李时珍认为，"桐君，黄帝时臣也"⑤。当地方志《严州府志》记载："或曰（桐君于）黄帝时尝与巫咸同处方饵，未知是否？"⑥ 三是唐尧时代说。持此说者指出：桐君为唐尧时代的大臣。如《世本》："桐君，唐尧时臣，与巫咸同处方饵。"四是上古时代说。持此说者认为桐君是上古时人，但时代不详。如《严州府志》云："上古桐君，不知何许人，亦莫详其姓字。尝采药求道，止于桐庐县东隈桐树下（即弯曲的桐树下面）。其桐，枝柯偃盖，荫蔽数亩，远望如庐舍。或有问其姓者，则指桐以示之。因名其人为桐君。"此外，在13世纪末日本医家惟宗时俊撰写的《医家千字文》中还引用了我国隋唐之际的《本草抄义》一书有关桐君事迹的神仙化传说："桐君每乘绛云之车，唤诸药精，悉遣其功能，因则附口录之，呼为《桐君药录》。"⑦ 上述记载貌似矛盾不一，但其实都是说桐君是与炎黄唐尧同时代的三皇五帝时代人，在神话传说中，这样的现象在世界各民族历史上是普遍存在的，都是有文字记载后对神话传说时代历史人物的记忆追述。桐君在富春江畔的桐庐桐君山采药制药的传说，颇为符合茶的"药物起源说"，说明桐庐一带也是杭州原始茶、药用茶的起源地之一。

---

① 陶弘景：《药总诀·序》，见《金陵丛书·乙集》。
② 据《医心方》卷二引唐代的《延年秘录（方）》佚文转引。
③ 罗泌：《路史》卷四，《四库全书》本。
④ 徐春甫：《古今医统大全》卷一"历代圣贤名医姓氏"。
⑤ 李时珍：《本草纲目》卷一上《序例上》。
⑥ 吕昌明：《（续修）严州府志》卷十八"外志一"，万历四十一年据万历六年增刻本。
⑦ 据日本惟宗时俊《医家千字文》原注所引《本草抄义》转引。

《桐君采药录》是我国也是世界上最早的一部制药学专书。书中对茶煮煎喝之味苦，使人清醒不想睡觉，东家常备好茶请客和哪些地方的人喜欢喝茶，哪些植物性能如茶，都作了详尽记述。这部著作的撰写时代至少是在公元一世纪以前，由于当时人们所利用的药物都是属于取自天然的动、植、矿物，它们虽然不需要进行复杂的化学处理和繁琐的机械加工工序，但仍需要经过一定的采制手段方可成为实际的药物，其中包括：充分掌握辨识这些天然物质本身的形态特征、主要产地、采集的季节、时间、处所，辨识其本身的性、味、毒性，以及对于人类疾病的治疗作用等诸多问题，因而统称为"采药"，总结这种采药知识的学科也就是采药学。而古代早期的采药学和现代的制药学其最终目的和要求是完全相同的。正因为如此，故也可以称《桐君采药录》是最早的制药学专书。这是中国人的又一伟大历史创举（或发明），是特别值得称颂的。在中国古代药学史上，《桐君采药录》一书的早期传播过程曾经历了约千余年的历程，对于国内外药学界都产生了一定的影响，但由于其后原书失传，因而很少有人了解其历史与学术价值。

三、"桐君文化"传承及当代创新

无论从中医药看还是茶文化看，"桐君采药"都是杭州包括桐庐十分重要的历史文化遗产，自古以来就备受重视，积淀了深厚博大而富有特色的茶药文化。

桐君事迹早在先秦时期已有遗闻。为了纪念桐君的业绩，北宋元丰年间（1078—1085）桐庐县令许由仪就在桐君山顶始建桐君祠，并且代代相传，以迄于今。根据《桐庐县志》[①] 和《浙江通志》[②] 的记载及有关资料，桐君祠自从建成直到现在约九百余年间，曾经历了多次的严重坏损和修复重建过程。12 世纪初，孙景初继任桐庐县令时，曾将祠中的桐君绘像改以塑像，并增添了若干名人题写的诗文。元朝时，桐庐县令张可久再度捐资重修桐君祠，明代徐舫曾作诗称颂，但是到了 14 世纪的元朝末期，桐君祠由于遭受兵火之灾，祠庙严重受毁，旧貌已荡然无存。明朝开国后，洪武年间（1368—1398）重建桐君祠，唯规模较小。到了成化年间（1465—1487），祠庙再度荒废。嘉靖初（1522），桐庐知县张莹在桐君祠庙旧址重新进行了较大规模的重建，建成后在祠内曾悬挂大钟，并使钟夫每日早晚定时撞击，并延道士主持。此后经历岁月，祠庙又复倾坏。万历五年（1577）桐庐知县李绍贤捐资重建。万历三十年（1602），桐庐知县杨东再度捐资重修，并在祠内增加晋代末期的本地著名文人戴颙氏塑像配享。清康熙时，桐君祠又重修一次，但尚未见到方志记录[③]。1979 年桐君祠又重修一新。桐君祠的修建，反映出人们对这位上古神医的追崇，桐君祠的香火不绝，正是华夏文明代相传承的纽带。

除了建祠塑像外，桐君史迹和文化也体现在当地各个领域。如与桐君有关的历史

---

① 童炜：《桐庐县志》卷四 "杂志类·祠庙"，康熙二十二年刊本。
② 《浙江通志》卷六十七 "杂志第十一之五·仙释本传"，《四库全书》本。
③ 据申屠丹荣等编著《潇洒桐庐》，浙江人民出版社，1986 年。

地名众多，"桐庐"得名就来自桐君，《方舆胜览》记载："桐君山在桐庐。有人采药，结庐桐木下。人问其姓，指桐木示之，因以桐名郡曰桐庐。"① 桐庐县名沿用至今，《太平寰宇记》说，桐庐县"汉为富春县地。吴黄武四年（225）分富春县置此。耆旧相传云：桐溪有大椅桐树，垂条偃盖，荫数亩，远望似庐，遂谓为桐庐县也"②。桐君采药地桐君山，又名桐庐山，据丹波元胤《医籍考》卷十二"本草四"转引元代僧人圆至云："有人采药，结庐桐木下，指树为姓，故山得名。"《明一统志》："桐君山，在桐庐县东二里，一名桐庐山。相传昔有异人于此山采药求道，结庐于桐木下。人问其姓，则指桐以示之。因号为桐君山。"③《大清一统志》："在桐庐县东二里，一名桐庐山，县以此名。下有合江亭，卢骧《西征记》：桐、睦二江会合亭下，有山巍然直压其首，如渴鲸入水之状，即桐君山也。"④ 此外，还有桐江、桐溪、桐岭、桐溪乡、桐庐镇、桐君崖、桐君潭等地名。

千百年的历史传承，桐庐一带也保留了一些与桐君有关的名胜古迹。如桐君山寺，北宋苏辙有《望桐君山寺》七言绝句一首，诗中有"严公钓濑不容看，独喜桐君有故山"句。桐君寺，元方回有《寄题桐君寺》一首，诗中有"遥知学出神农氏，独欠书传太史公"⑤ 句。桐君禅寺，清袁振业有《桐君禅寺》诗，诗中有"道院今翻作梵宫，山阴有客养虚冲"句（见《严州府志》）。桐君塔，位于桐君祠之旁，始建年代不详，南宋景定年间（1260—1264）曾重修一次，此后历年变迁，又有多次重修迄今。

至于历代文人骚客留下的吟咏、描画桐君胜迹的诗文辞章、翰墨丹青更是代不乏人。北宋后期杨时撰有《登桐君山》七言诗一首。南宋初朱熹撰有《桐庐舟中见山寺》七言诗。元朝回族诗人萨都剌（字天锡）撰《过桐君祠》诗，诗中有"桐山巍峨桐水清"句。同期的李仲骧及俞颐轩二氏均分别撰有《桐君山》五言绝句各一首。明朝初期桐庐诗人徐舫曾为桐君祠撰写了多首诗篇，其中包括《桐君》（五言诗）《张小山捐俸重修桐君祠》《祠完迎桐君归祀》《桐君祠》（均七言诗）及《桐君》（五言绝句）各一首。李恭写、张和、夏言、卢襄、孙纲、姚龙、汪九龄、茅坤、屠应竣、邵万、沈椿等也均为桐君及桐君山撰有诗章。17世纪至20世纪初，清朝文人为桐君及桐君祠、山题写诗文者又有多人，《桐庐文史资料》所载诗篇包括查慎行、王金吉、汪若懿、袁振业、方骧才、姚桂祥、戴雪舫、胡圣铨、马象麟、袁昶、柴文浩、袁世经等。在桐君山南面临江的陡崖峭壁还镌有一些古代的书法刻石记文，其中有后魏刻石⑥、唐代摩崖、北宋苏才翁刻石、元代俞颐轩摩崖题诗等。

作为中药鼻祖，桐君胜迹自然也备受药业追崇。光绪三十四年（1908），四川药

---

① 祝穆：《方舆胜览》卷五"浙西路·建德府·事要"，《四库全书》本。
② 乐史：《太平寰宇记》卷十五"江南东道七·睦州"，《四库全书》本。
③ 李贤等：《明一统志》卷四十"严州府"，《四库全书》本。
④ 清乾隆敕撰《大清一统志》卷二三四"严州府·桐君山"，《四部丛刊续编》。
⑤ 方回：《桐江续集》卷十八，钦定四库全书本。
⑥ 方爱龙：《桐君山唐宋摩崖题名》，《杭州师范大学学报（社会科学版）》，2010年第5期。

业人士为纪念桐君，在四川重庆创办了首家以"桐君"命名的"桐君阁制药厂"，从事生产发售中药业务。该药厂经营迄今已近百年历史，一直名声远扬，为发展中医药事业做出了一定的贡献。1984 年浙江省及桐庐县旅游局对桐庐山地区的人文景观进行了较大规模的整治和丰富完善，再次重新修复了桐君祠，并且由重庆的桐君阁制药厂发起，联合杭州的胡庆余堂等 4 家药厂在桐君山旅游区创办了称为"四方药局"的商场，以出售各家生产的特色中成药为主。此外，桐庐县旅游局又在桐君祠院内的四壁绘制了长 25 米、宽 3.5 米的大型壁画，即《汉医溯源图》。该画共分两大部分，前部着重描绘了桐君老人在桐树下茅庐旁，百姓前来求医，及桐君指桐为名之状；后部则分别绘有历代九位名医像，其中首先是最古的桐君造像，其次则依次配以战国时的扁鹊、汉代张仲景、三国时的华佗、晋代葛洪、唐代孙思邈、宋代王惟一、明代李时珍和清代王清任的历代名医像，人物像后面的背影配有山川野景等彩色浮雕。1985年 5 月 5 日，桐庐县旅游局等单位举办了"首届华夏中药节"，在桐君祠举行了中药节开幕式和"历代名医塑像落成典礼"。桐君的中药文化，得到了很好的传承。

而以始创于明洪武十七年（1384）、有着 600 余年历史的"桐君堂"为品牌的中医药业，如今已成为杭州传统中医药文化的代表之一。作为我省著名的具有传统特色的国医馆之一，以桐君堂为代表的传统医药项目，已被列入杭州市第三批非物质文化遗产名录，并入选浙江省非物质文化遗产候选名录。杭州桐君堂中医门诊部秉承"济人济世"精神，汇集国家、省、市级名老中医和具有特色的主任医师、教授坐诊，诊治内科、妇科、儿科、肿瘤科、神经科、眼科、耳鼻喉科、针灸推拿科以及各类疑难杂症，年门诊量达到 6 万人次以上。桐君堂精心炮制的"药祖桐君"牌中药饮片正宗道地，品质优良，受到专家、患者好评。"桐君堂大药房"遍布桐庐城乡，专业从事"菌物药"的研发、生产和销售及市场服务的杭州桐君堂生物科技有限公司，科技创新，造福人类。桐君中医药文化历久弥新，展现出勃勃生机。

党的十八大以来，习近平总书记高度重视传统文化，提出一系列精辟论述，强调在治国理政中要注重汲取历史智慧，古为今用。现在又正逢茶产业振兴、茶文化繁荣的大好历史时机，传统国粹中医药的现代转型方兴未艾，桐庐"桐君采药"历史文化资源的开发和创新大有可为。尤其是在人口老龄化、大养生产业时代到来的背景下，挖掘茶文化、中医药文化资源，进行研究性保护，创新性传承，重构性发展，研发新茶新药新产品，创编茶药文化艺术，开发茶药特色文化旅游，满足人们日益增长的健康养生、绿色环保和人文旅游的需要，可谓适逢其时，前景无限。

（本文系桐庐县茶文化研究会约稿。）

杭州早期茶史的若干问题

  我国早期的人工栽培茶树历史，因为文献记载的零星稀少，跨越时间长，地理空间大，迄今存在许多未解之谜，仿佛是云雾缭绕的茶山，雾瘴重重，烟霭茫茫，让人无从下手。虽然可以根据仅有的文献记载参证神话传说、民间故事、地方文史勾勒出大致的脉络，但具体到移植选育、规模产量、何人何地、采制技艺、茶品器具乃至功能特性等实质性问题，往往语焉不详，模棱两可，治史者往往巧妇难为无米之炊，干脆一笔带过。要解决这个问题，尚待从农业考古和地方文史等学科结合，继续努力探索。

  由于文献记载的不足，杭州两汉到南朝期间的茶事历史，相较于先秦到南北朝我国的早期茶事历史，要迟近千年之久。究其原因，是因为在这个漫长的历史时期，无论杭州还是南方地区甚至全国各地，茶在农耕为主的社会经济中还没有显山露水，茶叶的种植采制只是寺院、文人的个体生产行为或少数地方的特殊产业，没有社会化、规模化生产，茶叶生产的性质说到底只是满足少数特殊群体和权贵阶层的特殊用品甚至是奢侈品，在很大程度上茶的社会角色十分有限，只停留在宗教仪式、祭祀活动和僧侣权贵范围，没有进入大众的社会生活之中。

  无论在全国还是在杭州，后世追述的文字记录的茶事活动，都远在我国文字发明使用之后，至于文献中直接记载的"当代"茶事活动或茶人事迹，更是要迟到两汉魏晋以降。这些零散、零星的记载，虽然在浩如烟海的古典文献中充其量只能算是一鳞半爪、片羽鸿毛，但是我们仍然依稀可以窥视出我国包括杭州早期茶事活动的大致概貌。这些文字记载或许是后人追述的，也有的是地方乡土史地或民间传说的说法，但足以让我们大致勾勒出早期茶史的基本脉络，那个时期我们的先民在茶树栽培、茶叶采制和贡茶买茶以及以茶设祭、以茶入礼、以茶为食等方面的茶文化图谱。不过，在杭州早期的茶叶生产历史上，仍存在若干重大悬而未决的问题，有待我们继续深入探讨。

一、东南于越与西南巴蜀有没有茶事交流之可能

  茶的发现和利用始于原始社会的采集经济。河姆渡文化的余姚田螺山遗址出土的"茶树根"，从出土时的现象学观察虽然被认为是"人工栽培"的，但是否达到 7 000 年前的河姆渡水稻栽培那样的规模和技术，还缺乏足够的证据。如果认为在新石器时期农耕文明发达的地区也有茶树的栽培，在理论上是可以也是可能的，但要确认是人

类生产性质哪怕是小规模生产性质的茶叶种植，尚有诸多疑问，证据显得苍白乏力。现在可以信据的最早人工种植茶叶的文献记载，是晋人常璩的《华阳国志·巴志》，也就是说先秦时期的巴蜀地区是我国有史可证的最早茶叶种植生产地区。那么，以三星堆文化为代表的巴蜀文明，是否有可能与当时立国杭州湾一带的于越国有过茶事交流呢？

从夏朝立国到秦朝统一近 1 900 年的先秦时期，是我国奴隶制社会诞生、发展、衰落，进而向封建社会过渡的漫长历史过程。约公元前 21 世纪，夏人立国中原前后，太湖流域、钱塘江流域的氏族部落，随着人口增长，聚落稠密，渐渐形成部落联盟，各部落领地融合为联盟共有领土，联盟首领、君长开始拥有财、神、军大权，较大聚落演变成城邑，民族雏形诞生了。它的名字就称为"于越"，可能是以象征王权、军权的礼器"钺"而得名，同时于越国的国家雏形也出现了。

古于越国先后存在 1 400～1 500 年，立国时间之长史所罕见。在夏、商、周三代，古于越国长期僻居东南，与中原接触少，社会经济文化发展缓慢，明显落后于中原。到春秋末期和战国时期，于越国在与吴、楚以及中原齐、鲁等国的战争冲突、兼并离析中，越文化与吴文化渐相融合，越文化与楚文化交流加强，越族开始华化，大大促进了于越国中心所在的杭嘉湖地区的社会经济发展和文化进步。中原青铜器具代替石器大量用于农业生产，品种繁多，有锄、镢、镰、推割器、铲形器、锯镰、凹形铁锄等。耕地面积扩大，农作物有水稻、稷、赤豆、麦、大豆、大麦等，还有葛、麻、桑等经济作物，农业经济进一步发展。铸铜、冶铁、造船、烧窑、织布等手工业技术水平大幅度提高。以青铜兵器闻名于世的青铜冶炼工艺，在灭吴以后传入越国，并取得了突破性进展，达到相当精湛水平。原始青瓷制作逐步发达，窑场分布于杭州湾广大地区。造船技术和水上交通尤为发达，为适应战争需要，建造了大量楼船、戈船、快艇等军用战船。钱塘江边设有多处船坞、军港。从杭州湾出发，南到句章（今宁波），北抵转附（今烟台）、琅琊、碣石（今秦皇岛），海运发达，居当时领先地位。商品交换逐步发展，制定有商业流通的有关法令。城邑、军事据点、封邑、聚落、市集逐渐增多，几达百余处。先秦时期的杭州地区，历时近两千年，主要为古于越国统治中心地带，是当时东南地区政治、经济、文化的中心[①]。

三星堆文化是夏人的一支从长江中游经三峡西迁成都平原、征服当地土著人后形成的，同时西迁的还有鄂西川东峡区的土著民族。三星堆文化可以说是以夏文化和鄂西川东峡区土著文化的联盟为主体的考古学文化。通过鄂西地区、三峡地区这样的传播路线进入了四川盆地中心的成都平原，在当地相当发达的土著文化的基础上，形成了三星堆文化。1980 年 11 月至 1981 年 5 月，四川省文管会、省博物馆和广汉县文化馆在三星堆进行发掘，获得丰富的资料，发现房屋基址 18 座、灰坑 3 个、墓葬 4 座、玉石器 110 多件、陶器 70 多件及 10 万多件陶片。1986 年两个"祭祀坑"发现后，出土上千件青铜器、金器、玉石器、象牙以及数千枚海贝。20 世纪 80 年代末至

---

① 鲍志成：《古杭史话》第二章《先秦时期的古越国》，《禹航集》，西泠印社出版社，2006 年。

90 年代初，又发掘并确认三星堆古城址的东、西、南三面城墙。这些重大考古新发现立即突破了以前的认识，使学术界最终充分认识到，三星堆文化是一个拥有青铜器、城市、文字符号和大型礼仪建筑的灿烂的古代文明。年代上限距今 4 500 ± 150 年，大致延续至距今 3 000 年左右，即从新石器时代晚期至相当中原夏、商时期。从考古学文化的角度上说，三星堆文化已初步显示出与中原二里头文化（夏文化）和殷墟文化（商文化）的一些密切联系，也隐含着更多的一些区域文化因素，如长江中下游以及滇、越等文化色彩。通过对这些因素所占比重、变异程度、地位和作用等研究，同时通过对其他区域中的三星堆文化因素的相关研究，对古蜀文化与中国古代其他区域文化的交流与融合，以及中原文化和其他区域文化对古蜀文化的演进所起作用等有了更深入的认识。

值得注意的是，在丰富的三星堆文化遗存中，有关鸟崇拜的各类文物特别引人注目。有学者认为，鸟崇拜是长江下游的东夷部族的普遍原始信仰，三星堆鸟崇拜是长江下游上古文明沿着长江向西传播到巴蜀地区的结果，也有学者认为鸟崇拜与太阳神崇拜有关，是上古时期世界各民族普遍存在的原始信仰形式。至于良渚玉琮以及大量玉器在三星堆遗址的出土，是良渚文化在东南沿海消失后"内迁"传播或交流的遗存①。

清人顾炎武《日知录》指出："自秦人取蜀而后，始有茗饮之事。"② 著名茶文化史学者陈文华先生也指出，秦兼并六国以后，兴建了一些水利工程，交通方便，有利于全国的农作物品种交流。茶叶原产于云贵巴蜀一带，秦并六国、开通灵渠以后，茶种遂由水道传到荆、楚、吴、越。其他一些旱粮和蔬菜品种，也是秦朝后期由北民带入越地的③。

事实上，在先秦时期，武王伐纣时就有巴蜀一带产茶并入贡的记载。晋人常璩的《华阳国志·巴志》中即有关于中国最早的贡茶记载："周武王伐纣，实得巴蜀之师……茶蜜……皆纳贡之。"大约在公元前 1025 年，周武王姬发率周军及诸侯伐灭殷商的纣王后，便将其一位宗亲封在巴地。这个邦国东至鱼复（今四川奉节东白帝城），西达僰道（今湖北宜宾市西南安边场），北接汉中（今陕西秦岭以南地区），南极黔涪（相当今四川涪陵地区）。巴王作为诸侯，理所当然要向周武王（天子）上贡。《巴志》中开具了一份"贡单"："五谷六畜、桑蚕麻纻、鱼盐铜铁、丹漆茶蜜、灵龟巨犀、山鸡白鸡、黄润鲜粉"。在这份"贡单"后还特别加注了一笔："其果实之珍者，树有荔支，蔓有辛蒟，园有芳蒻香茗。"④ 说明上贡的茶是专门有人培植的茶园里的香茗。常璩于公元 355 年前撰著的《华阳国志》，是我国保存至今最早的地方志之一，而"园有芳蒻香茗"是关于茶人工栽培的最早文献记载。《华阳国志》的记载，比秦人取蜀起码要提早 1 000 多年。

---

① 程世华：《良渚文化的余辉在三星堆文化中闪烁》，《中华文化论坛》，2006 年第 1 期。
② 顾炎武著，栾保群等注：《日知录集释》，清代学术名著丛刊，上海古籍出版社，2006 年。
③ 陈文华：《长江流域茶文化》，湖北教育出版社，2004 年版。
④ 常璩：《华阳国志》卷一《巴志》，齐鲁书社，2010 年版。

入贡周天子的贡茶，其用若何？《周礼·地官司徒》中说："掌茶。下士二人，府一人，史一人，徒二十人。""掌茶"在编制上设 24 人之多，其职掌是"掌以时聚茶，以供丧事；征野疏材之物，以待邦事，凡畜聚之物"。可见茶是邦国丧礼时的祭品，有专门一班人来掌管。还说："掌茶以供丧事，取其苦也。"《尚书·顾命》中说："王（指周成王）三宿、三祭、三诧（即茶）"，这说明周成王时以茶作为祭品之用。在《诗经》中，"茶"字也屡屡出现在《谷风》《桑柔》《鸱鸮》《良耜》《出其东门》等诗篇中。《晏子春秋》载："晏子相景公，食脱粟之饭，炙三弋五卵，茗菜而已。"《尔雅》释"苦茶"云："叶可炙，作羹饮。"可见，在 3 000 年前的周代，茶既已成为贡品、祭品，也成为日常羹饮食品。

在良渚文化消失后于越立国的漫长时期，杭州湾的文明发展相对落后于中原地区，甚至逊色于西南巴蜀地区。三星堆遗址的发现和大量青铜器等文物遗存的出土，标志着巴蜀地区在先秦时期达到的文明高度。而其中出土的文物中，有关鸟崇拜青铜器和良渚玉琮等的发现，让人不得不联想到三星堆文化与河姆渡文化、良渚文化的交流关系。不管如何，三星堆文化与良渚文化有过远距离的交集是基本可以肯定的。那么，那个时候的巴蜀茶文化也就有可能与良渚文化有过交流。如果按照以往茶文化史学界的说法，那么，西南地区的茶文化的东向传播，是在秦人取秦以后，或者是在武王伐纣以后。从三星堆文化与良渚文化、于越国关系的分析，那么西南茶文化的东传，甚至有可能是在良渚文化的中后期就开始了。

二、徐福东渡所求的"长生不老药"和河姆渡遗址樟科植物有什么关系

西汉历史学家司马迁在他的不朽历史著作《史记》中记述说：秦始皇曾下诏天下寻求长生不老之药，山东方士徐福上书说：东海之中有"三神山"，名蓬莱、方丈、瀛洲，岛上有神仙和仙草。秦始皇闻讯大喜，便派徐福率数千童男童女"入海求仙人"。徐福首次出海回来，对秦始皇声称曾到蓬莱山，见到海神，请求"延年益寿药"，海神嫌秦始皇礼太薄而不给。秦始皇又派遣他携带童男童女三千、百工及武器、谷种等出海。不料徐福一去不返，找到一片"平原广泽"，自立为王。以后，类似记载，屡见于史。《汉书》《后汉书》《三国志》等史籍中也有关于徐福率童男童女出海求仙的记载，有的则说他到了夷洲（今台湾岛）、澶洲（今澎湖列岛），唐代诗人李白、白居易的诗中也提到过徐福出海，只不过这些史籍和诗词中都没有确定徐福到的就是日本。最早把徐福出海与东渡日本联系起来的，是五代义楚和尚。他在所撰《六贴》一书中不但说徐福到了日本，而且说那里有座富士山，"亦名蓬莱"，这样便和司马迁所说的"三神山"联系上了。此后，宋、元、明、清各代文人墨客的许多诗词文章中都把徐福奉为中日文化交流的先驱。明洪武九年（1376），明太祖朱元璋召见日本僧人绝海中津，两人也以徐福东渡为题材赋诗唱和，朱元璋诗中有"当年徐福求仙药，直到如今更不归"之句。清代首任驻日参赞官黄遵宪（1848—1905）抵日本后也作诗道："避秦男女渡三千，海外蓬瀛别有天。"在中国民间，尤其在山东荣成、诸城、即墨各县和江苏连云港、赣榆和浙江慈溪一带，都流传着不少关于徐福东渡的传

说。近年来，还有学者考证认为，江苏北部赣榆区的徐阜村或山东黄县的徐乡就是秦代徐福的故乡，浙江慈溪达蓬山是徐福东渡起航地，山东即墨沿海徐福岛是徐福东渡时船只避风处。

20 世纪 80 年代以来，浙江省慈溪市有关部门对慈溪、宁波、镇海等地历史文献和遗迹遗址进行了系统调查，发现《越绝书》《四明志》《慈溪县志》《镇海县志》等均有秦始皇东游至浙东和徐福从慈溪起航东渡的记载或传说，并发现了秦渡庵及摩崖石刻、十八磨坊（又称龙门坊）、徐村徐福庙、眺山庙、达蓬山及方士石、旗盘、望火塘、灵台石、达蓬桥等一大批集中珍贵的文物古迹，还编辑出版了《达蓬之路》《徐福与慈溪达蓬山》等专著、画册，这些考古发现和研究成果引起了全国徐福研究界的高度关注和肯定。

徐福东渡的传说在日本、韩国民间也广为流传。韩国的济州岛海岸，至今还保存有"徐福过此"的摩崖题刻。而日本民间更是把徐福东渡日本的传说描绘得有声有色，有根有据，不少地方都有关于徐福的遗迹和故事。如九州佐贺县的伊万里港，传说是徐福船队到日本登陆的地方。相传徐福曾在佐贺市的金立山住过，因此当地居民建金立神社奉祀徐福。佐贺县每隔 50 年举行一次隆重的"徐福大祭"，最近一次是在 1980 年。当地还流传着徐福登金立山举首西望怀念家乡和徐福与土著酋长的女儿阿辰的爱情故事。日本还传说徐福从九州又继续东行到本州，经过濑户内海到达纪伊半岛，因此近畿地区也有不少徐福的遗迹、传说。如三重县熊野市的矢贺海岸（熊野浦）被认为是徐福的登陆地，附近有徐福之丘与徐福墓、徐福宫。在富士山地区流传着更为离奇的故事，说徐福一行最后在日本的"蓬莱"即富士山麓找到了长生不老药，然而此时秦始皇已死，他们就定居在那里，向当地居民传播中国文化和生产技术。徐福死后变成了一只仙鹤，经常依恋地盘旋在富士山原野的上空。在富士山麓也建有几个徐福祠。据统计，在日本全国现存类似的徐福遗迹达 20 多处，其中大多数分布在西海岸。至今不少日本人认为自己是徐福的后裔，其中最著名的就是前首相羽田孜①。

值得一提的是，和歌山县新宫市的徐福町原有徐福祠，现有徐福墓碑，附近还有其亲信 7 人的墓，以北斗七星的形状分布在徐福墓周围。新宫的居民每年 9 月 1 日夜在徐福墓前举行盛大的"徐福祭"。新宫市的一座小山被称为"蓬莱山"，相传徐福曾来此山采取长生不老的草药。当地徐福研究会介绍，这里出产的一种"天台乌药"就是当年徐福要找的长生不老药，用它的根茎叶子加工制作的"徐福茶""徐福罗漫果酒"是当地人们普遍饮用的保健饮品，经常喝的人都健康长寿。据医药研究，"天台乌药"属于樟木科常绿灌木，具有迄今发现的最高等级的强力过氧化消除效果，能有效清除体内过剩的活性氧，防治细胞老化和阿尔茨海默病、帕金森氏症以及各种炎症、癌症，因此是名副其实的长生不老药。由此我们联想到河姆渡遗址出土的大量樟

---

① 鲍志成：《徐福东渡——秦汉时期中国海外移民和日本"渡来民"的传说》，《一衣带水两千年》，西泠印社出版社，2006 年。

科植物堆积遗存，是否与日本的"天台乌药"是同一种或近似的药用樟科植物呢？要解决这个问题，其实不难，只要把河姆渡遗址出土的樟科植物遗存取样进行古生物学的化验检测，就能水落石出。

三、临安东天目九仙山梅福种茶的真伪及其与龙井茶乡梅家坞的关系

梅福，西汉寿春人，字子真，初仕汉为南昌尉，因王莽专政，预知世将大乱，乃辞官求道，弃妻子而去，遍游名山，修炼内外丹法，游于会稽（今绍兴），最终归隐终老临安九仙山，植茶为乐①。迄今临安九仙山一带称梅福为"梅仙"，广为流传着他种植茶叶的故事，其后裔迁居东天目山族居成村，即今梅家村，世代均以植茶为业，梅福因此被奉为天目山人工种茶第一人，号称"天目茶祖"。新编《玲珑山传说》也收录了"九仙山梅福种茶"的故事②，还记载：在九仙山梅仙桥北，旭日峰东南，即悬溜山（即九仙山）道观故址附近，有成片零星老茶山，为临安最早的茶山之一，疑在汉晋之间即已开发③。

梅福历史上确有其人，作为西汉仙道名人，后世记载代不乏例，他在临安天目山退隐种茶的故事，却鲜为人知。从临安东天目山梅家村等地丰富的民间传说和文物史迹看，他极有可能就是杭州乃至长三角南翼地区最早的人工种茶第一人。

《临安县志》《玲珑山志》均有梅福"挂冠来隐于九仙山中"的记载；九仙山古称垂溜山，其得名始于梅福归隐之后，相传有九位品德高尚者曾先后在此隐居，故名"九仙山"，而梅福即为其中之一，被称为"梅仙"。九仙山曾留有许多与梅福有关的遗迹。当地有一座古石桥，叫"梅仙桥"，传说是梅福亲手所建，至今尚存。《玲珑山志》记载：九仙山曾有一祠，"祀梅福、左慈、许迈、葛洪、王羲之、谢安等隐君子。"据实地调查乡土资料，临安九仙山一带"流传的都是关于他种植茶叶的故事"④。梅姓后裔在河南信阳梅氏根亲文化研究会创办的梅氏网《天目"植茶"之祖梅福的高风亮节》一文认为，梅福最后归隐临安九仙山植茶，"一个重要依据，就是在东天目山族居成村以及从东天目山繁衍开去的梅氏后裔均世代以植茶为业，可以说是承继了梅福遗留下来的祖业"。新中国成立后，西湖龙井茶的重要产地之一杭州梅家坞村的梅姓就是从临安梅家村迁居而来。《杭州市地名志》第138页载："相传临安天目山有梅姓来此定居，后繁衍成村落，故名梅家坞。"由此可以梳理出一个梅氏家族迁移的路径：梅福从九江寿春避难隐居至临安的九仙山，后又迁移到离九仙山10公里之遥的东天目山梅家村，最后梅家村梅氏家族中的一支迁居杭州的梅家坞，在梅家坞繁衍生息，族居成村。有趣的巧合是，杭州老龙井有一个正宗龙井18篷的传说，而临安当地也有梅福植茶18篷的传说。虽是传说，但一个传说的产生必定受其当时

① 《藏外道书·广列仙传》卷之二第54人，第182页；杨一平：《天目"植茶"之祖梅福的高风亮节》。
② 张天复：《玲珑山传说》，第88-89页，浙江省级非遗项目丛书。
③ 徐映璞《玲珑山志》（1963年），第56页，2012年影印本。
④ 《茶祖、龙井茶与东天目山》，见"东天目山"旅游网，又作《茶祖梅福、龙井茶与东天目山》，见梅笑寒新浪博客《梅氏文史园》。

社会背景的影响和制约，两个传说中的茶篷数同为 18 并非是一种巧合，而是说明两地茶树栽培技术之间有着密切的传承关系：茶树的人工栽培最早始于梅福在临安九仙山栽种的那 18 篷茶树，尔后随着梅福将这 18 篷茶树传继给儿子，这项技艺就流传到了东天目山的梅家村，最后因梅氏后裔的迁居又流传到了杭州梅家坞。由此可见，临安九仙山和东天目山的梅家村应该是龙井茶栽培制作技艺的发祥地。

应该说，临安梅福和梅姓种茶传说等乡土史料的整理具有相当的价值，梅福作为"天目茶祖"甚至是杭州乃至长三角南翼地区的人工种茶第一人，是基本可以自圆其说的。但是，根据上述乡土史料推断他就是中国最早种植茶树的"第一人"，并以其后人迁徙杭州西湖梅家坞种茶，就断言梅福也是西湖龙井茶的"茶祖"，还缺乏必要的严谨的考证和逻辑分析，其观点是值得商榷的。

四、严子陵与桐庐"钓台雾茶"的传说

在富春江畔的桐庐，流传着东汉高士严子陵隐居钓台，以行医、垂钓、农耕为生，采制"钓台雾茶"的传说。相传，"钓台雾茶"是严子陵夫妇在采药时发现长在山顶雾中之茶，采回后亲自制作而成的，与子陵鱼齐名。他们还把雾茶的制作技艺亲手教会村落四邻而遗泽乡里后人。

严子陵，名遵，字子陵，原姓庄，后因避汉明帝讳改姓严，浙江慈溪市横河镇子陵村人。年轻即有名望，后游学长安（今西安）结识刘秀。公元 8 年，王莽称帝，法令苛细，徭役繁重，吏治腐败，民怨沸腾。为笼络人心，王莽曾广招天下才士。严子陵虽多次接到王莽邀聘，但均不为所动，最后隐名换姓，避居今浙江杭州桐庐富春江畔。公元 25 年，刘秀击败王莽，建立东汉，在洛阳称帝。登基后，刘秀思贤若渴，多次礼贤下士，征召严子陵，皆不就，隐居富春山下垂钓为乐。建武十七年（41），光武帝刘秀曾再一次征召严子陵，严子陵也再一次地拒绝了，并索性回到故里陈山隐居，没过几年便老死，享年 80 岁。

相传严子陵在富春江钓台隐居时，以行医、垂钓、农耕为生。他博学多才，知书达礼，宽厚礼让，好善尚德，勤俭质朴，与乡亲邻里真诚善待、和睦相处，深得乡民敬重。他夫人罗芙品貌出众，勤劳贤惠，乡亲们夸他们是"北国淑女，南国才郎，天生一对，地就一双"。一日，罗芙随子陵上山采药，发现山崖上长着一丛丛的茶树，嫩绿色的芽叶在朝阳穿雾的折射下艳若仙女，很是迷人，在微风的摇曳下雀舌含珠，翩翩起舞，就指点给子陵看。子陵见此茶崖边生，雾中长，聚天地之灵气，当是茶中珍品，就吩咐罗芙细心采回，巧制成茶。果然，其香扑鼻，其味甘醇。乡邻得知罗芙做出的茶叶有奇香，每当晚上茅舍茶香飘溢时，村姑们就纷纷登门观看并求教。她深知民间疾苦，故尽心教之。这样，一授十，十授百，在当地乃至周边渐渐传扬，世代相继，成为山区农民养家糊口的重要经济来源。"钓台雾茶"也由此扬名。

富春江桐庐钓台严子濑滩水号称"天下第十九泉"，这里奇峰耸立几千仞，锦峰秀岭云气深。据《钓台考证》："子陵有旧庐于此……该处僻在峰巅，四时朝雾不绝，所产茶叶，饱含雾珠，称为'雾茶'，其味较狮峰、龙井更为清香。雾茶与七里泷的

子陵鱼齐名，同为钓台奇产。"历代无数名人墨客仰慕严子陵的高风亮节，专程前来这里瞻仰，领略这"天下佳山水，古今推富春"的迷人风光，怀古思今，赋诗作画，品泉饮茶。如唐张又新的《煎茶水记》云："……过严子濑，溪色至清，水味甚冷，家人皆用陈黑坏茶泼之，皆至芳香；又以煎佳茶，不可名其鲜馥也。"北宋范仲淹任睦州知州时，在桐庐富春江严陵濑旁建了钓台和子陵祠，并写了一篇《严先生祠堂记》，赞扬他"云山苍苍，江水泱泱，先生之风，山高水长"，从此严子陵以"高风亮节"闻于天下。礼部侍郎陈垍经此品茶后，觉其味甚好，写下了《钓台天下十九泉》之诗："十年不泛钓台船，梦想云风日月边。今日偶然无往著，再尝滩下十九泉"，借泉赞茶，对严子陵一生"卧白云、饮清风"深寄缅怀之心。

把严子陵与钓台雾茶联系起来，可谓是具备天时、地利、人和，合情合理，但是单凭一个民间传说就坐实这桩茶史史实，还是根据不足的。据说如今登上钓台，在崖边还能寻得傲然屹立的老茶树踪影，而现钓台周边山上的茶树均源于此，"钓台雾茶"也喜获新生①。如果这是实物或史迹证据，似乎可以印证这里曾有古茶园，但与严子陵这个传说到底什么关系，有待进一步的文献、考古依据来参证民间传说。

五、建德新安江太华山东汉"仙茶"的记载及"野生"大茶树

新安山水名扬天下，新安文化自古辉耀。新安江流域山水相连，古往今来一直是名茶产区。建德茶事历史，最早或可追溯到汉代。根据民国《寿昌县志》的"山川"卷中记载："太华山，在县西六十里九都。山势峻险，上耸云霄。山背为衢县界。上有太华岭，相传新莽时有壮士数十辈倡议于此。闻光武兴，毁营归汉。至今巨石极多，是其压寨之遗迹也。"又载：太华山"岭高而曲，上耸云霄。岭旁多茶，味最美。相传上有仙茶数株"。②

寿昌今属建德，九都即今建德李家镇，为建德传统产茶区，太华岭属千里岗山脉，在李家镇内绵延10余公里。太华山的最高峰三井尖，海拔1 280.5米，位于建德、衢州、淳安三县交界点上，属古称鹅笼山的次高峰（主峰在衢县境内），以淳安县安阳乡境内距峰顶最近的一个自然村——三井村而命名。山顶为一块不到30平方米的平地，登上顶峰，一足踏"三县"，一览众山小，连相邻的海拔1 157.8米的山羊坞尖也被踩在脚下。环顾四周，层峦起伏，绿波叠翠，风光绝美。

"新莽"即西汉末年王莽篡位前后，"光武"即建立东汉的刘秀，史称光武帝。县志所谓有一群壮士在太华山上集聚，闻光武兴，毁营归汉，与当时天下纷起、群雄竞逐的局面相吻合，对太华岭地望、地貌、形势的记述也与实际相符，故而这条史料看似有相当的真实性。因此，"岭旁多茶，味最美"和"相传上有仙茶数株"的说法，也似乎颇足采信。由此可见，新安江流域的寿昌（今属建德）太华山一带，早在东汉

---

① 桐庐县茶文化研究会：《桐庐县茶史概况》（内部资料）；桐庐县政协文史委、县农业局、县茶文化研究会编，周保尔主编，卢心寄编著，《潇洒桐庐茶》，桐庐文史资料第十二辑，杭州出版社，2013年11月。

② 建德市茶文化研究会编：《建德茶文化》，第4页，中国文联出版社，2013年。

甚或更早就有可能产茶，且有"味最美"和"仙茶"之誉。

这样言之凿凿的方志记载，按理是可以信据的，但是从版本看，这部《寿昌县志》乃民国所修，距离东汉两千年，其史料来源并不清楚。严格地说，孤证不能立论，值得怀疑。但是，据当地茶人实地考察，太华山上居然发现有古茶蓬。太华山自李家镇境内三井尖至遥岭之间，绵延数十公里。其西北坑源及新桥等地，历代都是浙西地区上品茶叶如"山羊坞尖"茶的主产地之一，为当今建德有名的茶叶品牌，茶味甘醇，经久耐泡。民国时，寿昌秀峰茶庄曾以太华岭山羊坞、石屏老鹰岩所产茶叶制成的"毛峰"绿茶，参展1929年的西湖博览会，并以"遂炒青"茶类品牌获得特等奖。现今在离峰顶百余米的灌木林中，尚发现有野生茶树，其中有的主干高达3米多。我想，东汉的茶树绝对不可能存活两千年，即便这里两千年来一直是茶园所在，那么现在发现的茶蓬也肯定不是古代所遗。有点茶树植物学知识的人都知道茶树的自然年龄。所以，这些被认为是野生的古茶园茶丛其实不过是近代甚至是当代抛荒的茶树而已。

六、"以茶代酒"始于三国吴孙皓密赐韦曜"茶荈以当酒"吗

在茶史界有一则津津乐道的三国故事，那就是三国时期的东吴大帝、富春（今富阳）人孙皓宴请群臣时"以茶代酒"的佳话。

孙皓（242—284），字元宗（一作景）。三国时吴国末帝，公元264—280年在位。吴大帝孙权之孙。孙皓初立时，下令抚恤人民，开仓济贫，又减省宫女，放生宫内多余的珍禽异兽，一时被誉为贤明之主。但他很快变得粗暴骄淫，苛政暴虐，迁都武昌（今湖北鄂州），大兴土木，不仅杀掉拥立自己的家臣，还排斥镇守边防、犯颜直谏的肱股名臣陆凯、陆抗，使吴国势顿衰。他还纵情酒色，荒芜国政，彻底丧失民心。280年，西晋伐吴，挥军南下，吴军毫无抵抗之力，国都建业（今南京）陷落，吴国灭亡。荒淫无能的暴君孙皓成了晋武帝的俘虏，全家移居洛阳，赐号"归命侯"，厚赐有加。太康五年（284），孙皓死于洛阳[1]。

不过，这位"肆行残暴，忠谏者诛，谗谀者进，虐用其民，穷淫极侈"的亡国之君，在茶文化史上却留下了"以茶代酒"的典故。陈寿《三国志》载：孙皓"每飨宴，无不竟日，坐席无能否悉以七升为限，虽不悉入口，皆浇灌取尽"。大臣韦曜酒量不过两升，孙皓对他特别关照，破例"常为裁减，或密赐茶荈以当酒"[2]，以免他不胜酒力，当庭显露窘态。韦曜，吴郡云阳人，博学多才，曾任尚书郎、太子中庶子、太史令，还曾负责撰写《吴书》。孙皓上台后，韦曜曾被封为"高陵亭侯"，"迁中书仆射，职省，为侍中，常领左国史"，颇得孙皓宠信。这就是后世"以茶代酒"典故的来历。

这里的"茶荈以当酒"里的"茶"，本指茶树的嫩叶；"荈"，指的是采摘时间较

---

① 陈寿：《三国志》卷四十八《吴书》三《三嗣主传》，中华书局点校本，1959年。
② 陈寿：《三国志》卷六十五《吴书》二十《王楼贺韦华传》，中华书局点校本，1959年。

晚的粗茶叶。可代酒的"茶荈"，显然泛指用茶叶制作的茶饮料，虽然可以用来代酒喝，但与今天的茶或许是大不相同的。从这则正史记载的茶史佳话，可知至少在三国东吴后期，宫廷宴饮或王公权贵之间已经流行喝茶之风。作为富阳人的孙皓的这些茶事活动，也当是杭茶早期历史上的重要一笔。

值得一提的是，孙皓不仅有"以茶代酒"的历史佳话，还有他早年被封"乌程（今浙江湖州南）侯"，开辟"御荈"的茶事。南朝刘宋山谦之《吴兴记》说，乌程县西二十里有温山，出产"御荈"。荈即茶，学者认为，温山出产的"御荈"，可以上溯到孙皓被封为乌程侯的年代，即吴景帝永安七年（264）前后，是年景帝死，孙皓立，很可能当时还有"御茶园"开辟①。这一带地方也是后世我国茶树栽培和生产的重地之一，唐朝的贡茶院就设置在这里。

不过，有人认为前述周天子从巴蜀入贡的茶作为邦国丧礼的祭品，才是以茶代酒的始作俑者，因为商时天下酗酒成俗，导致亡国，周时吸取教训而禁酒，故才在丧礼中以茶代酒来祭祀逝者。

七、东晋谢灵运客居钱塘曾"移植"天台茶到西湖灵竺吗

前些年，天台山、杭州有学者、僧人提出，杭州龙井茶与天台茶有着渊源关系，并且认为有苏东坡诗为证，说是北宋苏东坡知杭州时，对西湖种茶历史曾有考证，他认为西湖最早的茶树、龙井茶产地在灵隐下天竺香林洞一带，是南朝诗人谢灵运在下天竺翻译佛经时从天台山带来的。还说苏东坡此说和《茶经》之记载正相吻合，如以此说推断，西湖种茶最迟始于南北朝，至今已有 1 500 余年历史云云。

仔细检点谢灵运种茶说及所依据的史料来源，发现多半是无稽之谈。且看苏东坡在《送南屏谦师》诗序中云："南屏谦师妙於茶事，自云得之于心，应之于手，非可以言传学到者。十月二十七日，闻轼游寿星寺，远来设茶，作此诗赠之。"其诗曰："道人晓出南屏山，来试点茶三昧手，忽惊午盏兔毛斑，打作春瓮鹅儿酒。天台乳花世不见，玉川风腋今安有？先生有意续茶经，会使老谦名不朽。"②这里的"乳花"与制茶、烹茶的技艺有关。宋时的团饼茶在烹点前都要碾成碎末，然后煮水烹点，在茶汤上浮起一层白色的茶沫饽，当时文人斗茶以色白沫多、咬盏时久为胜，常见诗文称颂。为了映衬白沫，又喜用黑釉或酱釉的建窑、吉州窑所产的茶盏（后世日本统称"天目碗"）来作为茶具，诗中的"兔毛斑"又叫"兔毫斑"，与"油滴斑""鹧鸪斑"一样，都是以结晶窑变釉而著名的茶盏。早在唐代，白居易就有以"乳"形容茶色的③，宋元及以后以"乳花"形容茶汤颜色或指代茶名的十分常见，直到明清犹如

---

① 林盛有、陈多士：《温山御荈》考，《茶叶》，1985 年第 2 期；大茶：《温山，感受御荈遗韵》，《中华合作时报·茶周刊》，2007 年 10 月 23 日。
② 《苏东坡全集》卷二十六，北京燕山出版社，2009 年。
③ 白居易《萧员外寄新蜀茶》有"满瓯似乳堪持玩，况是春深酒渴人"之句，见《白氏长庆集》卷十四，四部丛刊本。

之，如明王世贞《题龙井茶》诗中有"龙井侬分玉乳花"①之句。可见，"天台乳花"很显然是一种点茶时出现乳白色沫饽的天台山名茶，而且肯定产自天台，"世不见""今安有"，说明当时已无，只是以前曾经的出产。

天台山植茶始于汉朝，相传东汉名士葛玄在天台山开辟"植茶之圃"，今华顶有"葛玄茗圃"遗址②，至今天台山的云雾茶素为茶中名品。陆羽《茶经》中也确有台州临海产茶的记载。宋时天台山产茶是肯定的，宋祁《答天台梵才吉公寄茶并长句》诗："山中啼鸟报春归，阴阆阳墟翠已滋。初笋一枪知探候，乱花三沸记烹时。佛天甘露流远珍，帝辇仙浆待汲迟。饮罢翕然诵清句，赤城霞外想幽期"③。此诗可证，北宋天台山产茶之事实。不过，从苏东坡这首诗中，无论怎样解读，都丝毫得不出其与龙井茶有什么特殊关系，至多只能说苏东坡曾经听说过"天台乳花"而已。从其与"玉川风腋今安有"和南屏谦师也想续写《茶经》的故事看，"天台乳花"应是唐时的天台名茶代称。

那么，苏东坡诗中的"天台乳花"究竟何指？在编撰《杭州茶文化发展史》时未及展开细究，这里有追根溯源、水落石出的必要。据研究，所谓的"天台乳花"其实与名闻佛门、称绝禅茶的天台山寺院的罗汉供茶仪式有关。

天台山是五百罗汉道场。五百罗汉原是一群能文能武、三教九流都有的各色人物，相传他们在此相聚，抢劫赌博，无所不为。有一次观音菩萨到此，为了点化这批狂徒，以"放下屠刀，立地成佛"的教义相开导，他们深受教诲，改邪归正，终于各成正果。天台山号称佛宗道源，自古为佛道圣迹，尤其是石梁方广、国清、华顶诸寺，一直有罗汉供茶的仪轨。最早详细记载天台山国清寺"以茶供佛"和石梁方广寺"罗汉供茶"的，是北宋入华求学的日本僧人成寻（1011—1081），他自宋神宗熙宁五年（1072）五月入宋后抵达天台山，参拜台宗祖庭，瞻礼罗汉道场。他在《参天台五台山记》书中详细记载了天台山国清寺、方广寺点茶吃茶、寺僧以茶供佛等茶事，并说在国清寺罗汉院十六罗汉等身木像、五百罗汉三尺像"每前有茶器，以寺主为引导人，一一烧香礼拜，感泪无极。"在礼拜石梁方广寺五百罗汉道场时，不仅详细记载了罗汉供茶的经过，而且还记下了汤现莲花的灵异奇迹："十九日辰时，参石桥，以茶供罗汉，五百一十六杯，以铃杵真言供养。知事僧惊来告：茶八叶莲花文，五百余杯有花文。知事僧合掌礼拜。小僧实知罗汉出现，受大师供茶，现灵瑞也者。"难得一遇的灵瑞现象把成寻感动得涕泪俱下④。根据宋林表民《天台续集》记载，台州知州葛闳（1003—1072）听说这件灵异之事，带着众多地方官员来天台山石梁罗汉阁煎茶供奉罗汉，俄顷见"有茶花数百瓯，或六出、或五出，而金丝徘徊处及苏盘金富无碍。三尊尽干，皆有饮痕"。葛闳欣喜不已，赋诗《罗汉阁煎茶》云："山泉飞出白云寒，来献灵芽秉烛看。俄顷有花过数百，三瓯如吸玉腴干。"北宋罗适（1029—1101）

① 聂心汤：万历《钱塘县志》，《纪疆·物产》，光绪十九年武林丁氏刊本。
② "葛玄茗圃"在天台山主峰华顶，现有王家扬题名碑刻。
③ 《景文集》卷一八，《全宋诗》卷二一七，北京大学出版社，1998年。
④ 成寻著，王丽萍校点：《新校参天台五台山记》，上海古籍出版社2009年版。

《石梁》诗"茶花本余事，留迹事诸方"，贺允中（1080—1169）《石梁》诗"聊试茶花便归去，杖头挑得晚风凉"，以及杨蟠（1017—1106）《方广寺》"金毫五百几龙尊，隐隐香飘圣迹存"等诗句，也都记载了石梁方广寺罗汉供茶现灵瑞图像的奇迹。

南宋时，天台山罗汉供茶相沿成习，灵瑞常现。日僧荣西于南宋乾道四年（1168）来天台山研习佛法，其间曾两次目睹罗汉供茶时"现感异花于茶盏中"的灵瑞事迹。荣西在《兴禅护国论》提及在天台石桥方广寺"捏少许茶，待其煎出香味，向身居现实世界的五百大罗汉致敬、敬礼"的供茶仪式。宝庆元年（1225），日本曹洞宗开山祖道元入宋求法，曾登天台山巡礼，回国时将罗汉供茶仪式传入日本永平等寺。日本宝治三年（1249）正月一日，道元在永平寺以茶供奉十六罗汉，茶杯中均现瑞华，举国轰动，名噪一时。为此，道元亲撰《罗汉供养式文》，文中写道："现瑞华之例，仅大宋国台州天台山石梁而已，今日本山数现瑞华，实是大吉祥也。"据宋《赤城志》记载，南宋景定二年（1261），天台籍宰相贾士道捐资五万，命僧妙弘建石梁昙华亭，落成之际以茶供奉五百罗汉，茶杯中现一异花，中有"大士应供"四字。贾士道即以"昙华"命名此亭，时人遂称其为"石桥供茗必有乳花效应"[①]。

禅僧点茶、罗汉供茶之类的佛门茶事，还在存世宋代绘画中得以如实呈现。南宋宁波林庭圭、周季青所作，现存于日本大德寺的82幅《五百罗汉图》中，就有林庭圭所作的《备茶图》和周季青所作的《点茶图》。《备茶图》中，在罗汉身后有两位鬼神模样的侍者，右边的鬼神正在照看炉子，而左边坐在地上的侍者手握宋代典型的茶碾，捣着茶。在碾的右边，还放着茶臼和茶槌。《点茶图》中有四位罗汉，每人手里都捧着茶托，各自一个建盏。旁边侍者左手正拿着瓶子，挨个给他们注水。在画中，还描绘了在斟水后，侍者右手持着类似茶筅式样的茶具搅拌的场景，这与《饮茶往来》里提到的"左手提着水瓶子，右手握着茶筅"的说法是一致的。把《备茶图》和《点茶图》放在一起看，就揭示了宋代佛门点茶饮茶的主要过程。再如相国寺收藏的《十六罗汉图》，其构图和《备茶图》非常类似[②]。

这种被佛门视为灵瑞奇迹的罗汉供茶显现各种花纹、文字等图案的现象，事实上是陆羽以来"汤华""花乳"和宋代盛行的"分茶""茶百戏"在佛门禅茶中的体现，唐宋时相应记载不乏其例，所谓"下汤运匕水脉，别施妙绝，使汤纹水脉成物象者，禽兽虫鱼花草之属，纤巧如画，但须臾就散灭"，已经曲尽其妙。当时天台山的寺僧尤为擅长此道，故而有南屏谦师这样"妙於茶事""得之于心，应之于手"的高手，为苏东坡点茶，深得茶中"三昧"。苏东坡诗中"天台乳花"何指，至此不言自明。

至于谢灵运（385—433），东晋末年、刘宋初年浙江会稽（今绍兴）人，原为陈郡谢氏士族。东晋名将谢玄之孙，袭封"康乐公"，人称"谢康公""谢康乐"。祖父谢玄，晋车骑将军；父谢瑍，不慧；其母刘氏为王羲之外孙女。因从小寄养在钱塘杜

---

① 竺济法：《"天台乳花"世难见茶碗"仙葩"迷待解——初识宋代天台山壮观的罗汉供茶灵瑞图案奇迹》，《茶博览》2012 年第 9 期。

② 高桥忠彦：《宋代饮茶文化的东渡与荣西的〈吃茶养生记〉》，《三联生活周刊》，2014 年 22 期。

家，故乳名为"客儿"，世称"谢客"。幼年便颖悟非常，《宋书》本传称其"少好学，博览群书，文章之美，江左莫逮"。善书，"诗书皆兼独绝，每文竟，手自写之，文帝称为二宝"。谢灵运系出名公子孙，才学出众，自认为应当参与时政机要，但宋文帝对他"唯以文义见接，每侍上宴，谈赏而已"。在朝不得志，曾外任永嘉太守、临川内史等职。与族弟谢惠连、东海何长瑜、颍川荀雍、泰山羊璿之以文章赏会，共为山泽之游，时人谓之"四友"。后因罪徙广州，密谋使人劫救自己，事发弃市，时为元嘉十年，终年 49 岁。

谢灵运是中国历史上伟大的诗人。他是中国山水诗的开创者，是第一个大量创作山水诗的诗人，诗与颜延之齐名，并称"颜谢"。其诗充满道法自然的精神，贯穿着一种清新自然恬静之韵味，一改魏晋以来晦涩的玄言诗之风，意境新奇，辞章绚丽，影响深远，被后世誉称为中国山水诗鼻祖。李白、杜甫、王维、孟浩然、韦应物、柳宗元诸大家，都曾取法于谢灵运。但他的有些诗字句过于雕琢，描写冗长，用典、排偶不够自然。他也是见诸史册的第一位大旅行家，好营园林，醉游山水，发明制作出一种"上山则去前齿，下山去其后齿"的木屐，后人称之为"谢公屐"。

谢灵运与佛教因缘夙植，与庐山慧远、慧严、慧观、道生、昙隆、慧叡等名僧都有交往。元嘉年间，北凉昙无谶译出的《大般涅槃经》传入建邺（今南京），但不符合南朝人的阅读习惯，慧严、慧观和谢灵运一起进行修订，使文字更加精美。谢灵运是大文学家，又是当时少有的懂得梵文的人，他为这部《涅槃经》的定稿作出了贡献。如《涅槃经》原文"手把脚蹈，得到彼岸"过于质朴，谢灵运改为"运手动足，截流而度"，使文辞更加优美。这就是史传谢灵运为临川内史时，于府治南宝应寺翻《涅槃经》的故事，后因凿池为台，植白莲池中，号为"翻经台"①。可见谢灵运杭州西湖天竺山翻经之说，只是后人比附传说。明人田汝成早就指出，翻经台在庐山，不在天竺。但是，唐宋以降，杭州下天竺寺香林洞内确实有翻经台遗迹，这都可能是后人仰慕谢氏高风、他早年寄养钱塘故事附庸托名所致。下天竺寺始建于东晋咸和五年（330），后世记载多作旧称"翻经院"云云，或许也正是与谢灵运翻经台这个讹传有关②。杭州还传说谢灵运作有五言《翻经台》诗③，但内容通篇都抒发学佛心得，根本没有提及杭州西湖天竺。

八、最早在西湖开山种茶的到底是谁

全国包括杭州明确且系统的茶事、产茶记载，学界都公认是唐朝陆羽的《茶经》。《茶经》中有杭州天竺、灵隐二寺产茶的记述。白居易在杭州任上与韬光禅师的烹茗赋诗早就是人所共知的佳话。这是迄今见之于文献的杭州西湖产茶、饮茶的最早记载。但是，杭州西湖群山产茶究竟始于何时？最初的种茶人究竟是谁？

---

① 唐颜真卿《抚州宝应寺翻经台记》："抚州城东南四里有翻经台，宋康乐侯谢公元嘉初于此翻译《涅槃经》，因以为号。"文见《颜鲁公文集》卷十四，中国书店，2018 年。
② 鲍志成：《杭茶及西湖龙井茶起源散论》，《茶都》，第 8 期（2012 年 9 月）。
③ 《天竺山志》卷七《题咏》，其诗集不见此诗，疑为后人假托附会之作。

天下名山僧占多，名山自古出好茶。西湖山水回环，岩壑幽明，钟灵毓秀，神栖灵著，是一个天然的胜境觉场。千百年来，为数众多的寺院的兴衰，与湖光山色一起见证着西湖、杭城的历史变迁和岁月风霜。而早期的西湖开发，正与佛教的传播和寺院的开山有关。据史志记载，早在东晋咸和三年（328，一说元年），天毒（印度）僧慧理就在武林山麓开山结庐，号曰"绝胜觉场"，这就是江南名刹灵隐寺的开山之始。其后，灵隐寺虽屡经兴废，然至今香火不绝，号称"东南名山"。慧理开山寺院并非仅灵隐一寺。据《灵隐寺志》卷一《开山》载，慧理"连建五刹，灵鹫、灵山、灵峰等或废或更，而灵隐独存，历代以来，永为禅窟"。东晋时还有一位名叫宝遘的刹利禅师，也晦迹武林山，结庐修禅，弘法播道，从名字上看，也可能是个印度僧人。慧理、宝遘的来杭传教，是杭州佛教发展史上开天辟地的一件大事。到南北朝时期，杭州的佛教有了进一步的发展，玉泉净空寺、孤山永福寺等一批早期寺院建立起来，"南朝四百八十寺，多少楼台烟雨中"，从东晋到南朝，正是杭州佛教从无到有、从少到多的开山时期，高僧大德不乏其人[①]。

我们现在很难在现有史料中找到这个时期杭州佛门寺院是否开始种茶、供茶等茶事活动，但我们也绝对有理由相信，在陆羽记载钱塘灵竺一带寺院产茶、白居易与韬光禅师品茗论道之前，在杭州的寺院和僧人之间，早就已经有茶叶的栽种、采制和饮用、供佛等茶事活动存在。那么他们是谁？茶种在哪里？我们在历史文献中无从知道，但我们相信，他们就是从东晋到南朝在西湖周边尤其是灵竺一带开山建寺的僧人，他们的茶园就在寺院内外和周边的山坡野地，他们种植、采制茶叶主要是用来满足禅堂修持生活所需，在坐禅时提神醒脑，在礼佛时奉茶供佛。茶在寺院修持活动中，既是僧人的饮食，也是供奉的法食。

我们认为，杭州西湖最早人工栽培茶树、生产茶叶要远远早于有文献记载的唐朝，很可能是在西湖佛教寺院勃兴的东晋南朝时期，由开山结庐西湖群山的僧侣最初开始种植的。这个时期恰恰也是西湖开发开始和杭州人文的萌发时期，也就是说，最早在西湖开山种茶的，很可能就是最初在湖山之间结庐开山的佛门僧侣。

九、关于杭州早期茶事历史的几点基本判断

综上所述，我认为关于杭州茶叶人工种植和小规模生产的早期历史，下面几点是值得引起重视和可以肯定的：

1. 茶叶生产的起源和发展符合人类社会经济发展历史 茶既是植物，又是作物，从原始野生植物到人工栽培作物的漫长演变进程中，人类对之采集在前，栽培在后，是符合从采集经济向农耕经济过渡的历史规律的。因此，茶史滥觞多从采集、利用原生茶类树叶，或采摘、食用野生茶叶开始。至于具体到各地茶事的肇始，也未必都是从人工栽培茶树、生产茶叶开始的。古籍文献包括杭州乡邦文史中出现对杭州或与杭

---

① 鲍志成：《佛道始传寺观渐兴——六朝以前的钱塘宗教》，原刊周峰主编"杭州历史丛编"之一《南北朝前古杭州》，浙江人民出版社 1992 年第一版，1997 年第二版。

州有关的茶事记载，是在两汉三国时期，这比文字的发明使用晚了 2 500 多年，比巴蜀地区最早的茶事活动出现在公元前 11 世纪也晚了 1 000 多年。对此，我们不必拘泥于历史记载的有无或直接与否，没有历史文献的记载，不一定就没有历史事实的发生，茶文化的早期历史尤其如此。相反，人类早期的许多事物发端，都可以从后世的神话传说、民间故事、掌故逸事等得到印证，还可以根据考古发现、实物遗存、古迹文物等来得到确证。要把茶文化放到当地社会文明的历史进程中来考察，把茶树的人工栽培放到农耕经济和技术的发生发展过程中来考察。只有用这样的历史观来研究茶文化、茶栽培的起源问题，才能得出比较接近历史真实、符合事物发展规律的结论。

2. 茶叶人工栽培采制的起源和演化过程是漫长的　杭州茶树栽培不仅肯定要远远早于"茶道大行"的唐朝，早于零星记载的两汉魏晋南北朝，而是应该在新石器时代与农耕技术同步或稍后诞生，大致在新石器时代中期和晚期。杭州湾南岸的河姆渡文化和长江中下游地区的良渚文化时期，应该是杭州先民开始人工种植茶树的开始。从原生的野生"茶树"（最初可能是多个种群的类茶植物），到人工移植、栽培，再选育、改良，逐渐成为现代意义上的"茶树"，经历了漫长的生产实践探索过程。

在茶树人工栽培的起源过程中，作为生活资料范畴的茶，逐渐具有了生产资料的性质，茶的物质形态也从原来的植物茎叶杂煮羹饮的"茶"，向用某种或几种具有芳香物质、药用功能的"药茶"，以及适宜清饮的、主要流行于早期寺院僧堂、宫廷权贵中的"茶"演变。在唐朝以后"茶道大行天下"的大发展、大普及过程中，茶在社会生活中的功用形态也在不断改变和增加，从最初的自然"植物"转变为人工"作物"，从食物、药物转换为祭品、法食，进而升格为封建农业经济时代的贡品、特产，普及扩大为规模化、社会化生产时代的产品、商品。

3. 茶叶人工栽培采制的发源地应是多元的　在自然地理上，茶树的栽培生产，必需适宜茶树生长的气候、土壤等自然条件，也就是亚热带丘陵地区。而且，这个地理分布，或多或少肯定与后世传统名茶主产区有相当的关联度。我国传统名茶主产区，绝大多数在江南地区，从早期历史名茶看，相对集中在川滇云贵、荆楚、江浙、闽粤地区。只要有考古实物发现，有可以信据的鉴定结论，或者有生物活化标本（古茶树或野茶树），再结合文献记载、乡土史地、传说故事，这些地区都有可能是茶树人工栽培的发祥地。

杭州湾南岸的河姆渡文化田螺山遗址出土的茶属"树根"，就是"茶树"遗存，是浙东先民六七千年前"人工栽培"茶树的见证。这个结论在时间上和地域上，都符合上述茶叶栽培起源的时空推论。而跨湖桥文化遗址出土的陶釜及植物茎叶遗存，彭祖、桐君的传说，又从原始茶的角度帮助我们来解读、佐证先民采制植物茎叶等以"茶"为食、以茶当药的可能性。至于西汉梅福退隐东天目九仙山种茶为乐、后裔以茶为业，以及桐庐、建德等地的早期茶叶栽培、采制记载和故事，也说明：即便是在杭州地区，茶叶的栽培起源也是多元的。

4. 早期的茶叶人工栽培采制往往与佛寺僧侣有关　在两汉魏晋南北朝时期，随着佛教的流传中原江南，僧侣开始栽种寺院茶树，采制供佛修持，种植、采制技艺趋向成熟，茶的物质形态和功能趋向单一，主要是满足礼佛修持的需要，茶的食物角色淡化。尤其是在"茶"的最终"定性""定型""定名"过程中，佛门寺僧的作用非同一般。所谓"定性"，是指植物定性，在人工栽培选育中逐渐放弃山茶属、樟科等"非茶"植物。所谓"定型"，是指栽种、采制技艺的成熟，在种植技术、采制工艺及生产工具等方面形成一套成熟的体系，食物功能淡化，社会功能扩大，进入到礼法和风俗层面。所谓"定名"，是指原有的各种形态的茶的不同文字名称趋向统一为"茶"字，使源头多元、形态多样、功能不专、名称不一的各色各样的"茶"演变成为初具雏形的后世意义上的"茶"。所有这些演变，与佛教东传，流播中土，寺院兴起，僧侣众多密切相关。僧侣们在法事修行的僧堂生活中，饮茶提神，驱除睡魔，以茶礼佛，供养三宝。为满足宗教生活需求，僧侣开始开山种茶，自种自采，自饮自用。陆羽《茶经》所记各地产茶，多半有佛教寺院僧人背景，杭州西湖最早的灵隐、天竺寺所产的茶也莫不如此。在佛教界，盛传着一则关于达摩祖师撕下眼皮变成茶的故事①。这个说法听来有些佛教的神通变幻，却是茶的早期起源与佛教禅宗息息相关的反映。

5. 农耕经济的发展促进了早期茶叶"小生产"　早期茶叶生产与农业经济密切相关。只有把茶叶生产历史放到当地社会文明发展的历史进程中来考察，把茶树的人工栽培放到农耕经济和技术的发生发展过程中来考察，才能搞清楚茶叶生产作为特殊生产形态发生发展的历史轨迹。

杭州先民在上古时期就开始采摘类茶植物茎叶蒸煮饮食，说明杭州"原始茶"茶至少远在距今 8 000 年前的新石器时代就出现了。在采集经济到农耕经济漫长的演变过程中，杭州先民关于彭祖、桐君的神话传说和河姆渡、崧泽、马家浜、良渚文化的文物遗存，都无不诠释了先民采制饮食原始茶的真实历史。后人记载巴蜀地区在公元前 11 世纪就人工栽培茶树、入贡茶叶，那么杭州的人工栽培茶树、采制茶叶，到底是何时开始的呢？在没有文献记载和考古发现的情况下，我们不妨从杭州社会经济发展历史的早期源头，从农耕经济的发展角度去考察茶叶栽培生产的可能性。

秦汉时期，杭州一带社会经济发展明显落后于中原地区的局面仍没有多少改观，但比原来已有所发展。据《史记·货殖列传》，"楚越之地，地广人稀，饭稻羹鱼，或火耕而水耨，果隋蠃蛤，不待贾而足，地势饶食，无饥馑之患，以故呰窳偷生，无积聚而多贫，是故江淮以南，无冻饿之人，亦无千金之家。"汉武帝以后，中原地区大量移民南迁，不仅使江南地区人口增加，而且带来了先进的耕作技术和生产工具，从而增强了社会生产力，使地广人稀之地得到开发，农业生产明显进步。主要表现在牛耕、铁农具的普遍使用，农田水利的兴修。汉灵帝熹平二年（173），余杭县令陈浑因苕溪泛滥，漂没田庐，开上、下两湖，导溪水入湖，又筑湖塘 30 余里，沿溪置陡门塘堰数十处，使蓄泄以时，旱涝无患，灌溉农田 1 000 余顷，得益 7 000 余户。铁锄、铁耙、铜镜、兵器、原始瓷器、漆器、丝织、海盐等的制作，已成为比较普遍的手工业。

---

① 《达摩祖师与茶》，http://www.wuzusi.net。

到东吴时期，由于北方大量人口的南迁和东吴政权对农业生产的重视，杭州地区的社会经济又有了进一步发展。当时永兴县（今萧山）垦荒、耕种，水稻年亩产量已达米3石。东吴地区出现了"谷帛如山，稻田沃野，民无饥岁"，"四野则畛畦无数，膏腴兼倍"，"国税再熟之稻，乡贡八蚕之锦"的繁盛景象，被称为"金城汤池，强富之国"。僻居深山的越族后裔"山越"，也在东吴前后40多次围攻下，被迫出山，"强者为兵，羸者为户"，有4万名强壮的山越人被征为兵丁，其余的人迁居平原，编户为民。这对越人进化、经济发展有着积极的作用。冶铸、煮盐、纺织、造船等手工业也随之发展。当时的海船，"大者长二十余丈，高去水三二丈，望之如阁道，载六七百人，物出万斛"，有的船可张7帆，造船技术相当进步。远洋航海北达辽东、高句丽，东南到夷洲（台湾岛）、海南诸国（如交趾、日南等），西至犁鞬（即大秦），不仅加强了联系，而且互通了贸易。

西晋末年，"永嘉之乱"后，中原人口大量南迁。其后，"五胡入华"，又把大规模人口迁徙推向高潮。有"天吴奥区，地惟河辅，百度所资，罕不自出"之称的江南地区，成了北来人口侨寓定居的集中地区，杭州地区的人口有较大增长。许多荒田得到开垦，区川法、粪肥等先进耕作技术的推广，农田水利的大量兴修，使这一带的农业生产进一步发展。当时钱塘江东西岸有西陵（今萧山西兴镇）丰堠、柳浦（今杭州凤凰山麓）四堠等堤堰水闸。吴越一带，"良畴美柘，畦畎相望，连宇高甍，阡陌如绣"，"地广野丰，民勤本业，一岁或稔，则数郡忘饥"，足见农业生产繁荣之景象。蚕桑种植，大为推广。南齐时建德令沈瑀，教男子种桑15株，女丁半之，"人咸迎悦，顷之成林"。新安郡的始新、遂安一带，也盛植桑麻。钱唐、余杭、富阳等地更是桑树成林。养蚕技术大有改进，一年八熟，丝织业成为普遍的家庭手工业，丝、帛、绢等成为征收赋税的主要物品。冶铸、制瓷、造纸等手工业都有所发展。余杭一带所产由拳藤纸，质地优良，颇负盛名。农业、手工业的发展，加上水利交通的发达，商业也发展起来。据载钱塘江"牛堠税"（过路税）年征可达400余万之多[1]。

由此可见，从秦汉到南朝，随着北方人口的一次又一次大批南迁及其先进生产技术和工具的传入，杭州一带的农业和手工业有一定发展，商业初露端倪，社会经济有所发展。正是在这样一个社会经济背景下，农桑耕作技术为茶叶的栽培生产提供了可能。杭州地区的茶叶种植生产，正是在这个基础上发展起来的，西汉梅福天目种茶、东汉严子陵富春江钓台采制雾茶、新安江太华山种植仙茶以及三国东吴孙皓以茶代酒、乌程开辟"御荈"园等零星的茶事史迹，无不都是那个时期杭州地区人工栽培茶树、开始茶叶生产的印证。只是由于茶叶的社会功能还局限于寺院宫廷和王公权贵阶层，茶叶的生产充其量还只能是小规模的满足特殊群体需求的"小生产"，其种植规模、面积产量都是十分有限的。

（本文系杭州市茶文化研究会《茶都》约稿"杭茶史论"之二。）

---

① 鲍志成：《古杭史话》第三章《秦汉到南朝的钱塘县（郡）》，《禹航集》，西泠印社出版社，2006年。

大唐诗国杭州茶诗赏析

唐朝是一个诗的国度，诗人辈出，诗作煌煌，空前绝后。中唐以降，正如白居易诗句所说的那样，"或饮茶一盏，或吟诗一章"，"或饮一瓯茗，或吟两句诗"，茶和诗一样，成为诗人们日常生活中的一大乐趣。于是，茶诗应时而兴，并逐步发展成为一种别具一格的文学载体和文化现象。

"茶兴复诗心，一瓯还一吟"，"茶兴留诗客，瓜情想戍人"，"茶爽添诗句，天清莹道心"，"诗情茶助爽，药力酒能宣"……如此佳句，都彰显唐朝很多诗人的普遍认识：茶能醒睡除昏益思，激发诗兴灵感。大多数茶诗作者都是当时各地的达官名士，他们对茶的嗜好、崇尚起到了很好的社会示范推广作用。同时一些地方名不见经传的茶，经诗人吟赞后名闻遐迩。在众多的唐人茶诗中，不仅有吟诵名茶、饮茶、煎茶之作，也有涉及采茶、名泉、茶具等作品，琳琅满目，美不胜收。

唐代杭州茶诗，首推白居易杭州刺史任上邀请韬光禅师入城吃斋时所作的《招韬光斋》诗。白居易是唐代的伟大诗人，也是一位虔诚的佛教徒，自称"香山居士"。白居易与佛教僧侣往来甚为密切。据僧史载，白居易"久参佛光，得心法，兼禀大乘金刚宝戒。元和中，造于京兆兴善法堂，致四问。十五年，牧杭州，访鸟窠和尚，有问答语句，尝致书于济法师，以佛无上大慧，演出教理……凡守任处，多访祖道，学无常师，后为宾客分司东都，罄己俸，修龙门香山寺。"①这首《招韬光斋》诗云：

> 白屋炊香饭，荤膻不入家。滤泉澄葛粉，洗手摘藤花。
> 青芥除黄叶，红姜带紫芽。命师来伴食，斋罢一瓯茶。②

这里的"白屋"，古时谓庶人以白茅盖屋所造的居所，因无色彩装饰故名。身为刺史的白居易，笃信佛法，吃斋修持，身体力行。他的衣食住行，与平民百姓无异，住在白屋，吃素持斋，炊烟起时白饭香，荤肴腥膻从来不进家门。这天宴请韬光禅师的菜品，是诗人刺史亲自下厨精心制作的。汲来甘泉之水，澄滤葛根淀粉，沸水一冲点，就是一碗色味俱佳的羹饮美食。洗净双手，摘取紫藤花，插在青瓷雅器，往餐桌上一放，素净雅致的氛围，顿时就点化了出来。青翠的芥菜，摘除发黄的老叶，下锅一炒，翠绿鲜嫩，秀色可餐；刚挖来的嫩姜切片腌渍后，还带着紫色的嫩芽，清脆可

---

① （宋）普济撰、苏渊雷注：《五灯会元》卷四，中国佛教典籍选刊本，中华书局，1984年。

② 白居易诗又作《长庆四年正旦招韬光斋》，见《全唐诗》卷四六二，题作《招韬光斋》，中华书局点校本，而《长庆集》似未收录。《湖山便览》卷五《北山路·北高峰·韬光庵》，西湖文献丛书本，上海古籍出版社1998年版。

口。快请禅师来一起用斋，吃好后再来一瓯清香浓郁的新茶。诗中涉及的葛粉、芥菜、生姜、香茶，让人联想到一席色香味形称绝的素斋美食。其中的葛粉自古为山珍美食，营养丰富，号为"千年人参"，冲泡羹饮或勾芡调制均可。羹饮柔嫩爽滑，开胃下食，老少皆宜。芥菜更是杭州本地迄今仍在种植的春夏蔬菜之一。而生姜不仅可用来做调料，还具有多种药用保健功能。

面对诗人刺史的盛情相邀，韬光禅师却作诗婉谢了。这倒不是他不识抬举，或不懂礼数，恰恰是他道行高深，定力深厚，淡泊名利，远离世俗的表现。韬光禅师的《因白太守见招有答》诗云：

> 山僧野性好林泉，每向岩阿倚石眠。
> 不解栽松陪玉勒，惟能引水种金莲。
> 白云乍可来青嶂，明月难教下碧天。
> 城市不堪飞锡到，恐妨莺啭翠楼前。

韬光在诗中起笔就把山僧性好林泉、卧石而眠的闲逸丛林生活道明，表示自己不解官场逢迎之道，只知凿泉引水来种莲花。同时用白云虽可乍现青山云岭，但即便是明月也难以让她离开碧天，山僧离不开林泉，就像白云离不开碧天。喧嚣的市井怎么能适合僧人的锡杖去呢，不然的话，只怕在莺歌燕舞的翠楼前有碍观瞻了。韬光禅师的诗句，借用白云离不开碧天的道理，暗喻自己的清高和气节。白居易读罢这首谢绝他盛情的诗贴，不仅没有生气动怒，反而是会心一笑，暗自钦佩韬光禅师的高行，就策马进山，登门造访，与韬光禅师汲泉烹茗，吟诗论道。韬光寺与天竺、灵隐地理相接，实属一地。这则故事恰好证明陆羽关于天竺寺、灵隐寺一带产茶的记载的真实性。

> 千峰待逋客，香茗复丛生。采摘知深处，烟霞美独行。
> 幽期山寺远，野饭石泉清。寂寂燃灯夜，相思一磬声。

这是陆羽好友、唐代诗人皇甫曾的诗《送陆鸿渐山人天目采茶回》，诗中的"夜"一作"火"，"一磬声"又作"磬一声"。诗中表达了对好友陆羽只身独行到千峰叠翠的天目山深处，在烟霭缥缈、茶树丛生的幽谷采摘香茗及野外悠然自得生活的羡慕向往，刻画出皇甫曾山居僧寺时对友人的思念之情。从诗名和内容看，这首诗作于陆羽从天目山采茶而归、好友重逢之际。从中也可以肯定，陆羽在浙西考察茶事、隐居著经期间，曾到天目山茶区采茶，考察茶事。

陆羽的师友、诗僧皎然（704—785）的诗集《皎然集》中有 28 首茶诗，其中 3 首与天目山有关，分别是《对陆迅饮天目山茶寄元居士晟》《冬日天目西峰张炼师所居》《采天目实心竹杖赠李侍御萼》。从诗题看，这三首诗分别透露出皎然与陆迅饮天目山茶、冬天在西天目张道士居所和在天目山采实心竹杖的事实，这说明：皎然不仅品饮天目山茶，还到过天目山，参访僧道，考察茶事，采制竹杖。其中第一首《对陆迅饮天目山茶寄元居士晟》诗云：

> 喜见幽人会，初开野客茶。日成东井叶，露采北山芽。
> 文火香偏胜，寒泉味转嘉。投铛涌作沫，著碗聚生花。
> 稍与禅经近，聊将睡网赊。知君在天目，此意日无涯。

诗句对天目山茶的采摘、焙制、烹煮、品茗、功用作了形象的描述，表达了对居士元晟的想念之情。顾彭荣认为，诗中对饮天目山茶的陆迅或许是"陆羽"之误，据此来佐证陆羽到天目山①。释皎然是陆羽的忘年之交，方外之交，莫逆之交，是亦师亦友的亲密兄弟，陆羽著成《茶经》，其功甚巨。他们两人过往甚密，经常一起游方问道，采茶品泉，逍遥于浙西山水之间，因此皎然有关天目山茶和到天目山的事实，也可佐证陆羽的天目茶事。或许他们还曾结伴同行，往来天目山间。不过，唐代确有陆迅其人，只是字、里、生卒年不详，大约唐代宗大历中前后在世。德宗时，官至监察御史里行，著有文集十卷，《新唐书艺文志》著传于世。可惜陆迅生平不得而知，与皎然对饮天目山茶的陆迅，是否就是这个陆迅，难以考证。不过，从其大致生卒年代，也是有可能的。

"茶为涤烦子，酒为忘忧君。"这是唐朝诗人施肩吾咏茶的诗句，写出了茶能涤烦的神奇功效。"子"是古代对人的尊称，如孔子、孟子、庄子等。在施肩吾的心目中，茶的地位是何等的高。茶圣陆羽《茶经》说："荡昏寐，饮之以茶。"施肩吾比陆羽更进一步，把茶比之为"涤烦子"，是可以荡涤烦心事的清醒剂。

施肩吾（780—861），字希圣，号东斋，入道后称栖真子，为唐代著名诗人、道学家。习《礼记》，有诗名。趣尚烟霞，慕神仙轻举之学。诗人张籍称他为"烟霞客"。唐宪宗元和十五年（820）进士，著有《西山集》十卷、《闲居诗》百余首。《全唐文》收有《养生辨疑诀》（或作《辨疑论》）等，《全唐诗》也收入其诗作百余首。

施肩吾爱茶如诗，与茶结了缘，在他留传下来的诗作中，有不少是赞茶咏茶的。如《蜀茗词》：

> 越碗初盛蜀茗新，薄烟轻处搅来匀。
>
> 山僧问我将何比，欲道琼浆却畏嗔。

越碗，越窑生产的碗，就是浙江出产的碗盏茶具。"蜀茗新"，就是蜀地出产的新茶。这两样东西，在当时的饮茶来说，都是名贵的顶级配置。陆羽《茶经》开篇就说，茶是南方的嘉木，产于巴山峡川之间的，是一种高达数十尺的乔木，叶片大如人的巴掌。要采摘这么高这么大的树上的叶片，必须"伐而掇之"，就是要先把枝条砍下来才可采。诗句中的"薄烟轻处搅来匀"，写出了烹茶的过程，水汽氤氲，茶香流溢，那是一种怎样的享受，又是怎样的一种境界，得到的又是怎样的愉悦感受呀！"山僧问我将何比"，细细的一品味，讲不清味儿，又用什么来相比呢？极费踌躇，只怕亵渎了好茶："欲道琼浆却畏嗔。"陆羽说过："与醍醐、甘露抗衡也。"茶味浓醇鲜爽，苦涩甘甜，清淡平和，涤尽凡尘，增进心灵的宁静，激发理智的睿思。山僧相问，施肩吾用琼浆来比确是不大妥当了，怪不得他"畏嗔"呢。全诗中描述了诗人与山僧用越窑茶碗一起品尝蜀地新茶的情景和喜悦心情。又如《春霁》：

> 煎茶水里花千片，候客亭中酒一樽。
>
> 独对春光还寂寞，罗浮道士忽敲门。

---

① 顾彭荣：《陆羽与天目山茶》，刊《茶都》第8期。

　　施肩吾在这首诗中对烹茶等候道友到来一起品尝作了细致入微的描述。煎好了茶，独自一人细细品尝，可谓幽雅而通神。但毕竟"独对春光还寂寞"，正在这时罗浮山的道士朋友忽然光顾，上来敲门，茶友来了，道友来了，有伴共饮共品共咏，是何等的乐事！古人云：幽人雅士、衲子仙朋，才配喝茶。两人相对而坐，慢斟细品，谈道论玄。他们有相同的志趣，有共同的爱好，也就有共同的语言。那才是"二人得趣"。诗僧皎然说，三饮便得道，卢仝还说，饮茶可以喉吻润、破孤闷、肌骨清、通仙灵，甚至"两腋习习清风生"，真是神仙一般的享受啊①。

　　唐宪宗元和十五年（820），施肩吾登进士第后曾到睦州桐庐，看见当地的茶叶市场交易兴旺的情景，写下了《过桐庐场郑判官》一诗：

　　　　荥阳郑君游说余，偶因榷茗来桐庐。
　　　　幽奇山水引高步，暐煜风光随使车。
　　　　算缗百万日不虚，吏人丛里唯簿书。
　　　　眼前横掔断犀剑，心中暗转灵蛇珠。
　　　　有时退公兼退食，一尊长在朱轩侧。
　　　　胡商大鼻左右趋，赵妾细眉前后直。
　　　　醉来引客上红楼，面前一道桐溪流。
　　　　登临山色在掌内，指点霞光随杖头。
　　　　东郭野人慵栉沐，使将破履升华屋。
　　　　数杯酪酊不得归，楼中便盖江云宿。
　　　　却被江郎湿我衣，赖君借我貂襜归。

　　诗开篇就交代，经由在桐庐县任判官的荥阳（郑州）人郑君的游说，诗人应邀陪同来到桐庐"榷茗"。一路上"幽奇山水引高步，暐煜风光随使车"。秀美的富春山水让人目不暇接，兴致高昂。茶场的交易十分繁忙，"算缗百万日不虚"，每天交易额在百万缗上下，那些应差执事的吏员们，来回忙碌在各种书簿账册堆里，"吏人丛里唯簿书"。更有甚者，"胡商大鼻左右趋，赵妾细眉前后直"，说明唐朝桐庐茶市有来自西北地区高鼻深目的胡商在左右奔忙，他们细眉颔首的燕赵妻妾也在前后值守，协助生意。这让人联想到杜甫"商胡离别下扬州，忆上西陵古驿楼"的诗句，足以说明那个时候东南扬州、杭州一带，确实有不少西北胡商前来经商。"眼前横掔断犀剑，心中暗转灵蛇珠"两句，刻画了茶场榷官税吏的骄横贪婪、尔虞我诈。"断犀剑"指锋利异常可断坚硬的犀角的宝剑，榷茶税吏手执断犀宝剑横于胸前，一副骄狂蛮横、不可一世的样子。"灵蛇珠"比喻卓越的才华，语出三国魏曹植《与杨德祖书》："人人自谓握灵蛇之珠，家家自谓抱荆山之玉。"这里显然指榷茶税吏们人人自命不凡，精明过人，心里各打着小算盘。接下来，诗人描述了与友人醉中登临桐溪（即分水江）畔的红楼客馆，观赏山色霞光，醉卧过夜，江云作盖，却被江雾湿了衣衫，不得不向

　　① 《全唐诗》(37)《施肩吾诗抄》，沈阳出版社；《历代诗人咏富阳》，蒋增福、夏家萧编注，1999年延边大学出版社出版。

郑判官借了貂皮围裙才得以回来的情景。

这首诗详尽地描述了当时桐庐茶叶市场生意红火、日交易量在百万以上的兴旺情景，活跃在熙熙攘攘的交易大厅中，即使是尊长，也被在此交易的商人们挤在朱轩旁侧而立。茶商中不仅有走南闯北的贾商官吏，还有西域商人和老板的妻妾。在繁华的闹市中各自都在盘算着赚个盆盈钵满。这与周边的秀丽景色构成了一幅让人流连忘返的场景。

与施肩吾同榜进士及第的睦州（今建德）人徐凝作的《普照寺》中，有"更共尝新茗，闻钟笑语间"之句，"新茗"即新茶，称得上最早提到富春茶和宾主共饮茶事的诗作。

唐代高僧灵一禅师（727—762）也是当时最著名的诗僧之一，不仅人品高洁，戒行精严，而且诗歌造诣高深，名传后世。灵一从小天资聪明，父母视其为掌上明珠。每听人读诵诗句，往往听后成诵，被时人誉为神童。9 岁出家，13 岁剃度，一年后受具足戒。出家后视身如浮云，每每于坐禅中深悟佛法个中三昧。因其声名远播，慕名前来跟从学法的四众弟子络绎不绝。在修行教徒之余，灵一禅师常常吟诗作画，与友人吟咏唱和，以诗歌来弘扬佛法，广度一切有缘众生。长期的弘法因缘，使灵一禅师德被十方，望重丛林，深得僧俗大众的爱戴。宝应元年（762）十月十六日，灵一禅师圆寂于杭州龙兴寺，春秋 35。不久弟子为其建塔，谥号应真。后经常有人顶礼灵一禅师之塔，缅怀法师之德行。有弟子为其刻石立碑颂扬其德行。自古以来，出家人都过着一种闲云野鹤般的生活。在远离尘世的修行中，他们能够以沉静的眼光看待世事，还能从清静无为的生活中体会禅的深意。与很多高僧一样，灵一禅师经常会在自己的诗歌中描述悠闲自得的闲情雅趣。如其《与元居士青山潭饮茶》诗云：

野泉烟火白云间，坐饮香茶爱此山。

岩下维舟不忍去，青溪流水暮潺潺。①

这首诗是灵一禅师与元居士一起在临安青山潭饮茶时所感。他们一起在远离尘世喧扰的青山绿水间饮茶论道。山间云雾缭绕，清澈的泉水静静流淌。禅师品着香茶，谈论佛法，感觉自己是个世外之人。在山水之间，灵一禅师可以朝逐野鸟去，暮伴白云归，在山水情趣中陶冶性情。在山水之间，仿佛万物都有情感，就连潭中的小船也不忍离去，停泊在潭中聆听禅师说法。

煎茶赋诗是中唐以后文人雅士的一大乐事，故而以煎茶包括煮茶、碾茶等为诗入诗的，在唐诗中也不乏其例。如刘言史的《与孟郊洛北野泉上煎茶》、杜牧的《题禅院》等。《题禅院》为七绝诗：觥船一棹百分空，十岁青春不负公。今日鬓丝禅榻畔，茶烟轻扬落花风。诗中的"鬓丝、茶烟"很有名，后人广为引用，如苏东坡《安国寺寻春》诗："病眼不羞云母乱，鬓丝强理茶烟中"；陆游《渔家傲·寄仲高》："行遍天下今老矣，鬓丝几缕茶烟里。"富春诗人施肩吾的《春霁》② 就是一首煎茶诗。南唐

---

① 刘枫主编：《历代茶诗选注》，第 14 页，中央文献出版社，2009 年。
② 刘枫主编：《历代茶诗选注》，第 29 页，中央文献出版社，2009 年。

进士成彦雄的《煎茶》，描述的正是在吴越西府杭州虎跑泉汲水煎茶的情景，诗云：

> 岳寺春深睡起时，虎跑泉畔思迟迟。
>
> 蜀茶倩个云僧碾，自拾枯松三四枝。①

在一个春眠不觉晓的早晨，诗人在寺里从酣梦中醒来，慵懒地伸个懒腰，睡眼惺忪地想着去虎跑泉汲水煎茶。僧人拿出茶碾子来，放入蜀地新茶碾起来，泛起一阵阵的绿云。诗人拣来三四根干枯的松枝，来煮水煎茶。一瓯清香四溢的茶汤，迅即就在眼前，等您品尝了。

唐诗中赞誉茶具之作，以皮日休与陆龟蒙的《茶中杂咏》为著，其中有《茶籯》《茶灶》《茶焙》《茶鼎》。当时浙东所产越窑青瓷精品"秘色瓷"茶盏，作为贡品，十分珍贵。这从徐夤《贡余秘色茶盏》诗可见一斑：

> 捩翠融青瑞色新，陶成先得贡我君。
>
> 功剜明月染春水，轻旋薄冰盛绿云。
>
> 古镜破苔当席上，嫩荷涵露别江濆。
>
> 中山竹叶醅初发，多病那堪中十分。②

徐夤，字昭梦，晚唐诗人，福建莆田人。登乾宁进士第，授秘书省正字。曾投靠王审知，因其礼待疏简而拂衣而去，归隐延寿溪。著有《探龙》《钓矶》二集，编诗四卷，有诗 265 首。这首诗对荷花造型的茶盏托极尽赞美，比喻其青翠润泽的釉色，宛如春水印月色，而烹煮的茶汤盛在里面，好像是冰清玉洁的杯盘里生起一团绿色的祥云。这么精美绝伦的雅器，烧造出来就得先进贡给君王享用，在青苔斑驳的古镜台上设置茶席，这茶盏往上面一放，仿佛是一朵初开的荷花，蕴涵着江风月露。用它来品尝用中山竹叶焙制的新茶，那真是即使有病也痊愈了。联系到前述施肩吾《蜀茗词》中"越碗初盛蜀茗新"③之句，可知在唐朝，用越窑茶盏来品尝蜀中新茶，是当时文人高士崇尚的茶艺绝配。

（本文系杭州市茶文化研究会《茶都》约稿。）

① 刘枫主编：《历代茶诗选注》，第 54 页，中央文献出版社，2009 年。
② 刘枫主编：《历代茶诗选注》，第 53 页，中央文献出版社，2009 年。
③ 刘枫主编：《历代茶诗选注》，第 29 页，中央文献出版社，2009 年。

论两宋杭州茶文化的繁荣

经过吴越国三代五王的"保境安民"政策，北宋杭州号称"东南第一州"，社会经济发展在东南地区脱颖而出；南宋迁都后，杭州升临安府，为"行在所"，俨然成为全国的政治、经济、文化中心。与此同时，两宋时期杭州也成为全国的重要产茶区，杭州茶文化随社会经济发展和文化昌盛而臻于繁盛，为后世杭州成为东方"茶都"奠定了坚实的历史基础，积淀了丰厚的人文内涵。

一、茶叶生产名茶品目迭出，制茶工艺新旧交替，茶区分布基本奠定了后世产茶格局

茶叶生产源自原始采集经济，长期作为山农、寺僧小生产而存在，产品作为地方土产、贡品、祭品，需求有限，发展缓慢。自中唐陆羽大兴茶道之后，分散、自发为主的茶叶小生产不能满足社会需求的增长，开始出现专门从事茶叶生产的"茶园户"，从而形成农业特产之一的规模化商品生产。两宋时期杭州的茶叶生产，也基本延续了这一生产方式，并呈现新的趋势。

1. 两宋时期杭州名茶辈出，茶区形成，基本奠定了杭州地区后世名茶品目、茶区分布和产茶格局　北宋时期，杭州西湖产岁贡名茶已见于经传。南宋《咸淳临安志》记载：岁贡，见旧志载，钱塘宝云庵产者名"宝云茶"，下天竺香林洞产者名"香林茶"，上天竺白云峰产者名"白云茶"①。这里的"旧志"当为南宋临安三志经常引述的《祥符图经》，而被列为"岁贡"，足见北宋时杭州西湖产茶在大中祥符年间（1008—1016）就已堪称茶中佳品。

天下名山僧占多，名山自古产名茶，使茶以寺名、茶以地名司空见惯。"宝云茶"以出产自西湖北山宝云庵而得名。从苏轼《次宝云僧仲殊雪中游湖韵》诗"宝云楼阁闹千门"②之句，可知其规模。寺以山名，其地名"宝云山"，在葛岭左侧，东北与巾子峰相接，当在今抱朴道院、初阳台以西，杭州饭店以东，新新饭店后的葛岭南麓一带。因此地产茶，故宝云山又称"宝云茶坞"③。可见宝云山下宝云庵、宝云茶坞

---

① 《咸淳临安志》卷五十八《物产·货之品·茶》，清道光钱塘振绮堂仿宋本重刊本。

② 《西湖游览志》卷八《北山胜迹》载，宝云山在初阳台西，玛瑙寺附近。《万历钱塘县志》卷首《钱塘县疆图》在"大石山（又称巨石山，即今宝石山主峰）"之南、玛瑙寺以西标有"宝云"二字。

③ 《西湖游览志》卷八《北山胜迹》载：紫阳书院有"玛瑙坡、宝云茶坞诸胜"，见第93页；《湖山便览》卷四《北山路·葛岭·宝云山》："在葛岭左，东北与巾子峰接，亦称宝云茶坞。"

出产的宝云茶，在当时已经名声不小。出产"香林茶"的下天竺地接灵隐寺，与飞来峰相连，北宋高僧、住持下天竺寺长达 30 多年的慈云法师（964—1032）诗云："天竺出草茶，因号香林茶"，香林洞"与香桂林相近"①。香林洞的得名，或许就是因为"与香桂林相近"，而"香桂林"何指？当指月桂峰下的桂花林②。而天竺寺香林洞一带出产的"草茶"，慈云法师名其为"香林茶"，就是茶因洞（地）而得名。所谓的"草茶"，当是指本山所产散茶，而非龙团茶。至于"白云茶"，名声更加卓著。白云峰即上天竺山后最高处，寺僧建堂其下谓之"白云堂"，"山中出茶，因谓之'白云茶'"。③ 堂、茶皆以山而名。林和靖有诗云："白云峰下两枪新，腻绿长鲜谷雨春。"④ 可知白云茶为绿色散茶，谷雨前后采摘，茶芽如旗枪挺秀。

下天竺香林洞、上天竺白云峰都在天竺范围之内，北宋时香林茶、白云茶理当属于唐时陆羽所记载的"天竺、灵隐二寺"所产茶系，为后世龙井茶的前身，属于寺僧栽种品用的佛门山茶。辩才大师（1011—1091）住持上天竺寺前后近 20 年之久，当时寺僧所种所制之茶极有可能就是"白云茶"。辩才晚年退居到仅一岭之隔的狮子峰下寿圣院，到其去世前后 10 年间，他和寺僧、弟子在狮子峰麓开山种茶，把白云茶移栽到这里也是极有可能的。元代以降这里出产高品质绿茶，明清时以今老龙井、狮子峰一带为中心的龙井山区出产的龙井茶名声渐著，尤其是经过乾隆皇帝御驾亲临、观茶作歌、选贡朝廷后更是声誉鹊起。后世这里为龙井茶的主产区，且品质最高，公认为龙井茶的发祥地。

此外，北宋杭州西湖北山葛岭宝严院还出产"垂云茶"，形如"雀舌"⑤。根据乡邦文献和故老相传，如今龙井茶的主产区如西湖南山石屋岭满觉陇、龙井山风篁岭、茅家埠、双峰、黄泥岭一带，在两宋时期也开始出产茶叶，如今成为著名的旅游古茶村。

除了西湖之外，杭州周边的天目山、径山、富春江、新安江等名山胜境，在两宋时期都初步形成了产茶区，名茶迭出。如临安天目山高山大叶茶⑥、玲珑山"天水瓦壶菊花茶"⑦、昌化西部陆龙塘、石门茶⑧、於潜黄岭前乌巾山、小锡塘坞"佳茗"⑨

---

① 《淳祐临安志》卷九《诸洞·香林洞》，第 169 页。后世诸书所记略同。《武林旧事》卷五《湖山胜概》则载下天竺寺有"香林亭、香林洞"，见第 90 页。《西湖游览志》卷八《北山胜迹》载："香林洞，一名香桂林，旧有香林亭，其右为日月岩。"见第 128 页。

② 白居易诗有"山寺月中寻桂子"之句，其《东城桂》诗自注："旧说杭州天竺寺每岁中秋有月桂子堕。"清翟灏《湖山便览》卷六《北山路·下天竺·香林洞》载："香林洞在法镜寺后，一称香桂林，其山即飞来峰之阳也。""其山即飞来峰之阳也。"有黄升、董嗣杲有《香林洞》等诗。

③ 《淳祐临安志》卷八《城西诸山·白云峰》。

④ 林和靖：《林和靖先生诗集》卷三，四部丛刊本。

⑤ 《咸淳临安志》卷五十八，参见《全宋诗》卷八一四。

⑥ 乐史云：天目山"极高峻，上多美石、泉水、名茶，较他山采独迟，叶不甚细，以云雾高寒，俊其气足者为上，不多产。僧民资其粮以卒岁，其味厚"。见《太平寰宇记》卷九十三。

⑦ 孙雪卿主编，《临安市茶叶志》，2009 年 10 月内部资料。

⑧ 《游白石岩记》，《清凉峰自然保护区志》，339 页。

⑨ 《咸淳临安志》卷二十八"於潜县"条。

以及清凉峰岩龙洞一带①。余杭径山种茶起源于唐朝开山鼻祖法钦禅师②，北宋叶清臣《述煮茶泉品》评述吴楚之地出产茶叶时说"茂钱塘者以径山稀"，足证径山茶当时已名声大振。南宋时径山产茶之地有四壁坞及里山坞，"出者多佳"，主峰凌霄峰产者"尤不可多得"，寺僧"采谷雨前茗，用小缶贮之以馈人"③。富春江、新安江流域茶区蔚然形成，有富阳"西庵茶"、新城（今富阳新登）仙坑茶④、分水（今桐庐分水）"天尊岩茶"⑤ 和桐庐、建德、淳安一带"鸠坑茶"⑥ 等名茶。

2. 团茶制作工艺登峰造极，民间散茶异军突起，成茶品类形成"团茶为主、散茶为辅、官团民散、团散并行"的新格局　北宋前期，北苑贡茶技术日趋精湛，团茶花样不断创新，把团饼茶生产技术推向极致。据赵汝砺《北苑别录》记载，团茶制法分为采茶、拣芽、蒸、榨、研、造、过黄七个步骤，较唐朝陆羽的制法更为精细。宋帝皆嗜茶饮，对团茶贡品的品质极为讲究，种类不断翻新。据《宣和北苑贡茶录》记载，团茶贡茶极盛时有数十余种。宋徽宗赵佶更是精于茶事，著《大观茶论》，不惜重金征求新品贡茶。当时团饼茶称为"片茶"，主要产区除皇家贡茶院的建安（福建建瓯）外，包括杭州的两浙等地也是主要产区。

由于团饼茶制作工艺和煮饮方法都比较烦琐，适应普通饮茶者蒸而不碎、碎而不拍的蒸青和蒸青末茶应运而生，时称"散茶"，产区在淮南、荆湖、归州（湖北秭归）和江南一带。即便是一直以团饼茶为主的宜兴和长兴等地，也开始生产散茶，"自建茶入贡，阳羡不复研膏，谓之草茶而已"。欧阳修《归田录》说："腊茶出于剑建，草茶盛于两浙。两浙之品，日注为第一；自景祐以后，洪州双井白芽渐盛，近岁制作尤精，……其品远出日注上，遂为草茶第一。"⑦ 这是对当时南方包括浙东和浙西一带产茶格局的概括。南宋时，在团饼茶作为贡品继续生产的同时，蒸青散茶在民间生产越来越普及，许多原来加工制作团饼茶的地方，也改制生产蒸青散茶了。于是，自唐朝以来延续了数百年的制茶法由团茶为主逐渐发展到团散并行，茶叶的加工技法发生了重大转变。

南宋入华的日僧荣西在《吃茶养生记》"调茶样"中记载："见宋朝焙茶样，则朝采即蒸即焙之。懈倦怠慢之者，不可为事也。焙棚敷纸，纸不焦样诱火。工夫而焙之，不缓不急，竟夜不眠，夜内可焙毕也。即盛好瓶，以竹叶坚封瓶口，不令风入内，则经年岁而不损矣。"这正是对南宋散茶（芽茶）的焙制流程和工艺的详细记述，如即采即蒸即焙，需连夜加工，不得拖延耽搁；焙茶棚上要先敷纸，再薄摊茶叶烘

---

① 《岩龙洞记》，见《清凉峰自然保护区志》，338页。

② 据嘉庆《余杭县志》记载，径山"开山祖钦师曾植茶树数株，采以供佛，逾年蔓延山谷，其味鲜芳特异"。

③ 《咸淳临安志》卷五十八《货之品》，《梦粱录》卷十八《物产》。

④ 《咸淳临安志》卷二十七《山川》。

⑤ 明万历《严州府志》载："按《唐志》，睦州贡鸠坑茶，属今淳安县。宋朝既罢贡，后茶亦不甚称。而分水县有地，名天尊岩，生茶，今为州境之冠。"《分水县志》和《桐庐县志》引明李日华《六研斋笔记》载："邑天尊岩产茶最芳辣，宋时以充贡。"

⑥ 《严州图经》卷一，《丛书集成初编》本。

⑦ 欧阳修：《归田录》卷一，《丛书集成初编》本。

焙，火温不宜太高，以纸不焦为度；慢烤慢焙至干后，即盛入瓶内，用竹叶（粽叶）密封瓶口，在不透风漏气的情况下，贮存一年左右，品质不致下降。

此外，南宋杭州还流行以"杂煮羹饮"为特征的原始茶遗风"七宝擂茶"及其他药用茶、花草茶等"奇茶异汤"① 茶品。

二、官民同乐，茶风炽盛，宫廷茶事推陈出新，士林茶事风靡天下，市井茶俗开始形成，茶艺文呈现雅俗并举的新气象

茶通六艺，雅俗共赏，是对茶开放包容的品格、博大精深的内涵的深刻认识和高度概括。如果从饮茶之风的演变和普及过程来看，茶的这种人文特性也是在历史发展进程中积淀、演化而成的。恰恰是在两宋时期，茶从权贵、名士、高僧阶层走向了市井百姓、贩夫走卒，成为上至帝王、下及平民、人人不可一日无的生活必需品。这个过程实际上就是茶从高雅走向通俗的过程，而其最终结果是雅俗兼容、交相辉映，铸就了茶文化和光同尘、和而不同的开放包容的人文品格。两宋杭州在这个过程中扮演了举足轻重、不可替代的引领作用。

1. 南宋朝廷每年仲春举行"北苑试新"，遇有重大庆贺朝会举办"绣茶"会，在国事活动中以茶为礼、以茶入礼，好茶、尚茶之风不减，茶礼、茶事之盛益繁 从汴京南迁杭州后，政治中心与茶叶生产中心区较之北宋更加贴近甚至重合。南宋朝廷为了表明自己重视农桑，除了在郊坛下开辟"籍田"（即今八卦田）、每年春耕举行"籍田礼"外，还在宫廷大内后园辟有茶园。荣西在《吃茶养生记》记载，他在临安期间见习了南宋皇家茶园的采茶场景。其中的"采茶时节"记述道："茶，美名云早春，又云芽茗，此仪也。宋朝采茶作法，内里后园有茶园，元三之内，集下人入茶园中，言语高声，徘徊往来。则次之日，茶一分二分萌。以银之镊子采之，而后作蜡茶，一匙之直及千贯矣。"这说明荣西到过南宋皇宫后园茶园，亲眼见到古老的茶事习俗"喊山"，以及用银镊子采下茶芽，经蒸、研、压制成蜡面饼茶的工艺。

南宋君臣的好茶之风，丝毫不亚于其列祖列宗。南宋宫廷始终保持着对一年一度新茶尝鲜时对龙团凤饼的热情，延续着北宋宫廷每年仲春之际从建州贡茶院进奉头茶的惯例，称"北苑试新"。世居杭州的弁阳老人周密当年曾特意记录下这"外人罕知"的宫廷故事：每年仲春上旬，福建漕运司就进奉蜡茶一纲，名"北苑试新"。这些蜡茶都包装成"方寸小銙"，总共"进御"的也只不过一百来銙。包装尤其考究，"护以黄罗软盝，藉以青箬，裹以黄罗夹，复臣封朱印，外用朱漆小匣，镀金锁，又以细竹丝织笈贮之，凡数重"。这些小銙蜡茶，都是"雀舌、水芽所造，一銙之〔值〕（直）四十万"，只能供"数瓯之啜"，可谓珍罕难得。遇有大庆贺朝会之时，还用镀金大瓮来烹点，"以五色韵果簇钉龙凤"，谓之"绣茶"，虽然不过是好看悦目而已，却也有"专其工者"②。

---

① 《梦粱录》卷十六《茶肆》。

② 周密：《武林旧事》卷二《进茶》。明田汝成撰《西湖游览志余》卷三、二九对蜡茶进贡南宋宫廷所记内容基本一致。

"北苑试新"和"绣茶"会，可谓是南宋宫廷颇具特色的茶事茶会。

此外，南宋朝廷在外事交聘、宗庙祭祀等重大礼仪中，无不以茶为礼，以茶入礼。在南宋朝廷的外交活动中，茶扮演着重要角色，龙凤团茶成为国礼御赐来使，茶宴招待成为礼宾接待中的重要礼仪。南宋朝廷的交聘国，除了北方的辽、金，还有东面的高丽、日本，南洋的交趾、占城、暹罗等，在当时来说，这些国家和地区都还不是产茶国，以珍贵的御用龙凤团茶来招待使臣，御赐国礼，是一种最高规格的外交礼节。周密曾记录金朝、高丽使节来临安出使入贡时，南宋朝廷有一整套接待礼宾程序，其中有多次"赐龙茶"、以茶酒招待、"赐龙凤茶"[①] 等环节，而且龙凤团茶在诸多的外交国礼中，地位最为显贵，规格也最高。再如皇帝圣诞寿庆、参谒太庙神御、出幸试院国学、西湖游乐宴饮等，都以茶入礼，进茶赐茶，或点茶饮茶，助兴游乐，并在宫内设置有专门的机构——"翰林院茶酒司"，来负责打理宫廷茶事[②]。

2. 文士斗茶风盛，市井茶俗流播，街市茶坊林立，茶风炽盛，促进了市井文艺的兴起和市民生活的近代化趋向　北宋君臣好茶，在其推波助澜下，全国上下点汤斗茶之风盛行，而号为"东南第一州"的杭州，街坊市井也是茶风炽盛。范仲淹名篇《和章岷从事斗茶歌》，对当时从皇室宫廷到民间里巷都十分流行的斗茶，作了十分令人神往的描述。从范仲淹诗中的描述可知，碾出的茶末为"绿尘"，点出的汤花似"翠涛"，当时斗茶较量的是"味"和"香"。后来蔡襄提出质疑："今茶绝品者甚白，翠绿乃下者尔，欲改为'玉尘飞''素涛起'。"由此可以作这样的推断，斗茶的标准有时间上和层次上的区别，即前期是"斗味""斗香"，后期是"斗色""斗浮"。或者说在宫廷、上层士大夫是"斗色""斗浮"，而在民间布衣是"斗味""斗香"。以蔡襄、苏轼等为代表的文士斗茶，是北宋时期占主流地位的斗茶类型。这与文人士大夫在社会地位、物质基础和文化方面都占据优势有很大关系。林逋《煎茶》"石碾轻飞瑟瑟尘，乳香烹出建溪春"两句，形象描绘了当时点茶的场景。文士在家宅、官署、寺院等场地斗茶随处可见，斗茶的茶品有贡品饼茶、散茶，斗茶用水崇尚名泉之水，或上佳的江、河、井、雪水等，斗茶的器具精美奢华，技艺亦数一流。正是由于文士群体的积极参与，斗茶从一种世俗的竞赛，上升为一种审美的生活艺术，并最终成为中国传统茶文化的一部分。

斗茶风习始于宋初，徽宗朝为盛[③]，南渡以后，南宋杭州士大夫和僧俗、市井百姓的饮茶风尚有过之而无不及。这从南宋茶风俗画中可见一斑。刘松年《茗园赌市图》画中人物有点茶、有提壶、有品茶，有男人、女人，老人、壮年、儿童，人人有特色表情，眼光集于"斗茶"，个个形象生动，表情逼真，把街头茗园"赌市"的情景淋漓尽致地展现在世人面前。刘松年的另一幅传世画作《撵茶图》，以工笔白描的手法，细致描绘了宋代文人点茶的具体过程，用笔生动，充分展示了宋代文人雅士茶

① 《武林旧事》卷八《人使到阙》。
② 《杭州茶文化发展史》，上册，第 257 - 260 页。
③ 杨之水：《两宋茶诗与茶事》，《文学遗产》，2003 年第 2 期。

会的风雅之情和高洁志趣，是宋代点茶场景的真实写照。作为南宋宫廷画家，杭州本籍的刘松年用绘画生动记录了南宋都城杭州的茶事百态，成为我们考察南宋杭州市井茶文化风俗的珍贵画卷。

斗茶之外，始于北宋初年的点茶游戏"分茶"[①] 也在杭州民间流行。南宋淳熙十三年（1186）春陆游（1125—1210）所作《临安春雨初霁》有云："晴窗细乳戏分茶"，这"分茶"就是一种独特的有品位的烹茶游艺或文娱活动，与琴、棋、书、艺并列。文人之外，民间也玩分茶，那时杭州献演杂技的"赶趁人"也习得分茶的技艺，向游湖赏玩者当众表演[②]。

有人把陆羽开创的唐代"煎茶道"称为古典主义茶道，明清以降发源于杭州，并迄今仍为主流的"撮泡法"茶饮方法称为自然主义茶道，而宋代以"斗茶"为内涵的"点茶道"则称为艺术主义茶道，显然杭州在实现这一历史性转变的过程中，都发挥了积极的主导作用，引领全国饮茶艺术生活化之先河，促进了"茶坊""勾栏""瓦子"等市民休闲、市井文艺的兴盛和都市市民公共生活空间的兴起，呈现出近代化端倪。

3. 雅俗并举，士民同乐，茶人诗词、茶坊说唱开创茶艺文大众化、社会化新趋势　茶通六艺，茶是我国传统文化艺术的载体，也是我们民族文化的积累和沉淀。古语云："茶里乾坤大，壶中日月长。"两宋时期杭州茶诗词创作臻于历史高峰，市井茶坊、茶俗趋于繁盛，呈现雅俗并举、士民同乐的新现象，茶艺文创作一派万紫千红春满园的繁荣景象。

宋代的诗歌艺术上承唐朝，依然盛行不衰，而新兴的词则是大行其道，成为文学主流，其中茶题材的诗词蔚然壮观。尤其是许多知名诗词大家和茶人任职杭州，留下了许多足以彪炳茶文化史和文学史的佳作。宋人茶诗题材以斗茶为最，而斗茶诗最早的是范仲淹在知睦州任上所作的《和章岷从事斗茶歌》[③]，文辞藻丽，借喻比拟，多处用典，以衬托茶味之醇美，读之犹如回到千载之前，身临其境，观战斗茶，其中"北苑将期献天子，林下雄豪先斗美"之句，把斗茶情景酣畅淋漓地描绘了出来，让我们至今犹能把宋人斗茶风采从诗句中觑得真切。范仲淹在赴睦州任上，一路行歌，赋诗不辍，其中就有众所周知的五言《鸠坑茶》："萧洒桐庐郡，春山半是茶。轻雷何好事，惊起雨前芽。"寥寥数笔，把当时早春时节富春江两岸春茶满山的情景描述了出来，呈现出一幅春雷春雨催春茶、满眼苍翠嫩绿、生机盎然的富春茶山景象。蔡襄的《北苑茶》从赞茶、采茶、贡茶、品茶等几方面对"北苑茶"作了尽情地描述，写得气势雄壮，算得上是"北苑龙茶"的一首赞歌；欧阳修嗜好茶事，西湖孤山的六一泉就是苏东坡为纪念他而命名的，他对当时杭州西湖北山出产的"宝云茶"钟爱有加，在《双井茶》诗中把"宝云茶"与"日注（铸）茶""双井茶"相提并论[④]。在

---

① 陶谷：《荈茗录》，"茶百戏""生成盏"条。
② 周密：《武林旧事》卷三《西湖游幸》。
③ 《全宋诗》第三册，第1868页。诗中"露牙错落一番荣"句，"牙"一作"芽"。
④ 《历代茶诗选注》，第71页。

苏东坡的杭州茶事中，留下了不少茶诗杰作，如著名的《试院煎茶》将茶事、人事融为一体，读来感人至深；在游孤山寺壁上所题《游诸佛舍，一日饮酽茶七盏，戏书勤师壁》诗，四句各用一典，巧妙道出了茶的药用价值；他的《送南屏谦师》诗，对前来点茶的南屏谦师的茶艺给予了很高的评价；此外他还诗咏"垂云茶""白云茶"；他与老龙井辩才大师的方外之交，为后世西湖龙井茶文化平添了诗韵，成为千古佳话流传至今。此外，辩才与有"铁面御史"之称的赵抃（1008—1084）还有过"龙泓亭上点龙茶""几度龙泓咏贡茶"的风雅，留下了名僧与清官的一段佳话；诗人梅尧臣出守杭州时江南一带茶利甚厚，进士贪利贩茶辱没斯文，曾作《闻进士贩茶》诗，颇具史料价值；值得一提的是，梅尧臣还作有《七宝茶》诗，很可能就是当时杭州流行的"七宝擂茶"。至于其他茶产区的茶诗词，也不在少数，琳琅满目。

北宋后期风行的斗茶在徽宗时达到鼎盛，宋室南渡以后，权贵、士大夫们热衷于此道的日渐式微，斗茶诗词也凤毛麟角。吴则礼在《同李汉臣赋陈道人茶匕诗》中说："即今世上称绝伦，只数钱塘陈道人。宣和日试龙焙香，独以胜韵媚君王。"[1]说明宣和斗茶之技如今高手日稀，像钱塘陈道人这样的可算得上是"今世""称绝伦"了。但那些极尽形容之能事的对斗茶的赞美描述之词，常被借用来作为极品茶的别称。如范成大《题张氏新亭》云："烦将炼火炊香饭，更引长泉煮斗茶"[2]；陆游写有不少精妙的茶诗，如《临安春雨初霁》《晨雨》《雪后煎茶》《试茶》《八十三吟》《登北榭》《钓台见送客罢还舟熟睡至觉度寺》等[3]。杨万里也喜欢在西湖觅泉煎茶，他的《以六一泉煮双井茶》堪称一绝，诗中用孤山的六一泉来烹煮双井茶，可谓别有一番兴味；名士洪咨夔（1196—1236）作有著名的《作茶行》[4] 长诗，把石茶臼比喻为女娲补天时多余下来的石头所造，把与吴罡、阿香一起开茶饼、碾茶末、煎泉水、点茶汤描绘得声色俱全，活灵活现，那茶香甚至都把太一真人、维摩居士这些道教、佛教中的大人物都给吸引了过来，全诗行云流水，朗朗上口，意境俱佳，堪称南宋杭州茶诗杰作，他在交游生活中也经常与朋友一起煎茶唱和，留下《用韵答厉辅卿》《又答景扬》《题松轩》等茶诗和茶词《汉宫春（老人庆七十）》等作品。当时的洞霄宫是官宦士人趋之若鹜的旅游胜地，许多文人留下了在那里品茗赋诗的作品[5]。

茶文化雅俗共赏，有读书人高雅的诗词，也有老百姓的茶馆茶俗。茶馆起源于唐而盛行于宋。宋时茶馆名茶坊，又称茶肆，是当时社会上饮茶相当发展情况下才产生的一种文化现象。宋代饮茶，"上而王公贵人之所尚，下而小夫贱隶之所不可阙"，蔚然成风尚。茶坊的繁盛，促使其开始后来居上，与饭店、酒肆构成城镇商业和饮食文化的三大核心组成部分。

杭州茶馆的兴起是在南宋。作为都城的杭州，四方人士会聚，人口倍增，城市发

---

① 《全宋诗》第二十一册，第 14295 页。
② 《全宋诗》第四十一册，第 25777 页。
③ 《全宋诗》第三十九册，第 24349 页。
④ 洪咨夔《平斋文集》卷七，国家图书馆出版社，2012 年。
⑤ 《杭州茶文化发展史》，上册，第 235 - 246 页。

展迅速，商业集贸高度繁荣。同时，随着社会的发展，杭州产生了一个人数众多的市民阶层，兴起了市民文化。所有这些，要求有一种多功能的大众活动场所。由于饮茶风习的广泛普及，加上茶馆集休闲、饮食、娱乐、交易等多种功能于一身，自然便成了首屈一指的选择，得到了空前的发展。

南宋时杭州的茶肆、茶坊鳞次栉比，盛极一时。吴自牧《梦粱录》说杭城"处处有茶坊"①，尤其是卷十六《茶肆》云，杭城茶肆仿照北宋汴京习俗，"插四时花，挂名人画，装点店面"，"勾引观者，留连食客"。"四时卖奇茶异汤，冬月添卖七宝擂茶、馓子、葱茶，或卖盐豉汤；暑天添卖雪泡梅花酒，或缩脾饮暑药之属。"茶肆里排列花架，上置"奇松异桧"等盆景。店家"敲打响盏歌卖"，一般只用"瓷盏漆托"为茶具供卖。"夜市于大街有车担设浮铺，点茶汤以便游观之人"。而"茶楼多有富室子弟、诸司下直等人会聚，习学乐器，上教曲赚之类，谓之'挂牌儿'。'人情茶肆'，本非以点茶汤为业，但将此为由，多觅茶金耳。又有茶肆专为五奴打聚处，亦有诸行借工卖伎人会聚行老，谓之'市头'。大街有三五家开茶肆，楼上专安著妓女，名曰'花茶坊'，如市西南潘节干、俞七郎茶坊，保佑坊北朱骷髅茶坊，太平坊郭四郎茶坊、太平坊北首张士相干茶坊，盖此五处多有吵闹，非君子驻足之地也。更有张卖面店隔壁黄尖嘴蹴球茶坊，又中瓦内王妈妈家茶肆名一窟鬼茶坊，大街车儿茶肆，蒋检阅茶肆，皆士大夫期朋约友会聚之处。"寥寥数百言，勾画出了南宋杭州茶馆业的全貌。可见南宋时杭州茶馆业已高度繁荣，出现了许多有相当规模的茶肆，有固定的店屋，有的甚至是富丽堂皇的高档建筑，室内布置挂画摆花，摆放盆景，非常考究，借以吸引顾客。茶肆出售的不仅有茶汤，还有各种饮料，甚至还有风味小吃，以及添加诸如芝麻、生姜等各种调料的七宝擂茶、葱茶之类，甚至还卖一些奇茶异汤或食物，如《梦粱录》中记载的盐豉汤、梅花汤，周密《武林旧事》中提到的甜豆沙、椰子酒、鹿梨浆、木瓜汁、紫苏散等，花样繁多，达数十种。有的茶肆还兼营其他商品，如《武林旧事》记载的"天街茶肆"逢年过节"均罗列灯球等求售，谓之'灯市'"。

在南宋杭州众多的茶坊中，与市民说唱文化相结合的"茶坊书场"最具文化氛围。为招徕顾客，茶肆开设游艺娱乐项目，请艺人奏乐唱曲，增添雅趣，以助茶兴。如有的"挂牌儿"，吸引富室子弟、社会闲人前来学习乐器演奏和曲艺表演；有的"书茶馆"在茶馆中说书讲史，成为后世话本小说的发源。如《梦粱录》中记载，"王妈妈家茶肆又名'一窟鬼茶坊'"，这"一窟鬼"是指"西山一窟鬼"，为宋代著名的民间故事，是说书人百说不厌的话题；再如洪迈《夷坚志》也记载，临安嘉会门外茶肆"幅纸用绯贴，尾云：'今晚讲说《汉书》'"，显然是一个说书场所。当时随着杭州"说话"艺术的空前繁荣，也促进了瓦舍、茶坊以及酒楼的兴盛。特别是被称为"独勾栏瓦市"的茶坊书场迅速地发展，成了"说话"艺人主要的说唱场所。南宋以降，以《水浒》故事为热门题材的"小说"《武行者》《花和尚》《青面兽》《石头孙立》

①《梦粱录》"铺席"条。

《圣手二郎》《戴嗣宗》和"讲史"《大宋宣和遗事》等一直在茶坊书场中久说不衰①。

茶馆三教九流云集，也是社会生活的缩影。这些茶肆、茶坊与勾栏、瓦子一起，占据在闹市街衢，组成一幅幅品茶赏曲、灯红酒绿的市井风俗图。种类繁多、经营方式各异的茶坊、茶肆乃至茶担、茶摊，都是为了适应当时杭州居民不同消费阶层的需要，三教九流都可以找到与自己地位和喜好相适合的去处。市民阶层的产生，市民文化的兴起，促使蓬勃发展的茶馆逐渐成为人们日常活动的重要公共场所，社会百态尽汇其中，标志着杭州商业经济的繁荣和市民文化生活的丰富，基本上确定了茶馆业的发展格局，以后历代都没有超出过这个总体框架②。

三、临济杨岐一枝独秀，禅法茶礼相互交融，杭州成为全国禅茶中心和对外交流窗口，禅院茶礼随僧堂清规流播东瀛，成为"日本茶道"之源，影响深远

禅宗是佛教中国化的一大成就，宋元时期禅宗"一花五叶"开七宗，尤其是临济宗系的杨岐宗一枝独秀，"儿孙遍天下"，其根本重地就在杭州径山寺及周边地区禅院。径山寺在南宋江南地区雄踞禅院"五山十刹"之首，禅风大盛，高僧辈出，慕名参访的日僧络绎于道，归国后弘化一方，开宗立派，对日本禅宗发展起到了关键作用。除了曹洞宗经道元等先后东传日本外，临济宗在东传日本过程中开门立户，瓜瓞绵延，在镰仓、室町幕府时期出现的禅宗24流派中有20派系出临济，到近世形成的禅宗14派中，除了师承黄龙派虚庵怀敞的千光荣西开创的"千光派"外，其他13派都出自径山临济禅系杨岐派。径山临济禅传灯东瀛，在日本幕府统治时期，禅宗大兴，以致深刻影响了近世日本民族文化的形成和风格特征，在武士道精神、国民性格、哲学、美学、文学、书画、建筑、园林、陶艺、饮食、茶道等众多领域，无不留下了径山禅僧的历史记忆和文化印记。南宋径山寺是日本禅宗的发祥地，是日本流派纷呈的禅宗法系的本山祖庭，对日本禅宗、禅茶文化发展乃至以"五山文学"为标志的文化艺术影响无与伦比，至深至远。

1. 两宋时期的杭州既是首屈一指的禅茶文化中心，也是对外禅茶文化交流的前沿和窗口　两宋尤其是南宋时期，杭州既是对外交往的中心，也是禅茶文化对外传播与交流的前沿和窗口。

北宋时日本僧人随宋商船入宋、名留史册的有奝然、成算、寂照、念救、绍良、成寻、赖源等20余位僧人。其中最重要的是高僧成寻（1011—1081）在宋神宗熙宁年间入宋，两度来杭，前后逗留31天。在《参天台五台山记》中，成寻记载了杭州官衙、寺院、街市、交通种种风情民俗，当时杭州街市茶肆遍布，"大街遍处可与茶汤，以银茶器盛之，每人饮茶，出钱一文"；他在杭州都督府内曾受到知府、通判等在廊檐下点茶、吃茶的礼遇，还说都督院有新造好的茶院，客人来到，侍者以"银花

①　杨子华：《水浒与宋元杭州的茶文化》，《郧阳师范高等专科学校学报》，2008年第2期。
②　倪群：《南宋杭州茶馆》，《农业考古》，1998年第4期。

盘送香汤"；他参访杭州龙花（华）宝乘寺、兴教寺、净慈寺、灵隐寺、天竺寺诸寺院时，大教主、僧正、大师都亲自点茶招待他，吃茶谈禅，在日记中出现了许多诸如"点茶""茶药""吃茶""茶二瓶，天台路间可吃者"，"僧正储仙果茶、船头等皆吃了"，"处处吃茶四个度"等记载，他在杭州的参禅问道堪称是一次体验禅院茶礼的禅茶之旅。高丽国师大觉义天（1055—1101）因仰慕杭州晋水净源禅师而私自泛海入宋，"扬舲东海，卓锡西湖"，在元丰八年（1085）八月下旬九月初之间，即秋初之际到杭州，拜师晋水席下，含芳啜英，潜心求法。其间曾到老龙井寿圣院参拜辩才大师，与其品茶论道。义天在宋前后 14 个月，两度到杭，除了与宋廷官府接触外，与沿途各地宋僧进行佛学交流，曾屡次获宋廷和宋僧诸师友的茶礼馈赠，如宋廷赐予的"龙凤茶"，净源赠予他的"律溪腊茗、天童山茗"等。根据《大觉国师文集·外集》卷五记载，义天学成归国之后，杭州高丽惠因寺僧辩真法师就曾在托海舶带去佛经时，附赠"小茶一百片"，即小龙团茶饼一百个①。

南宋时以杭州径山寺为代表的江南禅院在对日交流中居于核心地位。应邀去日本弘法的宋僧有兰溪道隆（1213—1278）、兀庵普宁（1199—1276）、大休正念等 20 多名僧人②，而更多的是大量日僧入宋，有据可查的入宋日僧达 109 人③，有的竟来回达两三次。这当中，有两度入宋求法、为宋孝宗赐号"千光大法师"的日本临济禅宗创始人千光荣西（1141—1215）；有入宋求法回国后制定《永平清规》，第一次把宋地禅寺清规完整地运用于日本禅寺的日本曹洞宗开山祖希玄道元（1200—1253）④；有嗣法径山寺高僧无准师范（1178—1249）门下，制定《东福寺清规》将中国的禅林制度传播到日本的圣一国师圆尔辩园（1202—1280）；有为日本禅林制定《大鉴清规》⑤的大鉴禅师清拙正澄（1274—1339）；还有入居径山、继承无准师范法统的日僧神子荣尊、性才法心、随乘湛慧、妙见道祐、悟空敬念、一翁院豪、觉琳等都人⑥。

2. 以径山寺为首刹的江南禅院茶礼随禅僧往来与禅苑清规一起被移植到日本，后几经演变，逐步发展成为"日本茶道" 日本茶道从内容到形式，都直接来源于南宋时的禅院清规及茶堂清规。当时禅院茶会因时、因事、因人、因客而举办，名目繁多，举办地方、人数多少、大小规模各不相同。根据《禅苑清规》记载，基本上分两大类，一是禅院内部寺僧因法事、任职、节庆、应接、会谈等举行的各种茶会。《禅苑清规》卷五、六记载有"堂头煎点""僧堂内煎点""知事头首点茶""入寮腊次煎点""众中特为煎点""众中特为尊长煎点""法眷及入室弟子特为堂头煎点"等名目。在寺院日常管理和生活中，如受戒、挂搭、入室、上堂、念诵、结夏、任职、迎接、看藏经、劝檀信等具体清规戒律中，也无不掺杂有茶事茶礼。当时禅院修持功课、僧

---

① 鲍志成：《高丽寺与高丽王子》，杭州大学出版社，1995 年初版，1998 年修订再版。
② 木宫泰彦著，胡锡年译：《日中文化交流史》之《来日宋朝僧人一览表》，第 369-370 页。
③⑥ 木宫泰彦著，胡锡年译：《日中文化交流史》之《南宋时代入宋僧一览表》，第 306-334 页。
④ 日本《延宝传灯录》卷一《道元传》，《本朝高僧录》卷十九《道元传》。
⑤ 《大鉴清规》现收于《大正新修大藏经》卷八一，又称《大鉴小清规》，是清拙正澄东渡日本（1326）后，为适应日本禅林而作。

堂生活、交接应酬以致禅僧日常起居无不参用茶事、茶礼。在卷一和卷六，还分别记载了"赴茶汤"以及烧香、置食、谢茶等环节应注意的问题和礼节。这类茶会多在禅堂、客堂、寮房举办。二是接待朝臣、权贵、尊宿、上座、名士、檀越等尊贵客人时举行的大堂茶会，这就是通常俗称的非上宾不举办的"径山茶宴"。其规模、程式与禅院内部茶会有所不同，宾客系世俗士众，席间有主僧宾俗，也有僧俗同座。

由于禅院茶会作为法事程式和僧人必修课，纳入禅院清规和僧堂生活之中，习以为常，熟视无睹，在当时并没有引起特别的关注，故而历史记载少之又少。密庵咸杰（1118—1186）在淳熙四年（1177）受孝宗敕命住持径山万寿禅寺法席，其弟子所编《密庵禅师语录》后附录的《偈颂》中有《径山茶汤会首求颂二首》，内有"一茶一汤功德香"[①] 之句，就是当时寺内举办居士茶汤会的最好实证。日本茶圣荣西二度入宋时，曾到京城临安作法事，祈雨应验，得赐"千光大法师"尊号，并在径山寺举办"大汤茶会"，以示嘉赏[②]。南宋嘉定十六年（日本贞应二年，1223），73 岁的径山寺住持浙翁如琰在接待 25 岁的日僧道元入宋求法、登山参谒时，礼仪周到，特在明月堂设"茶宴"[③]。这是径山"茶宴"在南宋时举行的史证。日本大德寺所藏南宋传入的《五百罗汉图》也显示，禅院僧堂生活和法事仪式也有采用茶会形式的[④]。据介绍，这套《五百罗汉图》为设色绢本，每幅画长 1.5 米，宽 0.5 米，绘 5 尊罗汉，总计应有100 幅之多，大德寺所藏只是其中少部分。这也许可以说是当时禅院盛行茶会的实证。

禅院茶礼随宋元中日禅僧交往而与《禅苑清规》一起被完整移植到日本禅院，对日本文化影响深远。特别是南宋入宋求法的日僧圆尔辩圆、南浦绍明等从径山寺带回的清规、茶典以及茶道具等，对日本茶道产生了直接而巨大的影响。荣西带回天台山茶籽在日本首植，并著《吃茶养生记》，被尊为日本茶圣。圆尔回国时带回了径山茶种子，将其栽种在自己的故乡静冈，并仿照径山茶碾制方法，生产出"碾茶"，即后世著名的"宇治末茶"[⑤]，被誉为"静冈茶の元祖"[⑥]。圆尔还将径山寺的禅院茶会礼仪传回日本，订入清规，称为"茶礼"[⑦]，将饮茶规范化、制度化，成为一套肃穆庄重的饮茶礼仪。其后赴日宋僧兰溪道隆（1213—1278）、无学祖元（1226—1286）等在日本禅院僧堂生活中大量移植禅院茶礼，如僧堂张挂名家绘画和祖师墨迹，摆设宋瓷花瓶，点茶用天目茶碗。日僧南浦绍明（1235—1308）入宋师从虚堂智愚（1185—1269），在径山不仅勤修佛禅，而且认真考察学习径山种茶、制茶技术以及僧堂茶礼，

---

① 密庵咸杰：《径山茶汤会首求颂二首》，《密庵禅师语录》附录《偈颂》。
② 虎关师錬《元亨释书》卷二《荣西传》，参阅吴觉农著，《茶经述评》，第 187 页；丁以寿：《日本茶道草创与中日禅宗流派关系》，载《农业考古》，1997 年第 2 期。
③ 日本《建撕记》，参见石川力山：《〈建撕记〉的史料价值（上）》（1978 年）、《〈建撕记〉的史料价值（下）》（1980 年），《驹泽大学佛教学部论集》。
④ 日本早稻田大学近藤艺成教授《传入日本大德寺的五百罗汉图铭文与南宋明州士人社会》。
⑤ 《元亨释书》卷七《圆尔传》。
⑥ 曾根俊一主编：《静冈茶の元祖——圣一国师》，静冈县茶业会议所 1979 年版。
⑦ 曾根俊一主编：《静冈茶の元祖——圣一国师》，第 2 页；村上康彦：《茶文化史》，岩波书店 1979 年版，第 79 页。

归国时将七部茶典和一套茶台子、茶器具带回日本。在绍明带回的七部"茶典"中，有一部杨岐派二祖白云守端弟子刘元甫作的《茶堂清规》，其中的《茶道轨章》《四谛义章》两部分被后世抄录为《茶道经》，内有茶宴、茶会的"茶道"规章和"和、敬、清、寂""四谛"。这就意味着日本茶道从内容到形式，甚至连名称和精神，都直接来源于宋时的禅院清规及茶堂清规。同时也说明，由南浦绍明带回的"茶典"对日本茶道思想产生了直接而巨大的影响，径山寺茶宴礼仪是后世日本茶道的直接源头。南浦绍明晚年移居京都传播茶礼，被弟子、大德寺开山宗峰妙超所继承，后大德寺茶礼传至一休宗纯（1394—1481）、村田珠光（1423—1502），基本形成了"日本茶道"。可见，日本"茶道"源于"茶礼"，"茶礼"源于宋代的《禅苑清规》[①]。

至今日本的一些禅宗寺院如东福寺、圆觉寺、建仁寺、建长寺等仍然保留着一种叫作"四头茶礼"的禅院茶礼，堪称是南宋禅院茶礼的活化石。通过佛教文化交流，禅院茶礼被移植到东瀛，演化、发展为如今的世界文化遗产"日本茶道"，以杭州为核心区的江南禅茶文化，其传播范围和影响所及具有了国际意义和世界价值。

四、茶历史文化遗产遗存丰富，形态独特，内涵深刻，为茶文化旅游积累了丰厚的人文资源

从文化遗产角度看，两宋时期杭州的茶文化遗产遗存种类多样，茶器具、茶史迹、古茶园等形态丰富，形制独特，数量众多，分布密集，成为开发茶文化旅游的宝贵资源。尤其是西湖龙井茶园更是荣登世界文化景观遗产之列，弥足珍贵。

1. 简约精美、意蕴独特的茶器具，丰富了茶文化的内涵，提升了茶艺术的审美功能，流播当时，垂范后世　北宋饮茶方法通常为煎点，即煎汤（水）点茶。这种方法主要流行在权贵、宫廷和士大夫、僧侣阶层。其基本茶器具，在《茶录》和《大观茶论》中都有系统著录。蔡襄《茶录》下篇主要论述茶焙、茶笼、砧椎、茶钤、茶碾、茶罗、茶盏、茶匙和汤瓶等茶器具，围绕北苑团茶的制作和烹点方法，逐一论述其名称、材质、形制、功能和使用方法，可见北宋对制茶用具和烹茶用具的制作、使用十分讲究。

南宋时期的宫廷茶器具，不仅有金银珠玉制作的精美高贵茶器具，也有轻巧别致的漆器竹木茶器具，而最值得关注的就是官窑青瓷茶器具。在乌龟山郊坛下官窑、老虎洞修内司窑考古发掘的基础上，杭州南宋官窑博物馆以遗址发掘出土的各类文物标本为主，藏有文物标本、复原器物共 8 000 余件（片）。其中官窑青瓷茶碗，壁薄胎细，胎色呈紫黑色，釉面开裂，裂片纹冰裂疏密不一，重叠交错，深浅不同，成为器物的装饰。口沿细薄，口部釉面流落露胎色，釉色文静雅致。胎釉呈色与文献中所记"金丝铁线""紫口铁足"的特征基本符合。在修复的老虎洞窑器物中，值得注意的是青釉茶碗和盏托。根据《杭州老虎洞窑址瓷器精选》[②]，有 6 件被称为"盖碗"的青

---

① 村井康彦：《茶文化史》，岩波书店，1979 年。
② 杭州市文物考古所、杜正贤主编《杭州老虎洞窑址瓷器精选》，文物出版社，2002 年。

瓷碗、4 件碗盖、6 件盏托、3 件小碗和 1 只花口杯，是瓷器茶具。从中可以看到，南宋时虽然流行"瓷盏漆托"，但瓷器盏托其实也在流行，即便是在宫廷禁苑，也在烧制青瓷器茶盏托，以供大内使用。从其形制看，与当时流行的漆器盏托几乎完全一致，只是除了盏托花口造型装饰外，基本都是素釉素胎，简洁清雅。

在当时文士高僧、仕宦绅商、富贵人家使用的比较精美的茶器具中，要数审安老人著的《茶具图赞》所载最为精详。该书成书于咸淳五年（1269），是一部关于南宋茶具的图文并茂的专论。作者以拟人化的笔法，借用宋朝职官称号，结合每种茶具的功能、作用和特点，为当时上层社会流行的 12 种茶器具分别取了姓名字号。根据《茶具图赞》所列名称、功能和所附图，这"十二先生"茶器具分别是：炙茶用的烘茶炉——韦鸿胪，捣茶用的茶臼——木待制，碾茶用的茶碾——金法曹，磨茶用的茶磨——石转运，量水用的水杓——胡员外，筛茶用的茶罗——罗枢密，清茶用的茶帚——宗从事，盛茶末用的盏托——漆雕密阁，黑釉瓷茶盏——陶宝文，注汤用的汤瓶——汤提点，调拂茶汤用的茶筅——竺副帅，清洁茶具用的茶巾——司职方。书中对"十二先生"各配精美的白描线图，并附有言简意赅、精妙恰当的图赞，堪称是别出心裁、体例独特的一本"奇书"。这种借用宋代职官名称来隐喻茶具功能，并以其制作材料冠以为姓的拟人化茶具名称，反映了南宋茶具的高度精致化和蕴含的文化内涵，是我国茶具历史上的一大创举。从这一点上说，这所谓的"十二先生"精美茶具，不可能是普通的民间用品，而是权贵士大夫阶层的茶器具。而且从与唐朝陆羽《茶经》所载茶器具比较中可知，南宋的茶器具已经适应点茶需要而精简了。

民间茶器五花八门，最值得一提的就是斗茶必需的黑釉茶盏，当时产地除了吉州窑、建窑等之外，还有杭州天目山的"天目窑"。黑釉茶盏被两宋到径山寺求法的日本僧人带到日本后，成为后世日本茶道中备受追捧的茶器，对日本茶道和陶瓷工艺产生很大影响。元初天目寺高僧中锋明本（1263—1323）住持天目寺时日用茶盏普遍采用黑釉盏，当时慕名前来求法参禅的日本僧人有 220 多人投其门下，回国后形成日本禅宗的"幻住派"，而日本文献中出现"天目盏"的记录，也正在此前后。后来日本出现黑釉茶器的统称"天目茶碗"即与此有关，其中不仅有建阳窑、吉州窑等南北方窑口出产的黑盏，还极有可能包括有天目山本地窑口出产的黑釉盏。就是说，天目窑所烧造的天目瓷中的黑釉盏，部分也经由求法日僧而传入了日本，成为后世"天目茶碗"的一部分。日本茶道神器"天目盏""天目台"的命名与杭州直接相关，并被赋予了茶文化符号的象征意义[①]。

2. 两宋时期杭州地区的茶历史遗存众多，茶文化遗产丰富，成为杭州宝贵的茶文化旅游资源 两宋时期是杭州西湖茶业发展中的重要阶段，以高僧名士茶事交往为主的茶史遗迹，密集分布于老龙井、龙井一带。如位于风篁岭西晖落坞狮峰山东麓崖壁下的老龙井、宋广福院（即辩才归隐的寿圣院）遗址、辩才塔、归隐桥、辩才手植宋梅等，位于风篁岭的龙井和南宋临安知府潜说友手迹"龙井"刻石、文殊岩、萨埵

---

① 《杭州茶文化发展史》，上册，第 177－186、297－299 页。

石、过溪亭、龙井洞等，皆源自辩才隐居、苏东坡、秦少游等名士往来。"老龙井"岩壁摩崖题刻传为苏东坡所题，给后世杭州茶文化留下了厚重的一笔。明清时随着西湖龙井的声名鹊起，这里成为杭州乃至中华茶文化的圣地。老龙井的北宋清官胡则（963—1039）墓庙，也已成为一处富有现实政治意义的历史景点。作为千年古刹，老龙井曾经有许多精美的建筑，如潮音堂、方圆庵、寂室、照阁、闲堂、讷斋、三贤祠、诸天阁、藏经阁、龙王祠、镜清堂、听泉轩、夕佳楼、荪壁山房等，都曾有名士题咏，如米芾书《游龙井记》碑、《龙井方圆庵记》碑等[①]，虽然这些早已经灰飞烟灭了，但作为"龙井问茶"核心景点，如今这里恢复了部分历史建筑和景点，早就成为杭州茶文化旅游的首选之地。此外，还有葛岭玛瑙寺一带的宝云茶坞、垂云亭，灵竺一带的下天竺香林洞、上天竺白云峰（池）等。如下天竺寺后飞来峰岩下香林洞原有 10 米多深，人可进出，后被填塞，今仅存洞口，旁有巨幅摩崖石刻；白云池至今方形泉池犹存，东北向山坡有 3 亩左右的丛栽古茶园。

宋代径山寺鼎盛时期梵宫林立，僧众三千，香客云集，游人满山。"飞楼涌殿压山破，晨钟暮鼓惊龙眠。"苏轼《游径山》的诗句生动地描摹了当年径山寺的恢宏规模。台北明文书局在再版《径山志》时称："径山佛宇琳宫罗布，下院遍及各地，佛教史迹林立，与东西天目蔚为佛国。"近年余杭第三次文物普查在径山地区新发现277 处文物点，无论是寺庙建筑、古道桥梁，还是凉亭、老宅，都布列在苕溪及其支流周围，其中不少是宋元时期径山禅茶文化有关的史迹遗物，如在径山村里洪自然村发现南宋咸淳五年（1269）的虚堂智愚墓塔等遗迹。现径山寺收集有一些宋元时期的僧塔、石刻、茶盏等遗物，尚待整理鉴定；在径山寺改造工程中，还发现寺内古井等遗迹。在文物普查过程中发现，凉亭、寺院建筑、桥梁、村落、民宅等大量遗迹都是沿苕溪及其支流营建。至今犹存的径山古道，也成为参禅问茶、休闲旅游之道。在临安，最令人瞩目的是后世日本茶道神器"天目碗"之名的来源地天目山茶区、天目寺、天目窑遗址等茶史迹遗存。宋代天目寺遗址位于於潜田干村，迄今尚遗存有寺院水井、北宋治平年间（1065—1067）重修天目寺碑、抄手石砚、石香炉、石莲柱、石刻僧人墓碑等遗物。"天目窑"始于北宋，盛于南宋，衰于元代，烧造时间长，分布面广，主要分布于於潜镇的敖干水库、田干、俞家山、松毛坞等地方，总面积约 6 平方公里。烧造青釉、黑釉和青白瓷三种产品，其中黑釉盏有兔毫、鹧鸪斑等。器形有碗、盘、瓶、盅、盏、罐、炉、灯等，采用刻花、划花、印花、点彩及堆塑等工艺，"天目窑遗址群"现已列为国家级文物保护单位。此外，临安还有洞霄宫遗址，有会仙桥、元同桥、大涤洞、归云洞、栖真洞等残迹，和三贤祠残垣上碑石四道，以及丁东泉、东坡泉、琴操墓、回峰庵碑、杭徽古道等两宋茶事遗迹。在新安江茶区，当时的严州府治所梅城有以范仲淹诗意"潇洒"而命名的潇洒楼、潇洒亭、潇洒轩、潇洒泉等茶事古迹，还有众多著名的茶泉如乌龙山玉泉、梅城古镇诸多古井等，以致有古严陵八景之一的"九井储清"。有的茶区还遗留有宋代的古茶园遗址，如桐庐分水宋

---

① 鲍志成：《龙井问史》，第 128—157 页，西泠印社出版社，2006 年。

家山的"天尊岩茶"遗址、淳安的鸠坑茶园遗址等①。

综上所述，两宋时期尤其是南宋时期杭州茶生产、茶文化臻于繁盛，达到了前所未有的高度，上承汉唐，下启明清，承前启后，开创新局，为后世杭州茶都定位奠定了牢固的历史基础，积淀了丰厚的文化内涵，形成了作为茶都的基本要素，在杭州茶都发展史上起到了关键的历史性作用。

五、余论：两宋杭州茶文化辉煌的历史意义和当代启示

1. 两宋茶文化的繁荣为"杭为茶都"奠定了历史基础　历史是过去的现实，今天是昨天的延续，今日杭州的茶都地位，离不开过去的历史。文化需要积淀，唯有在历史长河中沉淀、积累起来的文化，才能成为优秀的传统文化，历久弥新，与时俱进，生生不息。

杭州提出并推动"茶为国饮，杭为茶都"建设已经整整十年了。在历史长河中，十年不过弹指一瞬间。当我们回眸中华茶文化兴衰起伏的发展进程时，就会由衷地感知到今天的茶都光环曾经在历史的天空闪烁，并深刻地认识到当代杭州的茶都成就是建立在深厚的茶历史文化的积淀基础之上的。

两宋尤其是南宋的杭州茶文化遗产，对后世乃至当今的杭州茶文化产生了深远的影响。一如：后世及今杭州以西湖龙井为代表的高品质绿茶产区、"一地一品"的产茶格局，与西湖、径山、天目山、富春江、新安江等山水名胜相重叠的几大茶区的形成，无不在两宋时期基本定型；再如：从以权贵、名士、高僧为主流的高雅茶文化，到以市井茶坊、市民茶俗以及说书讲唱等为形式的大众茶文化，初步形成雅俗共赏、士民同乐的茶文化新面貌，是在两宋时期基本形成的；三如：历史上茶文化的流播海外、泽被后世、惠及当代，最具有国际影响和时代意义的，是两宋时期的禅院茶礼和历史遗存。凡此种种，无不说明，两宋杭州茶文化的繁荣为当今杭州茶都地位奠定了不可替代的历史基础，积淀了丰富厚博的文化内涵，赋予了杭州茶文化博大精深、至尊至贵的人文禀赋。

2. 两宋杭州茶文化繁荣对当代杭州中国茶都建设的几点启示　分析两宋杭州茶文化繁荣鼎盛的历史事实，综观杭州历史文化名城和中国茶都的历史背景，我们可以得到如下几点启示：一是"杭为茶都"是在长期的历史长河中发展演变而来的，尤其是两宋时期茶文化的繁荣，为杭州今日茶都地位奠定了关键历史基础。二是茶文化的繁荣依托社会经济发展，没有北宋杭州"东南第一州"、南宋行都所在为全国政治经济文化中心的社会经济背景，两宋杭州的茶文化是不可能那么繁荣、达到历史鼎盛的。三是茶文化可以与文化艺术相辅相成、共通发展，这恰恰说明了"茶通六艺"的道理，也是我们当今开展茶文化建设，创新茶文化形态的理论依据。四是茶文化雅俗共赏，士民同乐，既可琴棋书画诗酒茶，也需柴米油盐酱醋茶，三教九流谁都离不开它，茶特有的开放包容、平等礼敬等属性，有利于塑造人文品格，建设和谐社会。五

---

① 《杭州茶文化发展史》，上册，第 273 - 283 页。

是茶文化能促进社会公共文化的进步，以茶坊茶馆为代表的市民公共文化活动空间的形成，具有多方面的社会文化意义，值得继承创新，在城市治理和文化建设中应重视发挥茶艺馆的作用。

（本文系杭州市茶文化研究会、开封市茶文化研究会 2015 年 11 月 5 日开封举办的两宋论坛之宋茶文化研讨会大会发表论文，获优秀论文一等奖。）

"茶宴"的由来和"径山茶宴"的起源

我国是茶的原生地，也是茶文化的发祥地。在东汉末年佛教传入我国中原地区前后，西南、江南一带已经普遍种茶、饮茶。魏晋到隋唐之间，佛教开宗立派，开始与中国社会、文化相适应。尤其是天台宗、禅宗寺院和僧人认识到茶对修行参悟的妙用，开始在法事、修习活动中参用茶事，以茶供佛，饮茶提神，逐渐形成了"罗汉供茶"、僧人坐禅饮茶提神的佛门茶风。

唐朝中期以后，得陆羽《茶经》推波助澜，烹饮之风大行天下，禅僧、士林、宫廷的茶宴、茶会、茶社、汤社开始兴起。到宋代，福建建州"北苑团茶"作为皇家贡茶名冠天下，饮茶的方法也从唐朝时的"烹"为主变为"点"为主，"分茶""斗茶"之风盛行朝野市井。与此同时，随着禅宗临济宗在江南地区的兴盛和佛教的世俗化，禅院僧人在坐禅修持、僧堂仪轨和接待檀越、交接信众过程中，在禅院以茶供佛、以茶参禅的基础上，参引社会上流行的各种茶会、茶宴，在普请法事、僧堂管理和僧寮生活中无不参用茶事，各种名目形式、大小不等的茶会、茶礼纳入禅院清规和僧堂生活之中，成为禅僧日常修习和法事的重要内容和形式之一，并形成一整套严格的礼仪程式，"径山茶宴"应运而生。

一、"茶宴"名称的由来

"茶宴"，顾名思义，是一种以茶作为主题的宴饮形式，是我国古代一种独特的宴饮礼俗。"宴"字从宀（mián），妟（yàn）声。"宀"表示房屋，"妟"是"安"的意思，《说文解字》解释："宴，安也。"宴，也作醼、讌。《周易·需》有"君子以饮食宴乐"，郑注云："宴，享宴也。""宴会"的本义是会聚宴饮，即请人聚会在一起吃饭喝酒，故常与"筵席"同义。"茶宴"起源于佛教禅宗以茶供佛和以茶参禅的修持法事，融合了士林茶事宴会和民间茶礼祭祀等形式，完善于禅院茶会茶礼而盛行于宫廷、士林、禅院、市井，在唐宋时期风靡天下，炽盛一时。

俗话说"茶食同源"，"茶药同源"，以茶为食、以茶为药早就始于新石器时代，以茶代酒为祭品，也早在西周成王时举行的邦国丧礼就开始了，但这些都只能说是与茶有关的早期茶事，还不能说是"茶宴"的雏形。直到魏晋以降，"茶宴"一词才出现于文献记载。成书于公元 454 年前后的刘宋山谦之的《吴兴记》中提道："每岁吴兴（湖州）、毗陵（常州）二郡太守采茶宴会于此。"这是"茶宴"一词首次出现在文字中，但是这里的"茶宴"并非是一个独立的词，而是"采茶"与"宴会"的组合。

实际上，这是因茶事活动如采茶而举行宴会的一种宴饮聚会形式，当地类似茶事宴会活动在唐朝仍在举办。唐代大诗人白居易在《夜闻贾常州、崔湖州茶山境会亭欢宴》诗中写道："遥闻境会茶山夜，珠翠歌钟俱绕身。盘下中分两州界，灯前各作一家春。青娥递舞应争妙，紫笋齐尝各斗新。自叹花时北窗下，蒲黄酒对病眠人。"诗中的"紫笋"是唐代贡茶，产于江苏常州阳羡（今宜兴）和浙江湖州顾渚（在今长兴），每年春新茶开摘之际，两地郡守都要按照惯例在两州分界处茶山"境会亭"举办茶事宴会，品评新茶，相互比美。茶宴时钟鼓齐鸣，妙龄茶女头戴珠翠，依次争相献歌跳舞，让人如痴如醉，其乐无穷。因病不能前去参加的白居易听到这个消息，不免有些失落感慨。

到了唐代中期，"茶道大行"，饮茶之风盛行，上自权贵，下至百姓，都尚茶当酒，真正的"茶宴"应运而生。"茶宴"的正式记载见于钱起的《与赵莒茶宴》诗。钱起为"大历十才子"之一，天宝十年（751）进士，他曾与赵莒一起在竹林"茶宴"，但不像"竹林七贤"那样狂饮，而是以茶代酒，聚首畅谈，洗净尘心，在蝉鸣声中谈到夕阳西下。钱起为记此盛事，写下一首《与赵莒茶宴》诗云："竹下忘言对紫茶，全胜羽客醉流霞。尘心洗尽兴难尽，一树蝉声片影斜。"[①]类似文士风雅茶宴，在唐朝开始流行，多见于以诗歌咏之作。顾炎武《求古录》收录《唐岱岳观碑题名》，有贞元十四年（798）十二月廿一日，"立春再来致祭，茶宴于兹"之语，则此"茶宴"或为当时人的祭祀仪式，而有别于文士雅集之类的茶宴活动。此外，宫廷茶宴也华丽登场，盛况空前。顾况《茶赋》则写出了帝王宫廷举行茶宴的盛况，《宫乐图》就呈现了唐代宫女茶宴娱乐的华丽场景。

五代十国时，茶宴兴盛不衰，并出现以茶宴饮结社聚会的组织。如和凝与朝廷同僚"递日以茶相饮"，轮流做东，同事互请喝茶，并且"味劣者有罚"，时称"汤社"[②]。到了宋代，饮茶之风炽盛，宫廷有曲宴点茶君臣唱和之例，士林有点茶品茗斗茶竞胜之乐，禅院有禅僧参禅供佛结缘檀越之习，市井有百姓宴饮游艺斗试之俗，"茶宴"之盛，可谓是官民并举，僧俗同乐，遍行朝野，成为全社会一时所尚。

明清以后，随着饮茶方式的变革，"茶宴"逐渐式微，但在宫廷、寺院和士林中，"茶宴"余风一直代相流传。明高启《大全集》卷十二《圆明佛舍访吕山人》有"茶宴归来晚"句，说明寺院茶宴仍在流传。明中期后，径山茶事鲜见史载，而在径山周遍的杭州寺院，"茶宴"变成"茗会"仍在举办，如"理安寺衲子，每月一会茗"[③]。清朝皇室内廷宴享和款待外国使节也无不参以茶宴，且皆以茶为先，品在酒水之上。乾隆皇帝每年正月五日于重华宫"茶宴廷臣"，"延诸臣入列坐左厢，赐三清茶及果饤，合诗成传笺以进"，乃宫廷雅集[④]，后来"将年例茶宴联句停止"[⑤]。

---

① （唐）钱起撰：《钱仲文集》卷十，钦定四库全书本。
② （清）陆廷灿撰：《续茶经》卷七《茶之事》，钦定四库全书本。
③ （清）杭世骏编纂：《理安寺志》，西泠出版社，2012年。
④ 《御制诗三集》，吉林出版集团，2005年。
⑤ 《清代诗文集汇编》编纂委员会：《御制文余集》卷二，2010年。

　　古代"茶宴"源自禅僧以茶供佛、以茶参禅和权贵、士林、民众的以茶宴饮、雅集聚会，发源于汉唐而大兴于两宋，式微于明清。茶宴的形式因事、因客而异，按举办者主体分，有宫廷茶宴、士林茶宴、禅院茶宴、民间茶宴等，按举办事由分，有朝廷庆贺、士林雅集、僧侣修持、民间祭祀等，按内容形式分，有品茗会、茶果宴、分茶宴，品茗会纯粹品茶，以招待社会贤达名流为主；茶果宴，品茶并佐以茶果，以亲朋故旧相聚为宜；分茶宴，才是真正的茶宴，除品茶之外，辅以茶食。

　　近代以来，古代"茶宴"率先在上海演变为"商务茶会"，成为商人们以茶聚会、到茶馆进行商务洽谈的一种活动。后来，这种茶会进一步走向社会大众，逐渐演变为至今仍广为流行的"茶话会"。20世纪末以来，各种名目的以茶为主料入菜或以茶事为主题的新式"茶宴"，如"东坡茶宴""西湖茶宴""龙井茶宴"等花样迭出，可谓是古老茶宴适应现代社会需要的新形态。

二、以茶饮宴的形态演变

　　从茶的起源看，茶的发现和利用起源于原始采集经济时代，在新石器时代漫长的历史时期，茶经历了茶食同源、茶药同源，并最终逐渐从食物、药物中分离出来的过程。

　　传说中的上古三皇五帝之一神农氏，其部族居住在南方炎热之地，因以火德为王，故而称为"炎帝"。他继女娲后为天下共主，相传是农耕和医药的发明者。"神农尝百草"是一则著名的中国古代汉族神话传说。东汉的《神农本草经》中有记载，"神农尝百草，日遇七十二毒，得荼乃解"。"荼"即是"茶"字的前身。神农氏以茶解毒的传说有三种说法：

　　一是神农为研究百草的特性和功能，在采集过程中，必亲自尝嚼，以辨其味，以明其效。一次，他吃下了有毒植物，感到头昏眼花，口干舌麻，全身乏力，于是躺卧在大树下休息。一阵风吹过，树上落下片片绿叶，神农信手放入口中咀嚼，感到味虽苦涩，但舌根生津，麻木渐消，头脑清醒。于是采集回家研究，果有解毒功效，因而定名为"茶"。

　　二是神农常将采集的草药亲自煎熬为人治病，一日，正准备煎药之时，忽有树叶落入锅中，见汤色渐黄，清香散发，饮之其味虽苦，却回味甘甜。当时神农正肚痛腹泻，于是趁热喝了两大碗。说也奇怪，肚子不痛了，泻也止住了，且精神振奋。从而发现茶有解渴、止泻、解毒、提神等作用。

　　三是神农得天独厚，生来就有一个水晶般透明的肚子，什么东西在肚子里活动都能看得一清二楚。有一次神农发现肚子不舒服，肠胃中出现块块黑斑，同时舌麻口干，胸闷气急，他就随手把一种树的树叶放入嘴中咀嚼吞食，忽觉叶汁在肚子上下游动，所到之处，黑斑顿消，人也感到舒服起来。这种树叶汁水，像巡逻兵一样在肚子里查来查去，直到把"黑斑"消灭光。神农意识到，这些黑斑、舌麻等就是中毒的表现，而这种树叶有解毒的特效，因此形象地把它叫作"查"，之后逐渐演变为"茶"字。

　　神农尝百草多次中毒，多亏了有茶解毒，就誓言要尝遍所有的草，最后因尝断肠草而逝世。人们为了纪念他的恩德和功绩，奉他为药王神，并建药王庙四时祭祀。在我国的川、鄂、陕交界地带山区，传说是神农尝百草的地方，称为"神农架"。寄托了人们对神农的崇敬和怀念，也反映了"药食同源"的历史渊源。从这个意义上说，茶本来就是饮食的一部分，是人类食物链中的主角之一。

"宴会"起源，一般认为与原始宗教起源的祭祀活动有关，并在夏商周三代祭祀和礼俗影响下发展演变而来。我国作为礼仪之邦，文明古国，自古各种形式的宴会名目繁多，如乡饮酒礼、百官宴、大婚宴、千叟宴、定鼎宴等。在形式大小各异的众多宴会中，客来敬茶是必不可缺的礼节，茶成为宴饮聚会过程中不可或缺的角色，而"茶宴"更是一种以茶事活动的名义宴饮宾客，或以茶作为主要食品的待客宴饮形式，具有区别于一般宴饮活动的鲜明特点和风格，是我国宴饮文化中的一朵奇葩。

最早以茶代酒祭祀或宴飨的，是在周文王、周武王时期。公元前 1066 年，周武王在"伐纣会盟"时，有南方八个小国将部落子民以药用的茶作为礼品献给武王，武王用茶设宴，以茶代酒，招待各路诸侯[1]。晋人常璩《华阳国志·巴志》也记载，武王伐纣时巴蜀一带就产茶并入贡，这些茶是专门有人培植的茶园里的香茗，是在邦国丧礼时用来当祭品的；还设有 24 人之多的"掌茶"之职，其职掌是"以时聚茶，以供丧事"，原因是商朝时酗酒亡国，周朝吸取教训，天下禁酒，而之所以以茶来替代酒，"取其苦也"[2]。周成王时，就以茶作为祭品之用[3]。在《诗经》中，"荼"字也屡屡出现在《谷风》《桑柔》《鸱鸮》《良耜》《出其东门》等诗篇中。《晏子春秋》载："晏子相景公，食脱粟之饭，炙三弋五卵，茗菜而已。"《尔雅》释"苦荼"云："叶可炙，作羹饮。"这说明，早在 3 000 年前的西周，茶既已成为贡品、祭品，也成为日常羹饮食品。

作为我国古代一种独特的宴饮礼俗，"茶宴"源起汉晋，兴于中唐，盛于两宋，式微于明清。在汉晋之间，一方面以茶代酒从丧礼祭祀普及到宫廷宴饮。如三国东吴的第四代国君孙皓嗜好饮酒，每次设宴，来客至少饮酒七升，但对博学多闻而酒量不大的爱卿朝臣韦曜甚为器重，常常破例，每当韦曜不胜酒力时，他便"密赐茶荈以代酒"[4]。另一方面，在士林权贵中开始以茶果招待宾客。如东晋吴兴太守、累迁尚书令的陆纳，以俭德著称，一次卫将军谢安去拜访他，陆纳备下茶果素席招待他，陆纳的侄子陆俶知道后颇为不满，便自作主张备下丰盛菜肴，招待谢安，宴毕客人一走，陆纳愤而责问陆俶："汝既不能光益叔父，奈何秽吾素业?"并打了侄子 40 大板，狠狠教训了一顿[5]。而更为值得关注的是，随着佛教在中国的传播，禅僧发现饮茶的妙用，开始在礼佛坐禅中供茶饮茶，从而使饮茶风习在寺院普及开来。晋敦煌人单道开好隐栖，修行辟谷，"不畏寒暑，常服小石子，所服药有松、桂、蜜之气，所饮茶苏

① 吴觉农：《四川茶史话》"前言"援引《尚书·酒诰》，见《吴觉农集》第一卷《茶经述评（外六种）》，365 页，中国农业出版社，2019 年。

② 《周礼·地官司徒》，江苏人民出版社，2019 年。

③ 李民《尚书译注》，上海古籍出版社，2004 年。

④ 《三国志·吴志·韦曜传》，中华书局点校本，1959 年。

⑤ 陆羽《茶经》转引晋《中兴书》，于良子注释，浙江古籍出版社，2011 年。

而已"。所谓"茶苏",是一种用茶和紫苏调剂的饮料。7年后,他冬能自暖,夏能自凉,昼夜不卧,一日可行700余里。后来移居河南临漳县昭德寺,设禅室坐禅,以饮茶驱睡。最后入广东罗浮山,百余岁而卒[1]。两汉魏晋南北朝是佛教初传时期,从那时开始,茶与禅结缘,许多寺院开山种茶,寺僧采制后供佛礼佛,自饮坐禅,形成了天台山"罗汉供茶"这样的佛门茶礼,也为唐朝以后禅宗寺院以茶参禅之风的盛行,开启了历史的先河。

佛教界流传着一个故事:相传达摩祖师在少林寺面壁九年的时候,由于想追求无上觉悟心切,夜里不睡觉,也不合眼,以致过度疲劳,眼皮沉重到睁不开眼,昏昏欲睡。为了保持清醒,达摩祖师毅然把眼皮撕下来,丢在地上。不久之后,眼皮丢弃的地方长出一株叶子翠绿的矮树丛,树叶成对的铺开,像眼睛的形状,两边的锯齿像睫毛。达摩就从树上采下叶子,吃了以后提神醒脑,终于修成正果。从此以后,禅僧们打坐参禅,都采茶食用,驱除睡魔,精神倍增,就不再犯困了。这则故事恰好印证了茶的妙用与禅修结合的事实。

禅宗坐禅讲究凝神屏虑,达到无欲无念,无喜无忧,梵我合一的境界。为防止未入禅定,先入梦寐,故需要饮茶提神。茶所以和佛教特别是禅宗结下如此之深的不解之缘,原因可能是多重的,但最主要的原因是因为茶有兴奋中枢神经、驱除疲倦的功能,从而有利于禅僧清心坐禅修行。禅宗的修行者坐禅时除选择寂静的修行环境外,还特别强调"五调",即调食、调睡眠、调身、调息、调心,饮茶往往能够达到"五调"的修行要求,因此,禅宗僧众尤尚饮茶,饮茶习俗首先在佛门得到普及。据唐人封演《封氏闻见记》记载:"开元中,泰山灵岩寺有降魔师,大兴禅教,学禅务于不寐,又不夕食,皆许其饮茶,人自怀挟,到处煮饮,从此转相仿效,遂成风俗。"百丈怀海(724—814)重视坐禅,也重视饮茶,别建"禅居"作为道场,创立"普请法",以茶入礼,又制定《百丈清规》,其中多处规定僧堂集会时饮茶的仪式。

在传授法义、开启法门、接引僧俗等方面,临济宗有一系列独特的手法,如临济喝、德山棒、云门露、黄龙三关、赵州茶等。这当中又以"赵州茶"为人津津乐道。相传赵州(唐代高僧从谂的代称)曾问新到的和尚:"曾到此间?"和尚说:"曾到。"赵州说:"吃茶去。"又问另一个和尚,和尚说:"不曾到。"赵州说:"吃茶去。"院主听到后问:"为甚曾到也云吃茶去,不曾到也云吃茶去?"赵州呼院主,院主应诺。赵州说:"吃茶去。"赵州均以"吃茶去"一句来引导弟子领悟禅的奥义[2]。一句"吃茶去",成为佛门茶界千百年来参不破的"公案",后来被用为典故,至今茶文化学界一般以"赵州茶"为禅茶之源。

在寺庙里长大、被后世尊奉为"茶圣"的陆羽,撰著了中国历史也是世界历史上第一部茶书《茶经》,系统地阐述了唐及以前茶的历史、产地、栽培、制作、煮煎、饮用及器具等,对后世中国茶文化(包括寺院茶礼)产生了深远的影响,并被世界各

[1] 陆羽《茶经·七之事》引《艺术传》,于良子注释,浙江古籍出版社,2011年。
[2] 《五灯会元》之《南泉愿禅师法嗣赵州从谂禅师》,中国佛教典籍选刊本,中华书局,1984年。

国茶人共同尊奉为最高的茶学经典。与陆羽为忘年交的诗僧皎然在题为《饮茶歌诮崔石使君》诗中写道："一饮涤昏寐，情思爽朗满天地。再饮清我神，忽如飞雨洒轻尘。三饮便得道，何须苦心破烦恼……孰知茶道全尔真，唯有丹丘得如此。"诗中两次出现"茶道"一词。在此禅风茶风交相炽盛的背景下，"茶道大行"天下，各种形式的"茶宴"推陈出新，竞相出现。

唐代饮茶之风主要流行于当时的上层社会和禅林僧侣之间，形成了独特的表现形式和审美趣味，富有哲理和人文精神，这种所谓的"茶道"主要是以"茶宴""茶礼"的形式表现出来的。在良辰美景之际，以茶代酒，辅以点心，请客作宴，成为当时的佛教徒、文人墨客以及士林（尤其是朝廷官员）清雅绝俗的一种时尚。当时诗人名士有关茶宴饮乐之类的风雅韵事，在唐诗中不胜枚举。如侍御史李嘉祐《秋晚招隐寺东峰茶宴送内弟阎伯均归江州》诗有"幸有香茶留稚子，不堪秋风送王孙"之句。诗人鲍君徽《东亭茶宴》也说："坐久此中无限兴，更怜团扇起清风。"户部员外郎吕温《三月三日茶宴序》写道："三月三日上巳，禊饮之日也，诸子议以茶酌而代焉。乃拨花砌，憩庭阴，清风逐人，日色留兴。卧指青霭，坐攀香枝，闲莺近席而未飞，红蕊拂衣而不散，乃命酌香沫，浮素杯，殷凝琥珀之色，不令人醉，微觉清思，虽五云仙浆，无复加也。"对茶宴作了生动描绘。

随着佛教的进一步中国化和禅宗的盛行，中唐以后饮茶与佛教的关系进一步密切。特别是在南方地区的许多寺院里，甚至出现了寺寺种茶、无僧不嗜茶的禅林风尚。而茶宴、茶礼在僧侣生活中的地位和作用也日渐提高，饮茶甚至被列入"禅门清规"，被制度化。唐代百丈怀海禅师首订的《百丈清规》虽现已失传，但从后世作为禅门规式的《禅苑清规》中，不难发现"茶礼""茶会"已经成为唐宋以来中国禅僧修行生活的必要的组成部分。

到了宋代，饮茶之风尤盛，随着茶叶产区的扩大和制茶、饮茶方法的革新，茶宴之风更为盛行。当时，武夷山一些寺院流行"茶宴"，一些名流学者，往往慕名前往。朱熹在武夷创建武夷精舍，蛰居武夷，著书立说，以茶会友，以茶论道，以茶穷理，常与友人学者以茶代酒，或宴于泉边，或宴于竹林，或宴于岩亭，或宴于溪畔。"仙翁留灶石，宛在水中央。饮罢方舟去，茶烟袅细香。"他曾与友人赴开善寺茶宴，与住持圆悟交往甚笃，经常品茶吟哦，谈经论佛。圆悟圆寂，朱熹唁诗云："一别人间万事空，焚香瀹茗恨相逢。"当时文人墨客三五同好之间的品茗吟诗一类的茶会，则蔚然成风。孔延之《会稽掇英总集》卷十四有《松花坛茶宴联句》《云门寺小溪茶宴怀院中诸公》，可谓文人茶宴吟诗对联的文艺雅集。宋代的太学生就流行"讲堂茶会"。据北宋朱彧的《萍洲可谈》记载，当时"太学生每有茶会，轮日于讲堂集茶，无不毕至者，因以询问乡里消息"，可谓是太学生们的联谊会。

特别是宫廷"茶宴"兴盛一时。治国无能、精于书画的宋徽宗赵佶也精于茶事，撰著《大观茶论》，常亲自烹茶，赐宴群臣，现存《文会图》相传出自徽宗之手，描绘的就是宫廷茶宴情景。户部尚书蔡京在《太清楼待宴记》《保和殿曲宴记》《延福宫曲宴记》中都记载了徽宗皇室宫廷茶宴的盛况。蔡京在《延福宫曲宴记》中写道：

"宣和二年十二月癸巳，召宰执亲王等曲宴于延福宫。上命近侍取茶具，亲手注汤击拂，少顷白乳浮盏面，如疏星淡月，顾诸臣曰：此自布茶。饮毕皆顿首谢。"著名诗人、书法家黄庭坚的传世行书《元祐四年正月初九日茶宴和御制元韵》诗贴，是迄今保存的最早的"茶宴"书法手迹，史称黄庭坚《茶宴》贴，写于元祐四年（1089）正月初九，记录的正是参加一次茶宴的经历，其文曰："元祐四年正月初九茶宴，臣黄庭坚奉敕，敬书于绩臣殿中。"现江西修水黄庭坚故里保存有巨制"茶宴碑"。

宋代茶宴、茶会上流行"斗茶"，又称"茗战"，凡参加斗茶的人都要献出好茶，轮流品尝，以决胜负。范仲淹《斗茶歌》中有"北苑将期献天子，林下群豪先斗美"之句。当时凡名茶产地都有"斗茶"习俗，丰富了茶宴游艺活动。至于名山寺院煎茶敬客由来已久，在宋代江南禅院，举办茶宴，以茶待客，以茶论道，成为寺院风尚，十分盛行。

宋时禅院茶宴又称"茶汤会"，通称"煎点"，反映了饮茶法已经从唐朝的烹煮法为主过渡到了宋代的煎点法为主。当时禅院茶宴因时、因事、因人、因客而设席开宴，名目繁多，举办地方、人数多少、大小规模各不相同。根据《禅苑清规》记载，基本上分两大类，一是禅院内部寺僧因法事、任职、节庆、应接、会谈等举行的各种茶会。《禅苑清规》卷五、六记载有"堂头煎点""僧堂内煎点""知事头首点茶""入寮腊次煎点""众中特为煎点""众中特为尊长煎点""法眷及入室弟子特为堂头煎点"等名目。在寺院日常管理和生活中，如受戒、挂搭、入室、上堂、念诵、结夏、任职、迎接、看藏经、劝檀信等具体清规戒律中，也无不掺杂有茶事茶礼。当时禅院修持功课、僧堂生活、交接应酬以致禅僧日常起居无不参用茶事、茶礼。在卷一和卷六，还分别记载了"赴茶汤"以及烧香、置食、谢茶等环节应注意的问题和礼节。这类茶会多在禅堂、客堂、寮房举办。二是接待朝臣、权贵、尊宿、上座、名士、檀越等尊贵客人时举行的大堂茶会，其规模、程式与禅院内部茶会有所不同，宾客系世俗士众，席间有主僧宾俗，也有僧俗同座。堂内陈设，古朴简约，使人感受宁静、肃穆的气氛，强调内在心灵的体验。此外，寺僧参禅打坐以茶供佛，或寺僧之间的内部茶会，往往在"禅堂"或"寮房"依时因事而进行，而非正式的待客茶宴，有时也在"客堂""茶亭"举办。当时几乎所有的禅寺都要举行"茶会"，其中最负盛名且在中日佛教文化、茶文化交流史上最为重要的，当推宋代杭州余杭径山寺的"径山茶宴"。

三、"径山茶宴"的起源

"径山茶宴"因起源、盛行于南宋禅宗"五山十刹"之首的余杭径山寺而得名。

早在唐天宝四年（745），国一法钦禅师就来到这里结庐开山，成为绝胜觉场。到大历三年（768），唐代宗下诏杭州，以法钦开山所建之庵建"径山禅寺"，被列为皇家官寺。乾符六年（879），改为"乾符镇国院"。北宋大中祥符（1008—1016）年间，改赐"承天禅院"，政和七年（1117），改"能仁禅院"。径山寺原属"牛头派"，南宋建炎四年（1130）兴"临济宗"，从此法脉绵延，香火兴旺，成为后世中国佛教禅宗临济宗的重要道场。绍兴（1131—1162）年间，大慧妙喜禅师宗杲住持，衲子云集，乃建千僧阁，有妙喜庵。孝宗御书题额"径山兴圣万寿禅寺"，显仁皇太后、高宗曾游幸，赏赐优厚。乾道四年（1168），建龙游阁，成为皇家功德院，时列江南禅院"五山十刹"（五山即径山、灵隐、净慈、天童、阿育王五大丛林）之首，殿宇辉映，楼阁林立，僧众三千，梵呗不绝，时有"东南第一禅院"之称。元、明时期，径山寺屡毁屡建，清康熙四十四年，康熙皇帝赐名"香云禅寺"。钱镠、徽宗、高宗、孝宗、康熙都曾游幸径山，白居易、苏东坡、范仲淹、陆游、徐渭、龚自珍等历代无数文人骚客无不心向神往，游览径山，留下许多名篇华章、轶事佳话，造就了融汇名山名寺、高僧名士、禅学茶艺、诗文书画于一炉的径山文化。晚清民国，径山寺破落。到改革开放前夕，径山寺仅存钟楼、南宋孝宗御书碑、元历代祖师名衔碑、明代永乐大钟、铁佛等文物。1983 年以后，每年有日僧数批来寺朝拜寻宗。1997 年 4 月，径山寺在原址修复落成，定名"径山万寿禅寺"。2008 年，按南宋盛况开始实施径山寺复建工程。2010 年 10 月 21 日，径山寺复建工程奠基开工。径山寺高僧大德辈出，法脉香火不绝，从开山建寺至今传灯 121 代。

"径山茶宴"是我国古代禅院茶会、茶宴礼俗的存续和传承。自唐代径山寺开山之祖法钦禅师植茶采以供佛，"径山茶宴"就初具雏形。据嘉庆《余杭县志》记载，径山"开山祖钦师曾植茶树数株，采以供佛"，这就是"径山茶宴"的起源。当时禅僧修持主要方法之一是坐禅，要求清心寡欲，离尘绝俗，环境清静。静坐习禅关键在调食、调睡眠、调身、调息、调心，而茶提神醒脑、明目益思等功效，正好满足了禅僧的特殊需要。于是饮茶之风在禅僧中广为流传，进而在茶圣陆羽、高僧皎然等人的大力倡导下在社会上普及开来，"茶道大行，王公朝士无不饮者"。陆羽当年考察江南茶事时，相传就曾在径山东麓隐居撰著《茶经》，至今留下"陆羽泉"胜迹（在今余杭区双溪镇）。

"径山茶宴"是后世对南宋径山寺茶事法会的习称。当时接待名山尊宿、贵客上宾的大堂茶会，一般在一代高僧、看话禅创始人大慧宗杲退养之地妙喜庵明月堂举办。对此，吴之鲸《妙喜庵》诗云："开士传衣号应真，龙章炳耀出枫宸；只今琪树犹堪忆，无垢轩中问法人。"[①] 龙大渊《明月堂》也说："明月堂开似广寒，八窗潇洒出云端；碧天泻作琉璃镜，沧海飞来白玉盘；金粟界中香冉冉，水晶帘外影团团；清心肝胆谁能共，独倚天街十二栏。"[②] 至今遗迹尚存。大慧当年曾在明月堂前凿明月池，明时池尚存[③]。日本"茶圣"荣西二度入宋时，曾到京城临安祈雨应验，得赐"千光大法师"，在径山寺举办"大汤茶会"[④]。南宋嘉定十六年（日本贞应二年，1223），73 岁的径山寺住持浙翁如琰在接待 25 岁的日僧道元入宋求法、登山参谒时，礼仪周到，特在明月堂设"茶宴"[⑤]。这是径山"茶宴"在南宋时举行的史证。至于

① 杭州市地方志办会室编，古籍善本影印本，西泠印社出版社，2011 年。

② 《径山志》卷九《偈咏》。

③ 《径山志》卷十四《古迹》。

④ 虎关师錬《元亨释书》卷二《荣西传》。

⑤ 日本《建撕记》，参见石川力山：《〈建撕记〉的史料价值（上）》（1978 年）、《〈建撕记〉的史料价值（下）》（1980 年），《驹泽大学佛教学部论集》。

茶亭茶宴，也常见于时人记载。据吴之鲸《径山纪游》记载，从余杭游径山途中，在"文昌坝寄宿茶亭，禅阁飞湍"。到寺中，"僧冲宇供笋蕨，煮清茗，情甚洽。月光初灿，仅于密樾中作掩映观耳"。①《径山志》卷十二《静室》记载有"天然茶亭"（地名）。同书卷十三《名胜》"通径桥"条则云："如玉禅师建，锁大安涧口，古茶亭基址尚在。"这些"茶亭"有的只是接济行人旅客休息的凉亭，常有乐善好施者供应茶水，如杭州丁婆岭，"有丁婆者于岭上建亭施茶，接济行人"。

宋元时期，径山茶宴作为普请法事和僧堂仪规被严格规范下来，并纳入《禅苑清规》，达到了禅门茶礼仪式和茶艺习俗的经典样式，发展到鼎盛时期。两宋时期，品茗斗茶蔚然成风，制茶工艺、饮茶方法推陈出新，茶会茶宴成为社会时尚。特别是在南宋定都临安后，径山寺发展进入鼎盛时期。南宋初，径山寺从原来传承的唐代"牛头禅"改传临济宗杨岐派，在北宋时光耀禅门的高僧圆悟克勤的法裔，到了南宋时大德辈出，其中尤以径山寺大慧宗杲、密庵咸杰、无准师范、虚堂智愚等最为著名，其法脉弟子遍布江南禅林和东瀛日本。当时的径山寺在朝廷的御封和赏赐下实力大增，规模恢宏，"楼阁三千五峰回"，常住僧众达 3 000 多，法席兴隆。南宋后期，朝廷评定天下禅院，径山位居"五山十刹"之首。史载"径山名为天下东南第一释寺"，"天下丛林，拱称第一"② 被称为"东南第一禅院"。由于径山近在都城，往来便捷，上至皇帝权贵，下至士林黎民，无不上山进香。宋孝宗曾多次召请径山住持入大内请益说法，御赐寺田、法具，敕封名号，荣宠备至，恩渥有加，并御驾亲临，书"径山兴圣万寿禅寺"巨碑，至今尚存。

随着径山寺的兴盛，"径山茶宴"的仪式规程作为禅院法事、僧堂仪轨，被严格地以清规戒律的方式规范了下来，纳入《禅苑清规》之中，成为重要的组成部分。从唐代《百丈清规》到宋元时的《禅苑清规》，清规戒律一脉相承，茶会茶礼视同法事，其仪式氛围的庄严性、程式仪轨的繁复性，都达到了无以复加的地步，具备了佛门茶礼仪式的至尊品格和茶艺习俗的经典样式。

根据《禅苑清规》及流传日本的《茶道经》等记载，径山茶宴作为临济宗为主的江南禅宗寺院盛行的清规和茶礼，在禅院里是按照普请法事、法会的形式来举办的，是每个禅僧日常修持的必修课和基本功。在临济宗派系法脉的传承过程中，径山茶宴的法事形式、程式仪轨以及茶堂威仪、茶艺技法，都通过僧堂生活口耳相传、代相传习下来，而且茶宴和茶道具被当作传法凭信，传承、传播开来。

（本文系余杭区茶文化研究会 2016 年 10 月"径山历史文化研讨会"主旨演讲论文，以《"茶宴"源流考（一）》《"茶宴"源流考（二）》，分别刊《茶博览》2016 年第八期、第九期，收录于陈宏主编《径山历史文化论文集2》，杭州出版社，2016 年 12 月。）

---

① 《径山志》卷七《游记》。
② 楼钥：《径山兴圣万寿禅寺记》，家之巽：《径山兴圣万寿禅寺重建碑》，《径山志》卷七《碑记》。

论"径山茶宴"及其传承与流变

　　广受关注的"径山茶宴",从学术命题的角度看,是一个真实的伪命题。虽然在宋元时期的江南禅院里确实流行着类似的茶会茶礼,当时禅院法事法会、内部管理、檀越应接和禅僧坐禅、供佛、起居,无不参用茶事茶礼,但是在历史文献中却从来没有出现过"径山茶宴"这四个字。自从改革开放后日本临济宗来径山参拜祖庭,表演茶道,才出现"径山茶宴"是日本茶道之源的说法,这个说法经过专家学者的引用和僧俗相传,才约定俗成变为一个学术命题。庄晚芳先生等的《径山茶宴与日本茶道》(刊《农史研究》1983 年第 10 期)一文,可谓是最早引用或给出这个命题的学术文章。其后,在讨论到这个问题时,一些学者沿用了这个概念,如张清宏的《径山茶宴》(《中国茶叶》2002 年 第 05 期),到张家成承担浙江省文化厅委托项目《"径山茶宴"与日本茶道》,作为"径山茶宴暨中国禅院茶礼的研究与保护"之中期成果,就正式进入文化主管部门的研究视野,并被先后列为余杭、浙江"非遗"项目。2009 年笔者在承担国家级"非遗"项目申遗文本起草过程中,梳理了有关文献记载和研究成果,到径山寺及周围村镇实地调研,采访了早年出家径山寺、后来从灵隐寺还俗的僧正闻(84 岁)、径山镇文史学者俞清源(时年 81 岁)等,他们都只是听说过"径山茶宴",但未曾看见或参与过寺僧举办茶会活动。与此同时,在涉及相关研究领域时,许多学者还是谨慎对待这个命题的,如韩希贤的《日本茶道与径山寺》(《农业考古》1996 年 02 期),丁以寿的《日本茶道草创与中日禅宗流派关系》(《农业考古》1997 年 02 期),孙机的《中国茶文化与日本茶道》(为作者 1994 年 12 月 16 日在香港茶具文物馆的演讲稿),王家斌的《浙江余杭径山——日本"茶道"的故乡》(《中国茶叶加工》1998 年 02 期),余华径的《径山茶及其文化简介》(《中国茶叶》1998 年 04 期),姜艳斐博士毕业论文《宋代中日文化交流的代表人物——无准师范》,法缘《日僧圆尔辩圆的入宋求法及其对日本禅宗的贡献与影响》[刊《法音》2008 年第 2 期(总第 282 期)],郭万平《日僧南浦绍明与径山禅茶文化》(刊《浙江工商大学学报》,2008 年第 02 期)和《赴日宋僧无学祖元的"老婆禅"》(《佛教文化》2008 年第 4 期)等。近年来当地有关部门、专家在"非遗"申报、原形研究和茶艺创编及画家创作过程中,都采用了"径山茶宴"这个名称,并获得上级主管部门和学界、社会的认同。因此,本文也沿用了这个命题。

一、"径山茶宴"的起源、发展及其法事程式

（一）作为我国古代一种独特的茶艺习俗，茶宴兴于中唐，盛于两宋，式微于明清

唐朝中期以后，得陆羽《茶经》推波助澜，烹饮之风大行天下，禅僧、士林、宫廷的茶宴、茶会、茶社开始兴起，"茶道大行"，茶宴应运而生。天宝进士钱起《与赵莒茶宴》诗云："竹下忘言对紫茶，全胜羽客醉流霞。尘心洗尽兴难尽，一树蝉声片影斜"（《钱仲文集》卷十）。侍御史李嘉祐《秋晚招隐寺东峰茶宴送内弟阁伯均归江州》诗有"幸有香茶留稚子，不堪秋风送王孙"之句。诗人鲍君徽《东亭茶宴》也说："坐久此中无限兴，更怜团扇起清风。"户部员外郎吕温《三月三日茶宴序》写道："三月三日上巳，禊饮之日也，诸子议以茶酌而代焉。乃拨花砌，憩庭阴，清风逐人，日色留兴，卧指青霭，坐攀香枝，闲莺近席而未飞，红蕊拂衣而不散，乃命酌香沫，浮素杯，殷凝琥珀之色，不令人醉，微觉清思，虽玉露仙浆，无复加也。"对茶宴作了生动描绘。顾炎武《求古录》收录《唐岱岳观碑题名》，有贞元十四年（798）十二月廿一日，"立春再来致祭，茶宴于兹"之语，则此"茶宴"或为当时人的祭祀仪式。而顾况《茶赋》则写出了帝王宫廷举行茶宴的盛况，《宫乐图》就呈现了唐代宫女茶宴娱乐的华丽场景。

五代时，和凝与朝廷同僚"递日以茶相饮"，轮流做东，同事互请喝茶，并且"味劣者有罚"，时称"汤社"。到宋代，北苑团茶作为皇家贡茶名冠天下，饮茶法从唐时"烹"为主变为"点"为主，"分茶""斗茶"之风盛行朝野市井。随着禅宗临济宗在江南地区的兴盛和佛教的世俗化，禅院在僧人坐禅修持、僧堂仪规和接待檀越、交结信众过程中，无不依普请之法参用茶事，茶宴、茶会、茶礼融入僧堂生活和禅院清规，成为禅僧必修课和基本功，以"径山茶宴"为代表的禅院茶会或茶礼应运而生。随着茶叶产区的扩大和制茶、饮茶方法的革新，宋代茶宴之风更为盛行。孔延之《会稽掇英总集》卷十四有《松花坛茶宴联句》《云门寺小溪茶宴怀院中诸公》，可谓文人茶宴吟诗对联的文艺雅集。而宫廷茶宴亦兴盛一时，宋徽宗精于茶事，常亲自烹茶，赐宴群臣，现存《文会图》相传出自徽宗之手，描绘的就是宫廷茶宴情景。户部尚书蔡京在《太清楼特宴记》《保和殿曲宴记》《延福宫曲宴记》中都记载了徽宗皇室宫廷茶宴的盛况。宋代盛行"斗茶"，又称"茗战"，凡参加斗茶的人都要献出好茶，轮流品尝，以决胜负。范仲淹《斗茶歌》中有"北苑将期献天子，林下群豪先斗美"之句。当时凡名茶产地都有"斗茶"习俗，丰富了茶宴游艺活动。至于名山寺院煎茶敬客由来已久，在宋代江南禅院，举办茶宴，以茶待客，以茶论道，成为寺院风尚，十分盛行。

明清以后，随着饮茶方式的变革，茶宴逐渐式微，但在宫廷、寺院和士林中，茶宴一直代相流传。明高启《大全集》卷十二《圆明佛舍访吕山人》有"茶宴归来晚"句。清朝皇室内廷宴享和款待外国使节也无不参以茶宴，且皆以茶为先，品在酒水之上。乾隆皇帝每年正月五日于重华宫"茶宴廷臣"，"延诸臣入列坐左厢，赐三清茶及果饤，合诗成传笺以进"，乃宫廷雅集（《御制诗三集》），后来"将年例茶宴联句停

止"（《御制文余集》卷二）。

（二）"径山茶宴"是我国古代茶宴礼俗的存续和传承

自唐代径山寺开山祖法钦禅师植茶采以供佛，径山茶宴就初具雏形。据嘉庆《余杭县志》记载，径山"开山祖钦师曾植茶树数株，采以供佛"，这就是径山茶宴的起源。当时禅僧修持主要方法之一是坐禅，要求清心寡欲，离尘绝俗，环境清静。静坐习禅关键在调食、调睡眠、调身、调息、调心，而茶提神醒脑、明目益思等功效，正好满足了禅僧的特殊需要。于是饮茶之风首先在禅僧中流传，进而在茶圣陆羽、高僧皎然等人的大力倡导下在社会上普及开来，"茶道大行，王公朝士无不饮者"。陆羽当年考察江南茶事时，就曾在径山东麓隐居撰著《茶经》，至今留下"陆羽泉"胜迹（在今双溪）。

"径山茶宴"作为普请法事和僧堂仪规，在宋元时期被严格规范下来，并纳入《禅苑清规》，臻于禅门茶礼仪式和茶艺习俗的经典样式，发展到鼎盛时期。到了宋代，品茗斗茶蔚然成风，制茶工艺、饮茶方法推陈出新，茶会茶宴成为社会时尚。特别是在南宋定都临安后，径山寺发展进入鼎盛时期。南宋初，径山寺从原来传承的唐代"牛头禅"改传临济宗杨岐派，在北宋时光耀禅门的高僧圆悟克勤的法裔，到了南宋时大德辈出，其中尤以径山寺大慧宗杲、无准师范最为著名，其法脉弟子遍布江南禅林和东瀛日本。当时的径山寺在朝廷的御封和赏赐下实力大增，规模恢宏，"楼阁三千五峰回"，常住僧众达3 000多，法席兴隆。南宋后期，朝廷评定天下禅院，径山位居"五山十刹"之首。史载"径山名为天下东南第一释寺"，"天下丛林，拱称第一"（楼钥《径山兴圣万寿禅寺记》，元家之撰《径山兴圣万寿禅寺重建碑》，《径山志》卷七《碑记》）被称为"东南第一禅院"。由于径山近在都城，往来便捷，上至皇帝权贵，下至士林黎民，无不上山进香。宋孝宗曾多次召请径山住持入内请益说法，御赐寺田、法具，敕封名号，荣宠备至，恩渥有加，并御驾亲临，书"径山兴圣万寿禅寺"巨碑，至今尚存。随着径山寺的兴盛，径山茶宴的仪式规程作为禅院法事、僧堂仪轨，被严格地以清规戒律的方式规范了下来，纳入到了《禅苑清规》之中，成为重要的组成部分。从唐《百丈清规》到宋元时的《禅苑清规》，清规戒律一脉相承，茶会茶礼视同法事，其仪式氛围的庄严性、程式仪轨的繁复性，都达到了无以复加的地步，具备了佛门茶礼仪式的至尊品格和茶艺习俗的经典样式。

根据《禅苑清规》及日本《茶道经》等记载，径山茶宴作为临济宗为主的江南禅宗寺院流传的清规和茶礼，在禅院里是按照普请法事、法会的形式来举办的，是每个禅僧日常修持的必修课和基本功。在临济宗派系法脉的传承过程中，径山茶宴的法事形式、程式仪轨以及茶堂威仪、茶艺技法，都通过僧堂生活口耳相传、代相传习下来，而且茶宴和茶道具被当作传法凭信，传承、传播开来。

（三）《禅院清规》的茶会名目与禅院茶礼的法事程式

径山茶宴，又称"茶会""茶礼"，在宋时通称"煎点"，反映了饮茶法已经从唐朝的烹煮法为主过渡到了宋代的煎点法为主。禅院茶宴因时、因事、因人、因客而设席开宴，名目繁多，举办地方、人数多少、大小规模各不相同。根据《禅苑清规》记载，基本上分两大类，一是禅院内部寺僧因法事、任职、节庆、应接、会谈等举行的各种茶会。《禅苑清规》卷五、六记载有"堂头煎点""僧堂内煎点""知事头首点茶""入寮腊次煎点""众中特为煎点""众中特为尊长煎点""法眷及入室弟子特为堂头煎点"等名目。在寺院日常管理和生活中，如受戒、挂搭、入室、上堂、念诵、结夏、任职、迎接、看藏经、劝檀信等具体清规戒律中，也无不掺杂有茶事茶礼。当时禅院修持功课、僧堂生活、交接应酬以致禅僧日常起居无不参用茶事、茶礼。在卷一和卷六，还分别记载了"赴茶汤"以及烧香、置食、谢茶等环节应注意的问题和礼节。这类茶会多在禅堂、客堂、寮房举办。二是接待朝臣、权贵、尊宿、上座、名士、檀越等尊贵客人时举行的大堂茶会，这就是通常所说的非上宾不举办的"径山茶宴"。其规模、程式与禅院内部茶会有所不同，宾客系世俗士众，席间有主僧宾俗，也有僧俗同座。

根据《禅苑清规》和茶道典籍记载，"径山茶宴"的基本程式，繁简有别，大堂茶会一般包括张茶榜、击茶鼓、设茶席、礼请主宾、礼佛上香、行礼入座、煎汤点茶、分茶吃茶、参话头、谢茶退堂等环节或程式，是严格按照寺院法事的样式来进行的。在茶会上，宾主之间都遵循丛林规制和法事仪式，严谨有序，庄谐有度，安详和悦，来宾的言谈举止需恪守佛门规矩，不得随便。根据《禅院清规》对每个举止动作都有严格规定，并详细说明注意问题。如叉手礼务需以偏衫覆衣袖，不得露腕，热即叉手在外，寒即叉手在内，以右大指压左衫袖，左第二指压右衫袖。再如士众入座，务须安详，正身端坐，弃鞋不得参差，收足不得令椅子作声，不得背靠椅子。举盏时要当胸执之，不得放手近下，亦不得太高，若上下相看，一样齐等，则为大妙。如此等等，不胜枚举。特别是僧俗之间的礼节如叉手、作揖等问讯（如同打招呼）礼节，详细备至，僧人主从之间在什么情况下行大展、触礼或只需问讯，都有严格规定。从其中"依时""如法""软语""雁行""肃立""矜庄""殷重""躬身"等词汇，即可知其苛严程度。

径山茶宴在代相传习中形成了独具一格的法事样式和风格特征，主要有：一是依时如法。煎点茶汤，各依时节。堂设威仪，并须如法。二是主躬客庄。仔细请客，躬身问讯。闻鼓请赴，礼须矜庄。三是清雅融和。格高品逸，古雅清绝；礼数殷重，不宜慢易。四是禅茶一体。佛门高风，禅院清规；和尚家风，僧俗圆融。在整个过程中，贯穿着大慧宗杲的"看话禅"，师徒、宾主之间用"参话头"的形式问答交谈，机锋禅语，慧光灵现，涤荡心灵。

径山茶宴一般在明月堂主办。明月堂原是大慧宗杲晚年退养之地"妙喜庵"，轩窗明亮，绿树掩映，青山白云，近在眼前，清风明月，诗意盎然。堂内陈设，古朴简约，使人感受宁静、肃穆的气氛，强调内在心灵的体验。吴之鲸《妙喜庵》诗："开士传衣号应真，龙章炳耀出枫宸；只今琪树犹堪忆，无垢轩中问法人。"（《径山志》卷十《名什》）龙大渊《明月堂》也说："明月堂开似广寒，八窗潇洒出云端；碧天泻作琉璃镜，沧海飞来白玉盘；金粟界中香冉冉，水晶帘外影团团；清心肝胆谁能共，独倚天街十二栏。"（《径山志》卷九《偈咏》）至今遗迹尚存。大慧当年曾在明月堂前凿明月池，明时池尚存（《径山志》卷十四《古迹》）。

此外，寺僧参禅打坐以茶供佛，或寺僧之间的内部茶会，往往在"禅堂"或"寮房"依时因事而进行，而非正式的待客茶宴，有时也在"客堂""茶亭"举办。

（四）宋元时期径山寺茶会的例证

由于径山茶宴这样的禅院茶会，纳入禅院清规和僧堂生活之中，习以为常，熟视无睹，在当时并没有引起特别的关注，故而历史记载少之又少。

日本茶圣荣西二度入宋时，曾到京城临安祈雨应验，得赐"千光大法师"，在径山寺举办"大汤茶会"（虎关师錬《元亨释书》卷二《荣西传》，参阅丁以寿：《日本茶道草创与中日禅宗流派关系》，载《农业考古》1997年第2期）。南宋嘉定十六年（日本贞应二年，1223），73岁的径山寺住持浙翁如琰在接待25岁的日僧道元入宋求法、登山参谒时，礼仪周到，特在明月堂设"茶宴"（日本《建撕记》）。这是径山"茶宴"在南宋时举行的史证。

日本大德寺所藏南宋传入的《五百罗汉图》也显示，禅院僧堂生活和法事仪式也有采用茶会形式的（参加日本早稻田大学近藤艺成教授《传入日本大德寺的五百罗汉图铭文与南宋明州士人社会》）。据介绍，这套《五百罗汉图》为设色绢本，每幅画长1.5米，宽0.5米，绘五个罗汉，总计应有一百幅之多，大德寺所藏只是其中少部分。这也许可以说是当时禅院盛行茶会的实证。

自宋以后，径山寺僧在参禅说法、接待上宾时，都参以茶事或举行茶宴。第四十八代住持、元代高僧行端元叟与雪岩钦禅师互斗机锋，在讲到"鸭吞螺蛳眼睛突出"时，雪岩会心一笑，对侍者说："点好茶来！"行端回敬说："也不消得"（黄缙《元叟端禅师塔铭》，《径山志》卷六《塔铭》；《径山志》卷三《列祖》）。第五十三代愚庵智及禅师在上堂演说开示时，"拱茶上堂"。第二十四代十方住持寓庵清禅师在中秋上堂说法时"归堂吃茶"（《径山志》卷三《列祖》）。

吴之鲸《径山纪游》记载，从余杭游径山途中，在"文昌坝寄宿茶亭，禅阁飞瀑"。到寺中，"僧冲宇供笋蕨，煮清茗，情甚洽。月光初灿，仅于密樾中作掩映观耳。"［《径山志》卷七《游记》《径山志》卷十二《静室》记载有"天然茶亭"（地名）］。同书卷十三《名胜》"通径桥"条则云："如玉禅师建，锁大安涧口，古茶亭基址尚在。"这些"茶亭"有的只是接济行人旅客休息的凉亭，常有乐善好施者供应茶水，如杭州丁婆岭，"有丁婆者于岭上建亭施茶，接济行人"（《乾隆杭州府志》）。

二、"径山茶宴"的传承方式和流播范围及后世流变

（一）"径山茶宴"的传承

径山茶宴的传承谱系，是径山寺历代祖师、住持法系。径山寺自从第一代国一大觉法钦禅师（714—792）开山后到第七代广灯惟湛，为师徒传承。其后改十方传承，从第一代祖印常悟以降，到第一百代伯周慧略，历代祖师都可考。其后迄今，已有一百十多代，其中宋元之间，有大名鼎鼎的高僧第七代无畏维琳（1036—1117），第十二代佛智端裕（1085—1150），第十三代大慧宗杲（1089—1163），第十五代真歇清了

（1088—1151），第二十五代密庵咸杰（1118—1186），第二十六代别峰宝印（1109—1190），第三十二代浙翁如琰（1151—1225），第三十四代无准师范（1177—1249），第三十五代痴绝道冲（1168—1250），第三十六代石溪心月（？—1255），第三十七代偃溪广闻（1189—1263），第四十代虚堂智愚（1185—1269），第四十八代元叟行端（1255—1341）（参见《径山志·祖师》，俞清源《径山祖师传略》）。径山茶宴依循着寺院住持法系而传承下来，并通过径山弟子的行化各地传播到临济宗寺院。

（二）"径山茶宴"在周遍地区的传播

径山茶宴随临济宗的兴盛和法系传承而广为流播到江南地区的禅宗寺院。赵州和尚的"吃茶去"，可谓是径山寺传承的临济宗的僧堂传统和参禅法门（《径山志》卷二《列祖》第三十七代住持偃溪广闻语）。宋元时期，临济宗在江南地区大行其道，几乎占据了佛门的大半丛林，时有"儿孙遍天下"之说。其系出多为径山大慧派，史载"宗风大振于临济，至大慧而东南禅门之盛，遂冠绝于一时，故其子孙最为蕃衍"（黄缙《元叟端禅师塔铭》，《径山志》卷六《塔铭》）。南方地区盛产名茶，且多在名山古刹，这为禅与茶结下千古情缘创造了条件。

明清时期，临济宗黄龙派式微，杨岐派一枝独秀，几乎取代了临济宗甚至禅宗，在江南各地继续传承，直到晚清才逐渐式微。从临济宗在宋元明清的传承渊源和分脉看，其分布主要集中在径山寺周遍的浙江杭州、湖州、嘉兴、绍兴、宁波、天台，江苏苏州、扬州、镇江、常州，上海，以及江西洪州、庐山等地，只有少数远播到湖南潭州、云南、四川、北京。径山茶宴随临济宗的兴盛，也广为传播到了江南各地禅院。

（三）明清时期"径山茶宴"的流变

径山茶宴在明清时期逐渐式微，到晚清民国时期衰落，历经千年兴衰变迁，迄今犹存。

明代径山茶宴逐渐式微。宝彻禅师与二三士人谒径山寺途中，与一婆相遇，问答间斗起机锋，夜下榻店，婆为"煎茶一瓶，携盏三只至，谓：'和尚有神通者，即吃茶。'三人相顾间，婆曰：'看老朽自逞神通去也。'于是，拈盏倾茶便行"（《径山志》卷三《法侣》）。张京元《游径山记》载："至山半，舆人少歇，庵僧供茗，泉清茗香，洒然忘疲。"及游寺毕，"僧手苦茗，共啜而返"（《径山志》卷七《游记》）。王洪等《夜坐径山松源楼联句》云："高灯喜雨坐僧楼，共话茶杯意更幽。"王阳明《题化城》诗："茶分龙井水，饭带石田砂。"陆光祖《题径山松源楼》有"供茶童子清于鹤，笑问何来世外踪"。洪都《同苏更生宿径山煮茶》："活火初红手自烧，一铛寒水沸松涛"（以上均见《径山志》卷十《名什》）。第五十五代宗泐在《长偈送印无相还径山》诗中有"殷勤意不在香茶"之句（《径山志》卷九《偈咏》）。梵琦楚石《送径山空维那》诗描述茶会情景时，有"大家坐听炉边水"之句，又其《送径山一藏主》云："夜半扶桑吐红日，拈起凌霄峰顶茶。"释法乘《径山招等慈师》："半间茅屋暂容身，瓦灶茶炉事事真"（均见《径山志》卷九《偈咏》）。足见径山茶宴仍在寺僧流传。

明中期后，径山茶事鲜见史载，而在径山周遍的杭州寺院，则茶宴仍在流传。如

"理安寺衲子，每月一会茗"（《理安寺志》）。在著名的大慈山虎跑寺，明清时期文人游记、诗歌中类似记载代不乏例，如余鋐《游虎跑寺次东坡先生韵》"倾将雪乳醍醐嫩，裹得春芽带胯方"；江国鼎《游虎跑寺次东坡先生韵》"呼童涤盏煮茶尝"；江汤望《游虎跑寺次东坡先生韵》"蟹眼烹来臻上品，龙团碾就产殊方。自知不减卢仝兴，涤取樽罍慢慢尝。"孙仁俊《游虎跑寺次东坡先生韵》"闲与定僧留一坐，龙团点雪试新尝。"陈灿《同翁町游虎跑寺》"山僧作茗供，数瓯涤灵府"；吴升《虎跑寺用东坡先生韵》"战茗清游"，"输与山增好滋味，一瓯玉乳更新尝"。徐同善《游大慈山虎跑寺》"团茶试茗水，罂瓢浮异香"（以上均见《虎跑定慧寺志》卷一）。

晚清民国时期，随着径山寺的中落，径山茶宴在其发祥地也几乎失传了，但在周边寺僧和村落一直相沿不绝，只不过日益简单化、世俗化、生活化而已。在日本东福寺、大德寺、妙心寺、建仁寺等径山派临济宗寺院，迄今仍在每年一度（或数次）举行茶宴法会，纪念祖师，弘传佛法，堪称是径山茶宴的活化石。

（四）"径山茶宴"的式微与近现代茶话会的兴起

随着佛教世俗化的深入和居士佛教的兴起，径山茶宴也开始走出禅院山门，在士林信众中流播开来。到近世，在上海率先出现商务洽谈茶话会，继而推陈出新，与文人雅集茶会等形式相互融合，演变为现代十分流行的各类生动活泼、喜闻乐见的"茶话会"。

茶话会，顾名思义是饮茶谈话之会。追根溯源，茶话会是在古代的茶宴、茶会的基础上逐渐演变而来的。相传三国时吴末代皇帝孙皓，每宴群臣，必尽兴大醉。大臣韦曜酒量甚小，孙皓便密赐"以茶代酒"之法。中唐以后，逐渐产生集体饮茶的茶宴，且普遍起来。士林茶宴与禅院茶宴几乎同时起源，并行发展，多以名茶待客，宾主在茶宴上一边细啜慢品，一边赋诗作对，谈天说地，议论风生。唐宋时的"泛花邀客坐，代饮引清言"和"寒夜客来茶当酒，竹炉汤沸火初红"的诗句，便是对士林茶会的生动描述。

在近世，禅院茶宴逐渐式微，而士林茶会又推陈出新，出现了商界（商人或商务）茶会。这是旧时商人在茶楼进行交易的一种集会，流行于长江流域，尤以上海最盛。届时，各业各帮的商人以约定的茶楼作为集会地点，边饮茶边交流行市，进行买卖，类似现在的商务洽谈会。

到 20 世纪后半期，士林茶会、商人茶会演变为"茶话会"，普及到各行各业，成为我国乃至世界性的社会习俗，广泛盛行，各种形式的茶话会让人耳目一新。在我国，小的如结婚典礼、迎宾送友、同学朋友聚会、学术讨论、文艺座谈，大的如商议国家大事、庆典活动、招待外国使节，一般都采用茶话会的形式，特别是欢庆新春佳节，采用茶话会形式的越来越多。各种类型的茶话会，既简单隆重节俭，又轻松愉快高雅，是一种雅俗共赏、喜闻乐见的聚会形式。

茶话会的形式，因内容、人员的不同又有所区别。如与会人员仅几人，用一张圆桌；几十人乃至几百人，每桌 10 人左右，或用方桌拼成长方形或其他形式；几百人、上千人的大型茶话会，多用圆桌，团团围坐。关于茶话会的饮品，香茶是必备之物，有条件的还可以增加鲜果、糕点及各色糖果。茶话会的布置，可以根据会的内容和季节的不同，在席间或室内布置一些鲜花，如在夏季以叶子嫩绿、花朵洁白的茉莉为宜，使人有清幽雅洁之感，如在冬季，则以破绽吐香的腊梅和生意盎然的水仙为宜，使人感受到春天的气息。如果是婚礼茶话会，则以红艳的鲜花为好，以示新婚夫妇的幸福和美满。在较大的茶话会上，如配以轻音乐或小型的文艺节目，可以增添欢乐气氛。

在古代的茶宴、茶会的基础上逐渐演变而来的茶话会，既不像古代茶宴、茶会那样隆重和讲究，也不像日本"茶道"要有一套严格的礼仪和规则，如今的茶话会，是在品尝一杯香茶下的一种饶有兴趣的集会，参加茶话会不但在身心上得到满足和慰藉，而且还能增进友谊，增长知识，人们都乐于参加茶话会。

三、从移植到演变："径山茶宴"与日本茶道的历史渊源

"径山茶宴"随宋元中日禅僧交往而与《禅苑清规》一起被完整移植到日本禅院，对日本文化影响深远。宋元时期的中日禅僧往来求法播道，是在中日文化交流史上继隋唐"遣唐使"之后掀起的第二个高潮。在这当中，径山寺不仅是前沿重镇，而且是学术制高点，扮演了十分重要的角色。以无准师范为核心代表的径山寺高僧大德，不仅在中日佛教（主要是禅宗临济宗）交流中发挥了中流砥柱的作用，而且对整个宋日关系和文化交流也作出了无与伦比的贡献。在南宋和元初，径山茶宴随着中日两国禅僧的密切交往和弘法传道，与禅院清规一起被移植到日本，在此基础上逐渐演变、发展成为"日本茶道"。

在宋元时期，禅宗除了曹洞宗经道元等先后东传日本外，临济宗在东传日本过程中开宗立派，瓜瓞绵延，在镰仓、室町幕府时期出现的禅宗24流派中有20派系出临济，到近世形成的禅宗14派中，除了师承黄龙派虚庵怀敞的千光荣西开创的"千光派"外，其他13派都出自径山临济禅系杨岐派。径山临济禅传灯东瀛，在日本幕府统治时期，禅宗大兴，以致深刻影响了近世日本民族文化的形成和风格特征，在武士道精神、国民性格、哲学、美学、文学、书画、建筑、园林、陶艺、饮食、茶道等众多领域，无不留下了宋元径山禅僧的历史记忆和文化印记。径山寺是日本禅宗的发祥地，是日本流派纷呈的禅宗法系的本山祖庭，对日本禅宗发展的影响无与伦比，至深至远。

（一）日本茶圣千光荣西与《吃茶养生记》及《兴禅护国论》

荣西在天台山参与了寺院种茶、采茶和饮茶，对茶的功效有了亲身体验，归国时带去了茶叶、茶籽以及植茶、制茶技术和饮茶礼法。他在从登陆地平户至京都沿途寺院和住持的禅寺如富春院、脊振山、圣福寺等地试种茶树，还把5粒茶籽赠予拇尾高山寺的明惠上人，经明惠精心栽培，成为日本名茶。荣西在承元五年（1211）用汉文著作《吃茶养生记》二卷，介绍种茶、饮茶方法和茶的效用，称赞茶是"养生之仙药，人伦延龄之妙术"。荣西在日本被誉为"茶圣"，在建仁寺立有纪念碑。

日本茶道礼法同样源自禅院"清规"。荣西在《兴禅护国论》第八门"禅宗支目

门"中，根据宋《禅苑清规》，分寺院、受戒、护戒、学问、行仪、威仪、衣服、徒众、利养、夏冬安居等目，介绍宋朝禅院制度、修行仪轨。

（二）日本曹洞宗开山祖希玄道元与《永平清规》

道元入宋回国后，在日本兴圣寺、永平寺按照唐宋禅寺清规如《百丈清规》《禅苑清规》等，参照戒律，任命僧职管理寺院，制定约束寺僧修行和生活的仪规，如规范寺僧伙食管理的《典座教训》，规定坐禅程序仪规的《辨道法》，规范寺中僧职监寺（监院）、维那、典座、直岁等"知事"僧职责的《知事清规》，规范僧众进餐行仪的《赴粥饭法》，规范年青比丘对年长僧人或地位较高者礼仪的《对大己法》，规范寺中日常生活秩序的《众寮清规》等，后来都被收录在《永平清规》中，第一次把宋地禅寺清规完整地运用于日本禅寺。在《永平清规》中，根据径山茶宴礼法，对吃茶、行茶、大座茶汤等茶礼作了详细规定，对其后日本茶道礼法产生了深远的影响（日本《延宝传灯录》卷一《道元传》，《本朝高僧录》卷十九《道元传》）。

（三）圆尔辨圆与《东福寺清规》及"碾茶"

据归国带去的《禅苑清规》为东福寺、承天寺、崇福寺、万寿寺等制定了八条戒律规范，即著名的《东福寺清规》，规定要由自己门派中代代挑选器量大成者住持，"以圆尔、佛鉴禅师之丛林规式，一期遵行，永不可有退转"，告诫门下要继承护持无准禅风，严禁违背其规章戒式。根据《圣一国师语录·住东福禅寺语录》记载：上堂说法有：元旦、浴佛（四月初八）、结夏（四月十五）、解夏（七月十五）、开炉（十月初一）、冬至、腊八以及约每5日一次的经常性上堂，这些上堂说法仪式，全部移植自南宋禅院。此外还有拈香、小参（不定期在方丈或法堂集众说法）等形式，把径山寺的"看话禅"和清规，移植到了日本寺院。圆尔把径山茶宴仪式订入《东福寺清规》，称为"茶礼"，规定是全寺僧侣必须遵循的僧堂守则和生活规范（日本《茶之文化史》第79-80页）。他还把从径山带回的茶种子播种在其家乡今静冈县安倍川，仿照径山茶碾制方法，生产出"碾茶"，即后世著名的"宇治末茶"（《元亨释书》卷七《圆尔传》）。

（四）南浦绍明与"茶台子""茶道具"及《茶道经》

南浦绍明在宋前后9年，一边参禅，一边学习径山等寺院的茶礼。回国前，作为师尊虚堂智愚赠予的传法信物，他得到一套台子式末茶道具。绍明将茶道具连同7部中国茶典带回了日本，一边传禅，一边传播禅院茶礼。日本《类聚名物考》记载："南浦绍明到余杭径山寺，师虚堂智愚，传其法而归。"又说："茶道之起，在正中筑前崇福寺开山南浦绍明由宋传入。"日本《续视听草》和《本朝高僧传》记载，南浦绍明由宋归国，把"茶台子""茶道具"带回崇福寺。日本学者西部文净在《禅与茶》中考证，在绍明带回的7部茶典中，有一部刘元甫作的《茶堂清规》，其中的《茶道轨章》《四谛义章》两部分被后世抄录为《茶道经》，说明宋时禅院清规中有专门的《茶堂清规》，内有茶宴、茶会的"茶道"规章和"四谛"。从《茶道经》可知，刘元甫乃杨岐派二祖白云守端的弟子，与湖北黄梅五祖山法演（杨岐三祖）为同门。他以成都大慈寺的茶礼为基础，在五祖山开设茶禅道场，名为松涛庵，并确立了"和敬清寂"的茶道宗旨。这就意味着日本茶道从内容到形式，甚至连名称和精神，都直接来源于宋时的禅院清规及茶堂清规。同时也说明，由南浦绍明带回的茶典对日本茶道思想产生了直接而巨大的影响，径山寺茶宴礼仪是后世日本茶道的直接源头。他晚年移居京都，又在京都传播茶礼。其茶礼被弟子、大德寺开山宗峰妙超所继承，从中国带回的茶道具也从崇福寺转到大德寺。大德寺的茶礼传至一休宗纯、村田珠光，基本形成了日本茶道。

（五）清拙正澄与《大鉴清规》及"武家礼法"

元初赴日的清拙正澄在日本诸禅寺按宋元禅院清规，管理僧众的修行生活，"丛林礼乐于斯为盛"。他参考《禅苑清规》《丛林校定清规总要》《禅林备用清规》等，根据日本禅林情况，编出简要的《大鉴清规》。小笠原贞宗在正澄及禅院清规的影响下，创立了"武家礼法"，广行后世，成为日本茶道礼法的一部分。禅院清规中的茶堂规章和武家礼法，是日本茶道形成的两大源头。

（六）隐元隆琦与"煎茶道"及"普茶料理"

明末清初前往日本的径山寺第九十代住持费隐通容的弟子隐元隆琦在京都黄檗山万福寺开创黄檗宗，传播理学和煎茶道以及普茶料理（素食点心）等（小林代鹤《煎茶道与黄檗东本流》，《茶之文化史》第 124 页），堪称径山派临济禅和茶宴礼法东流日本的继续和余绪。

（七）村田珠光与"日本茶道"的形成

根据从宋移植的禅院清规和茶宴礼法，融会整合当时日本各种茶道草创流派、开创后世日本茶道的是村田珠光（1423—1502）。他 30 岁时到京都大德寺师事一休宗纯（1394—1481），学习临济宗杨岐派禅法。文明六年（1474），一休奉敕任大德寺住持，复兴大德寺。村田珠光从一休那里得到杨岐派祖师圆悟克勤的墨迹"禅茶一味"，现在成为日本茶道界的宝物。珠光在大德寺接触到了由南浦绍明从宋朝传来的茶礼和茶道具，并将悟禅导入饮茶，从而创立了日本茶道的最初形式"草庵茶"，并做了室町时代第八代将军足利义政的茶道教师，改革和综合当时流行的书院茶会、云脚茶会、淋汗茶会、斗茶会等，结合禅宗的寺院茶礼，创立了"日本茶道"。清黄遵宪在《日本国志·物产志》中说：日本"点茶"即"同宋人之法"，"碾茶为末，注之以汤，以筅击拂"。径山茶宴是日本茶道的直接源头。

概而言之，径山茶宴在南宋（1127—1279）时诞生于都城临安（今杭州）余杭县径山万寿禅寺，其后流播于江浙一带为主的江南禅院；南宋后期到元（1279—1368）前期被完整移植到镰仓幕府（1185—1333）、室町幕府（1333—1568）时代的日本博多、镰仓、京都、奈良等名城古都禅宗寺院，到江户幕府时代（1603—1867）发展成为广为流传的"日本茶道"。

四、以茶论道、禅茶一味："径山茶宴"的人文特质和核心价值

（一）"径山茶宴"的人文特质

1. 历史悠久　径山茶事（史）因法钦开山而肇始。自唐代开山祖法钦禅师植茶

采制以坐禅供佛、陆羽在径山东麓双溪撰著《茶经》,径山茶宴逐渐兴起。到两宋时期,径山茶会因径山寺和临济宗的发展而大盛,并于禅院清规中得到规范,体制完备,礼法庄严,程式规范,臻于鼎盛。尤其在南宋时,随着临济宗杨岐派在江南地区的一支独大和在日本的开宗分派,径山茶宴泽被江南,流韵东瀛,独特的饮茶仪式代相传承,绵延不绝,迄今已有1 200余年。

2. 源远流长 径山茶宴在中国茶文化的历史长河中,继承了汉魏到南朝在巴蜀、江南地区发祥的品茗饮茶传统,发扬了中唐以后大兴天下的僧俗士林烹煎茶会的清雅和悦的茶风,融合了禅院清规、儒家礼法和点茶新技法而自成一体、独具一格,开启了明清散茶冲泡的清饮风尚,并成为日本茶道和近现代茶话会的共同起源。

3. 蕴涵丰富 径山茶宴是佛教禅宗修行戒律、僧堂仪轨、儒家礼法、茶艺技法和器具制造等的完美结合,是禅文化、茶文化、礼文化在物质和精神上的高度统一,涉及禅学、茶道、礼乐、茶艺、书画、工艺、美术、园林、建筑、民俗等传统文化领域,以及茶具、饮食、服饰、家具、匾额、插花等传统技艺。单是茶具,名目、功能、材质、工艺也是花样繁多。

4. 意境清高 径山茶宴的举办依时如法,环境清雅,堂设威仪,庄重典雅,礼数殷重,行仪整肃,举止安详,和颜悦色,古雅清绝,格高品逸,禅茶一体,僧俗圆融,诚可谓是佛门高风、茶会至尊。僧人与会,如做功课,一丝不苟,得修持、参禅理、悟真如。士俗参与,如赴法会,清净凡心,安神宁志,涤烦去浊,身心舒泰。这真是禅茶同味,蕴涵无穷,清雅融和,禅院清风。

在径山茶宴上,尽管同样采用当时流行的制茶工艺(有学者认为是蒸青散茶)和烹点技法,甚至茶道具也是流行的形制、材质和样式,但却与社会上如士林、宫廷、民间的茶会、茶宴、茶事的性质大有不同。禅院茶宴上的茶,并不是用来解渴的饮料或疗疾的药物,也不是文人、官僚乐此不疲的斗茶游戏,而是一种被赋予了礼法和神格的"法食"。参加茶宴,不仅是参加一种庄严的仪式,也是一次修持的体验,更是一次精神的体悟、灵魂的洗礼。与世俗茶会重视茶的品质、茶汤的色香、陶醉于斗茶的情趣不同的是,在禅院茶宴上,茶的味道本身并不重要,品评茶味不是主要目的。

5. 程式规范 径山茶宴是中国茶会、茶礼发展历程中的最高形式,形成了一整套完善严密的礼仪程式。如果把从发茶榜到谢茶的全过程进行分解,其一招一式多达数十个环节。对每个举止动作都有严格规定,并详细说明注意问题。如叉手礼务需以偏衫覆衣袖,不得露腕,热即叉手在外,寒即叉手在内,以右大指压左衫袖,左第二指压右衫袖。再如士众入座,务须安详,正身端坐,弃鞋不得参差,收足不得令椅子作声,不得背靠椅子。举盏时要当胸执之,不得放手近下,亦不得太高,若上下相看,一样齐等,则为大妙。如此等等,不胜枚举。特别是僧俗之间的礼节如叉手、作揖等问讯(如同打招呼)礼节,详细备至,僧人主从之间在什么情况下行大展、触礼或只需问讯,都有严格规定。从其中"依时""如法""软语""雁行""肃立""矜庄""殷重""躬身"等词汇,即可知其苛严程度。

6. 影响深远 径山茶宴作为中国禅门清规和茶会礼仪结合的典范,不仅在我国禅文化史、茶文化史和礼文化史上有着至高地位，而且在茶艺、书画、工艺、美术、园林、建筑以及茶具、饮食、服饰、家具、匾额、插花等方面，都创造了经典范式，对当时和后世产生了广泛而深远的影响。尤其是在传播到日本以后，与日本本土文化相融合，几经演变，发展成为在世界范围内拥有巨大影响力和知名度的日本茶道，堪称是古代中外文化交流结出的硕果，为人类文明发展和社会进步，为人类文化的多元化和生活方式的多样化，做出了杰出的贡献。径山茶宴在其发祥地径山寺因为寺院的衰落而逐渐失传，但随着临济宗杨岐派在江南的流播和发展，也开始走出山门，走向社会，走向世俗大众，在江南地区社会、民间广泛传播开来。到近世，与士林、商界茶会相融合，最后发展演变成为社会上各种茶话会，成为符合时代需要的新型聚会和社交形式。

（二）"径山茶宴"的核心价值

径山茶宴作为禅茶文化的瑰宝，具有多方面的价值。

1. 历史文化价值 径山茶宴具有 1 200 多年的漫长发展历史，几乎与整部中国佛教禅宗发展史和茶文化发展史相一致，而且紧密融合在一起，内涵丰富，底蕴深厚，具有历经岁月持久不绝的历史价值和博大精深的传统文化价值。从径山茶宴的兴衰变迁历史，可以洞察禅茶文化与生俱来、相辅相成的亲缘关系，禅得茶而兴，茶因禅而盛，禅茶一体，相伴而生，你中有我，我中有你，在禅茶一味的境界里，提升了中华民族的精神品格。从佛教发展史看，禅宗的盛行和一枝独秀，标志着外来印度佛教文化的中国化，也标志着佛教与儒教、道教的三教合一的完成和世俗化、社会化的深入发展，体现在径山茶宴上，就是把禅院清规、修持仪轨与儒家礼法（如师道尊严、尊卑贵贱、长幼有序等）、士林茶会技艺等融合在一起，营造出品格清绝、气氛庄谨、礼法繁缛、心境和悦的茶会境界。从茶文化史发展的角度来看，径山茶宴把中唐以后在禅僧士林中出现的茶会，推向了极致，形成了高度程式化的茶会礼仪，在茶的社会功能中别开生面，具有了传法播道的功能，使茶在以茶待客、以茶会友之外，又具有了以茶结缘、以茶播道的功能，从而丰富并大大提升了中国茶文化的内涵和品格。如果从径山茶宴涉及的茶堂、茶具、点茶技艺等物质层面来看，则在相应的园林建筑、工艺美术、匾额书画等专门文化史领域，也都有可圈可点的闪光点。径山茶宴的历史，折射出了整部中国禅茶文化史所蕴含的悠久历史、光辉成就、灿烂文化和民族气质。

2. 艺术鉴赏价值 径山茶宴把严格苛刻的清规戒律、庄严肃穆的修持仪轨，与儒家礼法、茶艺技法高度完美地结合起来，通过茶宴的形式把清规戒律高度程式化，变成可以参与也可以欣赏的礼仪性茶会。在茶宴的举办上，讲究依时如法、堂设威仪、环境清幽，要求做到主躬客庄、遵章守礼、不可简慢，甚至对每个人的言行举止都有严格规定，力求做到外严内和、庄谐有度，追求一种和敬、庄谨、清雅、禅悦的至高境界，具有高古绝伦、清雅无比的艺术风格。更为可贵的是，作为一种禅院面向世俗社会举办的茶事活动，它既可以亲身参与，也可以鉴赏欣赏，同样都能获得清心净心、祥和喜悦的内心体验，仿佛是古代的行为艺术，给人带来难得的身心享受和艺术熏陶。

3. 科学研究价值　径山茶宴作为古老的禅茶礼仪，是中华禅茶文化的瑰宝，承载着丰富多彩的历史文化信息和科学、艺术价值，对研究禅文化、茶文化具有相当高的学术研究价值，对礼仪和行为学、园林建筑和环境科学、茶艺和茶科学、茶具制作和工艺美术、心理学和精神治疗等，都有很高的科学研究价值。它仿佛是历史悠久、蕴涵丰富的禅茶文化与艺术的活化石，正等待人们去破解其中的许多奥妙和未解之谜。

4. 对外交流价值　径山茶宴是日本茶道之源，径山自古就成为中日文化交流的窗口和桥梁。在中日文化交流史上掀起的第二个高潮中，径山临济禅僧是主力军，径山茶宴是两国文化交流的重要内容和主要载体。作为佛教文化和儒家文化相结合而发展起来的禅宗文化，与江南茶文化融合，进而被移植、传播到日本，在那里与日本固有的本土文化相融合，形成兼容汉、和文化特征的风格独具的日本茶道文化，这是中外文化交流结出的文明硕果。在对外交流日益广泛的今天，径山茶宴所具有的对外文化交流这一"天赋"功能，必将发挥更大的作用，为增进中日世代友好做出新的贡献。

5. 旅游文化价值　径山茶宴产生于径山，对地方社会经济和佛教文化发展，产生过巨大影响。对它进行恢复性保护，既是传承弘扬优秀传统文化，保护历史文化遗产的需要，也是古为今用、化腐朽为神奇，使径山茶宴恢复生机，为地方社会经济发展和和谐社会建设发挥作用的需要。作为可以参与也可以观赏的茶事活动，径山茶宴完全有条件通过挖掘、研究，开发为符合现代人旅游度假、休闲养生需要的文化旅游产品，包括专题茶会、精制禅茶、特色茶具及特定旅游线路等，为地方旅游经济发展和知名度的提高，发挥积极有效的作用。

五、"径山茶宴"的历史遗迹和文物遗存

（一）茶桌椅

径山茶宴使用的茶桌是宋式的长方形台子，比几高，比桌矮，没有四足，椅子为高背扶手圈椅，前有搁脚。南浦绍明带去日本的茶台子即是简易的茶具架，在日本茶道的草创时期曾出现过所谓的"台子饰"书院茶会，即指此台子。当年的"茶台子"等后世一直被珍藏在大德寺。径山寺法席首座的椅子，设计独特，有高靠背而不及颈，有圈型扶手而只及肘，前端雕饰云头纹，示意自在，具有人性化和实用相结合的特征，在日本被称为"曲"。在"五山十刹图"中，还有寺院客座皆高背靠椅和堂设法器等描绘和记载。

（二）茶道具

茶道具最著名的就是"天目碗"，是其师虚堂智遇传付他的法具之一，是当作传法印信而赠予他带回日本的。南浦绍明从径山直接带回去且至今珍藏大德寺的茶道具，以及被日本列为国宝的"天目碗"（其实是当时普遍使用的福建建窑黑釉茶盏），都是见证径山茶宴的珍贵文物。

　　除了建窑黑釉盏，径山茶宴也采用其他瓷器，如汤瓶（即注子、执壶）主要是影青瓷或龙泉窑的产品。至于其他的茶具，如盏托、茶碾等，采用漆器、石器、竹木器、金属器的不胜枚举。在台北故宫博物院就珍藏有南宋"朱漆盏托"（日本称"堆朱"）。

　　南宋审安老人的《茶具图赞》成书于南宋咸淳五年（1269），正是径山茶宴鼎盛时期。作者把 12 种茶具拟人化地称为"先生"，分别冠以职官之名，取了姓名字号，逐一图赞。具体名称如下：竹茶笼（焙）为韦鸿胪，砧椎为木待制，茶碾为金法曹，茶磨为石转运，水勺为胡员外，茶罗为罗枢密，茶帚为宗从事，盏托为雕漆秘阁，茶碗为陶宝文，汤瓶为汤提点，茶筅为竺副帅，茶巾为司职方。每个"先生"的字号和图赞都十分贴切、生动，趣味横生，可以想见当时人们对茶事的热衷陶醉和风雅情趣（参见《茶具图赞》）。

　　从流传至今的宋人绘画以及出土的宋墓壁画中，可发现这些不同功用、材质、形制的茶具，都是不可或缺的。而一次完美的茶宴，还需要备置香案、香炉、风炉、水丞、茶盘、茶匙等器具，以及必要的茶药（末）、茶食、香花、甘泉、木炭等若干。

（三）茶品

　　径山茶宴所使用的茶品，在宋元时期以蒸青碾茶为主，间用团茶碾茶，明清时期则散茶逐渐流行，而蒸青碾茶仍在茶宴中使用。

　　据嘉庆《余杭县志》记载，径山"开山祖钦师曾植茶树数株，采以供佛，逾年漫延山谷，其味鲜芳特异"。径山茶又名径山毛峰，属蒸青散茶，栽培于海拔 1 000 多米的径山群峰，生长环境得天独厚，品质极佳，声誉冠群，自古称为佛门佳茗。

　　径山产茶之地有四壁坞及里山坞，"出者多佳"，主峰凌霄峰产者"尤不可多得"，南宋时径山寺僧"采谷雨茗，用小缶贮之以馈人"（《咸淳临安志·物产》，《梦粱录》）。由寺僧自种自采自制的径山茶，既满足禅院僧堂供佛自用需要，又馈赠宾客、出售香客，不仅成为径山茶宴的法食，也是寺院结缘的媒介和收入的来源。水乃茶之母，好茶离不开好水，径山寺内的龙井甘泉清冽甘醇，以之烹点，茶味殊胜。名山名寺，交相辉映，好茶好水，相得益彰，为径山茶宴奠定了天然条件、物质基础和人文环境。

　　北宋叶清臣《述煮茶泉品》评述吴楚出产茶叶时说"茂钱塘者以径山稀"，足证径山茶当时已名声大振。到南宋时，径山茶成为土产礼品。潜说友《咸淳临安志》卷五十八《货之品》记载："近日，径山寺僧采谷雨前者，以小缶贮送。"吴自牧《梦粱录》卷十八《物产》也记载："径山采谷雨前茗，以小缶贮馈之。"根据学者研究，当时径山所产茶为蒸青散茶，但在寺院日常茶事或茶宴中，仍掺杂使用珍贵的研膏团茶，其来源往往是皇室赐予大臣而转赠寺僧的。苏轼在与宝月禅师信札中曾提到"清日夜煎"，并说身在黄州无物为礼，以"建茶一角"遥寄为信（《答宝月禅师》）。蔡襄在《记径山之游》中说："松下石泓，激泉成沸，甘白可爱，即之煮茶。凡茶出北苑，第品之无上者，最难其水，而此宜之。"（《径山志》卷七《游记》）这里山泉适宜烹煮的茶也是团茶。南宋徐敏《赠痴绝禅师》有"两角茶，十袋麦，宝瓶飞钱五十万"之句（《径山志》卷十《名什》），则说明在南宋时尽管散茶流行，但团茶仍在参用。

周密在讲到南宋宫廷茶事时说："仲春上旬，福建漕司进第一纲蜡茶，名'北苑试新'，皆方寸小夸，进御止百夸。护以黄罗软盝，藉以青箬，裹以黄罗夹复，臣封朱印，外用朱漆小匣，镀金锁，又以细竹丝织笈贮之，凡数重。此乃雀舌水芽所造，一夸之直四十万，仅可供数瓯之啜耳。或以一二赐外邸，则以生线分解，转遗好事，以为奇玩。茶之初进御也，翰林司例有品尝之费，皆漕司邸吏略之。间不满欲，则入盐少许，茗花为之散漫，而味亦漓矣。禁中大庆贺，则用大镀金鳌，以五色韵果簇钉龙凤，谓之'绣茶'，不过悦目。亦有专其工者，外人罕知，因附见于此。"（《武林旧事》卷二《进茶》，35－36 页）足见当时团茶仍是宫廷用茶主流。

元代散茶兴起，成书于元皇庆二年（1313）的王桢《农书》记载："茶之用有三，曰茗，曰末茶，曰腊茶。凡茗煎者择嫩芽，先以汤泡去熏气，以汤煎饮之，今南方多效此。"显然，这里所谓的"茗"即散茶，"末茶"即碾茶，"腊茶"当是蜡茶，即团茶。书中对散茶的采制作了完整记录。虞集的《次邓文原游龙井》诗有"烹煎黄金芽，不取谷雨后"的描述，正好印证了这个记载。

到明清时，团茶衰落，散茶开始唱主角。陈调鼎《题径山》："童子放泉敲碎竹，老僧留客煮新茶。"胡朝《游径山》："雀舌散茶香"（见《径山志》卷十《名什》）。洪春"山窗瀹茗"（《虎跑定慧寺志》卷二），释来复"何时共酌玻璃盏，细把灵泉一味尝"（《成化杭州府志》），清李文蔚"新泉瀹茗喜初尝"（《虎跑定慧寺志》卷一），王纬"呼童汲龙泓，瀹茗涤灵府"（《湖山杂咏》），如此等等，不胜枚举。但在寺院和内廷的茶宴茶会中，仍有用团茶煎点的，如邹方锷"风炉拨火烹仙乳"，徐淞"龙团携得炊新火，取次擎杯款款尝"（见《虎跑定慧寺志》卷二）。

（四）书画墨迹和祖师像

入宋日僧绘画的"五山十刹图"，完整形象地记录了径山寺等名山大刹的风貌，后世摹本、流传版本众多。当时径山茶室要以名画装饰，张挂徽宗皇帝、牧溪（南宋高僧法常）、赵干、李孤峰、李迪、崔白等名家之画，还要张贴径山祖师无准师范、虚堂智愚的书法墨迹。当年圆尔辨圆归国时带去的 7 幅无准师范手迹墨宝（即敕赐承天禅寺、大圆觉和上堂、小参、秉弘、普说、说戒 5 幅牌匾）、南宋书法家张即之（1186—1236）书写的 12 幅字额（普门院、方丈、旃檀林、解空室、东西藏、首座、书记、维那、前后、知客、浴司、三应），现今都保存在日本京都东福寺；径山高僧的中日弟子和禅师们带到日本的清规典籍、祖师法语墨迹、祖师顶相图（仅无学祖元就带去 34 幅之多）大多都依然在日本得到传承和保护珍藏。

（五）"禅宗样"禅院建筑

按照南宋禅院样式而建造的"禅宗样"寺院建筑，在日本禅寺随处可见，其中不少模仿径山寺风格。著名的"五山十刹图"中，对径山寺的山门、大殿的开间、梁架、进深等都有精确描绘记录。

径山茶宴还留下不少历代文人雅士、高僧大德的诗文吟唱、名篇佳句。

禅茶同源，禅文化、茶文化相互融会，交相辉映。径山茶宴历史悠久，源远流长，蕴涵丰富，意境清高，程式规范，承载着丰富而珍贵的历史、文化、艺术、民俗、科学、工艺等信息，具有禅文化、茶文化、礼文化以及诗文、书画、工艺、美术、园林、建筑等多方面的价值，研究径山茶宴，对传承传统文化、发展文化旅游、促进对外交流，都有着重要的现实意义和国际影响。

（本文系中国国际茶文化研究会 2012 年在陕西西安举办的第十二届国际学术研讨会论文，获优秀论文三等奖，收录浙江省社会科学院主编、浙江人民出版社出版的大会论文集《茶惠天下》；因余杭径山地方文史工作的需要，修改后以《宋元时期江南禅院茶会及其流变》为题，收录在《径山历史文化研究论文集》，杭州出版社，2015 年。）

密庵咸杰与"径山茶汤会"

一、从"茶禅一味"的思想渊源和践行者说起

在日本茶道界盛传着这样一桩公案：一日，被后世尊为日本茶道开创者的村田珠光用自己喜爱的茶碗点好茶，捧起来正准备喝的一刹那，他的老师一休宗纯突然举起铁如意棒大喝一声，将珠光手里的茶碗打得粉碎。但珠光丝毫不动声色地回答说："柳绿桃红。"对珠光这种深邃高远、坚忍不拔的茶境，一休给予高度赞赏。其后，作为参禅了悟的印可证书，一休将自己珍藏的圆悟克勤禅师的墨迹传给了珠光。珠光将其挂在茶室的壁龛上，终日仰怀禅意，专心点茶，终于悟出"佛法存于茶汤"的道理，即佛法并非什么特殊的形式，它存在于每日的生活之中，对茶人来说，佛法就存在于茶汤之中，别无他求，这就是"茶禅一味"的境界。村田珠光从一休处得到了圆悟的墨宝以后，把它作为茶道的最高宝物，人们走进茶室时，要在墨迹前跪下行礼，表示敬意。由此珠光被尊为日本茶道的开山，茶道与禅宗之间成立了正式的法嗣关系。

这则公案旨在借用中国禅门机锋棒喝一类的公案，喻示村田珠光（1423—1502）获得一休宗纯（1394—1481）的认可，从而确立其茶道开山之地位。村田珠光 30 岁时到京都大德寺师事一休宗纯，学习临济宗杨岐派禅法。文明六年（1474），一休奉敕任大德寺住持，复兴大德寺。村田珠光从一休那里得到杨岐派祖师圆悟克勤的墨迹，成为日本茶道界的宝物。珠光在大德寺接触到了由南浦绍明从宋朝传来的茶礼和茶道具，并将悟禅导入饮茶，从而创立了日本茶道的最初形式"草庵茶"，并做了室町时代第八代将军足利义政的茶道教师，改革和综合当时流行的书院茶会、云脚茶会、淋汗茶会、斗茶会等，结合禅宗的寺院茶礼，创立了"日本茶道"。

中日禅茶界一致公认日本茶道源自中国禅院茶礼，但在其源流、人物、内容和形式等方面，却存在不同的说法，甚至有以讹传讹的版本。如关于禅茶起源，主张唐朝起源论的有赵州和尚说、夹山和尚善会（805—881）说、径山国一禅师法钦说，"茶禅一味"的思想渊源是圆悟克勤（1063—1135）及其《碧岩录》，还是源自禅宗临济宗众多大德高僧和《禅苑清规》，尤其是在制定、实施、推广、传播禅院修持法事活动、僧堂生活与茶事礼仪相结合的实践过程和东传日本中，到底是哪位高僧大德发挥了关键作用，迄无定论。尤其是当茶文化与茶产业、旅游等结合起来产生巨大的经济、社会、文化效益后，许多地方出于地方经济利益和文化名人的品牌效应，都在发

掘本地禅茶历史文化和高僧名人资源，争抢禅茶文化发祥地、起源地、最初地之类的桂冠。圆悟克勤的禅门领袖地位和禅学成就无可置疑，他的《印可状》在日本茶道界的至高地位也值得肯定，他的法系子孙成为南宋和元朝兴盛江南的临济宗各大禅院的骨干中坚力量，也举世公认。但从禅院茶会的实践样式、流播时间和对日茶道的直接后续影响看，显然不是他本人，而是继承他法统的径山弟子大慧宗杲、密庵咸杰、无准师范等南宋临安径山禅寺的禅门宗匠。

进一步说，从《禅苑清规》关于僧堂茶汤会的详尽规定看，宋元时期的江南禅院都在流行以茶参禅的修习方法，许多高僧大德都是精于茶事、主持茶会的茶人。但是从现存的禅门公案、语录等看，却绝少提到茶事。难怪乎有人为了找到"茶禅一味"的出处，证明村田珠光从一休宗纯那里得到的并非是圆悟克勤墨迹"茶禅一味"，查阅了各个版本的《大藏经》、禅宗语录，都没有"禅茶"或"茶禅"的记录，也没有"禅茶一味"或"茶禅一味"这种特别的提法。究其原因，颇为符合人类认知存在的所谓的"灯下黑"现象，因为茶汤会在当时的禅院法事活动和僧堂生活中无所不在，无处不在，习以为常，以致谁都不觉得这有什么要特别提及的，就像赵州和尚一句"吃茶去"，其实不过是当时用来机锋棒喝的"口头禅"而已。同时，造成有所谓的"茶禅一味"的四字真诀墨宝，也是对日本茶道界"茶禅一味"的说法妄信和误见所致，日本茶道界本来就没说有圆悟克勤书写的四字墨宝，他们崇敬备至的只是一幅圆悟克勤写给弟子虎丘绍隆的《印可状》而已。

二、南宋径山寺高僧密庵咸杰其人及其法系弟子

日本茶道源自禅道，而日本禅宗临济宗杨岐派的嗣法弟子，绝大多数都系出圆悟克勤门下的径山弟子，圆悟的另一法嗣大慧宗杲得道后在径山寺大开禅茶宗风，把种茶、制茶、茶会融入禅林生活，创立参话头的"看话禅"，留下诸多语录，但传世文本并无关于茶汤会的明确记录。无准师范在对日佛教交流中堪称一代领袖，对禅风东被、法系传承以及日本五山文学的形成等，都做出了多方面的贡献。但是，在南宋和元代与日本禅茶有关的诸多临安大德高僧中，在语录中提及"径山茶汤会"的，恐怕只有密庵咸杰。虽然从广义和理论上来说，大慧宗杲、无准师范等都可列举为日本茶道的原形"径山茶汤会"（现在学界通称"径山茶宴"）实践推广传播者，但是从文本和实证的角度看，这个人非密庵咸杰莫属。

密庵咸杰（1118—1186），生于北宋徽宗重和元年（1118），为福州福清郑氏子，自幼颖悟过人，早悟世间无常迅速。17 岁时披缁出家，遍参诸方尊宿，得各山高僧大德教益。后往衢州明果寺参访应庵昙华禅师，勤侍四载。应庵为圆悟克勤之嗣虎丘绍隆嫡传弟子，道法高峻。密庵虽时时遭到呵斥，但始终面无愠色，殷勤相随，至诚受教。应庵知其为本色衲子，真正法器，暗下钟爱。有一天，应庵忽然厉声问密庵："如何是正法眼？"也就是说：什么是佛法的真谛？密庵从容不迫地回答："破沙盆!"意思是佛法的真谛就是无用的破沙盆一样的道具。应庵额首称是，私下证契。4 年后，密庵为了省亲告假还乡，应庵以偈送行，偈语曰："大彻投机句，当阳廓顶门。

相从今四载，微诘洞无痕。虽未付钵袋，气宇吞乾坤。却把正法眼，唤作破沙盆。此行将省觐，切忌便踉踉。吾有末后句，待归要汝遵。"以示对密庵的器重与期待之情。密庵后归寺嗣法，以衢州乌巨寺为出世道场。后奉敕迁住祥符、蒋山、华藏等名刹，大振杨岐宗风。淳熙四年（1177），孝宗敕命往余杭径山万寿禅寺住持法席，后又在杭州灵隐寺开堂安众。淳熙十一年（1184），退居明州太白山天童寺，于淳熙十三年六月十二日结跏趺坐，隐然示寂，世寿 69 岁，法腊 52 年。塔全身于寺之中峰。刑部尚书葛郊铭其塔，赞之曰："师应机接物，威仪峻盛。昼则正襟危坐，以表众观，夜则剔炬巡堂，以警众昏。纯白之行，终夜不移，坚固之身，至死一怀。"对密庵的道行予以了很高的赞赏。密庵咸杰作为南宋初期屈指的禅门巨匠，其德行风靡一世，波及四方。有《密庵禅师语录》行世。《密庵禅师塔铭》，《古尊宿语要》卷四，《续传灯录卷》第三十四、三十五，《释氏稽古略卷》，《佛祖历代通载》，《明高僧传》等史籍传其事迹。

密庵门下英才辈出，道法广布东南。其中以灵隐寺的松源崇岳、卧龙寺的破庵祖先、荐福寺的曹源道生三哲最为杰出。密庵的禅门以松源派、破庵派、曹源派三大门流为主力，将杨岐禅推向了顶峰，与大慧系的诸贤并肩齐肘，成为南宋临济宗的主流。密庵咸杰门下三系及再传弟子，都对杭州禅茶文化的形成、发展与传播做出了杰出的贡献。

第一支：密庵咸杰—松源崇岳（1139—1209）—运庵普岩—虚堂智愚（1185—1265）—南浦绍明（日）—宗峰妙超（日）—彻翁义亨（日）—言外宗忠（日）—华叟宗昙（日）——一休宗纯（日本家喻户晓的"聪明的一休哥"）—村田珠光（日本茶道的开山鼻祖）—武野绍鸥（日本茶道之先导者）—利休居士（日本茶道之集大成者）。传去日本后在日本禅宗史上呈现完整的法脉谱系和对日本茶道形成起到关键作用。其间，密庵咸杰大弟子松源崇岳的再传弟子兰溪道隆，还直接去日本传教弘法：密庵咸杰—松源崇岳—无明慧性—兰溪道隆（1213—1278，赴日）。兰溪道隆的日本弟子有约翁德俭和桃溪德悟。

第二支：密庵咸杰—破庵祖先（1136—1211）—无准师范—雪岩祖钦—高峰原妙—中峰明本。其中，无准师范禅师是宋代中日文化交流的代表人物。他的弟子中，无学祖元、兀庵普宁去日本弘法；日僧"圣一国师"圆尔辨圆直接上径山学法六年，嗣其法；嗣其法的日僧还有一翁院豪、悟空敬念、神子荣尊、妙见道祐等，密庵咸杰—破庵祖先—无准师范—1. 无学祖元（1226—1286，赴日）—高峰日显（日僧，佛国禅师）—，2. 兀庵普宁（赴日），3. 圆尔辨圆（日，带《禅院清规》回日本第一人）—无住一圆（日）、东山湛照（日），4. 一翁院豪（日，门下五百人，是传禅于关东的最有力人之一），5. 悟空敬念（日），6. 神子荣尊（日），7. 妙见道祐（日）。密庵咸杰禅师的法孙大休正念、开山静照后来去日弘法。

第三支：密庵咸杰—曹源道生—痴绝道冲—无本觉心（日僧，他在径山 2 年，学会了制酱技术，回国后把制酱技术带到了纪州的兴国寺，于是就有了日本的"金山寺味噌"——"金山"与"径山"在日语中的发音是一样的；且在日本古代，高僧大德被喻为令人景仰之"金山")。

此外尚有蒋山道场寺的一翁庆如,灵隐寺的笑庵了悟,天童寺的晦岩大光、枯禅自镜,隐静寺的万庵致柔,净慈寺的潜庵慧光,承天寺的铁鞭允韵等承其法脉,以及在俗弟子木百庭文、约斋居士张镃等受其道化。

在密庵咸杰的传世语录中,收存了他在各大名山住持时的法语。淳熙十五年冬仲月九日,密庵禅师示寂后三年,他的得法真子灵岩了悟带着老师平生语录一编,来请密庵咸杰的俗家弟子张镃作序,张镃对密庵咸杰道行大为赞颂,在序中说:"老师一见应庵,便明大法,破沙盆语,盛播丛林,此无可序者。七镇名山,道满天下,一时龙象,尽出钳锤,此亦无可序者。入对中宸,阐扬般若,深契上意,益光宗门,此亦无可序者。"但他念自己"叨承衣付,义不容默",故谨为之序云:"《密庵语录》一帙,总八十八板,板二十行,行二十字。若于此荐得,许亲见密庵。如或未然,听取一转语。"

语录主要收编有密庵和尚住衢州西乌巨山干明禅院、衢州大中祥符禅寺、建康府蒋山太平兴国禅寺、常州褒忠显报华藏禅寺、临安府径山兴圣万寿禅寺、临安府景德灵隐禅寺、明州太白名山天童景德禅寺七寺时的语录,也就是张镃序中所谓的"七镇名山"。此外,还收录有密庵和尚的小参、普说、颂赞、偈颂、法语、塔铭等法语、颂偈等。

三、密庵咸杰《语录》中的"径山茶汤会"

在这些语录中,多处提到寺院茶事。在《建康府蒋山太平兴国禅寺语录》里讲到,木庵和尚遗书到来时,密庵咸杰拈香说法云:"大众还识遮尊慈么?虽与我同条生,不与我同条死。稔闻在七闽扬尘兼簸土,凌茂宗风不奈何。今朝喜见清平路,清平路既见,毕竟如何?"并"茶倾三奠,香爇一炉",行以茶祭奠之礼。在《临安府径山兴圣万寿禅寺语录》中,讲到他多次主持法会,上堂说法,其中"府中归上堂"一则说道:"一出一入,一动一静,酒肆茶坊,红尘闹市,猪肉案头,蓦然筑着磕着,如虎戴角,凛凛风生。及乎归来相见,依旧眉毛乌崒崒地,且道是佛法耶世法耶?"

特别值得注意的是,在后录的《偈颂》中,收录有《径山茶汤会首求颂二首》。
其一:

> 径山大施门开,长者悭贪俱破。
> 烹煎凤髓龙团,供养千个万个。
> 若作佛法商量,知我一床领过。

其二:

> 有智大丈夫,发心贵真实。
> 心真万法空,处处无踪迹。
> 所谓大空王,显不思议力。
> 况复念世间,来者正疲极。
> 一茶一汤功德香,普令信者从兹入。

　　这是迄今发现的南宋径山寺有关寺院茶事的唯一明确而直接的文字记载，是当时径山寺内流行僧堂茶事的铁证。从这两首偈颂，可解读出丰富的径山茶汤会信息。首先从题目看，全句可做如下分解：寺里举行的茶会名为"径山茶汤会"，而不是时下流行的所谓"径山茶宴"。这里既没有说是"茶会""茶礼"，而说"茶汤会"，正与《禅苑清规》的僧堂茶事名称相一致。其次，这两首偈颂是密庵咸杰和尚应一次"径山茶汤会"的"会首"请求而作。这就透露出这样的茶汤会是有某种特定组织形式的，这个不知名的"会首"就是这次茶汤会的组织者、主持人，他或许是寺内某位执事僧人，也可能是护法居士。从语录里收录的其他偈颂、颂赞等看，类似情况不是孤立的，而是普遍性的。三是从两首偈颂的内容看，是用佛教常用的类诗偈言形式对茶汤会以茶弘法的功德的肯定与赞颂。第一首说，径山寺大开山门，广施法雨，破除悭贪之心。烹煎了龙团凤饼，来供养千万个众生。如果当作法事来说的话，我就算是打了一床禅座吧。这里所说的"凤髓""龙团"，按字面理解，当指当时的建茶极品"龙团凤饼"，但考虑到唐宋时期南方流行蒸青散茶，径山寺当时产茶也以蒸青散茶可能性为大，以及南宋初年建茶进贡皇室所谓的"北苑试新"，不过区区百来饼，十分难得，因此这里的"凤髓""龙团"也可能是用来比喻茶汤会上所用的茶品之名贵的。而所谓的"烹煎"，实际上并非是唐朝时的"煎茶"，即将茶叶直接放到鼎或釜中烹煮，加入各种调料，做成茶汤来饮用，而是宋时广为流行的煮水点汤，即烹煮的是水，再用水来冲点用茶碾把蒸青散茶或团饼茶磨成粉末状的茶末，后世日本抹茶道便源于此法，延续至今。第二首是阐明真心发愿对学佛问道的重要和作用，用"一茶一汤"来接引信众从此皈依佛门，也是一种功德。从这些内容上推测，这次茶汤会的"会首"，很可能是一位信佛的护法居士，用举办径山茶汤会的方式，来传法播道，接引信众。

　　密庵咸杰语录的记载，给我们现在研究日本茶道的原形、所谓的"径山茶宴"提供了参照。

四、密庵咸杰墨迹《法语·示璋禅人》及"密庵床"

　　不仅如此，他的一件法语墨宝在后世日本茶道诞生过程中，也曾发挥过不亚于圆悟克勤写给虎丘绍隆的《印可状》墨迹的作用。现存唯一的密庵墨迹《法语·示璋禅人》，珍藏于日本京都市大德寺塔头龙光院内，为日本国宝级文物。纹绫绢本，长112厘米，宽27.5厘米，共26行289字，行书体，是密庵62岁时书赠随侍的璋禅人的警示法语。系他在南宋孝宗的淳熙六年（1179）己亥仲秋，于径山万寿寺方丈室"不动轩"所书。其内容是密庵向璋禅人垂示了将来如何修行佛道的奥义所在，其文如下：

> 宗门直截省要，只贵当人具大丈夫志气。二六时中，卓卓得不依倚一物。遇善恶镜界，不起异念，一等平怀。如生铁铸就，纵上刀剑树、入锅汤炉炭，亦只如如不动不变。如兹履践日久岁深，到着手脚不及处，蓦然一觑觑透、一咬咬断。若狮子王翻身哮吼一声，壁立千仞，狐狸屏迹、异类潜

踪。世出世间，得人憎无过，者些子从上老尊宿得者。柄木霸入手，便向逆顺中，做尽鬼怪，终不受别人处分。普化昔在街头便道："明头来，明头打；暗头来，暗头打；四方八面来，连架打"。盘山于猪肉案头又道："长史！精底割一片来"。欲知二尊宿用处，皆是如虫御木，偶尔成文。若望宗门直截省要，更参三生六十劫，也未梦见在。璋禅人来此道聚，见其堂延广众，发心焉。众持钵出轴，欲语于一切人，结般若正因，书以赠之。时淳熙己亥仲秋月住径山密庵咸杰（白文印）书于不动轩。

文中的璋禅人为何许人，今不可查考。从文里面推想应是特来向密庵参学的年轻修行僧人。其时正值仲秋，径山万寿寺内僧众聚会于密庵的方丈不动轩，来求密庵说法开示。于是密庵即兴挥毫写下了这篇法语，开示了佛法微妙的奥义以及禅宗用功的心要。密庵为了勉励璋禅人，将此赠予，并在自己"咸杰"的署名上，郑重其事地盖了印。在文中密庵谆谆教诲璋禅人要抱冲天的志气，有成佛作祖的胆量。于善恶境界中不起分别，立大誓愿出离生死欲海。并引用唐普化禅师及宝积禅师的古则公案来提撕宗要，可谓老婆心切。通篇 26 行，写得酣畅淋漓，神满气足。挥笔于绫绢之上，枯湿浓淡相间，墨彩奕奕，无半点拖泥带水之痕，豪放中显露出安详之气韵，可谓得苏东坡醇厚圆劲之雄姿，也颇具米襄阳俊迈清丽之雅意，沉着痛快，风神高远，宋人雅范，尽见其中。

这件稀世墨宝传到日本后，一直备受珍重。茶圣千利休曾致信给其弟子瓢庵山上宗二，叮嘱他应如何装裱，并在裱好后又复信致谢。现在的这幅墨迹，后来又由茶人远州小堀氏按自己所嗜好的裱法重新装裱过。

此件墨迹本为横幅手卷，因茶家视之如神物一般，欲将之悬挂在茶席中瞻礼膜拜，故特改制成立轴，以便挂于茶室的圣域——床间，但是裱成后的幅度太宽，没有任何一间茶室的床间能够挂之，于是为此大德寺的塔头龙光院，重建了书院里的茶室，量其宽幅特制了床间，此即是享有盛名的"密庵床"，由此龙光院中的茶席同时被称为"密庵席"，可见日本茶人对此墨迹珍视程度了。"密庵床"这个名闻扶桑的茶室空间，成为日本茶道文化史上脍炙人口的美谈。

从视觉的角度上来言，将横幅手卷改裱成矮短的直幅立轴，应是不相称的，但经过茶人的殚精竭虑，特制了床间，又在装裱及用料、配色等方面，匠心独运后，显得十分得体。装裱以日式裱法的一文字直裱，料用紫色印金牡丹花绫，左右风带也用之。中缘部分用白色锦缎，上下天地用茶色纴绢配成。因此墨迹和环境浑然一体，形成了静穆庄严、妙趣横生的空间气氛，实现了茶道所崇尚的和、敬、清、寂的美学追求。密庵此幅墨迹，由于和日本的茶道文化史结下了不解之缘，故在日本文化史上有其不可估量的价值。在众多的禅宗墨迹里也是屈指可数的珍品，不愧为日本的国宝级文物。

密庵咸杰是径山寺"十方住持"后第二十五代住持，住持径山 3 年。在这短短的 3 年里，他秉承圆悟克勤的真传，弘传《碧岩录》，奉行"禅茶一味"，积极在径山推行《禅苑清规》，明确并强化了僧人日常要遵守的礼仪礼制，尤其是寺院僧人与外面来的僧俗两界客人以及寺院内部上下级之间和不同辈分人之间、与佛教有缘的法眷及入室弟子的接人待客时煎茶点汤的一些礼仪，形成了径山特有的茶汤会。他传世至今的《密庵禅师语录》，记录了 832 年前一位得道高僧、民间哲人的所思所想和禅法世界，充满智慧和活力。他留下的《径山茶汤会首求颂》告诉我们，1179 年前径山寺的茶和茶汤会就已经名扬禅门了。从密庵咸杰禅师开始，包括其弟子松源崇岳、破庵祖先、曹源道生，都十分重视寺院待人接物的茶规茶礼，形成了日本茶道的源头——宋元时期以径山寺为核心的江南禅院的茶汤会。他和他的法系弟子都对中日禅茶文化交流，以及日本禅宗发展和茶道形成，做出了杰出贡献。

（本文系 2013 年湖州第八届世界禅茶文化交流大会论文，收录于《第八届世界禅茶文化交流大会学术论文集》。）

圆尔辨圆与径山茶礼移植日本

南宋时期中日交往日渐频繁起来。偏安江南的南宋大力发展海上贸易和交通，日本武士阶级开始掌控政权，第一位执权的武士平清盛（1118—1181）非常支持和奖励日宋贸易，不仅解除了日商不准出国贸易的禁令，还修筑兵库府，开通濑户，宋商船可以直接进入濑户内海停靠兵库港，而不仅限于太宰府一地。于是两国商船的往来日益频繁起来，给两国僧人之间的往来提供了便利。在这一时期中国应邀去日本弘法的有兰溪道隆（1213—1278）、兀庵普宁（1199—1276）、大休正念等 20 多名中国僧人①。更多的是大量日僧入宋，据木宫泰彦先生《日中文化交流史》中的"南宋时代入宋僧一览表"记载，当时入宋的日僧达 109 人②，有的竟来回达两三次。

南宋的江南地区禅宗盛行，余杭径山寺更是禅宗"五山十刹"之首，禅风大盛。理宗绍定五年（1232），由朝廷派遣著名高僧无准师范入住径山寺，倡导临济杨岐派禅法，径山法席之兴盛达到了顶点。对于无准师范及径山寺的盛名，入宋日僧自然有所耳闻，因此慕名前去参访的不乏其人。当时前往径山寺参学的日僧非常之多，如圆尔辨圆、神子荣尊、性才法心、随乘湛慧、妙见道祐、悟空敬念、一翁院豪、觉琳等都曾入居径山，继承了无准师范的法统③。

日本临济宗著名禅僧、京都东福寺开山祖师圆尔辨圆入宋求法，回国后对日本佛教及文化做出了卓越的贡献，在日本佛教发展史上留下了辉煌的一页。圆尔辨圆（1202—1280），字圆尔，姓平氏。建仁二年（1202）生于骏州（今静冈市）。承元元年（1219），18 岁时入天台宗三井园城寺削发为僧，潜心研习天台教学，兼修儒、道教。22 岁时，参访上野长乐寺荣朝（荣西弟子），探究台密及临济黄龙禅法。理宗端平二年（1235），日僧圆尔辨圆、荣尊入宋求法，开启了日本佛教与径山无准师范禅宗临济派的交流。是年四月，圆尔辨圆与荣尊自日本平户出发，经 10 昼夜航行，抵达明州（今宁波）港。圆尔一行抵达后，一路北上参访诸善知识，历巡江南诸多伽蓝，遍访名师望德，到杭州参访灵隐、净慈寺，初从景福院月舟习戒律，继从天竺寺柏庭善月受天台教，领受天台宗相承图。然后上径山万寿寺，投无准师范（1178—1249）门下承习禅法，得密庵所传法衣及宗派图。

圆尔去径山投师无准时，无准"一见器许"。"其在径山，虽居侍位，佛鉴不称侍

---

① 木宫泰彦著，胡锡年译：《日中文化交流史》之《来日宋朝僧人一览表》，第 369 - 370 页。

②③ 木宫泰彦著，胡锡年译：《日中文化交流史》之《南宋时代入宋僧一览表》，第 306 - 334 页。

者，只呼尔老"。从此在无准门下参禅问道、潜心修行，三年受师印可。嘉熙元年（1237），无准特为他写了一篇法语："道无南北，弘之在人。果能弘道，则一切处总是受用处。不动本际而遍历南方，不涉外求而普参知识，如是则非特此国彼国，不隔丝毫。至于及尽无边香水海，那边更那边，犹指诸掌耳。此吾心之常分，非假于它术。如能信得及见得彻，则逾海越漠，陟岭登山，初不恶矣。圆尔上人效善财，游历百域，参寻知识，决明已躬大事，其志不浅。炷香求语，故书此以示之。"这篇法语指出：弘扬禅宗无南北之分，亦无中国日本之分，全在于人的刻苦尽力；求取禅学玄旨，需要寻访名师，得到名师指点，但主要靠自己不懈努力，要深入思考，不能人云亦云；知识无尽，求知不能心猿意马。圆尔得此教诲，对师范倍加尊敬。次年，圆尔请僧中画家牧溪法常画无准师范坐像，请师题赞。无准题曰：大宋国日本国，天无垠地无限。一句定千差，有谁分曲直。惊起南山白额虫，浩浩清风生羽翼。无准希望他早日回国，"提倡祖道"。

淳祐元年（1241）五月一日，在宋习禅 7 载的圆尔拜辞尊师，带着无准传法信物密庵咸杰祖师法衣、宗派图和自赞顶相，自庆元港启碇，扬帆回国，途中遇风暴，漂泊至耽罗，七月才回到日本博多。后闻杭州径山寺失火焚毁，就运木板千块抵杭州，以供修寺之用。宝祐三年（1255），辨圆托海舶送经书到杭州。圆尔归国次年，受临安侨民豪商谢国明皈依和资助，在博多开创承天寺、崇福寺、万寿寺等禅刹，以博多为中心在九州地区弘扬临济禅风，开创临济宗杨岐派的无准禅系，成为日本临济宗杨岐派的始祖，径山也因此成为日本临济宗杨岐派的祖庭。由于圆尔师承正宗，通晓汉文，传播禅法，得天独厚。当时权倾朝野的藤原实经原来信奉道教，自圆尔回国倡临济正宗后，转而崇笃禅宗，并动员全家手抄《法华》等经 4 部共 32 卷，以归镇径山无准师范正续先师圆照塔院（无准师范入寂后宋理宗赐建塔院）。圆尔辨圆还曾三度前往镰仓弘扬佛法，使当时日本执权北条氏和公卿贵族藤原氏等笃信禅宗，有所谓"临济将军，曹洞草民"之说。为弘扬临济正宗禅宗旨，他曾先后向后嵯峨天皇进讲《宗镜录》，为后嵯峨上皇、龟山上皇、后深草三位天皇受戒。宽元元年（1243），受摄政九条道家迎请，圆尔到京都慧日山为东福寺（九条道家仿照径山伽蓝形式、布局创建禅院并取奈良的东大、兴福寺的东福二字命名）开山住持，受执权北条时赖和九条道家皈依，在东福寺圆轮殿宣布禅要，道声日振。东福寺开山后，圆尔及其弟子们以东福寺为中心弘扬禅法，东福寺因此成为日本临济宗的大本营。显密诸宗的学僧闻风而趋，从圆尔求学问道。圆尔还曾驻锡尊胜寺、天王寺，主持建仁寺重建。他还在东福寺内创建施药救济所，道绩斐然。弘安三年（1280）初染微疾，入夏后日重，同年十月十七日遗偈端坐入定。圆尔圆寂后三十三年，花园天皇赐谥"圣一国师"号，为日本佛教史上第一位"国师"。圆尔辨圆继荣西之后，促进了临济宗在日本的确立。其门派在古代日本禅宗二十四派中为"圣一派"，在全国拥有众多寺院。近代日本临济宗十四派中的东福寺派奉圆尔为开山祖。

当时入宋日僧除了学习佛教的禅宗、戒律之外，还兼习文化、文学、艺术等各个方面。入宋日僧对南宋的诗文、书法、绘画、建筑等各个方面都学有所成，他们效法遣唐使，将璀璨的宋文化全面移植回日本。圆尔辨圆全面学习宋文化，回国后不仅传播禅宗，还传播宋学，并将宋朝的茶及茶礼、诗文、书法、绘画、寺院的建筑、碾茶以及面粉、面条的制作等也传入了日本，对日本的佛教及文化做出了巨大的贡献。

圆尔不仅是日本第一位国师，也被誉为"静冈茶の元祖"①。他不仅将禅宗与宋学传回日本，还将南宋盛行的茶及径山茶礼传回本国，对日本的茶业、茶道的发展也有着极大的影响与贡献。圆尔回国时还带回了中国径山茶的种子，将其栽种在自己的故乡静冈县安倍郡足久保村，开静冈种茶之先河。今静冈已成为日本最大的产茶区，年产茶叶 5 万吨，占日本茶叶总产量的 50%，名列全国之首②。这不能不说是圆尔的贡献。

茶和寺院有着不解之缘，寺院的僧人在坐禅时，长久盘足静坐极易疲劳困倦，而茶能去睡、提神醒脑、清心除烦，帮助入定；且佛教禁绝饮酒，故茶便成为寺院中日常理想的饮料，受到寺院僧人的爱好和推崇，几乎无僧不嗜茶。因此很多寺院曾先后开辟茶园，种植和制作茶。径山茶又称"径山龙井"或"天目龙井"。径山茶自宋以来常被用来做皇室贡茶和招待高僧及名流。宋代径山茶名气非常之盛。圆尔在径山 6 年，对径山茶之名应有所闻，而且他还切身体会到中国寺院种茶、僧人皆饮茶的风尚以及茶的效用，深感有必要在日本也推广茶，所以回国时就将径山的茶种带回日本，播种在自己的故乡静冈县。如今静冈县的茶产量占日本的一半以上，人均茶消费量也居日本各地区之首，所以圆尔对日本的茶业有着巨大的贡献。圆尔继荣西之后，又将茶种带回日本，播种于静冈，开静冈种茶之先河，成为"静冈茶の元祖"。静冈县电视台 1983 年为了缅怀最澄、荣西、圆尔等人的功绩，到中国天台山拍摄电视专题片——《茶叶之路》③，可见圆尔还是中日"茶叶之路"的友好使者，为中日两国的茶文化交流也做出了贡献。

入宋僧和赴日宋僧把宋朝风格的禅林规矩、僧堂生活移植到了日本。除了将茶种带回日本，圆尔还将径山的茶礼传回了日本④，之后便逐步演变成盛行于今日的日本茶道。据日本《茶文化史》一书载：茶道源于"茶礼"，茶礼源于大宋国的《禅苑清规》⑤。无准师范作为中国禅林最具代表性的道场径山的大德，其修行生活依照的是当时中国禅林的中心规范《禅院清规》。无准非常重视推行宋地的丛林规范。圆尔辨圆在宋六年，曾深得无准的教导。回国后，无准师范又嘱咐他"今长老既能竖立此宗，当一一依从上佛祖所行"。在无准师范的影响下，圆尔在日本力说师匠佛鉴禅师的规式惯习。仁治二年（1241），圆尔辨圆将《禅院清规》带回日本。弘安三年（1280）六月一日，以此为蓝本，制订了《东福寺清规》。《东福寺条条事》中有"圆

① 曾根俊一主编：《静冈茶の元祖——圣一国师》，静冈县茶业会议所 1979 年版。
② 大石贞男：《静冈县茶产地史》，农山渔村文化协会 2004 年版，第 413 页。
③ 李一、周琦主编：《台州文化概论》之第五节《茶根扎海东》，中国文联出版社 2002 年版，第 297 页。
④ 曾根俊一主编：《静冈茶の元祖——圣一国师》，第 2 页。
⑤ 村上康彦：《茶文化史》，岩波书店 1979 年版，第 79 页。

尔以佛鉴禅师丛林规式，一期遵行之，永不退转矣"①。圆尔还亲自整顿各寺院的禅规，推行宋地的禅院制度。清拙正澄（大鉴禅师）为日本禅林制定的《大鉴清规》，正是原《禅院清规》基础上的完善，成为后世日本禅林的规范，极大地影响了日本禅林。中国禅林被移植到日本，正是由于无准师范及其他僧人的共同努力而逐步形成的。据日本的《径山寺味噌》一文，日本的僧堂生活是从径山传过去的②。兰溪道隆、无学祖元到日本弘教后，僧堂生活大量移植宋法，举行"茶礼"的僧堂中要张挂名家绘画和无准师范等祖师的墨迹，摆设中国花瓶，泡茶用天目茶碗。圆尔辨圆创立的《东福寺清规》中有程序严格的"茶礼"，"茶礼"在布置讲究的僧堂举行，僧侣必须遵守。按照圆尔辨圆"一一依从上佛祖所行"的准则，东福寺的僧堂生活应是当时宋朝风格的翻版。由圆尔辨圆、无学祖元大量移植宋朝的僧堂生活来看，无准时期径山的僧堂生活对日本产生相当的影响是毋庸置疑的。

在《圆尔东福寺规式》中说，圆尔"以佛鉴禅师丛林规式，一期遵行之，永不退转矣"③。圆尔在东福寺推行宋地的禅院制度，并依照《禅苑清规》设立寺院的职事制度、法事活动制度以及教育制度等。如在《慧日山东福禅寺耆旧籍》一条中就可以清晰地看到当时东福寺设立了副寺、维那、典座、直岁、首座、藏主、知客、浴司、侍者等僧职④。从中可以看到当时圆尔以东福寺为主所建立的禅林教育制度。《圣一和尚语录》是指圆尔上堂说法的法语集，书中记载圆尔经常上堂、小参、普说等。而所谓上堂、小参、普说都是禅林的僧众朝参夕聚、住持上堂说法、徒众雁立聆听的问道方式。作为丛林，是以修行为中心，所以丛林就是训练僧众的教育机构。因此听经闻法也就成了丛林的主要功课，每位僧众都必须要参加，这功课就是上堂、小参或普说。禅林的住持或长老于法堂为僧众说法开示，这即是上堂；而所谓小参，指不定时的说法。"参"是集众说法之意，正式的说法称上堂，或谓大参。小参规模较上堂为小，故曰小参。寺院的住持或长老每于日暮时鸣钟，视众之多寡，而就寝堂、法堂等处不居定所地说法。且说法内容很广泛，上至宗门要旨的解说，下到常识之琐事，所以小参是一种简单的宾主问酬方式，故又称为家教、家训。禅林中普集大众说法，即为普说。通常是在寝堂（方丈室）或法堂举行。亦有依于学人、檀越等之请而说法的也称为普说。无论是上堂、小参或者普说都体现了禅林以长老或住持为中心宾主问酬

---

① 今枝爱真《关于清规的传来和流布》，《日本历史》146 期，第 23 页，1960 年 8 月。

② 转引自俞清源《径山史志》，第 6 页，内部资料。

③ 参见东京大学史料编撰所：《大日本古文书》家わけ第二十《东福寺文书之一》之《圆尔东福寺规式》，第 83 页。

④ 东京大学史料编撰所：《大日本古文书》家わけ第二十《东福寺文书之一》之《慧日山东福禅寺耆旧籍》，第 301－330 页。所谓副寺又称为监院，职责是统理寺院大小事务，凡寺院内一切活动均要负责；维那，主要任务是监督纪律，对寺中所发生的纷争予以调解与处理，维持寺院纪刚；典座，主管大众的饮食；直岁，负责寺院的维修工作；首座，是寺院的表率，大众的榜样，负责举正不如法的事，包括提醒寺院住持应做之事；藏主，掌管藏经佛典，相当于现在图书馆的馆长之职；知客，负责寺中接待宾客；浴司，负责浴室厕所的清洁；侍者，主要任务是照顾住持和尚的生活起居，也可替住持捎口信等。以上这些职事，事实上也都是宗赜《禅苑清规》中所设立的僧职，见宗赜《禅苑清规》卷三、卷四及卷五之僧职的设立。《续藏经》第 111 册，第 890－902 页上。

的教育体制。现在的东福寺还保存着当年无准师范赠送给圆尔的五幅牌匾，上面就写着"上堂、小参、秉弘、普说、说戒"①。这些都说明了圆尔将宋地的禅林规矩、制度、僧堂生活等移植到日本。对于这些规矩或制度，特别是《东福寺规式》，因为圆尔制定了"一期遵行之，永不退转矣"的规定，所以从圆尔之后东福寺第二世住持东山湛照（1231—1291）到第十四世住持都有遵循②。除了东福寺，圆尔在曾所住持过的镰仓寿福寺、博多承天寺、万寿寺等寺院也制定了清规。

圆尔将中国的禅林制度传播到了日本，这不仅为禅宗在日本的发展奠定了牢固的基础，同时也使日本禅宗更向宋地禅林寺院的方向发展，并且日趋完善与规范，这无不是圆尔对传播禅宗的又一贡献。在圆尔之后，清拙正澄（1274—1339，大鉴禅师）为日本禅林制定了《大鉴清规》③，此规正是在圆尔所传回来的《禅苑清规》的基础上加以完善，遂成为后世日本禅林的规范，极大地影响了日本禅林。

圆尔以从径山带回国内的《禅苑清规》为蓝本制定的《东福寺清规》，其中就包含了程序严格的茶礼④，圆尔将茶礼列为禅僧日常生活中必须遵守的行仪作法。其后赴日宋僧兰溪道隆、无学祖元等与圆尔互为呼应，在日本禅院中大量移植宋法，使宋代禅风及禅院茶礼在日本寺院广为流布。所谓茶礼，就是将饮茶规范化、制度化，成为一套肃穆庄重的饮茶礼仪。如《禅苑清规》卷一之《赴茶汤》⑤、卷五之《知事头首点茶》⑥、卷六之《谢茶》⑦等，都将饮茶具以制度化、规范化、礼仪化。随着寺院饮茶之风的盛行，加之赵州从谂禅师"吃茶去"的公案之提倡，茶在佛门中更上升为"茶禅一味"的禅境。佛门中对茶就更加重视了，不但是僧众不可缺少的生活内容，而且饮茶甚至还成了各大禅寺的制度之一，并逐渐形成了一套肃穆庄重的饮茶礼仪，如《禅苑清规》卷一之《赴茶汤》中说：

吃茶不得吹茶，不得掉盏，不得呼呻作声。取放盏橐不得敲磕，如先放盏者，盘后安之，以次挨排不得错乱。右手请茶药擎之，候行遍相揖罢方吃。不得张口掷入，亦不得咬令作声。茶罢离位，安详下足，问讯讫，随大众出。特为之人须当略进前一两步问讯主人，以表谢茶之礼。行须威仪庠序，不得急行大步及拖鞋踏地作声。主人若送回，有问讯致恭而退，然后次第赴库下及诸寮茶汤⑧。

这就将饮茶具以制度化、规范化、礼仪化。在这基础之上也就形成了佛门僧侣以茶论道或者寺院以茶代酒宴请宾客的茶宴或茶会。关于茶宴或茶会，早在中国唐朝的

① 东京大学史料编撰所：《大日本古文书》家わけ第二十《东福寺文书之一》之《佛鉴禅师御笔额字》，第89页。
② 吉野孝利主编：《圣一玉涉》，圣一国师生诞800年纪念事业实行委员会2002年版，第114页。
③ 《大鉴清规》现收于《大正新修大藏经》卷八一。又称《大鉴小清规》，是清拙正澄东渡日本（1326）后，为适应日本禅林而作。
④ 吉野孝利主编：《圣一玉涉》，第114页。
⑤ 宗赜：《禅苑清规》卷一《赴茶汤》，《续藏经》第111册，第883页上。
⑥ 宗赜：《禅苑清规》卷五《知事头首点茶》，《续藏经》第111册，第904页下。
⑦ 宗赜：《禅苑清规》卷六《谢茶》，《续藏经》第111册，第907页下。
⑧ 宗赜：《禅苑清规》卷一《赴茶汤》，《续藏经》第111册，第883页上。

时候就非常盛行。到了宋代，茶宴、茶会更成为一种风尚，特别是在佛寺常大兴茶宴。其中最负盛名且在中日佛教文化、茶文化交流史上影响最大的当推径山寺的"径山茶宴"。

圆尔在回国时曾带回一些无准师范的墨迹，后来他在博多开创承天禅寺时，无准方面又寄赠禅院额字等，因此，有不少无准的手迹留存在日本。据《大日本古文书》家わけ第二十《东福寺文书之一》的《佛鉴禅师御笔额字》记载，无准在日本的墨迹有 40 多种①。这些牌匾、额字，在圆尔移锡京都的东福寺时，一起移到了东福寺。

现在东福寺存有额字十四幅（敕赐承天禅寺、大圆觉、普门院、方丈、旃檀林、解空室、东西藏、首座、书记、维那、前后、知客、浴司、三应），牌匾五幅（上堂、小参、秉弘、普说、说戒）。其中，敕赐承天禅寺、大圆觉和五幅牌匾，共七幅是无准的手笔，其余是无准请南宋一流书法家张即之书写的。除了东福寺保存下来的这十九幅之外，还有几幅流传到了民间，而散落到民间各地无准的墨迹，也被作为国宝或重要美术品而得以珍藏。

无准的墨迹深受日本人的喜欢，与圆悟克勤、虚堂智愚乃至日本镰仓至室町时期的名僧大师、国师，梦窗疏石、一休宗纯等的手迹一样均被奉为传世之宝。随着日本茶道的兴起，茶禅一味，无准的墨迹常被装裱起来挂进茶室，视作珍宝，以作鉴赏之用。据石州侯的茶会记，宽文三年（1663）十月至第二年的二月，每月举行几次夜会茶事，每次挂在茶室里的都是无准的墨迹②。昭和十一年（1936）十月，在京都北野举行有名的"怀古大茶汤"时，挂的也是无准的墨迹《汤》③。在山上宗二所编《茶器名物集》中也收录有无准墨迹三幅④。无准的书法风格，清心、超然物外、自由奔放，浸透出一个禅者洒脱的风范，因此受到茶客们的推崇，纷纷收藏。现存无准在京都东福寺的墨迹都被列为国宝，供全世界喜好禅、茶道或书法的人们瞻仰。

（本文原刊陈宏主编《径山文化研究 4》（2018 卷），杭州出版社，2018年 12 月。）

---

① 东京大学史料编撰所：《大日本古文书》家わけ第二十《东福寺文书之一》之《佛鉴禅师御笔额字》，第 88 页。
② 福山岛俊翁编：《大宋径山佛鉴无准禅师》，佛鉴禅师七百年远讳局 1970 年版，第 115 页。
③ 福山岛俊翁编：《大宋径山佛鉴无准禅师》，第 119 页。
④ 福山岛俊翁编：《大宋径山佛鉴无准禅师》，第 111 页。

"径山茶宴"上的茶品、汤药和茶食

作为"径山茶宴"主要"法食"饮品的茶品名称及其形态，以及作为茶宴辅食的汤药、茶食品类和名称，在众多研究"径山茶宴"的论述中，是一个尚待厘清的冷门话题。本文认为，在宋元时期"径山茶宴"上所使用的茶品，以蒸青碾茶为主，间用团茶碾茶，明清时期则散茶逐渐流行，而蒸青碾茶仍在使用。至于汤药和茶食，则取材广泛，花样繁多，名称各异，各具独特的养生保健功能。

一、"径山茶宴"团、散并用的茶品

径山茶自古称为佛门佳茗。径山种茶始于唐朝开山始祖法钦种茶采以供佛。据嘉庆《余杭县志》记载，径山"开山祖钦师曾植茶树数株，采以供佛，逾年漫延山谷，其味鲜芳特异"。北宋叶清臣《述煮茶泉品》评述吴楚出产茶叶时说，"茂钱塘者以径山稀"，足证径山茶当时已名声大振。南宋时，径山产茶之地，有四壁坞及里山坞，"出者多佳"，主峰凌霄峰产者"尤不可多得"（《咸淳临安志》卷五十八《货之品》）。当时径山寺僧常采谷雨茶，加工后用小缶贮藏，作为山门礼品，馈人结缘。如潜说友《咸淳临安志》卷五十八《货之品》记载："近日，径山寺僧采谷雨前者，以小缶贮送。"吴自牧《梦粱录》卷十八《物产》也记载："径山采谷雨前茗，以小缶贮馈之。"由寺僧自种自采自制的径山茶，既满足禅院僧堂供佛自用需要，又馈赠宾客、出售香客，不仅成为径山茶宴的法食，也是寺院结缘的媒介和收入的来源。

有学者研究，当时径山所产茶为蒸青散茶，但在寺院日常茶事或茶宴中，仍掺杂使用珍贵的研膏团茶，其来源往往是皇室赐予高僧或大臣而转赠寺僧的。苏轼在与宝月禅师信札中曾提到"清日夜煎"，并说身在黄州无物为礼，以"建茶一角"遥寄为信（《答宝月禅师》）。蔡襄在《记径山之游》中说："松下石泓，激泉成沸，甘白可爱，即之煮茶。凡茶出北苑，第品之无上者，最难其水，而此宜之。"（《径山志》卷七《游记》）这里山泉适宜烹煮的茶也是团茶。南宋徐敏《赠痴绝禅师》有"两角茶，十袋麦，宝瓶飞钱五十万"（《径山志》卷十《名什》）之句，则说明在南宋时尽管散茶流行，但团茶仍在参用。根据周密《武林旧事》卷二所记述的南宋宫廷茶礼"北苑试新"，足以说明在朝廷或官方茶事活动中仍使用龙凤团茶，径山寺在接待宰执、权贵和州县要员而举办的大堂茶会上，使用研膏团茶的可能性要比民间蒸青散茶的可能性要大，但都是经过研磨的茶粉，用沸水冲点而成。

团茶制作，始于唐朝以前。陆羽《茶经》第七章茶的逸事中，摘录北魏张揖所著

《广雅》，就说"荆巴之间，采茶叶为饼状"。到唐朝，团饼茶制作分采、蒸、捣、拍、焙、穿、藏七个步骤，过程复杂，并使用相应的茶器具。对此，陆羽在《茶经》里分二、三两章分别说明其具体方法。北宋创制的龙凤团茶，把茶叶制作的精细程度推到了极致。据《宣和北苑贡茶录》记载，团茶贡茶极盛时有数十余种，在制茶技术上大有进步。尤其是宋徽宗赵佶，不仅在艺术上有很高的成就，对茶也有深刻研究，著有《大观茶论》，不惜重金征求新品贡茶。据赵汝砺《北苑别录》记载的团茶制法，较唐朝陆羽的制法更为精细，品质更加提高。宋式团茶制法分为采茶、拣芽、蒸茶、榨茶、研茶、造茶、过黄七个步骤。

采茶：采茶工采茶要在天明前开工，至旭日东升后便不适宜再采，因为天明之前未受日照，茶芽肥厚滋润。如果受日照，则茶芽膏腴会被消耗，茶汤亦无鲜明的色泽。因此每于五更天方露白，则击鼓集合工人于茶山上，至辰时鸣鉎收工。采茶宜用指尖折断，若用手掌搓揉，茶芽易于受损。

拣芽：茶工采摘的茶芽品质并不十分整齐划一，故须挑拣。茶芽有小芽、中芽、紫芽、白合、乌带五种，形如小鹰爪者为"小芽"，芽先蒸熟，浸于水盆中，只挑如针细的小蕊。制茶者为"水芽"，水芽是芽中精品，小芽次之，中芽又下，紫芽、白合、乌带多不用。如能精选茶芽，茶之色味必佳，因此拣芽对茶品质之高低有很大的影响。

蒸茶：茶芽多少沾有灰尘，最好先用水洗涤清洁，等蒸笼的水滚沸，将茶芽置于甑中蒸。蒸茶须把握得宜，过热则色黄味淡，不熟则包青且易沉淀，又略带青草味。如何才能把握适当，取决于茶师的制茶经验与技术。

榨茶：蒸熟的茶芽谓之"茶黄"，茶黄得淋水数次令其冷却，先置小榨床上榨去水分，再放大榨床上榨去油膏。榨膏前最好用布包裹起来，再用竹皮捆绑，然后放在榨床下挤压，半夜时取出搓揉，再放回榨床，叫做"翻榨"。如此彻夜反复，到完全干透为止。如此茶味才能久远，滋味浓厚。

研茶：研茶工具，用柯木为杵，以瓦盆为臼。茶经挤榨，已干透没有水分，研茶时每个团茶都得加水研磨。水是一杯一杯加，同时也有一定的数量，品质愈高者加水愈多杯，如胜雪、白茶等加16杯。每杯水都要等水干茶熟才可研磨，研磨愈多，茶质愈细。茶末直接烹点，可连同汤一起饮用。除了小龙凤加水4杯，大龙凤加水2杯外，其他均加12杯水。研茶得选腕力强劲茶工，加12杯水以上的团茶一天只能研一团而已，其制作十分费时费力。

造茶：研好的茶末要以手指戳荡看看，务要全部研得均匀，揉起来觉得光滑，没有粗块，再放入模中定型，模有方的、圆的、花形、大龙、小龙等，种类很多，达40余种，入模后随即平铺于竹席上。

过黄：所谓"过黄"是干燥的意思，其程序是将团茶先用烈火烘焙，再从滚烫的沸水撂过，如此反复3次，最后再用温火烟焙一次，焙好又过汤出色，随即放在密闭的房中，以扇快速扇动，如此茶色才能光润，做完这个步骤，团茶的制作就完成了。

早在唐朝，茶叶种类除了团饼茶外，江南茶区民间就有"散茶"生产。当代茶圣吴觉农《茶经述评》就论及唐代的炒青制茶法，注意到宋代朱翌（1097—1167）《猗觉寮杂记》（约 12 世纪）中"唐造茶与今不同，今采茶者，得芽即蒸熟、焙干，唐则旋摘旋炒"的记载。他参证的资料是刘禹锡《西山兰若试茶歌》中的"自傍芳丛摘鹰嘴""斯须炒成满室香"等诗句。朱翌所谓的"旋摘旋炒"，说明唐代已有炒青制茶法。刘禹锡的这首诗，生动描绘了江南炒青绿茶的采制流程和工艺特点。炒青法简单易行，能较好保持茶叶的色、香、味，虽然在唐时并非制茶技艺的主流，只在南方少数茶区民间流行，但对后世茶叶加工却产生了深远影响。北宋时散茶名"草茶"，产于淮南、荆湖和江南一带，欧阳修《归田录》说："草茶盛于两浙"，两浙以"日注为第一"。

南宋时，在团饼茶作为贡品继续生产的同时，蒸青散茶在民间生产越来越多，一些原来加工制作团饼茶的地方，也改制生产蒸青散茶了。于是自唐朝以来延续了数百年的制茶法由团茶为主逐渐发展到团散并行，茶叶的加工技法发生了重大转变。到了元代，团茶渐次淘汰，散茶则大为发展，散茶的生产开始超越团饼茶。元朝中期王祯《农书》记载，当时的茶叶有"茗茶""末茶"和"蜡茶"三种。"茗茶"即芽茶或叶茶，"末茶"是"先焙芽令燥，入磨细碾"而成的碎末茶，"蜡茶"是蜡面茶的简称，即团茶。三种茶以"蜡茶最贵"，制作亦最"不凡"，"惟充贡茶，民间罕见之"。可见除贡茶仍采用紧压茶以外，大多数地区一般采制和饮用叶茶或末茶。

由此推断，径山寺在宋元时期的茶会上使用的茶品，当是团、散并用；从当时皇家官府仍使用团茶和后世日本茶道使用蒸青散茶看，在接待官府上宾时可能使用团茶为主，在僧堂茶会中可能使用蒸青散茶为主。不管是哪一种茶类，都需研磨过筛成细末茶粉，用沸水冲点。常言道"水乃茶之母"，好茶离不开好水。径山寺内有"龙井"甘泉，清洌甘醇，以之烹点，茶味殊胜。名山名寺，交相辉映，好茶好水，相得益彰，都为径山茶宴奠定了天然条件、物质基础和人文环境。

二、"径山茶宴"上服食的"汤药"

径山寺等禅院在茶会上还提供汤药、药丸，有"一茶一汤功德香"之说，但这类汤药、药丸在茶会上的功用与茶同等重要，不能视为茶食。

禅院清规在记述茶会中，几乎每一处都提到茶和汤，一般先点茶再上汤，但大多数学者都把"茶汤"误以为是点好可品的茶水，很少有人注意到两者之间的不同。在宋代煎点法茶艺中，一般认为"煎汤"煎的是用来点茶的水，这当然没错。其实，在禅院茶会上的"汤"，还指茶后上的一种养生保健药汤。根据台湾学者刘淑芬研究，在唐代世俗文献中，称之为"药"，与茶合称"茶药"；五代时开始称为"汤药"，到了宋代则多称为"汤"，与茶合称"茶汤"。因此，当时的禅院茶会实际上应该如同密庵咸杰偈诗那样称为"茶汤会"，这与当时流行的其他一些称谓如"茶汤榜"之类，可以互为印证，"茶汤会"是茶会、汤会的合称。在世俗茶会中，有"茶来汤去"之说，即客来点茶，客去上汤；在《禅苑清规》中也规定，接待郡州县司要员的茶会礼节，"礼须一茶一汤"，也就是密庵咸杰偈诗所说的"一茶一汤功德香"；由于茶礼与汤礼基本相同，《禅苑清规》许多地方都省略不写，或者往往以小字简略说明，故而常不引人注目。其实，在《禅苑清规》中，对茶与汤有大量并列同等规定，如谢茶时往往自谦说今日招待

"粗茶""粗汤"礼数不周云云；在"堂头煎点"中还说，"如点好茶，即不点汤也"，说明有时点了好茶，还真的可以不再点汤；又说"如坐久索汤，侍者更不烧香也"，就是说如果大众坐得太久、时间太长，主动索要汤药的话，为节省时间，可以省略烧香的环节；至于接待新到、暂到的外寺僧人，也需要一茶一汤，但烧香烧一次就够了。可见，烧香可简省，一茶一汤不能少，先茶后汤不能乱，这是禅院茶会的规矩。在《禅苑清规》的"赴茶汤"注意事项中，还有关于吃药时的特别提示："左手请茶药擎之，候得遍相揖罢方吃。不得张口掷入，亦不得咬令作声。"这说明，茶会上除了汤药外，还有药丸，吃药丸时不得张口抛掷进去，也不得用力咀嚼发出声音。

这种与茶同等重要的汤药，是一些中草药碾磨成粉末，如茶粉一样放在汤盏里，再用沸水冲点而成，其方法类似点茶。日本《小丛林略清规》卷下附有"汤盏图"，其文字说明列举多种汤药原料后说"具研抹为粉"。如果是药丸，那就碾磨成粉末后揉团成丸干燥而成。这实际上都是中医药传统的汤剂、丸剂制作方法。由此也可以肯定，宋式点茶的团饼末茶、唐式烹煮的团茶末茶及添加的调料，其工艺都来自中药的制作技艺。

禅院茶会的汤药，所用的原料五花八门。《小丛林略清规》卷下附"汤盏图"，其文字说明列举多种汤药原料，有胡椒、陈皮、木香、丁子、肉桂。从前面提及的契嵩拒任书记写茶汤榜而被迁单等记载，有"我岂为汝一杯姜杏汤耶？"之问，及北磵居简禅师《梅屏茶汤榜》"鼹鼠饮河，弗信醍醐海阔；黄蜂分酿，放教姜杏杯深"句，元初樵隐悟逸禅师《仰山彦书记之径山》诗"昔年曾饮姜杏杯，香浮雪谷翻轻雷"句，都有"姜杏汤""姜杏杯"，说明散寒止咳的生姜、杏仁汤，是宋元禅院丛林日用汤药之一。其他一些文献提到的汤药原料，还有干荷叶、橘皮（陈皮）、甘草、豆蔻、茴香、木香、桂花、薄荷、紫苏、枣子、胡椒、檀香、白梅等（《太平惠民和济居方》卷十）。南宋时临安府市井街巷，也有各式"奇茶异汤"，不过大多是一年四季时令汤饮。

点茶用盏托，汤药用汤盏，其器形从《小丛林略清规》卷下所附"汤盏图"可知，与点茶盏托形制基本一样，一盏一托，只是"不加木（一作水）匙"而已。国内宋辽墓葬出土的盏托，也有配了汤匙的。

三、"径山茶宴"上的"茶食"

"茶宴"名目多样，形式皆以茶待客，佐以茶食。茶食主要是较清淡的面食与果品。南宋时茶宴有"数千般官样茶食"，深受北方饮食点心的影响。

宋室南渡之时，杭州"累经兵火之后，户口所存，十才二三"。而"西北人以驻跸之地，辐凑骈集，数倍土著"（《建炎以来系年要录》卷173）。原有的江南饮食习俗发生革命性变化，饮食业大为发展。据《都城纪胜·食店》记载："都城食店，多是旧京师人开张，如羊饭店兼卖酒……猪胰胡饼，自中兴以来，只有东京臧三家一份，每夜在太平坊巷口。近来又或有效之者。"南来的烹饪造诣深厚、技术高超的北宋京师东京"庖厨"（《东京梦华录·序》）开办的饮食店铺主导了临安的饮食业。时人有所谓"旧京工伎，固多奇妙。即烹煮磐案，亦复擅名"之说，当时临安"湖上鱼羹宋五嫂、羊肉李七儿、奶房王家、血肚羹宋小巴家，皆当行不数者也"（《枫窗小牍》卷上）。

习惯了北方中原饮食的南宋朝廷，对东京南下的饮食店和大厨们优厚恩赐，常常招徕特制以满足独特的饮食嗜好。高宗禅位于孝宗后退居德寿宫，淳熙五年（1178）二月初一，孝宗到德寿宫问安，赵构派内侍到市井"宣索"东京庖厨制作的菜肴，其中有李婆杂菜羹、贺四酪面、臧三猪胰胡饼、戈家甜食等。如遇传统节日，宫廷也经常"宣押市食"，吃东京风味的点心。据《癸辛杂识别集》载，隆兴年间（1163—1164）的一次观灯节上，皇宫在中瓦搭台观看，夜深后就品尝了南瓦张家圆子和李婆婆鱼羹，并加价给值，"直（值）一贯者，犒之二贯"。侨居苏堤的东京厨娘宋五嫂所烹制鱼羹受到太上皇称赞，至今传为佳话。

北宋东京京师风格、宫廷色彩的饮食风尚，在临安成为时尚。据《梦粱录》卷十六《分茶酒店》载："杭城食店，多是效学京师人，开张亦效御厨体式，贵官家品件。"时人常说，"吴越俗尚华靡"，"杭人素轻夸"，正此所谓也。就连茶坊饮店的装潢风格，都效仿东京。《梦粱录》卷六《茶肆》记载："汴京熟食店，张挂名画，所以勾引观者，留连食客。今杭城茶肆亦如之，插四时花，挂名人画，装点店面。""门设红把子、绯缘帘、贴金红纱栀子灯之类"，在临安"至今成俗"（耐得翁《都城纪胜·酒肆》）。即使是卖零食的走街小贩，也"有标竿十样卖糖，效学京师古本十般糖"，"更有瑜石车子卖糖麋乳糕浇，亦俱曾经宣唤，皆效京师叫声"（《梦粱录》卷十三《夜市》）。《宋史·地理志四》说到当地风俗时，特别指出临安"厚于滋味"，甚至还有流传全国的民谚"不到两浙辜负口"。

代表北方的东京饮食文化与代表南方的临安饮食文化相结合，使南北方饮食在临安珠联璧合。东京饮食以"南食面店""川饭分茶"为主流，而"南渡以来，凡二百余年，则水土既惯，饮食混淆，无南北之分矣"（《梦粱录》卷十六《面食店》）。

这些南宋临安的饮食风尚，无不影响到临安附近的禅院茶宴茶食的样态和品类。日本《禅林小歌》记录的源自中国的唐式茶会茶食品就有："水晶包子（葛粉做）、驴肠羹（似驴肠）、水精红羹、鳖羹（状似）、猪羹（形似猪肝）、甫美羹、寸金羹（因金色寸方得名）、白鱼羹（白色、似白鱼）、骨头羹、都芦羹等羹汤类；乳饼、茶麻饼、馒头、卷饼、温饼等饼类；及馄饨、螺结、柳叶面、相皮面、经带面、打面、素面、韭叶面、冷面等。"还有用高缘果盒盛装的龙眼、荔枝、榛子、苹果、胡桃、榧子、松子、枣杏、栗柿、温州橘、薯等干果，均为素食。至于民间用糯米做的"粽"，米粉、蜂蜜做的"蜜糕"，豆制品豆腐干之类，都是茶食（以上参见刘淑芬的《禅院清规中所见的茶礼与茶汤》）。可见其食材取料南北各地，名目繁多，花样百出，难怪乎有"数千般官样茶食"了。

（本文原题《禅院茶会的茶品、汤药》，刊《茶博览》2016 年第 10 期；
收录于陈宏主编的《径山历史文化论文集2》，杭州出版社，2016 年 12 月。）

南宋"北苑试新"及宫廷茶礼

南宋君臣的好茶之风，一如既往，京城临安的茶风更盛。杨之水在《两宋茶诗与茶事》中说："斗茶的风习，始于宋初，徽宗朝为盛，南渡以后，即已衰歇。"① 如果从士人官宦的斗茶之风见于记载和用于斗茶的黑釉盏生产衰减来看，南宋或许不如北宋炽盛，但从汴京南迁杭州后，政治中心与茶叶生产中心区较之北宋更加贴近，士大夫和僧俗、市井百姓的饮茶风尚有过之而无不及。即便是南宋宫廷，也始终保持着对一年一度新茶尝鲜时对龙团凤饼的热情，在国家大事、外交交聘、宗庙祭祀等重大礼仪中，无不以茶入礼。

一、"北苑试新"及"绣茶"

南宋宫廷依然延续着每年仲春之际从建州贡茶院进奉头茶的惯例，称"北苑试新"。

世居杭州的弁阳老人周密当年曾特意记录下这"外人罕知"的宫廷故事：每年仲春上旬，福建漕运司就进奉蜡茶一纲，名"北苑试新"。

所谓"腊茶"，是指早春头茶，"腊"是取早春之义，因其茶汁泛乳白色，与溶蜡相似，故也称"蜡茶"。有人认为，"所谓腊茶，是以腊纸包装的龙凤团茶"。显然是望文生义所致。欧阳修在《归田录》中说，"腊茶出於剑建"，即指此。沈括《梦溪笔谈·药议》也说，腊茶"有滴乳、白乳之品"，即指其色而言。

"纲"，是指成批运输的货物，如茶纲、盐纲、花石纲、生辰纲之类。这里的"一纲"，意思是开春第一批进奉的茶。这些腊茶都包装成"方寸小銙"，总共"进御"的也只不过一百来銙。其包装尤其考究，"护以黄罗软盝，藉以青箬，裹以黄罗夹，复臣封朱印，外用朱漆小匣，镀金锁，又以细竹丝织笈贮之，凡数重"。这些小銙腊茶，都是"雀舌、水芽所造，一銙之［值］（直）四十万"，只能供"数瓯之啜"。有时要赐外邸诸王贵戚，也不过一二銙而已，要用"生线分解"了转赠，好事者都以为"奇玩"。由于珍罕难得，每当腊茶进御之初，主管茶酒的"翰林司"② 都会按惯例收到

---

① 《武林旧事》卷八《人使到阙》。
② 这里的"翰林司"实际上是"翰林院茶酒司"的简称，而非有人认为的就是"茶酒司"，因为唐宋时期的"翰林院"乃文翰及其他杂艺供奉皇帝的御用机构，沈括曾说："应供奉之人，自学士已下，工伎群官司隶籍其间者，皆称翰林，如今之翰林医官、翰林待诏之类"，"唯翰林茶酒司止称翰林司，盖相承阙文"，意思是说，只有翰林茶酒司，现在只称翰林司，是由于习俗相沿而省称。宋代翰林院属光禄寺，茶酒司掌供应酒茶汤果，而兼掌翰林院执役者的名籍及轮流值宿。见《翰林之称》，沈括《梦溪笔谈·故事一》。

所谓的"品尝之费"①，都是漕运司和外邸的干吏们贿赂的。有的得之太少，间或不能满足品新尝鲜之欲，就在烹点时加入盐少许，以使茗花散漫，聊悦色目，但茶味却滴恶不堪了。

大内禁中遇到有大庆贺朝会之时，还用镀金大瓮来烹点，"以五色韵果簇钉龙凤"，谓之"绣茶"，虽然不过是好看悦目而已，却也有"专其工者"②。

由此可见，即便是南宋朝廷王公贵戚，要品尝到十分稀罕的新茶也是很难得的，以至于漕司外邸为了得到腊茶，公然向主管的茶酒司行贿，而一年一度的头纲腊茶进奉，也成为备受重视的朝廷茶事。每年一度的"北苑试新"和遇到重大的庆贺活动举办的"绣茶"会，可谓是南宋宫廷颇具特色的茶事茶会。

二、南宋朝廷的交娉茶礼

在南宋朝廷的外交活动中，茶扮演着重要角色。龙凤团茶成为国礼御赐来使，茶宴招待成为礼宾接待中的重要礼仪。

南宋朝廷的交娉国，除了北方的辽、金，还有东面的高丽（今朝鲜半岛）、日本，南洋的交趾（今越南北部）、占城（今越南南部）、暹罗（今泰国）等，在当时来说，这些国家和地区都还不是产茶国、产茶地，以珍贵的御用龙凤团茶来招待使臣，御赐国礼，是一种最高规格的外交礼节了。

周密曾记录金朝、高丽使节来临安出使入贡时，南宋朝廷的一整套接待礼宾程序：北来外国使节抵达临安第一日，下榻到设在北廓赤岸（在今半山赤岸桥一带）的接待机构班荆馆，皇帝先派遣陪同官员"伴使"前往接应宣抚慰问，以御宴招待来使，并"赐龙茶一斤，银合三十两"，好像是见面礼，以便供来使饮用和零花之需。次日，则在北廓税亭（或在武林门梅登高桥附近）以茶酒招待后，进入临安府的北门余杭门，来到都亭驿下榻，再次赏赐有加，除了"龙茶、银合如前"外，"又赐被褥银、沙锣等"。第三日，由临安府送去酒食招待，大内值守的"阁门官"前去讲解朝见的仪礼，来使把要朝见南宋皇帝的"榜子"（相当于外交照会、国书）交投礼宾宣抚官。在连续3天的准备和接应后，才开始正式的朝见皇帝活动。第四天，外国来使在宣抚伴使的引领下，入大内紫宸殿参见南宋当朝皇帝。礼毕，前往"客省"即负责外交事务、交娉接待的机构尚书省鸿胪寺茶酒招待，再在垂拱殿正式御赐国宴。酒过五巡后，来使"从官以上"随行始得赐座同宴。当天，"赐茶酒、名果"，副使以下各有厚赏，衣服、幞头、牙笏、金带、金鱼袋、靴、马、鞍辔等衣着行头一应俱全，"共折银五十两"，另有"银沙锣五十两，色绫绢一百五十匹"，其他随行人员"并赐衣带、银帛有差"。次日，又赏赐"罗十匹、绫十匹、绢布各二匹"。接下来就是伴使陪同下参观游览，先到天竺寺烧香，再到冷泉亭呼猿洞游赏，浙江亭观潮，玉津园燕

---

① 有人解释"品赏之费"说："品赏评茶是茶酒司的职能，如今天的评茶大师也。"简直南辕北辙，不知所云。

② 周密：《武林旧事》卷二《进茶》。明田汝成撰《西湖游览志余》卷三、二九对腊茶进贡南宋宫廷所记内容基本一致。

射，集英殿大宴，并且每天都宴饮招待，赏赐有加。到朝见后的第六日，"班朝辞退"，"赐袭衣金带三十两、银沙锣五十两、红锦二色、绫二匹、小绫十色、绢三十匹、杂色绢一百匹，余各有差"。由临安府派员主持赠送仪式，并派"执政"（指参知政事一类的宰相级别的高官要员）在使节下榻的馆驿设宴招待。次日，再次"赐龙凤茶、金银合"后，"乘马出北关"，上船待归。又次日，再次派遣皇帝"近臣赐御筵"。在整个礼宾接待中，除了朝见、赐宴和游乐外，很主要的程序就是赏赐，"自到阙至朝辞，密赐大使银一千四百两，副使八百八十两，衣各三袭，金带各三条；都管上节各银四十两，衣二袭；中下节各银三十两，衣一袭，涂金带副之。"①

难怪乎有人说，古代中国的宗主国地位是用金玉币帛厚赐宗藩国换来的，而龙凤团茶在诸多的外交国礼中，地位最为显要，规格也最高。

三、南宋宫廷茶事多

南宋朝廷除了一年一度的"北苑试新"外，长年的日常茶事活动也很丰富。比如皇帝圣诞寿庆、参谒太庙神御、出幸试院国学、西湖游乐宴饮等，都以茶入礼，进茶赐茶，合乎礼仪，点茶饮茶，助兴游乐。

孝宗淳熙八年（1181）正月，恰逢太上皇赵构圣寿七十有五，皇太子、两殿百官都到德寿宫迎请太上皇，在禁卫的簇拥下来到大内，孝宗亲自到殿门恭迎，挽扶太上皇从御辇上下来，到"损斋进茶"，再到清燕殿"闲看书画玩器"②，以博得赵构欢心。孝宗的生日是十月二十二日，每年这一天都要"会庆圣节"，大摆筵席，前来侍宴的百官、郡王以下，都"各赐金盘盏、匹段，并蔷薇露酒、香茶等"。③ 再如四月初九日是度宗生日，尚书省、枢密院官僚都要提前到明庆寺"开建满散"，当天早晨，平章、宰执、亲王、南班百官齐聚到大内寝殿，恭问起居，舞蹈称贺，再到皇太后寝殿恭问起居毕，回到集英殿赐宴。这皇帝的生日盛宴，由内府各应奉机构筹办，早在举办前一日，"仪鸾司、翰林司、御厨、宴设库应奉司属人员等人，并于殿前直宿"，连夜筹备。如仪鸾司，要预先在殿前"绞缚山棚及陈设帏幕等"，也就是说要搭建彩棚、张挂帷幕，装点门面，还要"排设御座龙床，出香金、狮蛮、火炉子、桌子、衣帏等"，至于第一行平章、宰执、亲王的座位，"系高座锦褥"，第二、第三、第四行侍从、南班、武臣、观察使以上的，"并矮坐紫褥"，而"东西两朵殿庑百官，系紫沿席，就地坐"。翰林茶酒司的任务就是"排办供御茶，床上珠花看果，并供细果"，平章、宰执、亲王、使相，"高坐果桌上第看果"，第二行、第三、第四行侍从等，都是"平面桌子，三员共一桌"，两朵殿廊，卿监以下"并是平面矮桌，亦三员共一桌"。果桌都是大内未开门时就"预行排办"好的。皇帝御座前的"头笼燎炉，供进茶酒器皿等"，在殿上东北角陈设预备，随时候驾御座应奉。御宴用的酒盏都"屈卮"，"如

---

① 《武林旧事》卷八《人使到阙》。
② 《武林旧事》卷七；王奕清《历代词话》引《乾淳起居注》。
③ 《武林旧事》卷七。

菜碗样，有把手"，"殿上纯金，殿下纯银"，"食器皆金稜漆碗碟"。御厨要制备"宴殿食味"以及"御茶床上看食、看菜，匙箸、盐碟、醋樽"，还有宰臣、亲王宴席的看食、看菜，和殿下两朵虎的看盘、环饼、油饼、枣塔，都统一"遵国初之礼"①。如此盛大的皇帝圣诞宫廷宴会，摆在御座前面的最主要的东西是"御茶床"以及上面的御茶、珠花、看果、各色细果等，彰显了茶在宫廷宴饮中的重要性，也反映了南宋晚期朝廷日常生活之奢靡。

南宋朝廷供奉列祖列宗的太庙景灵宫虽然是新建的，但四时祭奠之礼却十分讲究。每当皇帝车驾出行到景灵宫，一般先到天兴殿圣祖神御前行参谒礼，再到中殿祖宗神御前行礼，礼毕后回到斋殿进膳，膳毕，"引宰臣以下赐茶"，茶毕，车驾回宫②。这里的"赐茶"，显然是指赐饮茶，并非有的人说的赏赐高档礼品茶。有时皇帝在国子监开考之时，也会车驾临幸太学，以示对开科取士的重视，这时"礼部太常寺官、国子监三学官及三学前廊、长谕，率诸生迎驾起居"。在大成殿"行酌献之礼"后，百官群臣和教谕学子都要分批齐奏万福，再到讲筵内开讲，然后"传旨宣坐，赐茶"，茶讫，"各就坐"，"翰林司供御茶"，茶讫，"宰臣已下并两廊官赞吃茶"，最后随驾乐队演奏《寿同天》，"导驾还宫"③，这当中"供御茶""赐茶"也是重要环节。即便是皇帝到御花园游乐，茶也是少不了的。乾道三年（1167）三月初十日，孝宗"车驾幸聚景园看花"，次日早膳后，车驾与皇后、太子"至灿锦亭进茶"，再到"静乐堂看牡丹"，"进酒三盏"，太后邀请太皇、孝宗一起到贵妃刘婉容的奉华堂，欣赏演奏，曲罢刘婉容进茶④。游乐间隙，进茶品饮，权当歇息，也平添游趣。孝宗淳熙年间，退养德寿宫的赵构常"御大龙舟"，"游幸湖山"，当龙舟在西湖水面上随意东西，美不胜收，游乐节目也纷纷登场献艺，除了吹弹、舞拍、蹴鞠、弄水，就是分茶⑤。分茶不仅是文人雅士所爱，也是王公贵族所乐。南宋皇宫的日常生活，可谓处处有茶事，事事离不开茶礼。

四、关于"茶酒司"和"茶酒班"

如此频繁的宫廷茶事，都是谁来负责打点的呢？如前所揭，南宋朝廷在宫内设置有专门的机构——翰林院茶酒司，简称翰林司，是四司六局之一。四司指帐设司、厨司、茶酒司、台盘司，六局指果子局、蜜煎局、菜蔬局、油烛局、香药局、排办局⑥，各有分工职掌。茶酒司的职掌是"专掌客过茶汤、斟酒、上食、喝揖而已，民庶家俱用茶酒司掌管筵席，合用金银器具及暖溫，请坐、谘席、开话、斟酒、上食、喝揖、喝坐席，迎送亲姻，吉筵庆寿，邀宾筵会，丧葬斋筵，修设僧道斋供，传语取

---

① 《梦粱录》卷三"皇帝初九日圣节"。
② 《武林旧事》卷一"恭谢"。
③ 《武林旧事》卷八《车驾幸学》。
④ 《武林旧事》卷七。
⑤ 《武林旧事》卷三《西湖游幸》。
⑥ 灌圃耐得翁《都城纪胜·四司六局》。

复，上书请客，送聘礼合，成姻礼仪，先次迎请等事"，"茶酒司"在官府所用名"宾客司"。可以说有关吃喝、宴会的事，无所不包。其他三司六局的分工也十分细致周密，即便是权贵绅商之家，需要排办诸如此类的宴席，都可以一应承办。"欲就名园异馆、寺观亭台，或湖舫会宾，但指挥局分，立可办集，皆能如仪。"当时杭州有俗谚说："烧香点茶，挂画插花，四般闲事，不宜累家。"真是吃喝玩乐，不用举手之劳。"如筵会，不拘大小，或众官筵上喝犒，亦有次第，先茶酒，次厨司，三伎乐，四局分，五本主人从。"① 这样的专业服务机构，既为朝廷官府服务，也对权贵绅商开放，只要出钱，一切可以不劳搞定。

其实，在南宋宫廷内，茶酒司下设置有"茶酒班"，各有 21 人（一说 31 人），平时分"两行各六人执从物居内"，也就是分成茶酒两班，分别准备好需要的器具，在内廷值守，在殿内侍候，一旦需要，随时应奉②。如遇到皇帝出行，茶酒班也随行前往，以满足随时赐茶点茶之需③。

（本文系 2013 年杭州市茶文化研究会举办的宋代茶文化学术研讨会论文，获优秀论文。）

---

① 《梦粱录》卷十九"四司六局筵会假赁"。
② 《武林旧事》"四孟驾出"。
③ 《梦粱录》卷三"宰执亲王南班百官入内上寿赐宴"。

径山禅茶文物史迹考略

——兼论宋元径山寺禅院茶会的僧堂空间及陈设家具和茶道器具

　　禅茶文化是径山文化的核心。如果说径山是一座文化之山，那么禅茶文化就是山顶上的一颗宝珠，熠熠生辉，照耀古今。广义的禅茶文化内容博大精深，径山禅茶文化主要是与径山、径山寺禅、茶、禅茶、茶禅相关的各种文化形态的总和，而径山禅茶文物史迹就是与禅茶历史演变和文化积淀有关的历史文化遗存。从遗存形态上看，主要有遗址、建筑、石刻、碑铭、古道、桥梁、墓塔、茶具、书画、顶相等。本文拟以径山禅茶文化的精髓——"径山茶宴"或宋元径山寺禅院茶会礼仪的相关文物史迹为范围，来简略梳理径山禅茶文化的历史文化遗产。

明代径山寺铁佛

明代径山寺铜钟

　　"径山茶宴"是特定时空背景下的一种禅院茶会礼俗。举办径山茶宴需要多方面因素或条件，一是茶会道具器物，包括茶会每个环节所需的各类茶器具和香具、花具、茶鼓、字画等配套器具和装饰品；二是茶堂空间，一般是禅院的禅堂（僧堂）、法堂（禅院内部重大茶会）或客堂（禅院接待上宾、檀越茶会）、别院（高僧退隐之地）、僧寮（禅僧之间简易茶会）乃至山道茶亭等；三是参与主体，包括僧俗两类即禅僧和护法居士或宾客；四是人文环境，即禅宗寺院、名山胜境及茶园。

历经千余年历史发展，径山茶宴及其所依存的主客观环境都发生巨变，临济宗一门独大的地位在明清以后逐渐为净土宗所取代，径山禅寺逐渐衰落，到清末民国走向破落，昔日禅宗五山首刹、东南第一的荣耀不再，茶会礼俗走向社会后也逐步世俗化，演变为"商务茶会"，进而发展为各种形式的"茶话会"，而禅院内的茶会和茶礼整体上已不复存在，只有零星个别寺院保留着每月"茗会"的传统①。在这样的社会变迁中，径山茶宴几乎退出了历史舞台，让我们难以窥见其全貌。庆幸的是，至今在径山周边和日本有关寺院都保留着许多珍贵文物、遗迹和活态传承样式。这些文物史迹和传承样式既是延续千年的径山禅院茶会茶礼的历史见证，也是今天研究、恢复这一独特禅茶文化礼俗的参考资料。

一、径山寺僧堂及堂设、家具

僧堂　僧堂是径山茶宴举办的场地。径山寺的历史建筑已荡然无存，宋式僧堂的间架结构、空间布局，无从得知。南宋求法日本僧人参礼江南寺院所绘制的《五山十刹图》，保留了部分珍贵信息。

作为南宋禅院建筑实录的《五山十刹图》，其内容十分丰富和广泛，遍及禅林生活诸方面，从伽蓝整体配置到殿堂寮舍形制、家具法器、仪式作法，无不详细记录。尤以建筑部分最为详尽，约占全卷之大半。作为实物实景图录的《五山十刹图》，它完全不同于一些只言片语的零散文献记录，而是全面、整体、深入地认识禅宗寺院全貌的唯一史料，是迄今有关江南禅寺最为翔实和重要的文献。

《五山十刹图》分上、下两卷，共图写内容约 70 项。依其内容性质，可分成五大部分，即伽蓝配置、寺院建筑、家具法器、仪式作法和杂录，具体涉及 10 个寺院，即杭州径山寺、灵隐寺、明州天童寺、阿育王寺等。以具体内容多少而论，则以径山寺为最，其中有山门、法堂、僧堂的开间、梁架、进深等都有精确描绘和记录。

僧堂作为禅寺众僧坐禅修行、参禅辩道的专门道场，是禅寺最重要的建筑之一。在功能上，以一堂兼坐禅、起卧、饮食三大用途。作为僧团修行道场的僧堂，大多规模宏大。尤其是五山丛林，衲子云集，号有千僧，径山寺更是"法席大兴，众将二千"，其僧堂规模之巨大，可想而知。径山在高僧大慧住持时，僧徒骤增，旧有两个僧堂仍不足以容纳，故又另建"千僧阁"以广纳众僧。至端平三年（1236）再建时，又将旧二僧堂统而为一大僧堂。《五山十刹图》所图记的径山大型僧堂，年代仅与之相距十余年，故应是同一僧堂。

僧堂规模以版数而论。所谓"版"是僧堂内长连床数及其位置的排列形式。径山

---

① 鲍志成：《径山茶宴申报国家非物质文化遗产报告（包括申遗专题片）》，2009 年 10 月；《论径山茶宴及其传承与流变》，沈立江主编《茶业与民生——第十二届国际茶文化研讨会论文精编》，浙江人民出版社，2012年；《从"禅院茶礼"到"日本茶道"及"茶话会"》，收录于《余杭茶文化研究文集（2010—2014 年）》；虞荣仁主编、鲍志成编著《杭州茶文化发展史》上册，306 - 308 页，杭州出版社，2013 年。

僧堂为二十版大型僧堂，依径山僧堂戒腊牌所记，"清众共八百五十四员"，可与其僧堂规模宏大相印证。据文献记载，端平三年（1236）建成的径山大僧堂，"楹七而间九，席七十有四，而衲千焉"。根据《五山十刹图》，此大僧堂内堂面阔九间，进深四间，外堂面阔十一间，进深二间。内外堂间又设天井一间。僧堂四面又周以回廊，图中记有实测尺寸，内堂面阔开间二丈六寸，进深开间二丈四尺六寸。

入宋日僧绘画的《五山十刹图》，完整形象地记录了径山寺等名山大刹的风貌，后世摹本、流传版本众多。按照南宋禅院样式而建造的"禅宗样"寺院建筑，在日本禅寺随处可见，其中不少模仿径山寺风格，可谓是径山寺建筑的海外遗存。

径山兴圣万寿禅寺碑（修复前）

径山寺钟楼（焚毁前）

堂设　寺院举行法事仪式时的陈设。《五山十刹图》的"仪式作法"记载有十六项，即佛殿三牌、僧堂戒腊牌、众寮戒腊牌、众寮行瓶盏牌、众寮牌榜、禅林诸行事牌、东司牌榜、特为牌、径山土地神牌、径山楞严会、讽经席位、告香席位、告香牌、僧堂念诵及巡堂、念诵回向文、育王山更点。另外有"杂录"十项，即山门敕额、径山云板、径山团扇、碧山寺磨院、径山僧堂围炉、金山寺山门香炉、灵隐寺山门香炉、何山寺梵钟、径山槌砧、诸山额集。此外，还有转轮藏、佛道帐、圣僧龛、佛坛、法座、天盖、鼓架等物[1]。由此可见当时径山寺的法器陈设和殿堂装饰等情况。

中国茶叶博物馆藏径山寺"慧""千"字铭文砖

---

① 张十庆：《五山十刹图与江南禅寺建筑》，刊《东南大学学报》1996 年第 26 卷第 6B 期。

　　家具　家具也是《五山十刹图》中最具价值的内容之一。"家具法器"记载有22项，图录家具有几案、桌、椅、床榻、屏风五大类13件家具，其中有：灵隐寺屏风，径山僧堂椅子，桌，径山方丈椅子，径山客位椅子，屏风，前方丈椅子，方丈坐床，径山僧堂坐床，径山僧堂帐帘，径山寺法堂法座，径山僧堂圣僧宫殿，径山佛殿及圣僧前几，众寮圣僧宫殿，佛坛。门类多样，形式丰富，形制不一，从中大体可品味出南宋寺院家具的特点和风格。其中的几样主要家具如下：

　　径山僧堂椅子。径山僧堂中住持使用之座椅，形似圈椅，又看似圆后背交椅。椅背为三截攒边的形式，上截雕饰花形，中截实板，下截如意纹亮脚。扶手、座面等交角处多设有牙子。座正面长二尺一寸五分，侧面广一尺九寸，板心厚一寸，足高二尺。

　　径山方丈椅子。径山住持方丈内的椅子，座面下牙子轮廓成壶门形，向外膨出显著。其三弯腿至下端向外翻卷，尽端雕做卷草反叶，落于带圭脚小足的托泥上。靠背板分三截，上截雕饰花形。该椅形式独特，后世少见。椅座正面长三尺，侧面广二尺四寸八分。座面板心厚一寸五分，靠背高一尺七寸，托泥高八寸八分。

　　径山客位椅子。径山待客用靠背椅。靠背板分段攒框，形式独特，座面与椅腿交角处用牙角。椅座正面长二尺三寸五分，侧面广二尺一寸四分，座面边宽五寸二分，板心厚一寸四分。

　　径山僧堂坐床。僧堂内众僧坐禅、饮食、起卧用之床榻，亦称"单"，图中为长连单。靠窗而置，床上置函柜，并以千字文编排其序号。坐床足高一尺六寸，额广八寸，板头高二尺二寸[①]。

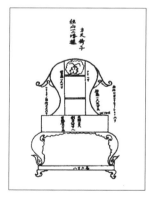 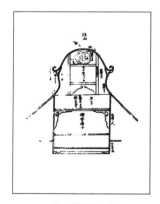 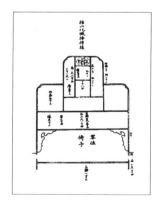

径山方丈椅子　　　　径山僧堂椅子　　　　径山客位椅子

二、茶台子、禅床（椅）

　　茶台子、茶床椅禅院茶会的茶席是怎么布置的呢？通常所见北宋宗赜的《禅苑清规》作为禅门统一的清规戒律，强调茶会茶礼的名目、程序及注意事项，对茶席设计

　　①　张十庆：《从"五山十刹图"看南宋寺院家具的形制与特点》（上、下），《室内》1994年1-2期。

或布置并无说明。在南宋末年度宗咸淳十年唯勉编纂的《丛林校定清规总要》即一般所说的《咸淳清规》中，收录有《四节知事特为首座大众僧堂茶汤之图》《四节住持特为首座大众僧堂茶图》《四节前堂特为后堂大众僧堂茶图》，让我们对僧堂茶会的平面布局有个大概的了解。从中可知，一般僧堂茶会都围绕中间的"圣僧"而展开，前面是住持等僧职人员，左右及后面则是"大众"位置。显然，平面示意图标示了僧堂茶会僧众的方位，没有反映茶台桌椅的摆放位置和数量。

这就牵涉到禅院茶会究竟是怎么吃茶的问题。以往关于径山茶宴有一个说法，就是席地围坐，吃茶品评，其乐融融。这个说法是值得探讨的，如果是僧人在僧寮、茶亭等比较随意或相对私人的环境下举行的茶会，那或许可以这样来进行。但是，大堂茶会是不可能席地围坐吃茶的。必须注意的是，禅院茶会是在禅门僧堂举行的，庄严有序几近苛刻，其间每个环节不断要问询行礼，席地围坐是行不通的。禅院茶会既然在僧堂举办，那就不可能像皇家、权贵、文士那样在花前月下、园林华庭里围坐案前进行。僧堂里除了圣僧像供外，主要是僧众坐禅用的禅座或禅床，也就是《禅苑清规》里所说的"坐具"或《五山十刹图》所说的"单"，它是一种类似矮几的方形坐具，如果是单个的，一僧一座，如果是双座的，类似罗汉床。这些联排布列而成的禅床格局，《五山十刹图》称之为"版"或"版式"。在僧堂一般除了这些坐具和圣僧像供外，别无他物。禅僧打坐参禅需要在绝对安静的环境下进行，以免旁生他念或受到干扰，影响修持效果。禅院茶会作为禅僧常见的法事形式，在僧堂举行是自然而然的。禅僧们参加茶会必须遵循严格的法事程式，按照名牌标示的禅座席位到位，不得错乱变更。茶会在住持僧的统一指挥下有序进行，每个禅僧所用的茶具就是一套盏托，由茶头上前依次逐个点茶。在整个茶会过程中，参会禅僧们进场时是肃立在自己的禅坐前，待住持僧行礼毕，则都坐在禅座或禅床上，而且前后左右整齐划一，连端放盏托的手势都要求同步统一"方为大妙"，可想而知，场面一定十分壮观。

南浦绍明由宋归国时，作为师尊传法信物，把茶台子、茶道具一式以及七部中国茶典带到日本。那么，南浦绍明从径山寺带去日本的"茶台子"又是什么呢？从字面上看，现代人容易理解为茶桌子，其实非然。有人根据余杭当地称民间磨豆腐的石磨为"豆腐台子"的俗称，而推测这个"茶台子"为研磨抹茶的茶磨。根据笔者的研究，南浦所说的"茶台子"，其实是用来搁置茶道具的简易架子，这在陆羽《茶经》中名为"具列"，在宋元杭州的茶绘画作品里依稀可见，似茶担子，有木质、竹制。后世日本早期茶道有所谓"台子饰"茶道，正是使用这种茶道具搁架的一种茶道形式，这在日本的《日本茶道大系图典》里有图可证，日本文政年间编绘的《卖茶翁茶器图》也有"具列"图[①]，且其形制与宋元茶画基本一致。据说当年的"茶台子"、茶道具，后来一直被珍藏在大德寺。

其实，在禅院僧堂茶会中，倒是另有一种类似小案的茶桌子，或者称"点茶台子"。这种茶桌子长方形，四柱脚，面板中间为竹编，用来放置茶盏托、汤瓶（执

① 木村孔阳编绘，文政六年（1823年）刊刻。"卖茶翁"是日本江户时代煎茶道中兴之祖高游外的别号。

壶），点茶的茶头就是在这里分茶、备汤。这在《文会图》的近前画面上可以一目了然。其他一些图上，还有在上面注汤、击拂、点茶的，如赵孟頫的《琴棋书画图》。这样的点茶台子，不仅权贵文士茶会上需要，禅院茶会时也不可或缺。从《五山十刹图》有关资料看，确实在僧堂的前面，圣僧像供前，僧职人员的左右两边，各有这样的点茶台子，上面放置有成摞堆叠的茶盏托，旁边是煎汤的大风炉和汤瓶。

禅院僧堂茶会是寺院内部僧众举办的茶会，那么在接应宰执、尊宿、耆旧等上宾贵客时的茶会，又是怎么进行的呢？显然，这类茶会一般在客堂或高僧退养之地进行，不会在僧堂（禅堂）、法堂进行。根据宋人的宴饮习惯，是不可能席地围坐待客吃茶的，而是应该如同《文会图》描绘的那样，有大茶桌或茶台子作为接引招待客人的主席。

《文会图》是传世的宋人茶会场景最足参证的资料。画中官宦、文人围坐在长方形的案前，左右各四个席位，正座一席位，正座对面是两个席位，满座的话是十一个人的茶会。从画面看，这长方形案十分考究，属于宋时典型的案几家具，四角方正，类似画案，较后世八仙桌低矮。无脚，四围栏板有柿蒂纹开光镂空装饰。座椅是竹编绣凳造型，类似绣凳造型在其他宋画中也多见。这个茶案显然是宫廷或权贵、文士茶会使用的茶桌子。

这时使用的大茶桌，应是宋式的长方形台子，比几高，比桌矮。其席次排位，与《文会图》应当大同小异。住持或主人的主位应该是法座。根据《五山十刹图》，径山寺法席首座的椅子，设计独特，有高靠背而不及颈，有圈型扶手而只及肘，前端雕饰云头纹，示意自在，前有搁脚，具有人性化和实用相结合的特征，在日本被称为"曲"，这在《日本茶道大系图典》里也有载录。而客人有专门的客座客椅，在《五山十刹图》中就有寺院高背扶手靠椅的描绘。其实，僧人的座椅在宋代还流行从禅床演变而来的"禅椅"，无高靠背，有矮围栏，类似当时世俗社会流行的"玫瑰椅"造型，这在美国波士顿美术馆保存的《十八学士图》里有图为证；敦煌研究院有学者认为，"禅椅"形制是从敦煌壁画里常见的"框床"演变而来的。在南宋宫廷和日本茶道的早期，一席茶会陈设布置叫做一"床"，密庵咸杰的"密庵床"① 就名扬日本，为茶堂空间的经典范式。这个名称上的变化，正是中国人起居坐卧习惯从席地到床椅过程演变的反映。

三、天目盏、天目台及"天目瓶"、天目盘

径山茶宴所使用的点茶器具，大致与审安老人《茶具图赞》所记的"十二先生"相同，南浦绍明当年从径山寺与"茶台子"一起带回日本去的所谓一套"茶道具"，也应当就是煎汤点茶用的这套茶器具，诸如汤瓶、碗盏、茶筅、茶则、茶杓等，其中最主要，也是流传最广、遗存最多的，就是"瓷盏漆托"的组合——天目盏、天目台。

天目盏即"天目碗"，是宋元时期最为流行的点茶饮茶器具黑釉茶盏的日本称谓，

---

① 鲍志成：《密庵咸杰与"径山茶汤会"》，《第八届世界禅茶文化交流大会学术论文集》（2013 年湖州）。

无论是国内窑址出土、馆藏和民间收藏还是在日本作为茶道神器而传承，都比较多见，其中不乏窑变的兔毫斑、鹧鸪斑、玳瑁斑等珍品。审安老人之所以名为"陶宝纹"，就在于其窑变釉色所呈现的幽玄之美。传世的黑釉盏窑变名品及其珍罕，让收藏家趋之若鹜。

在日本茶道界视为珍异国宝的美轮美奂的"天目碗"，与宋元时期杭州余杭径山、临安天目山与日本的禅茶文化交流有着密切的关系。南浦绍明从径山直接带回去且至今珍藏大德寺的茶道具以及被日本列为国宝的"天目碗"，都是见证径山茶宴的珍贵文物。

日本国内现今珍藏的国宝级"天目碗"仅有3件，合称"日本藏曜变天目茶碗三宝"。一是以收藏东方历史文献丰富而著名的东京静嘉堂文库美术馆藏"曜变天目茶碗"，二是大阪藤田美术馆收藏的"曜变天目茶碗"，三是京都龙光院收藏的"曜变天目茶碗"。这三件茶碗的釉色窑变不同，但器物的形制和大小基本一致，它们先后在昭和二十六到二十八年被评鉴为日本"国宝"，并一致推断其制作年代是南宋（12—13世纪）。自被列为国宝后，每十年才展出一次。迄今在日本茶道中，要七段以上的茶师方有资格使用天目茶碗来点茶。除此之外，日本还保留着被冠以"灰被""玳玻""木叶"等名字的天目茶碗。

宋代斗茶盛行的黑釉茶盏，至迟在南宋时随入宋到径山寺等地求法的日本僧人传入日本，室町幕府（1336—1573）初期，日本就出现了"天目盏"的记载。此后，有关天目茶碗的史料记载逐步增多。室町幕府时期的艺术家、日本茶道的先驱能阿弥（1397—1471）所著的《君台观左右帐记》中，记录了他所收集的当时日本执政足利将军家传文物"唐物（从中国传去的器物）美术目录"，其中有"天目茶碗"，分别记有曜变、油滴、建盏、乌盏、鳖盏、能皮盏、灰被、黄天目、唯天目9种。这些被冠名为"天目茶碗"的茶具，就是宋代流行的黑釉茶盏（碗）的统称。可见，从南宋黑釉茶盏传入，到室町初期有"天目盏"记录，再到室町中期有"天目茶碗"的统称出现，有一个漫长的历史过程，在日本主要是在室町幕府足利将军执政时期，相对应的中国朝代，早就不再是南宋，而是元末甚至明前期了。这也恰恰反映了，日本茶道在形成过程中对宋代斗茶崇尚黑釉茶盏风尚的继承，以及对同类各色茶具的包容，同时也说明，南宋时期从径山传入日本的黑釉茶盏到了元代因大批日僧到天目山拜谒中峰明本为师而名之为"天目盏"[①]。

黑釉茶器不仅在宋元时期的中国风靡一时，传入日本后对日本瓷器的起源和发展产生了很大的影响。当年道元禅师入宋求法时，相传就有濑户陶工加藤四郎作为随员入宋学习制陶，5年后回日本在现爱知县濑户市成功制作了日本最初的有釉陶器。在室町时代之前，日本人虽然喜爱"天目茶碗"，却一直无法仿制成功。直到15世纪，濑户窑才烧制成所谓的"濑户天目"，器形相似，但釉色却是白色的，故又称"白天目"，与"天目碗"大异其趣。随着烧窑技术的现代化，到20世纪80年代，日本著

① 鲍志成：《宋元遗珍茶器绝品——"天目碗"的源流辨析及其与中日禅茶文化交流的关系》，《茶都》2012年第2期。

名陶瓷专家安藤坚用了 5 年时间，烧成了与宋代建窑曜变天目碗十分相似的产品，并将其送给中国福建博物馆。2007 年 3 月，日本青年陶艺家林恭助历经数年，又成功烧制了宋代曜变稻叶天目茶碗，轰动一时。随着人们对天目碗认识的加深和科技手段的进步，美得沉静而幽玄的窑变天目碗，一定会复制成功。

天目台与"天目碗"一起传入日本并在茶道中配套使用的"天目台"，其实就是唐朝发明、宋元流行、明清仍在制作的漆器茶盏托。

日本茶道所谓的"天目台"，是天目茶盏的高足托盘，就是茶盏托，俗称"茶托子"。在日本茶道器具中，"天目台"专指漆器高足托盘，有堆朱、雕漆、剔红刻花或嵌贝等工艺，其形制端庄大方，古朴高雅，华丽悦目。这种别具一格的器形源自瓷盏托，之所以称之为"天目台"，想必是因为它是天目茶碗的配套辅助器具。通常所说的"天目台"，仅指漆器盏托，但在后世日本馆藏的天目茶盏著录中，有时也指黑釉天目茶碗与漆器盏托组合而成的茶盏及托。

"天目台"一般为高圈足外撇，给人沉稳、稳定的感觉；盘口，有圆形、荷花口、葵花口、海棠口等口沿造型样式，口径比茶盏口径要略大。盘底心贯通有连盘凸起托圈，就是托口，造型有点像盘中带了一只小茶瓯，以便天目茶碗或茶盏的圈足套嵌固定盘中。"天目台"通常为木胎漆器，朱红的底色，色泽沉实，与黑褐色为基调的天目茶盏配套，呈现古雅朴实、厚重华茂的质感和美感。如果是漆雕、剔红或嵌贝，纹饰多为折枝或缠枝牡丹、菊花、宝相花、如意云纹等纹样，贝壳特有的银白晕彩珍珠光泽与朱红暗红的底色富有对比效果，给人以高贵华丽、绚烂悦目的审美享受。

天目台的设计功能，至少有三种不同说法。一是烫手说，茶汤冲点时温度一般达到沸水的水温，如果直接用手去端持就会烫手，用盏托相承，手捧盏托，就不会烫手了。关于漆器盏托的发明，在唐朝还有一个美丽的传说。二是遮丑说，就是因为黑釉茶盏胎釉都比较粗糙，尤其是茶盏的底部多露出胎土，在高雅的茶会上略显不雅，所以都有一种茶盏托。从设计功能看，盏托底心的凸起托口正好把茶盏底足和露台处遮挡住，在视觉上确实起到了遮丑美化的作用。三是宗教庄严说。有台湾茶人认为，天目碗、天目台这两个器皿都与宗教有关系，它们源自唐宋期间，因为以前的桌椅都比较低，甚至是席地而坐，所以一般的碗需要靠一个托来衬托出它的庄严性，并认为天目台也就是碗托，本身就很重要，天目台是非常具有文化意涵的。也有学者认为，天目台是天目茶碗的台子，主要用于给神佛或贵人献茶时。

宋元时期的漆器工艺已经很发达，漆器在日常生活中的使用也很普遍。吴自牧《梦粱录》卷十六《茶肆》所记载的"瓷盏漆托"，就是当时流行的点茶主器——黑釉盏和"漆托"，两者合起来，正是传入日本的"天目碗"和"天目台"。审安老人《茶具图赞》"十二先生"中的"漆雕秘阁"，就是雕漆茶盏托。"秘阁"指尚书省，又指皇家图书馆，阁、搁同音，故爵以"秘阁"。盏托用以承载搁置茶盏，不易烫手，方便端用，故而名"承之"，字"易持"，号为"古台老人"，道明其名称、功能和雅号，并配图赞云："危而不持，颠而不扶，则吾斯之未能信。以其弭执热之患，无坳堂之覆，故宜辅以宝文，而亲近君子。"从所附图看，器身布满黑白相间的云纹，显然是一种云纹雕漆盏托，其形制和纹饰，与日本保存迄今的雕漆"天目台"几乎一致。

在我国的传世绘画和考古发掘中，也时有漆器盏托的图像和实物。刘松年的《撵茶图》（台北故宫博物院藏）、赵孟頫《琴棋书画图》（日本德川美术馆藏）等传世茶画，都有漆器盏托的形象。河北宣化辽代墓葬壁画、北京石景山金代墓葬壁画、内蒙古赤峰元代墓葬壁画、山西长治金代墓葬壁画《茶具图》、山东高唐金代墓葬壁画《客室图》中，都有漆器盏托的形象，而且都绘画黑色，应该是黑漆托[1]。南京博物院收藏的一件南宋时期的三色漆雕盏托，其形制和纹饰与《茶具图赞》的"漆雕秘阁"十分相似。江苏常州博物馆收藏有一件武进出土的南宋木胎漆器盏托，外髹朱漆，内髹黑漆，托盘呈荷叶形，制作精致。1972年江苏宜兴和桥出土的一件南宋素漆盏托，通体髹红黑两色调配的漆，盏口、托口和圈足落地处还漆上黑边作为装饰，颇为典雅。福建省博物院也收藏有南宋漆器盏托，品相完美。

明嘉靖年间，日本使臣策彦周良两度入明朝贡，在沿途城镇采购所需物品60余种，其中就有茶碗、茶碗盘、茶瓶、天目台。这说明，在明朝中期，漆器盏托仍在中国市场出售，在民间使用，并被日本使臣采购带回本国[2]。

漆器茶盏托在明清时期虽然仍在制作使用，但主流是各式瓷器的盏托，漆器盏托并未如日本那样盛行。在日本，这些漆器天目台传入后与天目茶碗（盏）一样受到了追捧，并一直沿用至今。如果有机会参加日本茶道，就有僧人会提示你"怎样进出大厅、用果子的方法、拿天目盏和贵人台（即天目台）的姿势。"在日本京都延历寺祭祀茶祖荣西的"四头茶礼"中，四僧人提注子（执壶）、拿茶筅上来为宾客点茶时，来宾要左手端持天目台，右手扶持天目茶碗，以便僧人在用茶筅击拂时保持稳定，不至于倾侧，使茶汤外溢[3]。

在日本博物馆、美术馆、茶道界和国际文物拍卖市场，天目碗、天目台收藏、拍卖为数不少，但流传至今保存有成套组合的"天目茶碗"和"天目台"的已经很少，大多是单件的，有碗无台，或有台无盏。

"天目瓶"、天目盘在传统的日本茶道中，与盏台配套使用的茶器具，还有濑户"豆壶"小茶瓶，以及承载这些盏台瓶的"天目盘"。

日本学者奥田直荣在《天目》一文中考证一种被称作"豆壶"的小型茶叶瓶（罐）时，引用《画卷·慕归绘词》中1351年成书的部分时指出，"画有天目盘上附着四个天目和天目台，还在盘上并列四个茶叶罐和安置茶筌"。根据天目和茶叶罐数目相等，他推测当时点茶饮茶时，可能是每人一个天目茶碗和一个茶叶罐[4]。京都建

① 陈文华：《茶具概述》，《农业考古》，2007年第5期；薛翘、刘劲峰、陈春惠《宋元黑釉茶具考》，《农业考古》1984年第1期。
② 范金民：《明代嘉靖年间日本贡使的经营活动——以策彦周良〈初渡集〉〈再渡集〉为中心的考察》，中国经济史论坛明清史论。
③ 鲍志成：《"天目台"杂考》，《"天目"国际学术研讨会论文集》，北京：中国文史出版社，2014年。
④ 奥田直荣：《天目》，《中国古外销陶瓷研究资料（内部）》第三辑，转引自薛翘、刘劲峰、陈春惠《宋元黑釉茶具考》，《农业考古》1984年第1期。

仁寺收藏的一套天目碗茶具，也是一式六只，放置于一黑色托盘中①，使用时可能一人一碗。据此，则除了天目茶碗和天目台配套使用外，当还有配套的小茶瓶或茶叶罐，以及承载、端持它们的"天目盘"。

既然这茶碗、盏托、盘子都冠名"天目"，那么同样配套使用的"小茶瓶"是否也可称为"天目瓶（罐）"呢？南宋潜说友《咸淳临安志》记载："近日，径山寺僧采谷雨前者，以小缶贮送。"②吴自牧《梦粱录》也记载："径山采谷雨前茗，以小缶贮馈之。"③南宋时径山寺僧人常装储茶叶以送人的"小缶"，是否就是这种被日本人叫做"豆壶"的"小茶瓶"呢？从前揭根津美术馆"墨宝—常盘山文库名品展"中展出的南宋到元代福州窑系的铭"白玉"的"文琳茶入"图片看，这种茶瓶的样式——小口、鼓腹、肩带耳，釉色与天目茶碗中的绛褐色十分接近，这个推测是很可能成立的。在建仁寺的藏品中，也有类似带系小口鼓腹的各色釉瓷茶瓶。

从某种意义上说，这个发现是在天目茶碗和天目台之外，又增加了两件配套使用的茶器具"天目盘"和不妨称之为"天目缶"的小茶瓶（"豆壶"）④。

此外，余杭江南水乡博物馆藏有余杭上纤埠大云寺出土茶碾，陶制涂釉，弥足珍贵。它是文物部门通过科学考古发掘出土的茶碾，是唯一一件有纪年、出土地点、由文物部门所藏的茶碾。大云寺，唐代古寺，有吕岩诗⑤。原来一直认为是药碾，经与杭州建兰中学出土的两只茶碾比较，方确定是茶碾。

四、书画墨迹和祖师顶相

径山茶宴随着禅院清规传到日本的同时，一些禅僧的书画作品、印可状和肖像画"顶相"也被嗣法弟子传入日本。南宋时，都城杭州市井茶室张挂北宋徽宗皇帝、南宋高僧法常牧溪以及赵干、李孤峰、李迪、崔白等名家画作，以作装饰吸引茶客，蔚然成风。在日本室町幕府时期，随着茶道的兴起，禅院禅堂茶室受此传统影响，也开始悬挂径山祖师无准师范、虚堂智愚等祖师的书法墨迹和肖像，以作鉴赏参悟和供奉礼敬之用。径山高僧的中日弟子和禅师们带到日本的清规典籍、祖师法语墨迹、祖师顶相图大多都依然在日本得到传承和保护珍藏，从而留下许多珍贵的艺术遗产。

禅师书法禅宗为教外别传，特别注重师承授受。入宋嗣法日僧常把师僧的印可状、尺牍、法语、偈、跋语等带回日本，以示对先师的缅怀之情，并将法语与偈颂称为"挂字"，挂在禅室，作为修禅悟道的机缘。

无准师范墨迹　圆尔辨圆在宋期间，曾师事书法家张即之，并得无准禅师秘传；

---

① 日本京都建仁寺编印：《建仁寺》画册。
② 潜说友：《咸淳临安志》卷五十八《货之品》，清道光钱塘振绮堂仿宋本重刊本。
③ 吴自牧：《梦粱录》卷十八《物产》，杭州掌故丛书，浙江人民出版社点校本，1984年。
④ 鲍志成：《"天目台"杂考》，《"天目"国际学术研讨会论文集》，北京：中国文史出版社，2014年。
⑤ 《钦定全唐诗》卷八百五十八有吕岩《大云寺茶诗》曰：玉蕊一枪称绝品，僧家造法极功夫。兔毛瓯浅香云白，虾眼汤翻细浪俱。断送睡魔离几席，增添清气入肌肤。幽丛自落溪岩外，不肯移根入上都。吕岩（789—?），即吕洞宾。唐末进士，号纯阳子。元代封为"纯阳演政警化孚佑帝君"，通称吕祖，又称道教八仙之一。吕洞宾存有诗四卷，《全唐诗》载二卷，"大云寺茶诗"是其中的一首。

回国时，带去七幅无准师范手迹墨宝（即敕赐承天禅寺、大圆觉和上堂、小参、秉弘、普说、说戒五幅牌匾）、南宋书法家张即之（1186—1236）书写的十二幅字额（普门院、方丈、旃檀林、解空室、东西藏、首座、书记、维那、前后、知客、浴司、三应），以及许多宋人书法拓本、书帖，现今都保存在日本京都东福寺。

无准师范寄赠承天寺《释迦宝殿》墨迹

无准师范是书法家，从现存无准的墨迹中，不难看出其手法浑厚，气势磅礴，但又不失温润味。《大宋径山佛鉴无准禅师》称无准的墨迹"自有寻常墨客、凡夫作家所不能达到的地方"，甚至说有"一字千金"之称。如果将无准师范的书法与圆尔辨圆加以比较，在笔法、风格上可以发现明显的师承痕迹。除了回国时带回的七种无准师范墨迹，后来圆尔辨圆在博多开创承天禅寺时，无准又寄赠《释迦宝殿》《选佛场》《潮音堂》《香积》《巡堂》《普说》《云归》等大字禅院匾额、牌字，加上《圆尔印可状》《山门劝缘疏》和《板渡》贴，总共有十七种之多。其中最为茶家珍藏的是《板渡》，系无准师范为答谢圆尔辨圆以椤木千板助修失火焚毁的径山寺而书，现珍藏于日本国立博物馆，被指定为日本国宝。此外，还有《能侍者印可状》《与承天堂头圆尔尺牍》《与圆尔尺牍》《与承天堂头团尔尺牍》等尺牍墨迹，以及《布袋图》和《达磨图》等五幅题画诗墨迹，被日本多家寺院或私人收藏。

无准师范题《巡堂》《上堂》《普说》

相对于书法，无准师范的绘画作品传世的甚少。据《君台左右帐记》记载，无准师范是一个绘画名家，"无准师范，多人物、赞、山水墨绘"，其名字位列中国名画三部中的上部。罗汉画中较为有名的禅月大师贯休被列在中部，无准师范能位列上部，其绘画艺术水平之高可见一斑。相传东福寺所藏《芦叶达摩》和博多承天寺所藏《初祖达摩禅师》为无准师范所作。

无准师范的墨迹在日本一向是众茶家憧憬之物。特别是其声名广为传播后，禅茶界更是想方设法搜罗其墨迹。据传日本历史上曾有大名、富豪争相将无准墨迹从东福寺中取出占为己有。无准墨迹蕴含的意义已不仅仅是对其作为临济宗杨岐派正宗祖师的一种纪念，历代僧侣在体会墨迹蕴涵着的禅的境界的同时，也定会从墨迹本身中汲取些许书法的妙处①。

密庵咸杰《法语·示璋禅人》　在日本茶道诞生过程中，圆悟克勤写给虎丘绍隆的《印可状》曾被视为"禅茶一味"四字真诀的出处而发挥巨大而深刻的作用。而与之相媲美的另一幅径山祖师珍贵墨宝，就是密庵咸杰唯一仅存的墨迹《法语·示璋禅人》。

密庵墨迹《法语·示璋禅人》，珍藏于日本京都市大德寺塔头龙光院内，为日本国宝级文物。纹绫绢本，长112厘米，宽27.5厘米，共26行289字，行书体，是密庵62岁时书赠随侍的璋禅人的警示法语。系他在南宋孝宗淳熙六年（1179）己亥仲秋，于径山万寿寺方丈室"不动轩"所书。其内容是密庵向璋禅人垂示将来如何修行佛道的奥义所在。

文中的璋禅人为何许人，今不可查考。从文里面推想应是特来向密庵参学的年轻修行僧人。其时正值仲秋，径山万寿寺内僧众聚会于密庵的方丈不动轩，来求密庵说法开示。于是密庵即兴挥毫写下了这篇法语，开示了佛法微妙的奥义以及禅宗用功的心要。密庵为了勉励璋禅人，将此赠予，并在自己"咸杰"的署名上，郑重其事地盖了印。在文中密庵谆谆教诲璋禅人要抱冲天的志气，有成佛作祖的胆量。于善恶境界中不起分别，立大誓愿出离生死欲海，并引用唐普化禅师及宝积禅师的古则公案来提撕宗要，可谓老婆心切。通篇26行，写得酣畅淋漓，神满气足。挥笔于绫绢之上，枯湿浓淡相间，墨彩奕奕，无半点拖泥带水之痕，豪放中显露出安详之气韵，可谓得苏东坡醇厚圆劲之雄姿，也颇具米襄阳俊迈清丽之雅意，沉着痛快，风神高远，宋人雅范，尽见其中。

密庵咸杰墨迹《法语·示璋禅人》

---

① 胡建明：《东传日本的宋代禅宗高僧墨迹研究》，2006年南京艺术学院美术学中国书法史博士论文；《无准师范禅师东传墨迹数种（一）、（二）》，佛家网。

这件稀世墨宝传到日本后，一直备受珍重。茶圣千利休曾致信给其弟子瓢庵山上宗二，叮嘱他应如何装裱，并在裱好后又复信致谢。现在的这幅墨迹，后来又由茶人远州小堀氏按自己所嗜好的裱法重新装裱过。

此件墨迹本为横幅手卷，因茶家视之如神物一般，欲将之悬挂在茶席中瞻礼膜拜，故特改制成立轴，以便挂于茶室的圣域——床间，但是裱成后的幅度太宽，没有任何一间茶室的床间能够挂之，于是为此大德寺的塔头龙光院，重建了书院里的茶室，量其宽幅特制了床间，此即是享有盛名的"密庵床"，由此龙光院中的茶席同时被称为"密庵席"，可见日本茶人对此墨迹珍视程度了。"密庵床"这个名闻扶桑的茶室空间，成为日本茶道文化史上脍炙人口的美谈。墨迹和环境浑然一体，形成了静穆庄严、妙趣横生的空间气氛和实现了茶道所崇尚的和、敬、清、寂的美学追求。密庵的这幅墨迹与日本的茶道文化史结下了不解之缘，故在日本文化史上有其不可估量的价值，不愧为日本的国宝级文物①。

虚堂智愚墨迹　虚堂智愚东传日本的墨迹也很多，包括日本京都妙心寺、大德寺和各大美术馆等收藏的就有十多幅，都被认定为日本国宝级文物或重要文化遗产。其中主要有：

《虎丘十咏》及其元明禅僧后跋两种，墨迹为纸本，幅长为 63.6 厘米，宽为 24.5 厘米。这幅作品是密庵咸杰四十岁前后在虎丘山时所作，内容为吴中名胜虎丘十景七言绝句十首，仿黄庭坚书体。从雪谷和尚跋中可知，虚堂的这幅《虎丘十咏》是于明成化十三年（1477）由九州博多妙乐寺的恒中宗立、石隐宗玛从云南昆明经北京请回到日本去的。最早为妙乐寺收藏，复为九州福冈藩黑田家所有，后来诗卷和跋文被黑田家臣们分割，四散到了各地。现为 1982 年成立的静冈县热海市冈田茂吉协会（Mokichi Okada）美术馆（MOA）所收藏。

《述怀偈语》，系虚堂应日本留学僧无象静照（即照禅者）所写五言诗偈。横长为 71.5 厘米，宽为 28.5 厘米。现为东京国立博物馆藏品，被指定为国宝级文物。

《景西至节偈》，系宋理宗景定二年（辛酉，1261）虚堂七十七岁时任柏岩慧照寺住持时所书作品。横幅长为 68.2 厘米，宽为 29.7 厘米。现藏东京静嘉堂文库美术馆里。

虚堂智愚墨迹《凌霄》

虚堂智愚书法

① 鲍志成：《密庵咸杰与"径山茶汤会"》，《第八届世界禅茶文化交流大会学术论文集》（2013 年湖州）；《南宋高僧密庵咸杰的墨迹——"法语·示璋禅人"》，佛教网。

　　《就明书怀偈》，系江北信徒李季三（字省元）为亡母做超度佛事而请虚堂隆座说法时拈出的一首偈颂。横幅长为 82.4 厘米，宽为 32 厘米。这幅墨迹先由足利将军家足利义辉收藏，后转到织田信长手中，又为丰臣秀吉所有，其后成了加贺（石川县金泽市）藩主前田利家的藏品，再经角仓了以、那波义山相继收藏，最终为三菱公司的岩崎弥太郎买下，可谓传承有绪。现收藏在静嘉堂文库美术馆。

　　《与佛陇无极法兄和尚偈颂二首》，系虚堂为唱和天台佛陇寺法兄无极和尚的诗韵而作的二首偈颂。附有春屋宗园（1529—1611）、古田织部（1544—1615）、小堀远州（1579—1647）、泽庵宗彭（1573—1645）、玉室宗拍（1572—1641）等大德寺高僧和茶人们的书信。横幅长为 51 厘米，宽为 28.5 厘米。在小堀远州生前，此墨迹曾为建部家所藏，后为桑名松平家所有，到了近代为五岛庆太收藏，现藏东京五岛美术馆。

　　《与两山堂上和尚快翁乡友禅师书》，系咸淳六年（1270）住持径山寺时晚年所书的尺牍。被指定为重要文化遗产，现由东京国立博物馆收藏。

　　《送行偈》，系南宋理宗宝祐二年秋（甲寅，1254），虚堂在禅宗十刹第八位的婺州（浙江金华）云黄山宝林寺（双林寺）做住持时，为德惟禅者出山巡方诸山，应其请而作的送行偈颂。时虚堂已古稀之年。墨迹横幅长为 62.7 厘米，宽为 30.6 厘米。其传承的经过是北向道陈—德川家康—德川义直—德川纲诚—德川纲吉—德川家宣—德川吉通（尾张德川家），现为名古屋市德川美术馆收藏。

　　《凌霄》，南宋咸淳二年（1266）冬十二月，虚堂八十二岁时为题写寺院楼阁的匾额而书写的大字墨迹，横幅长为 87.3 厘米，宽为 47 厘米。很可能是南浦绍明在咸淳三年（1267）从径山寺带到日本去的其中一幅。现藏京都大德寺塔头孤篷庵。

　　《送僧偈》，系虚堂在咸淳四年（1268）正月，即入灭前一年，八十四岁时在径山寺方丈不动轩为官僚徐迪功所请而书的一幅偈颂作品。可谓虚堂最晚年的墨迹。其横幅长为 85.5 厘米，宽为 27.9 厘米。现为大阪正木美术馆收藏。

　　虚堂享有盛名的东传日本墨迹，还有东京国立博物馆所藏的《与两山堂上和尚快翁乡友禅师尺牍》《偈语》（重要文化遗产），京都大德寺所藏的《达摩忌拈香语》（国宝），东京昌山纪念馆所藏的《与阅禅者倡颂》（重要文化遗产），兵库县伊丹市小西新右卫门氏所藏的《与无象静照法语》（重要文化遗产）等，都是名扬东瀛、传承有绪的遗墨法宝，在中世纪日本禅林和茶道界中备受推重[①]。

　　其他高僧墨迹。随同禅苑清规一起陆续传入日本，并在日本传世的临济宗径山系禅宗高僧墨迹还有很多。据胡建明《东传日本的宋代禅宗高僧墨迹研究》[②]图录，就有大慧宗杲尺牍、像赞七件，兀庵普宁尺牍、法语七件，兰溪道隆大字墨迹两件等。元初无学祖元东渡日本时，就带去了三十四件之多（据佛日庵公物目录）。这些书法墨迹，既是禅僧师徒之间嗣法传承和师生友谊的见证，也是径山茶宴遗存的珍贵

---

　　① 胡建明：《东传日本的宋代禅宗高僧墨迹研究》，2006 年南京艺术学院美术学中国书法史博士论文；《虚堂智愚禅师墨迹（一）（二）》，炎黄中国书法网。

　　② 胡建明：《东传日本的宋代禅宗高僧墨迹研究》，2006 年南京艺术学院美术学中国书法史博士论文。

遗产。

祖师顶相　按禅宗的习惯，有所谓"顶相授受"的制度，即弟子得到师父印可，临别时必由师父赠以"顶相"。所谓"顶相"，就是祖师的肖像画，作为传法印可的证明，画上多请本人自赞，或请其他高僧题赞。顶相既是弟子承继恩师的凭证，同时学僧还通过顶相追忆恩师的教导和人格。南宋时期由于禅林的贵族化，祖师顶相的制作和鉴赏开始在南宋以后的禅林流行。

随着禅宗的传入，作为传法依据的顶相和法语、嗣书、印可等墨迹一样，也被禅僧从中国带到了日本。日僧从中国带回祖师的画像，并非第一次，如唐朝时，日本入唐僧空海曾带回金刚智、惠果等的真言五祖像，但真正以独立画种的形式对日本画坛产生深远影响的宗教人物画，还是从宋朝的"顶相"开始的。

一般认为圆尔辨圆带回的无准禅师顶相图是最早传到日本的顶相图。现存于日本的无准师范禅师的顶相共有四幅，两幅坐像，两幅半身像。现存于京都东福寺的无准顶相是宋代顶相画中的极品。这幅顶相是圆尔辨圆在回国前请杭州的画师画了无准的肖像后，求老师题了赞语带回日本的。这幅顶相为绢本，长为 124.5 厘米，宽为 55.2 厘米。像中的无准手持警策（戒尺），端坐在圈椅中，其面貌为淡阴影，采用了写实的画法，线条柔畅，刻画细腻，立体感很强，高僧的形象栩栩如生，非常鲜明地体现了南宋肖像画的特色。画幅上部有嘉熙二年（1238）无准师范的自赞，自赞文字为：

大宋国、日本国，天无垠、地无极，一句定千差。有谁分曲值？惊起南山白额虫，浩浩清风生羽翼。日本久能尔长老写予幻质请赞，嘉熙戊戌中夏，住大宋怪山无准老僧（画押）。

无准的自赞墨迹，写得刚柔相济，有着一定程度上的黄庭坚书法的遗韵，但显得相当地沉着，用笔凝重厚实，一丝不苟，充分地表现出这位大禅师强韧的精神气质。自赞墨迹与顶相相得益彰，非常得体。

由于禅宗得到武家的皈依和社会的认同，无准的自赞及该画的斜向构图被广为鉴赏，作为以后日本人物肖像画的典型模式，在样式及风格上对日本宗教肖像画起到了样板作用，大大推动了日本人物画的写实进程。它成为以后日本顶相画制作的范本作品，在日本文化史上有着极为重要的意义。

与这幅顶相同出一辙的还有一幅收藏于京都相国寺的大光明藏中的无准师范顶相，画的色彩较为暗淡，不如东福寺本来的色彩绚丽，神情盎然。此外，在日本群马县的长乐寺和镰仓的圆觉寺里，还有两幅无准的半身顶相画。前者为无准的自赞，后为元初的东渡僧东陵永屿（1285—1365）的像赞。

虚堂智愚的顶相有分藏于京都妙心寺和大德寺两本。妙心寺《自赞顶相》绢本着色，纵长为 106 厘米，宽为 51.5 厘米。画中虚堂手握黑色的警策，安然盘腿端坐在曲录椅子上，沓台上平放着僧靴一双。前额光秃，留有鬓发，大鼻和颌下留着胡须，也许是受儒、释、道三教融合思想的影响，显道人之相。微微俯视的眼神显得温厚安详，但内含深沉的威严。面部以淡土黄色、胡粉（白粉）勾勒内衣领，座位的布垫及沓台使用石青渲染，除二十五条袭装祖衣的布条用墨绿色外，海青（僧衣）用折芦法线描，再略施墨晕渲染。整个画面显得朴素庄严，没有任何华奢的装饰，是一幅典型的南宋宁波画家的写实主义传神之作。虚堂的自题赞语云："春山万叠，春水一痕·凛然风彩，何处求真。大方出没兮，全生全煞。丛林徘徊兮，独角一鳞。本立藏主绘老僧陋质请赞。宝祐戊午三月，虚堂雯知愚书于育王明月堂（朱文方印"虚堂"）。"自赞墨迹写得沉着凝练，表现出一定程度的苏黄两家的书法特征，是虚堂晚年墨迹精品。从题赞中可知，这幅顶相是虚堂的弟子本立藏主于宝祐六年（1258）画了老师的顶相请在明州阿育王寺住持的虚堂题赞，虚堂时为七十四岁。从日本临济宗"应·灯·关"的法脉来看，虚堂是关山的曾祖，即虚堂智愚—南浦绍明（大应）—宗峰妙超（大灯）—关山慧玄。因此，这幅南宋传来的虚堂顶相是三代一脉相承的法物。

虚堂智愚顶相　　　　　　兰溪道隆顶相　　　　　　无准师范顶相

京都紫野大德寺收藏的另一幅虚堂自赞顶相，绢本，纵为156.5厘米，宽为71厘米。顶相的面容从容安详，高高的法被的右边竖着长长的拄杖，手执拂尘，安坐于曲录之上，是一幅宋代顶相的佳作。其自赞文曰："绍既明白，语不失宗。手头簸弄金圈栗蓬，大唐国里无人会，又却乘流过东海。绍明知客相从滋久，忽生还乡之兴。绘老僧陋质请赞，时咸淳改元夏六月，奉敕住持大宋净慈虚堂雯智愚书。"自赞写得雄浑刚健、意气风发。从赞文可知，咸淳元年（1265）六月，在南宋杭州南山净慈寺随虚堂参学的日本留学僧南浦绍明忽生归国之念，于是请杭州的画师绘制了虚堂的顶相，请虚堂题赞。时虚堂在净慈寺做方丈，时年已八十一岁，绍明则在充职知客。南浦绍明回国时把顶相请到日本，最后传给嗣法弟子大德寺开山大灯国师宗峰妙超，用来作为传法印可信物的。

类似径山临济禅宗祖师的顶相奉请到日本的不胜枚举，诸如无相居士、天童如净、牧庵法忠、兀庵普宁、高峰原妙、中峰明本等著名祖师的顶相，镰仓圆觉寺《佛日庵公物目录》所记录的诸祖顶相就达三十九幅之多。

正是由于以《无准师范图》为代表的顶相图在中日交流中所扮演的这种亦幻亦质

的跨文化角色，引发了顶相在日本的繁荣。顶相在日本获得了长达四百年的辉煌，成了纵贯日本镰仓、室町乃至江户时期颇具影响力的艺术样式。

此外，由僧侣传入的一些径山文物也在日本得到了保存，由圆尔携往日本的佛祖宗派图目前典藏于东福寺，据说是现存日本最古老的宗派图。日本的东福寺、承天寺、圆觉寺等寺院还珍藏着宋、明、清三朝的《径山图》《径山志》手写本和木刻本等，以及径山大雄宝殿、妙喜房的照片等。

五、径山及周边禅茶史迹

宋代径山寺被列为江南"五山十刹"之首，名震海内外。径山寺鼎盛时期，梵宫林立，僧众三千，香客云集，游人满山。苏轼在《游径山》中生动地描摹了当年径山寺的恢宏规模："飞楼涌殿压山破，晨钟暮鼓惊龙眠。"台北明文书局在再版《径山志》时称："径山佛宇琳宫罗布，下院遍及各地，佛教史迹林立，与东西天目蔚为佛国。"历史上的辉煌虽然消逝在岁月的烟尘，但有关禅茶文化的文物史迹依然洁光片羽一般，历历可寻。近年余杭第三次文物普查在径山地区新发现 277 处文物点，无论是寺庙建筑、古道桥梁，还是凉亭、老宅，都布列在苕溪及其支流周围，其中不少是宋元时期径山禅茶文化有关的史迹遗物。

高僧墓塔：在径山村里洪自然村，发现南宋咸淳五年（1269）径山寺第四十代住持虚堂智愚禅师墓及塔顶石；在瓶窑镇西安寺村竹园，余杭区文管办工作人员发现了约 2 米宽、3.5 米长、3.5 米深的无准师范墓；还有径山住持郭庵观禅师墓塔组件等。

古道古桥：径山古道曾经是历代无数高僧大德、居士香客和日本求法僧上径山礼佛拜师的山径小道。通往径山的古道遗迹，自古都沿着苕溪的溪流附近铺筑。历来上径山主要有两条路径，从余杭而上称为东径，从临安而上则为西径。东径又分为两线：东南线沿南苕溪、中苕溪而上，从余杭镇经长乐、斜坑、龙潭岭到达桐桥（东磡桥），再登径山；东线沿着东苕溪、北苕溪，从瓶窑经潘板、双溪，上直岭达到桐桥登径山。上径山的路径有的在山体上凿出台阶状，有的就搬来溪里的石块，铺筑台阶。

在径山古道上，还发现了元代的东磡桥，位于径山村桐桥自然村，建于元至元二十六年（1289）九月，至今已有 700 多年，是迄今余杭区境内发现最古老的石拱桥之一。东磡桥拱券采用纵联并列分节砌置法营建，长跨径 4.6 米，宽 3.25 米；桥扶栏刻有"东磡桥"，桥券孔东侧有桥碑，刻有"岁在己丑九月吉辰径山云峰妙高鼎建"等字样。妙高字梦池，号云峰（约 1219—1293），元至元十七年（1280）为径山寺住持。

遗址碑铭：如径山寺开山鼻祖法钦结庵建寺遗址，径山寺下院化城寺遗址、法华寺遗址、寂照庵遗址等古寺遗迹，径山寺古茶园、古井、佃房等遗迹；南宋孝宗御书"径山兴圣万寿禅寺"碑；"佛圣水"题刻、"圣寿无疆"题刻等。

此外，明清时期径山寺文物遗存，本来有永乐铜钟、铁佛等，可惜毁于钟楼祝融之灾。中国茶叶博物馆曾展出有铭文的径山寺地砖等。在 2009 年笔者调研径山茶宴遗存时，在径山村还俗僧正闻（早年出家径山寺，后在灵隐寺还俗）收藏有清末径山寺明月堂祖师袈裟，墨书有"明月堂誌"字样，弥足珍贵①。

岁月无情，沧海桑田，曾经雄踞江南禅院之首的南宋皇家寺院径山万寿禅寺，殿宇恢宏，辉耀天下，文物繁盛，四海景仰，却都难逃世道变迁之厄、祝融兵燹之灾而劫灭无闻；幸赖流播东瀛，余绪堪继。愿径山禅茶文化随着径山万寿禅寺的复建而复兴光大，径山寺的禅院茶会礼仪得到真正的恢复、保护，在恢宏倍昔的新殿宇有一席之地展陈演示，传承发扬大慧宗杲"看话禅"的遗风，为当下社会带来一股清新高雅之风。

（本文系为"径山茶宴"国家级非遗项目展陈而做的前期研究。）

---

① 鲍志成编著：《杭州茶文化发展史》上册，279-280页，杭州出版社，2013年。

径山禅茶文化的研究与保护

20 世纪 80 年代初，日本佛教临济宗来余杭径山寺寻根问祖，推动了径山寺的重建和中日新一轮的禅茶交流，接续了宋元时期径山寺禅院清规和茶会礼仪传入日本禅寺并演化为"日本茶道"的历史余绪，也推动了以"径山茶宴"为核心的径山禅茶历史文化研究和保护。30 多年来，径山禅茶文化研究取得了可喜的进展，发表、出版了大量论著，为比较系统、真实地认识、传承径山禅茶历史文化奠定了一定的基础。同时，在研究理论、方法、资料以及研究队伍等方面也存在诸多不足和问题，在相当程度上制约了研究成果的提升和研究领域的深入，与这一课题学术研究的重要性、保护传承的迫切性相比，尚存较大差距。

一、禅茶文化和径山的历史地位

"禅茶文化"如今是茶文化研究的热门课题，也是社会文化的一大热点，各类冠名"禅茶"的会议、活动、课题、节目乃至茶馆、会所层出不穷，人们对"禅茶"或"禅茶文化""禅茶一味"之类的提法，早就耳熟能详、习以为常，网络上相关信息更是不胜其烦、难尽其详。殊不知，这个词汇或说法的出现，不过是近二十来年的事。据统计，从 20 世纪 90 年代以来发表的论文有 100 多篇①。

1. 从"禅茶一味"到"禅茶文化"："禅茶"名实之探源   在日本茶道界盛传着这样一桩公案：一日，被后世尊为日本茶道开创者的村田珠光（1423—1502）用自己喜爱的茶碗点好茶，捧起来正准备喝的一刹那，他的老师一休宗纯（1394—1481）突然举起铁如意棒大喝一声，将珠光手里的茶碗打得粉碎。但珠光丝毫不动声色地回答说："柳绿桃红。"对珠光这种深邃高远、坚忍不拔的茶境，一休给予高度赞赏。其后，作为参禅了悟的印可证书，一休将自己珍藏的圆悟克勤（1063—1135）禅师的墨迹传给了珠光。珠光将其挂在茶室的壁龛上，终日仰怀禅意，专心点茶，终于悟出"佛法存于茶汤"的道理，即佛法并非什么特殊别的形式，它存在于每日的生活之中，对茶人来说，佛法就存在于茶汤之中，别无他求。这就是所谓的"茶禅一味"的境界。村田珠光从一休处得到了圆悟的墨宝以后，把它作为茶道的最高宝物，人们走进茶室时，要在墨迹前跪下行礼，表示敬意。由此珠光被尊为日本茶道的开山祖，茶道与禅宗之间确立了正式的法嗣关系。

---

① 董慧：《禅茶文化研究综述》，《农业考古》，2012 年第 5 期。

这则公案旨在借用中国禅门"机锋""棒喝"一类的公案,喻示村田珠光获得一休宗纯的认可,从而确立其茶道开山之地位。村田珠光从一休那里得到杨岐派祖师圆悟克勤的墨迹,现在成为日本茶道界的宝物。作为禅门领袖,圆悟克勤的法系子孙成为南宋和元朝兴盛江南的临济宗各大禅院的骨干中坚力量,继承他法统的径山弟子大慧宗杲(1089—1163)、密庵咸杰(1118—1186)、无准师范、虚堂智愚(1179—1249)、兰溪道隆(1213—1278)、无学祖元(1226—1286)等南宋临安径山禅寺的禅门宗匠,都对禅院茶会的实践、"禅茶一味"的流播和对日本茶道的影响,发挥了直接而巨大的作用。

"茶禅一味"的思想渊源,毫无疑问源于赵州和尚(778—897)、圆悟克勤等禅宗临济宗众多大德高僧制定、实施、推广、传播禅院修持法事活动、僧堂生活与茶事礼仪相结合的实践,但是除了《禅苑清规》,其他高僧语录如圆悟克勤的《碧岩录》以及现存的众多禅门公案等文献,却很少提到茶事茶会茶礼,更没有出现"禅茶一味"这样的表述或提法。长期以来,国内茶文化界由于缺乏深入学术交流和信息不对称等原因,曾误传日本茶道界有所谓的圆悟克勤的"茶禅一味"四字真诀墨宝。而实际上,日本茶道界本来就没说有圆悟克勤书写的四字墨宝,他们崇敬备至的只是一幅圆悟克勤写给弟子虎丘绍隆(1077—1136)的《印可状》而已。难怪乎有人为了找到"茶禅一味"的出处,证明村田珠光从一休宗纯那里得到的并非是圆悟克勤墨迹"茶禅一味",查阅了各个版本的《大藏经》、禅宗语录,都没有"禅茶"或"茶禅"的记录,也没有"禅茶一味"或"茶禅一味"这种特别的提法①。

茶事、茶会、茶礼在当时的禅院的法事活动和僧堂生活中无所不在,无处不在,习以为常,就如同常人吃饭睡觉一样稀松平常、必不可少。有人统计,在《大正藏》的"诸宗部""史传部"提到"吃茶"的有254处;《景德传灯录》提到茶有130多处,其中僧人以茶参禅60~70处,有18位僧人提及"吃茶去"20多次②;南宋咸淳版《禅苑清规》还附有茶会图8幅;其他的《祖堂集》《五灯会元》等僧录和高僧语录当也有茶事记录。也许从史证角度看这已经不少了,但从当时实际茶事活动之频繁、茶会次数之多看,这大概也不过是九牛一毛而已。

日本茶道源自禅道,而日本禅宗临济宗杨岐派的嗣法弟子,绝大多数都系出圆悟克勤门下的径山弟子。在径山寺大开禅茶宗风,把种茶、制茶、茶会融入禅林生活,创立参话头的"看话禅",留下诸多语录的大慧宗杲,正是圆悟克勤的法嗣。

宋元时期江南禅院正是通过无时不有、无处不在的茶事茶会实践,来参悟禅意真趣,了悟佛法大意,而所谓"茶禅一味"不是什么圆悟克勤的传世真诀,而是日本茶道的开山之祖村田珠光通过吃茶而参悟的禅茶心得。以圆悟克勤法嗣为主体的宋元时期径山寺历代高僧大德,正是"茶禅一味"的实践者和参究者,长年累月从不间断的

---

① 近期笔者发现在嘉兴南湖烟雨楼碑廊清人题"南湖八咏"石刻中有"茶禅夕照",诗云:"西丽桥波洗暮钟,江天倒浸落霞红。茶禅寺外湾湾水,霜叶芦花一钓蓬。"这说明当时嘉兴南湖西丽桥一带有"茶禅寺",详情待考。

② 沈冬梅:《景德传灯录与禅茶文化》,《禅茶:历史与现实》,浙江大学出版社,2011年。

寺院茶会，把参禅吃茶有机结合起来，以茶参禅，说偈语，参话头，斗机锋，禅院茶会别开生面，意境高古，影响深远，把中国古代禅茶文化推向登峰造极的地步。

2. 禅宗与茶的历史因缘：和尚家风"吃茶去" 禅宗是佛教在中国发展最具特色和活力、传播最广、影响最大的一个宗派，也是与茶结缘最深的佛门教团。禅茶结缘由来已久，赵州和尚"吃茶去"其实是临济宗参禅法门之一，"罗汉供茶"可谓是禅门茶事茶礼雏形之一。尤其是宋元时期盛行江南地区的临济宗，在传授、接引方面有一系列独特的手法，如临济喝、德山棒、云门露、黄龙三关、赵州茶等。这当中又以"赵州茶"为人津津乐道。

相传赵州（唐代高僧从谂的代称）曾问新到的和尚："曾到此间？"和尚说："曾到。"赵州说："吃茶去。"又问另一个和尚，和尚说："不曾到。"赵州说："吃茶去。"院主听到后问："为甚曾到也云吃茶去，不曾到也云吃茶去？"赵州呼院主，院主应诺。赵州说："吃茶去。"赵州均以"吃茶去"一句来引导弟子领悟禅的奥义[①]。后遂用为典故，学界一般以"赵州茶"为禅茶之源。其实，唐朝佛门就开始流行以茶供佛，打坐参禅时以茶驱除睡魔，有的地方流行"罗汉供茶"。到了宋代，临济宗盛于江南，社会茶风炽盛，禅茶关系更为亲密。

北宋以降，唐朝开始形成的禅宗"南渐北顿"两派，转而从原来的"不立文字"演变为"不离文字"，形成由所谓"公案"生发的"文字禅"。文字禅的兴起和发展，与禅僧生活方式、修行方式的改变直接有关，与宋代士大夫普遍喜禅紧密相连。"文字禅"是指通过学习和研究禅宗经典来把握禅理的禅学形式。它以通过语言文字习禅、教禅，用语言文字衡量迷悟和得道深浅为特征。以语录公案为核心展开的文字禅，经历了四个发展阶段，分别形成了四种形式，即："拈古"，以散文体讲解公案大意；"代别"，对公案进行修正性或补充性解释；"颂古"，以韵文体裁对公案进行赞誉性解释，类似禅诗；"评唱"，结合经教对公案和相关颂文进行考证、注解，以发明禅理。前两者起源于宋代以前，后两者都起源于北宋。

禅宗从注重直观体验的证悟转向注重知性思维的解悟，是促成文字禅兴起并走向昌盛的思想动力。到南宋初年，具有不同社会及修行功能，反映不同思潮的文字禅、默照禅和看话禅，成为禅学中既相互独立又不可分割的三大组成部分，共同塑造了中国禅学的整体面貌和精神。这当中，又以临安径山寺高僧大慧宗杲开创的"看话禅"与禅院茶会密切相关，即在茶会吃茶时，住持僧或茶汤会的会首，要说偈开示，或参话头，斗机锋，僧徒或主宾之间应对酬答。

"看话禅"是宗杲在批判默照禅过程中形成并完善起来的。所谓"看话"，指的是参究"话头"；而"话头"指的是公案中的答语，并非公案全部。通过参究话头的长久训练，促成认识上的突变，确立一种视天地、彼我为一的思维模式，才能获得自我，达到自主，在现实生活中任性逍遥。大慧宗杲看话禅的"话头"，有特定的要求，其来源是临济义玄的"三玄三要"。禅僧师徒之间的应酬答话中，要根据学人层次不

---

① 参见《五灯会元》之《南泉愿禅师法嗣赵州从谂禅师》。

同下语，答语要能制止对方做知见上的解释。这种句式的基本要求在于不涉理路，要求杜绝思量分别、知见解会。话头作为宗杲看话禅参验的手段，它要求的是要具有启悟的功能。能引来奇思玄解的是死句，而能让人言语道断、心行处灭的才是活句。平素宗杲所用的话头只有六七个，即"庭前柏树子""麻三斤""干屎橛""狗子无佛性""一口吸尽西江水""东山水上行"和"云门露字"，而其最常用的只有"狗子无佛性"和"竹篦子话"。而在《禅苑清规》中，收录有120条类似的问题参考题，如敬佛法僧否、求善知识否、发悟菩提（心否）、信入佛位否、古今情尽否、安住不退否、壁立千仞否、斋戒明白否、身心闲静否、常好坐禅否、绝默澄清否、一念万年否、对境不动否、般若现前否、言语道断否等，内容几乎无所不包。宗杲看话禅是一个操作性很强的系统，起疑，参话头，悟，证，修行，强调以妙悟为力准的；一方面批判文字禅斗机锋的流弊，另一方面也批判了默照禅的只管打坐、修证一如；特别将"悟""证"拈出，悟了还要证；而证却不能仅凭参公案、颂古、评唱，还要结合实践。参禅悟道在宗杲看来完全是一种可操作的训练行为。经历一番参究，心头没滋没味正是启悟的最好时节，此时参破话头，则豁然洞开。在这个参究过程的每一个环节，禅僧无时无刻、无处不在参用各种茶事茶会形式。从《禅苑清规》关于僧堂茶汤会的详尽规定看，宋元时期的江南禅院都在流行以茶参禅的修习方法，许多高僧大德都是精于茶事、主持茶会的茶人。完全可以说，禅僧要参悟的佛道出自茶汤，源于茶会。

3. 禅门清规中的茶事仪轨：严谨苛严　禅宗形成初期，禅林尚无制度、仪式，禅宗六祖慧能（638—713）三世徒百丈怀海（749—814）制定的《百丈清规》设有法堂、僧堂、方丈等制度，又规定众僧分别担任东西两序、寮元、堂主、化主等各种职务，为八九世纪中国禅宗脱离律寺、维持独自教团生活的必要规范，史称"古清规"，为宋元时期各版《禅苑清规》的圭臬。《百丈清规》在北宋崇宁、南宋咸淳、元朝至大年间都曾修改完善，翻刻刊行于禅院丛林中，也是元代敕修《禅苑清规》的范本。通常后世所见十卷本《禅苑清规》，体例、内容上都基本沿袭了百丈古清规，只是更加条理化、具体化。

《百丈清规》分上、下两卷，计有9章。卷上有第一章祝厘、第二章报恩、第三章报本、第四章尊祖、第五章住持。卷下有第六章两序、第七章大众、第八章节腊、第九章法器。其中，祝厘章记载圣节、景命四斋日祝赞、旦望藏殿祝赞、每日祝赞、千秋节、善月等对帝王圣寿万岁之祈愿，系国家权力统治下的宗教教团仪礼。尊祖章叙述祖师忌辰之典礼，大众章收录坐禅仪方法、禅院修业生活规范。

在当时的僧堂生活中，就开始大量使用茶事茶礼作为仪轨、修持的形式和内容。如《百丈清规》的第五章《住持》在规定"请新住持"时，有"专使特为新命煎点""新命辞众上堂茶汤西堂""专使特为受请人煎点山""受请人辞众升座茶汤"等茶事礼仪；在入院、退院、迁化等重大寺门活动中，也参用"山门特为新命茶汤""受两序勤旧煎点""挂真举哀奠茶汤""对灵小参奠茶汤念诵致祭""出丧挂真奠茶汤"等茶礼。在第六章《两序》中，对方丈、侍者、首座等行事也有许多茶事仪轨，如"方丈特为新旧两序汤""堂司特为新旧侍者汤茶""库司特为新旧两序汤""方丈特为新首座茶""新首座特为后堂大众茶""住持垂访头首点茶""两序交代茶""入寮出寮茶""头首就僧堂点茶"等。在第七章《大众》中关于沙弥剃度、坐禅、挂搭中，有"方丈特为新挂搭茶""赴茶汤"等茶事活动。在第八章《节腊》中，更严密规定了寺院四节茶会活动，如"新挂搭人点入寮茶""众寮结解特为众汤（附建散楞严）""方丈小座汤""库司四节特为首座大众汤""方丈四节特为首座大众茶""库司四节特为首座大众茶""前堂四节特为后堂大众茶""旦望巡堂茶""方丈点行堂茶""库司头首点行堂茶"等。

到宋元的《禅苑清规》，直接继承了百丈清规的基本条规而有丰富增补，形成完善的丛林制度和僧堂生活仪轨，对茶事规定更加详尽备至，堪称是严格约束僧人言行举止的行为准则，其严格、详尽、具体超乎想象，其间茶事之繁复多样也几乎无处不在，无事不用，无礼不茶。茶实际上已经成为僧人出家生活和修持的一种方式和方法。

在宋元时期，包括杭州在内的江南禅宗寺院僧堂生活中盛行各类茶事，每因时、因事、因人、因客而设席煎点，名目繁多，举办地方、人数多少、大小规模各不相同，通称"煎点"，俗称"茶（汤）会""茶礼""茶宴"。根据《禅苑清规》记载，这些禅院茶事基本上分两大类，一是禅院内部寺僧因法事、任职、节庆、应接、会谈等举行的各种茶会。《禅苑清规》卷五、六记载有"堂头煎点""僧堂内煎点""知事头首点茶""入寮腊次煎点""众中特为煎点""众中特为尊长煎点""法眷及入室弟子特为堂头煎点"等名目。在寺院日常管理和生活中，如受戒、挂搭、入室、上堂、念诵、结夏、任职、迎接、看藏经、劝檀信等具体清规戒律中，也无不掺杂有茶事茶礼。当时禅院修持功课、僧堂生活、交接应酬以致禅僧日常起居无不参用茶事、茶礼。在卷一和卷六，还分别记载了"赴茶汤"以及烧香、置食、谢茶等环节应注意的问题和礼节。这类茶会多在禅堂、客堂、寮房举办。二是接待朝臣、权贵、尊宿、上座、名士、檀越等尊贵客人时举行的大堂茶会，即通常所说的非上宾不举办的"大堂茶汤会"。其规模、程式与禅院内部茶会有所不同，宾客系世俗士众，席间有主僧宾俗，也有僧俗同座。

从唐《百丈清规》到宋元时的《禅苑清规》，清规戒律一脉相承，茶会茶礼视同法事，其仪式氛围的庄严性、程式仪轨的繁复性，都达到了无以复加的地步，具备了佛门茶礼仪式的至尊品格和茶艺习俗的经典样式。

4. 宋元径山寺的至高地位："五山十刹"之首　自唐代径山寺开山祖法钦禅师（714—792）植茶采以供佛，径山禅茶文化就初具雏形。据嘉庆《余杭县志》记载，径山"开山祖钦师曾植茶树数株，采以供佛"。当时禅僧修持主要方法之一是坐禅，要求清心寡欲，离尘绝俗，环境清静。静坐习禅关键在调食、调睡眠、调身、调息、调心，而茶提神醒脑、明目益思等功效，正好满足了禅僧的特殊需要。于是饮茶之风首先在禅僧中流传，进而在茶圣陆羽、高僧皎然等人的大力倡导下在社会上普及开来，"茶道大行，王公朝士无不饮者"。陆羽当年考察江南茶事时，相传就曾在径山东麓隐居撰著《茶经》，有"陆羽泉"胜迹（在今双溪）。

"径山茶宴"作为普请法事和僧堂仪规,在宋元时期被严格规范下来,并纳入《禅苑清规》,臻于禅门茶礼仪式和茶艺习俗的经典样式,发展到鼎盛时期。到了宋代,品茗斗茶蔚然成风,制茶工艺、饮茶方法推陈出新,茶会茶宴成为社会时尚。特别是在南宋定都临安后,径山寺发展进入鼎盛时期。南宋初,径山寺从原来传承的唐代"牛头禅"改传临济宗杨岐派,在北宋时光耀禅门的高僧圆悟克勤的法裔,到了南宋时大德辈出,其中尤以径山寺大慧宗杲、无准师范最为著名,其法脉弟子遍布江南禅林和东瀛日本。

当时的径山寺在朝廷的御封和赏赐下实力大增,规模恢宏,"楼阁三千五峰回",常住僧众达三千多,法席兴隆。南宋后期,朝廷评定天下禅院,径山位居"五山十刹"之首。史载"径山名为天下东南第一释寺","天下丛林,拱称第一"①,被称为"东南第一禅院"。由于径山近在都城,往来便捷,上至皇帝权贵,下至士林黎民,无不上山进香。宋孝宗曾多次召请径山主持入内请益说法,御赐寺田、法具,敕封名号,荣宠备至,恩渥有加,并御驾亲临,书"径山兴圣万寿禅寺"巨碑,至今尚存。随着径山寺的兴盛,径山茶宴的仪式规程作为禅院法事、僧堂仪轨,被严格地以清规戒律的方式规范了下来,纳入到了《禅苑清规》之中,成为重要的组成部分。

由此可见,禅与茶本是两种文化,在各自漫长的历史发展中发生接触并逐渐相互渗入、相互影响,最终融合成一种新的文化形态——禅茶文化。关于禅茶文化的内涵、外延及性质、特征、形态及艺术样式,学界众说纷纭,莫衷一是。禅茶文化是中国传统文化史上的一种独特现象,也是中国对世界文明的一大贡献,而历史上最辉煌的禅茶文化篇章属于宋元时期禅宗临济宗的本山祖庭径山寺及其高僧大德。

二、径山禅茶历史文化及"径山茶宴"的研究和"申遗"保护

如果说径山是一座文化之山,其内涵十分丰富,而禅茶文化就是这座文化之山的主体或主流,而镶嵌在峰顶之上熠熠生辉的宝珠就是"径山茶宴"。

1. "径山茶宴"名实辩正:一个"真实的伪命题" 茶文化界广受关注的"径山茶宴",从学术命题的角度看,其实是一个"真实的伪命题"。虽然在宋元时期的江南禅院里确实流行着类似的茶会茶礼,当时禅院法事法会、内部管理、檀越应接和禅僧坐禅、供佛、起居,无不参用茶事茶礼,但是在历史文献中却从来没有出现过"径山茶宴"这四个字。自从改革开放后日本临济宗来径山参拜祖庭,表演茶道,才出现"径山茶宴"是日本茶道之源的说法,这个说法经过专家学者的引用和僧俗相传,才约定俗成变为一个学术命题。

庄晚芳先生等的《径山茶宴与日本茶道》(发表期刊详见附录,下同)一文,可谓是最早引用或给出这个命题的学术文章。其后,在讨论到这个问题时,一些学者沿用了这个概念,如张清宏的《径山茶宴》,到张家成承担浙江省文化厅委托项目《"径山茶宴"与日本茶道》,作为"径山茶宴暨中国禅院茶礼的研究与保护"之中期成果,

---

① 楼钥《径山兴圣万寿禅寺记》,元家之巽《径山兴圣万寿禅寺重建碑》,《径山志》卷七《碑记》。

就正式进入文化主管部门的研究视野，并被先后列为余杭、浙江"非遗"项目。2009年，鲍志成受余杭文化部门委托承担国家级"非遗"项目申遗文本起草，过程中梳理了有关文献记载和研究成果，到径山寺及周围村镇实地调研，采访了早年出家径山寺、后来从灵隐寺还俗的僧正闻（时年84岁）、径山镇文史学者俞清源（时年81岁）等，他们都只是听说过"径山茶宴"，但未曾看见或参与过寺僧举办茶会活动。与此同时，在涉及相关研究领域时，许多学者还是谨慎对待这个命题的，如韩希贤的《日本茶道与径山寺》，丁以寿的《日本茶道草创与中日禅宗流派关系》，孙机的《中国茶文化与日本茶道》，王家斌的《浙江余杭径山——日本"茶道"的故乡》，余华径的《径山茶及其文化简介》，姜艳斐博士毕业论文《宋代中日文化交流的代表人物——无准师范》，法缘《日僧圆尔辨圆的入宋求法及其对日本禅宗的贡献与影响》，郭万平《日僧南浦绍明与径山禅茶文化》和《赴日宋僧无学祖元的"老婆禅"》等。近年来，当地有关部门、专家在"非遗"申报、原形研究和茶艺创编及画家创作过程中，都采用了"径山茶宴"这个名称，并获得上级主管部门和学界、社会的认同。其实，根据密庵咸杰的偈诗，当时径山寺里举办的接待上宾的大堂茶会，应该称为"径山茶汤会"，所谓的"径山茶宴"不过是民间流传加今人联想的一个俗称。

从20世纪80年代初开始到现在30多年来，地方文史和茶文化界对径山茶宴的研究从点到面，由表及里，逐步展开，不断深入，取得了可观的研究成果。如果从纵向观察以往的研究进程，基本上可以以2009年国家级"非遗"项目申报作为节点，将研究进程分为前后两个阶段。

2. 从名义、史地探源到禅宗、茶道探寻：起步及尝试　前一个阶段可以说是从名到义、逐步深入的阶段，重点是以地方文史工作者和茶文化界为主，从关注日本茶道开始来探讨径山茶宴的名称、形式和内涵及其与日本茶道的关系，文章偏重于径山史地、临济兴衰和禅茶文化及其与日本禅宗和茶道的渊源关系。这当中基本分两类，一类是直接从径山茶宴切入来研究的，如庄晚芳等《径山茶宴与日本茶道》，王家斌《径山茶宴》，韩希贤《日本茶道与径山寺》，张家成《"径山茶宴"与日本茶道》，张清宏《径山茶宴》，赵大川《南宋杭州与日本的茶禅文化交流》，吕洪年《日本茶道追溯与径山茶宴探寻》等。阮浩耕《试碾露芽烹白雪——宋代径山茶的品饮法小考》，提出宋代径山茶属于蒸青散茶的推论。

值得一提的是，径山本土的文史研究者俞清源（1928—2010）先生，作为径山历史文化研究的开创者和守护者，著有《径山史志》《径山祖师传略》《径山茶》《径山诗选》《径山禅茶》《径山的中日文化交流》等多部论著，虽然大多为内部资料印行，但对径山文史和禅茶研究来说可谓是筚路蓝缕，起到了开创性作用。长期从事乡土基层文化工作的陈宏，在建设陆羽泉茶文化主题公园、筹办中国茶圣节和编创径山茶文化民间艺术等方面做出了一定贡献，撰写出版有《径山禅茶》《径山胜览》，主编出版有《径山茶》《径山的中日文化交流》《径山文化》等乡土茶文化读物。沈生荣主编、赵大川编著的《径山茶图考》等，也具有一定的资料价值。

另一类是广义探讨茶宴和禅茶文化及与日本茶道渊源的，如姚国坤《茶宴的形成与发展》，孙机《中国茶文化与日本茶道》，滕军《茶道与禅》，张高举《日本茶道与唐宋茶文化》，张家成《中国禅院茶礼与日本茶道》，丁以寿《日本茶道草创与中日禅宗流派关系》，熊仓功夫《日本的茶道》，余悦《禅悦之风——佛教茶俗几个问题考辨》，罗国中《中国茶文化与日本茶道》，张依秋《茶宴文化渊源流长》，尹邦志《茶道"四谛"略议》等。

在学术研究的同时，有关恢复举办径山茶宴的尝试也随之开始。1988 年 5 月 23 日，浙江省茶叶协会邀请 100 多位专家学者，举办首次仿"径山茶宴"仪式的"探新茶宴"。1992 年 5 月，浙江省茶叶学会在双溪陆羽茶室举办仿唐宋风格的"径山茶宴"。2000 年 4 月，径山绿神茶室举行"径山茶宴"仪式。由于理论认识和客观条件的局限，类似活动不能说是严格意义上的"径山茶宴"，而是茶界有识之士的一种尝试和实践。

3. "径山茶宴"的"申遗"：正本溯源和演绎　2009 年 9 月，余杭区文广新局委托浙江省文化艺术研究院鲍志成研究员撰写"径山茶宴"申报国家级非遗名录文本，摄制申遗专题片，当年上报文化部中国文化艺术研究院专家组审核并通过，次年在国务院颁布的第二批国家级非遗保护名录中，"径山茶宴"以民俗类茶俗荣登名录。

"申遗"的成功，是"径山茶宴"研究和保护的转折点，开辟了新阶段。主要体现在如下几个方面：一是第一次从历史渊源、依存环境、名称来历、内容形式、风格特征、人文价值、传承法系、流传演变以及与日本禅宗和茶道的关系及濒危现状、恢复保护等角度，全面系统地论述了径山茶宴，基本厘清了径山茶宴的来龙去脉、基本情况和现代价值，许多观点迄今仍然具有学理价值和指导意义。二是第一次根据禅院清规、高僧语录等佛门典籍，结合日本禅茶典籍、学界成果来切入径山茶宴的研究，这就在原来主要依靠方志寺志和二手日本禅宗、茶道资料的基础上大大前进了一步，从而使径山茶宴的研究不再隔靴搔痒而是直指堂奥，在资料开掘上具有重要的开拓意义。三是第一次根据《禅苑清规》中各类茶汤会记载，结合日本茶道样式和有关禅茶民俗，创编了径山茶宴的演绎程式，并组织僧俗两众在径山寺客堂演示、录像，从击茶鼓、张茶榜到谢茶、退堂十多个程式，基本演示了径山茶宴的主要环节，并以视频专题片的形式呈现在人们的面前，使这一古老而失传的禅院茶礼的重生迈出了第一步。四是第一次根据日本学者的研究，提出了日本茶道系通过入宋求法日僧把禅院茶会茶礼随禅院清规一起"移植"到日本禅宗寺院管理和僧堂生活后逐渐发展演变而来的观点，这在原来关于日本茶道与径山茶宴的关系上的"起源""渊源""源自"等模糊笼统表述的基础上，可谓切中实质和要害而前进了一大步，并指出日本茶道的"和敬清寂"四字真谛也"直接源自"临济宗杨岐派二祖白云守端弟子刘元甫在五祖山松涛庵所确立的"和敬清寂"茶道宗旨，从而追本溯源，厘清源流，从根本上推进和纠正了有关问题在茶文化界长期存在的似是而非、模棱两可的说法。

4. "申遗"后学术研究的全面深入：禅茶并重、渐入堂奥　随着媒体的广为报道和广大茶人的交口称赞，径山茶宴的知名度迅速提高，一时成为茶界和社会关注的文化热点。从此以后，径山茶宴的学术研究和恢复保护步入全新阶段，取得多方面实质性成果。

一是径山禅茶文化研究引起高度关注，开始了有组织、有计划的学术研究。中国国际茶文化研究会与杭州灵隐寺成立禅茶研究中心，余杭区、径山寺、径山镇也先后成立了相关的研究团体和机构，如陆羽茶文化研究会、径山禅茶文化研究中心、径山文化研究会等。2009 年径山寺复建动工后表示要恢复"径山茶宴"。余杭区科技局立项开展径山茶宴原型研究。径山镇（村）也在以往"陆羽茶圣节"上名为"径山茶宴"的少儿茶艺民俗节目的基础上，尝试径山茶宴的编创表演。

二是举办多次专题学术研讨会，邀请专家学者发表交流径山茶宴的最新研究成果。如 2009 年 12 月 7—10 日，由杭州灵隐寺和中国国际茶文化研究会禅茶研究中心共同主办的"禅茶文化学术研讨会"在灵隐寺举行，来自日本、韩国等国内外 20 余位专家学者及杭州佛教界人士参加了研讨会，探讨禅茶文化的研究与实践。2011 年 11 月 11 日，由杭州市佛教协会主办的以"佛教禅茶文化"为主题的第六届世界禅茶大会暨第四届禅茶文化论坛在杭州灵隐寺开幕，来自韩国、日本以及我国台湾等海内外佛教界高僧大德以及佛学界、茶文化界、史学界、艺术界的 150 位专家学者参加了此次盛会，在为期 2 天的学术研讨中，举行了"四头茶礼"等五场主题论坛，进行深入研讨。2013 年 11 月 24 日，第五届禅茶文化论坛在杭州灵隐禅寺举办，主题是"清规与茶礼"，近 60 位来自世界各地的专家学者到会交流，从各个角度阐释了对禅茶文化的深刻理解。研究表明，日本的茶礼源于中国的禅宗和禅僧，茶道体现了茶禅一味，其核心思想是禅。

三是在禅茶文化、禅院清规、径山茶宴与日本茶道等领域的研究逐步深入，取得多个专题性研究成果。如关于禅茶历史和文化的研究，第四届禅茶文化论坛后编辑出版了会议论文集《禅茶：历史与现实》，收录多篇学术论文；余悦的《中国禅茶文化的历史脉动——以"吃茶去"的接受与传播为视角》，张袆凡的《"禅茶"的内涵及其民俗文化学研究》，丁氏碧娥（释心孝）的《禅茶一味》，都是禅茶文化和传播研究领域的力作。

禅院清规与茶礼的研究是第五届禅茶文化论坛的主题，会后编印出版的《禅茶：清规与茶礼》论文集，收录了一些有质量有价值的论文，文章从禅院清规茶礼记载和日本流传的禅寺"开山祭"茶礼切入，就径山茶宴从理论概念深入到内容形式进行了探讨，是迄今对禅院茶礼研究比较直接而深入的研究论文。

对"径山茶宴"的研究不断深入。鲍志成相继发表《论径山茶宴及其传承与流变》《径山茶宴的主要特征和人文价值》《从"禅院茶礼"到"日本茶道"及"茶话会"》等论文，从不同角度深入研究了径山茶宴作为禅院茶会的形态、传承和演变及其特征和价值；《密庵咸杰与"径山茶汤会"》一文，着重就径山寺高僧密庵咸杰偈诗中关于"径山茶汤会"的记载及其东传日本的墨迹和在日本茶道界享有盛誉的"密庵床"等作了探讨；另外，鲍志成还对日本茶道中使用的"神器"天目盏和天目台也进行了全面深入的探讨，就其名称来源、形制特征、功能用途、传世遗存等问题进行了全面阐述，还第一次提出了与盏台配套使用的"天目瓶""天目盘"的存在，具有较高的学术价值（《宋元遗珍茶器绝品——"天目碗"的源流辨析及其与中日禅茶文化交流的关系》,《"天目台"杂考》）。棚桥篁峰、巨涛的《南宋径山万寿寺茶礼的具体形式与复原》，结合禅院清规和日本传世茶道清规，就径山寺茶礼的具体形态、主要程式以及恢复的可能性作了独到研究。

王家斌等承担的余杭区科技局科研项目《径山茶宴原型研究》，是继径山茶宴申遗文本后又一项专题研究项目，该项研究报告评审通过后在《中国茶叶加工》2010年以增刊（总第116期）发表。从报告全文看，主要涉及径山茶宴的由来、用茶、道具、程序、禅理真谛以及与日本茶道六个方面，梳理了相关问题既往的解说和成果。周永广、粟丽娟《文化实践中非物质文化遗产的真实性：径山茶宴的再发明》对径山寺为主的有关恢复径山茶宴的尝试和实践作了文化人类学的考察和探讨。

四是径山禅茶历史文化研究取得丰硕成果。余杭文史界陆续编辑出版了多部与径山禅茶历史文化有关的资料或论集，如汪宏儿主编的《径山禅茶文化》《径山图说》，唐维生主编、赵大川编著的《径山茶业图史》，汪宏儿主编、赵大川编著的《陆羽与余杭》，这些著述都有很鲜明的本土特色和一定的资料价值。2015年，余杭区茶文化研究会编印的《余杭茶文化研究文集（2010—2014年）》，也收录了几篇径山茶宴的专论。

这些研究成果深化了对禅院茶会的认识，提高了对径山茶宴的认知，基本厘清了径山茶宴的形式、内容和主要程式及其与日本茶道的关系，丰富了径山茶宴的地域特色和人文内涵，为恢复保护径山茶宴提供了多维视角和参证依据。

三、径山禅茶文化研究和保护中存在的问题及对策

30多年的径山禅茶文化研究在取得丰硕成果的同时，也存在一些明显的不足和问题，在一定程度上制约了研究深入和研究成果。这里就个人观察、思考所得做点分析，并提出若干建议。

一是要拓宽视野，提高认识，突破地方局限，从宏观和微观两个角度来把握研究方向、推进研究深入。禅茶文化是佛教中国化过程中产生的一种独特文化类型，是外来的印度佛教文化与中国原产、特有的茶和茶文化相互交融的产物，堪称是中国传统文化的瑰宝。禅茶文化具有内涵丰富、博大精深、意境高古、三教融通、流播广远、影响深远等基本特征，具有人格修养、审美趣味、情操陶冶、礼仪教育和宗教修习等多方面人文教育功能，在中华民族人文传统的培育涵养和成熟定型中发挥过重要的作用。对个人而言，禅茶文化是通过禅茶修习提升人生境界、修炼人格品行、开启觉悟智慧、达成从人性到神性跨越的圣贤之道的不二之选。从其传播地域和流传影响而言，禅茶文化具有鲜明的超越时空的时代性、国际性，是东方文明体系中独一无二的兼具自然和人文、物质和精神双重属性的文化形态。因此，要从中国传统文化乃至东方文明的大背景、大历史、大文化来审视禅茶文化，充分认识其内涵特征、重要作用、历史地位和深远意义，而不能就禅论禅、以茶说茶，或者简单地当作是"禅"与

"茶"的组合，也不能抓住一点、不及其余，聚焦在"径山茶宴"上，更不能仅仅局限于径山甚或余杭、杭州地方的、文史的范畴。由于径山禅茶文化的研究，起步于地方文史工作者，再扩及地方茶文化界，因而或多或少存在认识高度不足、深度不够、视野不够开阔、局限径山本地等情况。随着研究的深入，对禅茶文化的认识也在提高，尤其是社科界、佛教界学者的参与，学术视野正不断拓展、打开。对这一点，不仅地方文史研究者要提高认识高度，开阔视野，而且地方文化工作者尤其是非遗主管部门领导也要立足大局，放宽视野，从民族文化传承和优秀遗产保护的高度，采取开放、包容、兼容的态度，突破地方、部门、行业等局限，从更高更广的角度来把握、指导、支持径山禅茶文化研究和遗产保护传承工作。

二是要分工协作，形成合力，整合学术研究、遗产保护、项目传承资源，发挥社科界、茶文化界、佛教界的积极性。禅茶历史悠久，源远流长，与佛教中国化、茶文化兴起同步，与唐宋时期中国传统文化的转型相一致；禅茶文化开放包容，博大精深，内涵包罗万象，形态丰富多样，不仅涉及佛学、禅学、茶学等学问体系，还与传统文化艺术的许多领域相联系，外延十分广阔。因此，要研究禅茶文化，必须具备基本的佛教文化、禅宗义理和茶历史文化知识，还需要扎实的传统文化功底。在研究理论和方法上，需具备历史学、文化学、佛学、茶学、民俗学等多学科多领域的修养；甚至在历史文献、古籍原典的运用上，还需具备最基本的版本目录、句读考释、辩证考据的功夫；既要立足传世的大量僧史、公案、清规等文献，也要重视文物、实物、遗迹及习俗、口碑等资料的挖掘，尤其要关注流传至今的佛门禅茶遗风——普茶法事和与径山禅茶礼仪直接相关的"日本茶道"起源、演变历史的研究。这就是说，研究禅茶文化，是有一定的学术门槛的，这就像茶文化的研究是有一定的学术门槛一样。因此，单靠地方的、文史的、茶界的力量是不够的，要搭建平台，集合外地甚至国外的历史学、文化学、佛学、茶文化学等各界学术力量，从不同领域开展深入研究。这方面，中国国际茶文化研究会禅茶研究中心和杭州灵隐寺等已经做了很好的尝试，取得了长足的进展。

与此同时，政府文化部门主持的遗产保护工作，也要加强与学术界的联系和交流，充分利用社会资源、发挥专家作用，提高遗产保护工作的水平和成效，把遗产保护建立在有学术支撑的基础上，实现研究性保护。这方面，余杭区有关部门在"径山茶宴"申遗工作中也有过有益的尝试，以后要加大力度，持续推进。

严格意义上说，禅茶文化是个很大的研究范畴，但"径山茶宴"就浓缩到了径山范围，而且从历史实际来看，这个非遗项目属于径山寺，其传承人和项目主体应该是径山寺及其僧众。因此，要高度重视发挥佛教界和径山寺在禅茶文化研究和径山茶宴传承保护中的主体地位和主要作用。

径山禅茶文化的学术研究和遗产保护是一个系统工程，需要有关方面资源整合、形成合力，以学术研究为先导，以申遗保护为抓手，以项目传承为可持续发展的保障。只有这样，才能把这一几乎式微失传的文化瑰宝还原复活，重新焕发生机。

三是要把握好学术研究与遗产项目展陈演示中还原、传承与创新、发展的关系。

众所周知，作为径山禅茶文化研究的主要目的之一，是还原、保护、传承历史上宋元时期在径山寺及其临济宗寺院广为流传的禅院茶会——"径山茶宴"。但是，毋庸否认的是，这一当年日常化的禅院茶风在明清时期就随着临济宗的衰落而逐渐式微，到了清末民国时期又因径山寺的衰落而几乎失传；虽然在江南地区盛行数百年之久的禅院茶会，或多或少流传到江南社会、乡村市井，到近代流变为商务茶会，最终演变为现代各类茶话会，但作为禅门修持的必修课、僧堂生活的基本功、纳入《禅苑清规》的茶会仪轨，却日渐不复存在，在流传至今的寺院普茶法事仪式中也很少保留原来作为"丛林盛制"的禅院茶礼盛况。虽然宋元时期随着日本求法僧与《禅苑清规》一起移植到日本禅宗寺院的僧堂茶事仪轨，在后世形成了闻名于世的"日本茶道"，公认"径山茶宴"为"日本茶道"之源，但是必须明确的是，现代"日本茶道"无论从形式内容还是风格特征与宋元时期作为禅僧日常修习的禅院茶会相比，也已经大相径庭、不可相提并论了。在这种情况下，我们仅凭有限的文献记载要还原或者复原或者恢复当时的禅院茶会礼仪或仪轨或程式，是十分困难的。由于历史文献记载的局限性，学术研究的不足，文字记述和实景展演之间的巨大差异，古今语境的不同，几乎使这项工程比纯粹的学术研究还要难上加难。

回顾径山禅茶文化研究的过程，可以发现几乎从一开始茶宴演示就与学术研究相随而至，地方茶社团、茶企业乃至茶界人士一直在通过各种形式探索演示自己理解的"径山茶宴"样式。从迄今为止的展演作品来看，这些冠名为"径山茶宴"的各类茶会活动，只是策划组织者心目中的茶宴形式，是现代茶艺表演与地方民间文艺糅杂的一种茶会而已，即便是文人雅士参与主持的类似活动，也不过是以茶艺与传统艺术表演相结合的文艺雅集而已。在程式上、风格上、服饰道具上，都与禅院茶会相差甚远，更不用说宋元时期径山寺禅院茶会以茶参禅、庄谨苛严、斗机锋、参话头的高古意境和庄严风格。坦率说，时代不同了，人文环境改变了，要完全复原宋元禅院茶会几乎是不可能的，但是可以在恢复基本程式、传承原有风格的基础上，进行必要的创新和发展，实现研究性保护、创新性发展。这不仅是任何历史文化遗产保护需要遵循的基本法则，也是传统文化传承发展的基本规律。关键的是如何把握好还原、传承与创新、发展的关系，拿捏准这当中的度，做到"创新不离谱"。

严谨的学术研究和艺术创作之间的矛盾，实际上是司空见惯的。"径山茶宴"作为非遗保护项目，必须通过艺术展演展陈出来，否则学术研究再好、成果再多，其社会文化作用是有限的。通过 2009 年申报国家非遗保护项目时编创"径山茶宴"并摄制申遗专题片的实践，我对此有许多深刻的体会，其中最重要的是：形式服务内容，内容表达主题，要通过艺术的手法来展示主题，使内容形式这些看得见的东西营造出高古、高雅、高尚的艺术风格，传达出主题蕴含的灵魂或精气神！比如在场地、道具、茶具、服饰、配乐、陈设等方面，尽量还原、体现宋元时代的样式和特征，在程式编排、设计上基本符合禅院茶事仪轨的主要环节，在人物造型、气质、对白、唱念上，尽可能符合高古、脱俗、清幽、高远的禅门风格。如果能做到这几点，那么即便是所用的材料、形式等有所不同或略有出入，也"万变不离其宗"，其展示的精神实质是相近或一致的。当然，这当中不能犯低级的常识性错误，出现诸如明人服饰、清式家具或有悖佛门规矩或佛教语境的"硬伤"，否则就会造成细节疏忽导致全局失败的遗憾。如果能做到这几点，或者按照这样的方法和思路去探索，再把学术的严谨和艺术的创新结合起来，那么禅院茶会的恢复、复原就接近"原真"了。

四是不能以现代茶艺表演形式来创编"径山茶宴"，也不能简单地以"日本茶道"或"四头茶礼"为样本来还原禅院茶会。"径山茶宴"申遗成功以后，越来越受到佛教界、茶文化界和社会各界的关注，各种式样的茶宴、禅茶、茶会纷纷登场，既有社区、村镇、企业的版本，也有寺院、僧人、居士的版本，还有茶艺界的创编。如果按照现有的关于宋元禅院茶会的研究成果，或者基于《禅苑清规》和日本禅宗寺院早期茶事活动的文献记载的研究认识，那么这些探索或尝试基本都是隔靴搔痒、徒具形式的。难怪乎有的茶艺僧的禅茶演示即便是有关寺院都未曾认可，而只是融合佛教法事形式或手印和现代茶艺表现元素或样式的茶艺形式而已①。一些寺院在佛诞节、盂兰盆节、禅茶活动期间也仿照禅院茶会的故事举办普茶活动或大型禅茶会，从场地布置、程式演示、茶具道具以及艺术风格等来看，也未达到《禅苑清规》"赴茶汤"那样的要求和境界。相对而言，作为宋元禅院茶会兴盛的核心寺院径山寺在恢复禅院茶会或"径山茶宴"的态度上，秉持了一种更加严谨、严肃的态度，在准备不充分、条件不具备的情况下，宁愿等一等看一看，而不是急着上项目。佛家言凡事因缘具足方可成就，这或许也是一种科学的态度。当然，这些方方面面的探索尝试也不是毫无意义的，至少说明径山禅茶文化引起了社会的关注，有利于提高全社会对禅茶文化遗产的保护意识。

在日本圆觉寺、东福寺、建长寺、建仁寺等径山派临济宗寺院，迄今仍在每年开山祖师的忌日举行"开山祭"，即所谓的"四头茶礼"，其程式流程虽然十分简单，但其堂设、席次、问讯、点茶等要求，某种程度上保留了禅院茶会的一些元素。"开山祭"虽然流传不在径山寺而是在日本的临济宗寺院，但仍不失为是"径山茶宴"某种形态或若干环节的活态传承。

2011年11月第四届禅茶文化论坛期间在灵隐寺举办日本"四头茶礼"表演后，在佛教界、茶艺界出现了一种说法：认为"四头茶礼"以及"日本茶道"是宋元禅院茶会的"活化石"，可以把它当作恢复、还原禅院茶会的参照或样本。这种说法初看貌似有理，其实经不起推敲。姑且不说几经演变的现代"日本茶道"与宋元禅院茶会大相径庭，就是迄今仍流传在日本几家禅宗寺院的"四头茶礼"也并非是严格意义上的禅院茶会，而不过是祭祀开山祖的祭奠仪式，虽然在仪式中有点茶奉茶的环节，其中某几个细节动作如持瓶、扶盏、击拂等或许保留了宋元时期的原状，但总体上看它不是宋元禅院海会堂举办的僧众参加的法事程式的大堂茶会。

2009年9月，为了申报国家级非遗保护项目，在余杭区文广、民宗等有关部门

① 周永广、粟丽娟：《文化实践中非物质文化遗产的真实性：径山茶宴的再发明》，《旅游学刊》，2014年第7期。

和径山寺僧人、茶界有识之士的支持下，我在径山寺客堂采取排演、录像结合的方式，编导摄制了"径山茶宴"申遗专题片，除了全面解读禅院茶会的历史文化背景，重点演示了自己编创设计的"径山茶宴"主要程式。经过后期制作，上报国家有关部门和专家审评通过，获得申遗成功。这是一次大胆的尝试，也是迄今为止仅有的一次茶宴完整演示活动。如今看来，还存在诸多不足，但其主要程式和艺术风格是值得基本肯定的，为今后继续深入探索打下了基础，可谓是达成复原、恢复接近原真的禅院茶会的抛砖引玉之作。

除此之外，从公开的报道看，尚无完整诠释或演示禅院茶会的作品问世。我们期盼着佛教界尤其是径山寺这样的寺院，能在将来还原禅院茶会的努力中发挥主导作用。如果按照项目传承主体的要求来说，这个历史使命非径山寺来担当不可，这份时代责任非径山寺僧众莫属！

五是"径山茶宴"在地方、民间、社区传承中要防止商业化、庸俗化、娱乐化倾向。作为学术研究，学术界要承担主要责任；作为遗产保护，政府主管部门要发挥主导作用；作为项目传承，那么传承主体的径山寺及其僧众责无旁贷。但是，禅茶文化遗产作为地方历史文化，属于社会，属于全民，理应全民共享。因此，除了项目传承主体以外，地方、民间、社区乃至企业、村民也拥有相应的共享遗产权利。在这样的认识前提下，近年来径山有关村镇、民间、社区、企业都对"径山茶宴"产生浓厚的兴趣，有的通过申报文创项目、文化旅游产品开发、茶艺民俗表演等方式，编创排演"径山茶宴"。这种参与遗产保护的热情和积极性应予肯定和鼓励，但是作为禅茶文化精髓的禅院茶会，不管称为"径山茶宴"还是"径山茶会"或什么"茶汤会"，其本身具有的人文价值和高古清雅的风格是不能没有的。尤其是要防止把"径山茶宴"进行商业化开发或者庸俗化、娱乐化演绎，否则就有失国家级非遗保护项目的规范性、严肃性，有损禅茶文化的高雅风格和高贵品格。

综观径山禅茶文化的研究和遗产保护，成果丰硕，问题不少。在当前习近平高度重视传统文化、汲取历史智慧治国理政的新形势下，加强禅茶文化研究和遗产保护，充分发挥"径山茶宴"国遗项目在社会文化建设、公民人文教育、文化旅游开发、对外文化交流与传播等方面的作用和功能，正当其时。

附录：径山禅茶历史文化研究论著一览

一、论文

今枝爱真：《关于清规的传来和流布》，《日本历史》146 期，1960 年 8 月。

庄晚芳等：《径山茶宴与日本茶道》，《农史研究》，1983 年第 10 期。

王家斌：《径山茶宴》，《中国茶叶》，1984 年第 1 期。

姚国坤：《茶宴的形成与发展》，《中国茶叶》，1989 年第 1 期。

陈汉亮：《茶宴·茶道·茶话会》，《茶业通报》，1989 年第 3 期。

孙　机：《中国茶文化与日本茶道》，1994 年 12 月 16 日在香港茶具文物馆的演讲稿。

滕　军：《茶道与禅》，《农业考古》，1995 年第 38 期。

张家成：《中国禅院茶礼与日本茶道》，《世界宗教文化》，1996 年第 3 期。

韩希贤：《日本茶道与径山寺》，《农业考古》，1996 年第 2 期。

熊仓功夫：《日本的茶道》，《农业考古》，1997 年第 48 期。

丁以寿：《日本茶道草创与中日禅宗流派关系》，《农业考古》，1997 年第 2 期。

王家斌：《浙江余杭径山——日本"茶道"的故乡》，《中国茶叶加工》，1998 年第 2 期。

沈冬梅：《宋代的茶饮技艺》，《中国史研究》，1999 年第 4 期。

张清宏：《径山茶宴》，《中国茶叶》，2002 年第 5 期。

杨之水：《两宋茶诗与茶事》，《文学遗产》，2003 年第 2 期。

陆文宝：《试析径山之历史文化底蕴》，《东方博物》，2004 年第 1 期。

张依秋：《茶宴文化渊源流长》，《东方药膳》，2006 年第 9 期。

尹邦志：《茶道"四谛"略议》，《成都理工大学学报（社会科学版）》，2007 年第 3 期。

赵大川：《南宋杭州与日本的茶禅文化交流》，《杭州研究》，2007 年第 2 期。

法　缘：《日僧圆尔辨圆的入宋求法及其对日本禅宗的贡献与影响》，《法音》2008 年第 2 期。

郭万平：《日僧南浦绍明与径山禅茶文化》，《浙江工商大学学报》，2008 年第 2 期。

郭万平：《来宋日僧南浦绍明在径山事迹考述》，《浙江工商大学学报》，2008 年第 2 期。

阮浩耕：《试碾露芽烹白雪——宋代径山茶的品饮法小考》，《茶叶》，2009 年第 1 期。

丁氏碧娥（释心孝）：《禅茶一味》，福建师范大学，2009 年博士论文。

吕洪年：《日本茶道追溯与径山茶宴探寻》，《杭州研究》，2009 年第 2 期。

鲍志成：《径山茶宴申报国家非物质文化遗产报告（包括申遗专题片）》（2009 年 9 月）。

《杭州万寿禅寺将恢复径山茶宴》，《茶叶世界》，2009 年第 20 期。

《日本茶道源于中国》，《记者观察（下）》，2010 年第 8 期。

鲍志成：《径山茶宴的主要特征和人文价值》，《茶博览》，2010 年第 1 期。

吴步畅：《"径山茶宴原型研究"项目通过验收》，《茶叶》，2010 年第 4 期。

吴步畅：《"径山茶宴原型研究"项目验收》，《中国茶叶》，2010 年第 12 期。

陆文华等：《日本史料证实径山茶宴为日本茶道之源》，《中国茶叶》，2010 年第 2 期。

王家斌等：《径山茶宴原形研究》，《中国茶叶加工》，2010 年增刊（总第 116 期）。

陆文华：《日本史料实证径山茶宴为日本茶道之源》，《杭州日报》，2010 年 1 月 26 日。

屠水根：《径山禅茶的历史文化和发展前景》，《中国茶叶加工》，2010 年第 2 期。

张祎凡：《"禅茶"的内涵及其民俗文化学研究》，华东师范大学，2010 年硕士论文。

鲍志成：《径山古刹话茶宴》，《文化交流》，2012 年第 3 期。

姜艳斐：《宋代中日文化交流的代表人物——无准师范》，浙江大学日本文化研究所硕士论文（1999 年 2 月）。

空谷道人：《径山茶宴 中国茶禅文化的典范》，《旅游时代》，2012 年第 5 期。

侯巧红：《论中日茶道文化的意境与精神气质》，《河南社会科学》，2012 年第 9 期。

鲍志成：《宋元遗珍 茶器绝品——"天目碗"的源流辨析及其与中日禅茶文化交流的关系》，《茶都》，2012 年第 2 期。

鲍志成：《论径山茶宴及其传承与流变》，沈立江主编《茶业与民生——第十二届国际茶文化研讨会论文精编》，浙江人民出版社，2012 年。

沈学政：《历史视野下的中国茶会文化的传播与发展》，《农业考古》，2013 年第 2 期。

耿海：《径山茶宴法传千年》，《食品指南》，2013 年第 10 期。

棚桥篁峰、巨涛：《南宋径山万寿寺茶礼的具体形式与复原》，《农业考古》，2013 年第 2 期。

释法涌：《抹茶与径山茶宴》，《茶博览》，2013 年第 6 期。

鲍志成：《"天目台"杂考》，《"天目"国际学术研讨会论文集》，中国文史出版社，2015 年。

鲍志成：《密庵咸杰与"径山茶汤会"》，《第八届世界禅茶文化交流大会学术论文集》（2013）。

段莹：《茶会的起源与发展概述》，《茶叶通讯》，2014 年第 2 期。

吴茂棋：《宋代的水磨茶生产》，《茶叶》，2014 年第 1 期。

周永广、粟丽娟：《文化实践中非物质文化遗产的真实性：径山茶宴的再发明》，《旅游学刊》2014 年第 7 期。

中村修也著：《从"四头茶礼"看吃茶的意义》，《禅茶：清规与茶礼》，人民出版社，2014 年。

石井智惠美著、金美林译：《斋坐"四头"中的料理与点心》，《禅茶：清规与茶礼》，人民出版社，2014 年。

刘淑芬：《〈禅院清规〉中所见的茶礼与茶汤》，《禅茶：清规与茶礼》，人民出版社，2014 年。

祢津宗伸著、关剑平译：《〈大鉴清规〉中的吃茶与吃汤》，《禅茶：清规与茶礼》，人民出版社，2014 年。

肖勤、赵大川：《茶宴东传孕茶道》，收录于《余杭茶文化研究文集（2010—2014 年）》。

姚国坤：《径山茶礼对日本茶道形成的影响》，收录于《余杭茶文化研究文集（2010—2014 年）》。

滕　军：《南宋、元时期的中日茶文化交流》，收录于《余杭茶文化研究文集（2010—2014 年）》。

鲍志成：《从"禅院茶礼"到"日本茶道"及"茶话会"》，收录于《余杭茶文化研究文集（2010—2014 年）》。

棚桥篁峰：《南宋径山万寿寺茶礼的具体形式与复原》，收录于《余杭茶文化研究文集（2010—2014 年）》。

二、专著

南浦绍明述、祖照等编：《圆通大应国师语录》，高楠顺次郎编《大正新修大藏经》，1926 年。

福山岛　俊翁编：《大宋径山佛鉴无准禅师》，佛鉴禅师七百年远讳局，1950 年。

吉野孝利主编：《圣一玉涉》，圣一国师生诞 800 年纪念事业实行委员会，2002 年。

荻须纯道：《日本中世禅宗史》，东京木耳社，1965 年。

师　蛮：《本朝高僧传》，《大日本全书》102 册，名著普及会，1979 年。

村井康彦：《茶文化史》，东京岩波书店，1979 年。

曾根俊一主编：《静冈茶の元祖——圣一国师》，静冈县茶业会议所，1979 年。

木宫泰彦著，胡锡年译：《日中文化交流史》，商务印书馆，1980 年。

印　顺：《中国禅宗史》，江西人民出版社，1990 年。

沈冬梅：《茶与宋代社会生活》，中国社会科学出版社，1991 年。

杨曾文：《日本佛教史》，浙江人民出版社，1995 年。

杨曾文、〔日〕源了圆主编：《中日文化交流史大系》，浙江人民出版社，1996 年。

张晓虹：《日本禅》，浙江人民出版社，1997 年。

俞清源：《径山史志》，浙江大学出版社，1995 年。

俞清源：《径山祖师传略》（内部资料）。

滕　军：《中日茶文化交流史》，人民出版社，2004 年。

裘纪平：《宋茶图典》，浙江摄影出版社，2004 年版。

沈生荣主编，赵大川编著，《径山茶图考》，浙江大学出版社，2005 年。

汪宏儿主编：《径山禅茶文化》，《径山图说》，西泠印社出版社，2010 年。

关剑平主编：《禅茶：历史与现实》，浙江大学出版社，2011 年。

胡建明：《宋代高僧墨迹研究》，西泠印社出版社，2011 年。

唐维生主编、赵大川编著：《径山茶业图史》，杭州出版社，2013 年。

汪宏儿主编、赵大川编著：《陆羽与余杭》，西泠印社出版社，2014 年。

关剑平主编：《禅茶：清规与茶礼》，人民出版社，2014 年。

杭州市余杭区茶文化研究会编，汪宏儿主编，赵大川编著：《陆羽与余杭》，西泠印社出版社，2014 年。

杭州市余杭区茶文化研究会编：《余杭茶文化研究文集（2010—2014 年）》（内部资料），2015 年。

（本文原题《径山禅茶文化研究》，刊陈宏主编《径山历史文化研究论文集》，杭州出版社 2015 年。）

"天目台"杂考

正如英语中 China 既指"中国"又指"瓷器"①，喻指中国是"瓷器之国"一样，英语 Japan 除了"日本"之义，也指"漆器"，喻指日本是"漆器之国"②。其实，瓷器、漆器、丝绸都起源于中国，都是中华民族对人类文明的卓越贡献，而且远在距今 7 000 年前的新石器时代浙东河姆渡文化遗址中，就出土了世界上最早的"朱漆碗"③。在距今 4 000 年的良渚文化卞家山遗址中也出土了大量的漆木器，其数量之多，种类之丰富，保存之完好，为世所罕见。考古专家认为，漆器是良渚文化晚期的代表器物④。这说明，浙东地区是漆器的发源地，吴越先民是最早发明使用漆器的族群。夏、商、西周三代已逐渐从单纯使用天然漆到使用色料调漆。历经唐宋至明清，中国的漆器工艺不断发展，达到了相当高的水平。中国的戗金、描金等漆器工艺，对日本等地都有深远影响。漆器是中国古代在化学工艺及工艺美术方面的重要发明。那么，何以西方不称中国而称日本为"漆器之国"呢？这就与本文要讨论的"天目台"有一定的关系。

一、关于"天目茶碗"和"天目台"的源流及名称释义

众所周知，日本"茶道"源自宋元时期江南禅院的"茶礼""茶会"，其仪式和器具包括举行茶道的厅堂布置、泡茶方法和使用的茶具，均效仿或保留了许多宋元中国禅院"茶礼"的元素。其中茶道中必用的主要茶具——黑釉茶碗，就是"天目茶碗"，其得名据说是因为日本镰仓时期（相当于我国南宋时期）入宋求法的留学僧人从天目

---

① China 除了指"瓷器"外，学术界还有一说，是指"秦"即秦国。此外，在古希腊时期，西方也称"中国"为"赛里斯（seres）"，意即"产丝之国"。

② "日本"的英语名词有两个，作为国名的正式称呼是 JAPAN，非正式称呼是 NIPPON，许多期刊的英文版依然使用 NIPPON 而不是 JAPAN。Japan 在英语中语源是马可波罗的"世界の记述"（东方见闻录）中记述的《黄金の国・ジパング（ZIPANG・ZIPANGU）》。相传马可波罗来中国的时候，在北京看到有人搬运大量的金条，很震惊地问：金子来自哪里？答曰：金邦（JinBang，中国语发音）。马可波罗就以金邦（JinBang）作为这个国家的称呼，逐渐演化为 JAPAN。JinBang＝ジパング＝金の国だよ。也有人认为当时元朝的语言中"日本国"的发音为 Ribenguo「リーベングォ」，Japan 是当时元朝官方语言的语源的说法也是可能的。不过，在汉语中"日本"国名源自隋炀帝颁发给遣隋使的敕封诏书，其本意是"日出之国"。

③ 这件"朱漆碗"于 1977 年在河姆渡遗址 T231 出土，现藏于浙江省博物馆，参见浙江省文物考古研究所：《河姆渡——新时期时代遗址考古发掘报告》，文物出版社，2003 年 8 月。

④ 陈扬渲：《良渚文化代表器物，余杭卞家山遗址出土大量漆器》，《浙江日报》2006 年 1 月 6 日，转引自浙江省文物局网。

山带回国而得名。根据日本《世界百科大辞典》(1966 年版)"天目茶碗"条的解释,所谓"天目茶碗","为黑色及柿色铁质釉彩陶瓷茶碗的统称",在"镰仓时代建久三年(1192)至元弘三年(1333)的 141 年间,到中国宋王朝的禅僧归国时带来,始传至日本。此类茶碗系禅僧修行地——中国浙江省天目山寺院日常使用,故称'天目'。室町时代(1392—1573)182 年间被大量输入"。还说,"中朝以后盛行客厅茶,更被视作重要茶具。自'天目曜变'始,继而油滴、建盏、玳皮盏、乌盏、鳖盏等黑色釉陶瓷碗名迭出;还有江西吉安'梅花天目''白天目'。此外,中国山东、山西、河南等省也在烧制'天目'茶碗。在日本也仿造此类中国产的'天目'茶碗。在洋洋大观的七卷本《图说茶道大系》之五《茶的美术与工艺》中,对"天目茶碗"也有类似阐述,并附有不少照片。由此可见,所谓"天目茶碗"得名,其实是因为"此类茶碗系禅僧修行地——中国浙江省天目山寺院日常使用"之故。南浦绍明在宋前后 9 年,一边参禅,一边学习径山等寺院的茶礼。回国前,作为师尊虚堂智愚赠予的传法信物,他得到一套"台子式"末茶道具。绍明将茶道具连同 7 部中国茶典带回了日本,一边传禅,一边传播禅院茶礼。日本《类聚名物考》记载:"南浦绍明到余杭径山寺,师虚堂智愚,传其法而归。"又说:"茶道之起,在正中筑前崇福寺开山南浦绍明由宋传入。"日本《续视听草》和《本朝高僧传》记载,南浦绍明由宋归国,把"茶台子""茶道具"带回崇福寺。这是最为明确的入宋高僧带回茶道器具的记载。不过这里有一个小小的疑问:径山虽然是天目山余脉,且以路通天目而名"径山",但南浦绍明在径山寺求法参禅带回的茶道器具是否就称之为"天目茶碗"呢?为何又不称之为"径山茶碗"呢?笔者以为,南宋甚至更早黑釉陶瓷茶器具传入日本是肯定的,但当时还未称之为"天目茶碗"。

有研究表明,在元初中锋明本住持天目寺时,大批日本僧人前来参禅问法,当时天目寺在讲经说法、茶礼茶会中就使用茶盏是有据可查的[①],但有人说在中锋明本的《天目中峰和尚广录》中有叫作"天目盏"[②] 的茶具,却是查无实据。如果这种"天目盏"确实存在,那它更有可能是日本茶道中"天目茶碗"名称的直接来源。在日本,"天目茶碗"类似记载最早出现,是在日本建武二年(1335),当时也称作"天目盏"。《大日本史料》所载《泊寺院打入恶党等交名文书》记载,有坏人闯入寺院,盗走公物,其中有"天目盏二只",时在建武二年(1335)九月,也就是室町幕府(1333—1568)执政开始的第三年。此后,有关天目茶碗的史料记载逐步增多。在日

---

① 中锋明本的僧堂生活中茶事之多是可想而知的,如在结夏开示中,需要"点茶一杯",他自拟开示法会类似"庵中茶话"。见《天目中峰和尚普应国师法语》,《示众》。在《示祖禅人》语录中,还有"香匙茶盏舞三台"之句。这里的"香匙",或许就是一种茶匙,"茶盏",则指当时流行的黑釉茶盏无疑。而"三台"何解?《史记·天官书》称:"魁下六星,两两相比者,名曰三能。"《苏林》称:"能"音"台"。《索隐》称:"即泰阶三台。分上台、中台和下台,各二星。"三台六星,在太微垣墙外西北部。两两相立,如台阶之状。汉时借用为对尚书、御史、谒者的总称。御史为宪台,尚书为中台,谒者外台,合称三台。《后汉书·袁绍传》曰:"坐召三台,专制朝政。"其中所说的三台,大概就是指以上三员。这里当指三台六星而言。见《新纂续藏经》No. 1402《天目明本禅师杂录》3 卷。

② 龚敏迪:《"天目茶碗"之名并非源于日本》,原载香港《文汇报》,2008 年 1 月 12 日。

本室町幕府时期的艺术家、茶道师能阿弥（1397—1471）所著的《君台观左右帐记》中，记录了他所见证的当时日本执政足利将军家传文物"唐物美术目录"，其中有"天目茶碗"，分别记有曜变、油滴、建盏、乌盏、鳖盏、能皮盏、灰被、黄天目、唯天目九种。所谓的"唐物"指的就是从中国传去的器物，而这些被冠名为"天目茶碗"的茶具，显然是宋元流行的黑釉茶盏（碗）的统称。能阿弥是室町时代幕府将军的文化侍从，通晓书、画、茶，还负责掌管将军搜集的文物。他发明的点茶法，茶人要穿武士的礼服狩衣，置"茶台子"、点茶用具，茶具位置、拿法、顺序、进出动作，都有严格规定，创造了"书院饰""台子饰"的新茶风。正是因为他的作用，促使当时的幕府将军足利义政将宗教融入茶道，使日本的茶道真正走上"茶道"之路，一扫当时斗茶的奢靡之风。今日日本茶道的程序，就在他手下基本完成了。能阿弥一生侍奉将军义教、义胜、义政三代，对茶道的形成有重大影响。他推荐村田珠光当足利义政的茶道老师，使得后者得以有机会接触"东山名物"等高水准的艺术品，达成了民间茶风与贵族文化接触的契机，使日本茶道正式成立之前的书院贵族茶和奈良的庶民茶得到了融会、交流，为村田珠光成为日本茶道的开山之祖提供了前提。如果说村田珠光是日本茶道的鼻祖，那么能阿弥就是日本茶道的先驱。

由此可见，从南宋黑釉茶盏传入，到室町初期有"天目盏"记录，再到室町中期有"天目茶碗"的统称出现，有一个漫长的历史过程，在日本主要是在室町幕府足利将军执政时期，相对应的中国朝代，早就不再是南宋，而是元末甚至明前期了。这也恰恰反映了日本茶道在形成过程中对宋代斗茶崇尚黑釉茶盏风尚的继承以及对同类各色茶具的包容。我不敢说能阿弥就是"天目茶碗"的命名者，但他作为日本茶道发展史的先驱和一代艺术家，在他的著录里出现"天目茶碗"，显然具有有别于一般著述的可信度和权威性，可以相信在他那个时代，"天目茶碗"至少在当时日本的权贵、武士、僧人等上流社会，已经是普遍使用的名称了。因此可以推断，"天目茶碗"的名称，在日本可能出现在室町幕府的前期①。

之所以出现这样大的时间差，个人认为这与日本对黑釉陶瓷茶器具的认识和日本茶道本身的早期形成历史较长有关。由于当时中国烧制黑釉茶盏的窑口，除了通常所知的福建建窑、江西吉州窑，还有与天目寺近在咫尺的也夹烧黑釉茶盏的天目山本地的"天目窑"，以及其他地方甚至包括北方地区一些窑口烧制的黑釉茶具。因此，宋元时期随着入华求法僧侣带到日本的黑釉茶碗，其窑口来源并非是单一的，从器形和釉色特征看，大同小异，从黑釉的呈色及窑变花纹、装饰纹样等外观特征看，就有时人津津乐道的兔毫斑、油滴斑、鹧鸪斑、玳瑁斑以及木叶纹、梅花纹等精美样式，而普通的黑釉茶碗因为胎釉成分、烧制温度的差异，而呈现许多成色变化，如黑褐、绀黑、绛紫，以及日本所谓的"灰被""玳玻""木叶"等。虽然多个窑口烧制，但外观呈色却十分近似，导致难以区分，以致大量传入日本茶道界广为使用的过程中，其名

---

① 鲍志成：《宋元遗珍茶器绝品——"天目碗"的源流辨析及其与中日禅茶文化交流的关系》，《茶都》，2012年第3期（总第6期）。

称出现混同化趋势，后来日本茶道界、陶瓷界、美术界干脆统称之为"天目茶碗"，而真正出现专有的正式名称，是要到室町幕府前期的足利时代，再后来"天目"成了一切黑釉器皿的代名词。此时已经是中国的明朝前期，距离黑釉茶盏最初传入日本，已经三四百年了。

日本茶道里的茶碗，多以宋代造型为贵。入宋日本留学僧人在天目山接触到当时很流行的黑釉茶碗，其中尤其以"窑变"日本称"曜变"者更受珍视。这是天目茶盏在烧制过程中，釉料里内含的微量金属元素在高温下产生结晶而在黑色釉面呈现出流丽生动的幻彩纹样，幽玄悦目，美不胜收。

我们之所以要厘清"天目茶碗"或"天目茶盏"的名称源流，就是要说明本文所要讨论的"天目台"，正是这种精美绝伦、珍贵无比的陶瓷茶盏的辅助或配套茶器具。这种窑变的精美天目茶碗，在茶道中使用时通常要与"天目台"结合配套使用。而且，在后世的日本茶道里，只有在为贵客点茶时才使用这种"天目茶碗"和"天目台"[①]。

日本茶道所谓的"天目台"，其实就是天目茶盏的高足托盘，就是茶盏托，俗称"茶托子"。在日本茶道器具中，"天目台"专指漆器高足托盘，有堆朱、雕漆、剔红刻花或嵌贝等工艺，其形制端庄大方，古朴高雅，华丽悦目。这种别具一格的器形源自瓷盏托，之所以称之为"天目台"，想必是因为它是天目茶碗的配套辅助器具。通常所说的"天目台"，仅指漆器盏托，但在后世日本馆藏的天目茶盏著录中，有时也指黑釉天目茶碗与漆器盏托组合而成的茶盏及托。

"天目台"一般为高圈足外撇，给人沉稳、稳定的感觉；盘口，有圆形、荷花口、葵花口、海棠口等口沿造型样式，口径比茶盏口径要略大。盘底心贯通有连盘凸起托圈，就是托口，造型有点像盘中带了一只小茶瓯，以便天目茶碗或茶盏的圈足套嵌固定盘中。"天目台"通常为木胎漆器，朱红的底色，色泽沉实，与黑褐色为基调的天目茶盏配套，呈现古雅朴实、厚重华茂的质感和美感。如果是漆雕、剔红或嵌贝，纹饰多为折枝或缠枝牡丹、菊花、宝相花、如意云纹等纹样，贝壳特有的银白晕彩珍珠光泽与朱红暗红的底色富有对比效果，给人以高贵华丽、绚烂悦目的审美享受。

关于天目台的设计功能，至少有三种不同说法。一是烫手说，茶汤冲点时温度一般达到沸水的水温，如果直接用手去端持就会烫手，用盏托相承，手捧盏托，就不会烫手了。关于漆器盏托的发明，在唐朝还有一个美丽的传说[②]。二是遮丑说，就是因为黑釉茶盏胎釉都比较粗糙，尤其是"茶盏的底部多露出胎土，在高雅的茶会上略显不雅，所以都有一种茶盏托"[③]。从设计功能看，盏托底心的凸起托口正好把茶盏底足和露台处遮挡住，在视觉上确实起到了遮丑美化的作用。三是宗教庄严说。有台湾茶人认为，天目碗、天目台这两个器皿都"与宗教有关系"，它们"源自唐宋期间，

①　《宋代饮食器的造型美》，www.360doc.com/content/10/0606/10/333403_31545223.shtml。
②　茶托的起源，相传为蜀相崔宁之女所创。"崔宁之女饮茶，病盏热烫指，取碟子融蜡象盏足大小而环结其中，置盏于蜡，无所倾侧。因命工髹漆为之，名之曰托，遂行于世。"见程大昌《演繁露》。
③　《天目盏与天目台》，雅昌艺术论坛 bbs.artron.net/forum.php。

因为以前的桌椅都比较低，甚至是席地而坐，所以一般的碗需要靠一个托，来衬托出它的庄严性"，并认为天目台"也就是碗托本身就很重要"，"天目台是非常具有文化意涵"① 的。也有学者认为，"天目台是天目茶碗的台子，主要用于给神佛或贵人献茶时"。②

宋元时期的漆器工艺已经很发达，漆器在日常生活中的使用也很普遍，但是有关漆器茶盏托的记载很少。南宋吴自牧在记录临安（今杭州）的茶馆时说："今之茶肆，列花架，安顿奇松异桧等物于其上，装饰店面，敲打响盏歌卖，止用瓷盏漆托供卖，则无银盂物也。"③ 这里不仅记述了茶馆内装饰，而且明白无误地记载了当时茶馆内提供给客人点茶饮茶的器具是"瓷盏漆托"。这里的"瓷盏"，毋庸置疑就是当时流行的点茶主器——黑釉盏，"漆托"就是漆器制作的盏托，两者合起来，正是传入日本的"天目茶碗"和"天目台"。这从中文史料说明了当时流行"瓷盏漆托"的事实，证实了有关南宋时日本僧人来杭州天目山一带寺院求法回国时带回黑釉茶盏和漆器盏托的真实性。南宋末年审安老人成书于咸淳五年（1269）的《茶具图赞》，收录宋代点茶法使用的一套茶具计12种，并将各具拟人化，戏称"先生"。"十二先生"中的"漆雕秘阁"，就是雕漆茶盏托，"秘阁"指尚书省，又指皇家图书馆，阁、搁同音，故爵以"秘阁"。盏托用以承载搁置茶盏，不易烫手，方便端用，故而名"承之"，字"易持"，号为"古台老人"，道明其名称、功能和雅号，并配图赞云："危而不持，颠而不扶，则吾斯之未能信。以其弭执热之患，无坳堂之覆，故宜辅以宝文，而亲近君子。"从所附图看，器身布满黑白相间的云纹，显然是一种云纹雕漆盏托，其形制和纹饰，正与日本保存迄今的雕漆"天目台"几乎一致。这更加从图文角度证实了"雕漆秘阁"就是漆器茶盏托"天目台"。

在我国的传世绘画和考古发掘中，也时有漆器盏托的图像和实物。刘松年的《撵茶图》（台北故宫博物院藏）、赵孟頫《琴棋书画图》（日本德川美术馆藏）等传世茶画，都有漆器盏托的形象。河北宣化辽代墓葬壁画、北京石景山金代墓葬壁画、内蒙古赤峰元代墓葬壁画④、山西长治金代墓葬壁画《茶具图》、山东高唐金代墓葬壁画《客室图》⑤ 中，都有漆器盏托的形象，而且都绘画黑色，应该是黑漆托。南京博物院收藏的一件南宋时期的三色漆雕盏托，其形制和纹饰与《茶具图赞》的"漆雕秘阁"十分相似。江苏常州博物馆收藏有一件武进出土的南宋木胎漆器盏托，外髹朱漆，内髹黑漆，托盘呈荷叶形，制作精致。1972年江苏宜兴和桥出土的一件南宋素漆盏托，通体髹红黑两色调配的漆，盏口、托口和圈足落地处还漆上黑边作为装饰，

① 李阿利：《茶席之布置》，www. docin. com/p－500279401. html，blog. sina. com. cn/daodetang16。
② 李志梅、陈小法：《明代纺织品流传日本之研究——以入明僧策彦周良为例》，《唐都学刊》，2009年3月（第25卷第2期）。
③ 《梦粱录》卷十六《茶肆》。
④ 陈文华：《茶具概述》，《农业考古》，2007年第5期。
⑤ 薛翘、刘劲峰、陈春惠：《宋元黑釉茶具考》，《农业考古》，1984年第1期。

颇为典雅[①]。

明嘉靖十八年（日本天文七年，1539），日本大内义隆派遣博多圣福寺和尚湖心硕鼎为正使、京都天龙寺塔头妙智院第三世策彦周良为副使进贡明朝。对于整个往返行程，策彦逐日作了详细记载，编为《策彦和尚初渡集》。10年后，即嘉靖二十七、二十八年，策彦又以正使身份率人取道运河进贡明朝。对于整个行程，策彦逐日作了详细记录，编为《策彦和尚再渡集》。策彦周良的《入明记》（即《初渡集》和《再渡集》）详尽记录了沿途见闻，对商业贸易记载尤其细致入微，所记店铺字招多达90余个，包括手工作坊、商店摊铺和生活设施三大类。策彦一行利用出使机会大力从事贸易，人数远超明廷定额五倍。每次出使都一路收购中国商品，多达60余种，包括文化用品、工艺品、食品、日常器皿、日用百货、丝毛织物、药材、计时器等，门类广泛，不少标有具体名称、数量及价格，甚至交代了商品来源、特色及用途，购买背景，何人经手，何人说价等，饶有趣味。其中就有茶碗、茶碗盘、茶瓶、天目台[②]。这说明，在明朝中期，漆器盏托仍在中国市场出售，在民间使用，并被日本使臣采购带回本国。

漆器茶盏托在明清时期虽然仍在制作使用，但主流是各式瓷器的盏托，漆器盏托并未如日本那样盛行。在日本，这些漆器天目台传入后与天目茶碗（盏）一样受到了追捧，并一直沿用至今。如果有机会参加日本茶道，就有僧人会提示你"怎样进出大厅、用果子的方法、拿天目盏和贵人台（即天目台）的姿势。"[③] 在日本京都延历寺祭祀茶祖荣西的"四头茶礼"中，四僧人提注子（执壶）、拿茶筅上来为宾客点茶时，来宾要左手端持天目台，右手扶持天目茶碗，以便僧人在用茶筅击拂时保持稳定，不至于倾侧，使茶汤外溢。

日本的漆器工艺源自中国。应该说，远在漆器盏托传入以前，中国的漆器和漆器工艺就传入了日本。日本漆器工艺最早可追溯到约1万年以前到公元前1世纪前后使用绳文式陶器的绳文时代。到了奈良时代（710—794），已经出现了"莳绘"的日本独有漆金工艺。794年迁都平安京后，设置了宫廷直辖的漆工工房，并在确立了京都的漆艺中心地位后，传播到日本各地。此后，漆器的生产在日本遍地开花，除北海道外，各地均有漆器工房，其中福岛县的"会津漆器"，石川县的"山中漆器"，福井县的"越前漆器"以及和歌山县的"纪州漆器"并称日本漆器的四大产地。日本的漆艺技法，主要有"莳绘"，俗称泥金画或描金画，是以金、银粉末加入漆液中，干后推光处理，显示出金银色泽。这是日本漆艺的一大标志。此外，还有沉金，俗称戗金，指用刀具在漆器上精雕细戗沉金的装饰；螺钿，用经过研磨、裁切的贝壳薄片作为镶嵌纹饰的漆器。随着镰仓（1185—1333）、室町时代（1392—1573）漆器盏托与天目茶碗一起传入日本，并因茶道的逐步兴起和发展，造型别致的漆器"天目台"深受日

①　陈文华：《茶具概述》，《农业考古》，2007年第5期。

②　范金民：《明代嘉靖年间日本贡使的经营活动——以策彦周良〈初渡集〉〈再渡集〉为中心的考察》，中国经济史论坛明清史论。

③　《茶道，就在你心中那无垢的一角（利休的茶室）》，秦楚论坛网。

本人的喜爱。日本的漆器制造也兴盛发达起来，终于在几百年以后为日本赢来了一个"漆器之国"的英文名字"JAPAN"。

二、日本藏"唐物"和近年拍品中的"天目茶碗"和"天目台"

关于"天目茶碗"在日本的流传和收藏情况，国内学者一般都知道被列为日本"国宝"的三件精品，合称"日本藏曜变天目茶碗三宝"。一是以收藏东方历史文献丰富而著名的东京静嘉堂文库美术馆藏"曜变天目茶碗"。这件曜变天目茶碗因原为淀城城主稻叶家所有，故又称"稻叶天目"，在三件日本天目茶碗国宝中，是釉色最为异彩精妙的一件。在黑底釉色中，散发出银色斑斓，而众多斑点的四周，又泛着蓝色淡彩。在室内和室外观赏，会有不同的视觉效果。才仅仅 12 厘米直径，却能引人联想到繁星熠熠的宇宙星空，诚属天下稀罕之物。二是大阪藤田美术馆收藏的"曜变天目茶碗"。这件茶碗是日本幕府执政德川家族代代相传的镇家之宝，也是傲视天下权势权力的象征。在茶碗三宝中，是唯一内外都有结晶斑斓釉彩的一件。若与静嘉堂物相比，乍看之下，这件茶碗表面上显得朴实无华，但若以手电筒照射，便可发现其中的奥妙。实际上它具有静嘉堂稻叶天目茶碗所没有的幻化彩虹及美妙条纹，非常引人入胜。三是京都龙光院收藏的"曜变天目茶碗"。京都大德寺龙光院藏的这件茶碗，是三宝中最细致朴素的一件，釉彩接近油滴天目，但仔细看，可看见诸多蓝白色的渲染点分散于其间，具有其独特的枯寂、幽静之美。这三件茶碗的釉色窑变不同，但器物的形制和大小基本一致，高分别是 6.8 厘米、6.8 厘米、6.6 厘米，口径分别是 12.0 厘米、12.3 厘米、12.1 厘米，碗底直径全部是 3.8 厘米。这样的尺寸，从文物鉴定和器物学的角度看，完全可以断定是出自同一个窑口的产品。它们先后在昭和二十六到二十八年，被评鉴为日本"国宝"，并一致推断其制作年代是南宋（12—13 世纪）。在历史上，日本的王公贵族要是拥有中国的天目茶碗，一个碗的价值甚至可以换一座城池。而这世界上仅存的三件宋代曜变天目茶碗自被日本列为国宝后，每 10 年才展出一次，也就是说，要一睹真容，起码得等上 10 年之久。迄今在日本茶道中，要七段以上的茶师方有资格使用天目茶碗来点茶。

维基百科中著录的《日本国宝列表》中，陶瓷器一类所列中国、朝鲜国宝除上述三件曜变天目茶碗外，还有大阪市立东洋陶磁美术馆藏油滴天目茶碗、相国寺藏玳玻天目茶碗，合计 5 件。

除此之外，天目茶碗在日本的收藏、传世情况如何，不得而知。即便是日本学者和文博界，也未必能统计出全国存世的古代中国传入日本的"唐物"① 天目茶碗数量②。不过，随着近十多年来学术界、陶瓷界对"天目茶碗"的关注，有关的器物展

---

① 日本陶瓷界对"茶碗"的分类，一般分日本出产的"和物"和泛指来自中国的"唐物"，唐物包括中国的天目、青瓷和其他瓷器，高丽青瓷，安南（越南）和宋胡禄瓷器。严格地说，唐物不完全都是中国器物。

② 日本天目碗传世名品据统计有 62 件，其中 5 件国宝，11 件重要文化财，出土天目碗以博多、太宰府遗址和镰仓地区较多，但总数很难统计。参见方忆、水上和则《"天目"释名》，《东南文化》，2012 年第 2 期。

览和复制仿烧①逐渐增多，这里就近年日本举办的几次大型古代"唐物"文物艺术品展览中展陈的"天目茶碗"和"天目台"情况，根据展品目录做一个简略介绍。

根据日本德川美术馆近年举办的汇集日本各大美术馆、博物馆、寺院以及个人收藏的中国南宋到元明清的"唐物"艺术品展览所列具的 177 件书画文物艺术品目录中，涉及瓷器茶具中"天目茶碗"和"天目台"的有 18 件，其中德川美术馆藏出自能阿弥《君台观左右帐记》②的有 15 件，属于明代的 4 件，其余都是南宋、金元时期，明确标明是漆器"天目台"的有 4 件，均为明代器物，标明为"盏台"的 1 件，属于南宋堆黑漆器，其余都是各类名目的"天目碗（盏）"。

番号	指定	作品名称	时代	世纪	所藏者
37	重文	油滴天目	南宋	13	九州国立博物馆
53		灰被天目	南宋—元	13—14	东京国立博物馆
106		曜变天目	金	12—13	德川美术馆
107		油滴天目（星建盏）	南宋	13	德川美术馆
108		建盏天目	南宋	12—13	德川美术馆
109		禾目天目	南宋	12—13	德川美术馆
110		梅花天目	南宋	13	德川美术馆
111		玳玻盏	南宋	13	德川美术馆
112		黄天目	南宋	12—13	德川美术馆
113		灰被天目	南宋	13	德川美术馆
114		灰被天目铭虹	南宋—元	13—14	文化厅
115		灰被天目	南宋—元	13—14	德川美术馆
116		灰被天目铭玉润	南宋—元	13—14	德川美术馆
139		唐花纹堆黑盏台	南宋	13	德川美术馆
153		屈轮文堆黑天目台	明	15	德川美术馆
154		屈轮文堆朱天目台	明	15	德川美术馆
155		菊牡丹唐草文堆朱天目台	明	15	德川美术馆
156		菊牡丹唐花文红花绿叶天目台	明	16	德川美术馆

注：本表根据展品目录编制。

---

① 在室町时代之前，日本人虽然喜爱"天目茶碗"，却一直无法仿制成功。直到 15 世纪，濑户窑才烧制成所谓的"濑户天目"，器形相似，但釉色却是白色的，故又称"白天目"，与"天目碗"大异其趣。随着烧窑技术的现代化，到 20 世纪 80 年代，日本著名陶瓷专家安藤坚用了 5 年时间，烧成了与宋代建窑曜变天目碗十分相似的产品，并将其送给中国福建博物馆。2007 年 3 月，日本青年陶艺家林恭助历经数年，又成功烧制了宋代曜变稻叶天目茶碗，轰动一时。

② 能阿弥：《君台观左右帐记》，永禄二年古写本，见日本小学馆编著 22 卷本《世界陶瓷全集》卷十二，1976—1985 年出版。

2008 年 12 月 16 日至 2009 年 2 月 1 日在东京博物馆举办的"珠玉之舆：江户与轿子"特别展展出的 118 件（组）江户时代文物中，有几件漆器茶器具值得关注。编号第 86 号"村梨子地葵叶菊纹散花桐唐草莳绘漱茶椀" 1 具，时代文久二年（1862），德川纪念财团藏；第 87 号"村梨子地葵叶菊纹散花桐唐草莳绘天目茶椀·天目台" 1 具，时代文久二年（1862），东京都江户东京博物馆藏；第 88 号"染付茶碗·银制茶碗盖·银制茶台" 1 式，时代文久二年（1862），德川纪念财团藏。在众多的漆器中，还有称为"台"的各式器具，如"栉台""文台""守刀台""轮台""漱台"等名目①。

2010 年 1 月 9 日至 2 月 28 日在日本根津美术馆举办的"新创纪念特别展第三部"——"陶瓷器的两大愉乐：欣赏与使用"展陈的陶瓷器文物艺术品中，有中国南宋时代 13 世纪的建窑"建盏·天目台" 1 口（藏品编号 40291），南宋莆田窑带铭文"迟樱"的"珠光青瓷茶碗" 1 口（藏品编号 40297），此外还有南宋、元明及高丽、日本江户时代的各式"茶入（茶叶罐）""花生（花瓶）"等瓷器。2011 年 1 月 8 日至 2 月 13 日在根津美术馆举办的"墨宝—常盘山文库名品展"中，则把南宋时的"建盏"和"天目台"分列展出，同时展出的还有南宋到元代福州窑系的铭"白玉""文琳茶入"，从照片看，这件小茶叶罐配有白玉盖和堆朱雕漆花口盘，其形状近似天目台盏托而足略低矮②。

近年在我国和日本艺术品拍卖市场上，也频现漆器茶具盏托的身影，其中不乏宋元明清时期的精品。这里根据各大拍卖公司的拍品目录，汇总成表。

近年宋元明清漆器盏托拍品一览

名称	年代	规格	拍卖时间	拍卖公司	拍卖专场
建窑油滴天目茶碗及雕花纯银盏托	宋	高 6 厘米；直径 15 厘米；高 6.5 厘米；直径 12.5 厘米	2012.02.23	株式会社东京中央拍卖	一期一会·听茶闻香
褐漆葵瓣式盏托	宋	高 9 厘米	2012.09.07	株式会社东京中央拍卖	一期一会·听茶闻香
剔红牡丹花盏托	宋	直径 17.1 厘米	2009.12.01	佳士得（香港）有限公司	千文万华——李氏家族重要漆器珍藏（Ⅱ）
剔红天目盏托 建窑兔毫天目茶盏	宋元	高 7 厘米；直径 12 厘米；高 8 厘米；直径 16.5 厘米	2013.03.06	株式会社东京中央拍卖	一期一会·听茶闻香
剔犀黑漆云纹大盏托	元	直径 20.7 厘米	2007.05.10	北京诚轩拍卖有限公司	瓷器工艺品拍卖会

---

① 《特别展珠玉舆江户乘具》，www. doc88. com/p－501548368780. html。
② 《新年特别展示》，http：//www. doc88. com/p－084717791449. html。

（续）

名称	年代	规格	拍卖时间	拍卖公司	拍卖专场
雕漆剔红花卉盏托	元	直径 16.5 厘米	2008.12.06	北京保利国际拍卖有限公司	古董珍玩日场
剔犀云纹盏托	元	直径 16 厘米	2009.05.30	北京保利国际拍卖有限公司	古董珍玩日场
剔红云龙纹盏托	明宣德	直径 13.1 厘米	2009.12.01	佳士得（香港）有限公司	千文万华——李氏家族重要漆器珍藏（Ⅱ）
剔红如意纹盏托	明	直径 15.5 厘米	2008.12.10	富彼国际拍卖（北京）有限公司	中国古代工艺品
剔犀云纹盏托	明中期	直径 16.5 厘米；高 7.5 厘米	2009.11.30	北京长风拍卖有限公司	瓷器杂项
剔犀盏托（一套）	明	高 4 厘米×直径 6 厘米；高 2.5 厘米×直径 17 厘米	2011.09.07	株式会社东京中央拍卖	古玩珍藏
剔犀云纹盏托带天目碗	明	宽 14.5 厘米；直径 12.4 厘米	2012.06.06	北京保利国际拍卖有限公司	私家藏文房精品
红雕漆花鸟盏托	明	直径 17 厘米；高 8 厘米	2012.05.03	JADE 株式会社（日本美协）	漆艺精华——明清漆雕工艺精品
朱漆戗金花卉纹盏托	明	直径 12 厘米	2012.03.25	中国嘉德国际拍卖有限公司	嘉德四季第二十九期拍卖会
素圆犀角杯（附明代黄花梨盏托）	明	高 3.4 厘米；通高 4.8 厘米；杯口径 7.1 厘米；托口径11.8 厘米	2011.07.19	西泠印社拍卖有限公司	山迁草堂藏文房古玩专场
剔犀盏托	明	直径 15.6 厘米	2010.11.22	中国嘉德国际拍卖有限公司	文房清韵——明清书斋雅玩
如意云纹剔红盏托	明	高 8.1 厘米；口径 9.2 厘米	2010.07.06	西泠印社拍卖有限公司	首届香具·茶具专场
剔红雕如意云头纹盏托	明	高 7.5 厘米；最大直径 16.5 厘米	2008.06.26	上海鸿海商品拍卖有限公司	海外回珍专场
剔红花卉纹葵式盏托	明	宽 15.5 厘米	2007.11.27	佳士得（香港）有限公司	重要中国瓷器及工艺精品
剔红雕喜上梅梢龙首把杯 盏托	明	长 18 厘米；高 6 厘米	2006.06.27	上海嘉泰拍卖有限公司	瓷器、玉器、工艺品
剔红婴戏纹八宝盏托	明嘉靖	高 6.5 厘米；口径 15.5 厘米	2006.06.27	上海嘉泰拍卖有限公司	瓷器、玉器、工艺品

（续）

名称	年代	规格	拍卖时间	拍卖公司	拍卖专场
吕咏造剔红栀子纹盏托	明	高 6.6 厘米；直径 16.5 厘米	2012.12.28	西泠印社拍卖有限公司	文房清玩·古玩杂件专场
剔红婴戏纹盏托	16 世纪	直径 15.5 厘米	2005.07.12	佳士得（伦敦）有限公司	中国瓷器工艺品
黑漆嵌螺钿盏托	16—17 世纪	直径 19 厘米	2009.09.14	佳士得（纽约）有限公司	塞克勒中国艺术品珍藏专拍
剔红花卉盏托	清早期	高 9 厘米	2009.11.09	北京翰海拍卖有限公司	古董珍玩
红雕漆云凤葵口盏托	17 世纪	高 10 厘米；直径 18.5 厘米	2012.10.25	上海嘉泰拍卖有限公司	灵脉栖珍专场
御制剔红龙纹花口盏托	清乾隆	高 9.5 厘米；直径 18 厘米	2013.03.04	株式会社东京中央拍卖	游环东来——中国艺术品夜场
漆菊瓣御题诗文盏托	清乾隆	长 15.5 厘米	2012.12.09	北京翰海拍卖有限公司	古董珍玩
剔红云龙纹花口盏托	清乾隆	直径 18 厘米	2009.11.23	北京保利国际拍卖有限公司	明清宫廷艺术及重要瓷器、工艺品
御题剔红雕双凤莲花盏托	清乾隆	直径 17.5 厘米	2008.12.03	佳士得（香港）有限公司	千文万华——李氏家族重要漆器珍藏
红雕漆花卉高足盏托	清	直径 12 厘米	2012.10.26	上海嘉泰拍卖有限公司	艺道乘物专场
描金海棠形漆器盏托、檀香扇（一对、一把）	清	长 14 厘米；长 26.5 厘米	2011.11.26	香港淳浩拍卖有限公司	瓷器工艺品
剔红雕漆（赶珠云龙）图盏托	未详		2009.04.08	苏富比（香港）有限公司	中国瓷器工艺品
剔犀如意云纹盏托	未详	直径 20 厘米	2008.12.03	佳士得（香港）有限公司	千文万华——李氏家族重要漆器珍藏
盏托	未详	高 7 厘米	2013.03.06	株式会社东京中央拍卖	一期一会·听茶闻香
盏托	未详	高 9 厘米	2013.03.06	株式会社东京中央拍卖	一期一会·听茶闻香
白玉螭龙茶碗及碗盖 剔红花卉盏托	未详	宽 13.5 厘米；直径 13.5 厘米	2010.12.06	北京保利国际拍卖有限公司	中国古董珍玩（二）
雕漆云龙纹花口盏托	未详	直径 19.5 厘米	2012.11.25	保利香港拍卖有限公司	中国古董珍玩

（续）

名称	年代	规格	拍卖时间	拍卖公司	拍卖专场
剔犀如意云纹葵瓣式盏托	未详	直径 16 厘米	2012.11.28	佳士得（香港）有限公司	千文万华——李氏家族重要漆器珍藏（Ⅲ）
剔犀盏托	未详	直径 17 厘米	2011.06.07	北京保利国际拍卖有限公司	"茶熟香温"——紫砂古器与日本藏中国漆器
剔犀如意云纹盏托	未详	直径 17.1 厘米	2008.12.03	佳士得（香港）有限公司	千文万华——李氏家族重要漆器珍藏

注：本表根据有关拍卖公司拍品图录编著。

这份目录未必是所有现身拍卖市场的漆器盏托，但几乎囊括了主要中国艺术品拍卖公司的拍品，具有相当的代表性。从拍品数量看，附带建窑油滴天目茶碗、建窑兔毫天目茶盏的各 1 件，白玉螭龙茶碗及碗盖的 1 件，除了 1 件为银质盏托、1 件为黄花梨盏托外，其他均为漆器盏托，合计有漆器盏托 39 件。从年代来看，宋代 3 件，元代 3 件，宋元 1 件，明代 16 件，清代 9 件，未详 9 件。从漆器工艺特征看，主要有雕漆、剔红、剔犀、褐漆、雕红、朱漆戗金、黑漆嵌螺钿、描金等工艺。在装饰纹样上，有花卉（牡丹、菊花、莲花等）、如意、云龙、云凤、云纹、花鸟、婴戏、喜上眉梢、诗文等传统吉祥题材。在盏托的造型上，有葵瓣口、海棠口、菊瓣口、圆口等样式。

在近代以来的日本茶道盛会中，关于各类名目的天目茶碗和天目台也屡见记载。在《昭和十一年北野大汤茶会记》中，逐日开具了各式茶席置备的各色各样的茶器具，其中第一日十月八日"燕庵献茶"，系家元数内绍之宗匠主持，内列茶具有：桧生地台子，绍智宗匠手造的"天目白釉浓茶碗""天目形薄茶碗"，还有"天目茶碗""黄金天目茶碗"，以及"古染付茶碗""珠光青瓷茶碗"等名目，不胜枚举。在《乐烧千家好物控书》中，列举有"利休形"茶器具，其中有"赤乐天目台共"（同黑乐天目）；在"原叟好"茶器具中，有"黑柏天目金入茶碗"；在"如心斋好"茶器具中，有"赤团子书筒茶碗"；在"吸江斋好"茶器具中，有"青岛台金银茶碗"，如此等等，不一而足。

我们之所以要把日本所藏和文物拍卖市场现身的天目茶碗和漆器天目台尽可能多地罗列出来，是为了进一步分析这两件器物的名称、组合和功能。虽然我们只能掌握到国宝级和作为文物艺术品现身的天目茶碗和天目台精品的详细情况，其他叫做"天目茶碗"和盏托的类似器物，大多只能从展品或藏品的目录上来分析，但也足以让我们得出如下几点值得重视的结论：

一是从器物学上看宋元时期的"茶碗"就是"茶盏"。在中国民间，"碗盏"从来是连在一起称呼的，也很难区分其形制和功能。在宋元时期的汉语语境中，"碗盏"一词泛指碗碟一类的饮食器皿，也有混同化现象。如元无名氏杂剧《争报恩》第三折："我问他讨粥钱，一个钱不曾与我，粥又吃了，连碗盏都打破了。"北宋文人墨客称颂"建盏"的一些名句，如"兔毫紫瓯新""忽惊午盏兔毫斑""建安瓷盌鹧鸪斑""松风鸣雷兔毫霜""鹧鸪碗面云萦字，兔毫瓯心雪作泓""鹧鸪斑中吸春露"等，就有"盏""碗""瓯"不分或混同的现象。"盏"在用作酒、茶或灯的计量单位时，与"碗"通假使用。宋朝以来一盏灯笼就叫一碗灯笼，如《水浒全传》云："那妇人拿起一盏茶来，把帕子去茶盅口边一抹，双手递与和尚。"又如："正劝不开，只见两三碗灯笼飞也似来。"虽然"盏"与"碗"名实相近，但毕竟是两种陶瓷器物名类。碗本指口圆而大的饮食器皿，盏本义是腹浅、胎薄而小的杯子。不过在宋元时期的陶瓷器形制中，两者没有太大区分。这从出土和传世的建窑"建盏"的器形来看，足证如此。考古学界对建盏的器形特征和分类大致如下：建窑"建盏"大多是口大底小，有的形如漏斗；且多为圈足，圈足较浅，足根往往有修刀（俗称倒角），足底面稍外斜；少数为实足（主要为小圆碗类）。造型古朴浑厚，手感普遍较沉。建盏分为敞口、撇口、敛口和束口四大类，每类分大、中、小型；小圆碗归入小型敛口碗类。①敞口碗：口沿外撇，尖圆唇，腹壁斜直或微弧，腹较浅，腹下内收。浅圈足。形如漏斗状，俗称"斗笠碗"。常见中、小型碗，偶见大型器。②撇口碗：口沿外撇，唇沿稍有曲折，斜腹，浅圈足；可分大、中、小型。此类碗大型器比例相对其他类碗较高，但成品率低，尤显名贵；中、小型器较常见。③敛口碗：口沿微向内收敛，斜弧腹；矮圈足，挖足浅；造型较丰满。常见中、小型器，小型器比例较高，有的为圆饼状实足。④束口碗：撇沿束口，腹微弧，腹下内收，浅圈足，口沿以下 1～1.5 厘米向内束成一圈浅显的凹槽，作用在于斗茶时既可掌握茶汤的分量，又可避免茶汤外溢，该凹槽俗称"注水线"或"咬盏线"①。可见在器物形制上，宋元时期碗盏很难区分。

有人认为"天目盏"与"建盏"一样，最初很可能是一种以产地命名的特指茶盏。日本工学博士塚本靖著有《天目茶碗考》（王家斌先生中译）认为，"天目山烧制的称'天目茶碗'不叫'茶盏'，而福建建安烧制的叫'建盏'不叫'茶碗'。日本禅僧入宋求法，从天目山寺院带回来的'茶碗'称'天目茶碗'"。这种说法混淆了统称与专称，把"盏"与"碗"的区分"产地化"了。

二是日本用"天目"冠名茶碗系因传自天目山而得名。根据《佛日庵公物目录》所载绘画作品目录有用"天目真迹"指代中锋明本，稍后的《禅林小歌》所记饮用器物名称中"天目是以山名来命名的"②事实，则可以确认，日本最初冠名"天目"的中国器物，都直接与天目山中锋明本有关。以"天目"冠名，符合禅宗传统。在普遍重视宗派门户发源地，并且通常以开山祖师卓锡得道之地之寺的山名来命名派系的禅宗僧人眼里，随禅院清规、祖师顶相、传法印信等而来的茶器具，自然也可用他们往来熟悉的山名来称呼。站在日本角度看，"天目盏"以传播来源地天目山而得名，也顺理成章，后来用"天目茶碗"来统称所有从中国传入的黑釉茶盏，也可以理解。如

① 中国社会科学院考古研究所等建窑考古队，《福建建阳县水吉窑遗址 1991—1992 年度发掘简报》，《考古》，1995 年 2 月。
② 小山富士夫《天目》，陶瓷大系 38，平凡社，1974 年，第 89 页；岩田澄子《天目之由来——中锋明本关系说与幻住庵清规》，2009 年 11 月 27 日茶汤文化学会东海例会发言稿。

果"天目盏"得名源自产地,那么"天目盏"就是本地"天目窑"所烧造的黑釉茶盏,中锋明本的日本弟子①回国时把这种本地黑釉茶盏带回日本,并直接沿用其名称为"天目盏",并推而广之沿用到其他类似黑釉茶盏,继而成为其后世日本名称"天目茶碗"(包括宋人习称以产地名之建窑出产的"建盏")的源头。如果日本早期的"天目盏"只是因为求法归国僧人从天目山带回而称之,那么实际上也极有可能包括了建窑和其他地方窑口以及本地"天目窑"所产而在天目山区寺院日常使用,再传入日本的黑釉茶盏。如果这样,那么日本的"天目盏"一开始就包括了不同窑口所产的黑釉茶盏,实际上就是一个统称。"天目盏"的名称源自天目山,且与使用的寺院和指代的人物相吻合,与当时本地生产黑釉茶盏的事实相一致,它以产地而得名的可能性也是存在的。不过,这需要天目窑的系统考古来验证②。

三是在日本文献著录中,"天目茶碗"通常简称为"天目",而冠以釉色或窑变表现的外观特征,如宋人有"兔毫丝""鹧鸪斑""油滴斑""玳瑁斑",日本则还有"青兔毫""黄兔毫""灰被天目""禾目天目""玳玻天目""鳖盏""建盏天目""梅花天目""黄天目"等称呼,以及后来仿制而成的"白天目""濑户天目""黄金天目""赤乐天目""黑乐天目"等。到15世纪以后,日本把建盏及黑釉器统称为"天目",如今"天目"已成为黑釉一类陶瓷器的国际通用名词。

四是在日本"天目茶碗"与"天目台"是配套组合使用的高贵茶道具,作为单件器物著录时,通常分得很清楚,"天目茶碗"一般叫"××(釉色)天目","天目台"则往往以漆器工艺特征来冠名,如称"堆朱天目台""堆黑天目台"等。而"天目茶碗"与"天目台"合起来时,则称为"盏台"。事实上,流传至今保存有成套组合的"天目茶碗"和"天目台"的已经很少,大多是单件的,有碗无台,或有台无盏。

五是与盏台配套使用的茶器具,还有不妨称之为"天目瓶"的濑户"豆壶"小茶瓶,以及承载这些盏台瓶的"天目盘"。日本学者奥田直荣在《天目》一文中考证一种被称作"豆壶"的小型茶叶瓶(罐)时,引用《画卷·慕归绘词》中1351年成书的部分时指出,"画有天目盘上附着四个天目和天目台,还在盘上并列四个茶叶罐和安置茶筅"。根据天目和茶叶罐数目相等,他推测当时点茶饮茶时,可能是每人一个天目茶碗和一个茶叶罐③。京都建仁寺收藏的一套天目碗茶具,也是一式六只,放置

---

① 根据《延宝传灯录》等记载,在日本入元求法禅僧中,"仅登浙江西天目山拜谒高峰原妙、中峰明本两位硕德的日本僧伽,就不下二百二十人",其中真正成为明本嗣法弟子的主要有七位,即远溪祖雄、复庵宗己、无隐元晦、业海本净、古先印元、明叟齐哲、义南。他们有着共同的禅风,后人将他们通称为"幻住派"。

② 从天目窑窑址堆积层出土残器看,天目窑黑釉瓷器有精、粗之分,精品釉质细,上釉亦用蘸釉法。釉层较厚的纯黑釉碗、盏为多次上釉,玻璃质感强,光泽较好。一般碗、盏器内施满釉,外壁施釉不及底。在碗、盏一类的外壁,部除直接施黑釉或酱褐色釉外,还有部分先施一道褐色的"护胎釉"。比较精美的黑釉瓷器,通体是窑变所呈现的不同色彩,有的如银兔毫、金兔毫,有的如鹧鸪斑、玳瑁斑点,有的如飘动的青丝,有的如夜空隐现的繁星,在日光的折射下,有些黑釉层中能映出灿烂夺目的蓝色变幻光晕。可见,天目窑黑釉瓷器的器形、胎釉和烧造工艺与建窑有着十分类似的特征。

③ 奥田直荣:《天目》,《中国古外销陶瓷研究资料(内部)》第三辑,转引自薛翘、刘劲峰、陈春惠《宋元黑釉茶具考》,《农业考古》,1984年第1期。

于一黑色托盘中①，使用时可能一人一碗。据此，则除了天目茶碗和天目台配套使用外，当还有配套的小茶瓶或茶叶罐，以及承载、端持它们的"天目盘"。这里倒要问：既然这茶碗、盏托、盘子都冠名"天目"，那么同样配套使用的"小茶瓶"是否也可称为"天目瓶（罐）"呢？根据南宋潜说友《咸淳临安志》记载："近日，径山寺僧采谷雨前者，以小缶贮送。"② 吴自牧《梦粱录》也记载："径山采谷雨前茗，以小缶贮馈之。"③ 南宋时径山寺僧人常装储茶叶以送人的"小缶"，是否就是这种被日本人叫做"豆壶"的"小茶瓶"呢？从前揭根津美术馆"墨宝——常盘山文库名品展"中展出的南宋到元代福州窑系的铭"白玉"的"文琳茶入"图片看，这种茶瓶的样式——小口、鼓腹、肩带耳，和与天目茶碗中的绛褐色十分接近的釉色看，这个推测是十分可能成立的。在建仁寺的藏品中，也有类似带系小口鼓腹的各色釉瓷茶瓶。对此值得深入研究。从某种意义上说，这个发现是在天目茶碗和天目台之外，又增加了两件配套使用的茶器具"天目盘"和不妨称之为"天目缶"的小茶瓶（"豆壶"）。

三、关于"贵人台""茶台子""台子饰"茶道

从上述分析看，"天目台"显然是因"天目茶碗"的配套组合茶具而得名，是一个随"天目盏""天目茶碗"而起的日本名称，其实在中国，它就是"盏托"。盏托是置茶盏的托盘，与盏配套使用的一种茶具。多呈圆形，中间有作为承托的凸起的托圈，即托口。

盏托何以称为"天目台"，前文业已解释。不过，在中日茶道界，还有一种"天目台"原称或又称"贵人台"的说法。有的说建盏等黑釉茶盏成为斗茶主角茶器时，承托茶盏的托盘就叫"贵人台"，"随着时光的消失，斗茶离我们也太远了。这个贵人台也没有人再去注意了"。也有的说，"一些原来享有盛名的天目盏都有原配的贵人台。只是我们已经很难看见了"。还有的说，"斗茶传到了东瀛，经过几代人的努力，已经演变成有宗主的茶道派别了。有点像我们的江湖武林了。当时的一部分茶盏与茶盏托也跟着传到了东瀛。因为茶盏被称为天目盏，那个贵人台也就被叫做天目台了"。按此，则"天目台"原称"贵人台"，是与黑釉茶盏原配的盏托，传到日本后才因为黑釉茶盏被叫做"天目盏"而称为"天目台"了。那为何原来叫"贵人台"呢？不得而知，也无从解释。查遍中国传统文化和典章制度，只有命理学说中有"贵人台"一说，但与这里的茶道器具肯定没有关系。联系到日本茶道使用天目茶碗和天目台往往是为身份地位高贵者点茶时才使用，我更倾向于"贵人台"之名是因此而来，且是"天目台"的别称而已。

众所周知，在日本茶道上，还专门设计有用天目茶碗点茶的一套程序，称为"天目点"。这种点茶法只是在贵人光临时才进行，故又称"贵人点"。一般认为，"天目

---

① 《建仁寺》画册。
② 《咸淳临安志》卷五十八《货之品》。
③ 《梦粱录》卷十八《物产》。

点"是至今数百种日本茶道点茶法的源头。

另外，日本茶道的茶室进出口也有"贵人口"之称。"茶室的入口日文称为'躙口'，有跪、爬的意味。其标准尺寸为 70 厘米×48 厘米，约比狗洞大一些。这个大小巧妙地解决了压迫感的问题。无论皇亲国戚或寻常百姓凡进茶室者，皆需屈膝卑躬，低下头钻进茶室，无一例外。众人皆平等。当年，德川家康、丰臣秀吉等也如此爬进爬出。然而如此严格要求，必然会引起权势贵族之不满，后来就有茶人发明了所谓的'贵人口'，以供贵人方便走进走出。"① 综合上述情况，"贵人台"说不定就是因方便权贵进出茶室的"贵人口"而起，"贵人台"不是"天目台"的原称而是"别称"的可能性更大。

还有，为何一个茶盏的托盘，要称之为"台"呢？在汉语语境里，"台"往往是指高而平的地方或东西，如果我们称盏托为"盏台"，是有欠妥当的。我认为，这也是日本人给的名字。一方面，就如前面所揭的诸多"唐物"中，有不少带"台"字的器物一样，如"枙台""文台""守刀台""轮台""漱台"等，其实都可能是某种特定功能的器具而已，未必是大台子。另一方面，日语里把茶碗的脚或足称为"台"，如"高足"即为"高台"，高足的内底，即为"高台内"。再如，圆圈足称为"圆台"，方足称为"方台"，如此等等。联系到天目碗与天目台的套叠使用，正好是碗的足部套扣在托的圆口上，换句话说就是盏托的作用就是固定茶碗的"高台"的，以此来衍生称为"天目台"，也是顺理成章的。

这里，我们还联想到日本《续视听草》和《本朝高僧传》所记载的南浦绍明由宋归国时带去的"茶台子""茶道具"，到底是什么器具。有的中国学者认为，所谓的"茶台子"就是点茶用的桌子，"茶道具"才是点茶用的茶盏、盏托等茶具。从字面上理解，这样的猜测也许是对的。茶道具就是茶具，这没有问题，但茶台子是什么？却有歧义。何况在当时交通情况下，要携带一张茶桌子回国，路途怕是很艰难的。近来有余杭茶人在探究"茶台子"来由时，根据当地民间把磨豆腐的石磨称为"豆腐台子"的习惯，而推测说"茶台子"就是当时用来碾磨抹茶的"径山石磨"。他分析说，"豆腐台子"就是一句吴越方言，指的是劳作或生活用的一件物品或一个平台、一个台面。唐宋时的碾茶、砲茶是在茶台子上进行的。茶台子就是碾茶砲茶的茶磨盘，材质是石头的。茶磨与磨豆浆面粉的石磨外形没有多大区别，磨口则完全不同，材质的要求、制作的要求也不一样，关键是茶磨上下两片磨口及齿纹，要求高多了，制作也复杂②。如果此说成立，那"茶台子"就是南宋审安老人所说的茶磨"石转运"。审安老人的"十二先生"中的"石转运"正是茶磨，其功能是"凿齿，遄行"，雅号"香屋隐君"，图赞曰："抱坚质，怀直心，啖嚅英华，周行不息，斡摘山之利，操漕权之重，循环自常，不舍正而适他，虽没齿无怨言。"从附图看，与韩国新安元朝沉

① 《茶道，就在你心中那无垢的一角（利休的茶室）》，秦楚论坛网；汪海鹰、刘勤晋：《千利休及其茶道思想》，《中国茶叶》，2004 年 01 期。

② 张宏明：《南浦绍明带回日本的茶台子是径山的茶磨》，见"虚堂智愚的博客"。

船出土的大批石磨、现今日本流传的人工茶磨几乎完全一致，磨盖特别厚重，而与"豆腐台子"有较大差异。

了解日本茶道起源和发展过程的人都知道，曾经有一种能阿弥创造的"台子饰（或作式）"茶道与"书院饰（或作式）"茶道盛行一时。有国内学者认为，这种"台子饰（或作式）"茶道，就是用"天目台"的茶道，这里的"台子"就是指"天目台"盏托。这同样也是望文生义的联想。事实上，"台子饰（或作式）"茶道是用一上下两层的简易木架作为茶道具置放架子的茶道形式，这在 7 卷本《图说茶道大系》之五《茶的美术与工艺》中有实物图片，在日本茶道读物中也不难见到。而且，在南宋刘松年的茶画《斗茶图》（一作《补衲图》，台北故宫藏）中，也有类似的放置了茶器具的简易竹木架子。综合对南浦绍明带去的"茶台子"的种种猜测，我倒更倾向于这"茶台子"就是"台子饰"茶道中的茶道具架子，类似陆羽《茶经》所列的茶具架"具列"。这样的话，无论名称上还是功用上都相吻合。南浦绍明当年带回的"茶道具"很可能是审安老人所说的那整套的 12 件茶器具，其中包括了茶盏托"漆雕秘阁"、茶磨"石转运"，而在茶室里要放置茶道具的架子就是他带回去的"茶台子"。只不过这"台子"比桌子要简易而小，便于搬移携带，而不是有人推测的茶桌子或茶盏托，更不是石磨"豆腐台子"。

四、漆器盏托的工艺特征及盏托的起源和流变

如前所述，漆器盏托的工艺特征，主要有雕漆、剔红、剔犀、雕红、朱漆戗金、黑漆嵌螺钿、描金等，在装饰纹样上有折枝花卉（牡丹、菊花、莲花等）、如意、云龙、云凤、云纹、花鸟、婴戏、喜上眉梢、诗文等传统吉祥题材，在盏托的造型上有葵瓣口、海棠口、菊瓣口、圆口等样式。

雕漆是一种在堆起的平面漆胎剔刻花纹的髹饰技法。雕漆常以木灰、金属为胎，用漆堆上，待半干时描上画稿，施加雕刻。一般以锦纹为地，花纹隐起，精丽华美而富有庄重感。根据漆色的不同，有剔红、剔黄、剔绿、剔黑、剔彩、剔犀之分，其中以剔红器最多见。雕漆始于唐代，历史上以元代嘉兴西塘最为著名，为雕漆的制作中心。元代雕漆在唐宋雕漆的基础上继续发展，取得了世人瞩目的辉煌成就，形成名家辈出的局面，张成、杨茂、张敏德均为技艺高超的制漆巨匠。元代的雕漆作品既有出土的，也有传世的，国内收藏的元代雕漆数量极为有限，有相当一部分流失到了海外。元代雕漆共有剔红、剔黑和剔犀 3 个品种，其中以剔红为最多；形制有圆盒、长方盒、圆盘、八方盘、葵瓣盘、樽等，以盘、盒居多；装饰图案有花卉、山水、人物和花鸟等。

雕漆大多用鲜明的朱漆，故又名"剔红"，就是在器物的胎型上，涂上几十层朱色大漆，待干后再雕刻出浮雕的纹样。雕漆品种之一，又名"雕红漆"或"红雕漆"。此技法成熟于宋元时期，发展于明清两代。明黄成《髹饰录·坤集·雕镂第十·剔红》中写道："剔红，即雕红漆也。……宋元之制，藏锋清楚，隐起圆滑，纤细精致。"其法常以木灰、金属为胎，在胎骨上层层髹红漆，少则八九十层，多达一二百

层,至相当的厚度,待半干时描上画稿,然后再雕刻花纹。一般以锦纹为地,花纹隐起,华美富丽。"剔犀"是以红黑二色的大漆相间涂层后再雕剔图案,所以刀口断面会呈现双色的线纹,极雅致。"剔彩"是在胎型上有意识地分涂上五彩大漆,干后雕刻时,利用涂漆层不同的色泽和刻层的深浅不同,达到"红花绿叶,黄心黑石"的彩色浮雕效果。漆器的面堆成种种花纹,覆以朱漆,称为堆红。《格古要论》谓,假剔红用灰团起,外面漆上朱漆,称为堆红,又叫罩红。在日本称为"堆朱"。

描金是在漆器表面,用金色描绘花纹的装饰方法。描金在黑漆地上为最常见,其次是朱色地或紫色地。也有把描金称做"描金银漆装饰法"的。戗金是在器物上先涂以漆,等干后,再以针刻刺图样,然后用金屑撒于罅中使之平,称为戗金。撒银屑的,称为戗银。据说戗本古创字,俗读锵去声,是器物上饰金的方法。据《丹铅总录》载,唐《六典》十四种金,有创金一法,吴伟业有《宣宗御用戗金蟋蟀盆歌》,明时创金极有成功,故名器很多。

螺钿亦作"螺填""螺甸",是用贝壳薄片制成人物、鸟兽、花草等形象嵌在雕镂或髹漆器物上的装饰技法。点螺是我国传统工艺,用贝壳、夜光螺等为原料,精制成薄如蝉翼的螺片,再将薄螺片"点"在漆坯上,故名"点螺"。因点螺用料较一般螺钿镶嵌为薄,而且软,故又称"薄螺钿"和"软螺钿"。1966年北京元代遗址出土一件漆盘残片用螺片镶嵌广寒宫。明代是点螺漆器的盛期,工艺水平已达到相当精湛的程度。此外,如金银平脱工艺,是将金银薄片刻制成各种人物、鸟兽、花卉等纹样,用胶粘贴在打磨光滑的漆胎上,待干燥后,全面髹漆二三层再经研磨显出金银花纹,使花纹与漆底达到同样平度,再加推光则成为精美的平脱漆器。金银花纹面较宽的地方还可以雕刻细纹,但不能刻透金银片。这种装饰法,精细费工,材料高贵,但金银宝光与漆色的光泽相互辉映极为华丽,是十分贵重的漆器。《酉阳杂俎》《安禄山事迹》《太真外传》《唐语林》等,都有关于唐玄宗、杨贵妃赐给安禄山的各种平脱漆器名目的记载。

如此精湛的漆器工艺,加上富有吉祥寓意的纹饰图案和别具一格的造型,形成漆器盏托造型古朴、色泽幽雅、气韵生动、品格华贵的审美风格,无不给人美的享受。前列拍品表中的元代建窑兔毫天目茶盏和剔红天目盏托,系日本茶道著名的"宗旦四天王"之一藤村庸轩旧藏,就是精美绝伦的盏台合一的组合。该盏托由盏、盘、足三部分组成。通体在黄漆素地上雕红漆花纹。盏、盘俯仰相间的环雕花卉有牡丹、菊花、石榴、栀子、茶花6朵。叶脉、花蕊清晰,含苞欲放的花蕾,盛开的花朵间,充满着活力。托内至足为空心,髹黑漆,光滑亮泽。盏托由上至下可分三部分,每面的花卉纹饰的排列皆不相同。整器雕刻精细,刀法流畅,圆润光亮,花纹写实,艺术地再现了各种花卉的千姿百态,从花纹的布局和雕刻的刀法来看,具有构图简练,堆漆肥厚的特征,为典型的元代制品。茶盏碗口箍有一圈金边,俗称"金扣",敞沿束口,内沿下有一道凸边,弧腹深底,圈足厚实。内外施罩亮泽黑釉,外器壁釉不及底,盏外近底处有垂釉和滴珠。口沿露胎处呈铁红色,外器壁与圈足露胎处呈深褐色。釉色变化丰富,黑釉中显露如棕黄色或铁锈色调的毫状流纹,形如兔毫,为宋建窑精工之黑釉兔毫盏。再如明代天目碗剔犀云纹盏托，天目茶盏施釉肥厚，足沿有明显的积釉现象，口沿翻出淡淡黄褐色，壁沿因斜度不同，形成纤细的兔毫纹，颇为古朴雅致。十分难得的是原藏家为此碗特制剔犀盏托，刻工浑厚圆浑，百转千回，有如飞瀑旋流，为《髹饰录》中所谓"朱间乌线"的做法。整套茶具古朴雅致，十分讲究，为茶道佳器。难怪乎漆器盏托传入日本后就博得高僧权贵的青睐而身价非凡，盛名不衰。而且，在日本仿烧天目茶碗的同时，随着漆器工艺的发展而生产出更多更好的带有和式风格的漆器"天目台"，延续并丰富了这一漆器工艺和茶道器具相结合的奇葩。

盏托作为茶具，其起源与饮茶风气的盛行有关。中日学术界都认为，后世盛行的漆器盏托源自瓷器盏托。日本东京国立博物馆考古课长矢部良明在《唐物茶碗》中认为，"用盏托载碗来配合待客礼节的形态"始于东汉。在国内考古发掘中，东汉的青瓷耳杯通常配有同质的椭圆形小托盘。正式的瓷盏托始见于东晋，南北朝时开始流行。唐朝随着饮茶之风的盛行，各类盏托大量生产，越窑青瓷的秘色瓷荷叶盏托和荷花盏，色泽莹润，造型优美，让人美不胜收。唐代盏托口一般较矮，有的口沿圈曲作荷叶状，颇为精美。晚唐时期，盘心托圈普遍加高，盘沿除圆形，还有花瓣形。宋辽时期盏托几乎成了茶盏固定的附件，托口较高，中间呈空心盏状，五大名窑出产的瓷器盏托让人目不暇接。即便是在辽金元，无论民间陶瓷器盏托还是宫廷金银器盏托，都大为流行。到明洪武年间，瓷器盏托开始有青花或釉里红等新品种，口沿多为菱花形，外径加大，托圈较浅。清代盛行盖碗，有的仍带托盘，称为茶船，造型多似浅碟。雍正官窑生产一种青釉无底盏托，托圈高而内敛，接近盂形，属仿宋代官窑旧制。明清时使用的高足杯有时也称之为"盏托"。

在漆器盏托流行的同时，瓷器盏托照样盛行不衰，而其他材质的盏托如金银、铜锡、竹木、牙玉、琉璃等的盏托也层出不穷，组成一幅丰富多彩、琳琅满目的盏托图景，彰显了中华茶文化在茶器具发展过程中的华丽篇章。

（本文系 2013 首届"天目"国际学术研讨会（临安）论文，收录大会论文集《"天目"国际学术研讨会论文集》，中国文史出版社，2015 年。）

南宋官窑青瓷茶具考略

　　南宋时期的宫廷茶器具，不仅有金银珠玉制作的精美高贵茶器具，也有轻巧别致的漆器竹木茶器具，而最值得关注的就是官窑青瓷茶器具。

　　据南宋《坦斋笔衡》记载，南宋定都临安后所建的第一个官窑是"修内司窑"，系由宫廷直接掌管的御窑，这里专门为宫廷烧制瓷器，不惜工本，精益求精。后来"修内司"官窑停烧后，又改立"郊坛下官窑"。幸运的是，这两座南宋官窑窑址分别于 1996—2001 年和 1985 年在杭州万松岭老虎洞和八卦田乌龟山被发掘，出土了大量残器瓷片、窑具和龙窑、作坊遗址，揭开了南宋官窑的神秘面纱。通过传世官窑与出土文物的比对，结合文献记录，终于搞清了南宋两大官窑的本来面目。

　　南宋官窑是南宋朝廷专设的御用瓷窑，它烧制的瓷器造型端庄、釉色莹润、薄胎厚釉，被誉为宋代五大名窑之首。官窑原是北宋皇室在京城汴梁（今河南开封）专设的御用瓷窑，宋皇室南迁后，根据宫廷的需要，又在临安（今杭州）重集名师巧匠，在皇城西南林木茂盛的丘陵地带重设了南宋官窑，即文献记载的"修内司窑"，专门为皇帝及皇室烧制高级生活用瓷和宫廷陈设瓷。老虎洞窑址坐落在杭州市凤凰山西北万松岭附近老虎洞一处 2 000 多平方米的山岙平地，清理出龙窑窑炉 3 座、素烧炉 4 座、作坊 1 处、釉料缸 2 个、瓷片堆积坑 24 个，出土了大量品种丰富、造型优美、制作精良的瓷器和窑具。瓷器中不仅有高质量的生活用具，还有许多造型仿青铜器的用于宫廷祭祀的大型礼器，在造型和制作工艺上明显与北宋汝官窑有承继关系，其特征与历史文献的有关记载相吻合。从 2001 年开始，专家们对这些瓷片进行了历时 5 年多的整理，到目前为止共修复了 4 000 多件瓷器，其中包括碗、盏、盘、洗等 20 类 53 型器物，使人看到了令人惊叹的南宋官窑瓷器。在 4 000 多件修复瓷器里，有一件制陶工具陶车上的一个部件"荡箍"（功能类似于现在机器上的轴承），呈圆环形，在环形口沿上刻着一圈暗色的小字"修内司窑置庚子年"。由于磨损，这些字有一小半已经不见，但仍能清楚辨认，而后面的几个字因为器物破损已经看不清了。在器物盘底，还刻有一个"记"字。根据纪年，南宋时期有两个庚子年，分别是孝宗淳熙七年（1180）和理宗嘉熙四年（1240）。由此可以断定，杭州老虎洞南宋窑址就是南宋修内司官窑。在"2002 年中国杭州南宋官窑老虎洞窑址国际学术研讨会"上，100 多位专家学者对老虎洞窑址进行实地考察，对出土瓷器、窑具研究考证后得出结论：老虎洞窑就是南宋修内司官窑，同时又是传世哥窑的产地之一。

郊坛下南宋官窑遗址发掘面积 1 400 平方米，在距地表 0.8～2 米深处的南宋文化层，发掘出练泥池、素烧炉、成型工房、釉缸等作坊遗址和一座龙窑，出土了大量瓷片、窑具等实物标本。郊坛下官窑以当地的瓷土和含铁量较高的紫金土做原料，按照宫廷的审美偏好，经过精心的加工成型和纯熟的烧制，生产出了滋润如玉的官窑青釉瓷器。官窑青瓷的特点是以造型和釉色作为美化瓷器的艺术手段，器形简练、端庄，瓷胎很薄，釉层丰厚，色泽晶莹，瓷器表面开不规则的纹片，质感如玉。由于它的质量很高，加上御窑的神秘性，留传下来的传世品很少，历来被视为古瓷珍品，特别是它的多次上釉、多次烧成的工艺，的确非同一般，达到了青瓷生产水平的顶峰，玉质感和开片装饰独具一格。

杭州南宋官窑博物馆 1986 年 10 月开始筹建，1990 年 11 月对社会开放，以遗址发掘出土的各类文物标本为主，藏有文物标本、复原器物共 8 000 余件（片），另有其他历代陶瓷文物数百件。其中官窑青瓷茶碗，壁薄胎细，胎色呈紫黑色，釉面开裂，裂片纹冰裂疏密不一，重叠交错，深浅不同，成为器物的装饰。口沿细薄，口部釉面流落露胎色，釉色文静雅致。胎釉呈色与文献中所记"金丝铁线""紫口铁足"的特征基本符合。

在修复的老虎洞窑器物中，值得注意的是青釉茶碗和盏托。根据《杭州老虎洞窑址瓷器精选》①，有 6 件被称为"盖碗"的青瓷碗、4 件碗盖、6 件盏托、3 件小碗和 1 只花口杯，是瓷器茶具。这里根据该书图版编制列表如下。

杭州修内司官窑遗址出土修复茶具一览

编号	器名	规格	简介	页码
81	盖碗	高 7.7 厘米，口径 13.5 厘米，底径 5.7 厘米	直口，圆唇，深腹，大平底，圈足。深灰胎较薄，施灰青釉，有细密开片。垫烧，足端露胎处呈紫灰色	119
82	盖碗	高 7.0 厘米，口径 10.5 厘米，底径 7.2 厘米	直口，圆唇，深腹，平底，圈足。浅灰胎，青釉泛黄，有细开片。裹足支烧，外底有 5 个支钉痕	120
83	盖碗	高 6.5 厘米，口径 10.6 厘米，底径 7.2 厘米	直口，尖唇，筒腹，下腹向内弧收，平底，内底心微凸起，足微外撇，足面削圆。釉色灰青泛黄，浓淡不一，内底有开片，薄胎厚釉，胎骨灰黑疏松。外底有 5 个支钉痕	121
84	盖碗	高 6.8 厘米，口径 10.5 厘米，底径 7.1 厘米	直口，尖唇，深腹，平底，圈足。灰胎，施米黄釉，有冰裂纹。裹足支烧，外底有 5 个支钉痕	122

① 杭州市文物考古所、杜正贤主编《杭州老虎洞窑址瓷器精选》，文物出版社，2002 年。该书 4 件盏托此处均作"盏"，其实是放置茶盏的"托口"，与托盘连体，系茶盏的配套组件，故称"盏托"。本表据此皆改"盏"为"托口"。另，此处口径，当指托口的口径，而托盘的口径均未标注。"花口"有葵瓣口、海棠口等之分，此件盏托盘口为葵瓣口，特予注明。该书描述釉色时，往往作"施灰青釉""施粉青釉""施青黄釉"等，或者"灰青釉略泛黄""青釉泛黄""鳝鱼黄釉"之类，其实施釉无别，入窑焙烧时因窑内温度环境不完全一致才导致釉色青黄不一，系高温氧化还原不同呈现的釉色差异，并非是施釉时的釉料不同所致。为忠实原著，本表编制时未予以纠正，特此说明。

（续）

编号	器名	规格	简介	页码
85	盖碗	高 6.8 厘米，口径 10.2 厘米，腹径 10.5 厘米，底径 7.3 厘米	直口，尖唇，筒腹，下腹向内弧收，平底，内底心微凸起，足微外撇，足面削圆。施青灰釉，釉面有开片，厚胎厚釉，胎骨灰黑。外底有 5 个支钉痕	123
86	盖碗	高 7.0 厘米，口径 10.6 厘米，底径 7.1 厘米	直口，圆唇，深弧腹，平底，圈足外撇。浅灰胎较薄，施青黄釉，有细密开片。裹足支烧，外底有 5 个支钉痕	124
87	碗盖	高 3.8 厘米，沿径 14.4 厘米，口径 12 厘米	弧形盖，扁圆形纽，弧顶，折沿微上翘。盖内有子口。灰青釉略泛黄，通体施釉，釉层略显薄。盖顶内有 5 个支钉痕。胎骨呈夹心状	125
88	碗盖	高 3.3 厘米，沿径 11.2 厘米，口径 8.9 厘米	弧形盖，扁圆形小纽，弧顶，折沿斜平。盖内有子口。施灰青釉，釉面有光泽，通体施釉，局部有冰裂纹。盖顶内有 5 个支钉痕。胎骨灰黑	125
89	碗盖	高 3.5 厘米，口径 9.2 厘米	盖面略鼓，平缘，子口。深灰胎，满施灰青釉。盖顶内有 5 个支钉痕	126
90	碗盖	高 3.3 厘米，沿径 11 厘米，口径 8.2 厘米	弧形盖，扁圆形小纽，弧顶，折沿斜平。盖内有子口。生烧器，鳝鱼黄釉，通体施釉。盖顶内有 5 个支钉痕	126
96	盏托	高 6.0 厘米，口径 7.6 厘米，底径 6.9 厘米	托口敛口圆唇，弧腹中空，与托连成一体。托作高足盘形，（葵）花口圆唇，浅盘，高圈足外撇。灰黑胎，施粉青釉。垫烧，紫口铁足	130
97	盏托	高 6.6 厘米，口径 10.6 厘米，底径 9.1 厘米	托口敛口圆唇，弧腹中空，与托连成一体。托作高足盘形，尖唇上翘，圈足。深灰胎，施青釉，略泛黄。垫烧，足端呈紫灰色	131
98	盏托	高 7.0 厘米，口径 10.7 厘米，底径 9.2 厘米	托口敛口圆唇，弧腹中空，托沿上翘，下承高圈足。深灰胎，青釉严重泛黄。垫烧，足端呈紫灰色	132
99	盏托	高 5.0 厘米，口径 7.2 厘米，底径 6.1 厘米	托口敛口圆唇，弧腹中空，与托连成一体。托沿上翘，下承高圈足。深灰胎较薄，青釉严重泛黄。垫烧，足端呈紫红色	132
100	盏托	高 6.5 厘米，口径 8.8 厘米，底径 8.2 厘米	托口敛口圆唇，弧腹中空，与托连成一体。托敞口圆唇，大平底，下承高圈足。深灰胎较薄，施灰青釉。垫烧，足端呈紫红色	133
101	盏托	高 4.8 厘米，口径 7.4 厘米，底径 6.4 厘米	托口敛口圆唇，弧腹中空，与托连成一体。托沿上翘，下承高圈足。深灰胎较薄，施灰青釉。垫烧，足端呈紫红色	134
119	小碗	高 4.6 厘米，口径 10.9 厘米，底径 4 厘米	直口，尖唇，弧腹斜收，小圈足，足面纤细露灰胎。施灰釉，釉层均匀，釉面无开片，薄胎厚釉，灰胎细密，制作规整	152
120	小碗	高 3.4 厘米，口径 11 厘米，底径 3.8 厘米	直口，圆唇，弧腹斜收，小圈足，足面圆削露灰黑胎。釉色青灰泛黄，薄胎厚釉，釉层均匀，胎骨深灰疏松	153

（续）

编号	器名	规格	简介	页码
121	小碗	高 5 厘米，口径 11 厘米	直口，圆唇，圈底与弧腹连。施灰青釉，釉面有黄斑，釉层稍薄，胎骨灰黑疏松。底有支钉痕	154
124	杯	高 3.9 厘米，口径 8.1 厘米，底径 3.1 厘米	花口，尖唇，弧腹斜收，小圈足，足面圆削露紫胎。施粉青釉，釉面有开片，厚胎厚釉，胎骨米黄疏松	156 – 157

　　从南宋官窑遗址出土的青瓷残器茶具，至少可以得出如下几点：一是南宋时虽然流行"瓷盏漆托"的茶具，但瓷器盏托其实也在流行，即便是在宫廷禁苑，也在烧制青瓷器茶盏托，以供大内使用。从其形制看，与当时流行的漆器盏托几乎完全一致，只是除了盏托花口造型装饰外，基本都是素釉素胎，简洁清雅。二是从几件盖碗和小碗的造型和形制、尺寸看，很可能是单独或与盏托配套使用的茶碗或茶盏，从其碗底径大小与盏托托口口径的大小比较，可能还有大小之分。而带盖的盖碗在设计和功能上，与后世的盖碗相似，应属盖碗的早期形态。娇小的器形，和带盖的设计，恐怕不是餐饮器皿，而是茶具的一种。南宋时散茶撮泡已比较流行，这种盖碗是否可能是炒青散茶的泡饮茶具呢？值得关注和研究。三是花口小杯，造型别致，精巧玲珑，是典型的饮茶用具。在越窑和其他青瓷茶具中，莲花口、海棠口的花口盏，是经典的瓷器茶具作品。四是这些官窑青瓷茶具，显然与当时盛行的黑釉茶盏迥然不同，仿青铜器色彩明显，器形简洁典雅，釉色油润，如玉类冰，美不胜收，而黑釉茶盏中虽然也有精美的窑变纹饰，但是大多数仍属黑褐色的深腹束口形状，与官窑青瓷茶具在形制和釉色上都难以相提并论。

　　（本文系 2016 年浙江省文化艺术研究院、杭州市发展研究会举办的"东方文化论坛之中国（浙江）青瓷与海上丝绸之路研讨会"论文。）

两宋杭州的茶诗词

宋代的诗歌艺术上承唐朝，依然盛行不衰，而新兴的词则是大行其道，成为文学主流，其中茶题材的诗词蔚然壮观。尤其是许多知名诗词大家和茶人任职杭州，留下了许多足以彪炳茶文化史和文学史的佳作。

范仲淹睦州《斗茶歌》

范仲淹（989—1052）是北宋著名的政治家、军事家、文学家，在睦州任上重文兴教，在睦州城里修建了两座孔庙，即州儒学和建德县儒学，还修缮东汉高士严子陵祠，并亲撰《严先生祠堂记》，高度赞美严光的风德："云山苍苍，江水泱泱。先生之风，山高水长！"范仲淹也是北宋四大茶人之一，他精于斗茶，长于诗文，在出知睦州期间，留下了不少茶事佳话。

景祐元年（1034），范仲淹抛却宫廷内斗权谋之烦恼，一路行歌，乘船由钱塘江逆流而上，到梅城赴任。范仲淹在赴睦州任上，赋诗不辍，其中就有众所周知的五言《鸠坑茶》：

> 潇洒桐庐郡，春山半是茶。
> 轻雷何好事，惊起雨前芽。

寥寥数笔，把当时早春时节富春江两岸春茶满山的情景描述了出来，呈现出一幅春雷春雨催春茶、满眼苍翠嫩绿、生机盎然的富春茶山景象。

范仲淹当年到睦州任上，沿途所见所闻，发为诗声，留下诸多诗作，如《出守桐庐道中十绝》《潇洒桐庐郡十绝》等。桐庐置县始于三国吴黄武四年（225），隋开皇九年（589）并入钱塘县，仁寿二年（602）从钱塘县析出独立，次年就不再隶属杭州而改属睦州；唐末光化三年（900），吴越王钱镠曾一度把桐庐改划杭州，到宋太平兴国三年（978）又重归睦州，直到宣和三年（1121）改睦州为严州。范仲淹赴任的睦州，治所在建德县城梅城镇，桐庐、建德、淳安等都是其下辖县。诗中所谓"桐庐郡"，并非当时桐庐的实际行政建置，历史上桐庐也未曾设置过高于县级行政区划的州郡建置，故而是诗人的一种诗境借用，甚至"潇洒"也未必是赞誉地方之词，而是范仲淹一路赴任时心态行止的体现，虽然是贬谪，却胸襟豁达，潇洒赴任。后世《严州府志》卷首图载有府城图，内有"潇洒楼"，以及现今桐庐县城建有"潇洒宾馆"，美称"潇洒城"之类，都是仰慕范仲淹盛德诗名而比附出来的。至于淳安乃隋置"睦州"治所所在地，而非北宋"睦州"治所。但是从行政区划归属来讲，现今的桐庐、建德、淳安三地都是范仲淹出任的睦州辖境，因此"春山半是茶"在不能确指的情况下，用来笼统地指代三地茶叶种植生产情况，也是未尝不可的。

范仲淹在睦州期间写了大量诗文，有《谪守睦州作》《赴桐庐郡淮上遇风三首》《新定感兴五首》《游乌龙山寺》《桐庐郡齐书事》《留题方干处士旧居》《睦州谢上表》等，其中最著名的当数《和章岷从事斗茶歌》（《全宋诗》第三册，第 1868 页）。

宋人茶诗题材以斗茶为最，而这首茶诗是斗茶诗最早的。诗云：

> 年年春自东南来，建溪先暖水微开。溪边奇茗冠天下，
> 武夷仙人从古栽。新雷昨夜发何处，家家嬉笑穿云去。
> 露芽错落一番荣，缀玉含珠散嘉树。终朝采撷未盈襜，
> 唯求精粹不敢贪。研膏焙乳有雅制，方中圭兮圆中蟾。
> 北苑将期献天子，林下雄豪先斗美。鼎磨云外首山铜，
> 瓶携江上中泠水。黄金碾畔绿尘飞，紫玉瓯中雪涛起。
> 斗余味兮轻醍醐，斗余香兮薄兰芷。其间品第胡能欺，
> 十目视而十手指。胜若登仙不可攀，输同降将无穷耻。
> 吁嗟天产石上英，论功不愧阶前蓂。众人之浊我可清，
> 千日之醉我可醒。屈原试与招魂魄，刘伶却得闻雷霆。
> 卢仝敢不歌，陆羽须作经。森然万象中，焉知无茶星。
> 商山丈人休茹芝，首阳先生休采薇。长安酒价减千万，
> 成都药市无光辉。不如仙山一啜好，泠然便欲乘风飞。
> 君莫羡，花间女郎只斗草，赢得珠玑满斗归。

这首长诗大气磅礴，读后让人感到酣畅淋漓，回肠荡气。诗的内容分三部分。先写茶的生长环境及采制过程，并点出建茶的悠久历史："武夷仙人从古栽。"再写热烈的斗茶场面，斗茶包括斗味和斗香，比赛在众目睽睽之下进行，所以茶的品第高低都有公正的评价。胜利者很得意，失败者觉得很耻辱。结尾多处用典，衬托茶的神奇功效，把对茶的赞美推向了高潮，认为茶胜过任何美酒、仙药，啜饮后能飘然升天。这首茶诗是中国茶文化史上的奇葩，堪与卢仝《走笔谢孟谏议寄新茶》诗媲美，可惜的是章岷所作的原唱已佚。

《斗茶歌》文辞藻丽，借喻比拟，多处用典，以衬托茶味之醇美，读之犹如回到千载之前，身临其境，观战斗茶。"北苑将期献天子，林下雄豪先斗美"，把斗茶情景酣畅淋漓地描绘了出来，让我们至今犹能把宋人斗茶风采从诗句中觇得真切。《苕溪渔隐丛话后集》卷十一批评此诗时说："排比故实，巧欲形容，宛成有韵之文"，以赋笔载录斗茶一时之情态，借喻形容都曲尽韵致，恰到好处，实在难能可贵，堪称是一首脍炙人口的茶诗绝唱。有人曾把这首诗与卢仝的《走笔谢孟谏议寄新茶》相媲美，如《诗林广记》引《艺苑雌黄》云："玉川子有《谢孟谏议惠茶歌》，范希文亦有《斗茶歌》，此二篇皆佳作也，殆未可以优劣论。"

章岷，字伯镇，福建浦城人，后徙居镇江。宋天圣五年（1027）进士，时任睦州推官。《全宋诗》收其诗作六首，可惜不见《斗茶歌》原唱。不过，他与范仲淹交游

甚密，诗歌唱和者也多，其《陪范公登承天寺竹阁》诗云："古寺依山起，幽轩对竹开。翠阴当昼合，凉气逼人来。夜影疏排月，秋鞭瘦竹苔。双旌容托乘，此地举茶杯。"这最后一句记的正是一桩茶事。明人董斯张在《吴兴备志》卷五云说："岷，浦城人，举进士，与范仲淹同赋《斗茶歌》，岷诗先就，仲淹览之曰：此诗真可压倒元、白。"可见章岷原作颇得范仲淹赞赏，并欣然唱和之。

范仲淹与章岷关系甚密。在睦州时，他们不仅在政事上同心相契，而且时时宴集唱和。章岷在睦州，常从范仲淹出游，有诗相唱酬。今存《陪范公登承天寺竹阁》云："夜影疏排月，秋鞭瘦竹筜。"范仲淹步韵和云："晚间烟垂草，秋姿露滴苔。"点明是秋天夜游。范仲淹在致恩师晏殊的信《与晏尚书》中，对新安江畔的这难得的宦游感到心醉神迷，对章岷也是赞赏备至。信中云："且有章（岷）、阮二从事，俱富文能琴，凤宵为会，迭唱交和，忘其形体。郑声之娱，斯实未暇。往往林僧野客，惠然投诗。其为郡之乐，有如此者。"范仲淹贬到睦州，吟诗鸣琴，不仅忘了自己是一介贬官，生活反而很愉快。他把章岷视为知己，公务余暇，到府西樊家山能仁寺旁的竹阁里咏诗作赋。

高僧辩才龙井留韵迹

释辩才（1011—1091），俗姓徐，名无象，法名元净，於潜县（今临安於潜镇）人，北宋天台宗高僧，行化东南，名震吴越，宋神宗闻其德行，特恩赐紫衣袈裟，并赐法号"辩才"。为杭州上天竺第三代祖师，住持法席长达17年之久。元丰二年（1079），年届古稀的辩才决意从上天竺退居南山龙井寿圣院。

辩才退居龙井当年，元丰进士、词人秦观就在一个月夜前去寿圣院拜访辩才于潮音堂，事后写了《游龙井记》一文。第二天秦观告别而回，又作《龙井题名记》以记胜事。秦观此文经大书法家米芾为书碑刻石，"字画雄放"，乃米芾书法精妙之品，成为寺里一宝，也是龙井得以显扬的名篇力作之一。元丰六年（1083）四月九日，杭州南山僧官守一法师到龙井寿圣院辩才住所方圆庵拜会辩才，两人讲经说法，谈古论今，十分投机。为此，守一写了《龙井山方圆庵记》一文，以示纪念。此文也经米芾书碑刻石，此碑书法"潇洒俊逸，有晋人风度"，与文"并称奇绝"。

辩才与有"铁面御史"之称的赵抃（1008—1084）还有过"龙泓亭上点龙茶"的风雅。赵抃，字阅道（一作悦道），号知非子，浙江衢州人。宋景祐元年进士，曾为殿中侍御史，办事果断，不畏权势，为北宋诗人、清官。元丰七年（1084）的一天，曾任杭州知州、晚年归隐杭城的赵抃，再次去龙井寿圣院拜访辩才。老友重逢，格外高兴，辩才陪他在龙泓亭品茶。赵抃感慨万千，欣然命笔，作诗曰：

> 湖山深处梵王家，半纪重来两鬓华。
> 珍重老师迎厚意，龙泓亭上点龙茶。

辩才也和诗云：

> 南极星临释子家，杳然十里祝清华；
> 公年自尔增仙禄，几度龙泓咏贡茶。

从而留下了名僧与清官的一段千古佳话。而"龙泓亭上点龙茶""几度龙泓咏贡茶"的诗句，更留给后人一个千古之谜：这里的"龙茶"是否是"龙井茶"？如果是，那它在当时就是"贡茶"吗？诸如此类的问题，曾引起误读误解。其实赵抃在诗前小序中交代得清清楚楚，辩才是以"小龙图迓予"，也就是说点的"龙茶"不是龙井茶，而是珍贵的"小龙团"。为纪念赵抃挂冠后与退居辩才交游，诗歌唱和，在龙泓亭上烹茶论道，当时寺僧在寿圣院方圆庵东侧建闲堂，寓意二闲人。杨杰诗云：赵公归休年，访师翠微间。始知浮世上，白日两人闲。

赵抃曾于嘉祐元年（1056）知睦州，在那里他在诗中不止一次提到烹茶斗茶。《次韵郑琰登睦州高峰塔》诗云：旧迹蒙君丽句夸，昔同峰顶蹑云霞。逢秋谒寺留诗笔，薄暮归鞍照月华。旋酌香醪浮瓮蚁，斗烹新茗满瓯花。心余更作儒官会，怅内诸生拥绛纱。《次韵范师道龙图三首》之一也说：舍车弥盖争寻胜，坐石携泉旋煮茶。可惜湖山天下好，十分风景属僧家。诗中"斗烹新茗满瓯花""坐石携泉旋煮茶"的句子，分明说他也是一个精于茶艺、善于斗茶的茶中高人。

元丰八年（1085），礼部侍郎杨杰受神宗皇帝委派，陪同高丽国王子、世僧统义天来杭州，到惠因寺晋水法师席下求法，在杭州期间，曾到龙井寿圣院参拜辩才，与其品茶论经。杨杰在《延恩衍庆院记》一文中说："元丰八年秋，余被命陪同高丽国王子祐世僧统访道吴越，尝谒师于山中，乃度风篁岭，窥龙井，过归隐桥，鉴涤心沼，观狮子峰，望萨废石，升潮音堂，憩讷斋，酌冲泉，入寂室，登照阁，临闲堂，会方圆庵，从容议论，久而复返。"这段胜事记录下了宋丽两国高僧大德的友谊和风范。杨杰为感念这次胜会，欣然命笔，作记文，并唱和辩才所作龙井题咏十首，赋诗十三章，对所见所闻，一一题咏。

苏东坡与辩才大师的方外之交，更是在龙井留下千古佳话。辩才退居龙井寿圣院不复出入后，苏东坡出知杭州，二度来杭，公务余暇，也常去院中参拜，高僧名流，煮茗论道。苏东坡每次前去拜访会谈后，辩才总沿着风篁岭亲自送别苏东坡，但一般送客不过溪。一次，两人在送别路上边走边聊，十分投机，辩才竟忘了送客不过虎溪的规矩。左右侍者惊呼说："大师，送过虎溪了！"辩才笑笑说："杜甫不是说过吗，'与子成二老，来往亦风流'。"为纪念这段高情厚谊、西湖佳话，辩才在岭上建造一座亭子，名之为"过溪亭"，也即"二老亭"。辩才因作《龙井新亭初成诗呈府帅苏翰林》诗一首：

> 政暇去旌旆，策杖访林邱；人惟尚求旧，况悲蒲柳秋；
> 云谷一临照，声光千载留；轩眉狮子峰，洗眼苍龙湫；
> 路穿乱石脚，亭蔽重岗头；湖山一目尽，万象掌中浮；
> 煮茗款道论，奠爵致龙优；过溪虽犯戒，兹意亦风流；
> 自惟日老病，当期安养游；愿公归庙堂，用慰天下忧。

诗中"煮茗款道论"一句，道出了他与苏东坡龙井泉上烹茶论道的高风情怀。而苏东坡《次辩才韵赋诗一首》，诗中对辩才视去留、得失如日月双转、过眼云烟的佛子风范倍加赞赏："去如龙出山，雷雨卷潭湫。来如珠还浦，鱼鳖争骈头。"并谦逊地说："我比陶令愧，师为远公优。送我还过溪，溪水当逆流。"自然的溪水当然不可能逆流，但在苏东坡看来，辩才的这种高风亮节，僧俗两人之间的深情厚谊，两颗得道了的心灵之间的沟通契合，就像这溪水逆流一样难得和珍贵，字里行间表达了对辩才旷达高行的无限崇敬之情。诗的最后，苏东坡以"聊使此山人，永记二老游。大千在掌握，宁有离别忧。"两句结尾，寄托了苏东坡对这段感情的追忆和希望，同时表现出大千世界如在掌握，人间的离愁别苦何足忧的豁达胸怀。

辩才与当时不少名士有诗书往还。如他在给苏东坡弟弟苏辙的《和苏子由》诗中说："春去春来冬复冬，几思虚论未缘逢。歙溪道赏兄遗迹，勿少龙泓一老龙。"把自己比喻为幽居龙泓泉的一条老龙。

从来佳茗似佳人

在北宋出仕杭州的名家茶人中，茶事活动最活跃、艺文作品最丰富的，当属苏东坡了。他一生写下了近百首咏茶的诗词，这些茶诗词融茶艺茶趣于笔端，意境幽美，引人入胜。他的一首《水调歌头》，记咏了采茶、制茶、点茶、品茶，绘声绘色，情趣盎然。词云：已过几番雨，前夜一声雷。旗枪争战建溪，春色占先魁。采取枝头雀舌，带露和烟捣碎，结就紫云堆。轻动黄金碾，飞起绿尘埃。老龙团，真凤髓，点将来。兔毫盏里，霎时滋味舌头回。唤醒青州从事，战退睡魔百万，梦不到阳台。两腋清风起，我欲上蓬莱。他的《汲江煎茶》诗云：活水还须活火烹，自监钓石取深清。大瓢贮月归春瓮，小勺分江入夜瓶。茶雨已翻煎处脚，松风忽作泻时声。枯肠未易禁三碗，坐听荒城长短更。说明他深谙品水煎汤之道。南宋诗人杨万里对这首诗精辟分析道："七言八句，一篇之中句句皆奇，一句之中，字字皆奇，古今作者皆难之。"他的《次韵曹辅寄壑源试焙新茶》不仅称赞壑源新茶为仙山灵草，还把佳茗和佳人联在一起，写出了"从来佳茗似佳人"的佳句。他长达120句的《寄周安孺茶》和最早的拟人化传记体茶文《叶嘉传》，都堪称是中国茶诗文上的不朽之作。

在苏东坡的杭州茶事中，也留下了不少茶诗杰作。熙宁五年（1072），杭州通判任上的苏东坡在试院监考后，和二三个监考官打水煎茶，作《试院煎茶》一首，诗曰：

蟹眼已过鱼眼生，飕飕欲作松风鸣。

蒙茸出磨细珠落，眩转绕瓯飞雪轻。

银瓶泻汤夸第二，未识故人煎水意。（古语云：煎水不煎茶。）

君不见，昔时李生好客手自煎，贵从活火发新泉；

又不见，今时潞公煎茶学西蜀，定州花瓷琢红玉。

我今贫病长苦饥，分无玉碗捧蛾眉。

且学公家作茗饮，砖炉石铫行相随。

不用撑肠挂腹文字五千卷，但愿一瓯常及睡足日高时。

这首诗将茶事、人事融为一体，读来感人至深。"蟹眼已过鱼眼生，飕飕欲作松风鸣。"以沸水的气泡形态和声音来判断水的沸腾程度。描写煎水，蟹目、鱼眼为形辨；松风为声辨，是第二沸时情景。"蒙茸出磨细珠落，眩转绕瓯飞雪轻。"描写碾茶、投茶过程。以细珠落盘描写茶末，妙；以飞雪绕瓯描写茶粉，更妙。"君不见，昔时李生好客手自煎，贵从活火发新泉；又不见，今时潞公煎茶学西蜀，定州花瓷琢红玉。"引用唐李约、宋文彦博煎茶典故，以资说明，并启下文。"我今贫病长苦饥，分无玉碗捧蛾眉。且学公家作茗饮，砖炉石铫行相随。不用撑肠拄腹文字五千卷，但愿一瓯常及睡足日高时。"哀而不伤，怨而不怒，情思婉转，吟哦蕴藉，正是苏诗灵活处，感人处。

熙宁六年（1073）他在杭州通判任上，一日以病告假，独游湖上净慈、南屏、惠昭、小昭庆诸寺，是晚又到孤山去谒惠勤禅师。这天他先后品饮了七碗茶，颇觉身轻体爽，病已不治而愈，便作了一首《游诸佛舍，一日饮酽茶七盏，戏书勤师壁》：

> 示病维摩元不病，在家灵运已忘家。
>
> 何须魏帝一丸药，且尽卢仝七碗茶。

昔魏文帝曾有诗："与我一丸朗，光耀有五色，服之四五日，身体生羽翼。"苏轼却认为卢仝的"七碗茶"更神于这"一丸药"。诗人得茶真味，夸赞饮茶的乐趣和妙用，将茶的药用价值写入了诗中。

北宋时杭州西湖葛岭宝严院出产佛门上品"垂云茶"，形如"雀舌"，寺僧怡然赠予苏东坡，苏东坡回赠"大龙团"，作《怡然以垂云新茶见饷，报以大龙团，仍戏作小诗》云：

> 妙供来香积，珍烹具太官。
>
> 拣芽分雀舌，赐茗出龙团。
>
> 晓日云庵暖，春风浴殿寒。
>
> 聊将试道眼，莫作两般看。

苏东坡在黄州时，他的杭州朋友诗僧参寥从吴中来访，两人一起品茗畅聊。别后，苏东坡梦见参寥作了一首好诗，醒来后还记得其中两句："寒食清明都过了，石泉槐火一时新。"七年之后，苏东坡到钱塘去任职，参寥正好住在西湖智果寺，寺院内有一泓泉水，异常甘冷，适合烹茶。寒食过后，苏东坡与朋友去见参寥。在智果寺内，大家一起汲泉水烹黄檗茶。在饮茶时，苏东坡猛然想起上次梦见参寥的事，他就朗声吟诗给大家听。七年前梦中的诗，竟然在今天碰巧应验，在座的朋友无不称奇。

元丰四年（1081）苏东坡初到杭州任知府，就以他清新自然的笔触描绘了杭州的"白云茶"："白云峰下两旗新，腻绿长鲜谷雨春。静试却如湖上雪，对尝兼忆剡中人。"同年十二月二十七日，苏东坡正游览西湖葛岭的寿星寺，南屏山麓净慈寺的谦师赶早到北山为他点茶。苏东坡品茶后做诗一首《送南屏谦师》，诗中对谦师的茶艺给予了很高的评价：

> 道人晓出南屏山，来试点茶三昧手。
>
> 忽惊午盏兔毛斑，打作春瓮鹅儿酒。
>
> 天台乳花世不见，玉川凤液今安有。
>
> 先生有意续茶经，会使老谦名不朽。

苏门四学士之一、曾任新城知县的诗人晁补之《次韵苏翰林五日扬州石塔寺烹茶》诗里的"老谦三昧手，心得非口诀"之句，显然也是在赞誉南屏谦师的茶艺之高妙。

北宋时期，富阳茶业崭露头角，山区丘陵种茶已经十分普遍。苏东坡出任杭州通判时，曾应晁补之邀请，到新城会友游赏。这是一个春雨初歇、晴日顿现的日子，苏东坡一行从杭州出发，从东路驿道入境富阳再到新城，回程则走西路，从新城出发，循着塔山—潭山头—湘主—湘溪—三溪口—洞桥—万市—南新—临安，沿着葛溪古道经临安回到杭州。苏东坡所作《新城道中二首》中，正是他走在葛溪古道上所见到的风光，描绘了沿途所见茶村景象。《其一》云：

> 东风知我欲山行，吹断檐间积雨声。
> 岭上晴云披絮帽，树头初日挂铜钲。
> 野桃含笑竹篱短，溪柳自摇沙水清。
> 西崦人家应最乐，煮葵烧笋饷春耕。

诗中所述正是苏东坡当年行进在驿道上到新登途中所见所闻有感而发的：东风像是知道我要到山里行，吹断了檐间连日不断的积雨声。岭上浮着的晴云似披着丝绵帽，树头升起的初日像挂着铜钲。矮矮竹篱旁，野桃花点头含笑；清清的沙溪边，柳条轻舞多情。生活在西山一带的人家应最忙乐，煮芹烧笋吃了好闹春耕。在另一首《新城道中》中，有"细雨足时茶户喜，乱山深处长官清"的诗句，不但提到了沿途所见富阳、新登一带产茶情况，还以茶之清质比喻父母官为政清廉。

苏东坡谪居湖北黄州时，还曾收到寄自杭州的茶以及福建的蜜饯、荔枝干等物，写下《杭州故人信至齐安》：

> 昨夜风月清，梦到西湖上。
> 朝来闻好语，扣户得吴饷。
> 轻圆白晒荔，脆酽红螺酱。
> 更将西庵茶，劝我洗江瘴。
> 故人情义重，说我必西向。
> 一年两仆夫，千里问无恙。
> 相期结书社，未怕供诗帐。
> 还将梦魂去，一夜到江涨。

有人认为诗中提到的"西庵茶"是富阳安顶山大西庵所产①。

苏东坡对杭州影响最大的茶事活动，应当是与老龙井辩才大师的方外之交，这段名士与高僧的交游佳话，为后世西湖龙井茶文化平添了诗韵。如今，二老亭依然在风篁岭下翼然独立，苏东坡与辩才法师的这段千古佳话也流传至今。宋代的茶文化将儒家、道家、佛家思想融合到一起，而这种足以傲视其他任何时代的茶文化的精髓更是体现在了苏东坡身上。可以说此时茶文化与佛教精神达到了前所未有的高度统一，无论是外在的技艺，还是内在的思想追求，都达到了整个茶文化发展史上的巅峰！而在这座高峰上，苏东坡是不能忘却的一块艺文史碑！苏东坡的茶诗佳句自是千古绝唱，多才多艺的苏东坡在中国茶文化的发展史上做出了卓越的无可替代的贡献。如果说人

① 钟丽萍主编：《湖墅茶事》，杭州出版社，第48-51页。

生是一杯茶，看苏东坡颠沛流离、坎坷磨砺的人生，他不执着也不固执，不拘泥也不计较，一切苦难并没有使苏东坡变得萎靡狭隘，而是越来越澄明豁达。正因如此，他的生命之茶才能不间断地沏泡出富有诗意的禅茶境界。

名士茶人竞风流

宋代重文轻武，文士辈出，斗茶风盛，见于文人高士笔端的茶事诗词汗牛充栋，其中不少与杭州结下不解之缘。

著名诗人茶人、曾任杭州知府的蔡襄的《北苑茶》从赞茶、采茶、贡茶、品茶等几方面对"北苑茶"作了尽情地描述，写得气势雄壮，算得上是"北苑龙茶"的一首赞歌：

> 北苑龙茶著，甘鲜的是珍。四方惟数此，万物更无新。
> 才吐微茫绿，初沾少许春。散寻萦树遍，急采上山频。
> 宿叶寒犹在，芳芽冷未伸。茅茨溪上焙，篮笼雨中民。
> 长疾勾萌拆，开齐分两匀。带烟蒸雀舌，和露叠龙鳞，
> 作贡胜诸道，先尝只一人。缄对瞻阙下，邮传渡江滨。
> 特旨留丹禁，殊恩赐近臣。啜将灵药助，用于上尊亲。
> 投进英华尽，初烹气味真。细番胜却麝，浅色过于药。
> 顾诸惭投木，宜都愧积薪。年年号供御，天产壮瓯闽。

北宋杭州大科学家沈括不仅著录有《本朝茶法》，对茶事生产也十分关心，对品茶茗战也很内行。他的《尝茶》诗云：

> 谁把嫩香名雀舌？定来北客未曾尝。
> 不知灵草天然异，一夜风吹一寸长。

诗句对茶芽的美称、性状、生长速度都带着一种赞誉的口吻和语气，说明他不仅熟悉茶事，而且爱茶。

北宋文坛领袖欧阳修也嗜好茶事，西湖孤山的六一泉就是苏东坡为纪念他而命名的。他对当时杭州西湖北山出产的"宝云茶"钟爱有加，他在一首赞美当时的名茶、产于江西修水的《双井茶》的诗中，把"宝云茶"与"日注（铸）茶""双井茶"相提并论。诗是这样写的：

> 西江水清江石老，石上生茶如凤爪。
> 穷腊不寒春气早，双井芽生先百草。
> 白毛囊以红碧纱，十斤茶养一两芽。
> 长安富贵五侯家，一啜犹须三日夸。
> 宝云日注非不精，争新弃旧世人情。
> 岂知君子有常德，至宝不随时变易。
> 君不见建溪龙凤团，不改旧时香味色。

当时隐居孤山梅妻鹤子的诗人林逋，自然也离不开茶。他的《茶》诗云：

> 石碾轻飞瑟瑟尘，乳香烹出建溪春。
> 世间绝品人难识，闲对茶经忆古人。

从诗句描述的情景看，这是记述道人一个人的茶事的：在碧水泱泱的西湖岸边，在孤屿湖中的孤山坡下，梅花暗香浮动，白鹤振翅欲鸣，诗人隐士用石碾轻轻地碾磨龙团凤饼，绿色的茶末如瑟瑟秋风一样飞扬起来，煎上一壶西湖水，自烹自点，一碗漂浮着乳白色浮沫的香茶就点好了，浓郁的芳香仿佛是建溪的春兰，这名贵的绝品好茶，真是并非世人都能享用得到的啊！品着名茶，随看着《茶经》，不禁让人回忆起陆羽他们这些古人。林逋虽然隐居西湖，屡征不就，但也并非传说的足不离山。他曾去杭州北郊的道教名山洞霄宫游玩，并赋诗道：

> 此时仙兴发，九锁访名峰。
>
> 玉洞昼飞鼠，石池春浴龙。
>
> 异人化外见，道士酒边逢。
>
> 余欲采芳茗，白云无所从。

对他这样一个归隐山林、无意功名的人来说，要离开隐居地出游，可真是"仙兴"大发了！但见那洞里大白天都有蝙蝠飞舞，石池子里的泉水幽深如渊，好像有蛟龙潜居着。那些化外的异人难得一见，而道貌岸然的道士们却在饕餮酒肉，而我却想去云雾缭绕的山上采茶（林逋《游大涤洞天》，参引自《青山湖志》）。

北宋诗人、名臣梅尧臣，字圣俞，安徽宣城人，累官至尚书都官员外郎。当年出守杭州时，宋神宗赋诗送行，内称杭州为"地有湖山美，东南第一州"，因在吴山建有美堂。当时茶利甚厚，江南一带进士贪利贩茶，辱没斯文，梅尧臣十分关心，作《闻进士贩茶》诗云：

> 山园茶盛四五月，江南窃贩如豺狼。
>
> 顽凶少壮冒岭险，夜行作队如刀枪。
>
> 浮浪书生亦贪利，史笥经箱为盗囊。
>
> 津头吏卒虽捕获，官司直惜儒衣裳。
>
> 却来城中谈孔孟，言语便欲非尧汤。
>
> 三日夏雨刺昏垫，五日炎热讥旱伤。
>
> 百端得钱事酒卮，屋里饿妇无糇粮。
>
> 一身沟壑乃自取，将相贤科何尔当。

梅尧臣曾任建德县县令，任上有《送学士睦州通判》诗："涉淮淮水浅，溯溪溪水迟。君到桐庐日，正值采茶时。试问严陵迹，今复有谁知？"另一首《送余少卿知睦州》云："青山峡里桐庐郡，七里滩头太守船。云雾未开藏宿鸟，坡原将近见烧田。养茶摘蕊新春后，种橘收包小雪前。民事萧条官政简，家书时问雪溪边。"值得一提的是，梅尧臣还作有《七宝茶》诗："七物甘香杂蕊茶，浮花泛绿乱于霞。啜之始觉君恩重，休作寻常一等夸。"这种当时杭州一带流行的"七宝茶"，就是擂茶的一种。

北宋后期风行的斗茶在徽宗时达到鼎盛，宋室南渡以后，此风渐渐消歇。虽然南宋宫廷每年新茶入贡时的"北苑试新"依旧延续，但权贵、士大夫们热衷于此道的却日渐减少，斗茶的诗词也凤毛麟角，而自娱自乐的点茶游戏"分茶"在民间流行开来。南宋淳熙十三年（1186）春，陆游（1125—1210）应召"骑马客京华"，从家乡山阴（今绍兴）来到京都临安（今杭州）。那时节，国家处在多事之秋，一心杀敌立功的陆游，宋孝宗却把他当作一个吟风弄月的闲适诗人。陆游心里感到失望，徒然以练草书、玩分茶自遣，作《临安春雨初霁》一首，云：

> 世味年来薄似纱，谁令骑马客京华。
>
> 小楼一夜听春雨，深巷明朝卖杏花。
>
> 矮纸斜行闲作草，晴窗细乳戏分茶。
>
> 素衣莫起风尘叹，犹及清明可到家。

这"晴窗细乳戏分茶"，不是寻常的品茗别茶，也不同于点茶茗战，而是一种独特的烹茶游艺。陆放翁是把"戏分茶"与"闲作草"相提并论，这绝非一般的玩耍，在当时文人眼里是一种很有品位的文娱活动。宋词家向子谨《酒边集·江北旧词》有《浣溪沙》一首，题云："赵总持以扇头来乞词，戏有此赠。赵能著棋、写字、分茶、弹琴"。词人把分茶与琴、棋、书艺并列，说明分茶亦为士大夫与文人的必修之艺。

陆游还写有不少精妙的茶诗，如《雪后煎茶》：雪液清甘涨井泉，自携茶灶就烹煎。一毫无复关心事，不枉人间住百年。诗人风雅极致，以"雪水"煎茶，颇似白居易"冷咏霜毛句，闲尝雪水茶"的故事。他的《试茶》："强饭年来幸未衰，睡魔百万要支持。难从陆羽毁茶论，宁和陶潜止酒诗。乳井帘泉方遍试，柘罗铜碾雅相宜。山僧剥啄知谁报，正是松风欲动时。"道出了自己对茶的嗜好。他到耄耋垂老，都好饮茶，《八十三吟》诗："石帆山下白头人，八十三年见草春。自爱安闲忘寂寞，天将强健报清贫。枯桐已爨宁求识，敝帚当捐却自珍。桑苎家风君勿笑，他年犹得作茶神。"诗人晚年安于清贫生活，因知音已绝，而生"枯桐"之叹，对自己的诗文则犹敝帚自珍。他家有陆羽遗风，希望将来也能被人看为"茶神"，爱茶之深，可见一斑。陆游在淳熙十三年（1186）曾知严州，任上也有茶诗，《登北榭》云：

> 绕城山作翠涛倾，底事文书日有程。
>
> 无涯我为挥吏散，独登楼去看云生。
>
> 香浮鼻观煎茶熟，喜动眉间炼句成。
>
> 莫笑衰翁谈生活，它年犹得配玄英。

"香浮鼻观煎茶熟，喜动眉间炼句成"，细腻传神地描绘了登高煎茶、品茗赋诗的欣喜心情。他在途经富春江钓台送客时，也曾作《钓台见送客罢还舟熟睡至觉度寺》诗一首：

> 抽身簿书中，兹日睡颇足。缥缈桐君山，可喜忽在目。
>
> 纷纷众客散，杳杳一筇独。昔如脱渊鱼，今如走山鹿。
>
> 诗情森欲动，茶鼎煎正熟。安眠簟八尺，仰看帆十幅。
>
> 逍遥富春饭，放浪渔浦宿。送老水云乡，羹藜勿施肉。

诗中"诗情森欲动，茶鼎煎正熟"之句，说的也是饮茶与诗兴的关系。自古诗人好酒，有所谓斗酒百诗，可陆游这样饮茶而赋诗的，其实也不少。

南宋诗人杨万里也喜欢在西湖觅泉煎茶，他的《以六一泉煮双井茶》堪称一绝，诗云：

> 鹰爪新茶蟹眼汤，松风鸣雷兔毫霜。
> 细参六一泉中味，故有焙翁句子香。
> 日铸建溪当退舍，落霞秋水梦还乡。
> 何时归上滕王阁，自看风炉自煮尝。

　　用孤山的六一泉来烹煮双井茶，别有一番兴味，诗中字字句句都借用了斗茶之词，但显然其方法已经今非昔比，诗人不是想与别人斗茶，而是要自己带着风炉来煎汤点茶，独自品尝。他即便是在旅途中，也离不开茶，《舟泊吴江》："江湖便是老生涯，佳处何妨且泊家。自汲淞江桥下水，垂虹亭上试新茶。"所说正是他在舟泊淞江、亭上试茶的故事。

　　南宋杭州与茶事密切的诗人名士中，洪咨夔应当算其中著名的一个。洪咨夔（1176—1236），於潜（今临安）嘉前人，后徙临安新溪。嘉泰二年（1202），16 岁时一举考中进士，步入仕宦生涯。引见朝廷，得以重用。理宗亲政 5 日，就以礼部员外郎召见，问今日急务，他答以"进君子而退小人，开诚心而布公道"等，第二天提升为监察御史，后进刑部尚书，拜翰林学士，加端明殿学士。他作有著名的《作茶行》（洪咨夔《平斋文集》卷七）长诗：

> 磨斫女娲补天不尽石，磅礴轮囷凝绀碧白刓。
> 扶桑挂日最上枝，娿珊勃窣生纹漪。
> 吴罡小君赠我杵，阿香藁砧授我斧。
> 斧开苍璧粲磊磊，杵碎玄玑纷楚楚。
> 出臼入磨光吐吞，危坐只手旋乾坤。
> 碧瑶宫殿几尘堕，蕊珠楼阁妆铅翻。
> 慢流乳泉活火鼎，渐瑟微波开溟涬。
> 花风迸入毛骨香，雪月浸激须眉影。
> 太一真人走上莲花舫，维摩居士惊起狮子床。
> 不交半谈共细啜，山河日月俱清凉。
> 桑苎翁，玉川子，款门未暇相倒屣。
> 予方抱易坐虚明，参到洗心玄妙旨。

　　诗人发挥想象力，把石茶臼比喻为女娲补天时多余下来的石头所造，把与吴罡、阿香一起开茶饼、碾茶末、煎泉水、点茶汤描绘得声色俱全，活灵活现，那茶香甚至都把太一真人、维摩居士这些道教、佛教中的大人物都给吸引了过来，全诗行云流水，朗朗上口，意境俱佳，堪称南宋杭州茶诗杰作。

　　洪咨夔在交游生活中也经常与朋友一起煎茶唱和。他的《用韵答厉辅卿》诗云：南北锦一住，东西岩屡登。报春梅有信，送酒鹊无凭。之子能相过，诗名不浪称。漉冰烹小凤，爽思为渠增。"漉冰烹小凤"，说明当时他用的还是建茶小凤饼。《又答景扬》：朝家久设礼为罗，小寄禅窗共讲磨。红锦障泥飞骔里，黄金宝校琢盘陀。冰矞荐饭乡风古，雪汁烹茶雅道多。领取单传心法去，会将佛祖一时呵。用"雪汁烹茶"，当然"雅道多"了。洪咨夔晚年喜与家乡释道两教交游，他的《题松轩》：苍官面目冷于冰，倾盖真成耐久朋。随世炎凉渠自尔，与时荣悴我何曾。声传茶鼎风鸣籁，影过熏炉月抹楞。束绢欲烦叁昧手，个中着个觅诗僧。说的是与寺僧置鼎烹茶的故事。他的《丁东洞》茶诗：渴鸟滴尽三更雨，铁凤敲残六月风。汤饼困来茶未熟，为师摇梦作丁东。把煮茶的风炉水声当作泉水叮咚一样来催眠摇梦，可真是奇思妙想。他曾在洞霄宫与道教老人庆七十，谈论茶能养身益寿之功效，并赋茶词《汉宫春（老人庆七十）》云：

> 南极仙翁，占太微元盖，洞府为家。身骑若木倒景，手弄青霞。芙蓉飞斾。映一川新绿平沙。好与问，东风结子，几回开遍桃花。况是初元玉历，更循环数起，希有年华。长把清明夜气，养就丹砂。麻姑送酒，安期生遗枣如瓜。欢醉后，呼儿烹试，头纲小凤团茶。

此外，一些地方文人、寺僧和官员，也留下不少茶诗。如释智圆（976—1022），字无外，自号中庸子，天台宗僧人，曾住持孤山玛瑙院，院内有仆夫泉，系其仆夫因竹艺而觅得此泉，故称。他的《谢仁上人惠茶》云："寄我山茶号雨前，斋余闲试仆夫泉。睡魔遣得虽相感，翻引诗魔来眼前。"南宋径山寺高僧密庵咸杰在其《语录》后录的《偈颂》中，收录有《径山茶汤会首求颂二首》，其中的"一茶一汤功德香"之句，足证当时禅院茶汤会之盛况。诗人王令（1032—1059）对西湖所产"宝云茶"极为推崇，他的《谢张和仲惠宝云茶》诗云："故人有意真怜我，灵舛封题寄荜门。与疗文园消渴病，还招楚客独醒魂。烹来似带吴云脚，摘处应无谷雨痕。果肯同尝竹林下，寒泉犹有惠山存。"南宋吴则礼在《同李汉臣赋陈道人茶匕诗》中说："即今世上称绝伦，只数钱塘陈道人。宣和日试龙焙香，独以胜韵媚君王。"说明宣和斗茶之技如今高手日稀，像钱塘陈道人这样的可算得上是"今世""称绝伦"了。

南宋时的洞霄宫，是官宦士人趋之若鹜的旅游胜地，许多文人留下了在那里品茗赋诗的作品。如龚文焕《山中纪咏》："白日幽情惬，闲门到者稀。嗜茶和月煮，采药带云归。春树余花落，天坛独鹤飞。年华自来往，慵换薜萝衣。"山居悠闲自在的生活，令人神往。陈洵直《茶岭（洞霄宫）》："绝顶方知天柱云，早芽先破禁宫春。琳罂入贡无多种，附陇钥旗尽得珍。"无名氏《仙迹岩题诗二十三首·茶岭》："秀钟天柱产灵芝，造就仙芽发嫩旗。采向先春烟露里，喊山凤尾岂为奇。"这说明洞霄宫一带有"茶岭"。周密《大涤洞天重游忆旧》有"茶香笋美松醪熟"之句，程俱《同余杭尉江仲嘉褒，道人陈祖德良孙游洞霄宫》"笔床茶灶向何许"之句（《全宋诗》卷1412，第16264页），曹诚明《大涤洞天留题》"瀹泉烹玉隽馀味，但觉两腋如飞仙"之句，王溉《淳熙丙午游大涤》"黄冠解识寻幽兴，为洗寒铛煮碧泉"之句，以及无名氏《仙迹岩题诗二十三首·天柱泉》"汲泉烹茗多甘味"之句，都无不说明洞霄宫一带茶事之多。

（本文系杭州市茶文化研究会《茶都》约稿，所选茶诗除注明出处者外，大多选自刘枫主编《历代茶诗选注》，中央文献出版社2009年版；参见虞荣仁主编、鲍志成编著《杭州茶文化发展史》上册有关章节，杭州出版社2013年版。）

赵孟頫茶事书画述略

　　湖州在中国书画和茶文化史上具有独特的地位。作为太湖文明的核心区，湖州一带先民在新石器时代晚期就开始使用类擂茶研磨钵陶器烹制植物根茎花果芽叶杂煮而成的原始羹饮茶食。这里出土的东汉时期"茶"字款青瓷瓮，是迄今发现的最早的带有明确铭文的茶器具。三国东吴时，长兴的温山一带是出产"御荈"的我国最早的皇家茶园，开辟我国御茶贡茶生产之先河。唐朝时，这里成为东南地区重要茶区之一，长兴、阳羡交界的山区，建立了皇家贡茶院，出产的紫笋茶成为唐皇朝的皇家御用茶品，一年一度的"境山茶宴"成为地方州郡官方的茶事活动，也是当地春茶开摘的开茶节。特别是中唐时期，茶圣陆羽隐居苕溪之畔的青塘别业，著作《茶经》，与高僧皎然等共同创造了中国茶思想文化和茶学体系，从而使湖州成为中华茶文化的重要发祥地。宋元时期，茶风炽盛，湖州的茶事盛况自不待多言，而寓居湖州的赵孟頫也留下了书画与茶结缘的佳话。这里就他与一代高僧中峰明本之间的方外交往中"写经换茶"故事及茶事绘画作品，做个简略的探讨。

一、赵孟頫与中峰明本的方外至交

　　元代文坛领袖赵孟頫（1254—1322），字子昂，号松雪，松雪道人，吴兴（今浙江湖州）人。赵孟頫博学多才，能诗善文，懂经济，工书法，精绘艺，擅金石，通律吕，解鉴赏。特别是书法和绘画成就最高，为元代著名书画家、楷书四大家之一，开创元代新画风，被称为"元人冠冕"。赵孟頫与元代临济高僧中峰明本结下了深厚的方外交谊，诗书往还，留下许多佳话。

　　中峰明本（1263—1323）是元代江南最著名的临济宗僧人，也是有元一代影响最大的禅门宗匠，被誉为"江南古佛"。明本一生大部分时间都在山林、湖河中度过，或结草庐，或船居，其中西天目山是他居住时间最长的地方。从延祐元年（1314）到至治三年（1323）的10年中，除了两次躲避行宣政院官员，短暂居住于丹阳大同庵和西天目山之北三十里的中佳山幻住庵，其余时间均在天目山度过，至治三年（1323）八月圆寂，世寿61，僧腊37，道俗数千人奉全身塔于狮子正宗禅寺西侧望江石旁。天历二年（1329），元文宗谥"智觉禅师"。元统二年（1334），元顺宗追谥"普应国师"，敕赐其语录《中峰和尚广录》30卷收入《大藏经》（《普宁藏》）[①]。

---

　　① 纪华传：《江南古佛：中峰明本与元代禅宗》，中国社会科学出版社，2006年。

在元代禅宗日趋衰落的情况下，明本一系崛起于东南，上至皇帝大臣，下至平民百姓，远则西域、云南，域外高丽、日本，争相前来瞻礼。他所居住的天目山，成为江南禅宗的中心。中峰明本继高峰为一世宗师，天目山高僧辈出，闻名中外，日本、印度、高丽僧人纷纷慕名来此。虞集曾言："从之者如云，北极龙漠，东涉三韩，西域、南诏之人，远出万里之外，莫不至焉。"① 明初著名儒臣宋濂也说："国师之道，东行三韩，南及六诏，西连印度，北极龙沙，莫不蹑屩担登，咨决法要。"② 据日本《延宝传灯录》等记载，元代先后有 17 位日本僧人来天目山参拜中峰和断崖，回国后均建立寺院。他们继承了隐遁清修的幻住禅风，不住名山寺院，注重真修实悟，为广大僧俗信众所仰慕，居处皆成名刹，后人将他们通称为"幻住派"，影响极大。

赵孟頫像　　　　　　　　　　　中峰明本顶相

中峰明本擅长书法，能诗善曲，在文学上有相当造诣，提倡喝茶坐禅，使禅人诵读有精神，并以茶待礼，客人一到，先用茶待客，使客人得以休息静心。中峰明本在法事法会、僧堂生活中无处不用茶，无时不用茶，如在结夏开示中，需要"点茶一杯"，他自拟开示法会类似"庵中茶话"。在《示祖禅人》语录中，还有"香匙茶盏舞三台"③ 之句。这里的"香匙"，或许就是一种茶匙，"茶盏"，则指当时流行的黑釉茶盏无疑，一语道出了他的茶风禅机。他以茶参禅的禅风也被其日本弟子继承，对后世日本茶道的形成发挥了重要的作用。在日本茶道器具中，被奉为国宝的"天目碗"

---

　　① 虞集《道园学古录》卷四十八《智觉禅师塔铭》，钦定四库全书荟要本，吉林出版集团，2005 年。
　　② 宋濂《宋学士文集》卷四十《吴门重建幻住庵记》，《四部备要》本。
　　③ 见《天目中峰和尚普应国师法语》，《示众》《示祖禅人》，《新纂续藏经》No.1402《天目明本禅师杂录》3 卷。此处"三台"何解？《史记·天官书》称："魁下六星，两两相比者，名曰三能。"《苏林》称："能"音"台"。《索隐》称："即泰阶三台。分上台、中台和下台，各二星。"三台六星，在太微垣墙外西北部。两两相立，如台阶之状。汉时借用为对尚书、御史、谒者的总称。御史为宪台，尚书为中台，谒者外台，合称三台。《后汉书·袁绍传》曰："坐召三台，专制朝政。"其中所说的三台，大概就是指以上三员。这里当指三台六星而言。

及其配套的盏托"天目台"、被尊为茶道绝技的"天目点",都与中锋明本享誉东瀛,大批日本求法僧接踵而至,登山巡礼,并把"天目盏"传入日本,有着直接的渊源关系①。据研究,"天目茶碗"在日本泛指从宋元时期传入的中国黑釉茶碗,其得名源自"天目盏",有人认为这个名字最早著录就见于《中峰和尚广录》②,其实查无实据。但在元代天目山寺僧普遍使用这种茶器,日本文献出现的"天目盏"有部分应该是来天目山求法僧连同其他黑釉盏器物一起带回日本,是完全可能的。

明本为躲避元朝请他进宫,远避到吴兴卞山,筑幻住庵,在当地传得沸沸扬扬。于是,赵孟頫、冯子振来到幻住庵,就有了后来《梅花百咏》诗的诞生。赵孟頫见明本后,就像生活不可缺少的指明灯一样,有事就向他请教。赵孟頫与明本相互探讨禅法,每次都以禅宗中明心见性、觉悟本来具足的清净佛性为根本,而论到真切处,常"悲泣垂涕,不能自己",可见其受禅宗影响之深。其中一《佛法帖》中说:"孟頫平生承祖父之荫,无饥寒之窘。读书不敢谓博,然亦粗解大意。其于佛法,十二时间时时向前,时时退后,见人说东道西,亦复随喜。然自今者一瞻顶相,蒙训诲之后,方知前者真是口头眼前无益之语,深自悔恨,干过五十年,无有是处。'三要'之说,谨当铭心,以为精进之阶。闻杖锡人瞻,恋无喻彰。侍者索回书,草草具答,书不尽言。唯吾师慈悲,时时寄声提警,乃所至愿,不宣。"此信主要内容有三:第一,赵孟頫向明本禅师介绍自己的家世及读书、学佛情况;第二,自称见过明本之后,得到佛法"训诲",悔恨自己以前对于佛法未得真实受用;第三,听到明本所开示的"三要"之说,表示要铭记于心,作为指导修行的警策。

赵孟頫书赠中峰明本《心经》(辽宁博物馆藏)

中峰明本比赵孟頫小近10岁,却是赵孟頫、管道升夫妇虔心依止的法师,赵孟頫留下以"中峰和上老师侍者"为上款的信函多达20多件。一位是得道高僧,一位是高官文人,两人在交往中彼此馈赠,赵孟頫送"茶叶、人参、五味、摩姑、药品等礼物",明本回赠药品、香、酒豉(豉,用豆豉浸渍的酒,可供药用)、沉香、灵砂

① 鲍志成《宋元遗珍茶器绝品——"天目碗"的源流辨析及其与中日禅茶文化交流的关系》,《茶都》,2012年第2期。
② 龚敏迪《"天目茶碗"之名并非源于日本》,《香港文汇报》,2008年1月12日。

等，从中可以看出彼此之间亲密的关系。赵孟𫖯最后一次病倒，不能起床，很想见上明本一面。可明本当时正在为高丽王璋受教一月，不能脱身，婉言谢绝，并说明了情况。王璋一月满后，想继续受教，明本已体力不支，婉言谢绝①。

二、赵孟𫖯与中峰明本"写经换茶"

赵孟𫖯与中峰明本堪称是元代文坛和佛教的两大领袖，他们之间亦师亦友的关系中，最为后人津津乐道的故事之一，就是赵孟𫖯向中峰明本写经换茶的故事。

赵孟𫖯"旁通佛、老之旨，皆人所不及"②。在赵孟𫖯的一生中，抄录了大量的佛教经卷。赵孟𫖯所抄佛经流传于世的多达八十多册（卷），仅《金刚经》就十一次，有十二册。《摩诃般若波罗蜜多心经》《圆觉经》《无量寿经》等，他都写过多次。他写经换茶的事，纯属情理之中，且为其与中峰明本往还交游之书函诗文所证实，更为辽宁省博物馆所藏赵孟𫖯书《心经》长卷所实证。该贴的落款，有"弟子赵孟𫖯奉为本师中峰和尚书"之语。

明代后有人据此佳话，绘有图卷传世。其中最著者，当即明代大书画家仇英、文徵明珠联璧合的《赵孟𫖯写经换茶图卷》，为国画、书法合璧之作，现藏美国克利夫兰美术馆。

该图是仇英应明代收藏家昆山周于舜之请求而作，仇英曾临摹赵孟𫖯之画，对赵孟𫖯书写《摩诃般若波罗蜜多心经》之事应有所知，所以周于舜找人画《赵孟𫖯写心经换茶图》，仇英当然是最好的人选。仇英《赵孟𫖯写经换茶图卷》最早著录于乾隆时期的《秘殿珠林·石渠宝笈续编》中，标题为《仇英画换茶图、文徵明书心经合璧一卷》。题识云："二幅画幅，纵六寸五分，横三尺三寸。设色，画松林、竹篱。松雪据石几作书，恭上人对坐。后设茶具、炉案。侍童三。款，仇英实父制。钤印二，十州、仇英之印。书幅，金粟笺本。纵如前，横九寸七分。楷书《心经》，嘉靖二十一年，岁在壬寅，九月廿又一日，书于昆山舟中，徵明。钤印二，停云、徵明。"

明仇英、文徵明书画合璧《赵孟𫖯写经换茶图卷》，（美国克利夫兰美术馆藏）

① 叶宪允：《赵孟𫖯与中峰明本禅师交游考——以〈赵文敏与中峰十一帖〉为重心》，《湖州师范学院学报》，2015 年第 9 期。
② 《元史》卷一七二《赵孟𫖯传》。

仇英画《赵孟頫写经换茶图卷》

　　画面松林、竹篱，赵孟頫据石几作书，中峰明本禅师对坐，描绘的就是写经换茶的故事。图之右前方为赵孟頫在松林树下据石几写字，似乎才将纸摊开，正待作书。石几前坐有一僧，面向画纸，即是题识上所说的"恭上人"，正是中峰明本禅师。而赵孟頫则侧身看着右前方的侍童，手上捧着一物，似为茶包，正走向赵孟頫。图中间松林较远处有一侍童，正蹲着煮水。图之左侧更远处有一侍童，手捧着一物正向这里走来，侍童的身后有两只喜鹊正在圆台上觅食。赵孟頫与明本之间的交往，颇能反映元代士大夫参禅问道的现象，这是禅师与士大夫精神相通的表现。

《赵孟頫写经换茶图卷》局部

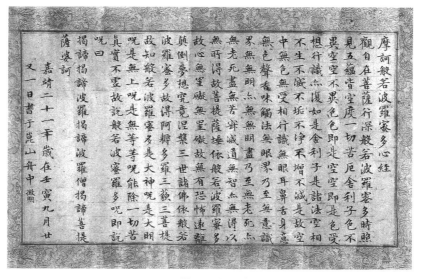

文徵明书《心经》

该画卷后《摩诃般若波罗蜜多心经》为明朝大家文徵明（1470—1559）所书，书于金粟笺本上，末题"嘉靖二十一年（1542），岁在壬寅，九月廿又一日，书于昆山舟中。"文彭题跋云："逸少（王羲之）书换鹅，东坡书易肉，皆有千载奇谈。松雪以茶戏恭上人，而一时名公盛播歌咏。其风流雅韵，岂出昔贤下哉。然有其诗而失是经，于舜请家君为补之，遂成完物。癸卯仲夏，文彭谨题。""松雪"即赵孟頫，他自号"松雪道人"。文彭（1489—1573）系文徵明长子。文嘉（1501—1583，系文徵明次子）的识语云："松雪以茶叶换般若，自附于右军以黄庭易鹅，其风流蕴藉，岂特在此微物哉？盖亦自负其书法之能继晋人耳。惜其书已亡，家君遂用黄庭法补之。于舜又请仇君实甫以龙眠笔意写《书经图》于前，则此事当遂不朽矣。癸卯八月八日，文嘉谨识。"根据此图收藏家王世懋（1536—1588）之题跋：仇英作此图系因明代收藏家昆山周于舜（1523—1555）之请。周于舜因获得赵孟頫的"写心经换茶诗"，而不知其所写《心经》流落何处，于是请仇英依诗之意而作画，同时并请文徵明在画卷后以小楷字书写《心经》以媲美赵孟頫原作。王世懋后来自周于舜家得此画卷，见它与自己所藏之赵孟頫《心经》正好是两美之合，遂在画卷上于文彭与文嘉题识之后再增题跋语，叙述仇英作画及文徵明写《心经》之缘由，使周于舜请仇英作图原委大白于世。画后文徵明书《心经》，文徵明之长子文彭题跋和文徵明之次子文嘉识语，仇、文两家交情之深，也由此可见一斑。仇英此图卷用笔精爽纯熟，作色明丽艳逸，不失秀雅温润之气，加上诸家题跋，国画书法，珠联璧合，堪称国宝珍品[1]。

其实赵孟頫写经，不光是为换茶，更重要的原因是皈依佛道，虔敬三宝。当时朝臣对赵孟頫亡宋宗室的猜疑和排挤，世人对他仕元为官的鄙视和指责，如此这般的精神痛苦、心理压力，促使他醉心于书画艺术，倾心于佛道，希望从中寻求人生的乐趣和精神的寄托。据《元史》本传载：赵孟頫"旁通佛、老之旨，皆人所不及"。在他的一生中，抄录了大量的佛教经卷。

三、赵孟頫茶画《斗茶图》《琴棋书画图》

在我国丰富悠久的茶史中，"斗茶"是茶文化的一种。最早的"斗茶"，起源于贡茶基地。人们为了选出最好的茶贡献朝廷，茶产出后在一起"斗比"。后来，"斗茶"渐渐流行，上至宫廷、文人雅士，下至市井百姓，几乎"斗茶"成风。不但产茶要"斗"，卖茶也要"斗"。"斗茶图"应运而生。

作为爱茶画家，赵孟頫还有著名的《斗茶图》传世，由台北故宫博物院收藏。图中设4位人物，两位为一组，左右相对。每组中的有长髯者均为斗茶的主战者，各自身后的年轻人在构图上都远远小于长者。他们是徒弟或"侍泡"一类人物，属于配角。图中左面这组，年轻者持壶注茶，身子前倾，两小手臂向内，两肘部向外

---

① 《仇英〈赵孟頫写经换茶图卷〉赏析》，慧日佛艺的博客 http：//blog.sina.com.cn/buddhistmuseum；香如故 http：//blog.sina.com.cn/yimingbai。

挑起，姿态健壮优美有活力。年长者左手持杯，右手拎炭炉，昂首挺胸，面带自信的微笑，好似已是胜券在握。右边一组，其中长者左手持已尽之杯，右手将最后一杯茶品尽，并向杯底嗅香，年轻人则在注视对方的目光时将头稍稍昂起，似乎并没有被对方的踌躇满志压倒，大有一股"鹿死谁手"还未知的神情。图中的这两组人物动静结合，交叉构图，人物的神情顾盼相呼，栩栩如生。人物与器具的线条十分细腻洁净①。

赵孟頫《斗茶图》局部　　　　　　　　刘松年《斗茶图》局部

　　赵孟頫的《斗茶图》从人物的设计到道具等的使用较多取自刘松年的《斗茶图》。该画是茶画中的传神之作，画面上四茶贩在树荫下作"茗战"（斗茶）。人人身边备有茶炉、茶壶、茶碗和茶盏等饮茶用具，轻便的挑担有圆有方，随时随地可烹茶比试。左前一人手持茶杯、一手提茶桶，意态自若，其身后一人手持一杯，一手提壶，作将壶中茶水倾入杯中之态。另两人站立在一旁注视。斗茶者把自制的茶叶拿出来比试，展现了宋代民间茶叶买卖和斗茶的情景。

　　值得一提的是，在日本德川美术馆藏有一幅赵孟頫所画《琴棋书画图》，其中点茶情景十分细腻传神：方巾绿衫的男子正在茶台上点茶，而腰背插着鹅毛扇的董角茶童正在端盏奉茶。从茶台上的茶具看，点茶用的茶筅是扁片状的竹丝帚，而不是后世日本流行的圆球状；点茶的茶碗类似白釉镶边大盏，其下是朱漆天目台，这与南宋"瓷盏漆托"的记载和审安老人的《茶具图赞》中"十二先生"所画茶筅、陶宝文、秘阁等基本相符；而奉茶用的茶盏是类似青白釉的海棠杯，并配有船形盏托；其旁还有青绿色的带盖圆形盒，谅必是储存茶粉的茶盒子；另一侧则有置于青绿色类似青铜炉具上的带把凤首执壶，看上去颇有波斯风格，与上海博物馆藏的仇英《仿宋人册页》中蒙古骑兵骑马过河手中所持凤首壶形制十分接近。从画面看，这是文人雅士在湖石假山、青石雕栏的庭院里，抚琴对弈，挥毫泼墨，进行"西园雅集"之类的风雅活动时，点茶奉茶的情景。从题材和风格而言，类似与北宋《文会图》《十八学士图》

---

　　① 吴日芬：《赵孟頫〈斗茶图〉画题的商榷——运用图像学研究方法》，《艺术品鉴》，2015年第8期。

中的茶事雅集大同而小异。

赵孟頫《琴棋书画图》（局部）（日本德川美术馆藏）　　　宋人《十八学士图》

此外，据传赵孟頫还画有《陆羽烹茶图》。他的同乡画家钱选也画有茶画两幅。一幅是《卢仝煮茶图》，现尚存世，纸本设色，卢仝头戴纱帽，身着白衣，席地而坐，正在指点女婢和长须老仆烹茶。画上部尚有乾隆乙巳仲秋题诗。另一幅为《陶学士雪夜煮茶图》，《历代鉴赏》卷9著录，原画未见。与赵孟頫、钱选为同时代的湖州人胡廷晖画有《松下烹茶图》，著录于《好古堂画记》。赵孟頫的外孙王蒙擅长山水、人物画，有《青卞隐居图》《花溪渔隐图》等名作，他的茶画《煮茶图》，至今也仍存世。凡此都说明，元代前期，浙西一带的文人吃茶嗜茶，依然成风。

（本文系2016年浙江省历史学会在湖州举办的年会暨学术研讨会论文，收录陈野主编《一樽且向画图开 湖州专场——地域美术史研究论文集》第二辑，浙江工商大学出版社，2018年11月；修改后以《赵孟頫茶书画述略》刊发在《荣宝斋》2017年4月第四期。）

虞集、邓文原游龙井品茶唱和考述

　　杭州西湖产茶，始见于唐，两宋记之者也多，而明确记载西湖龙井一带产茶，首见于元朝虞集《次韵邓文原游龙井》，诗中对游龙井、品饮茶给予诗化描述，极尽赞美之词。这也是现在许多杭州茶人和学者津津乐道的。诗的全文是这样的：

　　　　杖藜入南山，却立赏奇秀。所怀玉局翁，来往绚履旧。
　　　　空余松在涧，仍作琴筑奏。徘徊龙井上，云气起晴昼。
　　　　入门避沾栖，脱履乱苔甃。阳岗扣云石，阴房绝遗构。
　　　　澄公爱客至，取水抱幽窦。坐我檐葡中，余香不闻嗅。
　　　　但见瓢中清，翠影落碧岫。烹煎黄金芽，不取谷雨后。
　　　　同来二三子，三咽不忍漱。讲堂集群彦，千蹬坐吟究。
　　　　浪浪杂飞雨，沉沉度清漏。令我怀幼学，胡为裹章绶。

　　细读诗文，反复沉吟，一幅"龙井春游品茗图"顿现眼前：在一个春雨初歇的晴昼，虞集与二三好友到龙井寺去春游。他们挂着藜杖，沿着西湖南山一路行来，但见岚烟缥渺，峰峦竞秀，松风阵阵送清爽，涧水叮咚如琴筑，秀丽神奇的风景不时吸引着他们，或驻足观赏，或徘徊指顾。去龙井本是为了追怀苏东坡当年的履痕韵迹，如今年久失修的山寺，遗础残构，让人不禁感慨人事之无常，岁月之无情。那里的讲堂群彦毕集，高士满座，正赶上在举办一个法会或雅集之类的茶会，大家欢聚一堂，坐对吟诗，参法论道。他们翻过云烟穿梭、乱石如林的向阳山岗，来到背阴的龙井寺山房，进门后脱去被草苔沾得湿漉漉的鞋子，坐在屋檐下的蒲团上。好客的寺主澄公从岩窦里取来泉水，在炉上煮汤，当水声乍起，他就把谷雨前采摘的嫩黄如金的茶芽，放入汤水中稍作烹煎后，就用瓢舀取茶汤，逐一分给他们品尝。端起茶碗，但见汤气氤氲，茶香弥漫，青绿的茶芽舒展着美妙的身姿，上下漂浮，悠然自得，仿佛是蓝天碧云的倩影，倒映在青白瓷的茶碗中。闭目浅浅地啜上一口，满口清爽，齿颊留香，顿时让人神清气爽。同来的几个人都舍不得牛饮糟蹋了如此难得品尝到的琼浆玉液，再三把茶汤含在嘴里，细细品味，漱口含香，不忍心一口吞咽下去。绵绵的山雨又浪浪地飘起来，天光阴沉沉的，他们就这样在讲堂里品茶闻香，问法论道，度过了清净和悦的一天。早知这山寺里有如此奇妙愉悦的人生享受，又何必皓首穷经，饱读诗书，去追求那翰林奎章之类的虚浮功名呢?!

　　这首诗给出的关于元代龙井一带茶文化的信息十分丰富：一是元代龙井已成西湖南山文人高士游赏的一个热点名胜，龙井泉、龙井涧、龙井山、龙井寺以及出产的山茶、苏东坡的故事韵迹，都是其吸引人的地方。二是龙井寺虽然已经破落，但仍有寺僧主持，还有讲堂在举办法事或茶会活动。三是寺里用龙井泉水煮汤煎茶招待香客来宾，已然习以为常，也是游客向往的风雅韵事。四是寺里所用的茶，是采摘自谷雨前的嫩芽，色泽金黄，其烹煎方法是煮汤水沸后直接把茶芽投入汤水，然后用瓢分茶。这就是说，这种茶既不是龙凤团饼茶，也不是蒸青散茶，而是炒青散茶，不碾茶为末，用汤点茶，而是直接烹煮。这种方法与后世撮泡法虽然不同，但与宋元时期普遍流行的碾茶法也大为不同，极有可能就是忽思慧在《饮膳正要》中所列举的"清茶"的烹煎方法：用茶芽短时间煎泡即可。五是最重要的一点，就是历史上第一次明确记载了后世西湖龙井茶的发祥地、狮峰龙井原产地一带，即今老龙井产茶历史，也就是说把西湖产茶与龙井联系起来了，而且与以往记载的西湖产茶地都在西湖北山不同，这也是第一次记载西湖南山地区产茶。明清时期西湖龙井产区不断扩展，但核心主产区及狮虎云龙梅五大字号产区，全都在西湖南山及周边地区。因此这个记载的历史意义非同小可，除了没有正式出现或命名"龙井茶"外，关于西湖龙井茶诞生的其他要素，都已经具备了。

另一方面，这首诗也存在诸多尚待进一步解读的地方，比如诗的出处、作者及与杭州的渊源、作诗的时间；它既然是"和邓文原游龙井"而作，那么邓文原其人、其原作何在，虞集与邓文原关系如何。本文拟就这些悬而未决的问题作一粗浅的探讨。

首先，《次邓文原游龙井》诗的出处和原名。以往一般人引用，都辑录自明朝田汝成的《西湖游览志》①，多作《次邓文原游龙井》，甚或简称《游龙井》，鲜有查证虞集诗文集的。虞集诗文集有《道园学古录》和《道园遗稿》，现在一般能见到的老本子分别收录在四部丛刊和《四库全书》集部。然而，《道园学古录》未收录此诗。而在《道园遗稿》卷一，这首诗却题作《次韵邓善之游山中》。"邓善之"即邓文原，"善之"是邓文原的字。那么"游山中"怎么变成"游龙井"了呢？显然这都是田汝成参引时"方便从事"所致。问题是虞集所唱和的邓文原原作所题为何，也一时难以确定，有人说原作题为《饮龙井》，故而田汝成把"游山中"改为"游龙井"，也顺理成章。只是邓文原的诗文集《内制集》《素履斋稿》等早就佚失，查遍后人辑存的《巴西集》，却无一诗，更不用说《饮龙井》了。虞集这首诗是唱和邓文原而作，故而从某种意义上讲，邓文原的《饮龙井》具有同样甚至更重要的意义和价值。这就成为一个悬案，有待诗学、茶文化界继续关注。

其次，虞集其人及其与杭州的渊源。虞集（1272—1348）是元代著名学者、诗人，元诗四大家之首。字伯生，号道园，人称邵庵先生。临川崇仁（今江西）人，祖籍仁寿（今四川）。自幼聪颖，3岁即知读书，4岁时由母杨氏口授《论语》《孟子》《左传》及欧阳修、苏轼名家文章，听毕即能成诵。9岁时已通晓儒家经典之大旨。14岁时师从著名理学家吴澄，入元后在江西南行台中丞董士选府中教书。元成宗大德元年（1297），虞集至大都（今北京市），大德六年（1302），被荐入京为大都路儒

---

① 《西湖游览志》卷四《南山胜迹》，"龙井"条，第50页，浙江人民出版社点校本。

学教授。不久，为国子助教。他以师道自任，声誉日显，求学者甚多。仁宗即位（1312），虞集任太常博士、集贤院修撰。他上疏论学校教育问题，多有真知灼见，为仁宗所赏识。延祐六年（1319），为翰林待制兼国史院编修、集贤修撰。泰定元年（1324），为国子司业，后为秘书少监。四年（1327），他与王约随从泰定帝去上都，用蒙语和汉语讲解经书，上都大臣为其博古通今所折服。泰定帝时，升任翰林直学士兼国子祭酒。他建议京东沿海土地应让民开垦，模仿浙人筑堤以防潮水涌入。这既可逐年增加税收，又使数万民众得以在京师周围聚集，增强保卫京师的力量。这些主张虽未被采纳，但后来海口设立万户之计，就是采用其说。文宗登基后，命为奎章阁侍书学士。文宗有旨采辑本朝典章制度，仿效"唐宋会要"，编修《经世大典》，命虞集与平章事赵世延同任总裁。后赵世延离任，由虞集独专其责。虞集呕心沥血，批阅两载，于至顺二年（1331）全书编纂而成，共计 880 卷，是研究元朝历史的重要资料。书成后，文宗命他为翰林侍讲学士、通奉大夫，他以眼疾为由乞外任，未被允许。直到文宗及幼君宁宗相继去世，才得以告病回归崇仁。至正八年（1348）正月，病逝于家，享年 77 岁，谥"文靖"，赠江西行省参知政事，追封为仁寿郡公。

虞集学识渊博，能究极本源，研精探微。精于理学，为元代"儒林四杰"之一。他认为道德教化是国家治本的大事，选用人才必须为众所敬服。主张理学应贯穿于雅俗之中。为元代中期文坛盟主，诗文俱称大家。文多宣扬儒家传统，倡导理学，歌颂元室。诗风典雅精切，格律谨严，深沉含蓄，纵横无碍。其诗歌风格于精切典雅中见沉雄老练，体裁多样，长于七古和七律，与杨载、范梈、揭奚斯齐名，人称"虞、杨、范、揭"，为"元诗四大家"之一。一时朝廷宏文高册，多出其手。在其诗作中，有不少作品涉及抚州故土的山水风土人情。亦工词与散曲，一生所写诗词文章逾万篇，但所存只有十之二三。著有《道园学古录》《道园类稿》各 50 卷，《虞文靖公诗集》（又曰《虞伯生诗》）。

虞集一生行迹，多在大都，晚年病退后曾寓居杭州吴山脚下。他既是内阁学士、著名诗人，又是酷爱品饮的茶人，诗文题跋关于茶事者屡见不鲜。如他在品题一幅《马图》时，回忆早年在南宋川蜀与父老乡亲啜茗观画，谈及前朝茶马互市的事，诗云：昔在乾淳抚蜀师，卖茶买马济时危。乡人啜茗同观画，解说前朝复有谁？他在题饶世英所藏钱舜举《四季花木·家茶》图时赞美道："万木老空山，花开绿萼间。素妆风雪里，不作少年颜。"不过，从诗中描述看，这"家茶"或许是盆栽的绿萼白茶花。在《送欧阳元功谒告还浏阳》中，有"竹簟暑风魂梦远，茶烟清昼鬓毛苍"之句，道出了暑天修篁深处烹茶的情景。在题跋赵孟頫所作的《竹子》画时，他不无感慨地说："诸公老去风流尽，相对茶烟飐鬓丝。"在《写庐山图上》的诗中，他写下了"石桥二客如有待，裹茶试泉春岩幽"的句子，表达对煮泉烹茶的神往。他在给游龙井寺时汲泉烹茶的澄公的诗《寄澄湛堂法师》中，颇为赞誉地说："香因结愿留龙受，水为烹茶唤虎驮。"

作为饱学之士，诗书文人，虞集对苏东坡崇敬备至。至顺辛未（1331）二月望日，他在大都翰林学士任上，曾欣赏了一件蔡襄、苏东坡在杭州关于周韶斗茶的诗作墨迹，并欣然题跋，写下《题蔡端明、苏东坡墨迹后》一文。该文第一段记述了苏东坡、蔡襄的两幅诗文墨迹，第二段记述了杭州营妓周韶爱茶赋诗脱籍的风流佳话。末了虞集联系到龙井斗茶的事，感慨地赋诗云："只今谁是钱塘守，颇解湖中宿画船。晓起斗茶龙井上，花开陌上载婵娟。"并作附注："白乐天、蔡君谟、陈述古、苏子瞻，皆杭守也。"诗中似乎在说：以往杭州太守多在西湖画舫中诗酒风流，如今风流雅士则一早带着美人去龙井斗茶行乐，这不仅说明去龙井斗茶是他耳熟能详的或亲身经历的事，而且此举当时已在杭州士大夫中蔚然成风。为了表达他对茶道大师苏东坡的尊崇，他在《题蔡端明、苏东坡墨迹后》文后另题一诗，赞美苏东坡的茶事："老却眉山长帽翁，茶烟轻飏鬓丝风。锦囊旧赐龙团在，谁为分泉落月中。"身着长袍，头戴高筒帽的苏东坡，正在月夜下竹林里汲泉取水，从锦囊中取出皇上御赐的龙团茶饼，碾罗烹点，微风吹来，茶香汤气飘散开来，两鬓青丝也随之轻扬而起，真是一派仙风道骨，茶人风范，令人顿生神往羡慕之心。

从这些虞集的诗作中描述的诸多茶事情景来看，他绝对是一个爱茶能诗的名家，而且与杭州西湖龙井茶事结下了不解之缘。《题蔡端明、苏东坡墨迹后》是在至顺辛未（1331）二月望日，有明确时间，但《次韵邓善之游山中》却不知作于何时，两者也不知谁先谁后。从他生平行迹看，很难确定这首诗的唱和时间。他在晚年退隐杭州吴山脚下时，邓文原早就作古了，他们是不可能一起去游龙井品茶唱和的。因此，这需要结合他们两人关系和邓文原原作时间等来通盘考虑，方能确定。

第三，邓文原其人其事其诗。许多人满足于转引田汝成引用的虞集《次邓文原游龙井》，却没深究邓文原原作。要考究虞集唱和的邓文原原作，先了解一下邓文原其人其事。

其实，邓文原同样是元代诗书大家，而且杭州还是他名副其实的第二故乡。邓文原（1258—1328），字善之、匪石，绵州（今四川绵阳）人，因绵州古属巴西郡，人称"邓巴西"，又号"素履先生"。生于宋理宗宝祐六年，卒于元泰定帝致和元年，年71岁。早年随其父避兵入杭，移居侨寓钱塘（今浙江杭州），或称杭州人。宋末以客居的身份参加浙西转运司考试，名列四川举子第一名。至元二十七年（1290）授杭州路儒学正，大德二年调崇德州学教授，后历任江浙儒学提举、国子监司业、江南浙西道、江东道肃政廉访使、集贤直学士兼国子监祭酒、翰林侍讲学士，政绩卓著，为一代廉吏，卒谥文肃，《元史列传》第五十九有传。善文辞、诗歌，堪称元初文坛泰斗。善书法，工正、行、草书，尤以擅章草而闻名，师法王羲之、王献之、李邕、赵孟頫，笔致娴雅，飞翔自如，体势充伟，风骨键壮，富有神采，与赵孟頫、鲜于枢齐名，号称元初书法三大家，有墨迹《临急就章卷》《与本斋札》《杖锡见过帖》等传世。著有《巴西文集》《内制集》《素履斋稿》等，今仅存《巴西集》一卷。

邓文原青年时就与赵孟頫定交，和鲜于枢同在赵孟頫复古的大旗下，成为元代复古潮流中不可缺少的干将，被赵孟頫称为自己的"畏友"，两人感情至深。大德二年，成宗召赵孟頫入大都书金字《藏经》，许举能书者自随，邓文原为赵所荐，共同入京，使他的书法大显于世。在邓文原传世不多的书作中，可以明显地看出他受赵孟頫的影响很深，书风颇似赵氏，如《黄庭坚松风阁诗卷跋》《瞻近汉时二帖跋》等。陶宗仪在《书史会要》中评述说："邓文原正、行、草书，早法二王，后法李北海。"宗法晋人的书学观和学书之路正和赵孟頫一致，两人在书法活动中接触频繁，且手札往还，自然受到感染。邓文原除了擅长写正书、行书、今草外，对章草也出于刻帖又兼行楷流美笔意，明人袁华跋云："观其运笔，若神出海，飞翔自如。"

作为名师门下出道又早的诗人、书法家，邓文原步入仕途后勤于政事，荒了翰墨，其后半生的诗书造诣并没达到鲜于枢、赵孟頫那样的成就，但他在为政生涯中，视民如伤，断案如神，成为一代清官廉吏，还与茶事结下一段因缘。延祐六年，他在从浙西道移江东道肃政廉访司事时，曾就茶课专司提出改革建议。当时徽州（今安徽省黄山市）、宁国、广德三郡每年征收茶课钞从原来的三千锭猛增至十八万锭，远远超出了茶园户所应承担的负担，"竭山谷所产，不能充其半"，不足部分都巧立名目，"凿空取之民间，岁以为常"，乡民怨愤交织。而专司地方茶课之职的榷茶转运司官员听任乡里奸猾之徒，动辄"以犯法诬民"。由于榷茶转运司拥有"专制有司"的特权，凡五品以下官吏都可处以杖决，导致下属州县敢怒不敢言，莫之奈何。邓文原察知其弊端，奏请废除榷茶转运司的专司特权，由郡县直接统管茶课之事。遗憾的是，这番忠直之言，未获朝廷批报。至治二年，邓文原召为集贤直学士，再次"复申前议，请罢榷茶转运司"，还是未得朝廷采纳。

邓文原身为杭州人，早年经历了宋元鼎革，又在杭州儒学入仕，晚年因病退居故里，终老杭州[①]。至治三年，邓文原兼任国子监祭酒时，江浙行省官员赵简请求开设为皇帝讲解经史的经筵。泰定元年，邓文原兼经筵官，因病请求退休回乡。泰定二年，召为翰林侍讲学士，他因病辞去。泰定四年，任岭北、湖南道肃政廉访使，也都因病没有赴任。毫无疑问，他与杭州的关系，要比虞集紧密得多。那么他的《饮龙井》是何时所作的呢？邓文原所著诗文集有《内制集》《素履斋稿》，但乾隆编修《四库全书》时，连馆阁编修们都"未见传本"，只有两卷本《巴西集》，被收录在《四库全书》集部。该书"前后无序跋，仅录其碑志记序等文七十余首"，也"不知何人所编"，因此推测是"好事者搜采逸篇以补亡佚"，"后人摘选，非其完帙"，他的"全集之存否，盖未可知"。邓文原的诗文，时人黄溍曾说："公为文精深典雅，温润而有体，确实而有徵，诗尤简古而丽逸。"任士林也说："善之浑厚以和，沈潜以润，如清球在悬，明珠在乘。"可惜的是《履素斋稿》今已不得见，他的诗作，当年四库馆阁学士都说："即顾嗣立《元诗选》中所录诸诗，亦无一首。"因此，要从后世保存的邓文原诗文集来查证《饮龙井》，已经是不可能的了。这就为深化探讨虞集唱和之原作带来极大障碍，甚至说几乎是不可能的了。

检索仅存的《巴西集》，却有幸在卷下发现有一篇与龙井寺有关的文章《南山延恩衍庆寺藏经阁记》。该记作于延祐七年（1320）十月既望，是因该寺的僧人居奕的

---

① 《元史》卷一百七十二《邓文原传》；田汝成《西湖游览志余》卷十一《才情雅致》说他"累官翰林侍讲学士，辞官还钱塘"。见《西湖文献集成》第三册，第407页。

请求而作，名义上是为了记述元贞初年继承法系的比丘德佑"崇台敞殿，像设庐居"，修缮寺宇，又买田饭僧，捐田百亩的功德，实际上是为了居奕自己"缵承其志"，购置四大部及《华严合论》《宗镜录》等佛经，复有着德时演时集，居亿等合力购藏一套《大藏经》，并"袭以繁函，庋以飞阁"，恢复藏经阁的盛举的。邓文原在文中回顾了该寺的兴废沿革和辩才功德后说："余尝过龙井，访方圆庵，登湖音堂，高风逸韵，洒然心目"，还大谈自己对佛教义理的看法，从中足见他是一个有着深厚佛学修养、曾经亲自到过龙井寺的人。元祐七年时，他应该还在江东道肃政廉访使任上，那么他文中所说的到过龙井之事，肯定是在此之前。如果说他一生只到过龙井一次，那么他的《饮龙井》就是记述这一次到龙井饮茶而作。如果他一生不止一次到龙井，那就很难说是在此前还是此后了。考虑到他晚年人老多病，未必能远足龙井，他去世之前，虞集都在大都，一起游龙井的可能性很少，他的这首诗作于元祐七年前的可能性比较大。

第四，虞集与邓文原游龙井品茶唱和的时间。从前述两人的生卒年和生平行迹来看，邓文原出生要比虞集大 14 岁，虞集去世比邓文原晚 20 年。元祐七年时邓文原已经年过花甲 63 岁了，而虞集刚好年届半百。他们两人在《元史列传》都有本传，但并无两人有交集交游的直接记载。邓文原去世那年，虞集还在大都编修《经世大典》任上。

如果虞集是与邓文原同游龙井而唱和，那么他诗中的二三人之中就有一个是邓文原。其游龙井作诗时间，较大可能是在元祐七年之前。邓文原在至元二十七年（1290）入仕杭州儒学正时，虞集才 19 岁；大德二年（1298）调任崇德州儒学教授，也在杭州北边。大德五年（1301）应奉翰林文字，北上大都，九年（1305）升修撰后曾"告还江南"，至大元年（1308）复为修撰，预修《成宗实录》，又赴大都。三年（1310）授江浙儒学提举，又回杭州。皇庆元年（1312）召为国子司业，再赴大都，延祐五年（1318）出佥江南浙西道肃政廉访司事，再次南还。延祐六年（1319）到江东道，至治二年（1322）召为集贤直学士，回任大都，在这 30 多年宦海生涯中，邓文原除了在大都和外地任职，多次在杭州任职，累计长达 10 多年之久。要在这当中考究哪年曾去游龙井，在没有他的原诗及诗文集的情况下是十分困难的。而这段时间里，虞集的行迹主要在大都，没有外任，虽然曾以祖先坟墓在吴越为由多次请求外任南方一州，却都被拒而不得。而且两相比较，发现他们两人在大都的任职极为相似，都是集贤院、国子监、翰林院等的修撰、司业、待制、学士之类的文职，时间也有两度重叠：

皇庆元年（1312），邓文原召为国子司业，虞集任太常博士、集贤院修撰，到延祐五年（1318）邓文原出佥江南浙西道肃政廉访司事，有近六年的时间，他们同在大都最高学府、文学机构任上。其后直至邓文原去世，虞集一直在大都翰林院、集贤院、国子监任职，其中至治二年（1322）邓文原召为集贤直学士时，虞集已经在集贤院任修撰 3 年有余了，到泰定元年（1324）后虞集改任国子司业、秘书少监，他们两人至少在同一单位任职、同事相处 2 年之久。如此分析，他们在大都任上至少有近

8年时间同行或共事，以两人的诗书才学和品德名望，其间结识交游是情理中的事。除了游龙井唱和之作外，虞集还有一首《寄浙江（儒学）提举邓善之》诗："山雨不来喧静夜，江云犹为护晴朝。一群青雀墙花老，几个黄鹂苑树遥。何有深心期管乐，独无高步接松乔。未能径去成飘忽，且可相从慰寂寥。"显然这首诗作于邓文原任浙江儒学提举任期，应在至大三年（1310）到皇庆元年（1312）之间。诗中似乎表达了对邓文原南还杭州任职的惜别之情和对江南山水风光游乐的向往，特别是末句还暗示了自己未能相随而去感到寂寥和遗憾，表明他们两人不仅相识，而且交谊匪浅，感情深厚。

邓文原在延祐七年前游龙井的机会和可能是很多的，从理论上说只要他人在杭州就有这个可能。但是对虞集而言，在延祐七年前来杭州并与邓文原一起游龙井的机会和可能性都很少，因为他既不是杭州人，也不曾在杭州做官，他来杭州要么是私游，要么是公访。相传虞集早年也是风流倜傥，"少不偶，浪游钱塘"，还"求召仙鬼"，从道士那里求签算卦，卜得"公必显达，幸毋自忽"的神示。他还与当时著名道士、诗人书法家张伯雨过往甚密，在开元宫寓居"盘桓累月"，为其来鹤亭题诗两首①。当时的杭州"天下士人风致"，"生徒蚁聚"，赵孟𫖯、鲜于枢、戴表元、黄溍、张伯雨、杨载、范梈、揭傒斯、贡师泰、萨都剌、贯云石、杨维桢等一大批名士文人汇集杭州，交游唱和，留下不少才情佳话。戴表元《送砥平石归天竺兼柬邓善之》诗云："闻说西湖也自怜，君行况是早春天。六桥水暖初杨柳，三竺山深未杜鹃。旧壁苔生寻旧刻，新岩茶熟试新泉。城中诸友须相觅，西蜀遗儒草太玄。"②诗中也是描述城中邀约诸友到西湖春游品茗的景象，还称邓文原为"西蜀遗儒"。因此，从当时杭州的文化背景和虞邓交谊看，他们相约游龙井品茶唱和是情理中事。从两人的年龄差异看，虞集早年"浪游钱塘"当在宋末元初入仕之前19岁前后，那时33岁的邓文原已经在杭州儒学提举任上，一个年少气盛、风华正茂、前途未卜、放浪江湖，一个意气风发、年轻力强、提举大邑儒学、蔚然一方名士，按情按理，他们同为文人，诗书相投，结识相得，游吟西湖，是很可能的。如果从公访来看，在邓文原回杭州任江浙儒学提举任上（1310），虞集正好是大都儒学教授、国子助教，如果此间虞集来杭，邓文原出面接待陪同游览，应是属于对口接待而已。

当然，这些分析都是建立在他们同游龙井吟诗唱和的前提之下的。在古人诗歌唱和中，也有极少见的情况就是应诗不因事，也就是说和韵的人未必与原韵的作者有交集，只是慕其名而作，按诗韵而和。但从虞集诗中所描述的情景看，他是绝对身临其境的。就目前情况下，我们至多只能做如此分析推断。我们期望在史料上有新的发现，弥补这个事关杭州西湖茶史的缺憾。

第五，元代龙井寺及讲堂"教海"和寺僧事迹。虞集诗的另外一个重要价值，就是元代的龙井寺一带成为文人雅士交相游乐之地，标志着西湖旅游景点从环湖周围、

---

① 《西湖游览志余》卷十一《才情雅致》，《西湖文献集成》第三册，409-410页。
② 《西湖游览志余》卷十一《才情雅致》，《西湖文献集成》第三册，409页。

南北两山向湖西深山纵深发展，而且也是把茶事与佛事结合作为主题的第一个茶文化旅游景点。

关于龙井寺的兴衰沿革，不能不再次提及辩才和苏东坡的故事。这里就借用邓文原在《南山延恩衍庆寺藏经阁记》的记载：

"寺肇始于吴越钱氏，曰报国看经院。宋熙宁初，易名寿圣。绍兴间，又更曰广福。其曰延恩衍庆者，淳祐六年赐额也。寿圣故圮陋，莫能庇风雨，时辩才师谢事天竺来居之，咄嗟而檀施，向臻栋宇云构，缙绅大夫士慕望而与之游者，迹接乎兹山之内，由是人境之胜甲于西湖。"

寥寥数语，道明了龙井寺的来龙去脉、"胜甲西湖"的缘起。除了北宋时辩才、苏轼、赵抃、秦观、米芾、杨杰等品题四时山水、寺宇园林外，南宋时有释圆至《寄思以仁》、善住《游龙井》、钱鏐《和辩才》和《龙泓亭赠辩才》、朱熹《春日过上天竺》、郭祥正《和公择游寿圣院啜茶题名》、叶绍翁《秋日游龙井诗》和《访龙井山中村叟》、周文璞《忆辩才》、郑清之《到龙井寺》四绝、楼钥《顷游龙井得一联王伯齐同儿辈游因足成之》、周弼《龙井道中杂记》二绝、谢翱《中秋龙井玩月》等游观诗作，高宗、孝宗还临幸赐额。元朝时除了虞集、邓文原外，张雨、张翥、黄溍、葛天民、董嗣杲等也有品题，有的诗也谈到龙井茶事。如张雨《游龙井方圆庵阅宋五贤二开士像诗》，说自己独自寻幽到龙井，寺僧未等他"啜茗干"就急不可待地向他展示珍藏的苏轼、赵抃、胡则、苏辙、秦观五贤和参寥、辩才二开士像，并逐一描绘道："堂堂苏长公，英气邈难干；筇杖紫道服，天风吹袖宽；清献薄髯眉，示我铁肺肝；尚余所施物，片石椭而寒；侍郎胡金华，高括侍中冠；眉间可容掌，手版出中单；颖滨与淮海，秋色亚层峦；□独紫衣，领髭茁茅菅；最后辩才师，文茵高座安；空山一室内，举目皆龙鸾。"正是这些名士大德的游吟品题，使得龙井山一带从寂落无闻成为"胜甲西湖"的著名景点①。

邓文原的这篇《藏经阁记》还记录了元代德佑、德泉相继承袭法嗣、入主兹寺，和寺僧居奕、居亿等一起合力兴复修缮、购置经阁的功德事迹："元贞初，比丘德佑嗣兹法席，崇台敞殿丹垩墁堨之工，咸增旧观。又买上腴一顷有半，以饭僧。复捐己田为亩者百，以重追远。居奕缵承其志，购《四大部》及《华严合论》《宗镜录》，耆德时演时集，居亿等悉聚力，具一大藏，袭以椠函，庋以飞阁，观者挹其亢爽，可以抉幽阐微，扵是寺有成绩。"

值得注意的是，邓文原的这篇记文突出记录了寺里藏经阁的经籍购置和讲堂开席情况，除了列举《四大部》及《华严合论》《宗镜录》及《大藏经》等佛教典籍外，"耆德时演时集"尤为值得深究。所谓"耆德"，是指年届耄耋的高僧大德，"时演时集"是指寺里法席讲堂经常举办讲演佛经的法会，吸引前来听讲的人也越集越多。这让我们联系到虞集诗作中提到的"讲堂集群彦，千蹬坐吟究"之句，可谓互为印证。从"群彦""千蹬"看，人数还真不少，可见讲堂之兴旺。

---

① 鲍志成《龙井问史》附录《龙井诗文萃编》，西泠印社出版社，2006年。

那么主持讲堂的"耆德"是谁呢？显然不是邓文原记中提及的住持德佑、德泉和寺僧居奕、居亿。田汝成在谈到龙井山风篁岭时说：岭畔有俗称"南天竺"的崇恩演福寺以及辩才塔、无垢院、净林广福院、显应庙等，显然与延恩衍庆寺是同在龙井。元初时，这里有名僧清古、源泽、云梦等先后住持，"号称教海"，有白莲院、夕佳楼①。令人称奇的是，元武宗至大（1308—1311）、仁宗延祐（1314—1320）年间，翰林待制周仁荣与其弟周仔兼也曾相与讲学龙井，一时名公大德会集，也号称"学海"。周仁荣，字本心，临海人，专治《易经》《春秋》《周礼》，善于作文，名动江南，应荐为书院山长，从而学者甚众，士风为之一变。泰定初（1324），诏拜国子博士，升迁为翰林修撰。他所教的弟子，大多是名人雅流。其中定居杭州的西域人泰不华，经其悉心教授，中进士第一。其门人西域人达溥化、兼善右榜进士及第。其兄弟师友亦皆从游讲学龙井山中。其弟仔兼，字本道，以《春秋》登延祐五年（1318）进士，为婺州（今金华市）录事，与兄同以文名当世，讲学山中。同在龙井，名僧硕儒先后主持讲席，同称"教海""学海"，让人不得不相信：元代的龙井确实是文人汇聚、高士云集的地方。名僧清古、源泽、云梦，儒士周仁荣兄弟俩，正是讲堂的主持者。而田汝成提到的白莲院，或许是当时文人居士的一个居士林之类的会社。张翥曾经有诗《南山莲社偕韩友直伯清昆季游龙井寺》云："长忆东林远法师，三生张野有前期；经书贝叶翻重译，漏刻莲花礼六时；长老布金多满地，高僧卓锡自成池；不妨随喜诸天上，扶得风篁玉一枝。"所谓"南山莲社"很可能就是"白莲院"，而诗中所及也是龙井寺讲经说法之事。

龙井寺在元代法脉不绝，有名可考的住持或住寺法师，至少有清古、源泽、云梦、德佑、德泉、居奕、居亿、智法师、玘法师、澄公等人。值得补充说明的是虞集诗中提及的汲泉烹茶的澄公，虞集还曾作有《寄澄湛堂法师》诗："月宫桂子落岩阿，想在人间阅贝多；礼足地神衣拂石，献珠天女袜凌波；香因结愿留龙受，水为烹茶唤虎驮；寄到竹西无孔笛，吹成动地太平歌。"可见两人也是僧俗之间的方外之交了。

遗憾的是，讲席兴旺、士子云集、号称"教海""学海"的龙井寺，在元末的战火中遭受严重破坏，所存无几，寺僧也星散了。

（本文系2013年第十届西湖文化研讨会论文，收录论文集。）

---

① 《西湖游览志》卷四《南山胜迹》，第51页，浙江人民出版社点校本。

明清时期杭州的茶馆及其社交文娱功能

　　"茶馆"一词，在现有明以前资料中未曾出现过。直至明末，在张岱《陶庵梦忆》中有"崇祯癸酉，有好事者开茶馆"。此后茶馆即成为通称。明中叶以后，随着城市的繁荣，社会风气也发生了变化，许多人信奉"穿衣吃饭，即是人伦物理"[①]，也开始追求世俗爱好和个人心性。像袁宏道就在《与龚惟长先生书》中公开宣扬要"目极世间之色，耳极世间之声，身极世间之鲜，口极世间之谭"。这促进了社会服务业的发展，也将文学家的目光引向时俗物用。所以相对于以前茶肆多出现于史料典籍，到明清时期茶馆则堂而皇之地成为众多文学故事的载体，成为多方文学圣手的描绘对象。

　　明代茶馆不用茶鼎或茶瓶煎茶，而以沸水浇之。这种简便异常并沿用至今的饮茶方式的盛行，得益于明太祖朱元璋的无心插柳。明代文震亨撰写的《长物志》称此："简单异常，天趣悉备，可谓尽茶之真味矣。"明清时期，杭城茶馆有进一步发展，饮茶方式由煮泡转为冲泡。明陈师《茶考》中载："杭俗烹茶，用细茗置茶瓯，以沸汤点之，名为撮泡。"因而茶馆中对茶叶品类、泡茶用水及器具也日益讲究。同时，饮客对茶馆的氛围也有新的要求。

　　茶馆是旧时曲艺活动场所，北方的大鼓和评书，南方的弹词和评话，同时在江北、江南益助茶烟怡民悦众。明时茶馆中开始出现说书艺术（评话），以助茶客雅兴。万历《杭州府志》载："明嘉靖二十一年（1542）三月，有姓李者，忽开茶坊，饮客云集，获利甚厚，远近效之。旬月之间开五十余所。今则全市大小茶坊八百余所。各茶坊均有说书人，所说皆《水浒》《三国》《岳传》《施公案》等，他县亦多有之。"嗣后，茶馆说书之习俗，波及全省各地，一直绵延至现代。

一、明代杭州的茶馆

　　江南城市的茶馆在南宋和元代前期达到繁盛后，曾一度沉寂，直到明代中叶，茶馆在南方城市社会中重新"复兴"。嘉靖以后茶肆逐渐发展，数量增加，超过酒肆，有的甚至多至上倍。自明中期以后茶馆相对于酒馆呈现出的后来居上的趋势，正是茶馆所内含的社会化、平民性日益发展的结果。

　　从茶的日常生活功能看，主要分为两种。一种是柴米油盐酱醋茶的茶，也就是日

---

① 李贽：《答邓石阳》，《焚书》卷一《书答》，中华书局，1975 年。

常生活中作为一般饮料、待客礼俗的茶。另一种则是品茶的茶，也就是艺术生活中刻意讲究品赏的茶。这两种属性反映在茶馆形态上，就导致两种茶馆类型的出现：一种是"饮客云集"的大众化茶馆，一种是"日不能数"的精致"茶艺"馆。品茶活动本来具有个人性和社会性两种特征，如果说南宋临安的茶馆是饮茶的社会属性中较多体现在都市居民的市井生活和文化上的话，那么到明代中期时，这种社会属性更具有了文化艺术的内涵和形式，而成为文人间相当普遍的文艺雅事活动。

杭州在明代中期以后，随着经济发展和人口增加，加上湖山之胜，成为游观之盛地，天下仕宦云集，促成了都市茶馆的兴起。《广志绎》中说："游观虽非朴俗，然西湖业已为游地，则细民所藉为利，日不止千金，有司时禁之，固以易俗，但渔者、舟者、戏者、市者、酤者咸失其本业，反不便于此辈也。"① 一日之旅游性消费可达千金，以致城中小民多有藉此为生者，此种旅游盛况，应该是茶馆发展的有利条件，茶馆业随之勃兴起来。田汝成《西湖游览志余》说："杭州先年有酒馆而无茶坊，然富家燕会，犹有专供茶事之人，谓之'茶博士'。……嘉靖二十六年（1547）三月，有李氏者，忽开茶坊，饮客云集，获利甚厚，远近仿之。旬日之间，开茶坊者五十余所，然特以茶为名耳。沉湎酣歌，无殊酒馆也。"② 这家嘉靖年间杭州李氏茶坊开张后"饮客云集，获利甚厚，远近仿之。旬日之间，开茶坊者五十余所"。可以想象这是一个相当大众化的茶馆——在"饮客云集"的情况下，想必其饮茶形式已经不可能"品茶"，而只能以"施茶"之方式进行了。杭州茶馆复兴之初，一开始就走上了大众化的路线。

"茶博士"是宋代茶馆中对"专供茶事之人"的称呼，在明代这个称呼依然留存，其职务也不变，只是其职业活动范围已由对外开放的茶店转移到富人家庭之内，且只在临时性的宴会出现。从历史来看，这可以说是一个职业"退缩"的现象。由宋代以迄明初，茶博士的服务工作由消费的社会退缩至富人家庭，原因不甚清楚。不过，从嘉靖年间茶坊的再度出现、盛行，显示出关键之一是城市社会中消费条件又臻成熟，茶坊业者得以寄生于社会大众的消费之故。始开茶坊之李氏，开张营业后"饮客云集，获利甚厚"，以致"远近仿之，旬日之间，开茶坊者五十余所"，显见消费条件之成熟。茶博士之自消费社会退缩至富人家庭，又自富人家庭伸展至消费社会，这种茶坊业的伸缩，在相当程度上可以视为城市社会荣枯的反映。

在茶馆复兴的初期，在江南城市中大概也还不是很普遍，只有像杭州这种经济富庶、文化深厚、游乐活动蔚然成风的城市，才有可能勃然而兴。"饮客云集"的大众化茶馆，在嘉靖年间的兴盛，与杭州的游乐风盛密切相关。张岱在《西湖梦寻》中说："余尝谓住西湖之人，无人不带歌舞，无山不带歌舞，无水不带歌舞。脂粉纨绮，即村妇山僧，亦所不免。因忆眉公之言曰：'西湖有名山，无处士；有古刹，无高僧；

---

① 王士性：《广志绎》卷四，326 页，王士性地理书三种，上海古籍出版社，1993 年。
② 田汝成：《西湖游览志余》卷 20。

有红粉，无佳人；有花朝，无月夕。'"① 张岱的叙述生动地描绘出杭州作为一座旅游性城市的游乐性气氛，而陈眉公"无处士、无高僧、无佳人"之说，则多少透露杭州在元末明初文化上的欠缺，不过，杭州文人活动却不至贫乏，如杭州的"读书社"是明末的重要社团之一，而"西泠十子"在清初文坛上也颇负盛名。

杭州出现的大众化茶馆，一开始就充满游乐性。田汝成所谓"以茶为名耳，沉湎醉歌，无殊酒馆也"，意味着酒馆本来以日常饮食的供应为基本目的，在后来的发展上才衍生出游乐性的功能，而茶馆则一开始就在酒馆游乐性功能的基础上出发。所以，在此意义上可以说茶馆是酒馆的游乐性延伸。不过，它是将此游乐性往另一个方向发展。酒馆的游乐性在发展上是往豪华"酒楼"的形态，即导向高消费取径，而茶馆则相反，它将此游乐性往低消费方向发展，因而它成为一个具大众性格的休闲空间。大众化茶馆在明代的重新开始，杭州兴盛的旅游业应该发挥了促进的作用，但不能因此就说茶馆完全是旅游业的衍生物。事实上，它并不只是从属于旅游区，它的营业对象也不止于游客。

普通大众茶馆虽然在明中期以后逐渐兴起，但只是在杭州这样的少数大城市，至于一般城市中的茶馆数目，都还不及酒馆。《金瓶梅》大致以明代中后期社会为背景，却只在第二回《西门庆帘下遇金莲，王婆贪贿说风情》中出现个"王婆茶坊"，而这个王婆茶坊的场景应是沿袭《水浒传》的情节而来的。除此之外，在对市井生活多有描绘的《金瓶梅》中，茶坊已别无分号。

明时杭城茶馆有进一步发展，饮茶方式由煮泡转为冲泡。明陈师《茶考》中载："杭俗烹茶，用细茗置茶瓯，以沸汤点之，名为撮泡。"因而茶馆中对茶叶品类、泡茶用水及器具也日益讲究。同时，饮客对茶馆的氛围也有新的要求。明代大儒、茶人陈眉公曾说："品茶一人得神，二人得趣，三人得味，七八人是名施茶。"② 品茶不宜人多，这是人文情趣使然。

到晚明时，城市成为士人集散的据点，城市中的社交活动极为频繁，尤其杭州更是一个各方文人汇集的城市，在此基础上构成了茶艺馆的出现。这类茶馆在设备上极为讲究，环境取风景秀丽、庭园清幽为上，茶馆内装饰布置充满文人雅趣，内部设施上"惠泉、松茗、宜壶、锡铛"皆为考究茶艺者上品之选。这种考究的茶馆，不走大众化路线，顾客数量受到限制，以茶艺、环境取胜，以文化品位、艺术气息吸引文人顾客。来这些茶馆的是具有相当文化水准的社会名流、文人雅士，所谓"饮此者日不能数，客要皆胜士也"，是讲究品茶的人。这种以"品茶"为主的"茶艺馆"，可以说是文人饮茶嗜好商业化发展的结果，它让饮茶从户内走向了户外。张岱《陶庵梦忆》中曾记："崇祯癸酉（六年，1633），有好事者开茶馆，泉实玉带，茶实兰雪，汤以旋煮无老汤，器以时涤无秽器，其火候、汤候，亦时有天合之者。余喜之，名其馆曰

---

① 张岱：《西湖梦寻》卷2《冷泉亭》，上海古籍出版社，2001年。
② 曹臣之：《舌华录》，笔记小说大观本，22编第5册，卷9，第3页。

'露兄'，取米颠'茶甘露有兄'句也。"① 这个"露兄"茶馆是对饮茶条件极讲究的茶艺馆，无论在技术上、成本上都难以大众化，这种茶艺馆的营业对象大概局限于像张岱这类精于品味的文人雅士。这种由私人雅兴到商业"茶艺"馆的转向，可以从张岱"闵老子茶"的记述中略窥一二：

> 周墨农向余道闵汶水茶不置口。戊寅九月至留都，抵岸，即访闵汶水于桃叶渡。日晡，汶水他出，迟其归，乃婆娑一老。方叙话，遽起曰："杖忘某所。"又去。余曰："今日岂可空去？"迟之又久，汶水返，更定矣，睨余曰："客尚在耶？客在奚为者？"余曰："慕汶老久，今日不畅饮汶老茶，决不去。"汶水喜，自起当炉，茶旋煮，速如风雨。导至一室，明窗净几，荆溪壶、成宣窑瓷瓯十余种皆精绝。灯下视茶色，与瓷瓯无别而香气逼人，余叫绝②。

从提供好茶的地方转变为文人雅士聚会的场所，也正透露茶艺馆出现的意义。茶艺店的出现，显示文人品味的"商品化"。而此文人品味之得以商品化则反映出品茶人口已达到相当程度，品茶已普遍成为文人生活的一部分。事实上，可以说品茶已是文人文化的一种展现，而茶艺馆的出现实可视为文人文化更社会化的结果。高级的茶艺馆，可以寄存于文人之社交活动上，以致文人色彩极重的茶艺馆乃应运而生。这种极为文人化的茶艺馆，在后来茶馆盛行时，可能也都还有一定的存在空间，成为茶馆的一种类型，但它并非茶馆的主流，因为它的品茶性格注定它对消费者有极大的限制，使它无法彻底普遍化，以致只能在"小众"的范围内营业。

随着徽商的崛起，地处新安江、富春江、兰江三江汇合处的州治梅城更趋繁荣。特别是明中叶严州知府朱皑主持建成了沿江的南堤之后，形成了沿江东西走向十分热闹的黄浦街，更促进了市井茶馆业的发展，乡村茶馆也随之兴起。《寿昌县志》载，寿昌城东清远亭近侧，明时有一洪氏草堂，城郭之外游客频至，草堂以茶会友。嘉靖十八年，蕲州人寿昌知县顾问，游草堂品茗作诗，有"烹葵瀹茗对眠鸥"之句，是说草堂之上，吃的是刚刚炒制的新鲜葵花籽，品的是清泉沏的茶。此草堂实为茶亭、茶居，也即早期的乡村茶馆。明诗人、官稽勋郎中的袁宏道在《新安江十首》诗中有"聚客多茶店，逢人上米摊"之句，将茶店与米摊并提，可见其时城乡茶店之普遍。

历史上，建德民间不乏施茶之善举。大道旁、渡口边，建茶亭设茶供路人歇息解渴。明建德地方志载有乌龙山茶亭庵、城北陆家村且宜亭、城东丽钟寺源口石亭等多处亭庵，"煮茶以解行渴"，"煎茶以往来行人赖之"。施茶之风的兴起，丰富了建德茶文化的内涵。

二、清代杭州的茶馆

茶馆的真正鼎盛时期是在中国最后一个王朝——清朝。"康乾盛世"，清代盛行宫

---

① 张岱：《陶庵梦忆》，第 76 页，台北汉京文化事业有限公司，1984 年。
② 张岱：《陶庵梦忆》，第 24－25 页，台北汉京文化事业有限公司，1984 年。

廷的茶饮自有皇室的气派与茶规。除日常饮茶外，清代还曾举行过 4 次规模盛大的"千叟宴"。其中"不可一日无茶"的乾隆皇帝在位最后一年召集所有在世的老臣 3 056 人列此盛会，赋诗 3 000 余首。乾隆皇帝还于皇宫禁苑内建了一所皇家茶馆——同乐园茶馆，与民同乐。新年到来之际，同乐园中设置一条模仿民间的商业街道，安置各色商店、饭庄、茶馆等。所用器物皆事先采办于城外。午后三时至五时，皇帝大臣入此一条街，集于茶馆、饭肆饮茶喝酒，装成民间的样子，连跑堂的叫卖声都惟妙惟肖。

清代杭州茶馆呈现出集前代之大成的景观，不仅数量多，种类、功能皆蔚为大观。茶馆的佐茶小吃有酱干、瓜子、小果碟、酥烧饼、春卷、水晶糕、饺儿、糖油馒头等。以卖茶为主的茶馆，称之为清茶馆，环境优美，布置雅致，茶、水优良，兼有字画、盆景点缀其间。文人雅士多来此静心品茗，倾心谈天，亦有洽谈生意的商人常来此地。此类茶馆常设于景色宜人之处，没有城市的喧闹嘈杂。想满足口腹之欲的，可以迈进荤铺式茶馆，这里既卖茶，也兼营点心、茶食，甚至有的茶馆还备有酒类以迎合顾客口味。这种茶馆兼带一点饭馆的功能，不过所卖食品不同于饭馆的菜，主要是各地富有特色的小吃。如杭州西湖茶室的金橘饼、云片、黑枣、煮栗子等，都是让人只听名字就已食欲大动的茶点。

《儒林外史》第十四回《蘧公孙书坊送良友，马秀才山洞遇神仙》中详细描述了马二在西湖附近闲逛的情境①。其中不厌其烦地大段描述了马二在游赏过程中多次饮茶的场景，主要是希望透过这些描绘让读者真切地了解一个城市中大众性茶室的分布、营业与消费之实际情景为何。这段难得的细致描述在无意中显现了茶馆的众多及在日常生活中的"寻常"性。由此也可以发现：茶店在杭州西湖整个风景区及杭州城内分布甚多，特别是一些游客聚集的寺庙附近，茶店可以密集到数十处。这些茶馆以供应饮茶为主，没有酒饭供应，最多只是供应配茶的零食。不过，茶店也可能有流动小贩进入其中，贩售简单的食品。再者，一般茶店的消费大概都不太高，至少相较于酒店，茶店是一个较低廉的消费场所。马二在此过程中，虽想进酒店用餐，却因为身上没有什么钱而无法如愿，相形之下，茶店花费的低廉却使他能随时坐下来饮茶休憩，这种次数的频繁也构成茶室在庶民生活中的重要角色。如《儒林外史》所述是乾隆时期杭州的茶馆盛况，这种盛况应该是嘉靖以来大众化茶馆持续发展的结果。其中所描述的茶馆经营实况，也可以视为大众化茶馆的一般状态。固然，这里是以杭州西湖旅游区为主要背景。

茶馆的普遍化与它的经营形态颇具弹性有关，一般而言，茶馆的成立条件较简单，规模比较小的可能只是有个空间摆上几张桌子就开张了。乾隆初，开一间茶馆只要二两银子的本钱，这么低的成本，应与茶馆经营、设备都相当简单有关。《儒林外史》第五十五回中提到一个开茶馆的盖宽，"带着一个儿子、一个女儿，在一个僻静巷内，寻了两间房子开茶馆。把那房子里面一间与儿子、女儿住；外一间摆了几张茶

① 吴敬梓：《儒林外史》第 14 回，浙江古籍出版社，2010 年。

桌子，后檐支了一个茶炉子，右边安了一副柜台；后面放了两口水缸，满贮了雨水。他老人家清早起来，自己生了火。扇着了，把水倒在炉子里放着，依旧坐在柜台里看诗画画。……人来坐着吃茶，他丢了书就来拿茶壶、茶杯。茶馆的利钱有限，一壶茶只赚得一个钱，每日卖五六十壶茶，只赚得五六十个钱。除去柴米，还做得甚么事！"① 这个例子显示茶馆可以在很简单的条件下成立。

条件的简单，也正反映出茶馆功能的单纯。前述马二先生在西湖地区游玩时经过的茶馆，虽然未必皆如此简陋，但大概也都设备简单，甚至有些在大庙口摆着"茶桌子"就开张营业，与有"羊肉、蹄子、海参、糟鸭、鲜鱼"的酒店相较，茶馆的素朴更偏向对空间的消费。这种素朴、低廉的"平民性"也是茶馆愈益普遍的重要因素。大体而言，大众化的茶馆无论成本或消费额都比较低廉。所以，一般它也被视为一个比较不登大雅之堂的社交场所。在《儒林外史》第二十回中贫苦出身的匡超人在逐步涉入官场后，淳朴之性随之扭曲，虚矫之态逐渐萌生。当他考取教习之职后，回本省取结时，故人"景兰江同着刑房的蒋书办找了来说话，见郑家房子浅，要邀到茶室里去坐。匡超人近日口气不同，虽不说，意思不肯到茶室。景兰江揣知其意，说道：'匡先生在此取结赴任，恐不便到茶室里去坐。小弟而今正要替先生接风，我们而今竟到酒楼上去坐罢，还冠冕些。'"② 匡超人由于自觉身份已不同于往日，所以要求社交场合与其新社会身份相配，他并没有直说，景兰江却也揣摩得出来，可见这种相配的问题——即认为酒楼是一种比茶馆更为"冠冕"的社交场所，已经成为一种"社会常识"，为一般人所认知，故可不言而喻。而最初是由于"郑家房子浅"，不便谈话，因此想到茶室，这也显示茶室这类场所提供家居之外一个社交空间的作用。

因为茶馆消费额低，故需靠消费量的庞大来增加它的营业额，因而它在发展上很容易往顾客"量"大的方向发展。这大概可以说是茶馆在"大众化"的层次上发展出庞大规模的结果。除了在"量"上扩张外，茶馆也可以发展至颇为豪华的程度，以致出现"园林式"的茶馆。

三、市井茶馆的普及及其社交文娱功能

自明中叶开始，茶馆也逐渐蔓延于一般县城中，以致常与酒馆相提并论。"由嘉靖中叶以抵于今，流风愈趋愈下，……酒庐茶肆，异调新声，汩汩浸淫，靡焉弗振。"③ 入清之后，茶店更形普遍。《锡金识小录》中说："酒馆、茶坊，昔多在县治左右，近则委巷皆有之。……至各乡村镇，亦多开张。问乡之老成人云：由赌博者多。故乐其就食之便。……端方拘谨之士，足不履茶酒之肆。康熙以上多有其人。近虽缙绅之贵，或有托言放达，置足此中者矣。康熙之末，邑有'遍地清茶室'之谣。昔卖清茶惟在泉上，后乃遍于城市。"④ 这可视为茶店在一般城市中的发展过程：茶

---

① 吴敬梓：《儒林外史》第 55 回。
② 吴敬梓：《儒林外史》第 20 回。
③ 道光《博平县志》卷五《人道·民风解》。
④ 黄印：《锡金识小录》卷一，第 35 页。

坊原本只是因利就便地在泉水之旁设卖，后来才流入城市，在城市中立足，发展成熟而成为一种流行风尚后，又进一步扩散于城市之外的乡村镇地区。茶坊由泉水旁进入城市，且是城市的中心地区，这需要投资比较高的资本额，可是一般而言，茶馆的消费额不高，这里的茶馆本为缙绅所不屑涉足，显见并非高级茶艺馆形态。所以，茶坊是以消费量大来获利，也就是说茶坊是以顾客的量来维持它的求存取利的。茶坊移至城中还能够维持下去，表示它可以拥有相当数量的顾客群，可以在城市中立足。它已经成功地进入城市民众的生活领域；至少，它已经成为相当数量的人生活的一部分，而茶馆的普遍化更反映出它与一般市民生活关系的日趋密切。

清代城市茶店普遍逐渐超过了酒店，大众化茶馆仍在城市普遍兴旺的同时，进一步从城市发展到乡村，乡镇茶馆开始兴起，往往有的全镇居民只有数千家，而茶馆就有数百家。

由于饮食与社交结合的模式，茶馆的空间成为有社交需求时的消费对象，茶馆也因此成为一个人际互动的重要场域。相随于此空间的消费过程，人与人的互动关系也随之频繁、复杂。茶馆的普遍存在与社交活动的发展可以说是互为因果的，城市中的社交活动推动了茶馆的发展，而茶馆的发展又推动了社交活动的进行，在某种程度上可以说，这个空间是城市的一个重要的社交中心。茶馆因为消费额较低，可以低到被视为是种"日常性"的消费，这让它成为一个更具日常性的社交场所。一般人可以没有太大经济压力地、常态性地进入这个场所，在其间进行社交活动，甚至因而凝结具地缘性的社交圈。

当城市中的茶馆成为社交中心的同时，相随于人与人的集散，信息也在此空间中流传，因而这个空间也往往成为城市中的信息传播中心。茶馆本来就是一个开放的空间，只要有基本的消费能力就得以消费这里的饮食和空间。这种空间的消费造成一个各方人马自由集散的场域，由人的集散进而提供消息流动的机会。并且茶馆本来就具有社交功能，而信息的交换就是社交活动的一环，甚至有时社交的目的就在于信息的交换，而这一切就透过对茶馆之类空间的消费来进行。所以，茶馆在城市中作为一个被消费的空间，其消费过程也正是社交活动与信息流通的过程。在这些空间中，可以有效地打探相关消息，相对地，也可以散播消息，甚至制造舆论。

茶馆空间上的开放性及其蕴含的休闲、娱乐性功能，本来就容易吸引各种闲杂人等进入其间，因此，在许多时候，茶馆容易成为一个是非之地，许多违法犯纪的人特别容易在这个地方出没。《郎潜纪闻二笔》中说："李敏达卫长于治盗，所辖地方，不逐娼妓，不禁樗蒲，不扰茶坊、酒肆，曰：'此盗线也，绝之，则盗难踪迹矣。'"[①]从地方官的角度来看，茶坊、酒肆确实容易成为地方治安的死角，但它同时也是踪迹盗贼的线索。这可能因为盗贼之流者，在冒险获取金钱后，容易到这种地方来纵情消费。但除了盗贼的生活态度或消费特性，使之容易与这种娱乐场所发生亲近性关系外，茶坊、酒肆这种场所的空间开放特性本来就容易成为盗贼出没之处。

---

① 陈康祺：《郎潜纪闻二笔》卷一《李卫不禁娼赌之用意》，中华书局 1997 年版，第 338 页。

　　茶馆之类场所在城市中，刚开始可能只有部分特殊的人群会进出其间，诸如勾结谋利的书办胥吏、无所事事的纨绔子弟、社交频繁的大小商贾，比较可能是茶肆的常客；茶肆之常披上背德色彩，与它这个基本消费群有互为因果的关系。

　　明末以来，茶馆已成城市中重要的社交娱乐中心，然而随着这些"户外"活动空间的开展及其间活动的热络，士大夫们的忧虑日益加深，他们从茶馆中的喧哗声浪中，听到社会奢靡颓败的讯息，道德感较强的士人普遍觉得茶馆是城市中败德之所在。乾隆《新城县志》卷七中说："国初俗鄙逐末。戒嬉游，近则见少趋利，长幼皆事刀锥博奕之戏，丝竹之声间作而不知止，浮荡之民闲游街市、茶肆、酒楼。常联袂接踵矣。……按：邑俗自前明中叶以至末造，浇漓日甚，民用不古，迄昭代与之更始，俗虽渐变，然余波未竭。"① 一个社会风气的变化，由淳朴到奢靡，直接反映在街道上的诸种活动中。当街上的乐曲声不断回绕，离开工作状态的人们成群地嬉游其间时，这个社会就差不多可以被归类为奢靡了。简单地讲，社会上的户外活动——即"嬉游"的频率，正可作为奢靡程度的指数。而城市中的"嬉游"主要以茶肆等为据点，所以嬉游频率的高低，正反映在茶肆等数量的多寡。是故，城市街道上茶肆等正是社会风气的测候站。如前所言，茶馆等常成为士人们观察社会风气的指针，而且它们指向社会的颓靡，它们的存在与兴盛就是社会腐败的标志，甚至它们本身就是社会颓废的引领者。但这些陈述方式，不仅是在"事实"上说明茶馆等的普遍及其对社会风气的影响，更重要的是，在"观念"上，茶馆等的空间性质并未得到认可，因而成为奢靡、嬉游、背德等意象的具体呈现。

　　清代戏曲繁盛，茶馆与戏园同为民众常去的地方，好事者将其合而为一。宋元之时已有戏曲艺人在酒楼、茶肆中做场，及至清代才开始在茶馆内专设戏台。《儒林外史》第二十四回中写道：戏子鲍文卿回到故乡南京后，意图重回戏行，于是他重新整顿好自己的行头后，就"到（戏行）总寓傍边茶馆内去会会同行。才走进茶馆。只见一个人……独自坐在那里吃茶。鲍文卿近前一看，原是他同班唱老生的钱麻子。……茶馆里拿上点心来吃。吃着，只见外面又走进一个人来……钱麻子道：'黄老爹，到这里来吃茶。'……黄老爹摇手道：'我久已不做戏子了。'"② 显然戏行总寓旁的这座茶馆是这些戏行中人一个很重要的聚会场所：一时无戏的钱麻子和退休后闲来无事的黄老爹可能都习惯到此闲坐交谈，所以离乡良久，返乡后意图重操旧业却不知现今行情如何的鲍文卿想要"会会同行"打探消息时，自然就会到此茶馆中来。茶馆在此成了戏行的一个聚会社交的中心。这种情况并非仅见于戏班。它甚至可能进一步发展成为常态性的聚会，《吴门表隐》中说："米业晨集茶肆，通交易，名'茶会'。娄齐各行在迎春坊，葑门行在望汛桥，阊门行在白姆桥及铁铃关。"③《吴门表隐》成书的时间较晚，这条资料未指出明确的时间，可能是比较靠后，不过也多少看出，由于茶馆

　　① 乾隆《新城县志》，稀见中国地方志汇刊（第29册），第838页。
　　② 吴敬梓：《儒林外史》第24回。
　　③ 顾震涛：《吴门表隐》，347页，江苏古籍出版社，1986年。

在性质上是城市中最简便普及的聚会社交场所，所以也容易发展成为常态性的集会中心。包世臣《都剧赋序》记载，嘉庆年间北京的戏园即有"其开座卖剧者名茶园"的说法。久而久之，茶园、戏园，二园合一，所以旧时戏园往往又称茶园。后世的"戏园""戏馆"之名即出自"茶园""茶馆"。所以有人说，"戏曲是茶汁浇灌起来的一门艺术"。京剧大师梅兰芳的话具有权威性："最早的戏馆统称茶园，是朋友聚会喝茶谈话的地方，看戏不过是附带性质。""当年的戏馆不卖门票，只收茶钱，听戏的刚进馆子，'看座的'就忙着过来招呼了，先替他找好座儿，再顺手给他铺上一个蓝布垫子，很快地沏来一壶香片茶，最后才递给他一张也不过两个火柴盒这么大的薄黄纸条，这就是那时的戏单。"①

杭州地区在宋代茶馆业就极为兴盛，而后一度中断，迄于嘉靖年间茶馆才又重新出现，此后相随于西湖旅游业的兴盛，茶馆在杭州地区的存在大体上延续不断。茶馆的盛况绝不止于杭州，其他城市大众化茶馆的发展，在时间上可能晚于杭州，数量或许也不如西湖，但也相当普遍。《儒林外史》中另有言：南京地区"茶社有一千余处，不论你走到哪一个僻巷里面，总有一个地方悬着灯笼卖茶，插着时鲜花朵，烹着上好的雨水。茶社里坐满了吃茶的人"②。由顾客满座的情境看来，这些茶社应非早期以品茶为主的茶艺馆。据此也可见，大众化茶馆是杭州率先发展起来的，并波及其他江南城市。

（本文系杭州市科技发展研究会、杭州市风景园林学会 2015 年第十一届西湖文化研讨会论文。）

① 梅兰芳：《舞台生活四十年》第一、四章，湖南美术出版社，2019 年。
② 吴敬梓：《儒林外史》第 24 回。

美国驻宁波领事法勒与
西湖龙井茶籽传入美国

近代列强驻华外交使节是各国政府及其利益的代表，他们以外交官的身份扮演着多重角色，活跃在政治、外交、军事、经济、文化、教育、科技、宗教等许多领域，行使特权，攫夺利权，凌驾官府，欺压国人。总体而言，他们在中国近代不平等外交史上留下了趾高气扬、盛气凌人的群体形象和毁誉不一、饱受争议的历史名声。当然，其中也不乏秉持平等友善、互利互惠的精神，身体力行，推动经贸、文教交流的人和事，为传播西方近代文明，促进中国近代化做出了贡献。美国驻宁波领事法勒（John Fowler）就曾把西湖龙井茶籽传入美国种植推广，为中外茶产业、茶文化交流，做出了特殊的贡献。

美国驻宁波领事馆是鸦片战争后中英签署《南京条约》、"五口通商"后西方列强在中国开设的最初一批领事馆之一。早在清初宁波设立浙海关时，英国东印度公司派驻定海的商务代表，就曾受英国女王之命，兼任驻宁波领事。鸦片战争后，英国率先在宁波派驻领事，开设领事馆。紧接其后，法、美、德、西等10多个国家相继在宁波派驻领事或委托别国领事兼理领事。当时各国派驻的领事，大都称为"总理通商事务"，副领事称为"管理通商事务"，突出其通商贸易的职责，与晚清政府办理外交洋务的机构"总理各国事务衙门"相呼应。不过，美国的领事却别出心裁，叫做"管理提刑按察事宜兼摄通商事务"，把司法和通商职责并重[1]。

美国在1844年起初，只是派麦嘉缔（D. B. Mecartoe）代理驻宁波领事，后又派驻乌儿吉轩理知为领事。中美《望厦条约》签订后，美国从1853年起正式在宁波江北岸设置驻宁波领事馆，馆址在杨家巷英国领事馆东面。到光绪七年（1881），馆址搬迁到中马路原逊昌洋行房屋。1897年（一说1896年）美国驻宁波领事馆被裁撤[2]。从道光二十四年到光绪二十三年（1844—1897），美国派驻宁波的领事先后有10位，其中第九位就是法勒（John Fowler），他是在光绪十六年（1890）5月到任，1896年离任，在宁波担任领事长达6年多。

---

① 《浙江省外事志》，第三章《领事与外侨》，第150-151页，中华书局，1996年。

② 黄刚：《中美使领关系建制史（1786—1994）》，台湾商务印书馆，1995年；U. S. consular officials in China. The Political Graveyard；中国第一历史档案馆、福建师范大学历史系：《清季中外使领年表》，中华书局，1985年。

约翰·法勒（John Fowler，1858—1923），美国马萨诸塞州密特赛克斯县温切斯特（Winchester）人，1858 年 5 月 9 日出生在波士顿。父亲约翰·亨利·法勒，母亲茱莉亚·A.（布朗）法勒。1890—1896 年任美国驻宁波领事，1891 年 3 月 18 日与利达·玛利亚·罗瑞洛（Lydia Marie Loureiro，1901 年去世）结婚，1896—1904 年任美国驻烟台领事，1904—1908 年任美国驻烟台总领事，1908—1914 年任驻福州领事，1915 年任美国驻加拿大魁北克省里维耶尔·迪卢（Riviere du Loup）地区领事。美国政治社会协会理事，美国政治与社会科学学院理事。1923 年 12 月 31 日逝世，享年 66 岁[①]。

关于法勒在华担任领事期间的事迹，只能从一些零星史料来窥其一斑。在宁波领事任上的第二年，他曾撰写了一份关于当时"中国的绵羊和羊毛（SHEEP AND WOOL IN CHINA）"的报告，这份报告收录在《美国领事报告，第 124 - 127 专题》（Reports from the consuls of the United States，Issues 124 - 127）中。该报告标称来自"宁波领事约翰·法勒的报告（REPORT BY CONSUL FOWLER，OF NING-PO）"，末尾署名："JOHN FOWLER，United States Consulate，Consul. Ningpo，January 28，1891."即：美国领事馆领事约翰·法勒 1891 年 1 月 28 日于宁波。该报告的主旨被解释成是"建议杭州中国人向穆斯林社区学习吃羊肉的说明"，其实非然。从报告内容看，法勒对当时与他的驻在地宁波属于同一省区的杭州府（Hang - Chow - Foo）、金华（Kin - wha）等地存在的养羊吃肉而不利用羊毛的现象表示不解。他在报告里说：在中国，羊毛被简单地叫做绵羊的头发。在毗邻（宁波）的杭州府和沿海地方，事实上绵羊作为大路货食用肉类可大量获取。不过，在同一省区的一些地方，尤其是金华附近，羊毛有时仅被用作一种肥料，（作为纺织原料利用的）却很稀少，以致冬季船夫穿着用人的头发编织的袜子（来保暖）。中国人并不试图解释这是什么原因。在法勒看来，中国人养羊只吃羊肉而不懂得利用羊毛这样优质的毛料，是不可思议、难以理解的事。他接着说，有位美国传教士兰卡斯特（Rev. R. V. Lancaster）给出了一种可能的解释，在杭州府有一座大清真寺，那里吃羊肉的穆斯林们教会了其他中国人（怎么吃羊肉）。这座清真寺肯定就是迄今犹存的杭州凤凰寺。他最后说，在这个地区，绵羊只是为了食用其肉，而不是为了获取羊毛。他特别提到，这里有各种绵羊，其中有一种独特的羊，有着弯曲的鼻子，大大的尾巴，大尾巴下有重达两磅甚或更重的脂肪。通篇看来，法勒对当时宁波、杭州、金华等地的中国人养羊只是获取羊肉食用，而不懂得开发利用羊毛，倍觉可惜和不解。

法勒在宁波领事任上的另一件值得探讨的事，就是觅得西湖龙井茶籽传入美国。这件事在他的外交档案里并无记载，而是光绪三十二年（1906）《东方杂志》第 3 卷第 11 号刊登的《美国茶业情形》一文中提及的：

"一千八百九十二年，驻宁波美领事曾觅得杭州龙井茶子回国，于各省试种，惟南卡路来那著有成效。据农部言，近年以官地五十英亩试办，岁收

① John Fowler，Index to Politicians，PoliticalGraveyard.com，http：//politicalgraveyard.com.

茶叶一万磅，每磅工值贵至二十七仙半，而工人仍不趋于采制之业，未易招佣云。"①

《东方杂志》是近代影响最大的百科全景式期刊，1904 年 3 月 11 日创刊于上海，由商务印书馆编辑发行，商务印书馆创办人夏瑞方主办。《东方杂志》创刊号发刊词以"启导国民，联络东亚"为宗旨，设有社说、谕旨、内务、军事、外交、教育、财政、实业、交通、商务、宗教、杂组、小说、丛谈和新书月目 15 个栏目，除了刊载本社所撰论说及其搜辑的新闻外，按月广泛选录当时各种官商报纸刊物所载的重要文论和新闻要事，对当时的时政、时事以及各个方面的重大事件都逐一报道，详加评论，内容十分广泛丰富，涉及中外重大政治、经济、文化事件和要闻。梁启超、蔡元培、严复、鲁迅、陈独秀等著名思想家、作家都在该刊发表过文章，杜亚泉、胡愈之等出任过主编。所刊言论，大多倾向于改良、立宪，呼吁爱国救亡，赞成君主立宪，提倡发展实业，主张普及教育，反对民主革命。自创刊后，初为月刊，后改半月刊，除了辛亥革命期间一度暂停外，到 1948 年 12 月停刊，历时近 46 年，累计出版发行共四十四卷 819 号（期），发文 22 442 篇、图画 12 000 多幅、广告 14 000 多则，是近代中国杂志中"创刊最早而又养积最久之刊物"，有"百年老刊""历史的忠实记录者""盖代名刊""知识巨擘"等盛誉，影响巨大，为我国期刊史上首屈一指的大型综合性杂志。1999 年《东方杂志》复刊，改名为《今日东方》。

这篇《美国茶业情形》没具作者，刊载在该期的"商务"栏目。文章介绍了美国各地民众饮茶偏好和华茶进口行销情况，并就近年日本、印度、锡兰等国茶"挤占"华茶市场份额现象及其原因作了分析。文章说：

美国所销华茶有超等、次等、平等之别，或以头春、二春、三春为别，或用译音为别。其国人嗜尚，亦颇以省界为区域风向转移。从前西北各省多用青茶，凡进口青茶西北省十之八。近年改用日本茶。东方旧用福州及厦门乌龙，近亦改用台湾茶，福州虽尚行销，而厦门茶几绝于市。现时市业情形，日本茶行于西北及大西洋滨海各省，青茶行于中西南各省，工夫茶行于旅美之异国人，乌龙行于东方各省，印度、锡兰茶匀销于全境。现时进口多数仍推中国为第一，日本次之，印度、锡兰又次之。然详审印度茶递年渐有增进，中国若不急起直追，势将为其所逐。

查茶性宜于亚洲及附近，亚洲各岛溯一千八百七十三年时，美国进口茶每一磅值三十七仙半，由此递减至一千九百零三年只值十二仙半，美国商人去岁函询驻厦门领事中国茶叶市情，该领事复报，力诋农工不用新法，政府不蠲免厘税，坐令如厦门宜茶之地，亦日就荒弃，不得谓非厘税病民之故。他国乘此机会，以其参杂染制之劣品，竟得战胜华茶，非特华民受亏，并用茶者亦阴蒙其害，妨碍卫生，中国实尸其咎。为中国政府计，毋宁蠲此区区

---

① 《东方杂志》第 3 卷第 11 号"商务"专栏，《美国茶业情形》，第 157 - 158 页。英亩为非法定计量单位，1 英亩=4 046.856 平方米。1 磅=0.453 6 千克。——编者注

厘税，以挽回将坠之业乎?!

查华茶迩经西人推为优胜，其所谓被日、被印攘夺之故，原因颇多。约举数事，则茶商自掺劣叶损失名誉，一也；装载未宜，凡运到者皆有味无香，二也；检制工人不尽洁净，西人传述生厌，三也；日本绿茶皆经靛染，清冽有余，甘美不足，特于标面分注何质若干，如何煎饮，如何有益，皆经医士认许，又随时饰美其树艺焙制良法，图说翻新，四出分送。印茶、锡茶同此办法。闻美国商会言印度一种熏制之茶，品质极劣，全恃广刊告白，美境竟可岁销十三兆磅。此岂华商所曾顾及? 四也。要之美人品茗，徒取其消食而不胶削，故不论何茶，皆和以牛乳白糖，日本绿茶如不染色，中国绿茶如不参苦涩之红茶，即指为味薄，其不能辨别真赝盖如此[①]。

从文中所言详情数据之全面确凿及分析原因之准确客观看，文章作者肯定是茶界中人，系根据商贸、外交、新闻和坊间等信息综述而成。接着就托出法勒觅得龙井茶籽传入美国之事，就其为文本意看，除了介绍当时美国茶业概况外，要就华茶出口递减找到原因。文章列举了华茶自身存在的诸多问题，如厘税过多茶农荒弃茶园、过量参杂拼配劣质茶叶、包装转运途中受潮失去香味、制作加工过程不卫生、不懂广告营销等，都是当时中国茶业客观存在的现象。而外在的原因，除了日本、印度、锡兰等国茶的兴起，美国人的饮茶习惯不同外，龙井茶的传入试种，也是其中原因之一。文章后附有1904年6月至1905年7月美国六大口岸进口茶叶品类及数量表、美国加拿大（时译坎拿大）进口茶叶磅数表和美国纽约茶市行情表。从表中所列，可知纽约、芝加哥（时译芝嘉高）、旧金山、檀香山等6个口岸进口的平水茶及青茶共计463 922包（每包合计45磅，总计约9 469 575.8千克），低于乌龙茶的569 074包（总计约11 615 938千克），略高于日本茶的459 437包（总计约9 378 028千克），而工夫茶为151 437包（总计约3 091 132千克），印度、锡兰茶220 086包（总计约4 492 395千克）[②]。这些平水茶和青茶的出口地，当时主要是宁波港。

在介绍了资料来源和文章缘由之后，我们再来看这则记载的内容。1892年即清光绪十八年，迄今整整两甲子了。法勒当年是如何觅得西湖龙井茶籽的，详情不得而知。但至少有如下可能：他要么亲自来杭州西湖龙井茶区采集茶籽，要么委托他人获取茶籽。他之所以这么做，肯定是出于对西湖龙井茶的喜爱和经济价值巨大的考量。而文章所介绍的龙井茶籽在美国"于各省试种"看，当年他采集的茶籽为数绝非少量，至于"惟南卡路来那（今译南卡罗来纳州）著有成效"，恐怕是与龙井茶种植的自然环境如纬度、气温、光照、土壤有关，还与人工栽培技术有关。从1892年法勒传入试种，到20世纪初美国政府农业部用50英亩国有土地试办茶场，前后不过约10年时间，而试办国家茶场后，每年的龙井茶茶叶产量就达一万磅，其规模也属可观。

中国茶叶最初传入美洲是在300多年前从荷兰再传到美国波士顿的武夷茶。1773

---

① 《东方杂志》第3卷第11号"商务"专栏，《美国茶业情形》，第157页。
② 《东方杂志》第3卷第11号"商务"专栏，《美国茶业情形》，第158-160页。

年 12 月 16 日，波士顿爆发茶叶事件，3 船英属东印度公司茶叶被倾倒入海，揭开独立战争序幕，3 年后美国独立建国。1784 年 2 月 22 日至 1785 年 5 月 11 日，美国商船"中国皇后"号首航中国成功，满载茶叶、丝绸等而归。1800 年前后，法国植物学家安德尔·米歇尔（Andre Micheau）开始在美国阿雪莱河（Ashley River）边的米德尔顿巴洛尼（Middleton Barony）试种茶叶，成为美国种茶第一人。而最早在美国组织茶叶生产的是以引种植物著名的亨利·比利尼博士和约尼斯·斯密斯。1853 年后，美国专利局及后来的农业部开始从中国引种茶叶种子，在南部试验。1859 年，美国政府派遣园艺家罗伯特·福通（Robert Fortune）来中国茶区考察，学习生产技术，收集茶籽，分种与美国南方各州。1880 年美国农业部派约翰捷克松（John Jackson）兄弟在南卡罗来纳州的森麦维尔（Summerville）试种茶叶，建立 Pinehurst 茶叶试验场，引种中国、日本、印度茶树，茶园面积 40 公顷。试种成功后首次生产茶叶制成品，开始在茶叶市场出售，在博览会获奖，但 1915 年后又告中断[①]。法勒引种的西湖龙井茶籽，就是在南卡罗来纳州的这家茶叶试验场试种生产的一部分，可惜为时 10 年就告中止。美国试种茶叶前后近一个世纪，但一直未获成功，地理气候因素或许是导致美国屡次引种茶叶失败的主要原因。

作为外交官，享有一定的外交特权，除了公开的外交职责和使命外，也大多负有一定的情报、安全等秘密使命。调查掌握驻在国、驻在地的政治、经济、军事、社会、文化、民生等各方面情况，是外交工作者的基本任务。尤其是在晚清民国时期，弱国无外交，主导中国外交的并非全是中国人自己，而是列强派驻中国的外交官和外交使团。法勒作为美国驻宁波领事，从外交官的级别来说，并不算是高级外交官，而只是派驻一个地方的领事官员。但他的职责和任务，也是维护本国人在当地的权利，了解当地情况。因此，他在任上调研了解羊毛问题也好，觅得西湖龙井茶籽也好，名义上都属于地方外交人员的本职工作范畴。在那个时代，像法勒这样把西湖龙井茶籽不经任何合法手段和渠道，不履行任何外交和国际法律手续，而是凭借外交特权获取我国特种名优茶树种质资源的行为和类似事例，屡见不鲜，不足为奇。如果按照现在的国际贸易法规和知识产权保护体系来看，他觅得茶籽传入美国是属于严重的违法行为，可以对其起诉或追诉，申索应有的权益保护。

法勒离任宁波领事后，继续他的在华外交生涯，1896 年 8 月转任美国驻烟台（美国外交档案又作"芝罘"，烟台别称）领事，到 1904 年 2 月美国驻烟台领事馆升格为总领事馆后，法勒升任总领事，直到 1908 年[②]。1912 年他出任美国驻福州领事馆领事（又译作"傅拉"），直到 1915 年[③]。

法勒在烟台、福州担任领事期间，正值清末民初中国社会从封建帝制走向共和政

① 陈文怀：《美国茶事掠影》，《中国茶叶》，1984 年第 5 期。
② 美国驻烟台领事馆，维基百科，http：//zh.wikipedia.org/wiki。U.S.consular officials in China, PoliticalGraveyard.com，http：//politicalgraveyard.com/geo/ZZ/CH - consuls.html。
③ 美国驻福州领事馆，维基百科，http：//zh.wikipedia.org/wiki。U.S.consular officials in China, PoliticalGraveyard.com，http：//politicalgraveyard.com/geo/ZZ/CH - consuls.html。

制的历史性巨变过程，他在担任驻华地方领事工作中，依旧尽职尽力，积极参与了许多重大历史事变。1900 年义和团运动爆发，中国国民的"仇外活动"日益高涨，一些在华外国传教士面临人身安全之虞。时任美国驻烟台领事的法勒，曾经与时任山东巡抚的袁世凯秘商，与之达成让居住在山东内地的外国人集中撤退到烟台的决定，促成山东官府在 1900 年 6 月 21 日派兵护送美国著名的传教士高第丕（T. P. Crawford，1821—1902）等从泰安辗转到济南，再经内河和海路到达烟台，在威海卫的英国兵营里躲避义和团的袭击，直到返回美国①。他在福州领事任上，正好爆发了辛亥革命，也曾介入国民革命军的军政活动。描绘辛亥革命后军阀群起的历史小说《辛亥大军阀》在第一卷第一百八十三章《杭州晚宴》中说：国民军将领陈敬云第一次来杭州时，和一群国民军高级将领们从福州乘坐美国巡洋舰"安吉丽娜"号到达码头，当时随行而至的美国驻福州领事法勒为了避嫌并没有一同下船，而是稍候了一会。并说："现在的法勒基本上已经变成了美国和陈敬云联系的传声筒，基于陈敬云的重要性和法勒在福州的出色工作，据闻美国方面已经有意让他担任下一任的美国驻华公使。"足见，法勒在华任领事期间，积极参与政治、军事活动，十分活跃。

随着他在华时间的延长和对中国国情了解的加深，他站在西方或美国利益的立场上，也对中国社会和中国人提出了一些鞭辟入里的看法。美国学者阿瑟·贾德森·布朗在其所著《辛亥革命》一书中，在谈到中国人的信仰时，引用了法勒的观点。他写道："我十分赞同美国驻烟台领事约翰·法勒先生的观点。他说，一个诚心膜拜神像的中国人比一个什么都不相信的白人更容易相处，也更容易使之皈依，因为诚心拜佛的中国人至少对自己相信的事物倍加珍惜，后者虽然见多识广，但是对任何信仰全都毫不理会。世界上最没有希望的人就是明知真理却拒绝在自己的生活中贯彻真理的人。几乎所有的中国人都是有膜拜对象的，不是孔圣人，就是佛祖。中国人想当然地认为，所有的白人都是基督徒，所以所有的基督徒因为某些抛弃或者拒绝信仰的白人而蒙受了'不白之冤'，中国人想当然地认为所有的基督徒身上都有这些堕落白人的恶行。一个白人的恶行引起了中国人对所有白种人的错误认知，就像美国的西进运动中，一个定居者的妻子被一个印第安人杀害，出于复仇心理，这位定居者会毫无罪恶感地射杀他所遇到的任何一个印第安人。中国人对于基督教的敌意，与这位定居者有着同样的心理原因。中国人厌恶基督教不是因为基督教的教义本身，而是因为某些基督教国家的低素质国民的所作所为。"② 100 多年前的一个外国人对国人的理解，即便在今天也仍然有一定的参照价值和警示意义，值得我们深思。

（本文系 2013 年宁波"海上茶路·甬为茶港研讨会"论文，刊《"海上茶路·甬为茶港"研究文集》，中国农业出版社，2014 年 4 月。）

---

① 《提倡福音布道主义的美国南浸会传教士高第丕》，网易博客"在光明中行"，http://tliujn.blog.163.com/。

② 引自《晚清教育：八旗子弟中学使用美国教科书（2）》，摘自阿瑟·贾德森·布朗著：《辛亥革命》，中国人民解放军出版社 2011 年出版。

近代中国茶业三题

中国茶业的现代化历程，是中国茶业发展历史研究的重要课题。早在改革开放之初的 1980 年 11 月，中国茶叶学会就在桂林举办了"茶叶现代化学术讨论会"，201 人参会，发表论文 81 篇，对茶叶现代化问题进行了全面探讨。30 多年来，许多专家学者对这个课题进行了多角度、多层面的研究和探讨，发表了大量论文、著述，其中涉及不少中国现代茶业开端或近代化问题。

当今中国茶业与茶文化发展正处于有史以来十分难得的历史机遇期。"十三五"发展规划的实施开局，"一带一路"倡议的稳步推进，全面建设小康社会、实现中华民族伟大复兴的"中国梦"的宏伟蓝图，为复兴中华茶文化、振兴中国茶产业、再创茶业强国辉煌，注入了新动力，提供了新机遇，开启了新征程。在这样一个历史时刻，研究、总结中国现代茶业的起步历史及成败得失、经验教训，既有深刻的历史价值，也有巨大的现实意义。这里，就个人学习思考所得，谈几点粗浅认识。

一、概念和方法

首先，要因史制宜地用正确的历史观来分析研究中国茶业近代化问题。"现代茶业"是一个产业形态的概念，而现代茶业的起步，就是一个茶业发展的历史问题。历史问题一定要用正确的历史观来分析，用马克思主义的唯物史观来武装我们的头脑。从方法上来说，一定要因史制宜，把历史问题放到历史环境中来进行实事求是的研究，中国现代茶业的开端，需要与中国现代历史的开端联系起来考察。我们知道，中共党史中的"现代史"是以"五四运动"为开端的，这符合中国现代政治发生、发展的历史实际，如果我们以此作为中国现代茶业的开端，那显然与中国现代经济发展的历史事实不太相符。中国漫长的封建小农经济形态下的传统茶业的现代转型过程，是与中国社会经济的近代化同步开始的，与半封建半殖民地社会相始终。从中国历史看，鸦片战争就标志着这一历史进程的开始。从世界历史看，18 世纪初以后中国大量茶叶的输出，不仅促进了近代世界贸易体系的形成，而且在西欧近代工业化进程中发挥了特殊作用。中国茶业的现代化，正是在大量外销需求的驱动下艰难起步的，中国茶叶从一开始就在中国对外贸易和经济现代转型中扮演了重要角色。因此，我们讨论中国现代茶业的开端，必须把这个问题放到近代中国历史中来考察，以鸦片战争作为其历史分野。

这里，我想特别指出，我们通常所说的"近代""现代"的概念，在英语中都是

"morden"。中国当代史学与西方经典史学在世界历史的分期上有所不同，这是可以理解的。与中国社会的现代化一样，茶业的现代化也是一个动态而漫长的历史进程，这一历史进程的开端，必须是、也肯定是某个历史节点，那就是1840年鸦片战争的爆发。从那时起到现在，中国茶业的现代化之路虽然起伏波折，但一直在向前发展。而真正意义上的现代茶业是1949年以后尤其是改革开放以来才开始发展起来的。因此，我们可以说，从鸦片战争到新中国成立，是中国现代茶业的发轫期。如果我们按照党史的划分，从"五四运动"开始来探讨现代茶业的发端，那鸦片战争后茶叶外销刺激下的列强"洋行"资本、"买办"资本和民族资本对封建小农茶业的改造和改良历史，将无从谈起。而这一历史时期，恰恰是中国现代茶业的发端，是三千多年封建小农茶业经济开始注入资本主义生产方式的最初尝试，也可以叫做传统茶业的转型或近代化时期。中国现代茶业的起步，无论从中国历史还是从中国茶史的角度看，都是从鸦片战争开始的。

其次，要准确把握好"茶业近代化"与"茶业现代化"及"现代茶业"的关系问题。"现代茶业"是茶产业发展的状态或阶段，"茶业现代化"则是茶产业发展的动态进程。我们既要用现代经济学的产业现代化标准和特征来看茶业发展，又要把中国现代茶业起步放到特定历史时期和经济社会背景中来观察。产业现代化必须以先进科学技术武装产业，它和落后技术、传统技术相区别，需要由落后技术向先进技术的转变。它是技术和经济的统一，即先进的科学技术一定要带来较好的经济效益。产业现代化包括建立新的现代产业和传统产业的现代化两个方面。茶产业的现代化就是传统产业的现代化，是茶产业体系包括茶产业部门以及茶科学技术、生产组织方式、经营管理水平及经济效益的现代化。产业现代化是一个发展的过程，是一个历史的动态概念，是不断发展的。随着科学技术的进步和新技术的广泛运用，产业现代化的水平越来越高。产业现代化也是一个世界概念，不同国家的现代化具有各自的本国特色，但现代化基本要求是达到世界先进水平，这个标准世界各国都是一致公认的，它包括产业劳动资料、产业结构、劳动力、管理水平和产业科技的现代化，产业资源和产品市场的国际化，主要技术经济指标达到世界先进水平。从这个标准看，即使我们现在的茶产业也远未达到现代化的要求。

但是，中国现代茶业不可能一挥而就、一步到位，而是必须经历从起步、发展、完善、成熟的漫长历史演进过程。在开始阶段，往往是某些因素触发了产业变革，现代茶业就是在外销的刺激下，促发了茶叶生产组织形态和加工技术的革新。概而言之，主要是通过外销参与并一度主导国际市场的茶叶贸易，和引进机械加工设备开始工业化生产两个方面，从而使中国现代茶业从一开始就具有了外向型经济的特点，和一定规模的资本主义生产方式和相对先进的工业化生产设备。而这正是中国现代茶业迈出的历史性第一步。没有这一步，就没有其后迄今的茶产业现代化之路。

我们要客观公正地看清"现代茶业"和"茶业近代化""茶业现代化"的关系问题，历史地辩证地分析两者之间既有联系又有区别的内在关系。只有这样，我们才能有的放矢地把中国现代茶业的起步问题放到中国茶业现代化的大历史中来考察，前者是后者的开始，后者是前者的延续，现代茶业发展有起跑线，但茶业现代化只有起点，没有终点，它永远是现在进行时。

二、历史轨迹和主要特征

从鸦片战争到新中国成立的近百年间，中国现代茶业起步蹒跚，举步维艰，经历了一波三折的兴衰起伏。从宏观的角度看，这一时期中国茶业发展基本分为三个历史阶段。

一是鸦片战争后五口通商到 19 世纪末外销驱动下的畸形繁荣阶段。这一阶段中国茶叶的外销较之以前逐年迅速增长，从出口总量来看，1880—1888 年达到鼎盛时期，年均输出 210 万担[①]以上，其中 1886 年达到最高峰 2 217 295 担。茶叶出口外贸港从广州一地，扩大到沿海、沿江各港口，其中以上海、汉口、福州、杭州等地最为著名。上海开埠后，成为长江中下游茶区新兴茶叶出口港，洋行、茶栈、茶庄、茶商云集，形成了买办和洋行内外一体的茶叶购销体制。福州作为武夷红茶出口集散地，1842—1890 年的半个世纪里成为名副其实的"红茶之都"。武汉汉口羊楼峒集聚了大批俄国茶商和近 10 家砖茶制造厂，为出口俄罗斯茶叶集散地，有"茶港"之称；《马关条约》签订后，杭州成为浙西、皖赣茶区的茶叶外销集散地，茶行、茶场、船运、堆栈、过塘、茶箱、报关、保险等兴起，茶号林立，茶馆密布，商帮云集，交易兴隆，成为名副其实的"东南茶都"。此外，宁波、厦门、温州、九江等地开埠后，也成为茶叶出口、转口的重要城市。茶叶外销的兴隆，也刺激了一批出口名茶的诞生，除原有的福建"功夫红茶"外，还有浙江的"平水珠茶""遂绿""严州苞茶""龙井茶"，安徽的"屯绿""祁红"，湖南的"黑茶"等。晚清民国时期活跃在中国商界的两大商帮"徽商"和"晋商"的形成，在很大程度上得益于茶叶外销的繁盛。但是，这种外销的繁盛，并没有改变农户分散种植的传统茶叶生产形态，中国茶业呈现过度依赖外销的"畸形"繁荣。

二是清末民初到抗战爆发前的外销下降和茶业改良阶段。19 世纪 70 年代以后，印度、锡兰、日本等国生产的茶叶在英国、美国等茶叶市场崭露头角。中国次等的工夫茶在上海的离岸价格，已经高出印度和锡兰上等茶在加尔各答和锡兰港口的离岸价格，其价格优势对中国茶叶出口带来很大压力，华茶出口总量出现大幅滑坡。1887—1927 年 40 年间，中国茶叶出口总量总体上从 1887 年的 215 万担呈现下降趋势，1889 年跌破 200 万担。第一次世界大战后欧洲茶叶进口锐减，在美国市场遭到日本茶叶的排挤，中国茶叶出口开始"惨落"，从 1916 年的 154 万担迅速跌破百万担，到了 1927 年只有 87 万担，比 1886 年减少了 61%。对外贸易的一蹶不振，导致国内茶叶生产、销售随之衰落，茶叶生产规模急剧萎缩。针对这一情况，有识之士开始了以振兴茶叶出口为目的的"茶业改良"运动。

中国近代茶业改良，主要是指 19 世纪末到 20 世纪 30 年代中期，由政府农商部、

---

① 担为非法定计量单位。1 担＝50 千克。——编者注

茶商实业家及茶界有识之士倡导、参与的通过学习印度、锡兰、日本在生产、销售领域的先进技术以挽救中国茶业，增加华茶出口为目的的改良运动。茶业改良主要包括种植、加工和销售三个领域。

近代生物学的发展促进了茶树栽培技术的进步，例如对茶树品种的选育和繁殖，对开辟新茶园土壤、气候、地势等环境条件的选择，从茶树生理基础出发对茶树种植方式、施肥、中耕、除草、修剪、改造、植保、灌溉等措施进行改进，以获取茶叶的高产稳产。政府农林部也有组织地开展茶叶科研，开办试验茶场，改良茶种，通过开办茶叶业务讲习班，来介绍科学种茶知识，培训种茶技能。清宣统二年（1910）二月十五日，浙江"茶务讲习所"在杭州茶业"劝业公所"内成立，这是清代茶业教育的一件历史性大事，标志着近代茶学教育的开始。根据 1935 年 4 月 1 日刊《东方杂志》第 32 卷第七号何伯雄《西湖龙井茶业概况》介绍，从栽培、制作、管理等方面提出一整套"龙井茶叶之改良"具体方法和措施，在龙井茶的采摘和揉搓、焙炒、拣剔、包装等加工技艺的标准化生产方面，进行了有益的尝试。

这一阶段的中国茶业在种植、加工方面取得可圈可点的进展，一系列茶叶试验场和茶业公所纷纷设立。如 1905 年江苏成立"江南商务局植茶工所"，1915 年安徽祁门茶业改良场（占地最多时达 562 亩）、江西宁茶振植公司等相继设立。南京国民政府时期，浙江先后开设有临安东天目金罗坪茶叶改良试验场、淳安示范茶场、浙江省茶业改进所三界茶场等茶场。此外，湖南、四川等产茶大省也纷纷建立试验场。这些茶叶公所、试验场引进近代科学技术和国外先进生产方式，扩大茶树种植规模，大面积开辟茶园并对茶园实行集约化管理，引进茶叶制造机器代替手工加工茶叶，力图在生产加工领域实现茶业近代化，从整体上改变中国茶业的落后面貌。如在台湾巡抚刘铭传等鼓励拓展茶园、推广茶种、改进茶叶烘焙和包装技术等努力下，1871—1896年台茶出口猛增近 12 倍。1897 年福州第一家商办的"福建焙茶公司"试用机器生产；1898 年初广东商人唐翘卿在汉口成立资本六万两的"两湖茶叶公司"，用机器仿照印度之法进行茶叶加工；同年，湖广总督张之洞在湖北集款八万金置机制茶，两江总督刘坤一在皖南茶局向公信洋行购置四具碾压机器；安徽祁门兴植茶树的贵溪人胡元龙考察制造红茶之法，首先筹集资本六万元，建设日顺茶厂，改制红茶。华商在福州、建宁也相继开办茶厂，用机器焙制，和俄国人进行竞争。1893 年浙江温州诞生第一家现代焙茶公司，试用机器焙茶。到 1895 年温州有五家公司使用从外国洋行引进印度西洛钩焙茶机，用新法焙制绿茶出口。到 20 世纪初，浙北茶业大有发展，仅绍兴一地的茶厂就达十几家。1916 年，唐亚卫创立了著名的"华茶公司"，为华茶扩大出口量做出了巨大贡献。民国六年（1917）3 月，杭州茶商阮裕隆等组织制茶研究所采用机器改良制茶。民国七年（1918），杭州茶工方念祖和福州花茶技师吴依瑞、吴寿中父子，到日本静冈茶叶组合中央会议所机械研究室，传授花茶、毛峰、大方等茶叶生产技术。民国十四年（1925），茶叶专家吴觉农在杭县林牧公司从日本引进绿茶初制揉捻机、粗揉机等茶机，试验机制蒸青绿茶。1933 年，南京国民政府全国经济委员会农业处处长赵连芳在安徽省祁门茶业改良场首开机制红茶业，购置国外茶机在县城凤凰山及历口两地分设机械制茶工场。1935 年浙江省三界茶业改良场购置日本蒸青茶机加工绿茶。1937 年，张天福在福建崇安引进日本红茶机械加工机制红茶。

在茶叶销售上，提倡华茶大规模直接运销于国外市场，减少销售的中间环节，降低华茶成本，提高中国茶叶在世界市场的竞争力。当时已经有少数华商在德国自行设立商店销售华茶，还有的茶商直接投交茶叶到伦敦茶业拍卖市场进行交易。杭州等地的茶叶内销和转出口交易一枝独秀。据《杭州海关十年报告》，从 1896 年开埠到 1937 年，经杭州关出口的茶叶累计多达 256 694 吨；其中 1922—1931 年年平均出口茶叶 7 520 吨，货值 6 117 260 海关两；1931 年杭州市区制茶厂、作坊有 77 家，茶馆 555 家，每值新茶应市之际，四方商贾云集杭州，其中有"关东帮""天津帮""冀州帮""烟台帮""扬州帮""上海帮"和"福州帮"等。

20 世纪 30 年代初，当代茶圣吴觉农先生在其《世界主要产茶国之茶业》一文中大声疾呼："我国倘不积极着手改良（茶机），将来难免受他国之驱逐，殆无疑义也。"华茶改良运动使华茶从种植、加工到运输再到销售都不同程度地向近代化迈进，曾经给身处困境的中国近代茶业带来了一线希望，但这不足以从根本上扭转中国茶业的落后局面和华茶出口衰落的趋势。随着抗日战争爆发，这一波的茶业改良运动被日本军国主义侵华战争所打断，吴觉农等 1935 年提出的《中国茶业复兴计划》付之东流，中国现代茶业发展在关键时刻戛然而止，与其他许多产业和领域一样，没有完成近代化的历史转型，定格在半封建半殖民地的历史定位上。

三是抗日战争爆发到新中国成立前夕的凋敝阶段。抗战期间，东南茶区大多沦陷，外销中断，物价飞涨，茶园废弃，中国茶业几乎断绝，唯有西南云贵地区尚存一线命脉。1939 年 9 月，中央农业实验所和中国茶叶公司共同在贵州湄潭创建实验茶场，开展茶叶生产科研和实践，采用 4 台三桶式人推木质揉捻机生产工夫红茶和炒青绿茶；后来浙大西迁也为湄潭茶业和科技进步带来助力，西湖龙井生产技艺得到应用；1943 年，西迁湄潭的浙江大学农学院还办起了"农茶桑职业中学"。1939 年范和钧、张石城在云南省创建初精制红茶厂，配有克虏伯揉捻机、杰克逊烘干机和其他精制设备，制出了金毫显露、条索紧细、味鲜浓醉的"滇红"。1945 年抗日战争胜利后，上海成立了兴华茶业公司，购进日本圆筛机、风选机、阶梯拣梗机及切茶机等精制茶机，以适应当时出口茶拼配加工的需要。随后，杭州成立了之江机械制茶厂。当时上海市接收日本茶商经营的精制茶厂，"标卖"精制茶机，杭州春贸联记茶厂从中购得圆筛机、平抖机、选别机、炒锅机和滚筒机一批，开展茶叶的机械精制。民国三十六年（1947）吴觉农以上海兴华（一说兴农）茶叶公司名义，从台湾购进一批成套眉茶精制机械，并向上海市订购了双锅炒茶机，在杭州长明寺巷开办之江茶厂，开展茶叶的机械精制。民国三十七年（1948）4 月，吕增耕采购新昌早期细嫩烘青回潮，进行自行设计的滚筒机压扁式龙井茶试验，辅以手工辉干，制成绍兴平水旗枪式龙井茶。这一时期，人力畜力的木质揉捻机、手摇杀青机、脚踏木质筛分机、滚筒机等简易制茶机具也开始在浙、皖、湘、鄂、赣等省应用。但是，总体而言，中国现代茶业几乎处于凋敝状态。

三、经验教训和历史启示

纵观中国现代茶业蹒跚起步、昙花一现的艰难历程和辛酸历史，我们不难发现，其兴衰起伏具有深刻的历史背景和社会原因，是中国近代半封建半殖民地社会的缩影。我们要看到外销市场需求一定程度上促进了茶园扩大、产量增加和适合外销的茶叶品牌，但没有改变小农生产格局，机器生产的引进只是局部提升了茶叶加工的科技水平，改善了生产设备，但没有根本上改变手工为主的生产方式。这种外销驱动因素是外来的而不是内生的，它造成了中国现代茶业一开始就属于外向型经济，没有自主性地位，产业主导权控制在外国洋行和买办手里，产销结构失衡并取决于世界茶叶市场的需求，从而失去产业主体地位。

中国现代茶业发展艰难，过程缓慢，有过短暂而畸形的繁荣，最终逃脱不了骤然衰落的命运。究其原因，主要有如下几点：一是政局动荡，战乱频仍，缺乏安定稳定的政治、经济、社会环境。从鸦片战争到抗日战争，外患不断，政权更替，社会动乱，民不聊生。南京国民政府"实业救国"开创的"黄金十年"期间，茶业改良虽然颇有起色，但旋即因为抗战爆发而功亏一篑。二是外国洋行资本勾结买办资本控制了茶叶产销，民族资本难以抗衡其垄断和压迫。如砖茶产销，以汉口为中心，一直以晋商茶栈为主导，但1863年后俄商逐步控制了砖茶的产销，1864年汉口有9家俄国茶商，他们每逢春季就前往茶区，直接收购茶叶，不但很快控制了茶叶贸易，并且进一步从事砖茶制造。70年代中期，俄国商人在汉口设立机器砖茶厂，使用蒸汽机、水压力机加工制造砖茶。90年代中期，汉口俄商砖茶厂共拥有砖茶压机15架，茶饼压机7架，日产茶砖2700担、茶饼160担。其间，俄商还在九江开办茶厂3家，在福州、建宁、延平等地开办茶厂分厂10家。三是生产方式落后。茶叶种植基本上保留着分散的、一家一户的小农生产方式，像印度那样占地以千英亩计、雇佣大量工人的资本主义茶园未曾出现。茶叶加工总体上沿袭着手工为主的落后生产方式，满足不了外销市场的需求，也缺乏应有的国际市场竞争力。四是印度、锡兰、日本茶业的兴起。19世纪80年代后印度、锡兰和日本茶业的兴起，对以往中国茶叶一统天下、唯我独尊的地位构成严重挑战，其先进的资本主义生产方式和机械化加工技术及拍卖销售等产销方式对中国茶业形成巨大产业优势，瓜分了世界茶叶市场，导致中国茶的外销量和市场占有率锐减。五是茶农受到多重剥削。茶农销售茶叶严重依赖茶栈、茶庄和水客等中间商和外国洋行，完全没有砍价权、询价权、知情权，不得不承受收购价格、贷款利息、克扣欺诈和茶税厘捐等多重盘剥，茶叶从茶农到洋行往往要经过多次转手，多一次转手即多一层剥削。处于分散、孤立和狭小状态的中国茶农，是洋商和中间商剥削的最后承担者，他们无能扩大再生产，只能维持小农生产方式。

历史经验告诉我们，中国现代茶业的发展，一是不能完全依靠外销市场，应提高茶叶消费水平，促进内需，做大国内市场，实行内销为主、外销为辅、内外销统筹兼顾的方针；二是要大力发展茶科学技术，要依靠科技进步来提高茶叶生产力水平，在种植和加工中提升茶叶生产科技含量，推进茶产业转型升级和跨越式发展；尤其是在茶叶深加工和新产品开发领域大有潜力，还大有文章可做；三是要摆脱小农经济分散经营的落后生产组织方式，走大规模集约化经营之路，探索新型产销模式，降低生产成本，提高生产效率和国际竞争力；四是优化茶业发展所需要的社会、政策和生态环境，积极倡导茶为国饮，扶植茶业发展，减少销售环节，发展茶电子商务，保护绿色有机、优质安全的茶叶生态环境；五是茶业兴衰与国家发展密切关联，国强则茶兴，国弱则茶衰，两者一荣俱荣、一败俱败，茶业发展要与国家发展接轨。当今中国茶业要与"十三五"规划和"一带一路"倡议对接，与全面建成小康社会和实现"中国梦"相结合，才能复兴中国茶业的世界强国地位。

回顾历史，是为了更好地开创未来。以史为鉴，知往鉴来，中国现代茶业虽然有一个艰难坎坷的开端，但必将有一个光明辉煌的未来。

（本文原题《关于中国现代茶业发轫的若干问题》，2016 年 4 月 20 日中国现代茶业开端高峰论坛（贵州湄潭）论文稿，改写后发表在《茶博览》2016 第七期。）

晚清民国时期杭州的茶叶外销

　　中国茶叶走向世界，相对于瓷器、丝绸而言是比较晚的。大航海时代以后，尤其是在葡、西、荷、英、俄、美等国的对华贸易中，茶叶的出口却大有后来居上之势，"中国茶"因此步入欧美上层社会，为西方所熟知。鸦片战争后，五口通商标志着中国近代对外贸易的开始，茶叶与瓷器、丝绸作为大宗出口商品，经由开埠口岸大量出口，东南地区的茶业因出口拉动而呈迅猛发展之势。在外销出口需求的刺激下，杭州的茶叶生产也开始了近代化步伐。本文拟就近代杭州茶叶的外销出口、租界洋行、货源集散、转运服务等情况，作一粗略的概观研究。

一、晚清民国杭州的茶叶生产和外销货值

　　鸦片战争后，杭州所产茶叶通过宁波、上海出口。杭州开埠后，杭州出产茶叶经由杭州海关出口，而皖赣茶叶的转运来杭出口，使得杭州成为茶叶集散地，并且作为大宗出口产品，位列各类出口商品之首。抗战爆发后，茶叶外销锐减，茶业经济遭到重创腰斩。总体而言，近代杭州茶业建立在外需基础之上，受时局动荡影响很大，呈现起伏曲折、兴衰变迁的发展进程。

　　清末道光、光绪年间，杭州茶业划分为遂淳、杭州两大茶区，遂淳茶区主产梅茶，外销为主，杭州茶区则以产制龙井、旗枪、烘青闻名，主要内销。当时淳安的威坪镇是遂（安）、淳（安）、开（化）、歙四县的茶叶集散地，制茶工人有数千之多，年产茶一万多箱，外销统称"遂绿"。杭州茶区除龙井、旗枪外，开始生产花茶。1884年引入茉莉、白兰花，临安、昌化、于潜、建德、桐庐、分水所产高档烘青"毛峰"，为窨制高级茉莉花茶的上品"茶胚"，淳安、昌化所产的大方茶窨制后的"茉莉大方"为花茶上品，畅销我国北方各地。杭州市郊周浦一带夏茶还产制红茶，后来嫩采细做，创制出了"九曲红梅"，成为杭州红茶名品。此外，富阳、桐庐、建德等地也一度产制红茶。红茶生产的兴起，正是为了满足出口外销的需求。杭州出产的"遂绿"、毛峰和红茶通过宁波、上海辗转出口，据统计，光绪十二年（1886）全国出口茶叶221.7万担，其中杭州出产的杭茶和绍兴所生产的"平水珠茶"占20%～25%[①]。

　　甲午战争失败后，清廷与日方几经交涉，在光绪二十二年八月二十一日（1896

---

① 浙江省政协文史资料委员会编：《新编浙江百年大事记（1840—1949）》，浙江人民出版社，1990年。

年 9 月 27 日）达成妥协，杭州洋务总局、浙江按察使司聂缉椝和日本驻杭州领事官小田切签署了《杭州塞德耳门原议日本租界章程十四条》。根据此章程，杭州开埠，杭州武林门外拱宸桥北运河东岸一带自长公桥起至拱宸桥止，面积为 1 809 亩 2 分 6 毫之地作为外国商民居住地，实际上就是通商场界址；日本商民居住地即日租界，设在整个通商场的北段，占地 900 亩。次年四月十二日（1897 年 5 月 13 日），日方又逼迫杭海关监督兼办通商事宜、杭嘉湖道王祖光签署了《杭州日本租界续议章程》和《杭州日本通商场租地章程》两个补充协议，获得了对整个通商场的"专界专管"，界内道路、土地虽仍属中国，但"界内所用马路、桥梁、沟渠、码头以及巡捕之权，由日本领事官管理。其马路、桥梁、沟渠、码头，今议由日本领事官修造，与中国地方官无涉"，通商场事实上沦为日租界。与此同时，各国纷纷开设驻杭领事馆，浙海关帮办、英国人李士理（S. Leslie）奉海关总税务司赫德之命，到杭州筹设杭州海关，选定拱宸桥畔建海关大楼（今杭州市第二人民医院内 3 幢二层红砖楼房）。1896 年 9 月 26 日，杭州海关开关；同年 10 月 1 日，正式开始征税。

杭州开埠、设立洋关后，茶叶被列为杭州关大宗出口商品之首，杭州本地所产茶叶和经由钱江水道转运来杭出口的皖赣茶叶逐年增加。根据杭州海关报告，光绪二十二年（1896）开埠当年，杭州关出口茶叶 400 担（一说在杭州关开关第一年的 3 个月中总共出口茶叶 41 担，全是西湖龙井茶）。第二年，一些安徽、绍兴等地的茶商，为了降低运输成本，减少途中损毁，把原来从宁波关出口，改为从杭州关出口，其品种主要有徽州（Fychow）茶叶和绍兴平水茶。1897 年出口量为 75 347 担，1898 年、1899 年、1900 年分别为 86 984 担、86 452 担、80 849 担。1901 年再升至 90 071 担，其中以徽州茶为大宗，达 75 327 担。这些茶叶除小部分运往北方省份外，大部分输往美国和俄国。尤其是龙井茶叶，虽然出口规模较小，但很兴旺，并获得行家"超级的评价"，饮誉海外。外贸需求的不断增长，刺激了茶叶种植业。在其后的十年中，杭州附近种茶面积"有巨大的扩展"。与此同时，杭州拱宸桥开辟通商场后，外国洋行、茶园（茶馆）纷纷开设起来，其中包括不少日本商人开设的茶行、茶园。杭州开埠后，成为徽茶、赣茶转运出口的集散地，从新安江上游徽州歙县到杭州南星桥码头的钱江水道，成为茶叶运输的黄金水路。与茶叶交易有关的服务业如茶行、茶场、船运、堆栈、过塘、茶箱、报关、保险等兴起，茶号林立，茶馆密布，交易兴隆，呈现近代茶都气象。

民国前期，茶叶作为杭州主要外销产品，产销两旺，逐年增加。1912—1916 年，美国、法国的茶叶进口减少，1917 年俄国发生革命，茶叶进口陷于停顿，从而影响了出口量。但在整个近代杭州对外贸易中，茶叶始终是大宗的出口商品，并占据着国际市场的优势地位。1922—1931 年，年平均出口茶叶 7 520 吨，货值 6 117 260 海关两。据统计，从开埠后到 1937 年，经杭州关出口的茶叶累计多达 256 694 吨[①]。外销的持续看好，促进了茶叶种植和加工业的发展。据《中国实业志》记载，1932 年杭

---

① 根据杭海关《十年报告》及陈慈玉《近代中国茶业的发展与世界市场》等累计。

州市茶园面积 22.4 万亩，1930—1936 年年均产茶约 5 000 余吨。市郊龙井茶园 2 000 亩，常年产茶 28 吨，主销于市内和沪上居民。据《杭州史地丛书》杭州市商业统计资料，1931 年杭州市区制茶厂、作坊有 77 家，职员 471 人，茶馆 555 家，职员 1 273 人。

抗日战争爆发后，杭州茶叶出口遂告停止，杭州茶叶生产一落千丈。"九·一八"事变后，日本帝国主义相继侵占东北、华北，杭产龙井、毛峰、香片等茶失去东北、华北市场。出口市场也遭遇日本、印度等茶竞争，导致内外销急剧下降。1937 年冬杭州沦陷，茶农颠沛流离，背井离乡，茶山荒芜，茶园荒弃，加上茶叶价格低贱，一些茶农不得不挖茶种粮，勉强维持生计，茶叶生产遭到破坏性损害。至 1949 年，全市茶园面积仅 117 100 亩，产茶 2 988 吨，出口茶叶 1 500 吨，茶叶产销跌入低谷[1]。

作为晚清杭州外销茶大宗的"鸠坑茶"，销往外洋统称"遂绿"，与徽茶"屯绿"相似。产品花色有珍眉、凤眉、娥眉、秀眉、熙春、松萝、三角等，加工的遂绿珍眉分别由产地转运上海口岸出口。当时，外销茶以销往美国和加拿大为主。一部分销往近东及小亚细亚，销往法、英等国的珍眉茶多数转销西北非市场。1933～1939 年，吴觉农先生因战事干扰，在上海、浙江、江西等地组织中茶公司、浙江茶叶办事处、合作管理局、中国银行等部门，以"东南茶场（厂）联合会"名义，到淳安、遂安两县积极组建茶叶合作社，实行联合制茶，产品由国家统购销售，有效地排除了中间商的盘剥，稳定了茶叶产销局势，促进了茶叶发展，鸠坑茶产销进入历史上的黄金时代。当时，鸠坑茶贸易的主营单位是淳安、遂安两县的合作社。1933 年 6 月，省建设厅为淳、遂两县分别派驻合作事业指导员，诞生了两县的合作社。至 1936 年，两县先后建立了各种合作社 12 个。1939 年发展到 38 个，其中茶叶合作社 12 个。1948 年又扩大到 417 个。这些合作社的建立，对采购、远销、促进鸠坑茶生产和贸易的发展，起到重要作用。茶叶合作社把指导生产、收购茶叶、包装远销等作为中心任务。茶叶收购，由茶农送货上门，看茶定价，双方逢合，即过秤付款，现钞兑现。收购后的茶叶，有的转入城镇或威坪茶叶集散地，有的经包装成箱、篓后，直运沪、杭、金华、衢州等地转销。在两县内的贺城、狮城、茶园镇、港口镇、威坪镇等城镇中，多数食品、副食品商店均兼营散装茶叶，还设有多家专营茶叶店、茶馆等。1939 年，淳安县合作社联合上海、杭州等茶行、官僚，在威坪、桥西、航头等集镇，设有 12 个厂号，集资收购毛茶。加工后，外销茶运往上海；内销烘青、大方，经烘焙、拣剔，包装成篓后运销苏、杭，或运往福建窨花再转售天津、营口一带。同年，遂安县也输出遂炒 1.5 万箱。1941 年，中茶公司浙江分公司在淳、遂两县分别设立若干收茶处，收购本年度箱茶，聘请郑铭之先生为收茶处主任，单云阶、刘河洲、吕允福先生为两县茶师。抗战前，每担珍眉茶约值 120 两银子。到了抗战中后期，外销困难，茶价也越压越低，一担茶叶只能换到两担盐或一担大麦，严重影响了茶叶生产的发展。1941—1949 年，由于战事频繁，外销疲滞，内销官绅高利贷盘剥，奸商渔利私

① 胡新光：《杭州茶叶发展史略》，《中国茶叶加工》，1997 年第 3 期。

囊，茶价低贱伤农，产销逐年衰落，淳、遂两县先后组建的 417 个合作社全部解体。鸠坑茶经营贸易工作处于瘫痪状态，民间还流传着"一担茶叶换不到一担盐，茶农生活苦黄连，过年过节叫皇天"和"吃的树草皮、住的茅草被、穿的八褂衣"的民谣。

二、杭城通商场（日租界）的外国洋行及茶行

杭州开埠后，日、英、美等国纷纷派驻或设立驻杭州领事（馆），城北运河拱宸桥一带成为各国领馆、洋行林立的"租界"，商贸呈现畸形的繁荣。

拱宸桥租界的日本人不少是流动小商小贩，他们有的是肩挂布袋，手托木匣，卖夏令药品；有的是推着小车，带着铁板火炉做鸡蛋卷，现烘现卖；也有的挑着小担卖玩具、杂货。为了改变这种小打小闹、生意寥寥的局面，日本人开始苦心经营，先后建筑大马路、里马路、二马路，把桥上的低矮棚屋拆掉，把小商小贩迁入马路上营业。随后各种洋行也陆续开办起来，先后在大马路洋桥边开了阳春茶园、二马路中央开了天仙茶园、里马路开了荣华茶园。日本商人西川音藏在大马路上开设的重松大药房，出售洋快丸、仁丹、花露水、头痛膏、胃痛片，兼卖金刚石牙粉、赛璐珞遮阳罩等，生意兴隆，还开办中日汽轮会社，设置邮便所，以通航、通邮。为了招徕游客，日本商人大肆开办烟馆、戏馆、妓馆、赌馆、菜馆，有所谓"五馆"之说。引进的无声电影在街头放映，茶楼、戏院、报馆等公共消费场所林立，拱宸桥租界热闹繁盛起来。

洋行是近代外国资本主义设在中国推销商品和掠夺原料的经营机构，也是控制中国进出口贸易的重要垄断组织。近代杭州外国资本的输入和洋行的开设，是不平等国家关系的延伸，洋行的兴衰，也是国际形势变化的反映和结果。洋行主要涉及工商业、金融保险业、航运业等与国计民生有密切关系的重要产业，可以说是最早在杭开设的外资企业和商贸公司。

甲午战争后签署的《马关条约》规定，日本商人可在各通商口岸"任便从事各项工艺制造"。列强各国根据"利益均沾"的片面最惠国待遇，获取了在通商口岸同样的特权。《马关条约》签订后，外商在杭州投资办厂开行迅速增多，尤以烟糖、食品、茶果、百货、棉纺、造纸、旅店、火油、航运、保险等业为多。杭州拱宸桥通商场就有日商在大马路洋桥边开了阳春茶园，在马路中央开了天仙茶园，在里马路开了荣华茶园，以及其他药品、蛋饼商店和轮船公司等。

民国初年，北洋政府为振兴实业，发展经济，提出"开放门户，利用外资"的政策。农商总长张謇拟订引用外资的具体办法，主张采用合资、借款、代办 3 种形式，只要"条约正当，权限分明"，均可按照公司条例，呈验资本，予以开设。北洋政府时期，中外合资企业大多为中日合办企业。由于国家关系的不平等，经济合作也不可能平等互利，独立自主地引进外资政策难以得到真正执行。国民政府时期，国民党政府实行亲美政策，美、英资本流入较多，杭州美、英洋行大增，并与江浙买办相勾结，控制了浙江社会经济的发展。由于受通商口岸社会经济发展的限制和 20 世纪初收回利权运动以及第一次世界大战时期欧洲各国无力东顾等影响，清末民初外资在浙

办厂并无多大发展，据民国十八年（1929）12月统计，浙江外侨资产估计约值130万元，其中以火油、纸烟业为主，投资营业者居少数，而地点以宁波、杭州较为集中。抗战爆发，杭州沦陷后，日本资本大量涌入，英、美资本退出，洋行几乎全是日本商人所经营。这些日资企业大多集中在杭州。据调查，杭州沦陷期间，日商依据不平等条约开办各类工商企业达300多家，大多在城区，涉及轻工业制造、茶糖烟酒、南北日用百货、医药、煤油、妓院娱乐游戏、邮政航运、金融保险、军需物资等行业，资本金大多为数千元至几万元，其中最多的是日本通运株式会社，达3 500万元。其中在通商场的主要有（所在地址、开办时间和经营业务）：武林洋行（杭州拱埠日租界，1918年5月前，纺机制造）、重松大药房（杭州拱埠大马路，1900年前，药品）、三友实业社制造厂（杭州拱宸桥，1939年8月，纺织品）、日本玻璃厂（杭州通商场，1914年，灯筒制造）、日本酒坊（杭州日租界，1922年，酿酒）、高原商店（杭州拱宸桥大马路16号，1937年前，百杂货）、竹村时计支店（杭州拱宸桥大马路，1937年前，钟表）、日本杭州邮便局（杭州拱宸桥，1904年12月，邮务）、华通（杭州拱宸桥，1918年5月前，纺机制造）、丸三药房（杭州拱宸桥，1918年5月前，药品）、好办社（杭州拱宸桥，1918年5月前，纺机制造）、阳春茶园（杭州拱埠大马路洋桥，1900年前，茶叶）、天仙茶园（杭州拱埠二马路，1900年前，茶叶）、荣华茶园（杭州拱埠里马路，1900年前，茶叶）、吉源祥茧厂（杭州拱埠湖墅，抗战时期，蚕丝）、泰丰茧厂（杭州拱埠湖墅，抗战时期，蚕丝）、三丰茧厂（杭州拱埠湖墅，抗战时期，蚕丝）、源丰茧厂（杭州拱埠湖墅，抗战时期）等，还有中日合资的大东大药房（杭州通商场，1909年，药品、化妆品）等。至于在城区主要马路开设的日本独资或中日合资的洋行，遍布大街小巷，如永建和洋行（杭州菜市桥12号，1941年4月，百货贸易）、大同洋行（杭州教仁街55号，1939年9月，瓶）、协和茶行（杭州里西湖菩提精舍内，抗战时期，茶）等，不胜枚举。抗战胜利后，日资企业多撤闭歇业或被接收，杭州市接收的敌伪产业包括工厂、物资、房地产等价值共70亿元（旧币）。

随着进出口贸易的逐步发展，外资金融业务应运而生。抗战时期，杭州沦陷期间，有日本横滨正金银行杭州支店及华兴银行杭州支行等外国银行的设立。与此同时，外商保险业发展较快。据不完全统计，民国时期英、美、德、法、日等国在浙江杭州等地开办的保险公司达37家，除3家经营人寿保险业务外，其余大多经营水火或房屋航运保险；从国别看英国最多达28家，从开设地方看杭州最多为33家[①]。

三、钱塘江水道的茶叶运输和杭州茶叶外销集散地的形成

晚清民国时期，杭州是安徽、江西和浙江金华、兰溪、浦阳各路茶叶的集散地，天下茶商云集杭城，争相"亲往名山，采办龙井贡茶"。浙东运河平水茶叶的茶船，也在江干闸口停泊，或经闸口进入龙山河水闸，凤山水门，沿杭州中河，北出武林水

---

① 鲍志成著：《浙江海外贸易史略》，第114页，正文堂初编之八，西泠印社出版社2006年版。

门、拱宸桥沿江南运河，往浙西、江苏；或在闸口登陆，经沪杭铁路至上海。或由陆路将杭、皖、赣茶销向长城内外，大江南北；或登海轮，销往欧美、南洋。

安徽南部徽州下辖歙、休宁、祁门、黟县、绩溪、婺源等县，与浙江严州之淳安、遂安接壤。这里崇山峻岭，气候极宜茶树生长，每县出产名茶。民国时婺源划至江西，但传统上婺源茶仍属于徽茶。此外，安徽的安庆、宁国、池州、广德、六安等地也产佳茶。徽茶大部分循钱塘江水道运到杭州，除部分在杭州销售外，大多转运到上海、江苏行销。徽商中的代表多半就是茶商，他们跑遍全国茶区，足迹遍布大江南北，杭州许多大茶庄都是安徽茶商所开，如方正大茶庄老板方冠三、方舜琴，福茂茶行经理、杭州茶业公会理事长章特英，都是安徽人。江西地理气候也宜茶，产茶仅次于浙江，清代江西南昌府的鹤岭茶、南康府庐山茶、建昌府白茶都已为贡茶，其他如饶州府、广信府、临江府、袁州府、赣州府、宁都府、南安府均产名茶。数百年来，徽赣茶叶经钱江水道运往杭州，再转运上海销往全国各地，有的远销海外。

钱塘江横贯浙江，全长 605 公里，流域面积 4.88 万平方公里，是浙江的母亲河。源出安徽省休宁县六股尖，安徽歙县浦口以上称率水、浙江，浦口以下至浙江省建德梅城间称新安江；梅城至桐庐间称桐江；桐庐至萧山闻堰间称富春江；闻堰至上城闸口段河道曲折如"之"字，故称之江；闸口以下称钱塘江。沿途汇入常山港（衢州以下称衢江、兰江）、桐溪、浦阳江等主要支流，到海盐县澉浦以下注入东海杭州湾。

钱塘江水道自古以来就是商贸物资运输的黄金水道，在近代的茶叶转口贸易中，钱江水道更是皖赣茶叶转运杭州出口外销的必经之路。咸丰九年（1859）3 月，容闳（1828—1912）从上海出发，经由杭州从水路到钱塘江上游调查各地产茶情况。他从上海来杭所乘坐的"所谓'无锡快'，乃一种快艇之名。因在运河流域中无锡县所创造，故有是称。……舟中装饰颇佳，便利安适，使乘客无风尘之苦。又有一种专供官绅富商雇乘者，则船身较大，装饰尤华丽。此种舟皆平底，值顺风时，其行甚速。惟遇逆风，则或系绳于桅，令人于岸上牵之（背纤），或摇橹以进。摇橹为中国人长技，寻常之舟，后舵两旁有橹，左右舷有铁枢纽，橹着其上，摇时一橹需四人，橹身为平面之板，于船尾处在水中左右摇曳，借水力以推舟，速率极大。"坐这种船，上海到杭州需 3 日行程。3 月 15 日他在杭州闸口"溯钱塘江而上"，对闸口港埠的繁盛和浙赣两地的钱塘江水道航运和船舶商贸等有详细记述："河中帆樯林立，商船无虑千数，大小不一，长约五十尺至百尺，阔约十尺至十五尺。吃水不过二三尺，亦皆平底，咸取极坚致易弯曲之木材为之。因钱塘江之潮流曲折纡回，其底又多礁石，无逆流顺水，恒遇极猛烈之激湍，时虞颠覆，故非有极坚固之质，不克经久受冲击也。舟中以板隔成小室，室内各设床榻以备乘客之需。若遇装货时，则此隔扇及床榻可拆卸，腾出空地以容货物。全舟若装配完全，上盖以穹形之篷，乃成圆筒式，状如一大雪茄。此类船多航行杭州、常山间。浙江与江西接壤处，交通多水道，其装运货物大半即用此船。常山为浙省繁盛商埠，江西境亦有巨埠曰玉山，与常山相去仅五十华里。二埠间有广道，坦坦荡荡，阔约三十英尺，花岗石所铺，两旁砌以碧色之卵石，中国最佳路也。两省分界处，有石制牌坊，横跨路中，即以是为界石，两面俱镌有四大字，曰两省通衢，以鲜明之蓝色涂之，此坊盖亦著名之古物，可见其商务之盛，由来旧也。"由于当其之时太平军占领南京一带，历经3月，容闳由原路返回，沿钱塘江而下，于9月21日抵达杭州，仍乘"无锡快"船，沿运河于9月30日到达上海，完成了他的产茶区域初步调查和钱塘江水上茶路之行①。

从晚清《新增绘图幼学琼林》所刊"浙江全图"，可直观地看出这条水道的走向，从皖赣境内和钱塘江上游到杭州江干闸口的茶叶运输路线，按所经流域依次分为：天目山系经分水港，黄山系经徽港、遂安江；仙霞岭系经马金溪、江山港；枫岭系经乌溪；括苍山系经婺港、金华江、永康港，最终汇集至建德梅城，经桐庐桐江、富阳富春江到杭州江干闸口，徽、赣、浙茶在此再经由龙山河越杭州城区运河到拱宸桥，经杭州海关转口，由大运河运往上海出口。

根据当年航运路线和沿途停靠码头（港口）绘制的《钱塘江运茶路线图》，这条直达杭州的茶叶运输水道，最远的是皖南黄山系各县和江西婺源县，所出产茶叶自当地水道经新安江（徽港）运至桐江、富春江而至杭州江干，前后需时大约1月之久。其次是黄山余脉入浙江后的丘陵地区如遂安县（今属淳安县），集中于淳安县的港口，由寿昌经罗桐埠，并入徽港经桐江、富春江而至杭州江干，为时约需半月。至于与严州府属各地路程相仿佛的衢（州）属、处（丽水）属各县产茶区，前者为仙霞岭丘陵地，后者为枫岭丘陵地，其北麓一部分由水口放木筏下运，经衢港至樟树潭，顺流而下，至杭州江干约各需时半月。此外，括苍山系之金华府属如金华、兰溪、浦江、东阳等县茶叶，经金华而下运，或天目山系杭属各县如於潜、昌化、分水、新登、桐庐、富阳等地之茶叶，经天目溪、分水港、富春江而下运，其自水口至杭州江干，约各需10天。因其地虽离杭较近，但上游水势不畅，运输较为困难。上述运输所需时日，是平时水流畅通时的估计，如遇洪水暴发或河水旱涸时，则多半未能如期到达甚至停航。

因杭州闸口位于钱塘江下游，大运河南端，来自钱塘江上游安徽、江西之运输来杭茶叶，根据产地和远近不同，茶市坊间也各有别称。如就衢港言，有常山、江山、开化、龙泉、云和、缙云、宣平、遂昌等县所产茶叶；就徽港言，有皖南之休宁、歙县、绩溪，江西之婺源等地之茶叶；以及省内淳安、遂安、寿昌、建德各县之茶叶，行市统称之曰"上港茶"。而下游来自金华江、富春江一带以及苕溪两岸山林所产之茶，包括金华、东阳、永康、武义各县之茶叶，以及分水港临安、於潜、昌化、分水之茶叶，统称为"下港茶"。

1907年7月15日，杭州江干至湖墅铁路开通，浙杭有了第一条铁路；1909年2月11日至6月28日，杭州至嘉兴铁路逐段开通。7月28日，与上海铁路接通，沪杭铁路通车。随着沪杭铁路的开通，钱塘江茶路的终点闸口仍然是陆路铁路的交接点，杭州作为水陆交通枢纽和茶叶集散地的地位，仍未改变。

---

① 容闳著：《西学东渐记》，商务印书馆1915年12月初版。

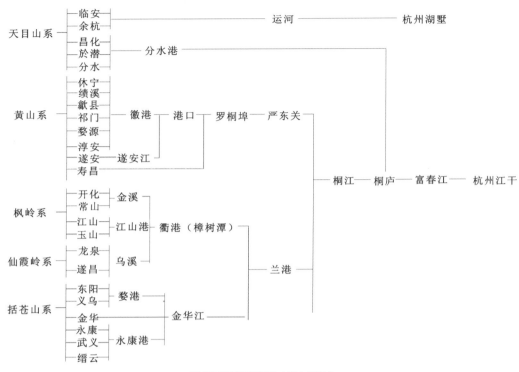

钱塘江运茶路线图（赵大川绘）

据 1931 年《杭州市经济调查》，1930 年经闸口之皖南歙县、休宁、绩溪、黟县，以及原属安徽，民国时划江西的婺源，钱塘江上游之桐庐、建德、衢州、兰溪、金华、浦江等所产茶，有由茶户（又称山客）自出产地运至杭州售于茶商者，有由茶商（又称水客）直接至茶山采运至杭运销他处者，1931 年运抵杭州者达 37 万担，再由杭州运出者计 34.402 万担，总值 14 374 791.6 元。其中主要是徽茶，约 18 万担，总值 700 余万元；次为赣东各县之赣茶，约值 182 万元；来自衢、严、金、处各县之浙东茶约 10 万担，价值 400 万元；另有由临安、余杭、武康及杭县之所谓"四乡茶"，约 4 万担，约值 200 万元。入境的 37 万余担茶叶，约 3 万担就地销售于杭州各茶庄，出境 34 万担中有 1.8 万担再由各茶庄运至广东、香港及山东、营口（辽宁）销售。在杭州售于各茶庄运出者，为中等以上之茶，每斤价格为 0.3～1 元。由候潮门外茶行转运出境者，有装箱、装篓两种，装箱者，系细茶，运销外洋；装篓者系粗茶，转销各省。每箱重量 50～60 斤，每篓重量 70～80 斤。茶行所用之秤，每斤 31.6 两，茶庄批发者每斤 16 两，门售每斤 14.8 两，至 1931 年均改为市秤。

钱塘江上游茶叶水运到杭州江干闸口后，转运出口分二路：水路经中河至拱埠，由内河小汽船运至上海；陆路由闸口由火车运至上海，再由上海转运。1931 年，由火车运出者为 190 170 担，由水路转运者为 153 902 担。另有自浙东运河到宁波出口者。闽茶运杭州不多，民国时多由海道运沪。杭州茶叶虽有武夷茶销卖，多由上海转入，每年不过 20～30 担。

抗日战争期间，茶叶被视为战略物资，徽赣茶转从温州出口，以货易货，换回军需物资，所以限制沿钱塘江运抵杭州，钱塘江水道茶路遂告断绝。

四、繁盛的杭州茶叶转运服务业

晚清民国杭州作为茶叶集散地，与销售茶叶有关的服务业，如牙行、过塘行及转运、堆栈、挑埠、报关、保险等服务行业应运而生，十分兴隆。

依照惯例，凡经营行栈、代客买卖营业者，必先请领部帖，分等纳税，然后始能开业。故凡领有此种部颁牙帖之商行，概称为"牙行"。浙江牙行在晚清时本来仅限于请领部颁牙帖一种，此外如丝茧行由司给发谕单，钞户由司给发季钞执照，二者均不在牙行之列。辛亥革命后，经临时省议会议决，捐换牙帖简单，所有以前申领的部帖谕单钞照者，一概称为"牙行"。国民政府成立以后，浙江省政府颁布《浙江省征收牙行营业税章程》，规定凡以代客买卖收取牙佣为业者概称"牙行"。牙行的成立，以申领牙帖及缴纳捐税为最主要手续。所申领牙帖分两种，一是年换牙帖，一年一换；二是季换牙帖，一季一换。申领牙帖手续须取具该地殷实商号 3 家保结，转请省府财政厅核发。1933 年，浙江省仅专司茶叶生意的茶叶牙行就有 432 家，其中一半以上在杭州①。

"茶叶过塘行"即专司茶叶运输的商行。过塘行的营业收入主要靠佣金，佣金之大小随交易之多寡而定。此外代客垫付上下挑力，亦有回扣可取。因客家人地生疏，大都委托过塘行代办。但代垫之款，最早约 1 月以后方可收账。如是熟客，则大都逢节清账。过塘之资本较大者，兼营代客采办货物、代付货款。杭州的过塘行兼有客栈性质，行中设备床位，以便客家寄寓，同时供给伙食，概不取资。无论大小过塘行，一律在市政府登记领贴，不取得牙贴，不准营业。牙贴捐分长期、短期两种，长期以 10 年为有效时期，捐额分甲、乙、丙、丁四种，以过塘行之地段营业资本为标准。帖费自 200 元至 500 元不等。短期有效期为 1 年，亦分四种，帖费自 30 元至 50元不等。杭州过塘行大多设立于江干一带，这里前临钱塘江，后负沪杭铁道，水陆交通最为便利，自三廊庙至闸口塘上，连绵 10 余里，过塘行林立。

杭州最初的茶叶过塘行，当在五口通商以后。有实物史证的较早过塘行，是道光三十年（1850）浙江省布政使司颁给牙帖的阎鹏九开设的杭州封引茶叶过塘行。所谓"牙帖"即今营业执照，是店家商行交纳税金后，官府颁给商家开业之官府凭证。这件牙帖 99 厘米×64 厘米，分成两块，右侧是牙帖，左侧是官牙。右侧的一块牙帖 60厘米×64 厘米，上端梯形黑框中有大字"牙帖"两字，下面右侧是官府的纳税文告。左侧一块为"官牙"，39 厘米×64 厘米，上面梯形黑框上为"布政使司"四个大字，下面正中有"官牙"两字。"官牙"除所填文字与牙帖雷同外，末尾还有"给该牙悬挂"字样。左侧有毛笔填写"钱塘县封引茶叶过塘""阎鹏九""肆钱""美政桥"等字样。"牙帖"和"官牙"都盖有正方形"浙江省布政使司"的关防大印。这说明该牙帖是道光三十年（1850）九月初三由浙江布政使司颁发给杭州府钱塘县封引茶叶过

---

① 国民政府实业部国际贸易局编撰：《中国实业志·浙江省》，1933 年 11 月初版。

塘行业主阎鹏九的营业执照。阎鹏九的茶叶过塘行，在杭州钱塘江边的美政桥开张，按规定缴纳税银 4 钱获得牙帖。这家过塘行开办时间前后长达近一个世纪，直到 1946 年《杭州市经济调查》中，仍然记录有阎鹏九转运过塘行。另外，现存的 1934 年杭州方正大茶行账册中有"付阎鹏九过力大洋叁拾五元，小洋拾壹角"字样，以及民国时期"杭州阎鹏九转运过塘行汽车运货承接处"名片背面"专运茶叶徽州至杭州"等字样，以及过塘行行址在杭州江干美政桥等信息，足可认为它是一家转运茶叶的百年过塘行，堪称是近代杭州茶叶过塘行的一个缩影。它从一个侧面反映了晚清民国时期杭州茶叶集散长盛不衰的历史事实。

杭州过塘行有徽帮、金帮、开梢帮及粮食帮之分。徽帮系徽州人经营，专以兜揽徽帮生意为主，凡皖南之茶叶、生漆等业务，皆归徽帮过塘行。金帮以转运京广洋货为主，开梢帮则凡一切杂货，皆可代为过塘，粮食帮则专营粮食一种。金帮、开梢、粮食三帮多为义乌人所设立，宁绍人仅占少数。根据民国二十六年（1937）《杭州市公司行号年刊》载，当时杭州过塘行有 118 家。

据 1934 年《杭州市社会调查》载，杭州市过塘行同业公会设于江干洋泮桥，有会员 107 家，主席杨耀文。《杭州史地丛书》也载，民国杭州有过塘商业同业公会，设于南星桥乌龙庙。另有承接运输商业同业公会，设于城站毛家井 6 号。过塘行的兴旺，必然需要行业公会来进行行业自治管理。这 3 家同业公会的出现，足以说明这一点。

除了过塘行外，民国杭州担负茶叶等商贸物资的转运业也很兴盛。1934 年《杭州市社会调查》载，杭州市转运业同业公会设于羊市街 67 号，就有会员 83 家，理事长贾乐山。到民国二十六年（1937）《杭州市公司行号年刊》记载，杭州当时转运业行号共计 112 家，大部分行址在钱塘江畔的江干闸口一带。

堆栈业也是随着货物转运繁盛而发达起来的服务业之一。晚清民国杭州堆栈业有码头堆栈、海关堆栈、钱业附设之堆栈（浙江兴业银行及杭州储蓄银行在杭州湖墅所设之米栈，既堆存货品，又做押款，保管担保品）、行家所附设堆栈、铁路堆栈、保管堆栈之分。堆栈业类似于后世的货运仓储业，从杭州堆栈业种类之多、分工之细，可知堆栈业之发达，业务之兴盛。

挑埠业实际上是装卸货物的人力挑夫搬运业务，多设于码头等货物往来繁盛之处。民国杭州城区挑埠行，多设在城区、江干闸口、湖墅拱宸桥各地，计有 65 家，其中集于江干闸口两地最多，约 30 家。这些挑埠行号皆须领照，方可开设。大者挑工 60 余人，小者挑工七八人。当时江干闸口一带为上溯钱江及转赴宁绍等处转运要道，搬挑业务繁忙，挑埠行较多而集中。湖墅拱埠虽亦为运输大埠，然不及江干闸口之繁盛，挑埠家数较少。城区内挑埠，则多散布于接近船埠的临河街市，每一埠头至多不过 1 家。该业内部组织极为简单，但对挑工入埠限制颇严，没有相当保证不能入埠。货物繁多之埠，各埠都有约定俗成的指定地段，甲地挑埠不能越界搬挑乙地之货。如没有这项规约的地方，则任由货客自行指雇，不限地段。城区挑埠计有铁佛寺桥、斗富一桥、望仙桥、新宫桥、回回新桥、丰乐桥、淳佑桥、部院仓桥、柴朵桥、油局桥、太平桥、熙春桥、通江桥 13 处。江干闸口挑埠主要有螺蛳淘中段、螺蛳淘上段、螺蛳有李、螺蛳淘下段、螺蛳行李、螺蛳山货、张家桥杂货、三廊庙汽车站行李、梁家桥山货、跳门、望江、大郎、茶叶淘、衢埠上江淘、闸口水沙淘、徽埠水沙淘、徽埠、诸桥杂货淘、金埠、肩袋淘、吊桥、观音、银杏、纸箸块、衢埠行李箧路淘、闸口本埠淘、闸口里河杂货淘、新旧上塘淘、衢埠上江淘，共29家。

报关行业务主要是为代客商代为办理报关手续，但也有代客商装卸货物，或介绍船只，或设置房间以便客商住宿，或经营临时栈房以便客商堆货，或代客寄递邮件包裹办理邮寄手续的。报关行营业，一靠佣金，佣金平均每件常在四分左右，二靠垫款利息，三靠报关行代商人评估税项，可有折扣，如商家轮船水脚，报关行多有一四扣。此外，如专代客商邮寄货物的报关行，则除邮票、关税外，报关行每包常收取手续费若干，手续费自一角二分至二角不等。杭州曾有13家报关行代理杭茶、浙茶、徽茶、赣茶的转运出口业务，资本总额为26 800元，平均资本额2 061元。1933年，杭州报关行按行名、资本额（元）、营业额（元）所列如下：永发源，资本额4 000元，营业额11 200元；东兴源，资本额4 000元，营业额12 000元；万丰，资本额4 000元，营业额12 000元；天宝琛，资本额2 000元，营业额8 000元；恒义，资本额3 000元，营业额6 500元；永源丰，资本额3 000元，营业额6 000元；费余公，资本额1 000元，营业额5 000元。

近代保险业发源于上海，早在清光绪三十年（1904）即成立保险业同业公会。保险业实为银行之一种，因交通运输发达，运输货物的险种也随之产生。浙江保险业源自杭州，多为设于上海总公司的杭州分公司或代理处，1919年为杭州市保险业发达时期。1933年杭州的保险业有中国、华兴、太平洋、联保、通易、信托、赖安仁、宁绍、太古、太阳、公平、百立大、泰隆、保兴、保隆、锦龙、中和、信礼、巴勒、祥兴、保慎、祥臣、联安、泰慎、美亚、美最时、美兴、花旗、礼和、祥泰、永兴鲁麟、友邦等34家。其中中国9家，其他均为美、德等国，多为水火保险，也含运输途中、堆栈之水火保险。民国二十六年（1937）《杭州市公司行号年刊》载，杭州市保险业增至58家。茶叶外运途中最怕受潮，故而茶行托运茶叶需要办理水险。民国十七年（1928）杭州吴怡和茶庄运洋茶就投保太古公司水险[1]。

五、西湖龙井茶等在国际博览会上获奖

除了进出口贸易以外，中国茶在各类世界博览会上的频频获奖，更为中国产品赢得了良好的声誉。这其中，杭州的西湖龙井茶扮演了十分重要的角色，甚至可以说，西湖龙井成为中国高级绿茶的代名词。

起源于中世纪欧洲商业集市的世博会，是工业革命后的英国展示近代工业文明成果的盛会。在1851年英国伦敦举办的第一届世博会上，就有中国丝绸和茶叶参展的身影。世博会对展品都有逐一评语，其中对中国茶的评语，写有参展茶品的品质、口味和中英市场的价格。其中有一段关于"贡茶"的评语，被认为就是西湖龙井茶。其

---

① 鲍志成编著：《杭州茶文化发展史》上册，第六章，第418－427页，杭州出版社2014年版。

文云："就口感而言，没有比一种叫'贡茶'（或译官僚茶）的更好了。这种茶仅经过短时的烘焙，在最佳（保存）条件下仍易受潮，因此经不起运输和保存。在中国的富有人家，这种茶需求量很大，在当地市场上卖到20先令一包。"当年参加伦敦首届世博会并获得金银牌各一枚的徐荣村在"得奖感言"中说，浙江"一丝一茶，必居上品"。

其后，在1873年的维也纳世博会、1876年的费城世博会、1900年的巴黎世博会、1905年的比利时列日世博会、1926年的费城世博会上，中国茶特别是杭州西湖龙井茶，都是中国参展的当家展品，龙井茶因频频获奖而名扬天下。在1904年美国圣路易斯世博会上，上海茶瓷公司参展的各种上等茶叶获得各色超等文凭、金牌，其中就有西湖龙井茶，引起美国白兰克公司的极大兴趣。该公司不仅全部收购上海茶瓷公司在展会零售剩余的茶叶，还当场与其订立销茶合同，白兰克公司后来成为上海茶瓷公司在美国的总代理，促进了包括西湖龙井茶在内的中国名茶的生产和销售①。

1915年巴拿马世博会上，杭州龙井贡茶和安徽、福建、江苏、江西、湖北、湖南七省参展茶获得巴拿马赛会茶叶大奖。1926年费城世博会上，中国茶以无可挑剔的色、香、味、形获得多项大奖。其中获大奖之茶叶商家有杭州的方正大、翁隆盛、大成、乾泰、亨大、仁泰、德兴祥、茂记、万泰元、万康元十家。此外还有上海的华茶公司、汪裕泰、忠信昌、鸿怡泰、项源泰、万成、瑞兰七家，江苏有吴世美、润昌、汪巨川、陈泰和、杨春隆、查镜如六家，还有安徽的王瓯春、江西的恒春、福建的建春三家。从获奖商家的产地看，江、浙、沪居绝大多数，参展获奖茶叶主要是龙井贡茶②。获得1926年费城博览会茶叶特等奖的杭州亨大茶庄，位于杭州新市场迎紫大马路（今平海路），是杭州知名的大茶庄，至迟成立于清光绪七年（1881）前，现存的亨大茶庄获奖广告、在1926年美国费城世博会奖状、中英文对照外销茶罐，足以说明其辉煌历史。

此外，九曲红梅茶曾获1886年巴拿马国际食品博览会金质奖、1926年美国费城博览会甲等大奖，1929年首届西湖博览会全国十大名茶之一③。临安县"天目云雾茶"送南洋劝业会得特等金质奖章一枚，1929年临安东坑旗枪茶在首届西湖博览会获优等奖（银奖），1936年东天目云雾茶相继在浙赣特产联合展览会获优等奖，在全国手工业展览会（杭州）获乙等奖章一枚，在浙江省物品初展会被列为上品④。民国四年（1915），由寿昌县政府送展的里洪坑红茶在美国旧金山举办的巴拿马太平洋万国博览会上，与福建福安的坦洋工夫红茶同获特奖头等金牌⑤。

（本文原刊澳门特区文化局、澳门基金会主办的《澳门研究》2017年第一期。）

① 赵大川编著：《龙井茶图考》，第114页，西泠印社2004年4月版。
② 赵大川编著：《龙井茶图考》，第124页，西泠印社2004年4月版。
③ 西湖区九曲红梅茶产业发展工作领导小组：《九曲红梅》，浙江摄影出版社，2013年3月出版。
④ 《东南日报》，民国二十五年三月十七日第二张六版。
⑤ 建德市茶文化研究会编，陈庆华主编：《建德茶文化》，第46-47页，第175-178页，文艺出版2013年1月版。

晚清民国时期余杭（径山）的
茶叶生产和茶行贸易

　　余杭径山茶是历史悠久的文化茗茶。径山种茶起源于唐朝径山寺开山鼻祖法钦禅师。据嘉庆《余杭县志》记载，径山"开山祖钦师曾植茶树数株，采以供佛，逾年蔓延山谷，其味鲜芳特异"。径山茶又名径山毛峰，属蒸青散茶，栽培于海拔 1 000 多米的径山群峰，生长环境得天独厚，品质极佳，声誉冠群，自古称为佛门佳茗。

　　两宋时期，径山茶业因径山禅寺的兴盛而兴盛。北宋叶清臣《述煮茶泉品》评述吴楚之地出产茶叶时说"茂钱塘者以径山稀"，足证径山茶当时已名声大振。到南宋时，径山茶成为土产礼品。潜说友《咸淳临安志》记载：径山寺僧采谷雨前者，以小缶贮送。吴自牧《梦粱录》也记载：径山采谷雨前茗，以小缶贮馈之。根据学者研究，当时径山所产为蒸青散茶，但在寺院日常茶事或茶宴中，仍掺杂使用珍贵的研膏团茶，其来源往往是皇室赐予大臣而转赠寺僧的。蔡襄在他任杭州知府时，曾上径山，写下《记径山之游》，游记中说："松下石泓，激泉成沸，甘白可爱，即之煮茶。凡茶出北苑，第品之无上者，最难其水，而此宜之。"① 这里山泉适宜烹煮的茶也是团茶。南宋徐敏《赠痴绝禅师》有"两角茶，十袋麦，宝瓶飞钱五十万"之句②，则说明在南宋时尽管散茶流行，但团茶仍在参用。当时径山产茶之地有四壁坞及里山坞，"出者多佳"，主峰凌霄峰产者"尤不可多得"，南宋时径山寺僧"采谷雨茗，用小缶贮之以馈人"③。由寺僧自种自采自制的径山茶，既满足禅院僧堂供佛自用需要，又馈赠宾客、出售香客，不仅成为径山茶宴的法食，也是寺院结缘的媒介和收入的来源。水乃茶之母，好茶离不开好水，径山寺内的龙井甘泉清冽甘醇，以之烹点，茶味殊胜。名山名寺，交相辉映，好茶好水，相得益彰，为径山茶奠定了天然条件。

　　元明清以来，径山茶虽历经兴衰起伏，仍相沿不绝。在晚晴民国时期，在外销驱动和时局动荡的交互作用下，余杭径山茶业再度兴旺后又跌入低谷。

---

① 《径山志》卷七《游记》。
② 《径山志》卷十《名什》。
③ 《咸淳临安志》卷五十八《货之品》，《梦粱录》卷十八《物产》。

一

余杭区现域为清代杭州府所属钱塘县、仁和县大部及清余杭县全部，民国元年析钱塘县、仁和县为杭县，故余杭区现域在民国时期为杭县大部与余杭县。

清末民初，余杭茶叶生产在外销带动下发展很快，茶园培育较好，茶业兴旺发达。根据1930年12月浙江省政府农矿处印行、俞海清编著，吴觉农校阅的《浙江省杭湖两区茶业概况》记载，杭县产茶为西、南二乡。南乡以上泗乡一带，多半产于平地，其香味虽不及龙井，而制工颇精细，其形状较之龙井有过之无不及；西乡留下镇之屏风山、西木坞、小和山一带均为产茶区域，产茶量多于南乡，品质则稍逊。南乡产的茶叶，担至翁家山或杭州市内茶行出售，其所产之旗枪茶外观与龙井相仿，而价格较廉，茶行均充为龙井高价出售。西乡茶则多至留下茶行出售。

余杭县产茶以南乡最多，自闲林埠至马鞍山一带均为产茶区域，每年产茶约2万担，价值百万元。北乡幅员虽广，而茶地散漫，产茶较少，自长乐桥至孝丰交界之幽岭多有茶树，每年产茶亦有12000担，价值30万元。东乡多系平原，产茶极少。余杭植茶者，多系温属客民，本地业茶者甚少。所有茶叶多植于平地，高山者甚少。而土质多系黄沙土，不甚肥沃。且对培肥不甚注意，制工粗率，故其品质低劣，茶叶较薄，但因产茶颇多，制法略仿龙井形式，茶客多以掺和龙井茶内出售，使成本降低，易于销售。

余杭茶叶种植，分直播与移植两种，以移植较多。移植先于苗圃行撒播，种子撒播地面，上盖草木灰，再盖泥土。播种时期多于秋分后，采种即播，或先贮藏土坑内，待次年一二月发芽后再行播种。移植需播种后两年，每丛约植二三株。因行间多种番薯、白术、玄参等作物，故行距五尺至六尺，株间三四尺。

茶叶中耕除草。南乡每年中耕三次，第一次二三月，第二次头茶后，第三次十一月。除草每年两次，第一次二茶后，第二次三茶后。西北乡每年中耕二次，第一次一月，第二次七月。除草二次，第一次立夏后（五月中旬），第二次芒种后（六月中旬）。采茶方法，细茶用指采，但不及龙井之精细；粗茶则用手捋，老嫩不分。

施肥。普通农民多不施肥，其间种作物者，于八月间雍烧土灰三四十担，或菜饼一二担。惟北乡杭北林牧公司于冬季施人粪尿等液肥，每亩约八九担，故茶叶生育最佳，收获颇丰。

剪枝。普通农民仍照留下方法，仅剪除枯枝。惟杭北林牧公司于头茶后、施行剪枝，为半圆形，故发育齐整、出品较佳。

制茶。余杭制旗枪茶与留下相仿，惟工草率、故其各虽为"旗枪"，而实际多系二三叶，并非一旗一枪，不过形状扁平，外观相似而已。粗茶则用钭锅炒，炒至叶质稍软，取出以足踏之。俟成条状，天晴则置竹匾内利用日光晒干；天阴雨则置焙笼，以火烘之。至七成干时，过袋，再入锅炒燥，名为"炒青"。此外，尚有制圆茶者，过袋以前的手续与炒青同，惟第二次炒时，用双手向前推滚，便成圆形。红茶制法与龙井地区同，惟较粗率。

贩卖。余杭南乡均至闲林埠茶行出售，西乡近城者至城内茶行，稍远者则至闲林埠，北乡多至城内出售。

1930年，杭县产茶面积12 000亩，产红茶1 000担、绿茶11 000担，合计12 000担，茶叶价值700 000元。其中杭县西区产茶面积10 000亩，产茶量10 000担，茶叶价值500 000元；南区产茶面积2 000亩，产茶2 000担，茶叶价值200 000元。余杭县产茶面积72 348亩，产红茶11 940担、绿茶27 860担，合计39 800担，价值1 900 000元。其中余杭县南区产茶面积28 571亩，产茶量20 000担，茶叶价值1 000 000元，每亩平均70斤，茶价每担平均50元；西区产茶面积17 111亩，产茶量7 800担，茶叶价值300 000元，每亩平均45斤，茶价每担40元；北区茶叶面积26 666亩，产茶量12 000担，茶叶价值600 000元，每亩平均45斤，茶价每担平均40元。

该书分引言、第一章各县产茶状况、第二章茶业经济状况、第三章茶叶价格、第四章各县茶叶分论、第五章结论共六部分，涉及杭州市及杭县、余杭县、临安县、於潜县、昌化县和湖州市及孝丰县、安吉县、长兴县、吴兴县、武康县等市县茶业。书中论及产茶量以杭县、余杭、孝丰、临安等县较多，尤余杭最巨，每年产额近39 000余担。杭州市产量虽不多，但因品质甚佳，价格甚高，故其价值为数颇巨。书中另有四张调查表，对当时余杭茶业生产水平有详尽数据。

1930年杭县、余杭县每亩茶园垦植费调查表

调查地点	开垦		种苗		种植		费用合计（元）	备注
	工数	工资（元）	数量（斗）	价值（元）	工数	工资（元）		
杭县屏风山	20	12	2	0.2	1	0.6	12.8	
余杭县闲林埠	20	12	2	0.4	3	1.8	14.2	
南乡、岑村	20	10	3	1	3	1.5	12.5	每工工资0.5元
西乡、仙宅上村	20	10	1.5	0.75	1	0.5	11.25	
北乡、长乐村	12	6	0.5	1	2	1	8	

注：工资系以零工价值计算，伙食在内。至于月工，每月10～12元，长年70～80元。伙食由东家供给。各区以五家至十家之平均数为标准。

1930年杭县、余杭县每亩茶园每年收支计算表　　　　　　（单位：元）

县别	调查地点	收入鲜叶价值	支出						收支相比
			租或税	中耕除草	肥料费	摘工	杂费	合计	盈
杭县	屏风山	25	0.3	6	5.34	7.35	1.5	26.49	4.51
余杭县	南乡闲林埠	27	4	4.2	9	4.5	0.5	22.2	4.8
	南乡岑村	21.6	1	5	5	5.5	0.5	17	4.6
	西乡仙宅上村	20	2	4	4	7.5	0.5	18	2
	北乡长乐桥	20	0.1	4	1.6	6	1	12.7	7.3

1930 年每担干茶所需鲜叶量及制工柴炭调查表

县别	调查地点	每担所需鲜叶量（斤）	制工		柴炭		备注
			工数（个）	每工工资（元）	所需数量（担）	每担价格（元）	每斤干茶需鲜叶
杭县	屏风山	300	10	0.6	1	1	头茶 4 斤 10 两（24 两秤），二茶 3.5 斤，制茶细茶每担 14 工，粗茶 7 工
余杭县	闲林埠	350	10	0.7	2	0.7	每斤干茶需鲜叶，头茶 4 斤，二三茶 3 斤（24 两秤）。制细茶每工制 8 斤，粗茶每工 13～14 斤
	岑村	350	10	0.5	3	0.8	头茶需鲜叶 3.5 斤（16 两秤），二茶 3 斤（24 两秤）。制工每担细茶 12 斤，粗茶 8 斤
	长乐桥	300	20	0.5	2	0.5	制工，旗枪每工 3 斤，二茶每工 18 斤

1930 年杭县、余杭县茶园每亩鲜叶量及工数肥料量调查表

县别	调查地点	鲜叶		中耕除草		肥料			每斤摘工工资（元）	备注
		平均产量（斤）	每亩估价	工数（个）	每工工资（元）	种类	分量（担）	每担价格（元）		
杭县	屏风山	250	0.1	10	0.6	菜饼	1.5	3.56	0.035	
余杭县	南乡闲林埠	300	0.09	7	0.6	菜饼	3	3	0.015	摘工细茶每斤 3 分，粗茶 1.5 分
	岑村	240	0.09	10	0.5	烧灰土	40	0.125	0.023	摘工细茶每斤 3 分，粗茶 1.5 分
	西乡仙宅上村	250	0.08	8	0.5	菜饼	1	4	0.030	摘工头茶每斤 4.2 分，二三茶 1.4 分
	北乡长乐桥	200	0.1	8	0.5	人粪尿	8	0.2	0.03	摘工头茶每斤 4 分，二茶 2 分，以林牧公司为标准

　　据《中国实业志·浙江省》第九章"茶叶"载：民国二十一年（1932），杭县、余杭县共有茶园面积 84 348 亩，全年总产量 4.5 万担，其中红茶 12 140 担，绿茶 32 860 担，全年总产值 264.06 万元。当时的茶叶生产水平，平均每亩茶园年产茶 53.35 市斤，亩产值 31.31 元（当时币值）。年均每担茶叶能买 750 斤大米，茶农搞好茶叶生产后吃穿用都能解决。民国二十四年（1935）春省政府拨农业工赈款 6 000 余元，开垦杭县黄梅坞及上虞狮子山荒山 1 200 亩，辟植茶园。1937 年，由于外销梗塞，茶价惨跌，而粮食价格天天上涨，茶农生活从此没有保障。大批茶园荒芜，茶叶产量急剧下降。1949 年，全县茶园面积 0.98 万亩，产量仅 6 400 担，平均亩产 65.3 斤。全年茶叶产值 102 万元（按 1980 年不变价计算，下同），在全县同年种植业总产

值比重中仅占 2.3%。

民国二十一年（1932）余杭县茶叶生产情况

县别	茶园面积（亩）	总产量（担）			亩产量（斤）	总产值（万元）			亩产值（元）	绿茶价（元/担）		红茶价（元/担）	
		合计	其中：绿茶	红茶		合计	其中：绿茶	红茶		平均	最高～最低价	平均	最高～最低价
杭县	12 000	5 200	5 000	200	43.3	77.0	75.0	2.0	64.17	150	960～70	100	480～40
余杭县	72 348	39 800	27 860	11 940	55.0	187.06	139.3	47.76	25.86	50	150～18	40	100～10
合计	84 348	45 000	32 860	12 140	53.35	264.06	214.3	49.76	31.31	65.2		41	

资料来源：《中国实业志·浙江省》第九章。

注：产值、价格均为当时币值。

新中国成立前余杭县部分年份茶叶产量情况

年份	全县茶叶产量（万担）	其中：		资料来源
		原杭县	原余杭县	
民国十六年（1927）	2.47	1.49	0.98	工商半月刊
民国十七年（1928）	2.23	1.23	1.0	工商半月刊
民国二十一年（1932）	3.50	1.70	1.8	浙江经济年鉴
民国二十二年（1933）	3.80	1.8	2.0	浙江经济年鉴
民国二十六年（1937）	5.18	1.2	3.98	浙江建设
民国三十七年（1948）	1.10	0.7	0.4	浙江经济

注：转自《余杭县农业志》。

1937 年 1 月上海中华书局出版朱美予著《中国茶业》一书，其中记载民国时期杭县、余杭县茶园面积采用前揭《浙江省杭湖两区茶业概况》，杭县茶叶产量 1932 年为 17 000 担，1933 年 18 000 担；余杭县 1932 年 1 800 担，1933 年 2 000 担。

1950 年《中茶简报》刊载的民国后期部分年份的杭县、余杭县茶叶生产情况如下：杭县茶园面积，1934 年前后 15 000 亩，1940 年前后 10 500 亩，1949 年为 13 490 亩；余杭县茶园面积，1934 年前后为 13 500 亩，1940 年前后为 11 000 亩，1949 年为 8 200 亩；杭县茶叶产量，1934 年前后为 9 000 担，1940 年前后为 6 300 担，1949 年为 7 500 担；余杭县茶叶产量，1934 年前后为 10 000 担，1940 年前后为 7 000 担，1949 年为 6 000 担。

二

晚清民国时期，余杭县在城镇、瓶窑镇、闲林埠以及民国设立的杭县临平镇、塘栖镇，都是杭州著名的茶叶产销集镇，茶叶贸易兴旺。

余杭历史最早、历时最长、规模最大的茶行，首推创建于清朝咸丰十一年（1861）的公懋茶行。太平天国战乱结束后，遭受战乱破坏的余杭商业又慢慢复苏起来。徽州茶商周彭年来到余杭，开设了公懋茶行，做起茶叶生意。茶行的重要管理者包括经理、账房、行销、验茶人等，都是徽州人。公懋茶行的行址在余杭镇上的弯弄口。行所房屋从弯弄口起，门面宽有 20 多米，五进深。据说光是炒青茶的铁锅就有近 800 只。每到春天采茶炒茶季节，收购茶青，雇人现炒，有临时雇佣的采茶工，也有专职的炒茶师，总计有 300 余人。从挑叶、晾干、烘炒、纸包、装袋、缸储，茶行内热闹非凡，现炒现卖，茶香扑鼻，围观者众，为南渠街一大景观。公懋茶行成为当时余杭镇上规模最大的茶行。后经杭州朋友介绍，公懋茶行在杭州开了"大成""鼎兴"茶叶分行，生意一度兴隆，门面二开间楼房，下门市，上品茶。后又在塘栖镇上开了两家茶叶分行。从此以后，公懋茶行名声大振，整个茶行每年收青叶和成茶近5 000 担，茶叶生意中连续几年全县夺魁。据老职工后来估算，茶叶每斤 2 角到 1 元多，平均 4 角多，总金额达 20 多万（银圆）。

据民国二十六年（1937）《杭州市公司行号年刊·茶漆业》记载：鼎兴茶庄，老板周彭年，主要营业茶漆，地址在保佑坊八五号，电话 3620。1946 年，由浙江省总商会会长金百顺主编的《浙江工商年鉴·杭州市茶业一览》中，也有相关记载：鼎兴茶庄，老板周连甲，地址：中山路 297 号。茶行名号不变，但茶行主任和行址却变了：1937 年杭州鼎兴茶庄老板与余杭公懋茶庄老板为同一人周彭年，到 1946 年杭州鼎兴茶庄老板已易为周连甲，谅必是周家后人。至于另一家"大成"茶行，相关资料无"大成"而有"成大"茶行，或许是同一家。公懋茶行在塘栖开设的周德丰、周德顺二家茶庄，据李晓亮、虞铭编著《余杭财贸老字号》中的老字号总录"茶行（店）"中有：周德丰茶叶店，在塘栖镇市西街皮匠弄，余杭周彭年产业，资金 2 000 万元，经理安徽人吴福泰。周德顺茶叶店，在塘栖镇，余杭周彭年产业。公懋茶行总行鼎兴茶庄在南洋劝业会得奏奖特等奖，各分行如塘栖周德顺茶庄都在茶叶包装广告中打出获奖广告词，树立品牌形象。现存的"浙杭塘栖周德顺茶庄"茶叶包装广告纸自右至左分四幅，第一幅为广告词，上首为"周德顺茶庄"，下为广告词："本庄开设杭州塘栖市心大街，历百余年。缘地属杭州，并以杭州所产龙井名茶为本庄之专办品。其余如武夷红梅、六安香片、北源松萝及黄白杭菊，拣选亦求精美，力图扩张名誉，尤著营业，更形发达。本庄尚以前次装潢未能尽美，兹特大加改革以副雅爱。如果各界光顾，无任感盼。远者邮寄请开明详细地址，原班回件不误。塘栖周德顺谨启。"第二幅为乡村牧童图。第三幅为西湖并雷峰塔图，上首为"浙杭塘栖周德顺茶庄"之茶庄名。第四幅为《龙井名茶说明书》："此茶之产地，在浙杭西湖之南龙井山，得山川灵秀之气，产此佳茗，天然青色，奇隽可贵。此茶之特点，色绿、味甘、叶细而香。故龙井名茶为世界茶类中之无上珍品。此茶之效用，解渴、释烦、明目、益智，饮之能振精神。此茶之名誉，本庄前赴南洋劝业会比赛得邀奏奖，给予头等商勋。又在北京国货展览会得二等奖凭，足见此茶之特色也。此茶之饮法，宜用极清洁之淡水或沙滤净，将水煮沸。用有盖之壶碗先置茶叶二三钱，以煮沸之水冲满，将盖覆上片时，方再开饮。以后复冲，宜留原计二三成，瀹至五六次，庶不致淡而无味。"这件 2007 年发现于杭州收藏品市场的珍贵的塘栖周德顺茶庄广告包装纸，是一件弥足珍贵的杭州茶文化遗存，它向我们展示了周德顺茶庄的来龙去脉、经营茶品类和主打龙井茶的产地、特点、功效、品饮方法和获奖荣誉等内容，具有丰富的历史信息。周德顺茶庄的茶叶，除了在 1910 年南京举办的南洋劝业会上得过金奖，还在 1915 年北京国货展览会获得二等奖。据国家图书馆清《南洋劝业会审查给奖名册》记录，最高奖奏奖（即上奏折请皇帝所颁奖项）有 66 名，其中茶业占 8 名，中有浙江杭州府"鼎兴茶庄"的浙江龙井贡茶，并无塘栖周德顺茶庄。从前揭公懋茶行开设分行所知，塘栖周德顺茶庄系由公懋茶行的杭州分号鼎兴茶庄所开，两者获奖，其实指一。

根据李晓亮、虞铭《余杭财贸老字号》，民国时余杭镇茶叶行有 36 家，单在南渠街就有 10 多家。这 36 家茶行（店、庄）部分名号、行址如下：吴永隆茶叶店，在临平镇北大街；吴德茂茶叶店，在临平镇北大街；元大成茶叶店，在临平镇北大街；王久大茶叶店，在塘栖镇西石塘水沟弄口；吴日新茶叶店，在塘栖镇市西南；周德丰茶叶店，在塘栖镇市西街皮匠弄口，余杭周彭年产业；周德顺茶叶店，在塘栖镇，余杭周彭业产业；方正泰茶叶店，在塘栖镇市西街，经理安徽方伯平；永茂昌茶叶店，在塘栖镇市西街；吴元隆茶叶店，在塘栖镇西石塘；正茂友记茶行，在余杭镇南渠街；公懋茶行，在余杭镇弯弄口，道光、咸丰年间开业，是余杭镇规模最大的茶行。

从现存的余杭茶行的包装广告纸，可洞察茶行的经营品类。如余杭瑞泰茶庄茶叶包装纸，中间印有"茶叶山货，照山批发"字样，可知该茶庄除经销茶叶外，还兼做山货批发。再如浙杭塘栖镇方正泰茶栈包装纸，说明该店开设在塘栖月波桥东塊，"自运异品名茶、黄白贡菊"云云。还有余杭瑞泰茶庄的广告包装纸，印制精美，以西湖南屏晚钟雷峰塔入画，标有"瑞"字商标。该茶行开设在余杭大桥直街，经营龙井明前、雨前天目顶谷云雾芽茶、武夷红梅等名茶，两侧还印有"得湖山之气脉，沾云雾以滋培"的广告词。此外，《径山茶业图史》刊录的一组五枚 20 世纪 30 年代余杭本地茶栈广告、发票、信封等资料，也颇具资料价值。

民国时期余杭有名可考的城镇茶行（店）还有老永顺茶行、元泰茶行、公裕茶行、正裕茶行、志大茶行、正昌茶行、公顺茶行、余祥兴茶行、公大茶行、天成茶行、徐同泰茶叶店、瑞泰茶叶店、吴泰昌茶叶店、公同昌茶叶店、同昌协茶叶店、陈隆昌茶叶店、正茂茶叶店、恒茂茶叶店、黄亨泰茶叶店、启茂祥茶叶店、黄镇源茶叶店、金同源茶叶店、洪源茶叶店、周永丰茶叶店、宏大茶叶店。

其中在余杭城内的茶行计有 16 家，每年售茶约值 20 余万元。茶叶来源为本县西北乡及临安、於潜等处，销路为杭州、嘉兴、广东、天津、上海、山东等处。茶行营业除代客买卖外，也自行收买转运销售，并兼营其他山货以资调节，故可长年营业。茶行佣金向茶户和茶客各抽 5%，较闲林埠高一成。出入用秤，以十六两八钱为一斤。付款多系现款、惟其找零，如系角数，则付小洋，分数则以铜元一枚为一分，其陋规较闲林埠尤劣。茶户受其剥削，除资力较厚者担至闲林埠出售外，亦无应付办法。经营茶叶者除茶行外，还有一种小贩，其买卖方法，与留下镇相同。在县东门设有余东统捐局，凡出口茶叶须至该局报捐，每担正捐 1.3 元，附加二成，其中赈捐一成、水利捐六厘、塘工捐四角。运输多用民船，运至杭州运费每担五角。

闲林埠旗枪茶行收下的是半干茶，新茶落下后，当即炒干趁热装箬篓踏实，上盖扎紧密封。这种方法不但能起保持干燥作用，还使旗枪平整。炒茶工与其他地区一样，大半来自上泗农民。闲林埠茶区的采茶工，则大半来自苏北。旗枪茶落市后，有的经营少量临安烘青和"长大"（即粗老旗枪茶）。闲林埠各茶行收落的平山炒青，运沪销给茶栈做"熙春"或普通"珍眉"。裕和、恒森等三家占闲林埠茶行营业额约65％。闲林埠茶行向山客收4％的佣金，向水客收3％的佣金。闲林埠为余杭茶业贸易最大场所，计有茶行六家，每年售茶30余万元。茶行名称及售茶价值如下：裕和，10万余元；恒森，6万余元；衡大，2万余元；生茂，4万余元；生源，6万余元；裕昌，2万余元。该埠茶行头茶均系代客买卖，二茶以后间或自行收买，向各处运销。其销路，头茶为杭州，二茶以北方天津一带为最多。茶叶来源，为杭州西乡、余杭西南乡及富阳一带。茶行佣金，茶户与茶客各抽4％。出入用秤，细茶以十六两为一斤，粗茶以二十一两六钱为一斤。茶叶付款，头茶多系现款；至立夏以后，常须欠数日。但付现款者须以八九折扣，惟其零数则一律大洋计算。茶行所收茶叶，均仅八成干，须由茶行代为复焙，其工资炭费等项，概由茶客负担，约每担1.5～1.8元。该埠所售茶叶以绿茶为大宗，红茶占20％。前数年，尚有经营洋庄者，现因洋庄销路不畅则转营本庄。该埠设有余东统捐局分局，所有茶叶当起运时，须至该局报捐，每担捐税附加在内2.16元。包装以袋或篓，袋每件70～150斤，袋价六七角；篓每件80斤，篓价每个五六角。

闲林埠的春季茶市与西溪留下相呼应，茶行兴隆，有来成茶行、生茂茶行、祥记茶行、衡生茶行、志才茶行、伊和茶行、缪生茶行7家。这些茶行在1925年5月4日成立了"闲林茶户公会"，订立章程，省县备案，推举孙公度、朱听泉二人为正副会长，陈宪顾为评议长，举办半日学校及巡回指导，普及茶户教育。还议决认捐五厘，补助全县教育之费，加用四厘，以津助茶行，积极谋求茶业发展。当时报纸称此举是"余杭茶业之福音"。据报道称：

> 余杭为吾浙出产名茶之区，尤以闲林为荟萃之地，比来种制未精，产额不旺，茶户涣散，信用未孚，茶行垄断，唯利是图，故茶业衰落，洋庄路滞。今年闲林茶户成立公会，举孙公度、朱听泉二君为正副会长，陈宪顾君为评议长。订立章程，呈准省县立案，积极谋茶业之发展，并问其预定事业。为联茶户以谋公利，致种制以高价值、守信制样以广外洋贸易，办半日学校及巡回教导，以普及茶户教育事项。官宦大绅对该会办法，非常赞助，茶行亦极帮忙，顷该会议决认捐五厘，为补助全县教育之费；加用四厘以津助茶行；而公会经费，则仅此茶行带收一厘。当此茶业衰落之时，茶户等能忍痛加捐；补助教育，津贴茶行，官亦拟对该公会办学，格外多于分配学款。而各茶行亦愿给予公会以经济上资助，如此和衷共济，共谋改进，诚茶业前途福音也。"①

---

① 《余杭茶业之福音》，1925年5月4日《之江日报·余杭》。

当时正值闲林茶市旺季，但这里"后备军队、警力又单，地方商民深感戒惧"，公会希冀军警保护茶市，"严饬巡缉，庶保安宁于万一"①。

晚清民国余杭的茶行经销和茶叶贸易缺乏系统资料，但从某些年份统计数据，就可窥视其茶叶产销两旺的情况。据 1933 年《中国实业志（浙江省）》记录，当年杭县县内消费茶叶 3 150 担，县外销量 2 050 担，行销范围远达东三省、河北、河南、山东、广东。余杭县县内销量 500 担，县外销量 39 300 担，主销杭州市。余杭专门营销茶叶的牙行有 4 家，著名的有泰昌永、王正茂、徐同泰。杭县出口茶叶价值 100 余万元，余杭为 242 680 元②。

余杭闲林埠除了裕泰、恒森、恒大、祥记等 7 家茶行外，还有春茂茶庄。春茂茶行经营批发业务，其余都以代客买卖为主。闲林埠的主要客户来自杭州、上海、苏州、南京、天津和山东等茶庄，以源丰和数量为最大。裕和茶行在闲林南市街最尽头设庄代翁隆盛和源丰和收购。另外，富阳、余杭双溪横湖、武康等地所产旗枪也云集闲林，还有九曲红梅、梅坞龙井也有一部分到闲林来投售。

（本文原刊陈宏主编《径山文化研究 4》（2018 卷），杭州出版社，2018 年 12 月。）

---

① 《警察驱应保护茶市》，1925 年 5 月 4 日《之江日报·余杭》。
② 1933 年《中国实业志（浙江省）》；朱美予著《中国茶业》，1937 年 1 月上海中华书局出版。

"茶都""茶港"及其他

继杭州提出"杭为茶都"后，宁波又提出"甬为茶港"。这两个概念的提出，是颇具创意的，对促进茶文化，振兴茶产业，肯定将起到积极的作用。在方兴未艾的当代茶经济、茶文化大发展大繁荣热潮中，茶都、茶港的提出，无疑是当地政府推进涉茶工作的一个有力推手，茶业界发展茶经济的一个现实目标，茶文化界开展茶事活动的一声号令鼓角，其现实作用和长远意义不言而喻。

众所周知，茶起源于我国，华夏先民最早发现茶、利用茶，神州大地是茶文化的故乡，茶及茶文化是中华民族对人类文明的一大贡献。源远流长、丰富多彩、博大精深、影响深远的祖国茶文化，是各民族、各地区在漫长的历史长河中共同创造的，是光辉灿烂的中华传统文化的重要组成部分。尽管由于历史的原因，我国的茶经济和茶文化经历了兴衰变迁，但其世界茶文明起源中心的历史地位没有改变。当前我国的茶产业、茶文化正处于一个从低潮、低谷到高潮、繁荣，从恢复、保护到创新、发展的历史性阶段，任何地方任何有利于茶产业振兴、茶文化繁荣的举措，都值得大力提倡和充分肯定。具有悠久茶文化历史、较大茶产业优势的浙江各地政府，在领导高度重视和有关团体的大力支持下，纷纷组建了各级茶文化研究（促进）会，大张旗鼓地开展各类茶事活动，呈现出一派欣欣向荣的喜人局面。尤其是杭州、宁波，创造性地提出了"杭为茶都""甬为茶港"的口号，并把茶都、茶港建设纳入社会经济发展总体规划中，几年来取得了突破性进展。

杭州作为中国茶都，宁波作为东南茶港，都是名副其实无可置疑的。如果从茶文化学术研究的角度来看，还有一些问题诸如茶都、茶港的内涵和外延，是历史定位还是现实存在抑或是未来目标，都值得思索和探究，需要厘清和界定。这里就思考所得，略谈几点粗浅的看法，欠妥之处还请方家赐正。

一、茶都、茶港都是在长期历史发展过程中形成的

"茶都"的提出，是一个全新的概念，其在当代汉语中的出现仅 10 多年的历史，在现代城市学体系中是一大创举。进入 21 世纪之初，杭州的一些茶界有识之士根据杭州茶的历史和现状提出了杭州是我国茶都的说法，被政府采纳后进一步概括、提炼为"杭为茶都"，并与"茶为国饮"一起提出，得到社会各界的高度认可和一致赞誉。2005 年有关国家级涉茶权威机构向杭州市授予了"中国茶都"的牌子。从此以后，杭州为中国茶都的理念深入人心，传播四海。

"杭为茶都"是对杭州这座历史文化名城和现代化大都市在中国茶历史、茶文化中的历史地位和当今茶生产、茶科研等领域的现实地位的一种确认。事实上，作为茶都或堪称茶都的杭州，其来有自、早已存在了。杭州湾地区丰富的新石器时代文化遗址中有关"原始茶"的遗存和桐君采药、彭祖养生等传说，以及丰富的民俗民间原始茶遗风，都说明杭州先民极有可能是最早发现、利用、认识茶的原始族群之一。汉魏以后杭州各地开始种植茶、饮用茶的记载代不乏例，唐宋以后成为东南重要的名茶产区，高品级的贡茶和名茶代相更替，层出不穷。明清以来西湖龙井作为绿茶极品声誉鹊起，一枝独秀，迄今享誉数百年。近代杭州开埠后作为皖赣茶集散地和转口港，一度是茶商云集、茶船汇聚、茶叶贸易服务业发达的近代都市。当时杭州的茶行、堆栈（仓储）、报关行、过塘行、茶箱包装行等茶叶贸易服务行业十分繁盛。19世纪30年代，全省茶行最多时达432家，一半以上在杭州；杭州有转运行号112家，过塘行88家，挑埠业65家，报关行13家，茶箱业16家，保险业58家。新中国成立后，杭州西湖龙井茶作为特供茶、国礼茶，享有"绿茶皇后"的美誉，茶科研教育成为全国中心，有8家国家级茶科研教育机构集聚杭州，茶叶生产、销售、消费，茶叶机械的研制、开发、生产，茶文化的普及、保护和创新，茶文化的对外交流和传播，都走在全国的前列。冰冻三日非一日之寒，杭州作为茶都，是在长期的茶和茶文化发展历史长河中自然形成的，并不是一朝一夕一挥而就的。

在中国城市发展史上，杭州自古为东南沿海重要中心城市，从隋唐江城发展而来的杭州，在从隋唐到近代的一千二三百年历史中，从吴越西府到北宋的"东南第一州"，从南宋都城到元朝达到人口上百万的"世界天城"，被称为最富庶繁华的东方大都会。元末战乱破坏后，杭州的城市地位下降，但明中期后逐渐恢复发展，一直与苏州、南京等在东南沿海城市并驾齐驱。直到1840年鸦片战争五口通商后，上海迅速崛起，杭州曾经的远东第一城市地位才被取代。从城市辐射范围和上海港的经济腹地看，这是历史的必然。新中国成立以来，尤其是改革开放以来，杭州的城市建设和社会经济迅速发展，在经济总量、人均水平、宜居环境、幸福指数、商贸旅游和人文特征等诸多方面，一直名列前茅。所以，从综合因素或条件看，在为数众多的产茶城镇当中，杭州所特有的城市历史地位、富庶经济基础、丰厚文化积淀和人文环境，也为"杭为茶都"打下了坚实基础。由此可见，无论是作为产茶城市还是作为综合性现代都市，也无论是曾经拥有的辉煌历史还是生机盎然充满活力的当下现状，杭州都堪称是最具茶都品格和特质的中国第一大茶城。也许在某些方面如茶叶产量杭州不如有的茶区城市，但在绝大多数领域杭州都独占鳌头，独领风骚，是当之无愧的"中国茶都"。

宁波自古为东南沿海重要港口城市，历经先秦、汉唐、宋元、明清，延续几千年而经久不衰，堪称是"千年古港"，历史悠久。从港口区位和性质看，宁波港经历了五大阶段，即内河港勾章（单水道）—明州港（三江口，交叉水道）—镇海港（河口港，海岸线切点）—北仑港（海岸线切点延伸位）—未来东方大港（海间港），其位置逐步前移，从内河港向河口港、海间港发展。在古代海上航线，宁波东至东瀛、海东，南经南洋，西达西洋乃至地中海和东北非，所达范围，十分广远。宁波是我国古代丝绸、陶瓷、茶叶三大宗外贸产品出口主要口岸，是古代远东地区的贸易大港。在茶叶、茶具和禅茶文化的传播方面，宁波是东南绿茶、越窑青瓷茶具和江南禅茶文化向海外传播的重要孔道。宁波作为古代海上丝绸之路的重要起始港，影响深远，遗存丰富，在海内外都留下了宝贵的历史文化遗产。

在近代茶叶出口贸易中，宁波港发挥了重要的作用。宁波作为东南绿茶皖赣眉茶和平水珠茶出口最主要港口，尽管其重要性和区域地位随周边茶区城市如杭州、温州、芜湖等开埠和新安江—钱塘江—浙东运河、大运河等水路交通的变迁而逐渐降低，产品腹地逐渐缩小，从皖赣茶为主逐渐变为以平水茶为主，但其东南茶港地位始终没有改变。1853年开始，皖赣出产的徽茶改由宁波出口。大批徽茶从安徽屯溪装船后沿新安江、富春江、钱塘江水道，抵达萧山义桥，再经浙东运河，源源不断运到宁波港出口。屯溪到宁波的水道茶路，最为便捷、省钱，成为茶商首选。徽属6县年产徽茶18万担，其中西部婺源、祁门二县年产约6万担，取到鄱阳湖经九江运上海出口，东部歙县、休宁、绩溪等四县约产12万担，经由钱江水道运出。当时从宁波转运出口的绿茶占全国绿茶出口的90%以上，占宁波本港出口土货总额的50%以上，出口数量增长近3倍。1845年宁波出口茶叶为170担，1861—1874年，出口绿茶逐渐从三五万担增加到十四五多万担，最高1872年达176 780担。转运出口带动了本地茶叶生产，制茶业应运而生，19世纪70年代初，宁波有平水茶加工厂17家，夏季盛时雇工七八千人，烘茶、拣茶工9 450人，每家茶行雇工355人，男工来自安徽，女工来自绍兴和附近各县。后来不仅加工平水珠茶，还加工安徽眉茶。1875年到民国建立，温州、芜湖、杭州相继开埠，宁波茶叶腹地缩小，绿茶出口分流，出口数量增长势头减缓，从1875—1896年始终徘徊在十万担到十五六万担，最高的1893年达到183 775担。此外有为数几百担到二三千担的红茶和毛茶出口。茶叶在出口大宗土货货值总额中的比例，从60%多降低到不到30%。1893—1897年，徽茶出口从7万~9万担，降低到12 000多担，而平水茶逐渐超过徽茶，达到八九万担，最多达11万担，占据绿茶出口主流。1896年杭州开埠后，徽茶大部分和平水茶一部分被吸引到杭州关出口，1897年宁波浙海关的绿茶出口数量和货值双双下降58%。其后，宁波出口徽茶减少80%，平水茶减少20%，总计减少出口10万担，货值200万海关两。1900年，徽茶基本转由杭州经上海出口，经宁波出口遂告停止，平水茶降至五六万担。其后到1913年，宁波的平水茶出口有所恢复，但一直在八九万担到十一万担之间上下浮动。1915年后，宁波的平水茶出口恢复增长，最高达到12万担以上。1917年后英国禁止茶叶进口，宁波茶叶出口主要在美国市场，年出口减到七八万担。由于政府提倡茶叶质量提高和物价上升，1914—1920年宁波茶叶出口量相对减少的同时，货值总额却增长。1896—1918年，杭州出口绿茶迅速占全国第一，宁波屈居第二。1919年，宁波反超杭州居第一。1921—1933年，宁波茶叶出口持续增加，平水茶年出口一直在9万多担，1925年达到115 020万担，几乎达到历史最高年份。1926—1933年，平水茶年出口都在八九万担。此外还有为数可观的其他绿茶和毛茶、茶梗、红茶出口。货值在出口土货总额中的占比都在20%~28%，与棉花同为两大出口产品。1936 年，茶叶等物资出口激增，出口 62 199 公担①，1937 年增加到 69 633 公担，到 1946 年宁绍台平水茶不过毛茶 4 万担。由于物价飞涨，茶贱粮贵，种茶无利可图，宁波茶港因此停顿。改革开放以来，宁波港的茶叶出口又开始恢复增长，如今占国内茶叶出口常年吞吐量的四成多，茶港东山再起。

有必要指出的是，在自古迄今的沿海港口中，宁波港是历时最长、范围最广、内容丰富、遗存众多的茶叶出口港，宁波港作为海上丝绸之路、陶瓷之路的起点始发港，同时也是名符其实的茶港。而且宁波作为浙东重要城市，其自身的茶及茶文化历史如茶叶种植、名茶出产、青瓷茶具、禅茶交流、茶叶外贸等方面，都可圈可点，毫不逊色，有的地方甚或远远超越了其他港口。因此，综合起来看，如果把宁波港名之曰"中国茶港"也是毫不为过的。

二、茶都、茶港既不是唯一独有的，也不是可以独擅其名的

如果放眼中国城市发展史和茶文化史，像杭州、宁波这样的城市、港口还为数不少。在遍布江南、华南和西南等地区的传统产茶区，许多地方都有可圈可点的茶历史文化，有的地方的茶业经济还超过杭州。如铁观音的故乡安溪，普洱茶的故乡普洱，乌龙茶的故乡武夷山，蒙顶茶的故乡雅安，信阳红的产地河南信阳……如此等等，各具千秋。或许是得到杭州的启示，或许是出于攀比心理，在"杭为茶都"提出后，一些茶区城市也纷纷提出了相关的茶都理念，全国自称为茶都的城市和地方日渐增多，大城市如四川成都、云南昆明、广东广州、江苏南京（秦淮茶都），名茶产地如河南信阳、福建安溪、云南普洱，还有的地方提出了地区性茶都的说法，如泉州（闽南茶都）、潍坊（北方茶都）……如此等等，不胜枚举，从而出现了杭州一马当先、各地竞相冠名的现象。

与茶都不同的是，"茶港"的出现却是早已有之。茶港通常指的是茶叶出口港，主要在产茶区，分内河港和海港，还有非产茶国的茶叶进口港如美国波士顿等。这里主要谈的是我国南方产茶区的茶叶出口港。自中唐以后茶叶规模化生产，就开始有茶叶交易贩运，就出现了许多茶叶运输的内陆关卡和内河津会，那里往往成为茶叶国内贸易官府榷茶征税的地方。在唐宋时期及以后中原王朝与西北各民族政权的茶马互市、与周边各国的海外贸易中，也出现了沿边、沿海一些茶叶交易集镇和出口港口，可谓是最初的具有国际贸易性质的茶叶出口口岸。其中尤以东南沿海各大港口具有较为典型的古代外贸港口特征。在古代帆船贸易时代，设立有市舶监管机构的港口主要有宋元时期的明州（庆元）、杭州、温州、泉州、广州等，那时的茶叶与丝绸、瓷器、书籍等物品一道当作舶货出口，但由于缺乏统计资料，茶叶似乎更多的是作为进出口岸的人员如遣唐使、求法僧人、官方使节和商旅人士等随身携带的物品出口。茶叶作为大宗商品出口，除了横跨西南滇藏缅印的陆路茶马古道、纵贯南北的中俄陆上茶叶之路外，主要是鸦片战争前的广州十三行和五口通商后开埠的各大海港和内河港。这

---

① 1 公担＝100 千克。——编者注

些近代西方工业革命后进入汽轮船时代的国际贸易港，从事着南方茶区大量生产的茶叶出口业务，作为出口土货中的主要商品之一，各大洋关都有完整的进出口茶叶品类、数量和货值统计报表。在众多的茶叶出口港中，最早出现"茶港"名称，并以此命名港口所在城区地名的是武汉的汉口港。

汉口港作为首个"茶港"，其延续时间（1638—1917）几乎与整个大清王朝相始终。1638年，俄国使臣将中国茶叶献给沙皇，掀起俄国从上至下的饮茶风尚，也开启了中俄陆上茶马古道的历史篇章。湖北羊楼洞是这条自南往北的茶马古道的源头，而当俄国人取代山西晋商，执掌茶叶贸易之后，他们发现了汉口，建在羊楼洞的顺丰砖茶厂迁到武汉，从此垄断茶叶贸易半个多世纪。彼时的武汉，在中国也早已是茶叶最主要的集散地。湖南、湖北、安徽、江西等地的茶商，云集汉口。俄国人垄断茶市，将汉口的茶叶贸易推向巅峰。到了1868年，茶叶占到中国出口总额的一半以上，而其中60%～85%是从九省通衢的武汉走向世界的。汉口码头当年曾有数以千计的茶叶工人搬茶运茶。直到俄国十月革命之后，俄国茶商陆续离开汉口。如今曾经的茶港不复存在了，但在老汉口迄今保存有巴公房子、东正教堂、新泰洋行、阜昌路（今南京路）等建筑古迹，俄国三大茶厂顺丰、新泰和阜昌旧址，"茶港"成为武汉这座长江中游枢纽城市的核心城区的名称而一直沿用至今，茶叶出口在这座城市的历史记忆中留下了不可磨灭的痕迹。

除了茶叶出口内河港的典型汉口港之外，东南华南沿海的近代茶叶出口港如上海、宁波、广州、厦门、福州、温州更是呈现出并驾齐驱的格局，杭州、芜湖、九江等内河转口港也一度繁盛。无论海港还是内河港，它们都在百余年（1840—1949）的近代茶叶出口贸易中扮演了各自的角色。近年来在宁波提出"甬为茶港"的前后，有学者提出福州是近代五口通商时期"世界'茶港'"的说法[①]，厦门也提出了打造"世界级茶港"的宏伟目标。有理由相信，随着茶文化的海外传播越来越广远，茶叶生产和出口越来越兴旺，世界各国爱茶饮茶人口越来越多，必将有更多的港口城市跻身"茶港"，为中国茶和中华茶文化的走向世界做出更大的贡献。

站在历史和现实的客观公正的立场上看，不难发现符合茶都、茶港这样的称号的城市和港口，并非仅限于杭州、宁波两地。从迄今已经或正在提出茶都、茶港的城市和港口来说，也很难有足够的理由来质疑或否定。那些自称为茶都、茶港的地方，都或多或少有相当的理由和充足的依据来论证自己的立论。虽然这当中也不排除极少数地方有攀附名望、提升地位、扩大影响的现实功利考虑，但至少说明，各地在振兴茶产业、繁荣茶文化上是有较大的积极性的。面对这样的局面，必须认识到茶都、茶港绝非是杭州、宁波可以独擅其名，独占其美的，无论从历史还是从现实的角度看，茶都、茶港都不是哪个城市专有的，而且是随着时代的变迁和茶业的兴衰，不断发生变化更替的。杭州、宁波的作用在于它们具有先见之明，独到优势，率先提出了"杭为

---

① 郭秀清《五口通商时期之世界"茶港"——福州港的沉寂与兴起》，《闽江学院学报》，2005年06期。《世界"茶港"何以沉沦》，《福建史志》2006年第5期。

茶都""甬为茶港"的理念，不仅极大推动了茶业和茶文化的发展，而且引领了当代中国茶都、茶港建设事业的潮流。在这一点上，它们抢得了先机，把自身本来具有的优势最大化，它们与其他茶都、茶港的相对优势就更加显著了。

综观全局，茶都、茶港之名不可独冠，茶都、茶港之美不能独占，但杭州、宁波的先发优势却是其他地方难以企及的了。

三、茶都、茶港并不是什么城市都可以自封自称的

不可否认，近年来随着各地对茶产业、茶文化的高度重视，在全国上下掀起的发展茶经济，繁荣茶文化的热潮中，极少数茶叶生产本无足道的地方，也打出茶乡、茶都、茶城的牌子，自称自封，把茶都冠名当作炒作包装手段，来提高当地的知名度。有的地方新建的茶叶交易集散市场、茶叶茶具一条街和其他与茶有关的商业设施，也夸大冠名为茶都、茶城。如果不加规范管理，不仅会造成名称混乱、城（城市、城镇）市（市场、集市）不分，还会导致名实不符、假冒伪托，势必影响茶都建设的健康发展。如果任由无序发展下去，无序竞争、冠名杂乱、良莠不齐、鱼龙混杂的局面迟早会出现，到时茶都泛滥，假冒伪托者有之，以小攀大者有之，名不副实者有之，茶都大牌子就会垮掉倒台，茶都金名片就会蒙尘失色。

必需认识到，茶都、茶港虽然不是哪个城市、港口可以独占专有，但也绝对不是任何地方都可以随意拿来戴在头上的，更不能弄虚作假，沽名钓誉，搞假大空。因此，要在鼓励和保护各地积极心的前提下，逐步规范茶都、茶港冠名，整顿杂乱局面，抵制随意无序现象，防止冠名泛滥成灾。在这方面，率先提出茶都、茶港的杭州、宁波应该责无旁贷地承担历史责任，发挥积极的示范作用。

四、茶都、茶港认定亟待出台非行政的行业标准或评定原则

到底什么样的城市、港口，可以称之为茶都、茶港呢？必须从名实定义界定茶都、茶港的内涵和标准。这需要有关研究机构和茶界人士，通过研究讨论，协调一致，制定基本原则，规范认定标准和程序。我以为可以参照国家文物部门有关历史文化名城、古镇老街等评定方法和标准，制定出台《中国茶都（城、镇、村、街、港）评定和管理实施细则》，把杭州开创的茶都建设事业，纳入国家有序管理的范围，从而更加科学健康地来推动茶都建设和管理，促进茶产业、茶文化的发展和繁荣。在这方面，中国国际茶文化研究会、中国茶叶学会等学术团体可以发挥专业优势，牵头来组建相应的专业机构，代理政府主管部门的职责，行使标准制定、实施、组织评定和冠名授予及管理等事项。各级政府要把这项工作给予高度重视和必要支持，创造条件做好评选工作；要把茶都评选当作振兴茶产业、繁荣茶文化的重要抓手，为当代中国茶和中华茶文化的全面复兴，做出应有的贡献。

五、要本着开放包容的精神来建设更多的茶都、茶港

振兴中国茶产业，复兴中华茶文化，是新时代全体中国茶人的光荣使命。这是一

项上承历史、惠及当下、恩泽未来的宏大工程，是中华民族实现伟大复兴"中国梦"的重要组成部分。要实现这一宏伟蓝图，绝非一城一地所可为，也绝非任何组织、个人可担当，而是要全国上下产茶区与非产茶区一盘棋，茶叶种植生产和销售消费一盘棋，茶都茶镇、茶港茶市联手一起上，政府团体、茶人茶农拧成一股绳，国内茶界与海外茶界协同合力，形成千军万马齐上阵、八仙过海显神通的局面。时代在变，观念也在变，要坚决摒弃地方保护主义、地方利己主义、排他主义、功利主义、非良性竞争等倾向，立足全国，面向未来，本着开放、包容的原则精神，让千百个茶都一起成长，通过相互借鉴，优势互补，互帮互助，取长补短，实现互利共赢，达成总体上的提升，实现全面的繁荣。

有理由相信，随着茶都、茶港建设纳入健康有序的发展轨道，当代中国茶人的"中国梦"一定会实现。尤其是茶和茶经济、茶文化所具有的绿色、生态、环保、清廉、平和、包容、和谐等内涵和价值，符合当今世界发展之潮流，越来越多的人将与茶结缘，以茶为饮，以茶养生，以茶会友，以茶播道，提升人生境界，休养人生品格；越来越多的地方将发展茶经济、促进茶文化当作绿色经济、文化产业甚至支柱产业来规划发展，一个茶产业大发展、茶文化大繁荣的时代即将到来。

最后，我们不妨从语言学的角度来检索茶都、茶港词条的网络信息存量。从百度搜索词条信息量看：茶都 660 万条，中国茶都 56.4 万条，茶为国饮、杭为茶都 8 990 万条，杭为茶都 13.5 万条，杭州茶都 95 万条；茶港 100 万条（其中，武汉茶港 34.7 万条），甬为茶港 7.6 万条，中国茶港 0 条。如果从 google 来搜索相应的英语词组，则 Tea town 2.19 亿条，Tea city 3.66 亿条，Tea port 0.839 亿条，Tea harbour 0.207 亿条。这个搜索结果并不十分准确，且不同时间结果会有所不同，但大致反映了茶都、茶港在当今信息时代世界范围内的信息存量和概念传播认同程度，从一个侧面揭示了提出茶都、茶港的合理可行性和公众认同度，同时也是近年来"杭为茶都""甬为茶港"提出后一系列举措和活动所取得的成果在网络信息传播中的反映。

（本文系 2013 宁波"海上茶路·甬为茶港研讨会"论文，刊《"海上茶路·甬为茶港"研究文集》，中国农业出版社，2014 年 4 月；又刊杭州市茶文化研究会编《茶都》，2013 年总第 12 期，2013 年 10 月。）

哲学视域下的茶文化研究及茶艺表演

我是研究历史文化出身的，对茶文化研究是半路出家。我开始茶文化的研究，与龙井茶的发源地——杭州老龙井十八棵御茶树的历史文化研究和文物古迹保护有关。当时浙江省里主要领导高度重视西湖龙井茶的保护，因为这里有宋代大文豪、杭州老市长苏东坡的典故遗踪，有关部门委托我来做一个历史文化研究，为保护和开发提供参考。这里属于西湖龙井"狮龙云虎梅"五大字号之首的"狮峰龙井"核心产区，现已成为浙江省政府的接待中心，是世界文化遗产西湖人文景观的一部分，中华茶文化的圣地。可以说，老龙井是我不小心"误入"茶文化研究的起点。

基于此，结合多年的茶文化研究和参加茶道哲学高峰论坛的心得，今天，我想谈一谈哲学视域下的茶文化研究及茶艺表演。

众所周知，中国当代的茶文化研究是 20 世纪 80 年代开始的，它的中心在杭州，中国国际茶文化研究会创设在杭州，它是中国当代振兴茶产业、复兴茶文化的一面旗帜。在它周围集聚了许多茶科研教育工作者，茶区的茶叶产销企业和茶文化旅游从业人员，以及各地地方文史、民间民俗学者、新闻媒体记者等，参与到茶文化的研究，对茶历史文化的研究起到了很大的作用，取得了丰硕的基础性成果。随着研究的深入和扩展，也显露出一些问题，如有一部分人没有经过严格的历史学、文化学等人文社科研究的学术训练，不知道茶历史、茶文化怎么研究。茶具有自然、人文等多元属性，不仅与植物、农业、经济、商贸等有关，也与社会、文化、艺术、宗教、哲学等有缘，茶文化的研究涉及历史学、文化学、人类学、考据学乃至艺术学、宗教学等学科，需要多学科、多专业的合作研究。显然，原来这些研究队伍中部分人在学术领域和专业背景上多少是有欠缺的，理论和方法的不同导致许多争议、歧义和似是而非、模棱两可的观点。于是造成研究成果除了少数系统性、地方性、基础性的一些资料整理和文史研究外，选题的重复现象比较多，学理性的研究相对不足，学术争论情绪化。

90 年代初以后，很多从事社会科学领域研究的专家学者加入茶文化研究的队伍里面来，这样整个研究队伍的专业门类、学术素养、研究水平都得到了较大的补充和提升，茶文化的研究开始朝向真正成为一个学科方向发展。大家知道哲学是世界观，是方法论，是我们认识世界包括学术研究的制高点，所以我相信由人民大学茶道哲学研究所开办的这个茶道哲学高峰论坛，对中国当代整个茶文化的研究水平和发展方向，必将起到提升、引领的作用。

人民大学茶道哲学研究所作为全国唯一的以研究茶道和哲学关系为主旨的高端研究机构，创办茶道哲学高峰论坛，可谓"三高合一"。哪"三高"呢？一高是"茶道"的"道"，在中国传统思想文化语境和哲学概念里，"道"是最高的，是宇宙的起始、万物的本源，"道可道，非常道"，"道生一，一生二，二生三，三生万物"。"道"高于"德"，高于"术"。

"茶道"概念初见于唐代茶圣陆羽的方外之交皎然法师的诗句，但其本意是指烹煮茶汤的技艺和程式。现代"茶道"的盛行和通用，似乎与"日本茶道"的传入有密切关系。但日语里此"道"非彼"道"，也不过是指以和敬为要的宗教仪轨和清寂为尚的禅意风格的"技艺""器"层面的茶事样式。与哲学概念相媲美的"茶道"之"道"，也不仅是"厚德载物"层面的茶人精神、茶德思想，更应该具有"德"之外、之上的"真如""至理"。二高当然是哲学之高了，三高就是"高峰论坛"了，这都毋庸多言。

我与很多人说的一样，研究茶道却不知何为"茶道"，而且越研究越糊涂。为什么会这样呢？因为如果是"道"的话，我们常说"大道至简"，这个"道"应该是很简单，很容易理解的。但是这么多年来，总有很多各个领域的专家学者，都从各自的领域，有的从微观的角度探讨什么是茶道，于是乎出现了各种层面、各种版本的茶道概念。这就导致了什么现象？一个本来应该大而简的概念，变成了一个琐碎而复杂的概念。

以我自己为例，参加茶道哲学高峰论坛，说实在的我心里也有点不知所措，这个"茶道"本身很高大上的，哲学又是高大上的，再加上一个高峰，真的可能没有一个论坛可以跟咱们这个相比了。说实在的，我觉得茶道博大精深，概念很宽泛，哲学难把握、说不透，高上加高，大而化之，两个我都参不透。但是，我相信我们大家不同领域的学者多角度的、多学科的研究，必定会帮助我们厘清什么是真正的茶道，什么是茶文化研究，什么是茶道哲学研究。我觉得这个对我们中国当代茶文化学术研究来说是一个新概念，新领域，也是新任务。正因为我们的茶文化研究，尚处在多学科深入探讨的历史阶段，我们还不足以从全局的高度来定义"茶道"，所以这样的研究论坛显得那么必要和重要。

前面我说了，皎然诗里面有茶道，但此道非彼道。那日本茶道又是什么？很多人说就是形而上的道，但是我个人不太同意。为什么？日本茶道是由佛教禅宗禅院茶事仪轨演变而来的，是宋元时期从中国江南原原本本移植过去的，有很丰富的历史。但是我们现在看到的日本茶道，早不是当年传入到日本那个时候的茶道，它已经过了七八百年的发展演变，才演变成现在这个样子。现代日本茶道里面融合了武家茶道、台子式茶道、书院茶道、云脚茶会、淋汗茶会、斗茶会等这些日本早期茶道里面的各式各样的流派。只是到了村田珠光的时候才统一了起来，到后来千利休的日本茶道，才具有了当代日本茶道的形式和精气神。在此之前日本的茶道有很多的流派，茶道不是一成不变的。

我们对日本茶道，也是必须要超越的。日本茶道的"和敬清寂"四字，其实也非日本茶人所创，而是源自南宋禅宗主流临济宗杨岐派二祖白云守端的弟子刘元甫所作的《茶堂清规》，系当年南浦绍明带回的七部茶典之一，其中的《茶道轨章》《四谛义章》两部分被后世抄录为《茶道经》，内有茶宴、茶会的"茶道"规章和和敬清寂"四谛"。由于学术信息的不对称，类似情况茶文化界还有不少，比如国内学界盛传的日本茶道四字真诀"禅茶一味"，其实也是一个历史误会，现在研究才发现其实是一个真实的"伪命题"，因为四字真迹墨宝是张冠李戴，实际上是杨岐派祖师圆悟克勤的"印可状"，但是茶道中这个思想理念是确实存在的。可见，我们中国学者的研究，还有不少误区，很多盲区，还有很多研究不到位的地方。

我们只有把"茶道"这个概念放到整个中国茶文化的历史当中，放到中日茶文化交流的历史这么一个大背景下来看，才能真正认识到什么是茶道，到底是形而上的还是形而下的。在中国文化语境和哲学思想里面，这个"道"就是形而上的。

前几年我一直在提倡，我们当代中国茶文化研究要建立自己的学术话语权和学科体系，包括中国茶道研究也要建立自己的话语体系。我们不能完全在日本茶道影响下来构建我们的茶道体系。大家可能知道，改革开放之初，我们把港澳台传入内地的"茶艺"称为"茶道"，现在已经很少有人这么说了。现在社会上流行的各种茶艺表演，其中许多一招一式是在日本茶道的影响下模仿编创的。我们去查一下古代茶史文献，哪个地方哪个朝代有这样一个茶艺表演？从来没有过的事。历史上文人茶艺确实盛行，但茶艺也好茶道也罢，从来不是作为表演的。我们现代茶艺已变成一种新的社会文化形态或流行艺术样式，很盛行，很热闹，但是它的艺术性总体上是欠缺的。有人说它是舞台表演艺术，那么它的艺术性、故事性、思想性有多大？艺术水平和艺术品格有多高？它跟"道"有没有关系？怎么体现的？有人说它是生活艺术，那么我们日常生活喝杯茶需要这么复杂吗？看了那么多的茶艺表演，大多是形式雷同、缺乏艺术感染力，这个手翻来覆去，行云流水，看半天我们观众也喝不上茶。现在又有美学界的专家把它美称为"生活美学""诗意生活"，这未尝不可，也是美好生活的追求和体现，但也要掌握度，不要不伦不类，不雅也不俗。

我曾经说过现在的茶艺表演，虽然表现形式越来越丰富，如茶席设计、动态视频等的植入，也不乏艺术性、故事性、思想性都较好的情景茶艺表演，但总体来说，差不多就是一种行为艺术。你说它是艺术吗？艺术品格不够。你说它是生活吗？生活不要这么复杂。所以它不是生活的茶艺，也不是艺术的茶艺，是介于生活与艺术之间的行为艺术。我这样说，大家可能不同意，茶艺师们也会说我胡说八道，但是我个人认为，至少到目前为止，大多数茶艺表演还是这样的。

总之，当代茶文化繁荣需要茶艺术载体，但茶艺术载体一定要诠释、表达茶文化内涵，要体现中华茶德、茶道的思想精髓，不然纯粹为表演而表演，肯定不成其为真正的艺术。当代中国茶艺作为一种新兴的社会文化现象，其艺术表现形式尚需专业艺术力量的参与，以提升其艺术品位和表现力、感染力，更需要文化主题和思想内涵的诠释，来传达、传播"茶道"的精髓，展示当代茶人的精神风采。我们不能满足于茶界部分人士的自娱自乐，也绝不是光鲜亮丽、好看漂亮就可以的。

　　我相信，从不同的角度来理解探索"茶道"究竟是什么，也有助于将来我们为"茶道"确定一个哲学的概念。这个概念我们不能关在房间里面自己编，一定要走出去，要跨文化比较研究。比如中日茶艺、茶道要比较，中韩茶艺、茶礼要比较，因为在世界上只有我们东亚儒家文化圈的这三个国家形成了茶道思想和茶文化艺术，欧美国家有不同的饮茶方式但没有茶道。我们只有从不同角度、更高高度广泛深入地来研究，把茶文化、茶德思想、茶道精神放到人类文明发展的历史中来研究，才能真正把茶道搞清楚。

　　我听了中国人民大学哲学院曹刚教授关于茶道的思考，他的提法我表示赞成。首先他从哲学的层面，从道与德的关系来切入对茶道的思考。我们这么多年来关于中国茶德、茶道精神，有很多种版本，说来说去就是茶道思想。这种茶德思想其实是茶人把茶的天然秉性与茶人的道德品行相比附，使得茶变成了茶人的道德象征和精神寄托。所以曹先生从道与德的关系进行阐述，这个方向和路径是正确的。

　　还有年轻的中国社科院美学家刘悦笛博士，我觉得他的名字就很有乐感诗意，他搞的生活美学，以茶为平台，融入了中国传统的各种文化元素如琴棋书画等，是当下开始流行的生活美学新潮流。作为当代中国人，对于美好生活向往或追求的形式，要把对传统文化的传承发展与日常生活结合起来。如果你不进入到生活的层面，就没有生命力，也就没有传播力、影响力。

　　湖南医科大学的刘晓红院长，把茶文化应用到重症患者的临床医学和临终关怀，我认为这是一个非常大胆的实践。古人说"茶乃百药之长"，甚至说茶能包治百病，这是我们古人非常模糊的茶药用功能认识。我希望我们现代人在茶的保健养生方面的研究，要回归到中医药的话语体系里来，这些问题值得我们以后去探讨。

　　（本文系 2019 年 7 月中国人民大学茶道哲学研究所等在云南勐腊举办的"第三届茶道哲学高峰论坛"闭幕式上的总结发言整理稿，原刊《茶博览》2020 年第 5 期。）

新时代中国茶人应有新担当和新作为

2019 年 11 月 27 日，联合国大会通过决议，每年的 5 月 21 日设立"国际茶日"，这意味着中国茶走向世界，惠泽全人类，迈出了历史性一大步。作为参与起草《倡议书》的中国茶人学者，倍感荣幸、与有荣焉之余，深感责任更加重大，使命更加艰巨。如何在联合国设立"国际茶日"后的新时代，传承创新博大精深的中华茶文化，振兴发展中国茶产业，以茶为媒，茶以为用，讲好茶人茶事新故事，传播茶德茶道新理念，更好满足各国人民美好生活需求，构建美美与共、和而不同的人类命运共同体，是当代中国茶人面临的新任务。

一、设立"国际茶日"是中国茶走向世界具有历史意义的里程碑

2019 年 6 月，中国茶叶学会提出的设立"国际茶日"提案，在罗马闭幕的联合国粮食及农业组织大会第 41 届会议上审议通过，并提交了联合国大会。11 月 21 日，巴勒斯坦代表"77 国集团和中国"首次提出"国际茶日"决议草案。11 月 27 日，第 74 届联合国大会宣布将每年 5 月 21 日设为"国际茶日"，以赞美茶叶的经济、社会和文化价值，促进全球农业的可持续发展。12 月 19 日，第 74 届联合国大会通过决议，将每年 5 月 21 日定为"国际茶日"。

2020 年 5 月 21 日，农业农村部与联合国粮农组织、浙江省政府以"茶和世界 共品共享"为主题，通过网络开展系列宣传推广活动。国家主席习近平向"国际茶日"系列活动致信表示热烈祝贺，指出茶起源于中国，盛行于世界。联合国设立"国际茶日"，体现了国际社会对茶叶价值的认可与重视，对振兴茶产业、弘扬茶文化很有意义。这是中国茶和中华茶文化走向世界、惠泽全人类漫长历史征程中，具有重大历史意义和深远历史影响的重要里程碑。

众所周知，中国是地球上茶树自然区系分布原生地，中国西南地区是地球上茶树原生地。其起源至今已有 6 000 万年至 7 000 万年历史。从新石器时代中期"原始茶"起源，或从"神农采药"发现茶的药用之妙至今，茶步入中国先民的生活已经四五千年了。在中国历史上，有文献记载和文物史迹为证的种茶、饮茶历史，至少已经有三千多年了，茶也经历了从食用、药用到饮用的演变。有丰富历史文献记载为证，茶叶种植生产规模化、茶业经济成为农耕经济的重要组成部分，饮茶成为社会风尚，步入千家万户、各个阶层，至今也有一千多年历史了。

茶和茶文化既是中国农业经济、农耕文明和中华传统文化的重要内容和文化符号之

一，也是自古以来以中国为主体的东方农耕文明参与东西方文化交流，与欧亚大陆腹地游牧文明、欧洲地中海海洋文明、近代世界殖民贸易交互作用的重要物质载体和文化媒介之一。从汉唐之间开始，中国西北边疆地区如青藏高原、漠北蒙古和新疆等地区民族与中原王朝及江南茶区之间，通过著名的"茶马互市"与"茶马古道"，建立了茶叶的物流通道和供需关系，维护边疆、民族的和平安宁和国家的统一，迄今已有两千多年历史了。茶作为人类共同需要的生活物资，通过陆海"丝绸之路"包括"茶马古道""万里茶叶之路""海上茶叶之路"等各种渠道和北方游牧民族西迁等方式，依次传播到东北亚、中亚、西亚、东南亚、南亚、欧洲、拉美、非洲地区，向世界各地传播出去，经历了一千多年的漫长征程。如今，60多个国家种茶，全球茶叶年产量近600万吨、贸易量超过200万吨，年世界茶叶消费量达580万吨，全世界150多个国家和地区超过20亿人饮茶，茶成为世界三大饮品之一。中国茶，星星之火，已经燎原全球。

"中式清茶热饮法"的传播和流变是东西方文化交流和文明互鉴的经典案例。茶文化的传播，核心是饮茶方式的传播。中国茶饮方式传播到世界各地后，大多数国家和民族也基本采用中式热饮法，同时也融入了本地的饮用习惯。一方面，以茶叶为主料，以茶的保健养生药用功能为主旨，以沸水煮饮或冲泡饮用，可谓一脉相承，万变不离其宗；另一方面，"中式清茶热饮法"在传播到边疆民族地区和世界各地的过程中，与各地各民族宴饮习惯相互交流，相互作用，产生了具有各国特色的饮茶方式与技艺，形成了各具特色、丰富多彩的世界饮茶习惯和礼俗，如在我国西北边疆地区，迄今流行着蒙古族的"奶茶"、藏族的"酥油茶"等混饮法，在东北亚产生了"韩国茶礼""日本茶道"，在中亚、西亚、北非地区形成了以土耳其为代表的"甜味调饮法"和以伊朗为代表的"含糖啜饮法"等调饮法，在欧洲各国形成了"英式下午茶""法式奶茶""俄国茶炊"以及"美式冰饮茶"，在东南亚、南亚地区形成"拉茶"等各种饮茶方法和茶文化形态，生动诠释了开放包容、多元共生、美美与共、和而不同的"茶文化共同体"理念，堪称是中外方文化交流、文明互鉴的经典史例。如今，茶已成为一个具有中国特色、世界影响的文化符号。

"国际茶日"的设立，是对上述茶和茶文化、茶产业传播、发展历史进程的延续和提升，是对中国茶贡献全世界、惠泽全人类所取得的巨大进展和成就的肯定和赞誉，是对中华茶文化蕴含的清和特质和人文精神促进人类文明进步，和美美与共、和而不同人类命运共同体理念的认同和推崇！"国际茶日"的设立，第一次让中国茶和茶文化站在了全世界的大舞台和联合国的制高点，拥有了更加广阔的发展空间和美好的未来前景，对复兴中华文化，树立文化自信，建设文化强国，振兴茶业强国，更好接轨"一带一路"、融入文旅融合发展，具有无与伦比的现实意义和深远历史影响，对茶更广泛地走进人类日常生活，护卫人类的身心健康，满足人类更加美好生活需求，开启了无限美好的远大征程！

二、后"国际茶日"新时代中国茶人面临的新形势和新任务

改革开放以来，当代中国的茶文化复兴运动，蓬勃发展，方兴未艾，取得的成就

有目共睹，发挥的作用日益增强，在国际上的影响力不断扩大。但是，在中国特色社会主义迈入新时代，中国茶文化走向世界步入后"国际茶日"新历史时期的今天，中国的茶文化事业与习总书记内政外交实践中对茶文化的要求相距甚远，与新时代日益美好新生活的新要求和国际社会的新需求相比，还存在诸多不足和问题。主要表现在：

（1）对茶和茶文化的认识缺乏战略高度，没有把茶文化当作复兴民族文化、建立文化强国、树立文化自信、实现两个一百年"中国梦"的战略资源，没有很好地与"一带一路"国家倡议相结合，而是局限于发展地方经济、脱贫致富和社会文化、社区文化、生活文化。

（2）各级政府文化主管部门不把茶文化纳入文化事业发展规划和工作范围，认为茶文化是民间的自发的社会文化现象，茶文化长期来游离于主流文化、精英文化、精品文化之外，只是在中国国际茶文化研究会等社团组织的推动和引领下艰难发展，在政策支持和人力、物力、财力等资源上都显不足。

（3）茶文化遗产的研究和保护，无论在地区还是在茶品类以及具体内容上，都呈现参差不齐的严重失衡状态。六大茶类的手工制作技艺先后纳入县、市、省和国家非遗名录，但更多的茶文化物质遗产如茶树茶园生态农业遗产、茶具文物艺术品等，没有系统纳入文保体系，也不为文物部门所重视。中国国际茶文化研究会主要领导曾发起陆羽（中华）茶文化申报世界遗产，并做了前期调研和方案策划，最终没有得到国家有关部门的首肯而半途作罢。

（4）茶文化研究的人才队伍鱼龙混杂、良莠不齐，优质学术成果不多，低水平重复作品充斥，学术研讨会与茶叶展销博览会等商业活动混杂，学术风气虚浮，茶文化学者与茶农、茶商、茶人等难分彼此，甚至出现互为利用的利益链。

（5）社会上茶文化"五进""全民饮茶日"等茶文化热此起彼伏，呈现乱花渐欲迷人眼的杂乱景象，往往热热闹闹一阵子，形同赶庙会。各类茶艺茶道表演和茶艺师、茶艺馆雨后春笋般涌现，但当代中国的茶艺茶道从形式到内容，大同小异，既不符合越简单方便越生活化的实用原则，也缺乏舞台表演艺术的艺术品格和审美趣味，很难可持续发展。

（6）茶文化在文化走出去、开展文化交流、文明对话，树立国家新形象和文化话语权中，还远远没有发挥应有的作用，甚至在国际上，与东亚的日本茶道、韩国茶礼不可同日而语，即便是与欧洲、东南亚、中东等地的午后茶、茶炊、拉茶、调饮等茶文化，也相形见绌。

三、新时代中国茶人应有的新担当和新使命

如何提高思想认识，强化资源意识，依托"一带一路"和文旅融合发展等，呼应文化强国、文化自信，实施中华茶文化在创新、重构中发展，在发展中进一步走向世界，使茶更加广泛地惠泽全人类，使中华茶文化成为21世纪人类共享的世界文化，是当下中国茶人需要思考的战略命题，也是责无旁贷的时代使命。这里就个人思考所

得，提出如下几点思路：

（一）要提升对茶文化与中华文化关系及其历史作用和现实意义的认识，阐发茶文化蕴涵的开放包容、多元一体、和而不同、雅俗共赏的人文特质和普世价值，把茶文化当作复兴民族文化、让中国文化走向世界的载体平台和文化符号

1. 茶和茶文化是丝绸之路输出的三大宗产品和文化符号之一，参与了中外历史重大进程，发挥了巨大的作用　古代"丝绸之路"包括"茶叶之路"是横贯亚欧大陆，沟通东西方文明的大通道，是沿线各地农耕、游牧、海洋、商贸等文明形态交互作用的大舞台，是人类不同文明之间交流互鉴的历史典范，对人类社会发展和文明进步做出了巨大贡献。中原地区与西北边疆的"茶马互市"和"茶马古道"，曾对农耕文明和游牧文明的交流、民族文化的融合和大一统中央政权的建立，发挥了无与伦比的历史作用。茶叶的外销和茶饮文化的传播，使得中国茶在古代中外文化交流和近代世界贸易体系中具有举足轻重的地位，即便是在英国工业革命、美国独立战争、鸦片战争等重大历史进程中，都有茶叶的身影和影响。

2. 以"清和"为特征的中华茶道思想是中国传统社会政治伦理和思想文化及价值观的核心精髓"仁和"思想的重要组成部分　茶性"清和淡洁"，天赋美德，以茶修身，崇素守正，精行俭德，有助于成就清正高洁的君子人格。茶文化亲和包容，以茶入礼，相沿成俗，以茶明伦，和谐社会，因而"茶利礼仁"，有助于宣化人文、和济天下。茶性与人性相通，茶道与仁心、道心、禅心相融，茶"致清导和"，其特有的"清和"气质与"仁和"思想互为表里，高度契合。"仁"是以儒家为主体的中国传统文化的根本理念和思想基础，"以仁致和"是中国以人文主义精神为基础的政治伦理和治国执政实践的方向路径。"和"是中国传统文化的重要哲学概念，"和而不同"是中国历代先贤所阐发的天下至道和天下愿景。"仁"与"和"两者在传统文化体系中是互为因果、互为表里、相辅相成、缺一不可的关系，在传统文化语境下的诸多名相概念如"道""礼""义""智""信"等当中，"仁"与"和"是内涵最丰富、学理最重要的概念之一，"仁"是人道之根本，"和"是天下之大道。概而言之，"仁"是中国传统文化和政治伦理的核心思想，"以仁致和"是"修身齐家治国平天下"实践的方法路径；"和"是中国传统思想文化核心价值观，"和而不同"是古代中国先贤阐发的天下至道和天下愿景。

3. 中华茶文化思想与"丝路精神"高度契合，在共建共享新型发展观和人类命运共同体构建中将产生深远影响　在"丝绸之路"数千年东西方文明交流互鉴历史中形成的和平合作、开放包容、互学互鉴、互利共赢的"丝路精神"，是中国倡议并推进"一带一路"、构建人类利益、责任、命运共同体，实现"和而不同""美美与共"天下愿景的人文情怀、义利原则和思想文化基础的高度概括和集中体现。"丝路精神"的内在精髓是中华传统文化中的"仁和"思想，这一思想与以"清和"为核心和特征的中华茶道思想高度契合，为复兴中的中华茶文化在参与实践"一带一路"倡议、弘扬"丝路精神"，传播中华文化、促进中外文化交流互鉴，加强国际社会治理、构建人类命运共同体、促进文明进步中发挥更大作用，做出更大贡献。茶必将成为 21 世纪的人类之饮，茶文化的"清和"思想必将成为惠泽全人类实现和而不同、各美其美、和谐共存、美美与共的理想社会的真知福音。

（二）要大力推进茶文化的研究保护和现代创新转化，发挥茶文化在新时代文化建设中润物细无声的潜移默化作用

1. 通过国内"茶为国饮""全民饮茶日"立法，倡导"以茶代酒""以茶养廉"，并向社会大众和世界各国人民推荐饮茶爱茶，科学健康饮茶，促进"茶饮天下" 有人说，中国人要弘扬传统文化，需从穿唐装汉服开始，外国人要理解认同中国文化，需从吃中餐开始。我们在新时代传播茶文化，要从提倡喝茶品茶开始。要在世界上推出中国式品茶新方式，穿着中国丝绸服装，端着中国瓷器茶具，在装饰有中国书画、插花的环境里，焚着沉香，听着琴箫，吟唱着昆曲，坐在中国式茶桌椅前，悠然品茶，展示闲适优雅、富有诗意品质的慢生活方式，在高度功利化、商业化、充斥技术文明的世界上刮起一股中国新茶风，生活新方式，使之成为"后现代时尚文化新形态"，让全世界的人都知道中国茶，领略中国茶文化的风采，体验中华茶文化艺术的无穷魅力。

2. 整理全国各地的茶历史文化遗产，申报"中华茶文化"为世界文化遗产 我国茶文化遗产遍布全国，门类众多，形态多样，原真性、地方性、民族性、民间性特点鲜明，传统六大名茶的手工制作技艺大多已经列入国家级非遗名录，除了茶马古道、万里茶道这样线性的跨国茶文化遗产在筹划申报世界文化遗产外，要及时开展散布于全国尤其是江南茶产区的茶历史文化遗存的系统整理、挖掘和保护，全面编录茶文化遗产点信息，在条件成熟时启动"中华茶文化"申报 UNESCO 世界文化遗产工程，使之上升到全人类共有共享的文化遗产，并借此提升中国茶文化的国际知名度，扩大中华茶文化的世界影响。

3. 提升茶艺表演艺术品位，创新中华茶文化礼仪，打造茶文化主题大型综艺作品 经过近 30 年的发展，我国的茶艺包括茶艺师和茶艺作品从无到有、从少到多，取得了巨大成果，如今已经是遍地开花，星火燎原，一片红火景象。但也存在原始自发编创、形式雷同、大同小异、原创性少、艺术品格不高、文化内涵不足、观赏性不强、观众互动参与体验不够、容易引起审美疲劳等问题，亟须转型升级。迄今为止，茶艺编创群体基本上局限于茶人、茶校、茶馆、茶企业和社区街道、家庭个人，很少有专业艺术工作者参与介入。要提高茶艺表演的艺术品格，需要舞台艺术专业人员参与，在编剧、导演、表演者、服饰、舞美、灯光、配乐、道具等方面全方位提升。茶礼仪文化是中华茶文化的重要形态，也是最具社会功能和生命活力的茶文化样式，要在深入研究古代茶礼的基础上，结合时代特点和现代礼仪，创新中华茶礼仪样式，使之在传承中发展，在发展中创新。可通过创编以茶文化为主题的大型综艺作品，打造具有文化内涵、艺术品位、较强观赏性的演艺节目，在国内定点演出，或走出国门巡回演出，以茶文化来弘扬中华文化，传播中国人的生活理念、人生智慧、伦理道德观和价值观。

4. 设立世界性茶文化艺术"陆羽奖"，鼓励茶主题艺术作品创作，以艺术为载体，展示茶艺术，传播茶文化　茶文化的兼容性使之与诸多艺术样式具有与生俱来的亲和力，茶主题艺术作品自古就有许多传世佳作，成为中国传统文化艺术宝库中的宝贵财富。茶文化的博大精深，更为进行以茶为主题，以茶事、茶人为题材的文艺作品创作提供了不竭源泉和文化养分。要鼓励进行文学诗歌、影视动漫、音乐舞蹈、歌曲戏剧、书画篆刻、摄影广告等茶艺术作品创作；可设置以陆羽命名的世界性茶文化艺术国家级奖项"陆羽奖"；优秀作品给予扶持重奖，优先推介走向国际舞台，发挥艺术作品感染人、感动人、激励人的作用，弘扬主旋律，传递正能量，展示茶艺术，传播茶文化。

5. 集成世界茶文化信息，构建世界性茶文化、茶产业、茶科研、茶市场、茶智力、茶资本等茶数据库　信息时代离不开基础性工程——数据库建设，当我们在不经意间跨入大数据时代之际，茶文化的大数据时代也已然来临。政府有关部门和国家茶科研机构要承担起这一时代重任，投巨资规划筹建中国乃至世界茶信息数据库，把与茶有关的各类信息通过数字化处理，分门别类建立子数据库，再集成构建大型综合性茶数据库，最终实现茶文化、茶产业、茶科研等迈入大数据时代，实现全人类的茶信息资源共享。

（三）要振兴茶产业，发展茶经济，把中国茶叶大国历史地位的复兴与"一带一路"倡议紧密结合起来

1. 实施茶业产业结构调整和跨界组合，实现茶业企业转型升级和国际化经营　与国外茶叶生产大国相比，我国茶企业规模不大，龙头企业和自主知名品牌较少，主要靠拼数量、低价竞争为主，存在小生产与大市场的矛盾，小农经营与国际化营销的差距，在茶叶生产链和国外分销渠道上缺乏核心竞争力，难以在国际主销市场占有足够份额。因此，要实现茶叶生产强国到出口销售强国的转型升级，必须推动我国茶叶生产和销售的国际接轨，尤其是要研究"一带一路"沿线国家和地区的茶叶消费习惯、市场容量和文化背景，既要调整茶类和品质结构，生产适销对路茶叶，尤其是要在主打绿茶的同时，增加红茶、乌龙茶的产量和品类，满足国际市场需求；又要开展国际化文化营销，讲好中国茶故事，传播好中国茶文化，展示好中国茶艺术，增强茶文化亲和力、软实力，提升中国茶的无形价值和市场认知度。茶叶生产、出口企业要打破行业、地区、品类、行政等局限性，尝试跨界融资，吸引风投资金，实现跨地区生产，多品类多样化产品结构，打破行政、部门界线，抛弃长期以来存在的小农经济、特产经济意识，按照现代企业制度建立国际化运营公司，打造区域和国际性品牌，增加国际市场占有率，增强国际化市场核心竞争力和文化软实力，逐步恢复近代以来中国失去的茶叶大国、强国地位。

2. 占据茶科学研究学术制高点，掌握世界茶生产技术和产品标准、质量认证等制定修订的话语权　杭州集聚了多家国家级茶科研机构，在国内茶叶科学研究和生产标准、质量认证等方面具有举足轻重的地位，同时在国际茶学界和标准制定、质量认证中，也有一席之地。随着国际茶日的设立，国际茶科学学术交流必将更加活跃，中国茶科研工作者必将更高水平引领茶科学的发展，主导世界茶学的发展方向和进程，为茶叶造福人类做出更大的贡献。

3. 乘互联网＋之机，大力扶持跨境茶电子商务平台建设，拓展茶国际电子商务的覆盖范围　当今世界早已进入互联网时代，中国正在强力推进互联网＋工程。杭州作为国家跨境电子商务试验区，集聚了全球电商巨头阿里巴巴，有国内最大的茶叶电商企业艺福堂，杭州的电子商务和国际物流领先全国。要把杭州中国茶都与新兴的电商之都结合起来，大力发展茶叶跨境电子商务，做大做强品牌企业，使之成为国际茶叶电商巨头。通过网上新丝路，把中国茶分销到世界各地，扩大中国茶的国际市场尤其是"一带一路"沿线国家和地区的市场份额。

（四）要全方位推进茶文化走向世界，更多更好地惠泽全人类，在树立国家新形象，确立文化话语权中发挥更大作用

1. 依托孔子学院和中国海外文化中心，组织开展中外茶文化交流活动　随着中国世界地位的提高，国际影响力和吸引力大大增强，全世界正在兴起汉语热、中国热、中国文化热，这给茶文化走向世界提供了难得的历史机遇。国际性的茶文化艺术交流、培训、普及、比赛、展示等项目，可以借助孔子学院和中国文化中心的平台，移植、嫁接、结合到各类文化活动中，在国外举办中华茶文化艺术主题活动，增强茶文化在对外文化交流中的比重。

2. 发挥非政府组织和企业作用，鼓励企业茶文化和民间茶文化走出去　继续发挥中国国际茶文化研究会在当代中国茶文化复兴和对外交流中的旗手角色和引领作用，在对外茶文化交流中发挥非政府组织优势，强化生力军作用。团结茶学家、茶文化学者和茶人参加到中外茶文化交流的热潮中，鼓励企业、社区、学校等茶艺表演队走出国门，展示中华茶艺风姿。在"一带一路"倡议推进中，非政府组织和企业更要继续发挥不可替代的主导作用和生力军作用，整合社会和民间各类茶文化资源，激发企业、民间茶文化发挥国际化经营、文化营销和茶事交往的积极性，筑牢茶文化对外传播的社会基础。

3. 开展国际性茶文化研究和交流，编著大型世界性茶文化经典力作　要在认真扎实做好中华茶文化基础性学术工程的同时，有序推进与世界上其他国家和茶组织、茶学者之间学术交流，开展科研合作，共享信息资源和学术成果；筹划中外合作编著大型的世界性茶文化经典力作，集成世界茶历史文化遗产和现代茶文化成果，建立中国茶文化研究的国际地位和世界影响力。

4. 搭建多语种互联网和新媒体平台，借助国内外主流媒体，加强茶文化国际交流和茶艺术国际传播力度和广度　信息网络化传播把地球村各个角落都联系在一起，茶文化的国际交流咨询信息平台，需要多语种的大型综合性专业网站，单单中文版网站不足以发挥其国际传播的功能。新媒体异军突起，茶人、茶友、茶企业、茶组织等群体的自媒体，具有极强的传播力，微博、微信及公众平台，都是基于移动互联网络的茶文化传播新平台。传统的报刊、电视等主流媒体，仍然有其不可替代的主渠道作用，尤其是国内媒体的海外版、国际频道、卫星频道和西方主流媒体，要成为茶文化国际化传播的正规平台。

5. 策划主办各类活动，大力宣传"国际茶日" 要结合各地茶事活动，利用各种平台和资源，开展各种形式的庆祝、宣传"国际茶日"活动，展现新时代茶文化、茶产业、新茶人的风采，营造全民全社会参与共庆"国际茶日"的热烈氛围，让"茶行天下、茶和世界"的理念家喻户晓，深入人心，让"国际茶日"成为全人类共同的节日。

（本文系 2021 年 5 月中国国际茶文化研究会在杭州第二届中国国际茶叶博览会举办的第十六届中国国际茶文化学术研讨会论文，获优秀论文三等奖，收录会议论文集《茶誉天下——第 16 届中国国际茶文化研讨会论文选》，浙江人民出版社，2021 年。）

后　记

　　我曾经说：杭州是苏东坡坎坷一生里的春天，而苏东坡则是西湖的知音。这有诗为证——"欲把西湖比西子，淡妆浓抹总相宜"，还有景相应——"苏堤春晓"，"西湖十景"之首！在苏东坡眼里，西湖恰似美人，如"天堂"杭州的"眉目"，为最传神而动人处。在青灯黄卷、皓首穷经的学人生涯中，或许谈不上有什么人生的春天。不过，于我而言，虽然平生工作大多在西子湖边甚或湖上，也算踏遍长堤短桥，饱览湖光山色，但在我心中，西湖的春天不是桃红柳绿，而是那一杯"三咽不忍漱"的龙井茶；在我随缘而起、因时而异的学术研究生涯里，半途出家的茶文化研究，恰似那春天里的"桃花源"，别有洞天，意味无穷。

　　我涉足茶文化的研究，是从杭州西湖"老龙井御茶园"的历史文化开始的。在老杭州记忆中，老龙井是一个有点神秘感又颇具人文底蕴的地方。"胡公庙""十八棵"是它的别称。所谓"胡公庙"，就是北宋清官胡则的墓庙。胡则历仕三朝，十握州符，两袖清风，遗泽八方，死后归葬于此，成为浙东地区广受信奉的"胡公大帝"，毛主席曾称赞他"为官一任，造福一方"。而"十八棵"是指这里的 18 棵老茶蓬，相传是乾隆下江南时亲自采摘过的，号称为"十八棵御茶"。乾隆六下江南，四上龙井，观茶赋诗，使龙井茶声名鹊起，后来居上，奠定了十大名茶之首、"绿茶皇后"的不世之尊。

　　其实，这里名为晖落坞，地处西湖群山幽僻深处，它与茶结缘，是从北宋天台宗一代高僧辩才大师退养于兹开启的。辩才在上天竺寺开讲宗义，远近闻名，振衣趋附者日众，以致不胜接应之繁累，晚年退居于此，开山寿圣院。相传辩才师徒还把上天竺白云峰麓的白云茶移植到这里的狮峰山麓，成为如今龙井茶"狮龙云虎梅"五大字号之首的"狮峰龙井"的前身。当年他与赵清献、秦少游、苏东坡等名士交游往还，品茶论道，留下许多风雅轶事，至今崖壁上还镌刻着据说是苏东坡手书的"老龙井"三字。龙井茶出道成名的前世今生，不仅实证了天下名山僧占多、好山好水出好茶的说法，也印证了名茶要靠名士扶、佳茗贵在有人文内涵、文化品位的道理。如今，西湖包括龙井茶的核心产区成为世界遗产，龙井茶也随之成为世界级的文化名茶。作为历史文化学者，初涉茶文化就踏进了一方历史悠久、积淀深厚的茶文化高地，这是何其幸运和荣幸！

　　我对老龙井和龙井茶的历史文化研究，除了在省机关事务管理局老龙井御茶园建设工程有关历史遗迹文物保护和文化展示陈列中有所呈现，主要集中体现在长篇论文

《关于西湖龙井茶起源的若干问题》和专著《龙井问史》中。自那时到现在一晃20来年，正值我学术人生的黄金时段，除了专业研究和智库研究，茶历史文化研究和茶艺术创作及传播，占据了我较多的业余时间，而茶文化的特有魅力，让枯燥乏味的学术劳动变得盎然生趣。

坦率说，我是因为研究茶文化而愈加爱上喝茶的。与常人一样，我原来喝茶，不过为解渴而已。但自从研究茶文化，才发现茶里不仅有文化，还有生活的乐趣、人生的真谛。记得茶文化研究的开山前辈北京王玲老师当初问我对茶文化研究有没有兴趣，我径直说："这茶不就喝的么，哪还有什么文化?!"现在想来，自己当时是多么无知。

茶不仅要喝，还要会品，懂得品茶，方能品出滋味。对此，我在被广为转帖的文化随笔《清茶一杯足平生》中，道尽了个中三昧，兹不赘述。以我个人粗浅的认识，茶之与生活，是知行合一的体验派；茶之与人生，有天人合一的体悟范。品茶，是体味生活、体悟人生的绝佳媒介，一杯茶可以让你偷得半日闲，足以平三生。生活的苦与乐、人生的得与失，都可以在或浓烈或苦涩或生猛，到或清淡或平淡或平和的茶汤变化中，得到对应和回应，然后在"无味之味，方为太和之气"的醒悟中得到禅悦和释然。所以，要真懂茶、能品茶，光会喝是远远不够的。

首先要懂茶之为物其性如何。具有药效功能的茶叶，被西方誉为"神奇的东方树叶"。这片树叶最初源自中草药"本草"的前身"百草"，而"百草"是一个宽泛的概念，泛指可入药的各类草本包括木本植物。按现代植物学分类，茶树包括了乔木型和灌木型，却唯独没有草本的（花草茶除外），茶圣陆羽称茶是"南方之嘉木"，确实非常精雅。茶叶的发现利用，本为药用，按中医药的性味理论，其性至寒，味苦涩，有清热解毒之效，又能提神醒脑，助益意思，有"不夜侯"之称。古人说茶有"十德"，现代生物医药检测茶叶内含有数十种有益健康的生化物质。这就是说，知茶叶懂茶性，既要从传统中医药文化语境来切入，也要结合现代科技成果来解读。

其次要知道茶之为用其功如何。茶除了饮用解渴，补充人体水分，更重要的是作为人生修习和社会和谐的载体或门径。比如，对个人而言，诚如陆羽所言，"最宜精行俭德之人"。那精进修行、俭以养德的都是什么人？君子处士、志士仁人者是也。而对社会来说，以茶入礼，可和济天下，如客来奉茶，亲和礼敬，和洽人际关系；以茶为定，三茶六礼，缘定今生情缘；以茶为奠，吊慰亡魂，祈托来世心愿；以茶供佛，喝茶坐禅，助益静修禅定；以茶设会，清茶一杯，相与叙旧话新……诸如此类，不一而足。茶广泛渗透到社会生活，成为与儒释道"大传统"、易医农"小传统"紧密交融的文化载体。这是理解把握茶文化的关键。

三是要掌握基本的泡茶技艺、学会科学饮茶。传统茶类有六大类，从发酵工艺分，有不发酵如绿茶、半发酵如青茶、全发酵如红茶、后发酵如黑茶，发酵程度不同，茶性、形态各异，冲泡技艺如茶量、水温、时间的把握各有不同。讲究一点的，还要学会古人那样，懂得选器、择水、生火、候汤、击拂、分茶之道。还有就是要学会科学饮茶，茶性相异，四季不同，人的体质、性别、年龄也不同，懂得因时因人而异来品茶。总之，学会泡一杯茶，是品茶的基本功，是体验饮茶乐趣的重要环节，而懂得科学饮茶，是满足养生保健需要的前提和保障。

四是要善于布置茶席空间、营造品茶氛围。品茶作为一门生活艺术，需要一定的环境布置和艺术设计。每人兴趣爱好和审美趣味不同，可以尽情发挥个性，适合自己的就是最好的。但最起码要置备一套甚至几套自己钟爱的茶具，茶室、茶堂未必每个家庭都有，但书房、露台、客厅都可以，还要学会简单的茶席布置，焚香、插花、挂画、音乐，是不可或缺的。品茶讲究清静、明净，和雅、和悦，无论自品独饮还是三五亲友，都要整洁、轻松，有幽雅的环境。

五是要了解茶的炒制和种植知识。仅从书本、网络上去学习，只是概念而已。要亲身体验，方知茶来之不易。比如茶季时节，不妨到茶乡茶山去走一走，到茶园茶厂看一看，学着采茶、揉捻、烘焙、碾磨，了解种茶采茶、炒制加工的艰辛，知道茶也粒粒皆辛苦。

当然，要真懂茶远不止这些，且这当中每一环节都大有学问。在这样的认知下，每当片刻闲暇，或烦累困顿，或亲友聚会之时，就可焚香起炉，煮水烹茶，涤烦去虑，尽享闲情快乐，只要你真爱茶，肯定会乐在其中。尤其是对从事案头文字工作的人，每每杯茶在手，提神益思，有助于激发灵感，文思泉涌，抑或在神思昏沉、困倦意乏之际，品几口清茶，放松一下神经，闻香清神，困顿立消。这些大概就是茶文化"桃花源"带给我的闲情逸致、赏心乐事吧。

不过，作为研究者，更重要的是在"桃花源"里结了多少果、悟了什么道。作为茶文化研究的后来者，说到这里是有点惭愧的。相较茶界的前辈，我的研究不过是鹦鹉学舌般的拾人牙慧而已。

中国有着两三千年的茶历史，但"茶文化"概念的产生和研究，却只有三四十年的时间。20世纪80年代末90年代初，以港台"茶艺"传入大陆和首次茶文化研讨会召开为标志，作为社会文化现象的茶文化，首先在东南沿海茶区的兴起，并很快通过"茶艺"为茶界和社会所接受。其后一发而不可收，迅速掀起一股茶文化热潮，形成星火燎原、方兴未艾之势。许多茶学界的科学家前辈，社会文化、地方文史研究者，纷纷投身茶文化研究，筚路蓝缕，发凡起例，从一开始就在探索茶文化研究的学科体系架构。正因为原来是一张白纸，可以画最新最美的图画，各类论著如雨后春笋般涌现，汇聚成改革开放后民族文化觉醒的一股清流。

我偶然"误入"茶文化研究之初，得到了杭州茶界前辈如阮浩耕、李茂荣等先生的指点和引导，所以较快地滥竽充数、"混迹"其中。也许我是历史文化专业出身的缘故，对研究茶历史文化有似曾相识、异曲同工之感，加上谙熟杭州史地，可谓轻车熟路。尤其是在我荣幸地成为中国国际茶文化研究会的理事、学术委员兼任学术与宣传部副部长的10多年间，得以参与或承担了研究会的一些重要科研工作，如中华茶文化申遗方案的起草、新华社中国经济新闻社的专题调研、中国提交联合国大会通过的设立"世界茶日"倡议书起草、《世界茶文化大全》的《绪论》撰写及两年一度的研究会国际学术研讨会的论文评选等。其间，还应余杭区有关部门的委托，承办了国家级非遗"径山茶宴"申遗文本的起草和专题片的编导，出版了国家非遗丛书《径山茶宴》；应临安区茶文化研究会邀请，策办"天目"国际学术研讨会、指导《临安茶文化志》编纂工作，并编导了六幕茶艺情景剧《天目茶道》及序曲《天目音画》；受杭州市茶文化研究会委托，负责编纂了两卷本《杭州茶文化发展史》，参与西湖区政协文史委《西湖龙井茶事录》的编撰。承蒙中国国际茶文化研究会领导信任和重视，我还曾兼任研究会下属东方茶道与艺术研创中心主任，开办"龙井讲坛"，在湖州、临安等地设立茶文化文创、茶艺编创基地，参与湖南株洲茶陵中华茶祖文化园等项目的总体策划，创作了科幻电影大片《茶祖》的剧本。

与此同时，因为参会、约稿、讲座、调研等需要，我陆续撰写了60多篇与茶有关的文章，本书选录的是其中的39篇。从选题上看，主要有三个方面，一是中国及世界茶文化发展史中的一些重大问题和思想理论研究，二是中华茶史中的一些重要专题或节点研究，三是杭州地方茶文化历史研究。说实话，许多选题是茶界炒熟了的"冷饭"，有的是有争论的"敏感"话题，我的研究无非做一些史料补充、内容拓展、价值提炼、理论概括而已，也难免有一些老调重弹、交叉重复、史料铺排、疏于考证甚至自己炒自己的冷饭的情况。在这里，我不想也难以对这些文章作一个全面或逐一的述评，恳请广大读者尤其是茶文化界师长同仁批评指正。

这些年来在业余从事茶文化研究和艺术创作及传播工作中，以文会友、以茶识友，得到许多前辈、学长、师友如程启坤、姚国坤、童启庆、陈文怀、于良子、余悦、舒曼、丁以寿、马守仁、陶德臣、王岳飞、屠幼英、王建荣、陈晖、江万绪、郭丹英、毛立民、黄成植、杨文标、倪闻、曹建南、沈纯道、何心鹏、谢燕青、彭克荣等的教益和帮助，尤其是时任中国国际茶文化研究会刘枫会长、周国富会长和孙忠焕常务副会长，王小玲秘书长、黄书孟副秘书长、沈才土副会长、沈立江副会长、阮忠训副会长、陈永昊部长等以及研究会全体驻会工作人员，杭州市茶文化研究会虞荣仁会长，湖州陆羽茶文化研究会杨金土会长，临安区茶文化研究会陈法生会长等有关领导的关怀和支持，在此谨一并表示衷心的感谢！

在本书的编辑出版过程中，承蒙浙江省政协原主席、时任全国政协文史和学习委员会副主任、中国国际茶文化研究会会长周国富先生拨冗赐序，对我的茶文化研究给予高度肯定和鼓励，在此特致以衷心的感谢！著名的茶科学家、中国工程院院士、中国农业科学院茶叶研究所研究员、博士生导师陈宗懋先生，著名的茶科学家、中国工程院院士、湖南农业大学学术委员会主任、教授、博士生导师刘仲华先生，中国农业科学院茶叶研究所龙井43选育课题主持人、著名茶树育种专家、香港茗华公司董事长陈文怀先生，著名的茶学和茶文化学研究两栖型专家、中国国际茶文化研究会学术委员会主任程启坤老师、副主任姚国坤老师欣然为拙著题词，以示祝贺和勉励，在此特向茶界德高望重、可亲可敬的两位院士科学家和旅居香港的陈文怀先生、茶界"两坤"二老致以衷心的感谢！

浙江旅游职业学院院长兼浙江省文化和旅游发展研究院院长杜兰晓女士，浙江省文化和旅游发展研究院执行院长毛水根先生高度重视和关心拙作出版，并给予出版经费的支持，浙江省旅游发展研究中心杨芳副教授协助办理相关事务，中国农业出版社姚佳副编审编审书稿，在此特向他们的支持和付出表示深深的谢意！

我还要特别向已故的中国国际茶文化研究会创会会长、世界茶联合会原会长、树人大学名誉校长、浙江省政协原主席王家扬先生，中国国际茶文化研究会原执行会长、浙江省国际交流协会原会长、杭州市委原副书记杨招棣先生，临安区茶文化研究会副会长兼秘书长许立新先生谨致以崇高的敬意，感恩他们生前给我的鼓励和支持，并表达由衷的感念和缅怀之情！

诚如苏东坡茶诗所言，"从来佳茗似佳人"，这"佳人"在我的理解中，就是我所有过往的茶文化研究中有幸遇见、有缘交集的人和事，和历经茶香熏染、历久弥新的美好记忆和怀想！

仰苏正文富春鲍志成　壬寅春日于杭州城东校园寓所